Zu allen Inhalten mit diesem Icon stehen Ihnen in unserem Online-Angebot die **Grafiken aus dem Buch** zur Verfügung, die Sie zur Bearbeitung von Aufgaben benötigen.

Rufen Sie dazu folgende Adresse in Ihrem Browser auf:
www.westermann.de/152043
oder nutzen Sie den folgenden **QR-Code**:

BIOLOGIE HEUTE 13 gA/eA

Bayern

Herausgeberin:
Nicole Frank

Autoren:
Dominik Bichler
Nicole Frank
Susanne Harz
Dr. Jan Hörnig
Nina Prähofer
Dr. Agnes Schäfermeyer
Ute Schmitzer

Druck A1 / Jahr 2025
Alle Drucke der Serie A sind inhaltlich unverändert.

Redaktion: Dr. Sabine Klonk
Illustrationen: Atelier tigercolor Tom Menzel; BC GmbH Verlags- und Medien-, Forschungs- und Beratungsgesellschaft; Grabowski, Yvonne; Herzig, Wolfgang; Karnath, Brigitte; Keis, Heike; Lüddecke, Liselotte; Mall, Karin; Schlierf, Birgit und Olaf.
Umschlaggestaltung: Janssen Kahlert Design & Kommunikation GmbH
Layout: Typo Concept GmbH, Hannover
Druck und Bindung: Westermann Druck GmbH, Georg-Westermann-Allee 66, 38104 Braunschweig

ISBN 978-3-14-**152043**-9

Operatoren 6

Die Basiskonzepte in der Biologie 7

Konzeption des Buches 8

Neuronale Informationsverarbeitung 10

1 Die Grundlagen neuronaler Kommunikation

1.1 Der Feinbau von Zellen 12

1.2 Der Bau und die Funktionen von Nervenzellen 14

EXKURS Gliazellen 15

1.3 Der Bau und die Funktionen von Biomembranen 16

EXKURS Geschichte der Membranmodelle 18

EXKURS Membranrezeptoren bei Tumorzellen 19

1.4 Stoffaustauschvorgänge an einer Biomembran 20

1.5 Membran- und Ruhepotenzial 24

1.6 Das Aktionspotenzial........................ 28

1.7 Die Erregungsleitung 32

PRAKTIKUM Funktionsmodell 35

BASISKONZEPT Information und Kommunikation 35

1.8 Die Erregungsübertragung an der chemischen Synapse 36

1.9 Stoffeinwirkung an Synapsen 38

1.10 Depression – eine Krankheit.................. 40

WISSEN KOMPAKT Die Grundlagen neuronaler Kommunikation.. 44

PRÜFUNGSAUFGABEN Die Grundlagen neuronaler Kommunikation.. 46

2 ⊖ Vertiefung: Aspekte der neuronalen Vernetzung

2.1 Die elektrochemischen Vorgänge an hemmenden Synapsen........................ 48

2.2 Neurophysiologische Verfahren 50

EXKURS Erste Hilfe 53

2.3 Zelluläre Prozesse des Lernens................ 54

EXKURS Gedächtnis und Lernen............. 56

2.4 Störungen des neuronalen Systems.......... 58

EXKURS Wirkung von Hormonen............. 60

2.5 Die Stressreaktion 61

2.6 Informationsaufnahme durch Sinneszellen... 64

PRAKTIKUM Sinnesphänomene 67

WISSEN KOMPAKT Aspekte der neuronalen Vernetzung.......... 68

PRÜFUNGSAUFGABEN Aspekte der neuronalen Vernetzung.......... 70

Stoffwechselphysiologie der Zelle 72

1 Der Aufbau von energiereichen Stoffen

1.1 Grundlagen der Assimilation................. 74

EXKURS Kohlenhydrate 75

1.2 Die Fotosynthese............................ 76

PRAKTIKUM Visualisierung der Stoffumwandlung 76

EXKURS Bestimmung der Oxidationszahlen... 77

1.3 Die Fotosynthesefarbstoffe................... 78

PRAKTIKUM Fotosynthesefarbstoffe trennen . 79

1.4 Fotosyntheserate in Abhängigkeit von verschiedenen abiotischen Faktoren.......... 80

PRAKTIKUM Fotosyntheserate und Außenfaktoren 83

1.5 Ökologische Bedeutung der Außenfaktoren und Maßnahmen zur Ertragssteigerung 84

1.6 Die Angepasstheiten der Pflanzen an die Fotosynthese 86

BASISKONZEPT Steuerung und Regelung..... 87

1.7 ⊖ Lichtsammelkomplexe in Fotosystemen ... 90

1.8 ⊖ Die Tracer-Methode 92

1.9 Die Fotosynthese im Überblick 94

1.10 Lichtabhängige Reaktionen der Fotosynthese 95

⊖ Zyklischer Elektronentransport 97

1.11 Lichtunabhängige Reaktionen der Fotosynthese 100

1.12 ⊖ Spezialisten der Fotosynthese 102

WISSEN KOMPAKT
Der Aufbau von energiereichen Stoffen 104

PRÜFUNGSAUFGABEN
Der Aufbau von energiereichen Stoffen 106

2 Der Umbau von Stoffen

2.1 Die Bedeutung des Fotosyntheseprodukts Glucose für die Pflanzen 108

2.2 Glucose als Nährstoff für heterotrophe Organismen 109

EXKURS Energiegewinn ohne Licht 109

2.3 Der enzymkatalysierte Umbau der Glucose ... 110

2.4 ⊖ Sekundäre Pflanzenstoffe 111

2.5 Energie aus Pflanzen: nachwachsende Rohstoffe 112

2.6 Wiederholung: Abhängigkeit der Enzymaktivität 114

⊖ METHODE Experimente planen und durchführen 116

⊖ PRAKTIKUM Enzyme 117

2.7 Die Regulation von Stoffwechselprozessen: Hemmung von Enzymen 118

EXKURS Enzyme benötigen Coenzyme 119

2.8 Regulation der Enzymaktivität 120

EXKURS Enzyme in Haushalt und Industrie ... 122

WISSEN KOMPAKT Der Umbau von Stoffen .. 123

PRÜFUNGSAUFGABEN
Der Umbau von Stoffen 124

3 Der Abbau von energiereichen Stoffen

3.1 Grundlagen der Dissimilation 126

3.2 Gärungen – Energiegewinn ohne Sauerstoff .. 128

PRAKTIKUM Stoff- und Energieumsatz 129

3.3 Der Glucoseabbau durch Zellatmung 130

3.4 Fotosynthese und Zellatmung im Vergleich ... 134

BASISKONZEPT Struktur und Funktion 134

3.5 Die Stoff- und die Energiebilanz des Abbaus von Glucose 136

BASISKONZEPT Stoff- und Energieumwandlung 137

EXKURS Bau der Skelettmuskeln und Muskelkontraktion 138

⊖ Flexible Anpassung von Stoffwechselwegen 139

3.6 ⊖ Fette als Energiespeicher 140

WISSEN KOMPAKT
Der Abbau von energiereichen Stoffen 142

PRÜFUNGSAUFGABEN
Der Abbau von energiereichen Stoffen 144

Ökologie und Biodiversität 146

1 Die Charakterisierung eines Ökosytstems

1.1 Der Aufbau eines Ökosystems 148

1.2 Das Ökosystem Fließgewässer – Charakteristika eines Biotops 150

PRAKTIKUM Fließgewässer 152

1.3 Das Ökosystem Fließgewässer – Zusammensetzung der Biozönose 154

PRAKTIKUM Fließgewässer – Verfahren zur qualitativen Erfassung der Arten 156

⊖ PRAKTIKUM Fließgewässer – Verfahren zur quantitativen Erfassung der Arten 157

1.4 Die Nahrungsbeziehungen im Ökosystem Fließgewässer 158

2 Dynamische Prozesse in Ökosystemen

2.1 Energiefluss und Stoffkreisläufe in Ökosystemen 160

⊖ Stickstoffatomkreislauf 163

2.2 Einfluss abiotischer Faktoren auf die Individuen ... 164
2.3 Einfluss biotischer Faktoren ... 166
2.4 Konkurrenz und Koexistenz ... 167
2.5 Ökologische Nische ... 170
2.6 Symbiose ... 172
2.7 Prädation ... 174

3 Populationsökologie

3.1 Populationsentwicklung ... 178
3.2 Regulation der Populationsdichte ... 179
ⓔ Lotka-Volterra-Modell ... 181
3.3 ⓔ Fortpflanzungsstrategien ... 183
3.4 ⓔ Methoden der Populationsabschätzung ... **185**
3.5 Populationsentwicklung des Menschen ... 186
BASISKONZEPT Individuelle und evolutive Entwicklung ... 187
WISSEN KOMPAKT Ökosysteme und Populationsökologie ... 188
PRÜFUNGSAUFGABEN Ökosysteme und Populationsökologie ... 190

4 Einflüsse des Menschen auf Ökosysteme und Biodiversität

4.1 Der Mensch nutzt Ökosysteme – Ökosystemleistungen ... 192
PRAKTIKUM Projekt Schulhofgestaltung ... 192
EXKURS Der anthropogen bedingte Treibhauseffekt ... 194
4.2 Der Mensch verändert Ökosysteme – Folgen des anthopogen bedingten Treibhauseffekts ... 196
4.3 Der Mensch verändert Ökosysteme – Biodiversität ... 198
4.4 Der Mensch bewertet Ökosysteme – Ökosystemmanagement und Monetarisieung ... 201
4.5 Der Mensch als Teil der Natur ... 204
4.6 ⓔ Der ökologische Fußabdruck ... 205

5 ⓔ Ökologie der Biosphäre

5.1 Wechselwirkungen von Veränderungen global betrachtet ... 206
5.2 Auswirkungen anthropogener Einflüsse auf die Biosphäre ... 210

6 Dilemmata analysieren – nachhaltig handeln ... 216

METHODE Handlungsoptionen für eine nachhaltige Lebensweise ... 218
WISSEN KOMPAKT Anthropogene Einflüsse und Biosphäre ... 220
PRÜFUNGSAUFGABEN Anthropogene Einflüsse und Biosphäre ... 222

Anhang

WISSEN KOMPAKT Sachkompetenz ... 224
WISSEN KOMPAKT Erkenntnisgewinnungskompetenz ... 225
WISSEN KOMPAKT Kommunikationskompetenz ... 226
WISSEN KOMPAKT Bewertungskompetenz ... 227
Glossar ... 228
Lösungen Prüfungsaufgaben ... 234
METHODE Experimentieren ... 241
Stoffliste ... 242
GHS Gefahrenhinweise ... 243
Register ... 244
Bildquellen ... 247

Operatoren – Arbeitsanweisungen

In PRÜFUNGSAUFGABEN wird durch **Operatoren** eine exakt definierte Arbeitsanweisung angegeben. Die hier aufgelisteten Operatoren entsprechen denen, die auch in den Abituraufgaben verwendet werden.

Ableiten: auf der Grundlage von Erkenntnissen oder Daten sachgerechte Schlüsse ziehen

Abschätzen: durch begründete Überlegungen Größenwerte angeben

Analysieren: unter einer gegebenen Fragestellung wichtige Bestandteile, Eigenschaften oder Zusammenhänge herausarbeiten; Untersuchen beinhaltet unter Umständen zusätzlich praktische Anteile

Aufstellen, Formulieren: chemische Formeln, Gleichungen, Reaktionsgleichungen in Form von Wortgleichungen oder Formelgleichungen oder Reaktionsmechanismen entwickeln

Aufstellen einer Hypothese: eine fachlich fundierte Vermutung über einen unbekannten Sachverhalt formulieren, auf der Grundlage von Beobachtungen, Experimenten, Untersuchungen oder Aussagen

Angeben, Nennen: Formeln, Regeln, Sachverhalte, Begriffe oder Daten ohne Erläuterung aufzählen beziehungsweise wiedergeben

Auswerten: Beobachtungen, Daten, Einzelergebnisse oder Informationen in einen Zusammenhang stellen, gegebenenfalls zu einer Gesamtaussage zusammenführen und daraus Schlussfolgerungen ziehen

Begründen: Gründe oder Argumente für eine Vorgehensweise oder einen Sachverhalt nachvollziehbar darstellen

Berechnen: eine Berechnung ausgehend von einem Ansatz darstellen

Beschreiben: Beobachtungen, Strukturen, Sachverhalte, Methoden, Verfahren oder Zusammenhänge strukturiert und unter Verwendung der Fachsprache in eigenen Worten formulieren

Beurteilen: ein zu fällendes Sachurteil mithilfe fachlicher Kriterien begründen

Bewerten: ein zu fällendes Werturteil unter Berücksichtigung gesellschaftlicher Werte und Normen begründen

Darstellen: Strukturen, Sachverhalte oder Zusammenhänge strukturiert und unter Verwendung der Fachsprache formulieren beziehungsweise strukturiert wiedergeben, auch mithilfe von Zeichnungen und Tabellen

Diskutieren: Argumente, Sachverhalte und Beispiele zu einer Aussage oder These einander gegenüberstellen und abwägen

Erklären: einen Sachverhalt nachvollziehbar und verständlich zum Ausdruck bringen, indem man ihn auf Regeln und Gesetzmäßigkeiten zurückführt

Erläutern: einen Sachverhalt veranschaulichend darstellen und durch Beispiele oder zusätzliche Informationen verständlich machen

Ermitteln: eine Lösung, ein Ergebnis oder einen Zusammenhang rechnerisch, grafisch oder experimentell bestimmen

Herleiten: mithilfe bekannter Gesetzmäßigkeiten einen Zusammenhang zwischen chemischen beziehungsweise physikalischen Größen herstellen

Interpretieren, Deuten: naturwissenschaftliche Ergebnisse, Beschreibungen und Annahmen vor dem Hintergrund einer Fragestellung oder Hypothese in einen nachvollziehbaren Zusammenhang bringen

Ordnen: Begriffe oder Gegenstände auf der Grundlage bestimmter Merkmale systematisch einteilen

Planen: zu einem vorgegebenen Problem (auch experimentelle) Lösungswege oder eine Experimentieranleitung entwickeln und dokumentieren

Skizzieren: Sachverhalte, Prozesse, Strukturen oder Ergebnisse übersichtlich und auf das Wesentliche reduziert grafisch darstellen

Untersuchen: Sachverhalte oder Phänomene mithilfe fachspezifischer Arbeitsweisen erschließen

Vergleichen: Gemeinsamkeiten und Unterschiede kriteriengeleitet herausarbeiten

Zeichnen: Objekte anschaulich und grafisch exakt darstellen

Die Basiskonzepte in der Biologie

Alle heute auf der Erde vorkommenden Lebewesen stammen von einzelligen Urlebewesen ab, die vor etwa 3,8 Milliarden Jahren existierten. Deshalb stehen alle Lebewesen und biologischen Systeme miteinander in Beziehung. Die Evolution bildet den allumfassenden Rahmen für die Entstehung, Wandlung und Entfaltung des Lebens. Aus diesem Grund lassen sich in der Vielfalt und Komplexität der biologischen Systeme und Phänomene gemeinsame Prinzipien und grundlegende Muster erkennen. Diese werden als **Basiskonzepte** zusammengefasst und beschrieben. Sie ermöglichen in der großen Fülle biologischer Phänomene und Themen eine Struktur zu erkennen und den Zugang zu neuen Themen und Problemstellungen zu finden. Außerdem verdeutlichen sie die Vernetzung der unterschiedlichen Themen und Systemebenen.

Information und Kommunikation (→ **Seite 35**)

Lebewesen nehmen Informationen aus der Umgebung auf, speichern und verarbeiten diese und kommunizieren miteinander. In einem vielzelligen Organismus sind alle Organe, Gewebe, Zellen und auch deren Bestandteile beständig an der Kommunikation beteiligt. *Beispielsweise werden mithilfe von Milliarden vernetzter Nervenzellen Informationen im Körper weitergeleitet. Diese empfangen Informationen, wandeln sie in Nervenimpulse um und übermitteln diese an andere Nervenzellen oder an Muskelzellen.*

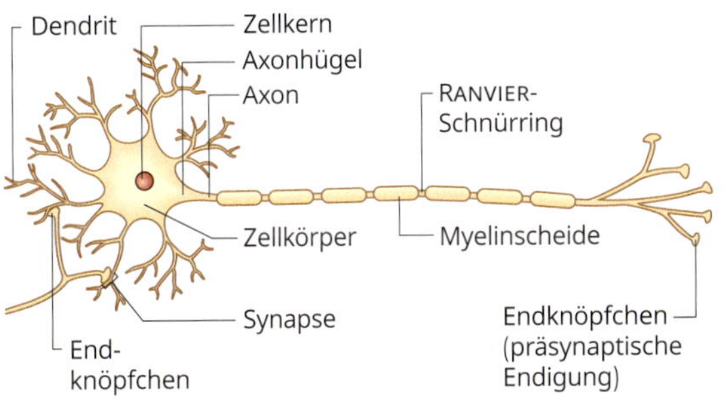

1 Bau einer Nervenzelle

Steuerung und Regelung (→ **Seite 87**)

Lebende Systeme halten Zustände durch Regulation in Grenzen aufrecht, auch wenn innere und äußere Faktoren sich kurzfristig ändern. Innere Zustände werden aufrechterhalten oder funktionsbezogen verändert. *Pflanzen sind in der Lage, die Öffnungweite der Spaltöffnungen zu regulieren. Bei Belichtung und niedriger Kohlenstoffdioxidkonzentration in den Interzellularen öffnen sich die Stomata. Dann kann die Fotosynthese ablaufen.*

2 Spaltöffnung

Struktur und Funktion (→ **Seite 134**)

Lebewesen und Lebensvorgänge sind an Strukturen gebunden. Diese Strukturen stehen im engen Zusammenhang mit ihrer Funktion. Der Zusammenhang von Struktur und Funktion ist auf verschiedenen Systemebenen, von den Molekülen bis zur Biosphäre, relevant und gilt für Lebewesen und Lebensvorgänge. *Durch Membransysteme werden innerhalb von Zellen abgegrenzte Reaktionsräume, Kompartimente, geschaffen, in denen unterschiedliche Reaktionen zeitgleich ablaufen können.*

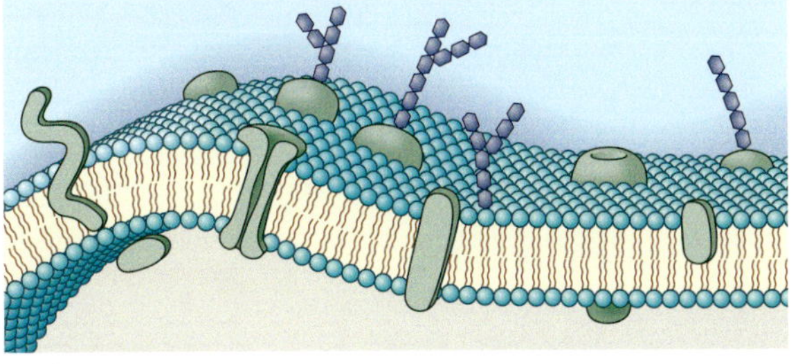

3 Membranmodell

Stoff- und Energieumwandlung (→ **Seite 137**)

Lebewesen nehmen Stoffe und Energie aus der Umgebung auf, wandeln sie um und geben Stoffe sowie Energie an die Umgebung ab. *Als autotropher Organismus kann die Sonnenblume durch Fotosynthese unter Nutzung der Sonnenenergie organische, energiereiche Stoffe aufbauen und anschließend zur Energiebereitstellung durch Zellatmung weiterverwenden.*

4 Sonnenblumen

Individuelle und evolutive Entwicklung (→ **Seite 187**)

Alle Lebewesen und lebendigen Systeme verändern sich im Laufe der Zeit. Sie entwickeln sich. *Dabei unterscheidet man die Individualentwicklung eines Lebewesens, zum Beispiel die Entwicklung des Grasfrosches vom Ei zur Kaulquappe und zum adulten Tier, und die stammesgeschichtliche, evolutionäre Entwicklung über einen sehr viel längeren Zeitraum, zum Beispiel die Veränderung der Fellfarbe von Eichhörnchen über viele Generationen.*

5 Grasfrosch und Eichhörnchen

Konzeption des Buches

Fachwissen erwerben, vernetzen und anwenden

Grundtexte
- vermitteln fundiertes Fachwissen.
- Hervorgehobene Fachbegriffe helfen bei der Aneignung der Fachsprache.
- Fotos veranschaulichen Phänomene.

Problemfragen leiten die Bearbeitung ein.

Seitenverweise vernetzen die Inhalte innerhalb des Buches.

Grafiken unterstützen das Verstehen des vermittelten Wissens.

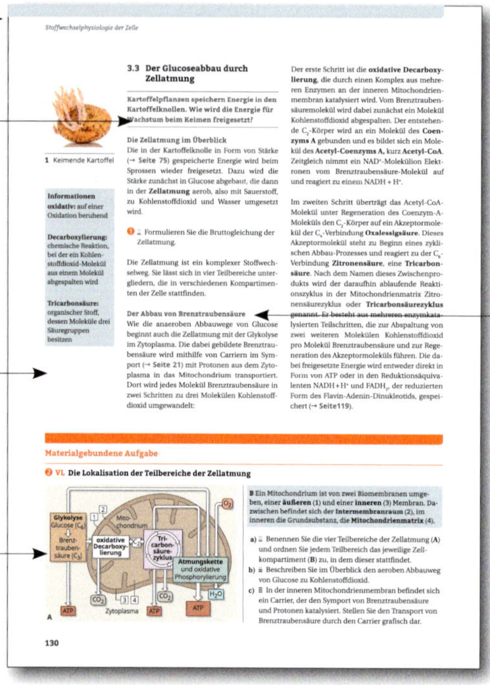

Ein Buch für gA und eA
Alle Kapitel und auch Textabschnitte, einzelne Aufgaben und materialgebundene Aufgaben **für das erhöhte Anforderungsniveau** sind mit einem ⊜ gekennzeichnet. Der Abschluss ist jeweils durch das Symbol ● gekennzeichnet.

Zwischenüberschriften erleichtern die Strukturierung des Fachwissens.

Alle **Aufgaben** sind konsequent mit den verbindlichen Operatoren formuliert. Eine Liste dieser Operatoren befindet sich auf Seite 6.

Das **Anforderungsniveau** von Aufgaben wird ausgewiesen.

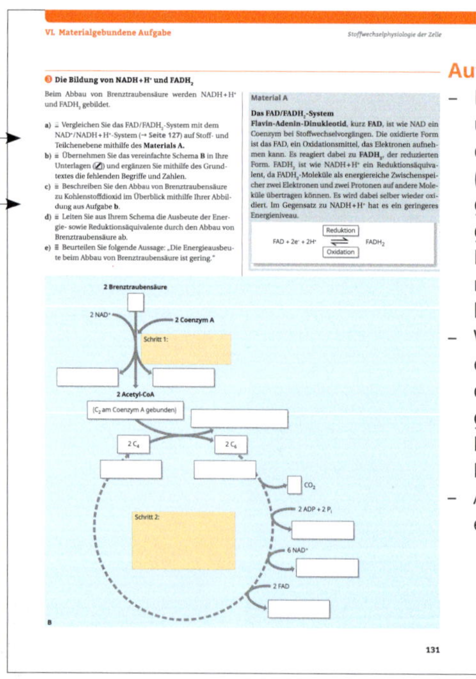

Aufgaben
- In den Text eingestreute Aufgaben und materialgebundene Aufgaben dienen zum Erwerb von Inhalten (verbindliche Aufgaben sind mit **VL** gekennzeichnet) sowie zur Reorganisation und zum Transfer des Erlernten. Dabei wird in verschiedenen Fragen auch auf Berufsfelder hingewiesen.
- Werden zur Bearbeitung Grafiken oder Tabellen benötigt, so sind diese mit einem **Stiftsymbol** (✎) gekennzeichnet und stehen auf der Landingpage (siehe Innentitel) zum Download bereit.
- Aufgaben zu Berufsfeldern sind mit einer blauen Ziffer gekennzeichnet.

Ein umfangreiches **Glossar** und ein **Register** ermöglichen den schnellen Zugriff auf wichtige Fachbegriffe und Inhalte.

Praktika

- leiten mit klaren Anweisungen zum selbstständigen Experimentieren an.
- führen zur Planung eigenständiger hypothesengeleiteter Experimente hin.
- sind mit einer Sicherheitsleiste nach der aktuellen GHS-Verordnung (siehe Seite 241 ff.) ausgestattet.
- Die Gefährdungsbeurteilungen befinden sich im gedruckten Lehrermaterial und in den digitalen Unterrichtsmaterialien der BiBox.

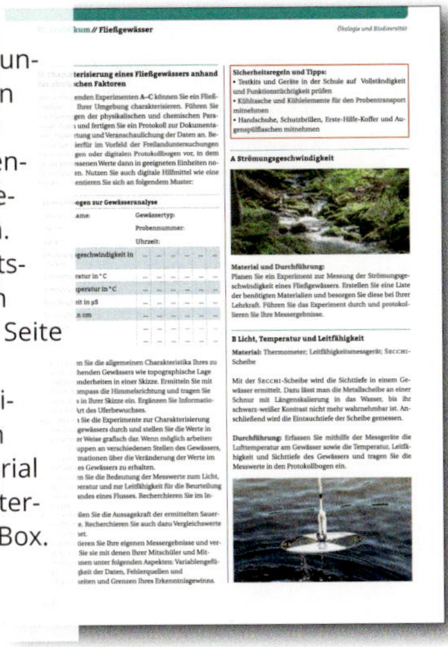

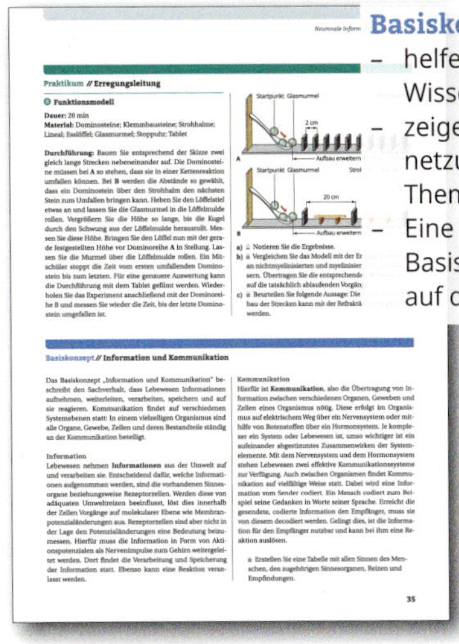

Basiskonzepte

- helfen, das biologische Wissen zu strukturieren.
- zeigen die vielfache Vernetzung der biologischen Themen auf.
- Eine Übersicht über die Basiskonzepte befindet sich auf der Seite 7.

Methoden

- stellen fachspezifische Arbeitstechniken vor, die den Erkenntnisgewinn unterstützen.

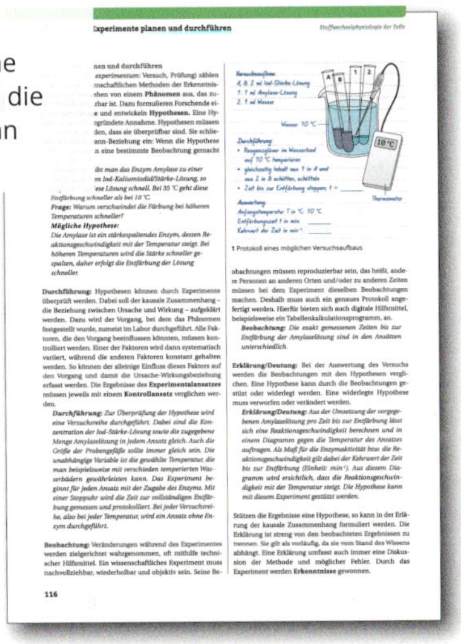

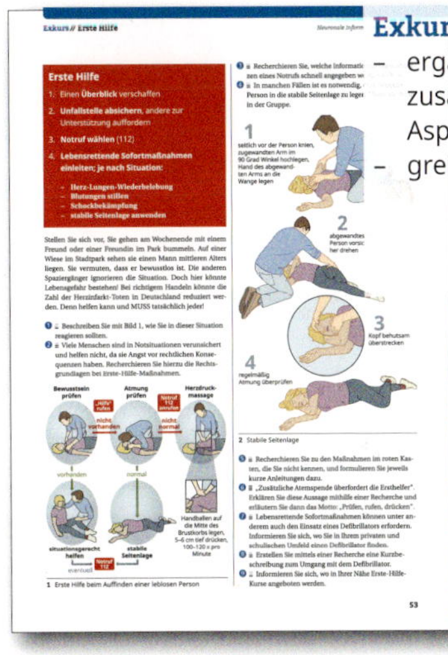

Exkurse

- ergänzen das Thema durch zusätzliche interessante Aspekte.
- greifen aktuelle Inhalte auf.

Wissen kompakt

- fasst wesentliche Inhalte des Kapitels in strukturierter Form zusammen.
- ermöglicht eine gezielte Wiederholung des Lernstoffes und eine Selbstüberprüfung.

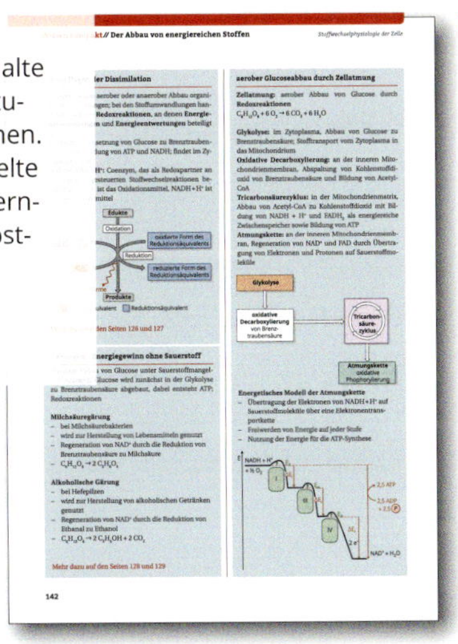

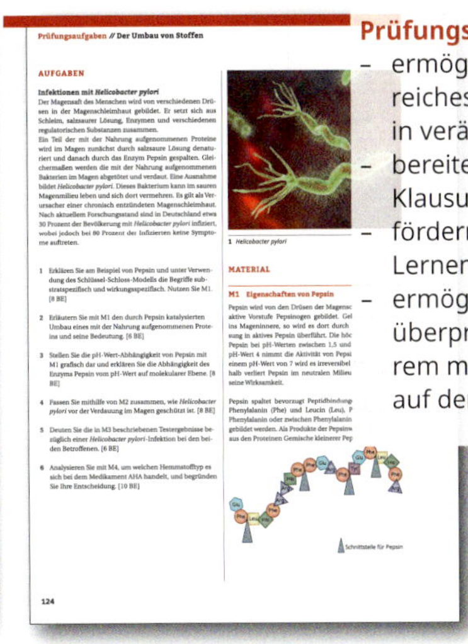

Prüfungsaufgaben

- ermöglichen ein variantenreiches Üben von Aufgaben in veränderten Kontexten.
- bereiten gezielt auf Klausuren vor.
- fördern nachhaltiges Lernen.
- ermöglichen eine Selbstüberprüfung unter anderem mithilfe der Lösungen auf den Seiten 234 bis 240

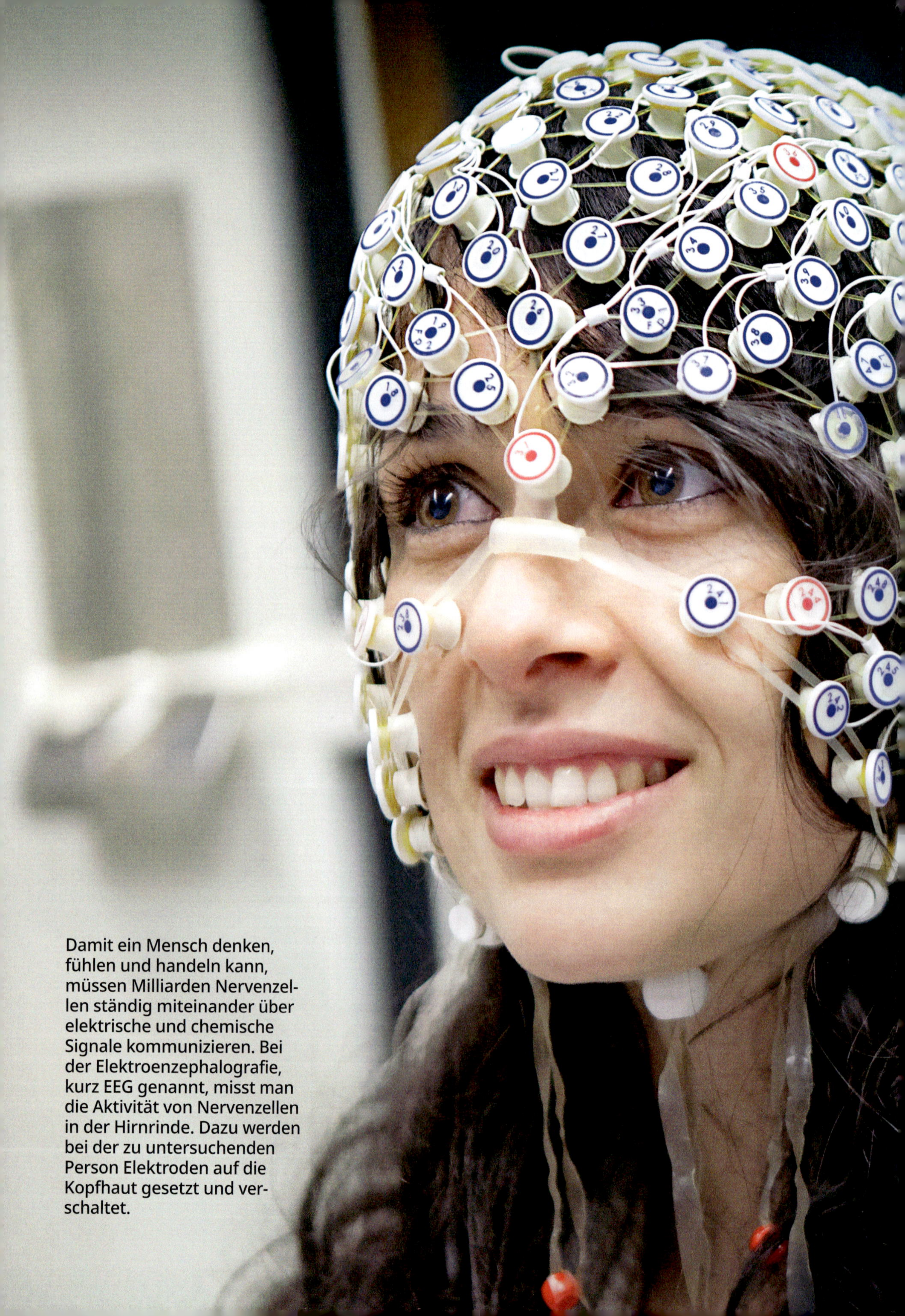

Damit ein Mensch denken, fühlen und handeln kann, müssen Milliarden Nervenzellen ständig miteinander über elektrische und chemische Signale kommunizieren. Bei der Elektroenzephalografie, kurz EEG genannt, misst man die Aktivität von Nervenzellen in der Hirnrinde. Dazu werden bei der zu untersuchenden Person Elektroden auf die Kopfhaut gesetzt und verschaltet.

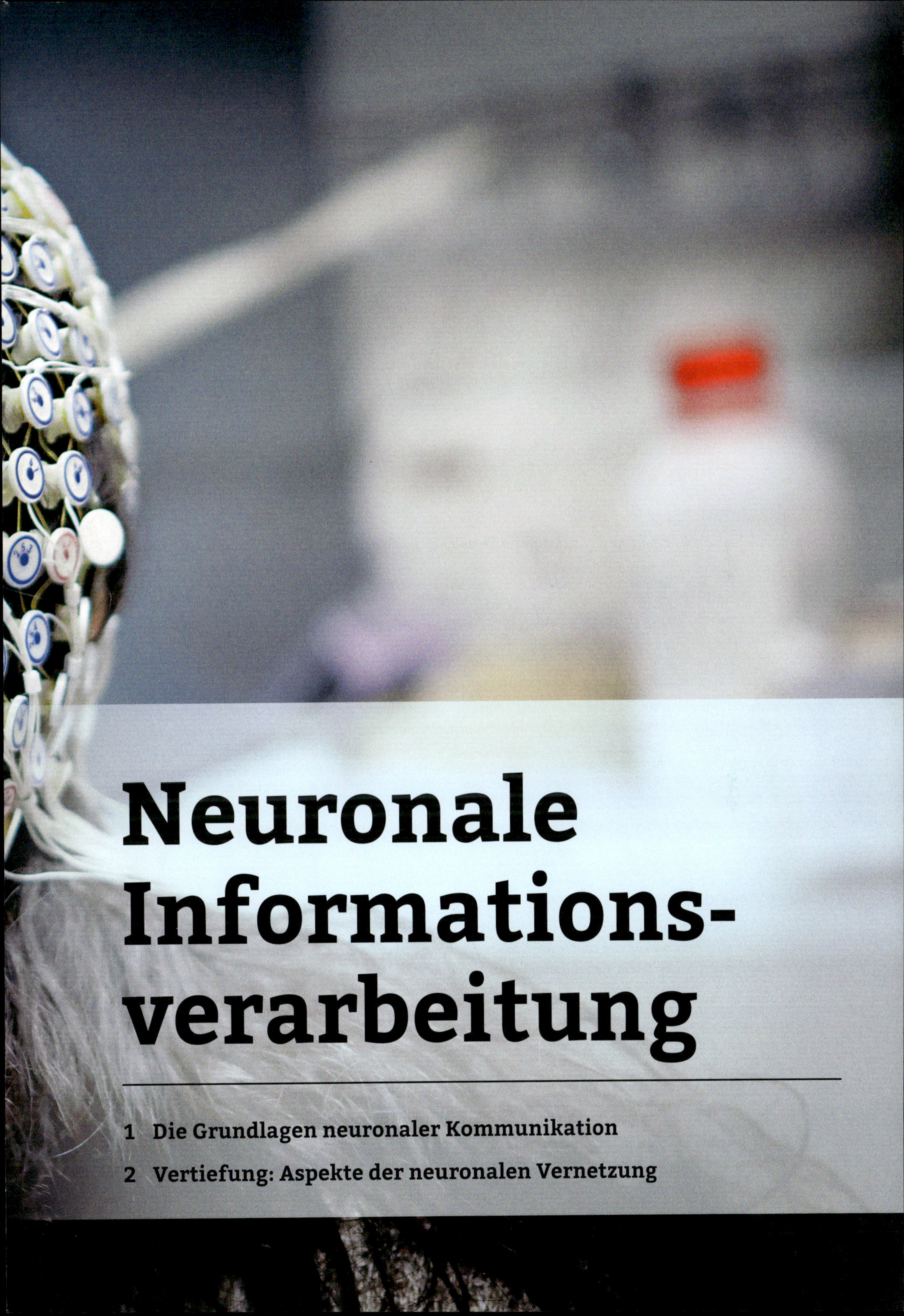

Neuronale Informations-verarbeitung

1 Die Grundlagen neuronaler Kommunikation

2 Vertiefung: Aspekte der neuronalen Vernetzung

1 Die Grundlagen neuronaler Kommunikation

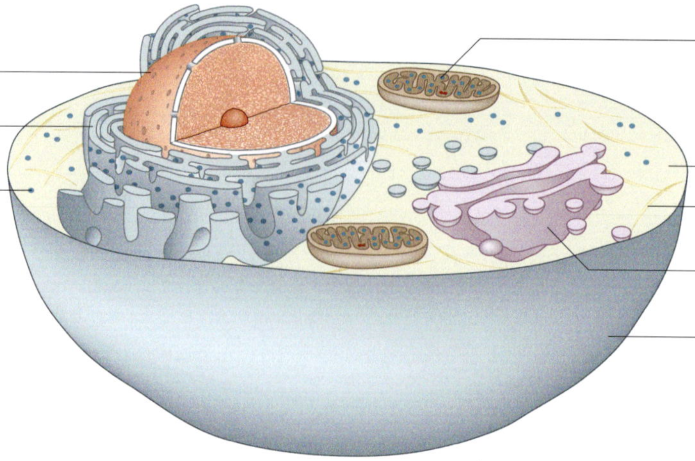

1 Modell einer tierischen Zelle

Information:
Für „Zytoplasma" findet man auch die fachsprachliche Schreibweise „Cytoplasma" oder die deutsche Bezeichnung „Zellplasma".

1.1 Der Feinbau von Zellen

Zellen sind die grundlegenden Struktureinheiten der Lebewesen. Wie sind sie aufgebaut und welche Strukturen befinden sich im Inneren?

Grundlegender Aufbau tierischer Zellen
Erste Erkenntnisse über den Bau von Zellen wurden mithilfe lichtmikroskopischer Untersuchungen gewonnen. Tierische und pflanzliche Zellen weisen einige Gemeinsamkeiten auf. Sie sind von einer Zellmembran umgeben, besitzen einen Zellkern und sind von Zytoplasma ausgefüllt. Sie sind den eukaryotischen Lebewesen zuzuordnen. Weitere Zellorganellen werden im Elektronenmikroskop erkennbar.

Einige Zellorganellen wie die Zellwand, die Chloroplasten (→ **Seite 89**) und die Vakuole findet man nicht in tierischen Zellen.

1 ☰ Begründen Sie, warum man in Pflanzenzellen kein ausgeprägtes Zytoskelett findet.

Materialgebundene Aufgabe

2 Zellbestandteile unter dem Elektronenmikroskop

Zahlreiche Zellbestandteile tierischer und pflanzlicher Zellen, zum Beispiel Zellkerne (Durchmesser bei Säugern etwa 5–10 µm) oder Mitochondrien (Länge bis 10 µm), sind erst in ultradünnen Schnitten unter dem Elektronenmikroskop sichtbar, da sie zu klein sind, um bei der Vergrößerung eines Lichtmikroskops schon erkennbar zu sein.

a) ☰ Benennen Sie die in den Abbildungen **A–E** dargestellten Zellbestandteile. Nutzen Sie zum Vergleich Abbildung 1.

b) ☰ Beschreiben Sie in einer Tabelle jeweils den Feinbau und die Funktionen der Zellbestandteile **A–E**. Recherchieren Sie in analogen oder digitalen Medien.

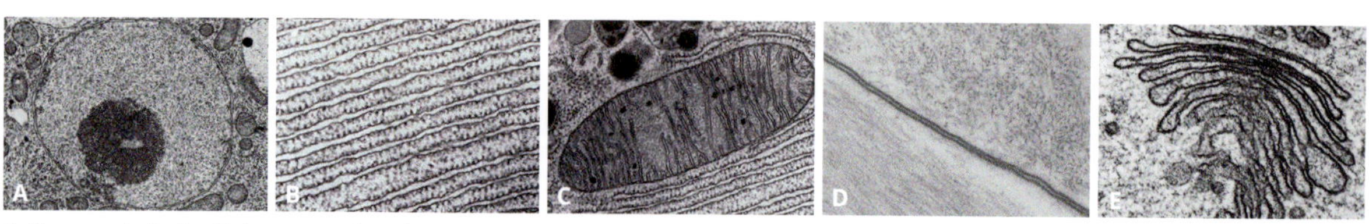

Zellbestandteile im Elektronenmikroskop

Zellen verschiedener Gewebetypen
Jeder vielzellige Organismus besitzt verschiedene spezialisierte Zelltypen, die jeweils eine bestimmte Funktion übernehmen. Verbünde von Zellen mit einer gemeinschaftlichen Funktion bezeichnet man als Gewebe. Diese können durch durch enge Zusammenarbeit der Zellen komplexere Aufgaben übernehmen.

❸ ☰ Nennen Sie die verschiedenen Organisationsebenen mit je einem Beispiel am menschlichen Körper.

Bei Tieren, wie dem Menschen, werden vier Grundgewebetypen unterschieden: Epithelgewebe, Bindegewebe, Muskelgewebe und Nervengewebe.
Das **Epithelgewebe** überzieht die Körperoberfläche und kleidet innere Körperhöhlen wie den Darm oder die Atemwege aus. Somit begrenzt das Epithelgewebe den Körper eines Organismus gegenüber der Umwelt. Um diese Aufgabe zu erfüllen, liegen die Zellen des Epithelgewebes ohne Abstände sehr dicht aneinander.
Das **Bindegewebe** ist locker aufgebaut. Die Zellen sind locker in eine Grundsubstanz eingebettet. Somit können Organe gut umhüllt und gestützt werden.
Lang gestreckte Zellen bilden das **Muskelgewebe**. Diese Zellen können sich kontrahieren und erschlaffen. Man unterscheidet die quergestreifte, willentlich steuerbare Skelettmuskulatur von der glatten Eingeweidemuskulatur wie beispielsweise der Herzmuskulatur. Diese ist nicht willentlich steuerbar.
Das **Nervengewebe** setzt sich aus zwei Zelltypen zusammen, den Nerven- und den Gliazellen. Während Nervenzellen der Aufnahme, Verarbeitung und Weiterleitung von Signalen dienen, sind Gliazellen für die Isolation und Versorgung der Nervenzellen zuständig.

Materialgebundene Aufgabe

❹ Gewebetypen unter dem Lichtmikroskop

Fertigt man von tierischen Geweben Schnittpräparate an, so erkennt man nach dem Anfärben die Zellen der Gewebe sehr gut. Diese unterscheiden sich deutlich in ihrer Form.

a) ☰ Beschreiben Sie die Form der Zellen in den Abbildungen **A–D**.
b) ☰ Ordnen Sie die Abbildungen **A–D** begründet den vier Grundgewebetypen eines Menschen zu.
c) ☰ Der Darm als Organ setzt sich aus mehreren Geweben zusammen. Zählen Sie nach einer Recherche beteiligte Gewebe auf und erklären Sie die Notwendigkeit dieser Zusammenarbeit auch unter Bezug auf den jeweiligen Aufbau der Gewebezellen.
d) ☰ In der rechten Abbildung sind zwei Blutgefäße zu sehen. Benennen Sie das obere Blutgefäß nach einer Recherche begründet als Arterie oder Vene.
e) ☰ Vergleichen Sie den Aufbau des Gewebes Blut (rechte Abbildung) mit den Geweben der Bilder **A–D** (links). Diskutieren Sie zu zweit die Zuordnung von Blut zu einem der vier Grundgewebetypen.
f) ☰ Erklären Sie am Beispiel der Zelldifferenzierung den Zusammenhang zwischen Struktur und Funktion.

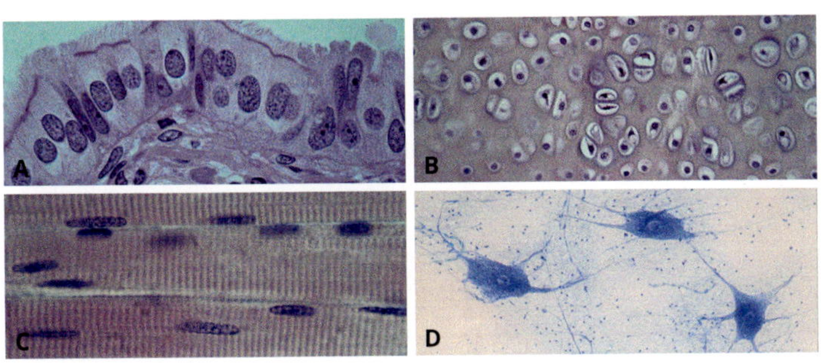

Lichtmikroskopische Aufnahmen verschiedener tierischer Gewebetypen (angefärbt)

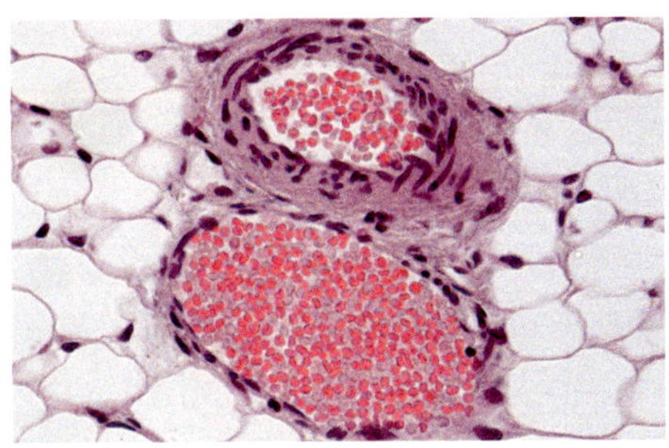
Lichtmikroskopische Aufnahmen (Querschnitt, angefärbt) zweier Blutgefäße

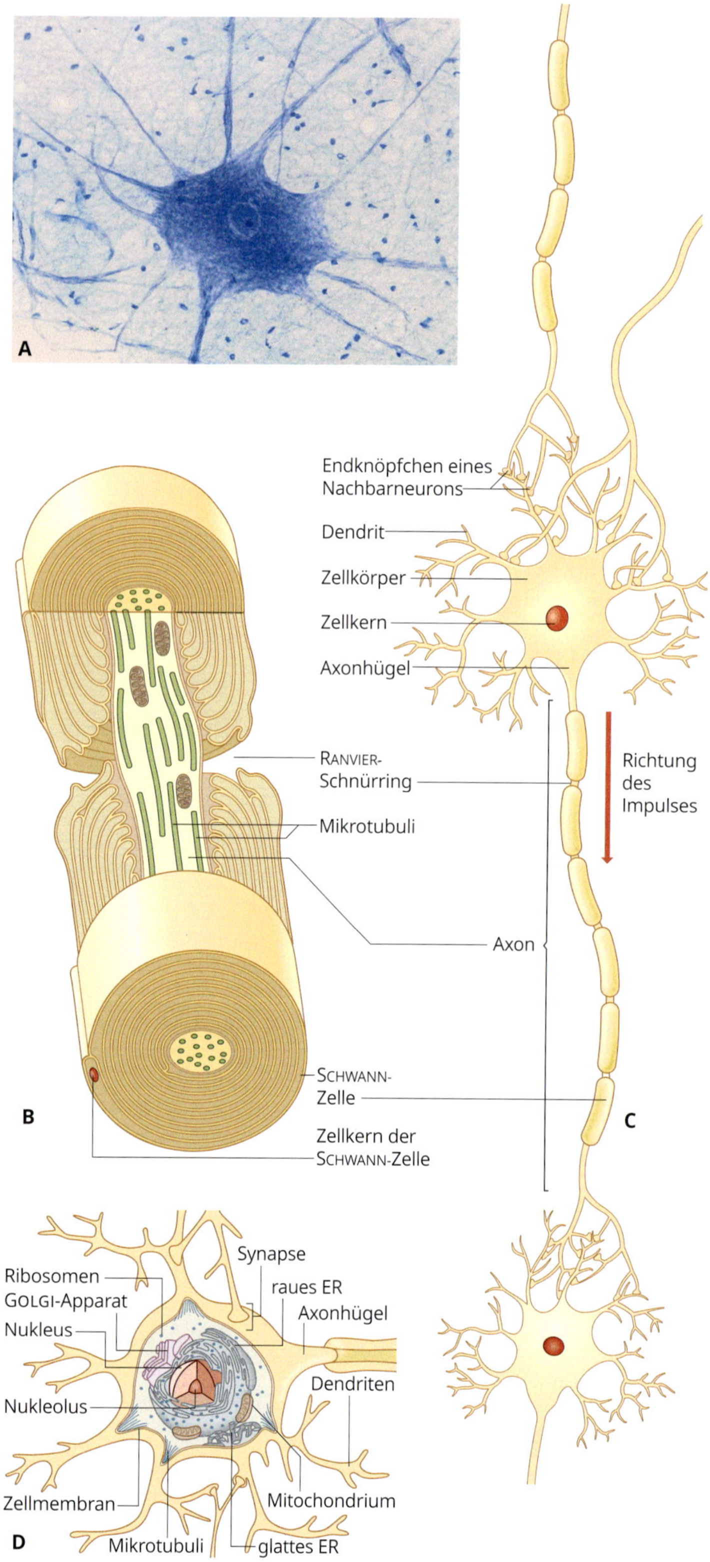

1 Nervenzelle. A Zellkörper (LM-Aufnahme, angefärbt); **B** Axon mit Markscheide (Schema); **C** Grundbauplan eines Neurons (Schema); **D** Zellkörper mit Zellbestandteilen

1.2 Der Bau und die Funktionen von Nervenzellen

Nervenzellen sind auf Erregungsleitung spezialisierte tierische Zellen. Wie hängt ihre Struktur mit ihrer Funktion, der Weitergabe von Informationen, zusammen?

Das Nervensystem

Mehrere Milliarden miteinander vernetzte Nervenzellen, die **Neuronen**, sorgen im menschlichen Körper für die Informationsweiterleitung. Sie erfolgt von den Sinnesorganen zum Gehirn und vom Gehirn zu den Organen und zur Körperperipherie. Dabei bilden Gehirn und Rückenmark das **Zentralnervensystem**, das über das **periphere Nervensystem** mit dem übrigen Körper kommuniziert. **Gliazellen** (griech. *glia*: Leim, → **Exkurs Seite 15**) unterstützen die Arbeit der Nervenzellen.

1 Erstellen Sie ein Flussdiagramm einer Reiz-Reaktionskette, wenn jemand nach Rufen seines Namens den Kopf in die entsprechende Richtung dreht.

Der Bau von Nervenzellen

Nervenzellen sind hochspezialisierte Zellen. Sie empfangen Informationen, wandeln sie in elektrische Signale, sogenannte **Nervenimpulse**, um und übermitteln diese an andere Nervenzellen, Drüsenzellen oder Muskelzellen. Nervenzellen sind in Größe und Form sehr unterschiedlich. Sie sind aber stets in den **Zellkörper** und Zellfortsätze gegliedert. Der Zellkörper enthält den Zellkern und einen Großteil der Zellorganellen, die für das Überleben und Funktionieren der Nervenzelle notwendig sind. Hier werden zum Beispiel notwendige Proteine an den Ribosomen synthetisiert und über das Zytoskelett in die nahezu organellfreien Zellfortsätze transportiert. Aber auch die Zersetzung von Abfallstoffen aus den Zellfortsätzen findet in den Lysosomen im Zellkörper statt (→ **Seite 17**). Hierbei unterscheidet man zwei Arten von Fortsätzen. Zum einen die fein verästelten **Dendriten** (griech. *Dendron*: Baum), die elektrische Impulse von anderen Nervenzellen an ihren Spitzen aufnehmen und diese zum Zellkörper leiten. Zum anderen gibt es das lange, über weite Strecken unverzweigte **Axon**. Es entspringt am **Axonhügel** und verzweigt sich erst an seinem Ende vielfach. Das Ende jeder Verzweigung bildet ein **Endknöpfchen**, das den Kontakt zur Folgezelle herstellt.

Viele Axone von Wirbeltiernervenzellen, somit auch des Menschen, sind von einer Schicht aus Myelin umhüllt. Diese für Wasser und Ionen undurchlässige Hülle wird **Myelinscheide** genannt. Für ihre Bildung sind im Körper verschiedene Gliazelltypen verantwortlich. In Gehirn und Rückenmark wird diese Hüllschicht von Oligodendrozyten, in den übrigen Körperregionen von den **Schwann-Zellen** gebildet. Im Gehirn übertrifft die Zahl an Gliazellen die Zahl an Nervenzellen um ein Vielfaches. Zwischen den Schwann-Zellen bleiben im Abstand von etwa ein bis zwei Millimetern schmale Bereiche, die **Ranvier-Schnürringe**, frei von einer Hülle.

2 Vergleichen Sie die Struktur und Funktion der Dendriten und des Axons.

3 Benennen Sie alle in der Abbildung **1A** erkennbaren Zellbestandteile. Erklären Sie, warum nicht alle Zellorganellen erkennbar sind.

Ein Axon mit Myelinscheide wird als **Nervenfaser** bezeichnet. Mehrere von einer Bindegewebshülle zu einem Bündel zusammengefasste Nervenfasern bezeichnet man als **Nerv**. Der längste Nerv im menschlichen Körper ist der über einen Meter lange Ischiasnerv, der vom unteren Rücken bis zu den Füßen verläuft.

Funktion von Nervenzellen

Aufgabe der Nervenzellen ist die Weiterleitung von Informationen. Dies erfolgt von den Sinnesorganen wie dem Ohr oder Auge zum Gehirn über **afferente** Nervenfasern. **Efferente** Nervenfasern leiten die Informationen des Gehirns in jeden Teil des Körpers, zum Beispiel zu einem Erfolgsorgan. Dabei erfolgt die Informationenweitergabe bei Nervenzellen weitgehend über zwei unterschiedliche Signaltypen:

- Elektrische Signale, sogenannte **Nervenimpulse**, können sehr schnell und über weite Strecken entlang der Zellmembran geleitet werden. Dies wird durch das Vorhandensein spezifischer Ionenkanäle und Ionenpumpen (→ **Seite 32 ff.**) in der Nervenzellmembran ermöglicht.
- Chemische Signale in Form von Botenstoffen treten an der Kontaktstelle zwischen einem Axonendknöpfchen und einer Folgezelle, der **Synapse**, auf (→ **Seite 36 ff.**). Mithilfe dieser Botenstoffe erfolgt häufig die Übertragung der Informationen von einer Nervenzelle auf eine Folgezelle.

4 Erläutern Sie den Zusammenhang zwischen den strukturellen Besonderheiten der Nervenzellen und ihrer Funktion.

Exkurs // Gliazellen

„Gliazellen" ist ein Sammelbegriff für verschiedene Zelltypen, die zum Zeitpunkt ihrer Entdeckung als „Leim" zum Zusammenhalt der Nervenzellen gehalten wurden. Inzwischen wird immer deutlicher, dass Gliazellen an der Informationsübermittlung sehr aktiv beteiligt sind und eine höhere Anzahl an Gliazellen eine schnellere Informationsverarbeitung bewirkt.

Man kann die Gliazellen in drei funktionell und strukturell verschiedene Zelltypen unterteilen. Die **Astrozyten** bilden den Hauptanteil, etwa 80 Prozent, des Gehirns und sind sternförmig gebaut. Sie sind vor allem an Synapsen (→ **Seite 36 ff.**) zu finden und dort durch die Ausschüttung bestimmter Neurotransmitter an der Informationsweitergabe direkt beteiligt. Zudem sorgen sie für die Flüssigkeitsregulation im Gehirn. **Oligodendrozyten** und **Schwann-Zellen** lagern sich um Axone, isolieren diese elektrisch und versorgen sie. Diese Gliazelltypen werden als **Makrogliazellen** zusammengefasst. Daneben gibt es noch **Mikrogliazellen**. Diese reagieren wie Zellen des Immunsystems auf Erreger, Gifte und abgestorbene Zellen sowie Verletzungen. Zu diesen bewegen sich die vorher ruhenden Zellen aktiv und beginnen mit ihrer Abwehr- und Aufräumfunktion.

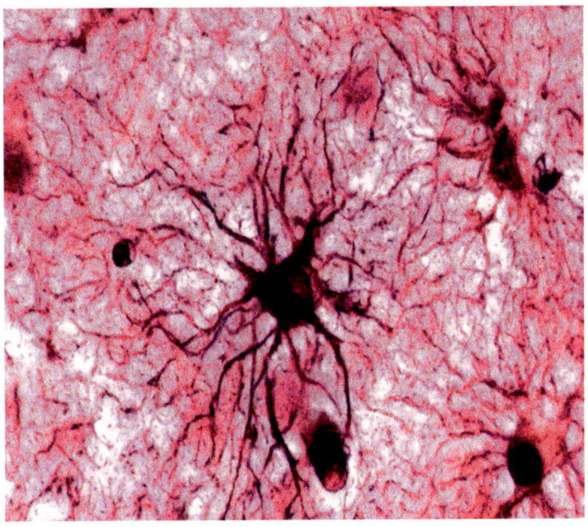

1 Astrozyten

Informieren Sie sich über die Bildung der Myelinscheide durch Schwann-Zellen. Erstellen Sie ein einfaches, anschauliches Modell zu diesem Vorgang.

1.3 Der Bau und die Funktionen von Biomembranen

Wie sind Biomembranen auf Teilchenebene aufgebaut und wie findet ein Stoffaustausch über diese Grenzschicht hinweg statt?

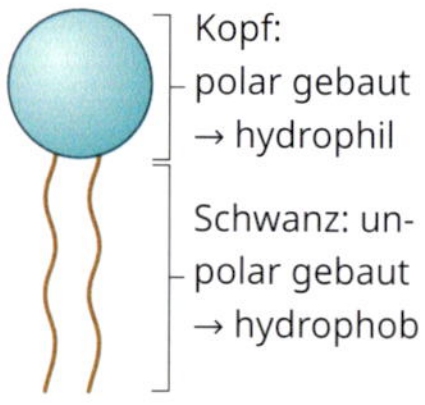

1 Schema eines Phospholipid-Moleküls

Biomembranen in Zellen

Biomembranen, die circa 60 bis 90 Prozent der Trockenmasse von Zellen ausmachen, grenzen als äußerste Schicht das Innere von Zellen gegenüber ihrer Umgebung ab. Aber auch innerhalb von Zellen finden sich Biomembranen. Diese bilden jeweils eine Grenzschicht zwischen Zellorganellen wie Mitochondrien, Lysosomen oder dem Zellkern und dem Zellplasma. So entstehen unterschiedliche **Kompartimente**, also Bereiche mit spezifischen Reaktionsbedingungen.

Phospholipide bilden Biomembranen

Eine Membran ist eine dünne Hülle, die eine abgrenzende Funktion hat. In Organismen wird diese Hülle vorwiegend aus **Phospholipiden** gebildet. Diese weisen einen zweigeteilten Molekülbau auf. Der Kopfteil ist polar gebaut und damit wasserliebend, hydrophil. Im Gegensatz dazu ist der Schwanzteil unpolar gebaut und somit wassermeidend, hydrophob. Aufgrund der zwischen hydrophilen Stoffen beziehungsweise Bereichen herrschenden starken zwischenmolekularen Anziehungskräfte lagern sich in Biomembranen die Phospholipidmoleküle zu einer Doppelschicht, der **Phospholipid-Doppelschicht**, zusammen. Darin sind jeweils die hydrophilen „Köpfe" nach außen zum wässrigen Umgebungsmedium hin, die hydrophoben „Schwänze" zueinander orientiert.

1 ≡ Vergleichen Sie ein Phospholipid- mit einem Fettmolekül.

2 ≡ Skizzieren und erläutern Sie die Anordnung von Phospholipidmolekülen auf einer Öloberfläche.

Das Flüssig-Mosaik-Modell

Neben den Phospholipiden bilden Proteine den zweiten wichtigen Baustein von Biomembranen. Manche Proteine sind auf die Phospholipid-Doppelschicht aufgelagert. Sie werden als **periphere Proteine** bezeichnet. Im Vergleich dazu reichen **integrale Proteine** von der einen bis zur anderen Membranseite, **halbintegrale Proteine** tauchen auf der einen Seite in die Membran ein, durchdringen sie aber nicht vollständig. Zwischen diesen Proteinen und den Phospholipiden wirken ebenfalls Anziehungskräfte, die dafür sorgen, dass der Kontakt bestehen bleibt.
Allerdings sind diese Kräfte zu schwach, um die Teilchen an festen Plätzen zu fixieren. Vielmehr können die Teilchen einer Biomembran die Plätze wechseln und tauschen. Dies ist im Teilchenmodell typisch für den flüssigen Aggregatzustand und hat zum Namen **„Flüssig-Mosaik-Modell"** für diese Modellvorstellung von Biomembranen geführt.

Typisch für die Membranen von Zellen sind zwei Besonderheiten. Ihre integralen Membranproteine stehen auf der Innenseite mit dem

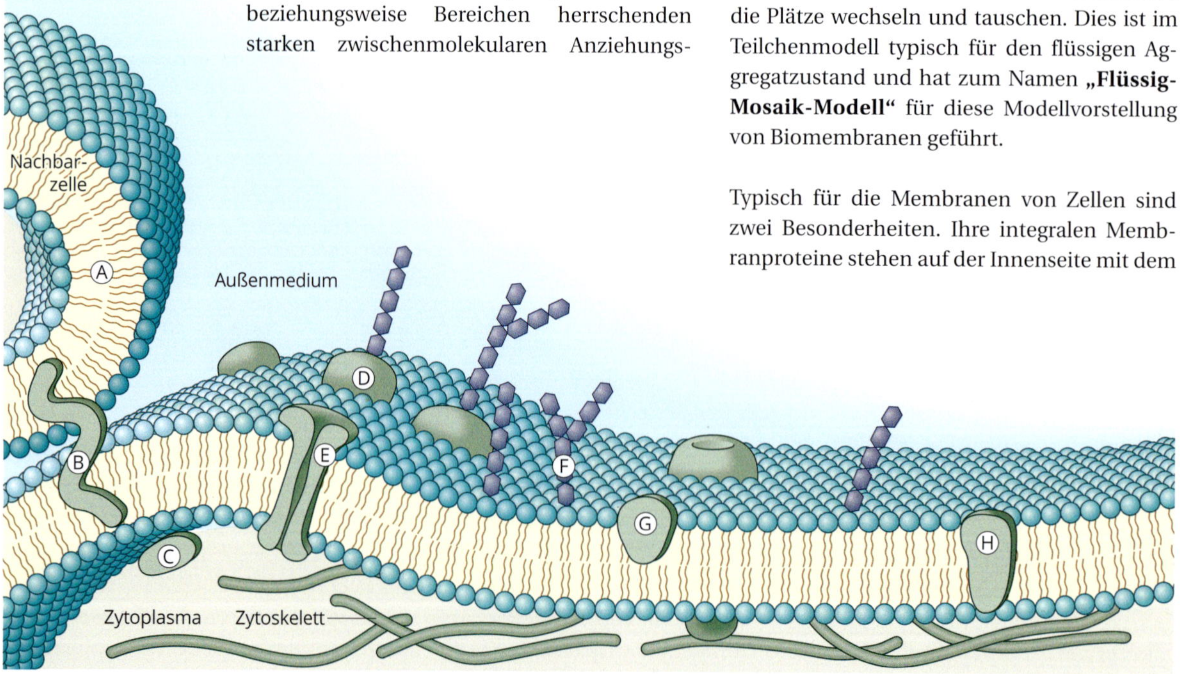

2 Flüssig-Mosaik-Modell der Zellmembran

Zytoskelett in Verbindung. Auf der Außenseite sind die Membranproteine und Phospholipide häufig mit Ketten aus Zuckermolekülen verknüpft. Man spricht von **Glykoproteinen** und **Glykolipiden**.

❸ Benennen Sie die Strukturen A–H in Abbildung 2 (✎) auf Seite 16.

❹ Sticht man mit einer dünnen Nadel in eine Zelle, so bleibt an der Einstichstelle nach dem Herausziehen der Nadel kein Loch. Erklären Sie diese Beobachtung.

Transportvorgänge in Zellen

In eukaryotische Zellen müssen häufig Stoffe von einem Kompartiment zu einem anderen transportiert werden Diese Aufgabe übernimmt im Wesentlichen ein ausgedehntes inneres Membransystem, das aus dem **Endoplasmatischen Retikulum (ER)** und dem **Golgi-Apparat** besteht.

Der Transport der Stoffe zwischen den einzelnen Teilen des Membransystems und den Bestimmungsorten erfolgt durch kleine, von Membran umgebene Bläschen, den Vesikeln. Diese entstehen, indem sich ein Teil der Biomembran einstülpt und schließlich abschnürt. Dieser Vorgang wird durch die Beweglichkeit der Phospholipide in der Membran möglich. Die Oberfläche dieser Vesikel ist mit Proteinen besetzt, die je nach Bestimmungsort variieren. Die Verpackung von Stoffen in solche Vesikel findet im ER statt. Von dort nehmen sie häufig den Weg zum Golgi-Apparat, der eine Art Schaltstelle des Stofftransports darstellt und wesentlich am Export von Stoffen aus der Zelle, der **Exocytose**, beteiligt ist. Die vom ER kommenden Vesikel verschmelzen mit der Membran des Golgi-Apparats. Die in den Vesikeln verpackten Stoffe gelangen so in dessen Innenraum. Dort werden sie sortiert, teilweiter verändert, und in Golgi-Vesikel verpackt. In diesen gelangen die Stoffe an ihren Bestimmungsort.

❺ Recherchieren Sie die Aufgaben von ER und Golgi-Apparat.

❻ Vergleichen Sie den Transport von Stoffen in einer Zelle mit einem Paketversand.

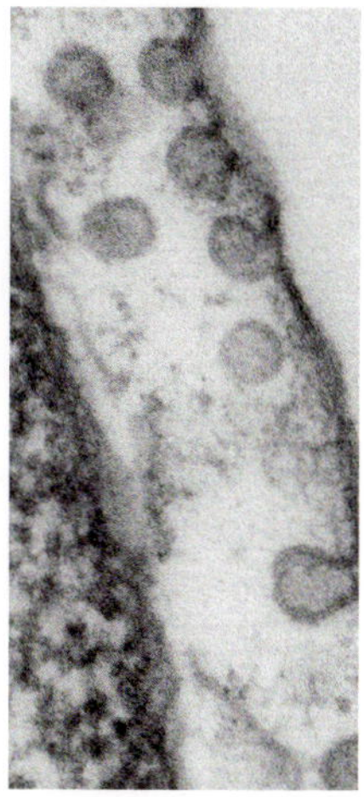

3 Vesikelabschnürung

Materialgebundene Aufgabe

❼ Intrazellulärer Transport von Proteinen

In einer Nervenzelle werden bestimmte Proteine exportiert. Andere Proteine werden innerhalb der Zelle, zum Beispiel zum Endknöpfchen, transportiert oder in den Lysosomen zerlegt und die Bestandteile weiterverwertet.

a) Beschreiben Sie anhand der Abbildung **A** den Transportweg eines Proteins ausgehend von den Ribosomen des rauen ER bis zur Exocytose.

b) Erläutern Sie mithilfe der Abbildung **B**, wie gewährleistet ist, dass Proteine durch Vesikel an die vorgesehene Stelle geliefert werden.

c) Der Transportweg von Proteinen wurde an Hefezellen aufgeklärt, bei denen er an jeweils verschiedenen Stellen defekt war. Infolgedessen sammelten sich Proteine, die für die Exocytose bestimmt waren, in Zellbestandteilen an. Erklären Sie, an welchen Stellen des Transportweges sich Proteine anhäufen, wenn die Rezeptor-Moleküle für Golgi-Vesikel an der Zellmembran oder für ER-Vesikel am Golgi-Apparat defekt sind.

d) Die Vesikel selbst sind unbeweglich. Sie werden durch Bestandteile des Zytoskeletts transportiert. Recherchieren Sie zu diesem Transportvorgang und präsentieren Sie ihre Ergebnisse in der Gruppe.

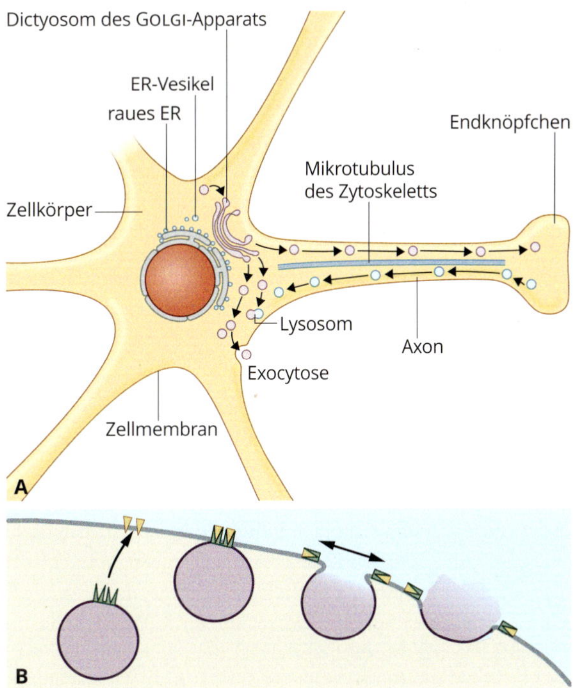

Modelle verändern sich

Biomembranen sind nicht mit bloßem Auge sichtbar und auch durch Hilfsmittel wie Mikroskop und Experiment nicht in ihrer Gänze untersuchbar. Um sie beschreiben und darstellen zu können, werden im naturwissenschaftlichen Erkenntnisprozess Modelle verwendet. Da bei der Modellierung bestimmte Aspekte bewusst hervorgehoben und andere vernachlässigt werden, stellen diese somit eine abstrahierte Darstellung des aktuellen Wissensstandes dar. Neue experimentelle Befunde können ein bisher verwendetes Modell bestätigten und stützen, oder dazu führen, dass es geändert, erweitert oder durch ein neues Modell ersetzt wird. Beispielhaft wird dies an der Entwicklung der Membranmodelle deutlich.

Der Weg zum ersten Membranmodell

1896 stellte Ernst OVERTON fest, dass hydrophobe Stoffe leichter in Zellen aufgenommen werden als hydrophile. Er schlussfolgerte, dass die Zellmembranen aus Lipiden bestehen müssen. Irving LANGMUIR erkannte im Jahr 1917, dass Lipide auf einer Wasseroberfläche einlagige Molekülschichten bilden. Diese Erkenntnis war aber ungeeignet, um die Anordnung der Lipidmoleküle in Zellmembranen zu beschreiben, da diese auf beiden Seiten von wässrigen Lösungen umgeben sind. Everet GORTER und Francois GRENDEL stellten 1925 bei Untersuchungen der Erythrozytenmembran fest, dass deren Fläche etwa doppelt so groß ist wie die Oberfläche der Erythrozyten. Sie erkannten, dass Biomembranen aus einer Lipiddoppelschicht bestehen und formulierten das **Bilayer-Modell**.

Weiterentwicklung zum Flüssig-Mosaik-Modell

Weitere Analysen von Zellmembranen zeigten, dass neben Lipiden auch Proteine in Membranen enthalten sind. Basierend auf diesen Erkenntnissen entwickelten James DANIELLI und Hugh DAVSON 1935 das **Sandwich-Modell**. Dieses besagt, dass die Lipiddoppelschicht beidseitig von Proteinen bedeckt ist. Gestützt wurde dieses Modell durch erste elektronenmikroskopische Aufnahmen in den 1950er-Jahren, die eine dreischichtige Struktur mit zwei dunklen Bereichen außen und einem helleren Bereich dazwischen zeigten.

Ab den 1960er-Jahren kamen Zweifel an diesem Modell auf. Einerseits waren die gefundenen Mengen an Proteinen nicht mit dem Modell vereinbar, andererseits zeigten viele Proteine auch eine viel geringere Wasserlöslichkeit als nach dem Modell nötig gewesen wäre. Seymour SINGER und Garth NICOLSON stellten im Jahr 1972 ein neues Modell vor, das die Membranproteine unregelmäßig und mosaikartig verteilt zeigt. Zudem treten periphere und integrale Proteine auf. C. FRYE und M. EDIDIN konnten im Jahr 1970 zeigen, dass die Membranproteine nicht starr an ihren Positionen verharren, sondern beweglich sind. Dies wurde im **Flüssig-Mosaik-Modell** berücksichtigt.

Aufgrund der Erkenntnis, dass Glykoproteine und -lipide etwa 10 % der Masse einer Biomembran ausmachen, wurde auch dieses Modell inzwischen erweitert. Weitere Forschungen zeigten, dass die Beweglichkeit von Proteinen in Plasmamembranen nicht unbegrenzt ist. Proteine können zum Beispiel durch Zell-Zell-Verbindungen oder die Anheftung an das Zytoskelett sowie durch die Aggregation mit anderen Proteinen relativ stark in bestimmten Bereichen der Membran fixiert sein. Diese Bereiche begrenzter Beweglichkeit finden sich auch bei Lipidmolekülen und sie wechseln mit Bereichen höherer Fluidität. In diesen starreren, als Flöße bezeichneten Bereichen finden sich häufig Proteine, die räumlich zusammenwirken. Man spricht deshalb vom **Lipid-Floß-Modell**.

Die Entwicklung der Membranmodelle zeigt, dass kein Modell Anspruch auf absolute Gültigkeit hat, sondern Neumodellierungen zur wissenschaftlichen Praxis gehören.

1 ≡ Stellen Sie in einem Ablaufschema die Entstehung des heute gültigen Membranmodells im Lauf der Zeit auf Grund der wegweisenden wissenschaftlichen Erkenntnisse dar.

2 Für die Biomembran wurden mehrfach Modelle zur Beschreibung entworfen.

a) ≡ Ordnen Sie die Abbildungen **A–C** den verschiedenen Modellen der Biomembran begründet zu.

b) ≡ Diskutieren Sie zu zweit die Vor- und Nachteile der jeweiligen Darstellungen der Modelle.

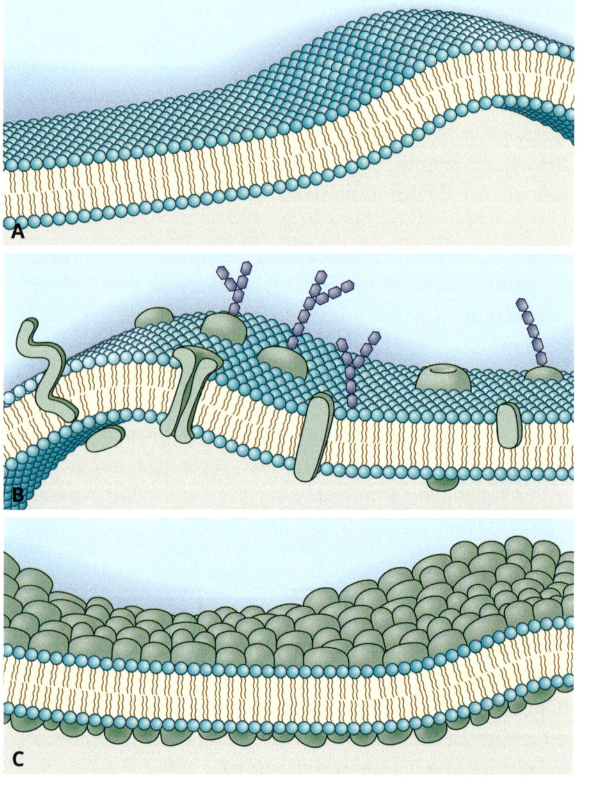

Membranrezeptoren

In die Biomembran integrierte Proteine erfüllen vielfältige Funktionen. Eine davon ist die Kommunikation mit anderen Zellen, die für die Zusammenarbeit der Zellen in vielzelligen Organismen unerlässlich ist. So wird Zellen zum Beispiel vermittelt, dass sie ruhen, sich teilen, differenzieren oder sterben sollen, je nachdem, wie es für das Gewebe oder den Organismus sinnvoll ist. Erreicht wird dies durch **Membranrezeptoren**. Dies sind Proteine, die die Biomembran durchqueren, auf der Außenseite eine Bindungsstelle für Signalmoleküle aufweisen und auf der zytoplasmatischen Innenseite ein Signal weiterleiten können.

Kontrolle der Zellteilung durch EGF

Die Kontrolle der Zellteilung erfolgt bei gesunden Zellen unter anderem über Botenstoffe. Einer der wichtigsten ist der epidermale Wachstumsfaktor, abgekürzt EGF (engl.: *epidermal* ***g****rowth* ***f****actor*). Nach der Bindung des EGF an den passenden Membranrezeptor, den EGF-Rezeptor, verändert sich dessen räumliche Struktur und dies löst in der Zelle eine Kette von Reaktionen aus. Diese Reaktionskette führt dazu, dass sich die Zelle teilt. Doch in manchen Tumorzellen funktioniert diese Kontrolle nicht.

Kontrollvermeidung bei Tumorzellen

Gesunde Körperzellen werden zu Tumorzellen, wenn die DNA einer Zelle etwa durch Mutation wie einem Kopierfehler derart verändert wird, dass sich die Zelle in einem Gewebe unkontrolliert teilt. Das bedeutet, eine Zelle teilt sich, obwohl sie von anderen Zellen nicht durch Botenstoffe dazu angeregt wird, oder weil sie auf Stoppsignale des Zellzykluskontrollsystems nicht mehr reagiert. Manche Tumorzellen weisen auf ihren Zelloberflächen eine krankhaft erhöhte Anzahl von EGF-Rezeptoren auf, wodurch die Wahrscheinlichkeit einer Bindung von EGF deutlich erhöht wird. Dies führt zu einer Aktivierung der Zellteilung und infolgedessen finden, im Vergleich zu ihren gesunden Nachbarzellen wesentlich mehr Zellteilungen statt. Andere Tumorzellen produzieren im Gegensatz zu gesunden Gewebezellen selbst Wachstumsfaktoren, die an ihre Rezeptoren binden. Als Folge dieser unkontrollierten Zellteilungen häufen sich Zellen an der betreffenden Stelle im Gewebe an. Es bildet sich ein Tumor. Bösartige Tumoren zeichnen sich außerdem dadurch aus, dass sich Zellen vom Tumor ablösen. Diese Zellen können in andere Körperteile, sogar in das Gehirn, gelangen, sich dort festsetzen und Tochtertumoren, **Metastasen**, bilden.

Tumortherapie mit Medikamenten

Manche Tumorerkrankungen werden heute mit Medikamenten behandelt, die gezielt in die Wirkung des EGF an Tumorzellen eingreifen. Voraussetzung für den Erfolg einer derartigen Behandlung ist, dass die Veränderung der Tumorzellen mit der Bindung von EGF zusammenhängt. Dies ist aber nicht bei allen Tumorarten der Fall.

1 ≡ Vergleichen Sie die Darstellungen des EGF-Rezeptors in Abbildung **1 A** und **B** mit **2 A.**

2 ≡ Ordnen Sie die beiden beschriebenen Tumorzelltypen den Abbildungen **2 B–D** zu und stellen Sie eine Hypothese zur Kontrollvermeidung bei einer weiteren Tumorzellvariante auf (Abb. **2 B–D**).

3 ≡ Erklären Sie die Wirkungsweise der medikamentösen Krebstherapien in Abbildung **3**.

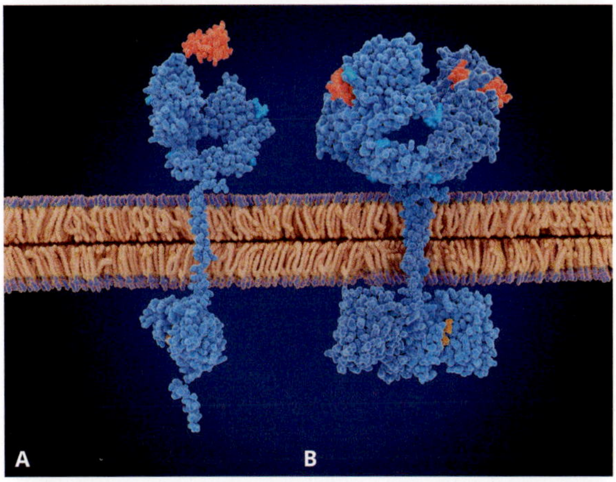

1 Epidermaler Wachstumsfaktor (EGF, rot) aktiviert den EGF-Rezeptor durch Bindung an ihn. A vor Bindung: inaktives Monomer; **B** nach Bindung von EGF: aktives Dimer

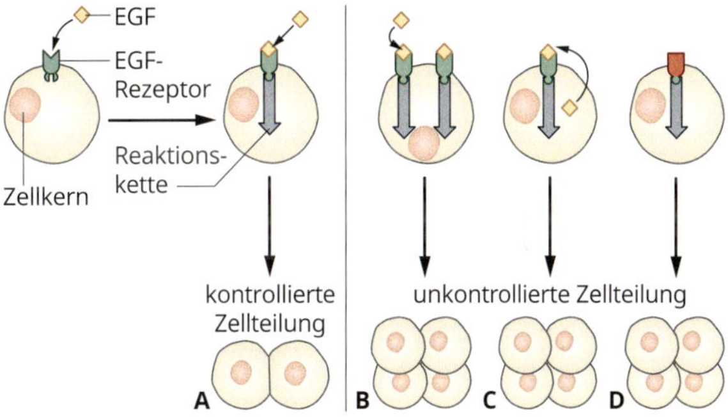

2 Zellteilungen. A kontrollierte Zellteilung; **B–D** unkontrollierte Zellteilungen bei Tumorzellen

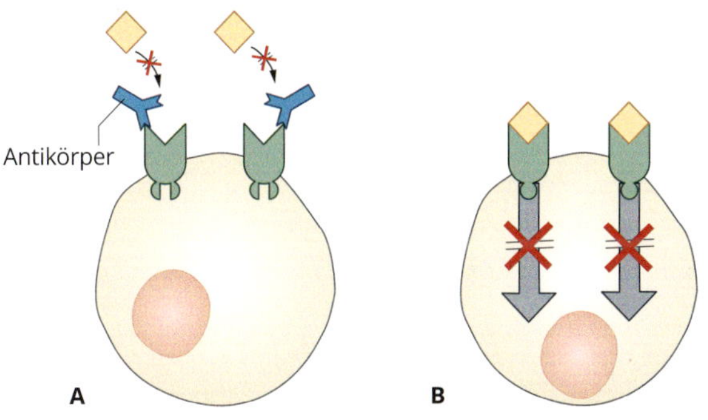

3 Wirkungsweisen von Krebs-Medikamenten

1.4 Stoffaustauschvorgänge an einer Biomembran

Biomembranen grenzen das Zellinnere gegenüber der Umgebung ab. Viele Zellfunktionen sind aber auf Stoffaustausch innerhalb einer Zelle und mit der Umgebung angewiesen. Wie wird dieser bewerkstelligt?

lat. *selectus*: ausgewählt; lat. *permeare*: durchdringen

Selektive Permeabilität der Biomembran

Biomembranen bestehen aus einer Doppelschicht von Phospholipidmolekülen. Da dabei die hydrophoben Teile der Moleküle aufeinandertreffen, sind Biomembranen nur für kleine, hydrophobe Teilchen durchlässig. Für Ionen und hydrophile Teilchen stellen Biomembranen eine nahezu unpassierbare Barriere dar, die nur durch zusätzliche Transportmechanismen überwunden werden kann. Da somit nur für bestimmte Teilchen eine Durchlässigkeit vorhanden ist, spricht man von **selektiver Permeabilität**. Stoffaustauschvorgänge sind einerseits für die Aufrechterhaltung eines spezifischen Zellmilieus nötig, andererseits müssen für viele Funktionen der Zelle bestimmte Stoffe aufgenommen und andere abgegeben werden. Derartige Stoffaustauschvorgänge findet zwischen den Kompartimenten einer Zelle, also zum Beispiel zwischen dem Zytoplasma und dem Mitochondrium genauso wie zwischen benachbarten Zellen statt.

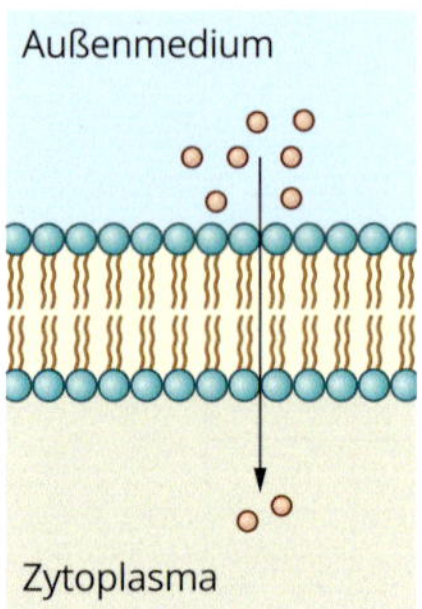

1 freie Diffusion durch eine Biomembran

1 ≡ Recherchieren Sie den Unterschied zwischen selektiv permeabel und semipermeabel.

2 ≡ Erstellen Sie mithilfe einer Recherche eine Tabelle, in der Sie die Zellorganellen nach der Anzahl der Membranen ordnen.

Freie Diffusion

Aus hydrophoben Teilchen oder kleinen, ungeladenen Molekülen aufgebaute Stoffe wie Gase können die Biomembran durch **freie Diffusion** passieren. Dabei folgen die Teilchen durch ihre Eigenbewegung einem Konzentrationsgefälle. Ist die Konzentration innerhalb und außerhalb der Membran gleich, endet der Teilchenstrom. Die ausgetauschte Teilchenmenge hängt von der Größe der Kontaktoberfläche, der Beweglichkeit der Teilchen, der Austauschzeit, der Temperatur, dem Konzentrationsunterschied und dem Feinbau der Membran ab.

Passiver Transport

Beim **passiven Transport** wechseln Moleküle von einer Seite der Membran auf die andere ohne Zufuhr von Energie. Dies geschieht entlang eines Konzentrations- oder Ladungsgefälles bis diese ausgeglichen sind. Dieser passive Transport erfolgt mithilfe von Membrantransportproteinen. Dadurch kann die Membran erleichtert, oder von größeren Molekülen und Ionen überhaupt, überwunden werden.

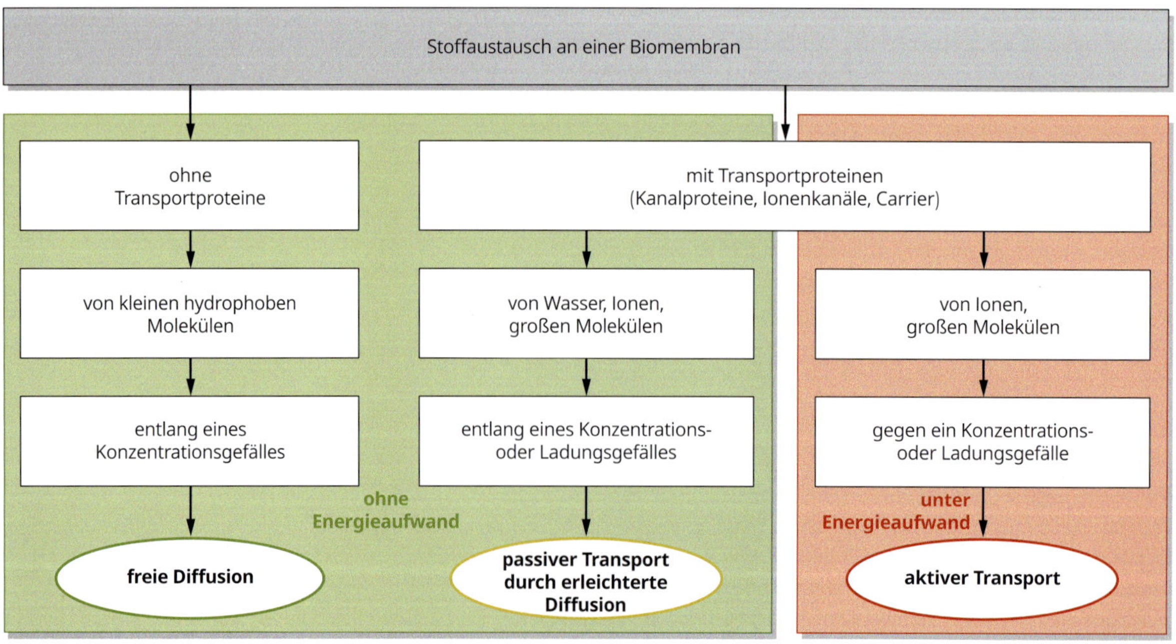

2 Übersicht – Stoffaustauschvorgänge an einer Biomembran

Materialgebundene Aufgabe

❸ Atemgasaustausch in der Lunge

Sauerstoff- und Kohlenstoffdioxidmoleküle werden zwischen dem Inneren der Lungenbläschen und dem Blut in den Lungenkapillaren ausgetauscht. Dabei müssen die Gasmoleküle die Biomembranen der respiratorischen Oberfläche passieren. Dies geschieht durch freie Diffusion. Dieser Vorgang hängt von der Konzentrations- beziehungsweise der Druckdifferenz des jeweiligen Gases ab. Der von einem Gas verursachte Druck wird in Form des Partialdrucks P_{Gas} angegeben.

a) ≡ Erklären Sie, warum Sauerstoffmoleküle durch Biomembranen diffundieren können.

b) ≡ Vergleichen Sie den Kohlenstoffdioxidpartialdruck im Lungenbläschen und im arteriellen Blut und erläutern Sie dann die Diffusion der Kohlenstoffdioxidmoleküle.

c) ≡ Stellen Sie eine Hypothese zur Höhe des Sauerstoffpartialdrucks im Blut der venösen Lungenkapillaren auf.

d) ≡ Erläutern Sie die Notwendigkeit eines Gasaustauschs im Lungenbläschen durch Atmung.

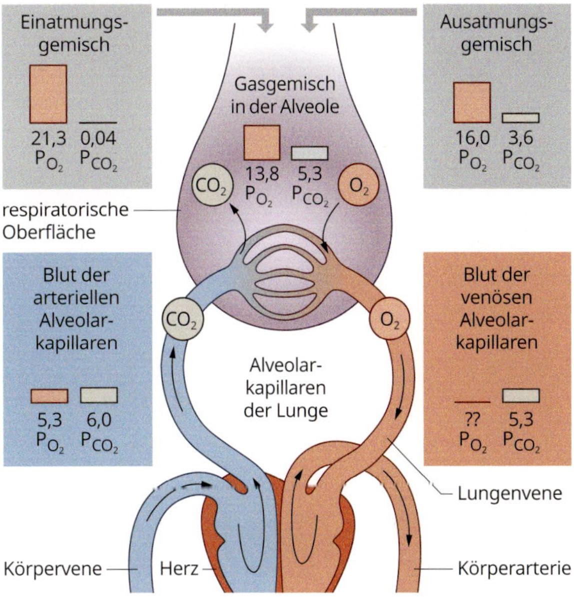

Erleichterte Diffusion durch Kanalproteine

Integrale Membranproteine, die von einem zentralen Kanal durchzogen werden, ermöglichen eine **erleichterte Diffusion** durch die Membran. Dabei hängt es von der Struktur des Kanals ab, welche Teilchen durch ihn diffundieren können. Durch **Aquaporine** genannte Kanäle können pro Sekunde etwa drei Milliarden Wassermoleküle diffundieren, aber keine anderen Teilchen. Ionenkanäle ermöglichen Ionen bestimmter Ladung oder auch bestimmter Größe den Durchtritt durch Biomembranen.

Bei einigen **Kanalproteinen** ist der Kanal ständig geöffnet und die Teilchen strömen in Abhängigkeit vom Konzentrationsgefälle durch die Membran. Bei anderen öffnet oder schließt sich der Kanal durch Konformationsänderung des Proteins als Reaktion auf ein bestimmtes Signal wie die Änderung des Lichts oder der Spannung. Man spricht von **spannungsgesteuerten** oder **lichtgesteuerten** Kanälen. Andere Kanäle öffnen sich nachdem bestimmte Moleküle, sogenannte **Liganden**, an einen Rezeptor gebunden haben. Dann spricht man von **ligandengesteuerten** Kanälen.

Erleichterte Diffusion durch Carrier

Als **Carrier** werden Transportproteine bezeichnet, die bei Bindung des passenden Liganden ihre Konformation so ändern, dass die gebundenen Teilchen dadurch auf die andere Seite der Biomembran gelangen (→ **Seite 22, Aufg. 5**). Dies findet nur dann statt, wenn alle Bindungsstellen des Transportproteins durch genau passende Moleküle besetzt sind. Dabei kann es sich um eine Teilchensorte oder unterschiedliche Teilchensorten handeln. Zum Beispiel bindet der für Glucose spezifische Carrier neben einem Glucosemolekül gleichzeitig zwei Natrium-Ionen. Nur wenn alle Bindungsstellen besetzt sind, erfolgt der Transport.

Der gekoppelte Transport zweier Stoffe wird **Cotransport** genannt. Es wird zwischen dem Transport beider Stoffe in die gleiche Richtung, dem **Symport**, und dem Transport in entgegengesetzter Richtung, dem **Antiport**, unterschieden.
Hierbei kann einer der beiden Stoffe sogar gegen ein Konzentrationsgefälle transportiert werden, wenn das Gefälle beim anderen Stoff entsprechend hoch ist. Ein Stofftransport gegen ein Konzentrations- oder Ladungsgefälle ist ansonsten passiv nicht möglich.

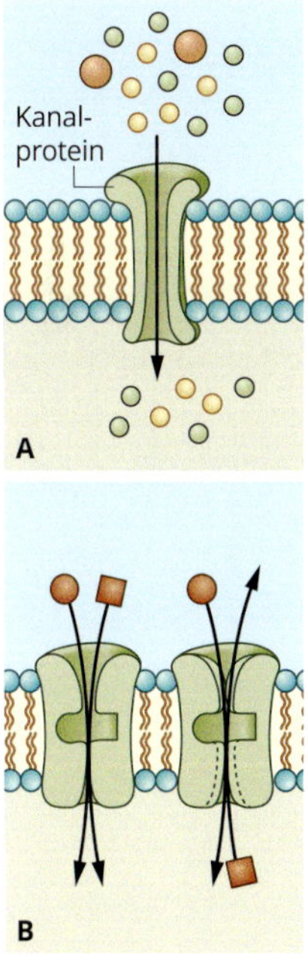

3 Erleichterte Diffusion. A Kanalprotein; **B** Carrier (Grundprinzip)

Aktiver Transport
Viele Stoffe werden in Zellen aufgenommen, obwohl ihre Konzentration dort schon höher ist, als im umgebenden Medium. Für Transportprozesse gegen ein Konzentrations- oder Ladungsgefälle müssen Zellen Energie durch ATP-Spaltung (→ **Seite 98 ff.**) bereitstellen. Wird für einen Transportvorgang Energie benötigt, spricht man von einem **aktiven Transport**. Die Energie wird aufgewendet, um die Teilchen des zu transportierenden Stoffes an den Carrier zu binden, dessen Konformation zu ändern und diese wieder abzulösen.
Neben der Möglichkeit, durch diesen aktiven Transport die Konzentration eines Stoffes in einer Zelle zu erhöhen, bietet er die Möglichkeit den Transportvorgang durch den Zellstoffwechsel zu steuern.

Materialgebundene Aufgaben

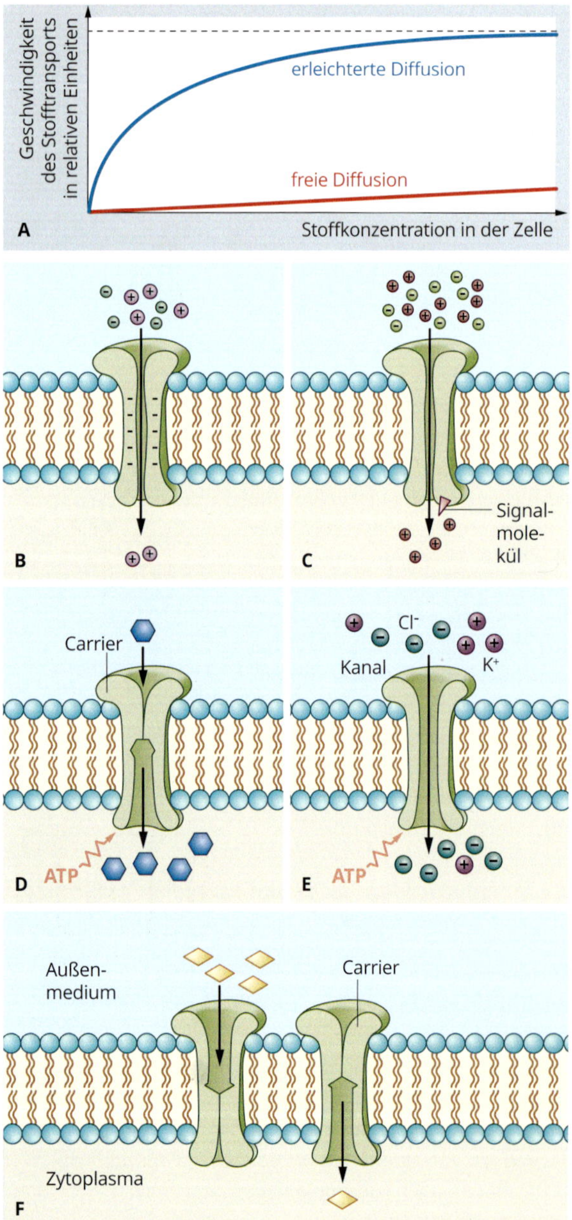

❹ VL Vergleich der Transportvorgänge

Zellen können innerhalb kürzester Zeit über die Biomembran Stoffe mit ihrer Umgebung austauschen.

a) Beschreiben Sie mithilfe von Abbildung **A** die Geschwindigkeit des Stofftransports bei freier und erleichterter Diffusion.
b) Erklären Sie unter Bezug auf die Teilchenebene den Verlauf der blauen Kurve in Abbildung **A**.
c) Formulieren Sie für die Abbildungen **B–E** je eine Überschrift, die den Transportvorgang möglichst umfassend charakterisiert.
d) Zeichnen Sie eine Skizze des Kanalproteins in **C**, wenn kein Signalmolekül gebunden ist.
e) Erläutern Sie anhand der Abbildung **B** den Begriff „selektiv permeabel".
f) Ordnen Sie der Kurve zur erleichterten Diffusion aus **A** eine der Abbildungen **B–E** begründet zu.
g) Diskutieren Sie zu zweit, ob die blaue Kurve in Abbildung **A** auch den Stofftransport beim aktiven Transport beschreibt.
h) Leiten Sie die Veränderung der Stoffströme in **C** und **E** bei Erhöhung der zytoplasmatischen Konzentration an
– grün dargestellten Teilchen oder
– lila dargestellten Teilchen ab.

❺ Der Alanin-Carrier

Alanin, eine Aminosäure, kann die Biomembran ohne Transportprotein nicht passieren. Dies ermöglicht ein Carrier-Protein.

a) Beschreiben Sie die Vorgänge zur Aufnahme von Alanin in die Zelle anhand Abbildung **F**.
b) Die maximale Geschwindigkeit des Stofftransports durch Carrier ist begrenzt (vgl. Abbildung **A**). Erläutern Sie dies auf molekularer Ebene.

6 VL Die Funktionsweise der Natrium-Kalium-Ionenpumpe

Natrium-Kalium-Ionenpumpen (**A**) sind für die Funktion von Nervenzellen sehr wichtig. In einem Experiment zur Klärung der Funktionsweise der „Pumpe" injizierte man radioaktive Natrium-Ionen in eine Zelle. Diese überführte man anschließend in Meerwasser. Sowohl radioaktive als auch nicht radioaktive Natrium-Ionen werden von der Ionenpumpe in gleicher Weise transportiert.

Abbildung **B** zeigt die Ergebnisse von zwei Experimenten:
Ansatz 1: Die Zelle wurde nach 50 Minuten im Meerwasser für 50 Minuten in Meerwasser überführt, das keine Kalium-Ionen enthielt. Anschließend wurden sie wieder in Meerwasser mit Kalium-Ionen überführt.
Ansatz 2: Die Zelle wurde nach 50 Minuten im Meerwasser in Meerwasser überführt, das Dinitrophenol (DNP) enthielt. Dieses hemmt die ATP-Bildung in Mitochondrien. Anschließend wurden sie wieder in Meerwasser ohne DNP überführt.

a) ≡ Charakterisieren Sie den Transportvorgang begründet als aktiv oder passiv.
b) ≡ Stellen Sie den Arbeitszyklus der Natrium-Kalium-Ionenpumpe als Flussdiagramm dar.
c) ≡ Erklären Sie die Ergebnisse des Experiments.
d) ≡ Beschreiben Sie, wie man das Experiment durchführen müsste, um zu überprüfen, ob die Funktion der Natrium-Kalium-Ionenpumpe temperaturabhängig ist.

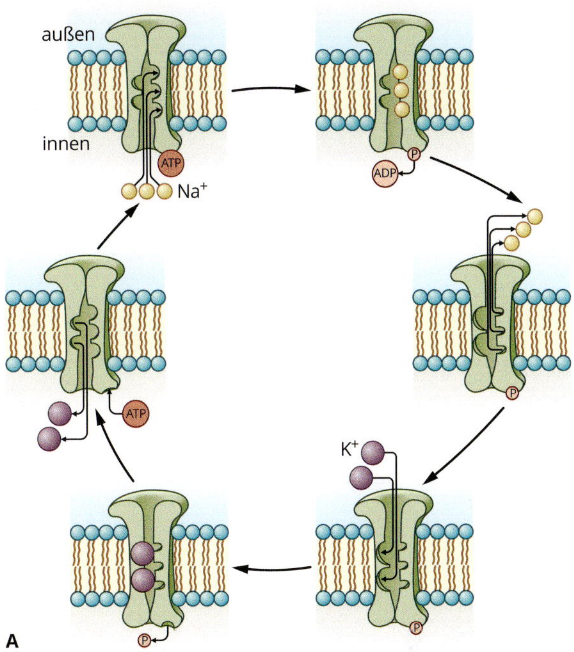

A

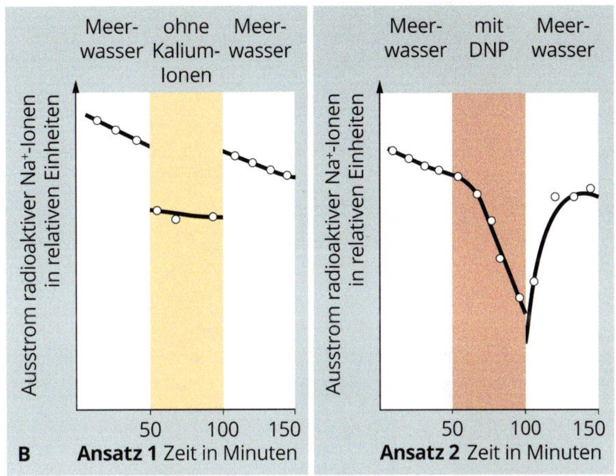

B

7 Concept Map zum Stoffaustausch an Biomembranen

Übernehmen Sie den vorgegebenen Anfang einer Concept Map in Ihre Unterlagen (✎) und vervollständigen Sie diese. Gehen Sie dabei auf die transportierten Stoffe, die treibende Kraft des Stoffaustauschs, den ATP-Verbrauch sowie die Spezifität des Transports ein. Fügen Sie an geeigneter Stelle schematische Darstellungen der Transportvorgänge ein. Orientieren Sie sich an den Abbildungen der Seiten 20–22.

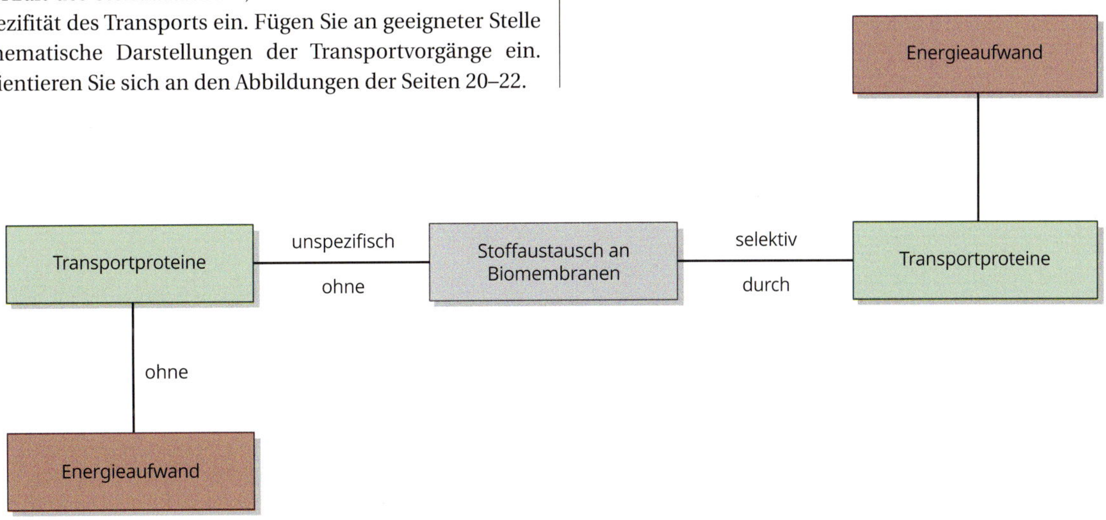

Materialgebundene Aufgabe

1 Ionenverteilung an der Zellmembran

Bei verschiedenen Tieren und unterschiedlichen Zellen wurden experimentell die Ionenkonzentrationen im Inneren sowie in dem sie umgebenden Medium (Außenkonzentration) ermittelt.

	Innenkonzentration			Außenkonzentration		
Objekt	Na^+	K^+	Cl^-	Na^+	K^+	Cl^-
Riesenaxon eines Gemeinen Kalmars	50	400	108	440	20	560
Nervenzelle einer Gemeinen Strandkrabbe	52	410	26	510	12	540
Muskelzelle eines Frosches	15	125	1,2	110	2,6	77
Herzmuskelzelle einer Ratte	13	140	0	150	4	120

Ionenkonzentrationen in mmol/L an Zellen verschiedener Tiere

a) Stellen Sie die Ionenverteilung an der Zellmembran des Riesenaxons des Gemeinen Kalmars in Form einer beschrifteten Skizze auf Teilchenebene dar.

b) Vergleichen Sie die Ionenverteilung bei den vier Untersuchungsobjekten miteinander. Halten Sie Gemeinsamkeiten und Unterschiede fest.

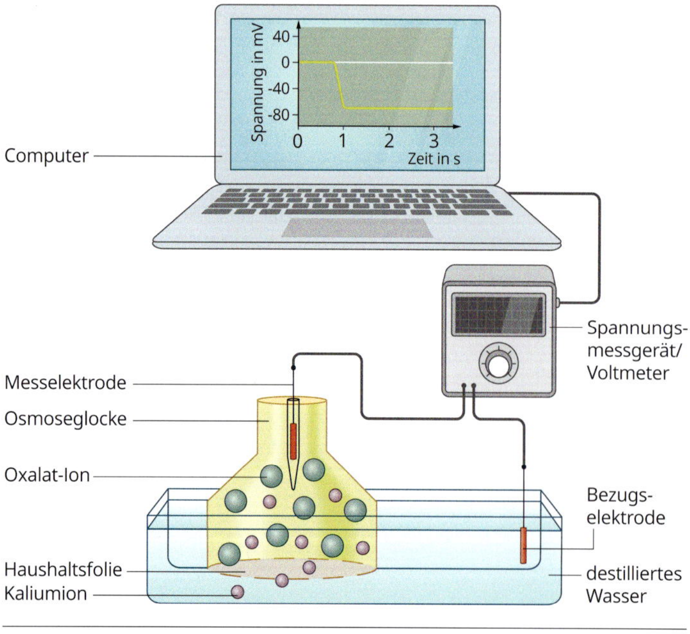

1 Modellexperiment zum Membranpotenzial

1.5 Membran- und Ruhepotenzial

Zwischen dem Zellinneren und dem Zelläußeren kann eine elektrische Spannung gemessen werden. Wodurch wird diese Spannung verursacht?

Ungleiche Verteilung der Ionen

Forschende haben bei verschiedensten Organismen die Ionenverteilung an der Zellmembran untersucht. Dabei stellten sie fest, dass Ionen zum Teil sehr ungleich verteilt vorliegen. So finden sich im Inneren vieler Zellen hohe Konzentrationen an Kalium-Ionen, im umgebenden Medium aber ein Überschuss an Natrium- und Chlorid-Ionen. Grundlage dieser Ungleichverteilung ist die selektive Permeabilität der Zellmembran. Die Folge ist ein messbarer Spannungsunterschied zwischen dem Zellinneren und dem Zelläußeren.

Modellexperiment zum chemischen und elektrischen Gradienten

In einem Modellexperiment wird ein glockenförmiges Glas, dessen Boden mit Haushaltsfolie verschlossen ist, mit einer Kaliumoxalat-Lösung befüllt und in destilliertes Wasser getaucht. Eine Elektrode eines Spannungsmessgeräts wird in das destillierte Wasser getaucht. Da das in diesem Außenmedium vorhandene Potenzial bei dieser Messmethode als Bezugspunkt verwendet und als null Volt festgelegt wird, bezeichnet man sie als **Bezugselektrode**. Die als **Messelektrode** bezeichnete zweite Elektrode wird in die Salzlösung getaucht. Beide Elektroden sind mit einem Spannungsmessgerät verbunden, der den Spannungsverlauf aufzeichnet. Mit dieser Methode kann man den Spannungsunterschied zwischen dem umgebenden Medium und dem Inneren der Glocke messen und darstellen.
Bevor die Glocke in das destillierte Wasser eintaucht, zeigt der Computer eine Spannung von 0 Millivolt (mV) an, da noch kein Ladungsunterschied vorliegt. Nach dem Eintauchen sinkt die Spannung rasch ab. Denn aufgrund ihrer geringen Größe können Kalium-Ionen durch die Poren der Haushaltsfolie hindurch diffundieren, während die größeren Oxalat-Ionen dies nicht können. Die Haushaltsfolie ist somit selektiv permeabel. Zwischen der Salzlösung und dem destillierten Wasser besteht ein Konzentrationsunterschied, ein **chemischer Gradient**. Daher diffundieren die positiv geladenen Kalium-Ionen aus der Salzlösung in das

destillierte Wasser. Dort wird ihre Ladung nicht durch negativ geladene Ionen ausgeglichen. Es herrscht also ein Überschuss an positiver Ladung im Wasser. Durch die im Inneren fehlenden Kationen herrscht dort ein Überschuss an negativen Ladungen. Deshalb lagern sich die Kalium-Ionen vorwiegend an der Außenseite der Folie, die Anionen an deren Innenseite an. So baut sich an der Folie eine Spannung auf. Zwischen den beiden Lösungen besteht ein **elektrischer Gradient**. Da die Innenseite im Vergleich zum Außenmedium negativ geladen ist, hat das Potenzial an der Folie definitionsgemäß ein negatives Vorzeichen.

Der elektrochemische Gradient

Der Ausstrom von positiven Kalium-Ionen wird im Verlauf des Modellexperiments langsamer. Zum einen nimmt der chemische Gradient, die Triebkraft des Ausstroms, im Verlauf des Experiments weiter ab, je mehr Kalium-Ionen ausgetreten sind. Außerdem erfolgt der Ausstrom entgegen dem elektrischen Gradienten, der die Kalium-Ionen im Inneren hält. Die Summe der beiden entgegengesetzten Kräfte wird **elektrochemischer Gradient** genannt.

Das Gleichgewichtspotenzial

Ist die Kraft des chemischen Gradienten genau so groß wie die Kraft des elektrischen Gradienten, so diffundieren pro Zeiteinheit gleich viele Kalium-Ionen von Innen nach Außen wie umgekehrt. In diesem Fall herrscht ein Fließgleichgewicht. Der elektrochemische Gradient ist jetzt null. Die Spannung, die zu diesem Zeitpunkt an der Folie gemessen werden kann, hier von –70 mV, heißt **Gleichgewichtspotenzial**. Dieses bleibt so lange erhalten, wie das System ohne Störungen vorliegt.

Das Membranpotenzial

An allen Zellmembranen stellen sich für die vorhandenen Ionensorten mit ihren Konzentrationsunterschieden und Ladungen Gleichgewichtspotenziale ein. Deshalb baut sich üblicherweise in unmittelbarer Umgebung der Zellmembran im Inneren und im extrazellulären Raum eine Schicht aus gegensätzlich geladenen Ionen auf. Die Spannung, die zu einem bestimmten Zeitpunkt an einer Zellmembran gemessen werden kann, wird **Membranpotenzial** genannt.

Materialgebundene Aufgabe

❷ Entstehung des Membranpotenzials

In den Abbildungen **A–C** (✎) sind verschiedene Zustände an der Zellmembran schematisch dargestellt.

a) Beschreiben Sie die in **A** dargestellten Zustände an der Zellmembran. Leiten Sie die Bewegung der Teilchen ab.

b) Skizzieren Sie zu **A** ein Zwischenstadium **2**.

c) Erläutern Sie das Fehlen des chemischen Gradienten in **A3**.

d) Führen Sie die Arbeitsaufträge **a)** und **b)** auch für **B** durch. Gehen Sie dabei auf den elektrischen Gradienten ein.

e) Führen Sie die Arbeitsaufträge **a)** und **b)** auch für **C** durch und diskutieren Sie ihre Ergebnisse zu zweit. Gehen Sie dabei auf den elektrochemischen Gradienten und das Membranpotenzial ein.

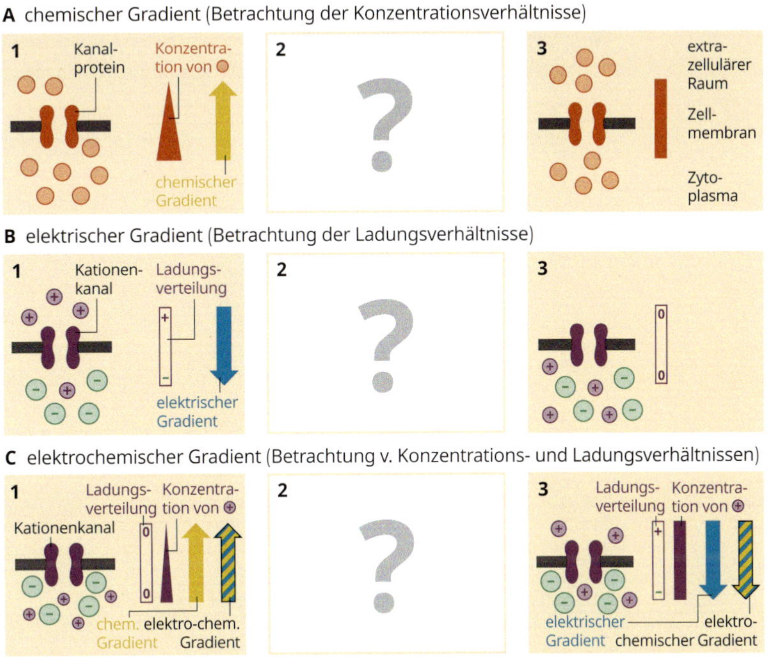

Materialgebundene Aufgabe

3 Selektiv permeable Membran als Grundlage des Membranpotenzials

Im Experiment werden zunächst zwei Kammern durch eine Membran getrennt, die selektiv permeabel für Kalium-Ionen ist. Die linke Kammer enthält eine Kaliumchlorid-Lösung, die rechte eine Natriumchlorid-Lösung. Abbildung **A** zeigt die Ionenverteilung zu Beginn des Experiments.

a) ≡ Skizzieren Sie eine mögliche Verteilung der Ionen an der Membran, nachdem sich das Fließgleichgewicht eingestellt hat. Stellen sie die Richtung der Ionenbewegungen mit Pfeilen dar.

b) ≡ Erklären Sie anhand Ihrer Skizze, wie sich an der Membran eine Spannung aufbaut.

c) ≡ Begründen Sie, dass die selektive Permeabilität der Membranen Voraussetzung für das Membranpotenzial ist.

d) ≡ Im zweiten Experiment wird die Kochsalzlösung in der rechten Kammer gegen Wasser ausgetauscht. Darin wird schrittweise die Kalium-Ionenkonzentration erhöht. Ein Messgerät erfasst die Spannungsänderung. Beschreiben und erklären Sie das Ergebnis in **B**.

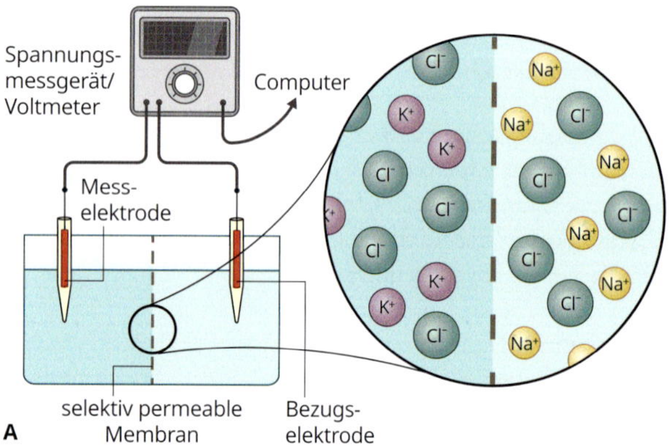

A

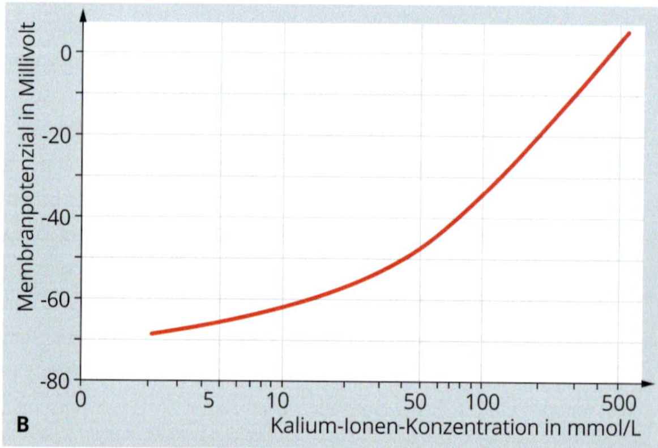

B

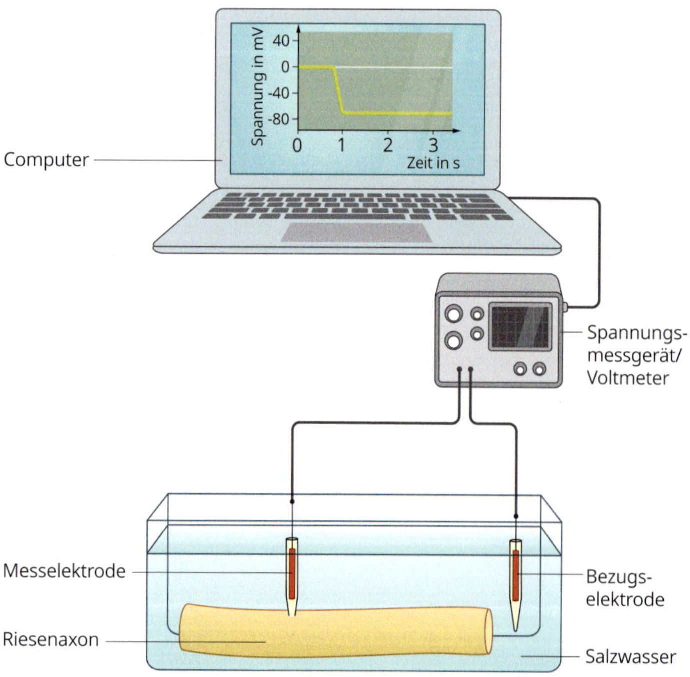

2 Experimentaufbau von Hodkin und Huxley

Das Ruhepotenzial

Bei erregbaren Zellen wie Muskel- und Nervenzellen dient die Veränderung des Membranpotenzials als Signal. Diese löst in der Zelle weitere Vorgänge wie die Informationsübertragung aus. Das Membranpotenzial, das vorliegt, wenn die Zellen nicht erregt sind, wird als **Ruhepotenzial** bezeichnet.

Erste Bestimmung eines Axon-Ruhepotenzials

Das Nervensystem von Tintenfischen ist komplex. Es besteht unter anderem aus Riesenaxonen, die einen Durchmesser von etwa einem Millimeter haben und damit mehr als 100-mal dicker sind als die Axone von Säugetieren. Außerdem haben sie keine Myelinscheiden. Deshalb konnten die britischen Wissenschaftler A. Hodkin und A. Huxley 1939 daran erstmals das Ruhepotenzial eines Axons messen. Sie ermittelten eine Spannung von –70 mV.

4 ≡ Beschreiben Sie die von Huxley und Hodkin angewandte Messmethode.

5 ≡ Zur Messung von Ruhepotenzialen verwendet man als Messelektroden Mikroglaselektroden. Recherchieren Sie deren Größe und Aufbau.

Situation an der Axonmembran

Außerhalb des Axons ist die Konzentration der Natrium- und Chlorid-Ionen hoch im Vergleich zum Zellinneren. Dort befinden sich viele Kalium-Ionen und Protein-Anionen. Die Kalium-Ionen können die Axonmembran sehr gut passieren. Die Protein-Anionen können dies nicht, da es keine entsprechenden Kanäle gibt. Neben den Konzentrationsverhältnissen ist die Permeabilität der Membran ein wichtiger Faktor, der die Einstellung des Membranpotenzials maßgeblich beeinflusst.

Aufrechterhaltung des Ruhepotenzials

Aufgrund des hohen Konzentrationsgefälles und der hohen kaliumselektiven Permeabilität der Axonmembran diffundieren Kalium-Ionen nach außen. Dadurch baut sich ein Membranpotenzial von etwa –70 mV auf.

6 ≡ Erläutern Sie, dass das Ruhepotenzial eines Axons hauptsächlich durch die Kalium-Ionen verursacht wird. Beziehen Sie sich dabei auch auf die Tabelle zur Ionenverteilung (→ **Seite 24**).

Art des Ions	Ladung	Permeabilität der Axonmembran
Natrium-Ion	positiv	gering
Kalium-Ion	positiv	hoch
Chlorid-Ion	negativ	gering
Protein-Anion	negativ	keine

3 Permeabilität der Axonmembran

Für die Chlorid-Ionen ist der nach innen gerichtete chemische Gradient etwas stärker als der nach außen gerichtete elektrische, sodass eine kleine Menge an Chlorid-Ionen ins Zellinnere diffundieren kann und den Spannungsunterschied auf etwa –70 mV erhöht. Für die Natrium-Ionen ergibt sich aufgrund des elektrochemischen Gradienten ein ständiger, geringer Einstrom in die Zelle. Diese Diffusion wird als **Natrium-Ionenleckstrom** bezeichnet, da sie den aufgebauten Spannungsunterschied verringern würde. Dadurch könnten weitere Kalium-Ionen nach außen diffundieren und es käme zu einem Ausgleich der Kalium-Ionenkonzentration. Das Membranpotenzial würde auf Null absinken. Um das Ruhepotenzial bei –70 mV zu erhalten, findet ein aktiver Ionentransport durch die Natrium-Kalium-Ionenpumpe (→ **Seite 23**) statt.

VI. Materialgebundene Aufgabe

7 Das Ruhepotenzial

Bei lebenden Nervenzellen werden 50 bis 70 Prozent des gesamten ATP-Umsatzes für die Natrium-Kalium-Ionenpumpe gebraucht. Es kann ein Ruhepotenzial von –70 mV gemessen werden. Tote Zellen weisen hier hingegen den Wert 0 mV auf.

a) ≡ Beschreiben Sie anhand von **A** und **B** die chemischen Gradienten der Ionen an der Axonmembran.
b) ≡ Erläutern Sie, unter Bezug auf die Abbildungen **A** und **B** die tatsächlichen Ionenbewegungen.
c) ≡ Formulieren Sie eine Hypothese, um den hohen Energiebedarf für die Natrium-Kalium-Ionenpumpe zu erklären.
d) ≡ Leiten Sie aus den Werten der Membranpotenziale bei toten und lebenden Zellen ab, dass Energie für die Aufrechterhaltung des Ruhepotenzials benötigt wird.
e) ≡ Diskutieren Sie zu zweit über proximate und ultimate Ursachen für den ATP-Einsatz.

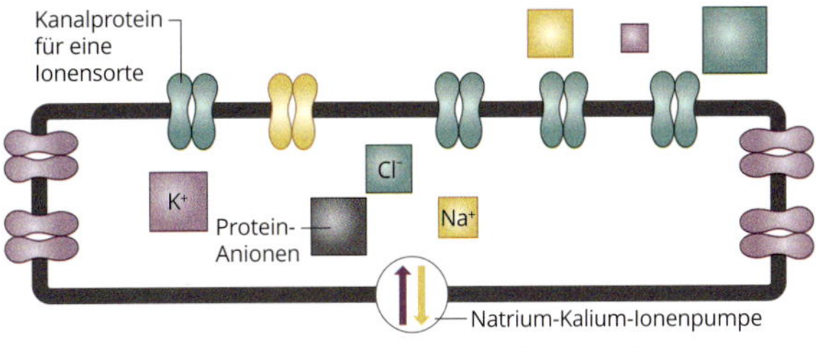

A Schema der Axonmembran: Die Größen der Quadrate stellen die Konzentrationen der Ionensorten dar.

Ion	Größe mit Hydrathülle	Beweglichkeit
K^+	klein	hoch
Na^+	mittel	mittel
Cl^-	mittel	mittel
Protein-Anionen	groß	klein

B Informationen zu Ionen an der Axonmembran

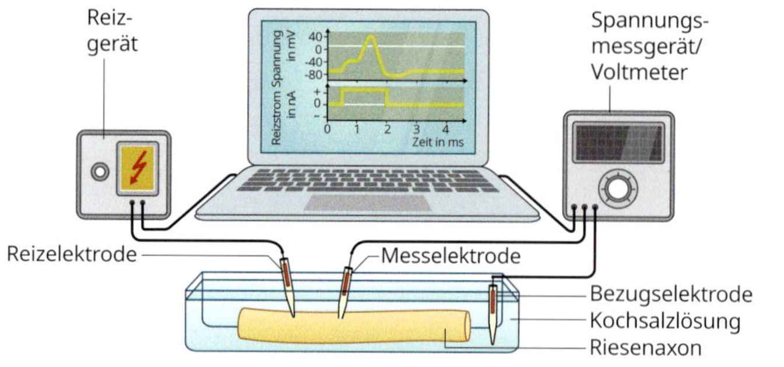

1 Reizung eines Riesenaxons und Membranpotenzial

Materialgebundene Aufgabe

2 Reizung eines Riesenaxons

Im Experiment wurde die Axonmembran eines Tintenfischriesenaxons Stromstößen in drei verschiedenen Stärken ausgesetzt und Veränderungen des Membranpotenzials mit einem Oszillograf aufgezeichnet.

a) Beschreiben Sie das dargestellte Diagramm.
b) Geben Sie die Länge und Stärke der drei Stromstöße sowie ihre Auswirkungen auf das Membranpotenzial an.
c) Erläutern Sie die Bedeutung der gestrichelten roten Linie in **A**.

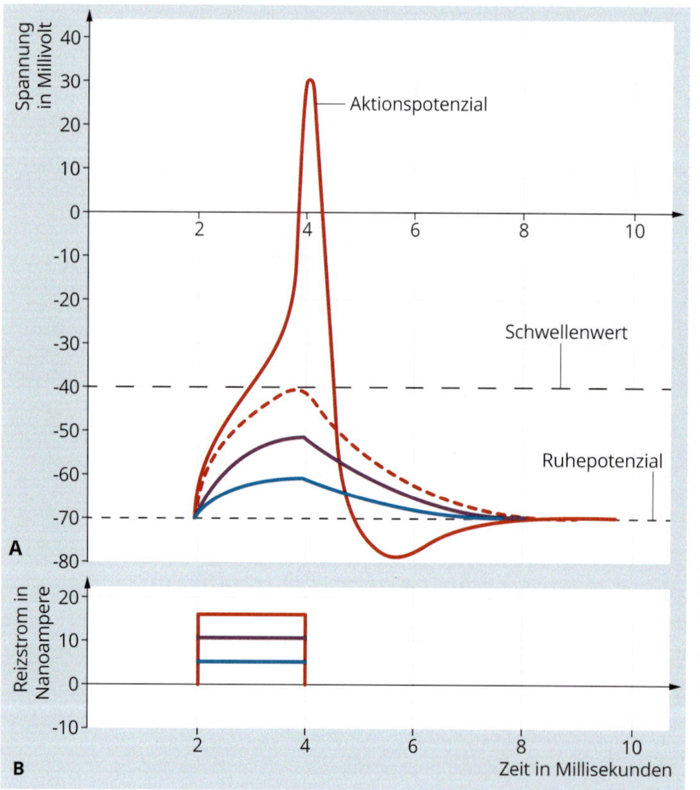

Reaktion der Axonmembran auf Stromstöße verschiedener Stärke

1.6 Das Aktionspotenzial

Wie verändert sich das Ruhemembranpotenzial an einer Nervenzelle, wenn sie gereizt wird? Wie kann mit Potenzialänderungen Information codiert werden?

Beobachtungen zum Aktionspotenzial

Wird eine Axonmembran in einem Experiment elektrisch gereizt, stellt man bei geringem Reizstrom kaum eine Reaktion fest. Wird aber aufgrund eines Reizes das Membranpotenzial über ein Schwellenpotenzial angehoben, erfolgt eine vorübergehende, charakteristisch verlaufende Änderung des Membranpotenzials. Diese nennt man **Aktionspotenzial** (abgekürzt **AP**). Ein Aktionspotenzial wird nach dem **Alles-oder-Nichts-Prinzip** ausgelöst. Das bedeutet, dass jede überschwellige Reizung unabhängig von ihrer exakten Reizstärke die gleiche Reaktion auslöst. Dies betrifft die erreichten Werte des Membranpotenzials sowie die Dauer der einzelnen Phasen. Unterschiedliche Reizstärken können deshalb nur durch die Frequenz, also die Anzahl an Aktionspotenzialen pro Zeiteinheit vermittelt werden.

1 Nennen Sie die charakteristischen Kennzeichen eines Aktionspotenzials.

Phasen des Aktionspotenzials

Durch einen Stromstoß wird an der Stelle des Reizes für einige Millisekunden das Ruhemembranpotenzial einer Zelle verändert. Es kommt dann zu einer **Depolarisation**, also zu einer Erhöhung des Wertes des Membranpotenzials. Wird der Reizstrom schrittweise verstärkt, wird die Membran zunehmend stärker depolarisiert. Erreicht das Membranpotenzial dabei den **Schwellenwert** von etwa –40 mV, kehrt sich die Polarität der Membran schlagartig um. Das Membranpotenzial erreicht für den Bruchteil einer Millisekunde den Wert von +30 mV. Man bezeichnet dies als **Overshoot**. Der Strom, der bei dieser Reaktion fließt, ist stärker als der Reizstrom. Man spricht daher von einer aktiven Antwort der Membran. In der darauffolgenden Phase wird das ursprüngliche Membranpotenzial von –70 mV wieder aufgebaut. Bei dieser **Repolarisierung** erreicht das Membranpotenzial sogar für eine kurze Zeit einen Wert, der negativer ist als der des ursprünglichen Ruhepotenzials. Die Membran ist in dieser Phase **hyperpolarisiert**.

Ionentheorie des Aktionspotenzials

Die Spannungsänderungen bei Aktionspotenzialen sind durch Vorgänge auf der Teilchenebene erklärbar. Dies sind Ionenströme zwischen Axoninnerem und -äußerem. Neben den Kalium- und Natrium-Ionenkanälen, die an der Entstehung des Ruhepotenzials an einer Zellmembran beteiligt sind, kommen in der Axonmembran zusätzlich spannungsgesteuerte Natrium- und Kalium-Ionenkanäle vor. Überschreitet das Membranpotenzial bei der Depolarisierung den Schwellenwert, findet durch eine Konformationsänderung an spannungsgesteuerten Natrium-Ionenkanälen die Öffnung des sogenannten **Aktivierungstores** statt. Ein Einstrom von Natrium-Ionen in das Axon ist die Folge. Durch dieses mehr an positiv geladenen Ionen im Axoninneren nimmt das Membranpotenzial immer weiter zu. Weitere spannungsabhängige Natrium-Ionenkanäle öffnen sich. Der Natrium-Ioneneinstrom setzt sich fort, bis sich die Kanäle automatisch nach weniger als einer Millisekunde durch das Inaktivierungstor verschließen. Durch den Überschuss an eingeströmter positiver Ladung findet einer Umpolung der Membran statt.

3 ≡ Erstellen Sie eine Hypothese zur Struktur eines spannungsgesteuerten Natrium-Ionenkanals und skizzieren Sie diesen. Ergänzen Sie weitere Skizzen zur Funktionsweise. Bedenken Sie dabei das Basiskonzept „Struktur und Funktion“.

Nach der Depolarisierung über den Schwellenwert hinaus öffnen sich etwas zeitverzögert auch spannungsgesteuerte Kalium-Ionenkanäle. Aufgrund des elektrochemischen Gradienten strömen dann Kalium-Ionen aus dem Axon aus. Dies führt rasch zur Repolarisation der Membran. Die Kalium-Ionenkanäle schließen erst nach ein bis zwei Millisekunden, weshalb der Ausstrom der positiven Kalium-Ionen noch anhält, wenn das Membranpotenzial den Wert des Ruhepotenzials erreicht hat. Das Membranpotenzial sinkt für kurze Zeit unter den Wert des Ruhepotenzials. Die Axonmembran ist hyperpolarisiert. Jetzt sind die spannungsgesteuerten Natrium-Ionenkanäle inaktiviert und das Aktivierungstor ist geschlossen.

4 ≡ Stellen Sie die Zustände der spannungsgesteuerten Natrium- und Kalium-Ionenkanäle in Abhängigkeit vom Wert des Membranpotenzials tabellarisch gegenüber.

VI. Materialgebundene Aufgabe

5 Ablauf eines Aktionspotenzials

a) ≡ Ordnen Sie den Ziffern **1–4** der Abbildung die Begriffe Depolarisierung, Hyperpolarisierung, Repolarisierung und Ruhepotenzial zu.

b) ≡ Beschreiben Sie die Abbildungen **B–E** und ordnen Sie diese den Phasen **1– 4** aus Abbildung **A** zu.

c) ≡ Stellen Sie die Ionenverteilung an der Axonmembran in Ruhe und während der Phase der Depolarisierung nach überschwelliger Reizung in einer Skizze gegenüber.

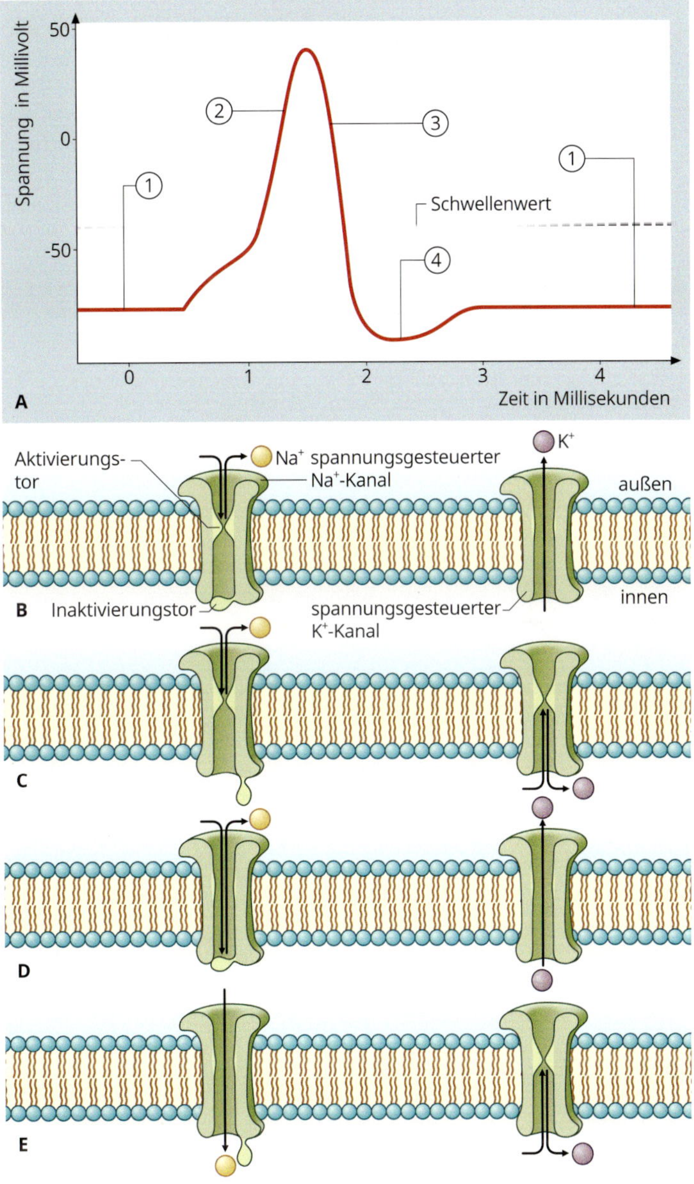

A: Verlauf eines Aktionspotenzials; **B–E**: Zustände der spannungsgesteuerten Ionenkanäle während der Phasen eines Aktionspotenzials (Modell)

Die Refraktärphase
Der Bereich des Axons, in dem die Membran hyperpolarisiert ist, ist unempfindlich gegenüber einem Reiz. Man spricht von der **Refraktärphase**. In dieser Phase erfolgt die Wiederherstellung der ursprünglichen Ionenverteilung durch die nicht spannungsgesteuerten Natrium- und Kalium-Ionenkanäle sowie durch die Natrium-Kalium-Ionenpumpe. Das Ruhepotenzial stellt sich wieder ein.

Grund für die Unempfindlichkeit für einen weiteren Reiz ist aber nicht die veränderte Ionenverteilung. Ein Neuron könnte noch tausendmal ein Aktionspotenzial auslösen, bevor die Ionenkonzentration ausgeglichen wäre. Es liegt an den spannungsgesteuerten Natrium-Ionenkanälen, die noch inaktiviert sind. Ein bis zwei Millisekunden nach ihrer Öffnung kehren sie in ihren Ausgangszustand mit geöffnetem Inaktivierungstor und geschlossenem Aktivierungstor zurück. Erst dann ist eine erneute Öffnung möglich.

Absolute und relative Refraktärphase
Somit ergibt sich eine Phase von etwa einer Millisekunde nach Ablauf des Aktionspotenzials, in der noch keiner der spannungsgesteuerten Natrium-Ionenkanäle aktivierbar ist. Auf einen Reiz hin kann keine Reaktion in Form einer Potenzialänderung erfolgen. Man spricht von der absoluten Refraktärphase.
Nach und nach werden immer mehr spannungsgesteuerte Natrium-Ionenkanäle wieder erregbar. Je mehr aktiv sind, desto stärker kann die Reaktion der Axonmembran wieder ausfallen. Diese Zeitspanne verminderter Erregbarkeit nennt man relative Refraktärphase.

6 ≡ Erklären Sie, dass die maximale Aktionspotenzialfrequenz von Neuronen bei circa 500 Hertz liegt.

Materialgebundene Aufgabe

7 Aktionspotenzial der Herzmuskelzellen

a) ≡ Vergleichen Sie das Aktionspotenzial einer Herzmuskelzelle (→ **Abb. unten**) mit dem einer Skelettmuskelzelle (→ **Seite 29, Abb. A**) hinsichtlich Potenzialänderung, Verlauf und Dauer.

b) ≡ Leiten Sie aus dem Diagramm das experimentelle Vorgehen ab und formulieren Sie eine Fragestellung, die damit untersucht werden sollte.

c) ≡ Leiten Sie aus dem Diagramm die Dauer der absoluten und relativen Refraktärphase der Herzmuskelzellen ab.

d) ≡ „An der Entstehung des Herzaktionspotenzials sind Calcium-Ionen beteiligt." Recherchieren Sie und beurteilen Sie diese Aussage.

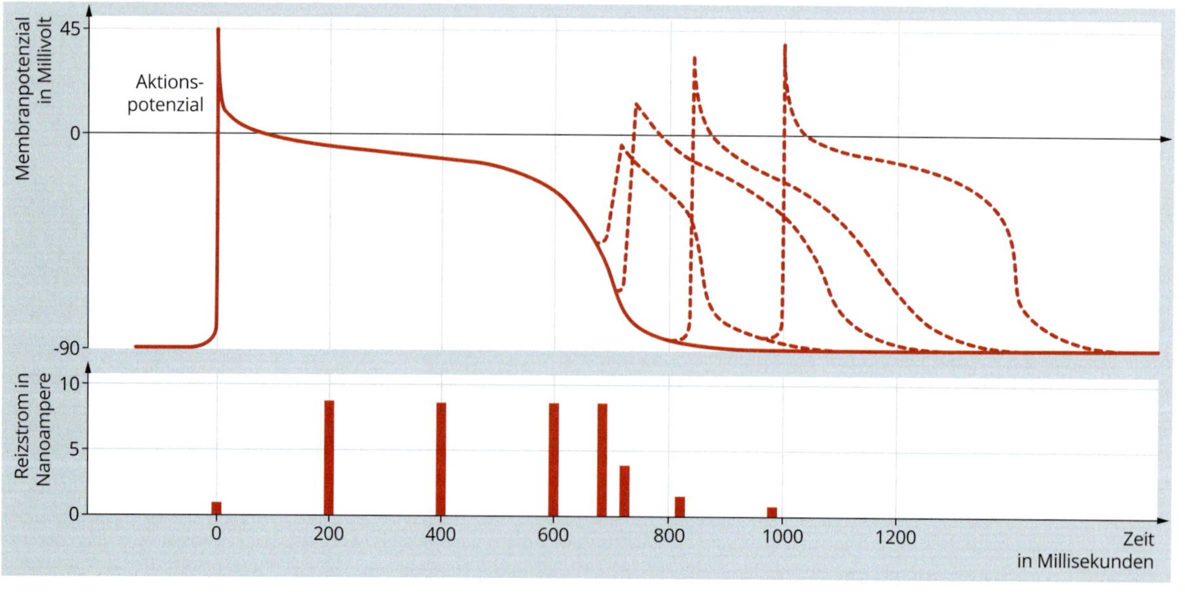

8 VL Codierung von Information durch Aktionspotenziale

Um die Reaktion von Nervenzellen auf verschiedene Reize zu untersuchen, wurde eine Drucksinneszelle im Fuß einer Katze zunächst für eine Sekunde unterschiedlich starkem Druck ausgesetzt. Die Drucksinneszelle erzeugt als Reaktion Aktionspotenziale, die aufgezeichnet wurden.

a) ≡ Beschreiben Sie die in Abbildung **A** dargestellten Ergebnisse.
b) ≡ Erklären Sie die Form der Aktionspotenziale in **A**.
c) ≡ Erläutern Sie die nahezu immer gleiche Höhe der ausgelösten Aktionspotenziale.
d) ≡ Leiten Sie einen Zusammenhang zwischen Reizintensität und Reaktion der Drucksinneszelle her.
e) ≡ Stellen Sie mithilfe der Daten aus Abbildung **B** die erzeugten Aktionspotenziale des Druckrezeptors bei einer Reizung mit 30 g und einer Reizdauer von einer, zwei und drei Sekunden in geeigneter Weise dar.

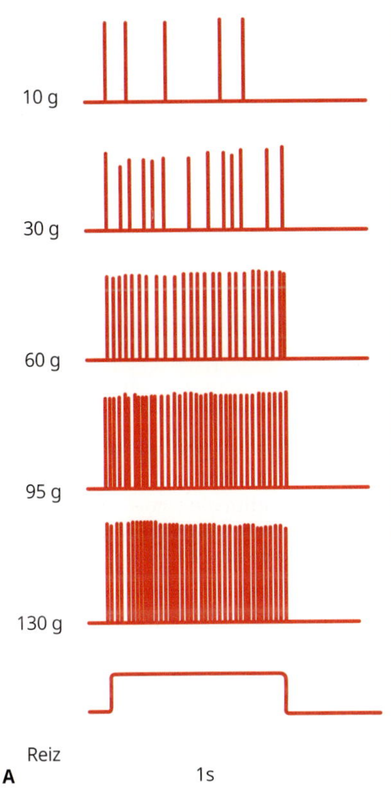

A Aktionspotenziale der ableitenden Faser bei verschieden starken Reizen von einer Sekunde Dauer

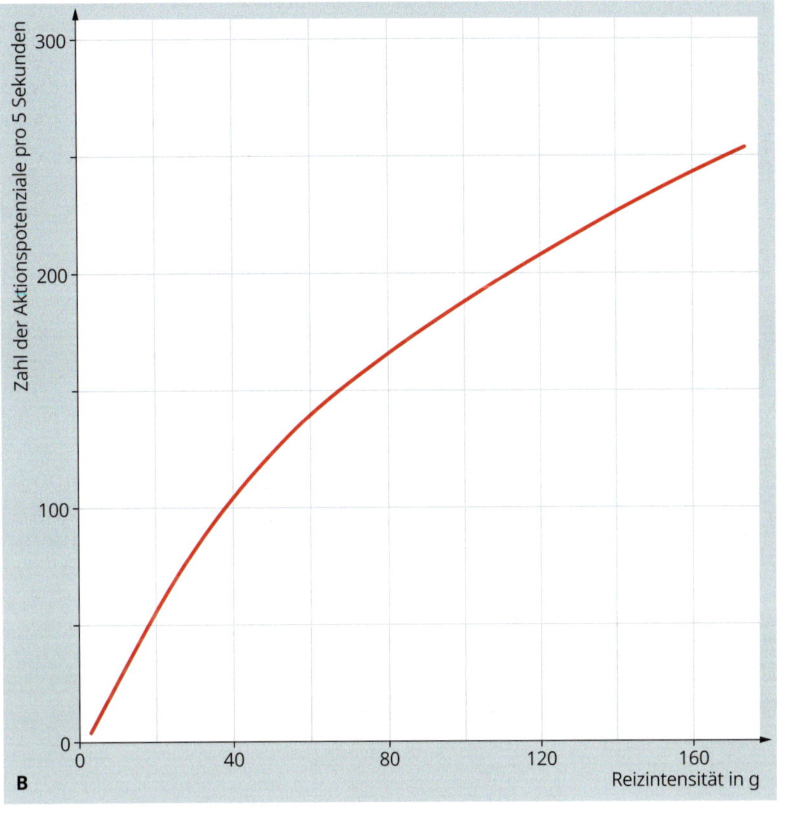

B Aktionspotenziale pro fünf Sekunden in Abhängigkeit von der Reizintensität

9 Auswirkungen einer Genmutation auf das Aktionspotenzial bei Mäusen

Bei Mäusen führt eine bestimmte Mutation zu einem veränderten Verlauf des Aktionspotenzials (AP).

a) ≡ Vergleichen Sie den Verlauf der Aktionspotenziale an Nervenzellen der mutierten und nicht mutierten Mäuse.
b) ≡ Stellen Sie Hypothesen hinsichtlich der Ursachen für den veränderten Verlauf des Aktionspotenzials bei den mutierten Mäusen auf.
c) ≡ Beschreiben Sie mögliche Folgen für die betroffenen Mäuse.

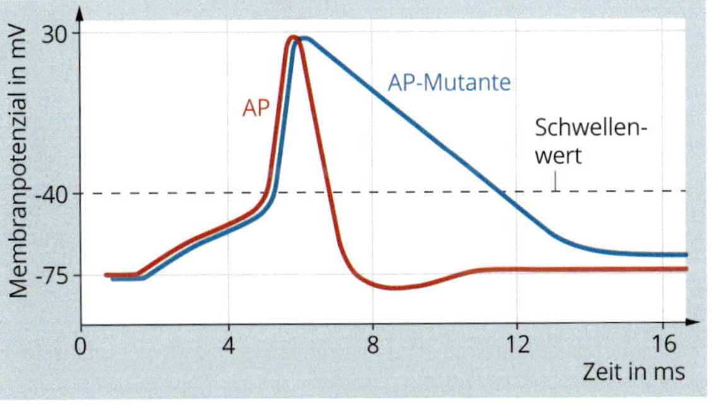

1 Stromleitungen

1.7 Die Erregungsleitung

Wie erfolgt die Weiterleitung von Potenzialänderungen entlang der Neuronmembran? Mit welcher Geschwindigkeit erfolgt diese Weiterleitung?

Erregungsleitung

Eine Änderung des Membranpotenzials aufgrund von Reizen wird als Erregung bezeichnet. Rein passiv würde diese an Axonen nur wenige Millimeter weitergeleitet werden können. Deshalb werden Informationen im Nervensystems in Form von Aktionspotenzialen weitergeleitet. Man spricht von **Erregungsleitung**.

Kontinuierliche Erregungsleitung

Während eines Aktionspotenzials findet ein Natrium-Ioneneinstrom ins Axon statt. Dieser führt dazu, dass an der Axoninnenseite ein Bereich mit einem Überschuss an positiven Ladungsträgern entsteht. In den angrenzenden Bereichen herrscht aber nach wie vor die Ionenverteilung des Ruhepotenzials mit einem Überschuss an negativen Ladungen. Dies führt zu **Ausgleichsströmen** zwischen diesen Bereichen. Natrium-Ionen diffundieren in die umliegenden negativ geladenen Regionen.

1 Beschreiben Sie die Ladungsverhältnisse und Ausgleichsströme an der Axonaußenseite.

Die Ausgleichsströme an der Axonmembran führen am unmittelbar angrenzenden Membranbereich zu einer Potenzialänderung, die zu einer Überschreitung des Schwellenpotenzials führt. Infolgedessen öffnen sich spannungsgesteuerte Ionenkanäle und ein neues Aktionspotenzial wird nach dem Alles-oder-Nichts-Prinzip gebildet. Die Fortleitung der Erregung vom Reizort aus geschieht nicht in beide benachbarten Bereiche, sondern nur in fortschreitender Richtung. Die Ursache dafür ist, dass sich die Natrium-Ionenkanäle im zuvor erregten Bereich noch in der Refraktärphase befinden und daher zu diesem Zeitpunkt nicht erneut erregbar sind. Somit findet eine gerichtete Erregungsleitung, natürlicherweise vom Axonhügel in Richtung der Synapse statt. Dabei wird die Erregung mit unverminderter Größe der Potenzialänderung über das gesamte Axon geleitet. Dies wird **kontinuierliche**

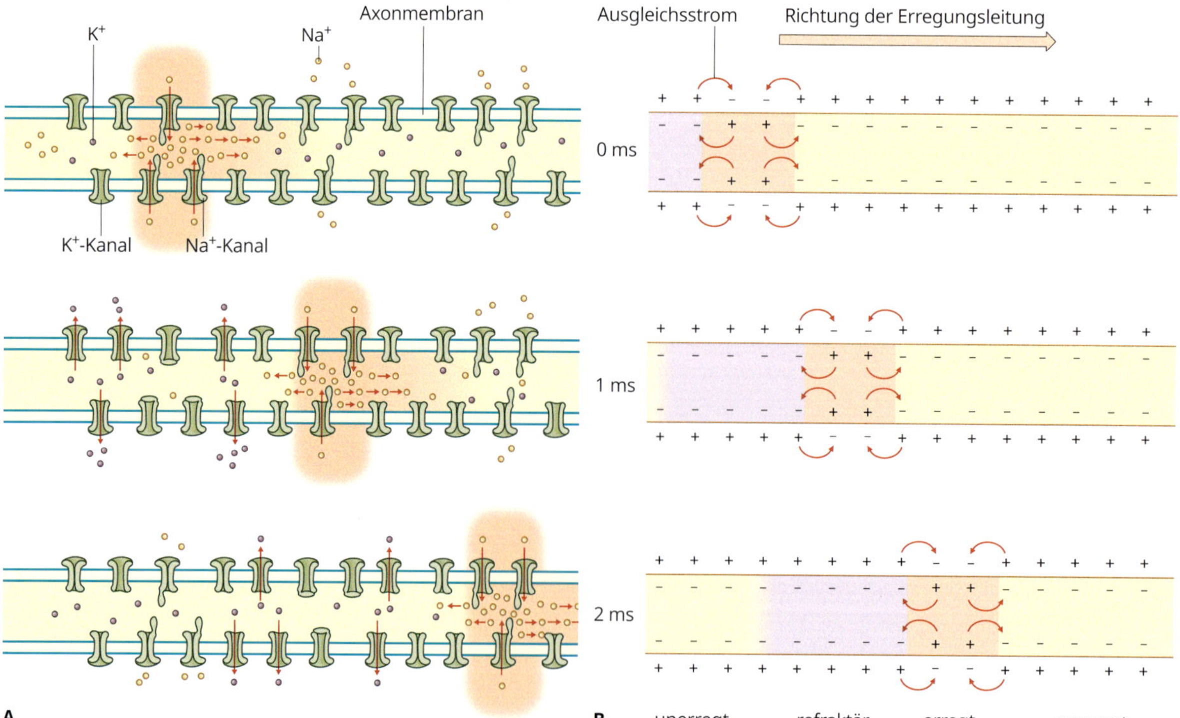

2 Kontinuierliche Erregungsleitung. Zustand des Axons zu drei Zeitpunkten. **A** Teilchenebene; **B** schematisch

Erregungsleitung genannt. Sie findet in der beschriebenen Form an **nichtmyelinisierten Axonen** statt. Da wirbellose Tiere nur Axone ohne Myelinscheide haben, findet dort die Erregungsleitung stets kontinuierlich statt.

2 ≡ Vergleichen Sie die Erregungsleitung in einem Axon mit der Leitung von Strom in Stromleitungen. Recherchieren Sie notwendige Zusatzinformationen in digitalen Medien.

VL Materialgebundene Aufgaben

3 Erregungsleitung

Ein isoliertes Axon, mit einem Ruhepotenzial von –70 mV, kann im gezeigten Experimentaufbau an zwei verschiedenen Reizorten A und B überschwellig gereizt werden. Das Axon leitet die Erregung mit 2 m/s weiter.

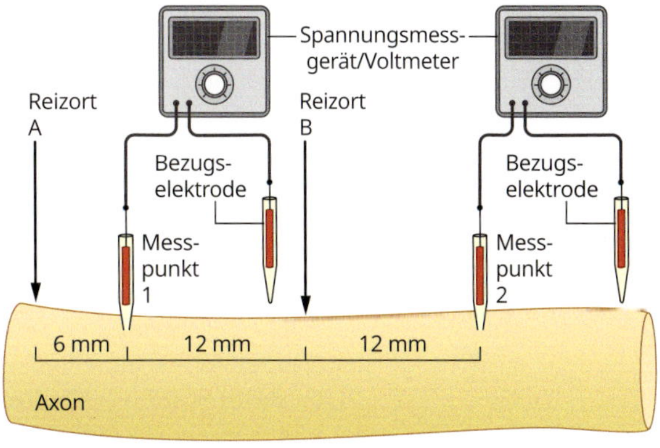

a) ≡ Erstellen Sie ein Diagramm, das die zu erwartenden Messergebnisse an Messpunkt 1 und 2 nach Reizung an Reizort B zeigt.

b) ≡ Erklären Sie die bei der kontinuierlichen Erregungsleitung ablaufenden Vorgänge im Axon auf molekularer Ebene.

c) ≡ Vergleichen Sie die zu erwartenden Messergebnisse an Messpunkt 1 und 2 nach Reizung an Reizort A.

d) ≡ Erläutern Sie die zu erwartenden Messergebnisse an den Messpunkten 1 und 2 nach gleichzeitiger Reizung an beiden Reizorten.

e) ≡ Stellen Sie eine Hypothese zu der folgenden Fragestellung auf: „Ändert sich die Geschwindigkeit der Erregungsleitung, wenn das Ruhepotenzial auf – 55 mV angehoben würde?"

f) ≡ Diskutieren Sie anschließend Ihre Hypothese mit anderen Lernenden.

4 Nervensystem des Kalmars (Gattung Sepioteuthis)

Kalmare sind aktive und sehr geschickte Räuber. Mithilfe eines Gehirns, das die von hoch entwickelten Augen aufgenommenen Informationen verarbeitet, entdecken sie ihre Beute. Signale vom Gehirn bewirken schließlich Muskelbewegungen. Informationen werden, wie bei wirbellosen Tieren üblich, über nichtmyelinisierte Axone übermittelt.

a) ≡ Skizzieren Sie ein Kalmarneuron.

b) ≡ Tragen Sie in die Skizze des Neurons die Richtung der Informationsweitergabe und die Art der Erregungsweiterleitung ein.

c) ≡ Vergleichen Sie ein Kalmar- und ein Quallenneuron. Erstellen Sie eine Kosten-Nutzen-Analyse für den Kalmar.

d) ≡ „Je dicker das Axon, desto schneller können Ionen in seinem Inneren weitergeleitet werden. Dies beschleunigt die Erregungsübertragung". Nehmen Sie zu dieser Aussage begründet Stellung.

e) ≡ Erklären Sie das Auftreten von schnellen Reaktionen beim Kalmar aus proximater und ultimater Sicht.

Tierart	Axon-durchmesser in µm	Mittlere Leitungs-geschwindigkeit in m/s
Qualle	6 – 12	0,5
Hummer	120	12
Kalmar (Riesenneuron)	400	20

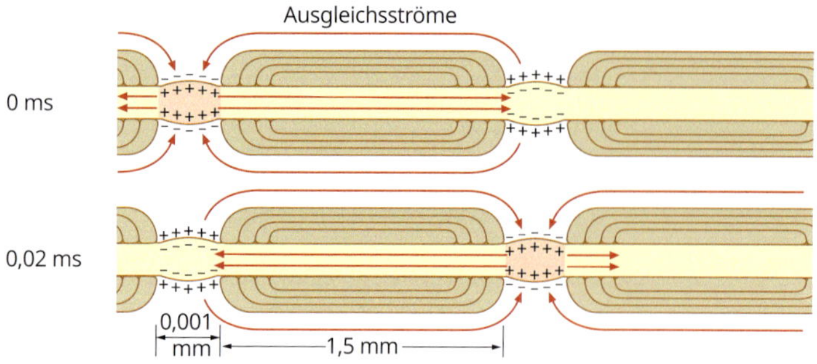

3 Saltatorische Erregungsleitung. Ladungsverhältnisse zu zwei Zeitpunkten entlang des Axons.

Saltatorische Erregungsleitung

Bei Wirbeltieren kommen im Nervensystem neben wenigen nichtmyelinisierten überwiegend Axone mit Myelinscheide vor. Die Myelinscheide ist im Abstand von etwa 0,2–1,5 mm an den RANVIER-Schnürringen unterbrochen. Nur in diesen Membranbereichen befinden sich spannungsgesteuerte Ionenkanäle. Bildet sich an einem Schnürring ein Aktionspotenzial, breitet sich die Erregung bis zum nächsten Schnürring durch Ausgleichsströme aus. Wird der Schwellenwert dort überschritten, entsteht erneut ein Aktionspotenzial. Da die Erregung scheinbar von Schnürring zu Schnürring springt, spricht man von einer **saltatorischen Erregungsleitung** (lat. *saltare*: springen). Die Erregungsleitung findet auf diesem Weg deutlich schneller statt. Zum einen führt die Isolation des Axons durch die Myelinscheide dazu, dass die Ausgleichsströme sich deutlich schneller ausbreiten. Dadurch erreicht die Erregung den nächsten Schnürring in viel kürzerer Zeit als dies bei kontinuierlicher Umpolung der Membran der Fall wäre. Zum anderen befinden sich an den Schnürringen spannungsabhängige Natrium-Ionenkanäle in 100-fach höherer Dichte als dies bei nichtmyelinisierten Axonen der Fall ist. Dadurch findet auch der Einstrom von Natrium-Ionen ins Axon viel schneller statt. Ein weiterer Vorteil ist, dass weniger Aktionspotenziale erzeugt werden müssen und somit für diese Form der Erregungsleitung weniger Stoffwechselenergie benötigt wird.

5 ≡ Formulieren Sie eine funktionale Erklärung für das Vorhandensein der Myelinscheide.

6 ≡ Vergleichen Sie die saltatorische und kontinuierliche Erregungsleitung tabellarisch.

VL Materialgebundene Aufgabe

7 Nervenfasern im Vergleich

Im Nervensystem des Menschen und der Wirbeltiere kommen verschiedene Arten von Nervenfasern vor, die sich in Aufbau und Leitungsgeschwindigkeit unterscheiden. Die Nervenfasern der Wirbellosen sind nichtmyelinisiert.

a) ≡ Vergleichen Sie die Weiterleitung der Potenzialänderung an einer B- und einer C-Faser.

b) ≡ Stellen Sie eine Kosten-Nutzen-Analyse für die Erregungsleitung an einer B- und C-Faser auf.

c) ≡ An einer Aα-Faser springen die Aktionspotenziale von Schnürring zu Schnürring. Beurteilen Sie diese Aussage aus fachsprachlicher Sicht.

d) ≡ Fasst man auf eine heiße Herdplatte, so dauert es einen Moment, bis man die Hand wegzieht. Erläutern Sie, warum diese Reaktion nicht sofort erfolgen kann.

e) ≡ Das Axon eines Frosches hat einen Durchmesser von 15 µm und eine Leitungsgeschwindigkeit von 30 m/s. Formulieren Sie eine Aussage zur Myelinisierung.

f) ≡ Vergleichen Sie die Leistungsfähigkeit der Nervensysteme von Mensch und Kalmar (→ **Seite 33**).

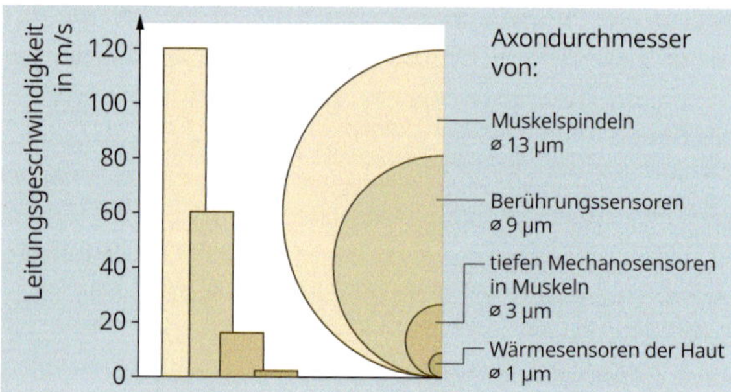

Faserklasse	Myelinscheide	Durchmesser des Axons in µm	Leitungsgeschwindigkeit in m/s
Aα	dick	10 – 20	60 – 120
Aβ	normal	5 – 12	30 – 75
B	dünn	1 – 3	3 – 20
C	keine	0,5 – 1,5	0,5 – 2

Praktikum // Erregungsleitung

8 Funktionsmodell

Dauer: 20 min
Material: Dominosteine; Klemmbausteine; Strohhalme; Lineal; Esslöffel; Glasmurmel; Stoppuhr; Tablet

Durchführung: Bauen Sie entsprechend der Skizze zwei gleich lange Strecken nebeneinander auf. Die Dominosteine müssen bei **A** so stehen, dass sie in einer Kettenreaktion umfallen können. Bei **B** werden die Abstände so gewählt, dass ein Dominostein über den Strohhalm den nächsten Stein zum Umfallen bringen kann. Heben Sie den Löffelstiel etwas an und lassen Sie die Glasmurmel in die Löffelmulde rollen. Vergrößern Sie die Höhe so lange, bis die Kugel durch den Schwung aus der Löffelmulde herausrollt. Messen Sie diese Höhe. Bringen Sie den Löffel nun mit der gerade festgestellten Höhe vor Dominoreihe **A** in Stellung. Lassen Sie die Murmel über die Löffelmulde rollen. Ein Mitschüler stoppt die Zeit vom ersten umfallenden Dominostein bis zum letzten. Für eine genauere Auswertung kann die Durchführung mit dem Tablet gefilmt werden. Wiederholen Sie das Experiment anschließend mit der Dominoreihe B und messen Sie wieder die Zeit, bis der letzte Dominostein umgefallen ist.

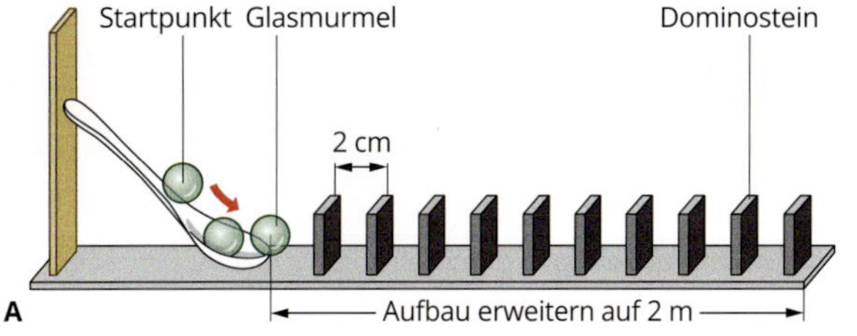

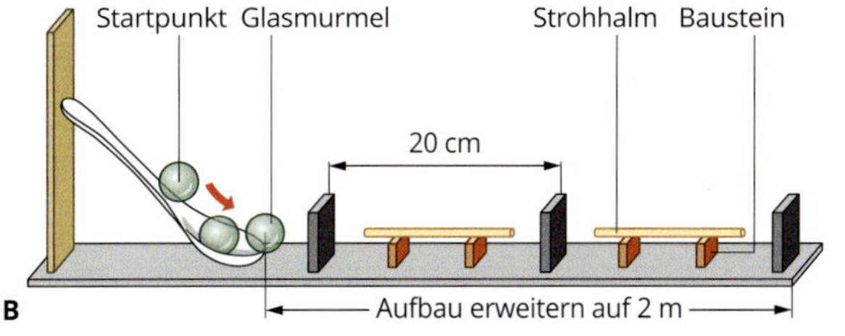

a) ≡ Notieren Sie die Ergebnisse.
b) ≡ Vergleichen Sie das Modell mit der Erregungsleitung an nichtmyelinisierten und myelinisierten Nervenfasern. Übertragen Sie die entsprechenden Modellteile auf die tatsächlich ablaufenden Vorgänge.
c) ≡ Beurteilen Sie folgende Aussage: Die Zeit bis zum Aufbau der Strecken kann mit der Refraktärzeit verglichen werden.

Basiskonzept // Information und Kommunikation

Das Basiskonzept „Information und Kommunikation" beschreibt den Sachverhalt, dass Lebewesen Informationen aufnehmen, weiterleiten, verarbeiten, speichern und auf sie reagieren. Kommunikation findet auf verschiedenen Systemebenen statt: In einem vielzelligen Organismus sind alle Organe, Gewebe, Zellen und deren Bestandteile ständig an der Kommunikation beteiligt.

Information

Lebewesen nehmen **Informationen** aus der Umwelt auf und verarbeiten sie. Entscheidend dafür, welche Informationen aufgenommen werden, sind die vorhandenen Sinnesorgane beziehungsweise Rezeptorzellen. Werden diese von adäquaten Umweltreizen beeinflusst, löst dies innerhalb der Zellen Vorgänge auf molekularer Ebene wie Membranpotenzialänderungen aus. Rezeptorzellen sind aber nicht in der Lage den Potenzialänderungen eine Bedeutung beizumessen. Hierfür muss die Information in Form von Aktionspotenzialen als Nervenimpulse zum Gehirn weitergeleitet werden. Dort findet die Verarbeitung und Speicherung der Information statt. Ebenso kann eine Reaktion veranlasst werden.

Kommunikation

Hierfür ist **Kommunikation**, also die Übertragung von Information zwischen verschiedenen Organen, Geweben und Zellen eines Organismus nötig. Diese erfolgt im Organismus auf elektrischem Weg über ein Nervensystem oder mithilfe von Botenstoffen über ein Hormonsystem. Je komplexer ein System oder Lebewesen ist, umso wichtiger ist ein aufeinander abgestimmtes Zusammenwirken der Systemelemente. Mit dem Nervensystem und dem Hormonsystem stehen Lebewesen zwei effektive Kommunikationssysteme zur Verfügung. Auch zwischen Organismen findet Kommunikation auf vielfältige Weise statt. Dabei wird eine Information vom Sender codiert. Ein Mensch codiert zum Beispiel seine Gedanken in Worte seiner Sprache. Erreicht die gesendete, codierte Information den Empfänger, muss sie von diesem decodiert werden. Gelingt dies, ist die Information für den Empfänger nutzbar und kann bei ihm eine Reaktion auslösen.

≡ Erstellen Sie eine Tabelle mit allen Sinnen des Menschen, den zugehörigen Sinnesorganen, Reizen und Empfindungen.

1 Turmspringerinnen beim Synchronsprung

Materialgebundene Aufgabe

❶ Chemische Synapse

≡ Übertragen Sie die schematische Abbildung (✎) in Ihre Unterlagen und beschriften Sie die Ziffern 1–7 mithilfe des Textes.

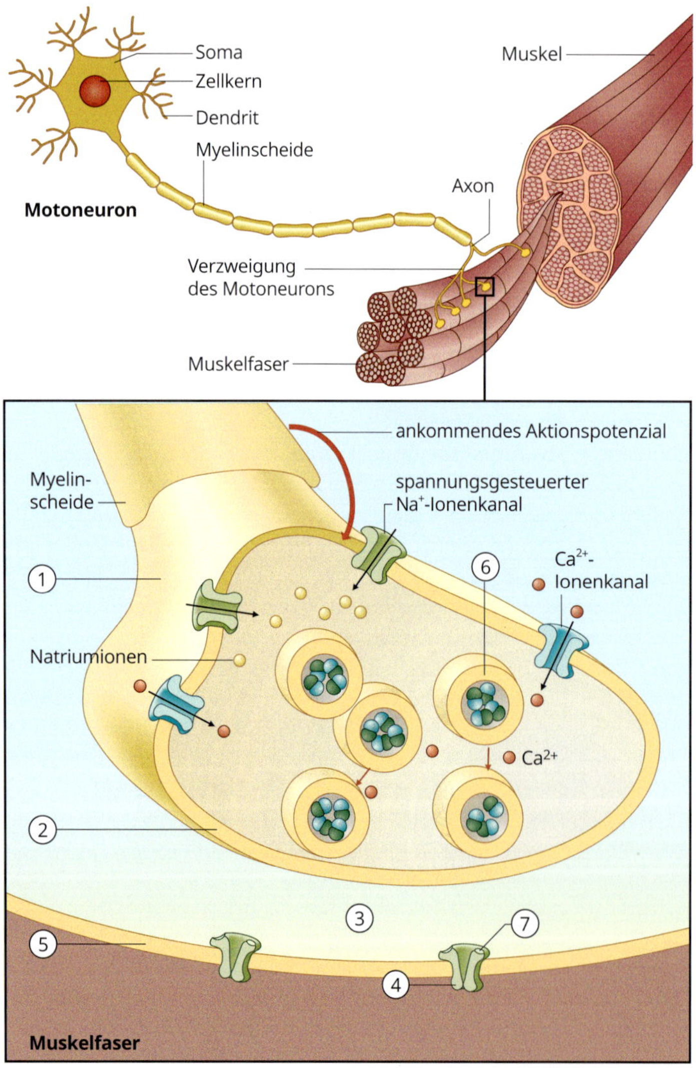

1.8 Die Erregungsübertragung an der chemischen Synapse

Gedanken entstehen im Kopf. Wie können diese nun einen exakten Bewegungsablauf der Turmspringer bewirken?

Übertragung eines Signals

Um die korrekte Muskelkontraktion auszulösen, muss das Signal der Nervenzelle auf die Muskelfasern der Sportlerinnen übertragen werden. Das Aktionspotenzial wird in seltenen Fällen über elektrische Synapsen direkt auf die benachbarten Zellen übertragen. Meistens kommt es jedoch bei der Übertragung des Signals zu einer kurzen Verzögerung. Das Signal der Nervenzelle muss einen 10–100 nm breiten, mit Flüssigkeit gefüllten zwischenzellulären Raum, den synaptischen Spalt, überwinden. Die Übertragung des Signals geschieht durch besondere Moleküle, die **Neurotransmitter** (lat. *transmittere*: hinüberschicken). Synapsen, bei denen die Erregungsübertragung durch Neurotransmitter vermittelt wird, nennt man **chemische Synapsen**. Bei erregenden Synapsen kommt es durch ein Aktionspotenzial zu einer Depolarisation des postsynaptischen Membranpotenzials. Man spricht von einem **erregenden postsynaptischen Potenzial** (lat. *post* ...: nach), abgekürzt **EPSP**.

Bau einer chemischen Synapse

Eine chemische Synapse besteht aus dem **Endknöpfchen** der präsynaptischen Nervenzelle (lat. *prä* ...: vor), der **postsynaptischen Membran** einer Folgezelle wie einer Nerven-, Muskel- oder Drüsenzelle und dem **synaptischen Spalt** dazwischen. Die **präsynaptische Membran** enthält **spannungsgesteuerte Calcium-Ionenkanäle (Ca^{2+}-Ionenkanäle)**, die durch das eintreffende Aktionspotenzial geöffnet werden. Im Endknöpfchen befinden sich **Vesikel**, die Neurotransmitter enthalten. In die postsynaptische Membran sind **transmittergesteuerte Ionenkanäle** eingebettet. Diese Ionenkanäle tragen **Rezeptoren** für bestimmte Neurotransmitter, die nach dem Schlüssel-Schloss-Modell gebunden werden. Die Bindung des Neurotransmitters an dem Rezeptor bewirkt eine Konformationsänderung und damit eine Öffnung des Ionenkanals.

❷ ≡ Vergleichen Sie Bau und Funktion eines spannungsgesteuerten- und eines transmittergesteuerten Ionenkanals.

Elektrochemische Vorgänge an der neuromuskulären Synapse

Die Muskulatur erhält die Kontraktionsbefehle durch motorische Nerven. Die Kontaktstelle zwischen einem motorischen Nerv und dem Muskel wird **neuromuskuläre Synapse** genannt. An dem Muskel verzweigt sich der motorische Nerv zu vielen synaptischen Nervenendigungen, zu der **motorischen Endplatte** (→ **Abbildung 1, Seite 38**). Sendet die motorische Nervenzelle ein Aktionspotenzial, so öffnen sich die spannungsabhängigen Calcium-Ionenkanäle und Calcium-Ionen strömen aus dem Extrazellulärraum ins Endknöpfchen. Dort lösen sie die Verschmelzung der Vesikel mit der präsynaptischen Membran aus, die Transmittermoleküle werden in den synaptischen Spalt freigesetzt (→ **Seite 17**).

Jeder Nervenzellentyp bildet nur einen bestimmten Neurotransmitter, bei motorischen Nervenzellen ist dies **Acetylcholin** (abgekürzt ACh). In der postsynaptischen Membran befinden sich Ionenkanäle mit Rezeptoren als Bindestellen für Acetylcholin. Werden Aceytlcholinmoleküle ausgeschüttet, so passen diese durch ihre Struktur zu den Rezeptoren wie ein Schlüssel zu einem Schloss und bewirken die Öffnung des Ionenkanals. Dann strömen Natrium-Ionen dem Konzentrationsgefälle entlang in die postsynaptische Zelle ein und lösen dort eine Depolarisation aus. Erreicht das Membranpotenzial an der postsynaptischen Zelle einen Schwellenwert, wird eine Kontraktion des Muskels ausgelöst. Im synaptischen Spalt befindet sich das Enzym **Acetylcholinesterase** (abgekürzt **ACh-Esterase**). Es spaltet den Neurotransmitter Acetylcholin in seine Bestandteile Acetat und Cholin. In dieser Form ist eine Wirkung an den Rezeptoren nicht mehr möglich. Natrium-Ionen können nicht mehr einströmen. Die Abbauprodukte werden wieder durch Carrier in die präsynaptische Zelle aufgenommen, dort zu neuen Neurotransmittermolekülen verbunden und wieder in synaptische Versikel verpackt.

3 ≡ Stellen Sie die Abläufe der synaptischen Übertragung an der neuromuskulären Synapse in einem Flussdiagramm dar. Markieren Sie elektrische und chemische Vorgänge mit verschiedenen Farben.

4 ≡ Erklären Sie, das Acetylcholin, nicht jedoch Adrenalin, eine Muskelkontraktion an der neuromuskulären Endplatte auslöst.

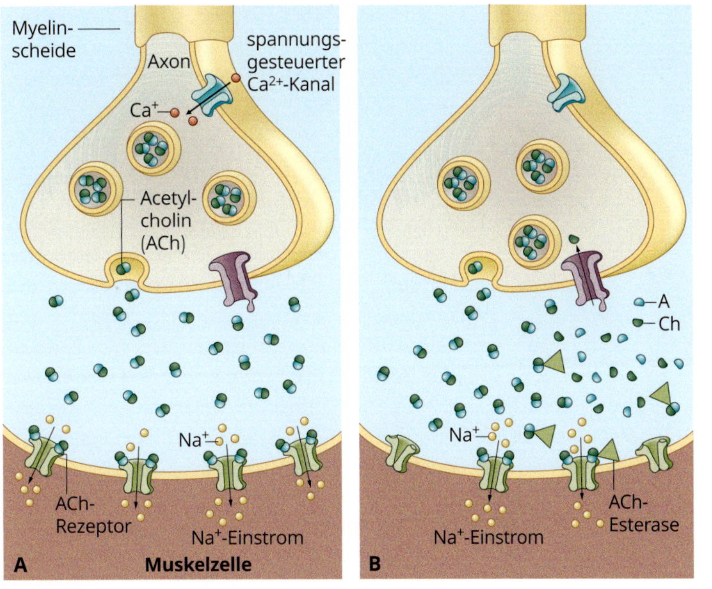

2 Modell in zwei Schritten. A Übertragung eines Signals; **B** Beendigung der Signalübertragung von der Nerven- auf die Muskelzelle

VL Materialgebundene Aufgabe

5 Myasthenia gravis – eine Muskelschwäche

Myasthenia gravis ist eine Muskelerkrankung, die mit einer Muskelschwäche verbunden ist. Unbehandelt kann sie lebensbedrohlich werden, wenn etwa die Rachen- und Atemmuskulatur betroffen sind. Die Muskelschwäche wird durch eine gestörte Erregungsübertragung an den motorischen Endplatten verursacht. Diese ist auf eine fehlgesteuerte Immunreaktion zurückzuführen. Als Therapie werden oft Acetylcholinesterase-Hemmer verabreicht.

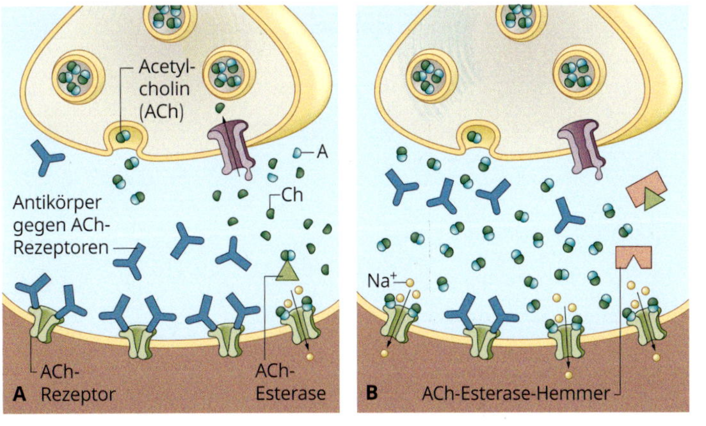

a) ≡ Erklären Sie anhand der Abbildung **A** die molekularen Ursachen und Auswirkungen der Muskelschwäche.

b) ≡ Erklären Sie anhand der Abbildung **B** die molekulare Wirkung von Acetylcholinesterase-Hemmern bei Myasthenia gravis.

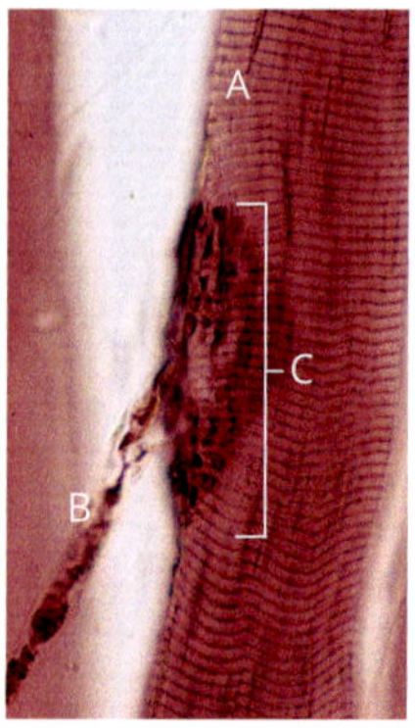

1 Lage der motorischen Endplatte. **A** Muskelfaser; **B** Axon; **C** motorische Endplatte

1.9 Stoffeinwirkung an Synapsen

Gifte, Drogen, Medikamente: Wie können diese Stoffe unser Nervensystem beeinflussen?

Angriffsort neuromuskuläre Synapse

Viele Stoffe, die eine Wirkung im Nervensystem zeigen, beeinflussen Vorgänge an den Synapsen. Gut erforscht sind Gifte, die an der neuromuskulären Synapse an der motorischen Endplatte wirken. Eines der stärksten Gifte ist das **Botulinumtoxin**, das Gift des Bakteriums *Clostridium botulinum*. Schon 1 ng/kg Körpergewicht des Toxins kann tödliche Folgen für den Menschen haben. Die häufigste Infektionsquelle stellen selbstgemachte Lebensmittelkonserven dar, die beim Einwecken unzureichend erhitzt wurden. Die Sporen des unter anaeroben Bedingungen lebenden Bakteriums keimen in den Konserven aus und bilden Toxine. Werden diese Konserven verzehrt, treten innerhalb von wenigen Tagen Lähmungen bei den Patienten auf. Beginnend mit Schluck- und Sehstörungen, breiten sich die Lähmungen im ganzen Körper aus. Unbehandelt führt die Vergiftung durch Atemlähmung zum Tod. Dabei ist einer Infektion leicht vorzubeugen: Das Neurotoxin wird bei 80 °C zerstört und kann seine Wirkung nicht mehr entfalten.

Hemmung der synaptischen Übertragung

Das Botulinumtoxin verhindert im Endknöpfchen die Entleerung der Vesikel in den synaptischen Spalt. Dadurch wird das Signal an der Synapse nicht weitergeleitet und die Muskelkontraktion bleibt aus. Man spricht hier von einer **schlaffen Lähmung**, die tödlich enden kann. Die muskelentspannende Wirkung des Toxins wird auch niedrigdosiert für medizinische Zwecke wie die Behandlung von Schielen und für kosmetische Zwecke als Anti-Falten-Mittel Botox eingesetzt. Dabei wird das stark verdünnte Toxin unter die Haut gespritzt, um bestimmte Muskeln zu lähmen und dadurch Falten zu glätten.

1 Seltene Nebenwirkungen einer Botox-Behandlung können ein Herabhängen des Augenlids oder ein schiefer Mund sein. Erklären Sie diese Beobachtung.

Übererregung an der Synapse

Viele Pflanzen stellen Gifte her. Die Tabakpflanze *Nicotiana tabacum* wehrt sich mithilfe des Nikotins gegen Insektenfraß. Nikotin wirkt unter anderem an der neuromuskulären Endplatte. Es bindet, wie Acetylcholin, an die Rezeptoren des transmittergesteuerten Ionenkanals und öffnet diese, ein EPSP entsteht. Nikotin kann jedoch nicht von der Acetylcholinesterase gespalten werden, weshalb die Depolarisation auf der postsynaptischen Seite nicht beendet wird. Der Muskel verkrampft. Hier spricht man von einer **starren Lähmung**. Tritt diese an der Atem- oder Herzmuskulatur auf, kann es zum Tod führen.

Nikotin kann lebensgefährlich sein

Lebensgefährliche Dosen von Nikotin können durch Rauchen kaum erreicht werden. Es gibt jedoch Vergiftungsfälle, vor wenn Kindern oral aufnehmen. Schon 7 mg Nikotin/kg Körpergewicht können bei Verschlucken tödlich wirken. Eine Gefahr stellen dabei auch Liquids für E-Zigaretten oder Nikotinkaugummis dar.

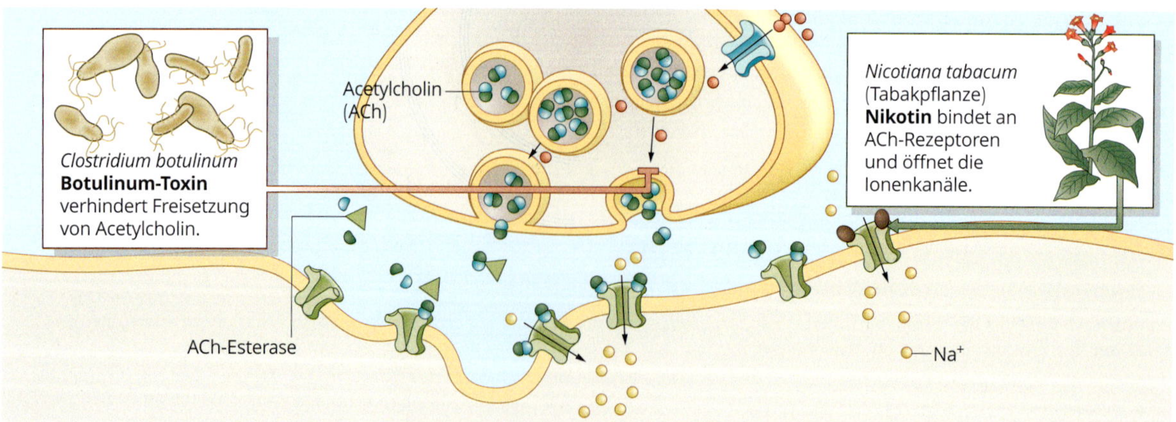

2 Angriffsorte für Stoffe an der neuromuskulären Synapse

❷ Medikamente aus der Natur

In Abbildung 2 (✎) sind die Angriffsorte von zwei Giften an der neuromuskulären Synapse angegeben.

a) ≡ Ergänzen Sie anhand der Steckbriefe die Wirkorte der beiden hier beschriebenen Gifte und recherchieren Sie die davon abgeleiteten Medikamente.

b) ≡ Personen mit einer Alkylphosphatvergiftung werden zunächst mit Atropin behandelt. Beurteilen Sie, inwiefern die Atropingabe als Gegengift ausreicht.

ω-Conotoxin, das Gift der marinen Kegelschnecke blockiert die spannungsabhängigen Calcium-Ionenkanäle an der neuromuskulären Synapse. Die langsamen Tiere verwenden das Gift zum Jagen.

Die Frucht der Tollkirsche ruft Vergiftungen hervor. An der motorischen Endplatte bindet der Inhaltsstoff Atropin an den Rezeptoren des Ionenkanals, öffnet diese aber nicht.

❸ Synapsen als Angriffsort für Medikamente – Epilepsie

Menschen, die unter Epilepsie leiden, zeigen von Zeit zu Zeit spontan eine erhöhte Aktivität von Nervenzellen im Gehirn. Dieses „Feuerwerk" der Nervenzellen kann nur bestimmte Hirnareale oder das ganze Gehirn betreffen. Symptome sind Muskelzuckungen oder bei einer stärkeren Aktivität eine Verkrampfung, die auch zum Bewusstseinsverlust führen kann.

Eine Epilepsie hat für Betroffene vielfältige Auswirkungen auf den Alltag, zum Beispiel bei der Berufswahl oder dem Entzug der Erlaubnis, Auto zu fahren. Ziel einer Behandlung ist immer die Unterdrückung der Anfälle. Bei vielen Patienten wird vermutet, dass in erregenden Synapsen im Gehirn der Neurotransmitter Glutamat in großen Mengen ausgeschüttet wird.

Zur Linderung der Symptome wird den Patienten häufig der Wirkstoff Perampanel verschrieben, der spezielle Glutamatrezeptoren in der Synapse blockiert.

a) ≡ Erläutern Sie die Wirkung des Glutamats anhand des Schlüssel-Schloss-Modells.

b) ≡ Erklären Sie die Wirkungsweise von Perampanel anhand Abbildung **A**.

c) ≡ In einer Gewebekultur wurden die Aktivitäten von einzelnen Zellen gemessen. Im ersten Experiment wurde lediglich die Grundaktivität der Nervenzelle gemessen. Im zweiten Experiment wurde das Gewebe mit Kainsäure (KA) versetzt, die einen epileptischer Anfall nachahmt. Schließlich wurde zu der Gewebeprobe gleichzeitig Kainsäure und Perampanel gegeben.
Beschreiben und interpretieren Sie die Messergebnisse (**B**).

d) ≡ Häufige Nebenwirkungen des Medikaments sind Schwindel, Müdigkeit, Somnolenz und Ataxie. Recherchieren Sie die Bedeutung dieser Nebenwirkungen und stellen Sie Hypothesen zu deren Entstehung auf.

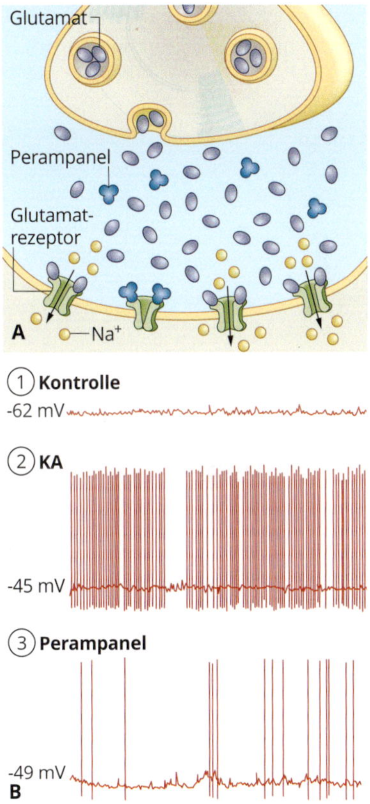

❹ Synapsen als Angriffsort für Suchtmittel – Nikotin

a) ≡ Erstellen Sie ein Flussdiagramm zur Wirkung von Nikotin.

b) ≡ Recherchieren Sie zum Zusammenhang der Veränderung der Zahl der Acetylcholinrezeptoren und dem Nikotingebrauch und erläutern Sie damit den Entzug.

Nikotin bindet an verschiedene Stellen im Nervensystem an nikotinische Acetylcholin-Rezeptoren an Synapsen. Im Gehirn führt die Aktivierung dieser Synapsen unter anderem zu der Freisetzung von Dopamin, das auch als Glückshormon bezeichnet wird. Die Dopaminausschüttung aktiviert in unserem Gehirn das Belohnungszentrum. Alle Tätigkeiten, die Dopamin freisetzen, werden von unserem Gehirn als positiv bewertet. Der Wunsch nach Wiederholung dieser Tätigkeiten entsteht. So entsteht eine Sucht.

1.10 Depression – eine Krankheit

Wenn das Denken und Handeln einer Person nur noch von negativen Gedanken und traurigen Gefühlen überschattet ist, kann eine schwerwiegende Erkrankung, eine Depression, vorliegen. Wie entstehen solche Erkankungen und welche Behandlungsmöglichkeiten gibt es?

Was sind Depressionen?

Jeder Mensch erlebt Phasen mit gedrückter Stimmung oder Lustlosigkeit. Halten solche negativen Emotionen länger an und kommen weitere Symptome hinzu, so kann eine Erkrankung, eine **Depression** (lat. *depressus*: niedergedrückt), vorliegen. Man schätzt, dass etwa 20 Prozent aller Deutschen einmal im Leben an einer chronisch depressiven Verstimmung oder einer Depression erkranken. Hier ist es wichtg, die Anzeichen frühzeitig zu erkennen.

Symptome

Depressive Patienten sind meist weniger belastbar und leiden an einer eingeschränkten Lebensfreude. Betroffene schildern psychische Störungen wie Antriebs- und Freudlosigkeit und Selbstzweifel. Interessensverlust führt dazu, dass sie beispielsweise auch an früher geliebten Hobbys keine Freude mehr haben. Oft geht die Erkrankung mit einem sozialen Rückzug einher. Im Laufe der Zeit entstehen und verstärken sich bei den Betroffenen negative Denkmuster wie „Ich bin wertlos“, „Ich scheitere sowieso“, oder „Es interessiert sich keiner für mich“. Hinzu kommen häufig Gedanken an Selbstverletzung oder Suizid. Durch ein Gedankenkarussell wird die Niedergeschlagenheit immer stärker und die Bereitschaft, Hilfe anzunehmen, sinkt. Auch Angehörige und beste Freunde oder Freundinnen finden keinen Zugang mehr zu der betroffenen Person.

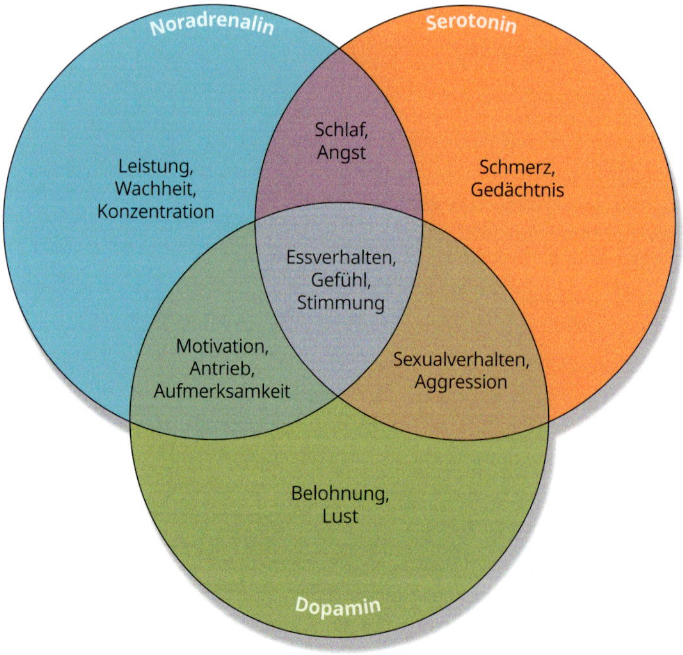

1 Aufgaben der Neurotransmitter Noradrenalin, Dopamin und Serotonin

1 Führen Sie eine ergänzende Recherche zu den Symptomen einer Depression durch und beschreiben Sie deren psychische und soziale Folgen in einem Tagebucheintrag.

Köperlich macht sich eine Depression durch Symptome wie Gewichtsverlust durch Appetitlosigkeit, Schlafstörungen, Konzentrationsunfähigkeit und häufige Kopf- und Bauchschmerzen bemerkbar. In manchen Fällen lassen sich Hirnveränderungen wie die Verminderung oder Verstärkung von Gehirnstrukturen nachweisen. Anfänglich treten die Symptome meist nur temporär auf. Bleiben sie aber länger als zwei Wochen bestehen oder treten in regelmäßigen Abständen immer wieder auf, liegt der Verdacht auf eine Depression nahe.

Neurotransmitter steuern die Emotionen

An der Entstehung der Emotionen sind verschiedene Neurotransmitter (→ **Seite 36**), oft **Monoamine**, beteiligt. Dies sind Stoffe, die durch Veränderungen einer Aminosäure entstehen und eine Aminogruppe enthalten. Die wichtigsten Monoamine sind:

- **Serotonin**: beeinflusst unter anderem die Stimmung, hat aber auch Einfluss auf die Schmerzwahrnehmung
- **Noradrenalin**: beinflusst unter anderem die Leistung und die Wachheit
- **Dopamin**: aktiviert unter anderem das Belohnungszentrum im Gehirn

Die komplexen Wirkungen der Neurotransmitter greifen wie kleine Zahnräder ineinander. Störungen in diesem fein ausbalancierten Gehirnstoffwechsel können für die Entstehung von Depressionen mitverantwortlich sein.

2 „Schokolade macht glücklich“. Begründen Sie dies mithilfe einer Recherche.

Entstehung von Depressionen – ein multifaktorielles Geschehen

An der Entstehung von Depressionen sind biologische und psychosoziale Faktoren beteiligt, weshalb man auch von einem **multifaktoriellen Entstehungsmodell** spricht. Als biologische Faktoren sind eine genetische Veranlagung, eine Störung im Gehirnstoffwechsel sowie organische Erkrankungen in Betracht zu ziehen. Mit dem Begriff psychosoziale Faktoren werden Persönlichkeitseigenschaften, belastende Lebensereignisse wie Traumata, aber auch Armut oder Diskriminierung sowie die Qualität der sozialen Kontakte beschrieben.

Neurophysiologische Ursache

Nach der **Monoamin-Hypothese** gilt eine Störung des Hirnstoffwechsels, bei der die Ausschüttung der Neurotransmitter **Noradrenalin**, **Serotonin** und **Dopamin** gestört ist, als eine Ursache der Entstehung einer Depression. Diese Hypothese allein kann aber nicht alle Aspekte der Erkankung erklären.

Komplexere Erklärung – Vulnerabilitäts-Stress-Modell

Das **Vulnerabilitäts-Stress-Modell** bietet einen weiteren möglichen Erklärungsansatz für das Entstehen und die Aufrechterhaltung von Depressionen. Danach entsteht eine Depression durch Stress wie aktuelle oder chronische Belastungen in Abhängigkeit der Anfälligkeit, der **Vulnerabilität** (lat. *vulnus*: Wunde), einer Person. Es gilt: *Je vulnerabler ein Mensch gegenüber Stress ist, desto geringer ist das Stresslevel, das es benötigt, bei diesem Menschen eine Depression auszulösen.* Eine bereits vorhandene Depression macht einen Betroffenen wiederum anfälliger und empfindlicher gegenüber Stress, was zu einem Teufelskreis führen kann, der typisch für den Krankheitsverlauf ist. Nach diesem Modell sind eine erhöhte Vulnerabilität und Stress für die Entstehung einer Depression nötig.

Was macht einen Menschen vulnerabel? Hier spielen unter anderem erlittene Traumata, die genetische Veranlagung sowie Einflüsse der Umgebung eine Rolle. Auch biologische Merkmale wie hormonelle Schwankungen, hervorgerufen durch Schilddrüsenfehlfunktionen, Hormonschwankungen während und nach Schwangerschaften oder in der Menopause bei Frauen, können einen Menschen vulnerabel machen. Dies ist der Grund, warum Frauen etwa doppelt so häufig an Depressionen erkranken, wie Männer. Ist eine Person durch Vulnerabilitätsfaktoren vorbelastet, kann es durch eine hinzukommende Stressbelastung zu einem Krankheitsausbruch kommen. Veränderungen im Leben wie die Pubertät, das Ende der Schulzeit oder des Berufslebens, der Verlust eines geliebten Menschen, Beziehungsprobleme oder eine schwere Erkrankung können dann eine Depression auslösen.

VL Materialgebundene Aufgabe

3 Monoamin-Hypothese

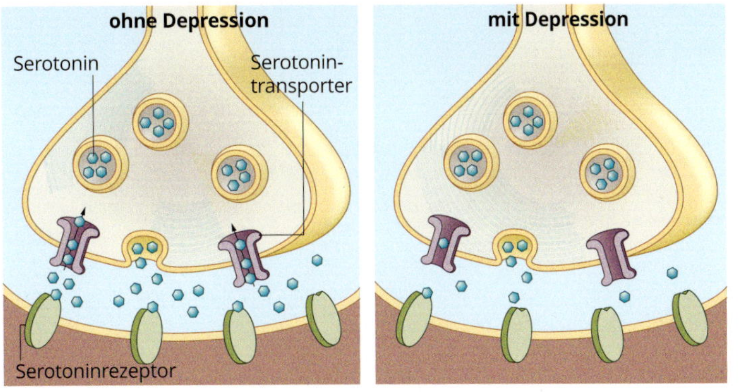

Die Abbildung zeigt eine Modellvorstellung zur Entstehung von Depressionen nach der Monoamin-Hypothese. Exemplarisch ist nur der Neurotransmitter Serotonin gezeigt.

a) ≡ Beschreiben Sie die Entstehung von Depressionen nach der Monoamin-Hypothese.

b) ≡ Diskutieren Sie anhand folgender Beobachtungen das Modell: „Cocain erhöht die Konzentration von Serotonin im synaptischen Spalt, wirkt aber bei depressiven Patienten nicht antidepressiv“, „Künstlicher Serotoninmangel führt nicht zu Depressionen“.

4 ≡ Laut einer Studie sind depressive Symptome bei Kindern und Jugendlichen sogar häufiger als bei Erwachsenen. Erläutern Sie dieses Studienergebnis.

Was macht einen Menschen anpassungsfähig an die Herausforderungen des Lebens? Die Fähigkeit eines Menschen, schwierige Lebenssituationen zu überstehen, wird als **Resilienz** bezeichnet.

5 ≡ Recherchieren Sie Möglichkeiten, die eigene Resilienz zu stärken und erstellen Sie eine Präsentation dazu.

Hilfe für sich und andere

Ansprechpartner:
Schulsozialarbeiter/in
Beratungslehrer/in
Hausarzt/-ärztin
Facharzt/-ärztin für Psychiatrie oder Nervenheilkunde
psychologische/r Psychotherapeut/in

Nummer gegen Kummer: 116111

Info-Telefon der deutschen Depressions-Hilfe:
0800 3344533

2 Gesprächstherapie in einer Gruppe

VL Materialgebundene Aufgabe

6 Mögliche Ansatzpunkte einer medikamentösen Therapie

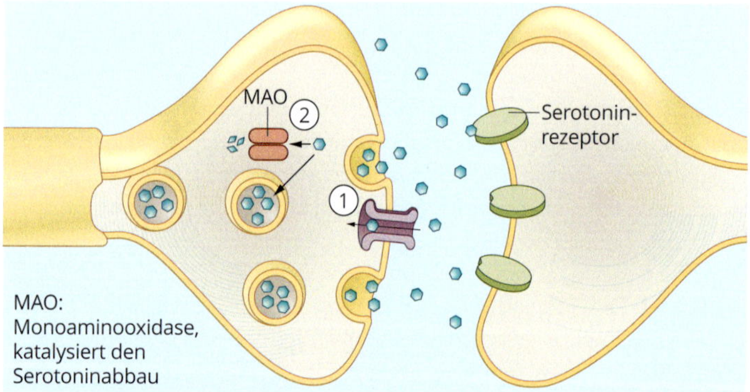

a) Erläutern Sie anhand der Abbildung zwei medikamentöse Therapieansätze (Ziffern 1 und 2) bei einer Depression unter Annahme der Gültigkeit der Monoamin-Hypothese.

b) Die meisten Antidepressiva gehören zu folgenden Gruppen: trizyklische Antidepressiva (TCA), selektive Serotonin-Wiederaufnahmehemmer (SSRI), Serotonin-Noradrenalin-Wiederaufnahemhemmer (SNRI) und Monoaminoxidase-Hemmer (MAOI). Recherchieren Sie je zwei Präparate sowie deren Wirkungen und Nebenwirkungen.

Neues aus der Forschung
Ein Teil der Patientinnen und Patienten spricht nicht auf die Behandlung mit Serotonin-Wiederaufnahmehemmern an. Wissenschaftler konnten nachweisen, dass das Gen des Serotonintransporters, der das Serotonin zurück in die Nervenzelle pumpt, in verschiedenen Varianten auftritt. Eine verkürzte Variante des Serotonintransporter-Gens (Variante „K") führt zu einer Verminderung der Anzahl an Serotonintransporter-Molekülen auf der Nervenzelle und somit zu einem funktionellen Serotoninmangel an der Synapse auf Grund einer geringeren Ansprechbarkeit.

c) Erläutern Sie den Sinn eines Gentests im Vorfeld der medikamentösen Behandlung.

Therapiemöglichkeiten
Die wichtigsten Säulen der Behandlung von Depressionen sind die Psychotherapie und die Medikamentenbehandlung. Dabei ist nicht jede Behandlungsmethode für jeden Patienten gleich gut geeignet. Ziele der Behandlung sind, dass die Betroffenen ihren Alltag wieder gestalten können und die Rückfallwahrscheinlichkeit minimiert wird.

Unter den zahlreichen Behandlungsverfahren der Psychotherapie hat sich die **kognitive Verhaltenstherapie** bei der Behandlung der Depressionen bewährt. Ausgangspunkt dieser **Gesprächstherapie** sind dabei die negativen Verhaltens- und Denkmuster des Patienten. Die Therapie zielt darauf ab, diese Denkmuster bewusst zu erkennen und durch neue Verhaltens- und Denkmuster zu ersetzen. Dies dient als Hilfsmittel, um in Situationen, die normalerweise depressionstypische Gedankengänge hervorrufen, eine bessere Selbstkontrolle zu erzielen. So soll freudvolles Erleben wieder möglich werden und die Stimmung soll sich normalisieren. Zahlreiche Medikamente können, vor allem in Kombination mit der Psychotherapie, dabei helfen, die Symptome der Depression zu lindern. Diese Medikamente, fachsprachlich **Antidepressiva**, sollen die Stimmung der Betroffenen verbessern, indem sie das gestörte Gleichgewicht der Neurotransmitter wiederherstellen. Daneben kommen weitere Behandlungsansätze wie Lichttherapien, Bewegungstherapien und künstlerische Therapien unterstützend zum Einsatz.

7 Schlagzeilen wie „Depressionen sind nicht auf einen Serotoninmangel zurückzuführen" lassen aufhorchen. In der Tat wird der klinische Nutzen der Antidepressiva in Fachkreisen zunehmend hinterfragt. Dennoch ist die Verschreibung gängige Praxis. Recherchieren Sie zum gegenwärtigen Stand dieser Diskussion.

8 Berufsfeld zur Hilfe bei Depressionen
Spezialisten verschiedener Fachrichtungen beschäftigen sich mit der Behandlung von Depressionen.
Recherchieren Sie eines der folgenden Berufsfelder: Psychotherapeut/in, Psychiater/Psychiaterin und Neurologe/in. Erstellen Sie dazu jeweils Streckbriefe mit den relevanten Informationen wie Studiendauer und Studienorte, Studieninhalte, Einsatzmöglichkeiten und anderen Kriterien.

Umgang mit Betroffenen

Eine Depression kann einen Menschen stark verändern. Ein früher lebenslustiger Mensch wird auf einmal antriebslos und kann sich zu nichts mehr aufraffen. Gleichzeitig plagen ihn oft Schuldgefühle dem Partner/der Partnerin oder auch dem Freundeskreis gegenüber. Auch die Angehörigen leiden, denn sie empfinden die Hilflosigkeit der betroffenen Person gegenüber als starke Belastung. Sie müssen die Person oft im Alltag unterstützen und Aufgaben wie Einkaufen und Kochen übernehmen. Sie laufen dadurch Gefahr, sich selbst zu überlasten. Dabei besteht das Risiko, dem oder der Erkrankten gegenüber Wut zu entwickeln, die Symptome als Faulheit, generelles Desinteresse oder Willensschwäche zu deuten und damit den Betroffenen negativ zu bewerten. Mit Diffamierung dieser Art, man sagt auch **Stigmatisierung**, tut man den Betroffenen aber unrecht. Sinnvoller ist es, ärztlichen Rat einzuholen. Je eher man eine Behandlung beginnt, umso höher sind die Chancen auf eine Genesung.

Ratschläge für Freunde und Angehörige:
- Depression ist eine Erkrankung. Suchen Sie ärztlichen Rat.
- Zeigen Sie dem Betroffenen gegenüber Geduld.
- Helfen Sie dem Betroffenen, den Alltag zu strukturieren.
- Halten Sie sich mit gut gemeinten Ratschlägen zurück.
- Seien Sie nicht übergriffig.
- Überfordern Sie sich nicht.
- Setzen Sie Grenzen, wenn es Ihnen zu viel wird.

VL Materialgebundene Aufgabe

9 Perspektiven einer Depression

Tagebuchauszug von Alex

12.12. Seit Tagen fühle ich mich müde und abgespannt. Zu nichts habe ich mehr Lust …

14.12. Heute gab es mächtig Zoff in der Clique. Eigentlich hatten wir uns zum Weihnachts-Shopping verabredet, aber dann hatte ich überhaupt keine Lust mehr.

25.12. Gestern lag unter dem Weihnachtsbaum mein lang ersehnter Laptop. Ausgepackt habe ich ihn bisher nicht …

08.01. Nach den Ferien fühle ich mich immer noch ausgelaugt, habe keine Lust aufzustehen. Treffen wollte ich mich mit niemandem. Und eigentlich ist doch eh alles egal. Keinen würde es stören, wenn ich nicht mehr wäre …

Hilfeversuch von Alex' bestem Freund

„Was ist nur mit Alex los? Da stimmt was nicht! Alles, was ich sage, prallt ab. Jede Aufmunterung scheitert. Gespräche sind auch nicht möglich. Von unserem Lehrer kommt nur Unverständnis und Druck. Ich habe Alex' Eltern gebeten, einen Arzt zu konsultieren. Ich mach mir ernsthaft Sorgen, normal ist das nicht …“

Meinung des Trainers im Sport-Verein

„Alex ist raus! Die Leistungen sind mehr als schlecht, das Training wird quasi nicht besucht und Teamfähigkeit ist weit gefehlt. So einen Faulpelz brauchen wir nicht!“

Interview mit Alex' Eltern und Geschwistern

„Wir kommen nicht mehr an unser Kind ran! Nichts kann motivieren, das Zimmer zu verlassen. Die Freunde werden abgewimmelt, Anrufe geblockt. Von der Schule oder dem Sportverein erfahren wir gar nichts mehr. Wir werden komplett aus dem Leben unseres Kindes ausgegrenzt.“

„Sobald ich das Zimmer betrete, werde ich angegiftet und rausgeworfen. Den ganzen Tag ist nur Gammeln im Bett angesagt. Und diese Depri-Musik den ganzen Tag, da kann man nur traurig werden!“

Reaktionen vom Lehrer

„Seit Wochen wirkt Alex völlig teilnahmslos im Unterricht. Vorher war das nicht so! In der letzten Woche wurde zweimal der Unterricht komplett geschwänzt. An den anderen Tagen wurden einzelne Stunden verpasst. So kann das nicht weitergehen. Die Noten lassen inzwischen zu wünschen übrig.“

Reaktionen von Klassenkameraden

„Früher konnte man mit Alex immer quatschen und wirklich Pferde stehlen. Inzwischen werden Telefonanrufe ignoriert und auch auf unsere Chat-Nachrichten wird nicht reagiert. Wir sind ihm wohl nicht mehr gut genug!

„Alex tut mir leid.“

a) ≡ Beschreiben Sie den Verlauf von Alex' Depression.

b) ≡ Bilden Sie in Ihrem Kurs Gruppen und diskutieren Sie die beschriebenen Perspektiven der verschiedenen Personen. Entwickeln Sie dabei jeweils Handlungsoptionen, wie die betreffenden Personen Alex helfen könnten.

c) ≡ Patienten, die an Depressionen leiden, befinden sich häufig in einem Teufelskreis. Stellen Sie diesen bildlich dar. Verwenden Sie dafür folgende Begriffe: *depressive Stimmung • sozialer Rückzug • depressive Gedanken • negative Erwartungen • negatives Selbstbild • Mangel an positiven Erlebnissen.* Ergänzen Sie weitere Begriffe.

Bau einer Nervenzelle

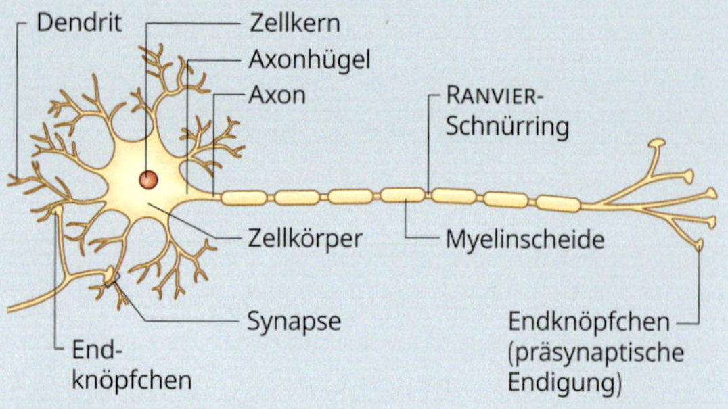

Mehr dazu auf den Seiten 14–15

Aufbau einer Biomembran

Biomembranen

- grenzen das Innere der Zelle gegenüber der Umgebung ab
- trennen die verschiedenen **Kompartimente**, zum Beispiel den Zellkern und die Mitochondrien, innerhalb einer Zelle voneinander ab
- bestehen aus **Phospholipidmolekülen** mit hydrophilem Kopf und hydrophobem Schwanz
- Phospholipidmoleküle bilden eine **Doppelschicht**
- enthalten periphere und integrale Proteine, die mit den Phospholipiden in Kontakt sind
- flüssiger Aggregatzustand, Bestandteile darin beweglich, daher: **Flüssig-Mosaik-Modell**
- sind selektiv permeabel
- Transportvorgänge in Zellen über das **Endoplasmatische Retikulum** (Membransystem)

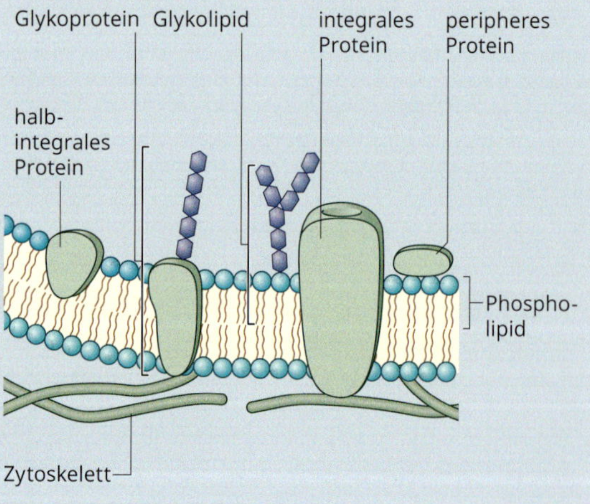

Mehr dazu auf den Seiten 16–19

Stoffaustauschvorgänge an einer Biomembran

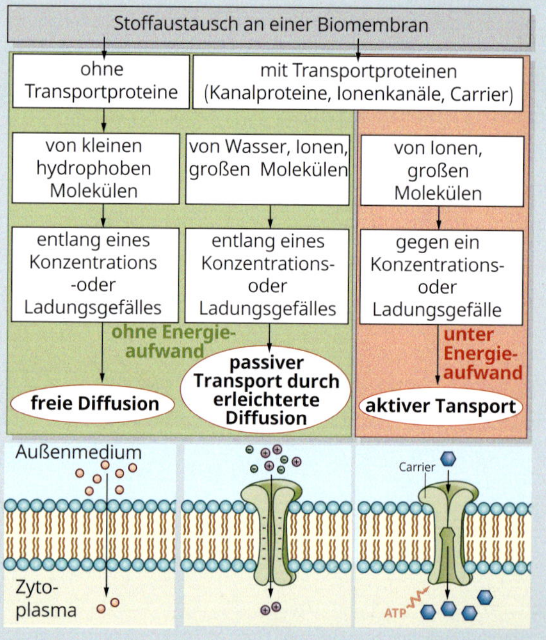

Mehr dazu auf den Seiten 20–23

Das Membran- und das Ruhepotenzial

Membranpotenzial: Spannungsunterschied durch Ladungstrennung zwischen Zellinnerem und umgebendem Medium. Im Ruhezustand ist der elektrochemische Gradient gleich Null – Gleichgewichtszustand.

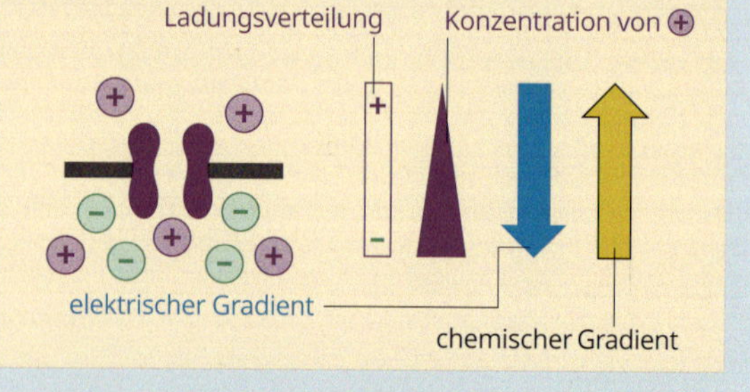

Ruhepotenzial einer Nervenzelle etwa – 70 mV

- Ungleichverteilung der Kalium-, Natrium-, Chlorid- und Protein-Ionen an der Membran
- Kalium-Ionen diffundieren bis zum elektrochemischen Gleichgewicht
- Selektive Permeabilität der Membran und aktiver Transportvorgang der Natrium-Kalium-Ionenpumpen halten das Ruhepotenzial aufrecht.

Mehr dazu auf den Seiten 24–27

Das Aktionspotenzial

Zeitlicher Verlauf des Aktionspotenzials

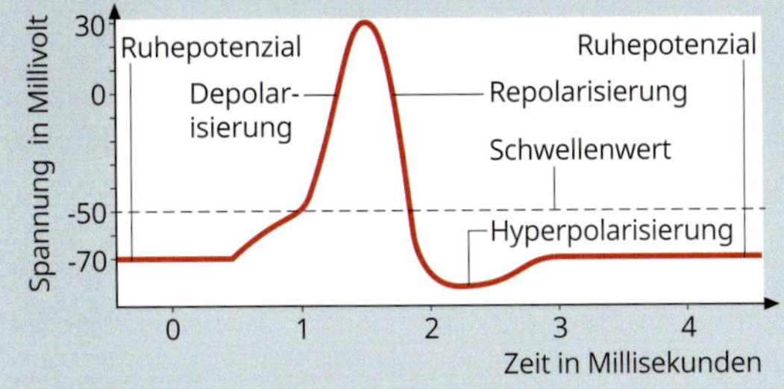

Ionentheorie des Aktionspotenzials

Überschwellige Depolarisierung der Membran führt nach dem **Alles-oder-Nichts-Prinzip** zur
- Öffnung spannungsgesteuerter Natrium-Ionenkanäle und Natrium-Ioneneinstrom
- Depolarisierung und Umpolung der Membran
- zeitverzögerte Öffnung und Schließung spannungsgesteuerter Kalium-Ionenkanäle und Kalium-Ionenausstrom
- Repolarisierung und Hyperpolarisierung

Refraktärphase
- **absolut:** Zeitspanne absoluter Unempfindlichkeit der Membran gegenüber einem Reiz
- **relativ:** verminderte Empfindlichkeit der Membran gegenüber Reizen

Codierung der Information (AP: Aktionspotenzial)

Information	**Qualität**	**Codierung**
Reizdauer	länger	einzelne AP über längeren Zeitraum
	kürzer	einzelne AP über kürzeren Zeitraum
Reizstärke	stärker	höhere AP-Frequenz
	schwächer	niedrigere AP-Frequenz

Erregungsleitung

	kontinuierlich	**saltatorisch**
Axon-Isolierung	fehlt	Myelinscheide
Depolarisierung der Membran durch Ausgleichsströme	von Stelle zu Stelle	nur an den RANVIER-Schnürringen
Aktionspotenziale	fortlaufend	springend
Geschwindigkeit	max. 30 m/s	max. ~ 120 m/s
Vorkommen	Wirbellose	Wirbeltiere

Mehr dazu auf den Seiten 28–35

Elektrochemische Vorgänge an einer erregenden chemischen Synapse

Beispiel: Erregungsübertragung an der neuromuskulären Synapse:

Aktionspotenzial (elektrisches Signal) führt zur Öffnung spannungsabhängiger Calcium-Ionenkanäle
→ **Calcium-Ionen** (Ca^{2+}) lösen Verschmelzung der mit **Neurotransmittern** gefüllten Vesikel mit der präsynaptischen Membran aus (chemisches Signal).
→ Freisetzung von Neurotransmittern in den **synaptischen Spalt**
→ Neurotransmitter binden (**Schlüssel-Schloss-Modell**) an Ionenkanäle, die **Rezeptoren** als Bindestellen für diese Neurotransmitter aufweisen
→ Natrium-Ioneneinstrom in die Muskelzelle führt zur Depolarisation der Muskelzelle (elektrisches Signal)

Synapsen sind Angriffsorte für **Medikamente** (Beispiel: Atropin) und **Suchtmittel** (Beispiel: Nikotin)

Mehr dazu auf den Seiten 36–39

Depression

Symptome
- **psychische** Symptome, zum Beispiel Antriebslosigkeit, Interessensverlust
- **körperliche** Symptome, zum Beispiel Schlafstörungen, Appetitlosigkeit

multifaktorielles Entstehungsmodell: biologische und psychosoziale Faktoren
- **Monoamin-Hypothese:** Störung des Hirnstoffwechsels; Ausschüttung der Neurotransmitter an Synapsen im Gehirn gestört
- **Vulnerabilitäts-Stress-Modell:** Entstehung einer Depression in Abhängigkeit der Vulnerabilität und dem Vorhandensein von Stress

Therapien
- **Psychotherapie**, zum Beispiel kognitive Verhaltenstherapie
- **Medikamente**, Antidepressiva, zum Beispiel selektive Serotonin-Wiederaufnahmehemmer (SSRI), Monoaminoxidase-Hemmer (MAOIs)

Psychische und soziale Folgen: Interessensverlust, Erschöpfung, Selbstzweifel, Suizidgefahr; soziale Isolation, Kontaktarmut

Umgang mit Betroffenen: Stigmatisierung vermeiden, stattdessen Hilfsmöglichkeiten aufzeigen, Geduld, kein übergriffiges Verhalten, Selbstschutz

Mehr dazu auf den Seiten 40–43

AUFGABEN

Nozizeptoren

Für die Schmerzwahrnehmug sind freie Nervenendigungen von Neuronen des Rückenmarks verantwortlich. Man bezeichnet sie als Nozizeptoren.

1 Fassen Sie die Informationen aus M1, M2 und M4 zu einem Vergleich des mechanosensiblen mit dem temperatursensiblen Nozizeptor-Typs zusammen. [8 BE]

2 Stellen Sie in einem Flussdiagramm dar, wie in einem mechanosensiblen Nozizeptor auf starken Druck hin ein Aktionspotenzial gebildet wird. (M2, M3) [8 BE]

3 Erläutern Sie die Folgen von mittlerem Druck auf einen polymodalen Nozizeptor in gesundem und entzündetem Gewebe (M2, M3, M4). [8 BE]

4 Erklären Sie anhand von M1 und M5 die Veränderung des Membranpotenzials in Abhängigkeit von der Entfernung zum Reizort an A-delta-Fasern. [12 BE]

5 Beschreiben und erklären Sie anhand von M5 B den zeitlichen Verlauf der Erregungsweiterleitung. [8 BE]

6 Erklären Sie unter Berücksichtigung von M1 und M6 die unterschiedlichen Schmerzarten. [8 BE]

7 Erklären Sie unter Berücksichtigung des Textes in M7, warum durch die Injektion von Lidocain keine Schmerzen bei dem chirurgischen Eingriff wahrgenommen werden, nach der OP jedoch wohl. [8 BE]

8 Erläutern Sie anhand M7 die schmerzlindernde Wirkung von Morphin. [8 BE]

MATERIAL

M1 Reizvermittlung bei Nozizeptoren

Die Membranen von Nozizeptoren enthalten verschiedene Ionenkanäle und Rezeptoren, die durch unterschiedliche Reizarten aktiviert werden. Die Aktionspotenziale werden schon an den freien Nervenendigungen gebildet und über die Dendriten zum Zellkörper des Nozizeptors geleitet. Diese Zellkörper liegen in den Nervenknoten links und rechts der Wirbelsäule. Über die Axone der Nozizeptoren gelangen die eingehenden Aktionspotenziale in das Rückenmark. Hierbei unterscheidet man die Weiterleitung durch nicht-myelinisierte C-Fasern (Leitungsgeschwindigkeit etwa 1 m/s) und myelinisierte A-delta-Fasern (Leitungsgeschwindigkeit etwa 2–30 m/s). Im Rückenmark wird die Erregung durch den Neurotransmitter Glutamat an eine nachgeschaltete Nervenzelle übertragen und zum Gehirn geleitet. Dort entsteht dann die Schmerzempfindung.

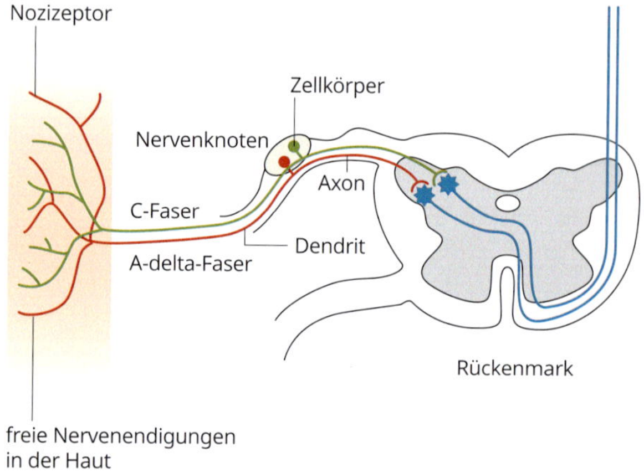

M2 Schematische Darstellung der unterschiedlichen Nozizeptor-Typen

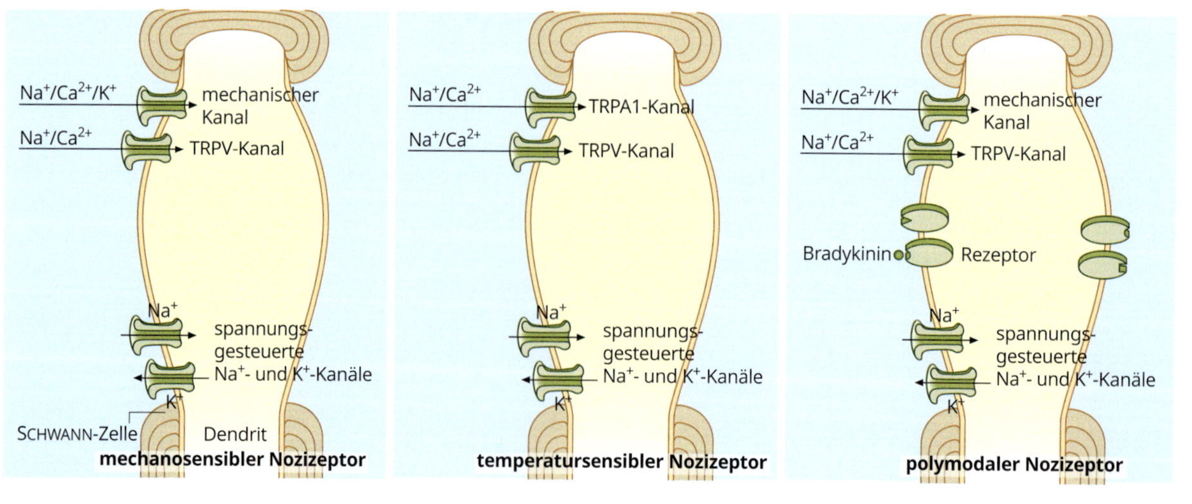

M3 Antwort von mechanosensiblen Nozizeptoren auf Reize

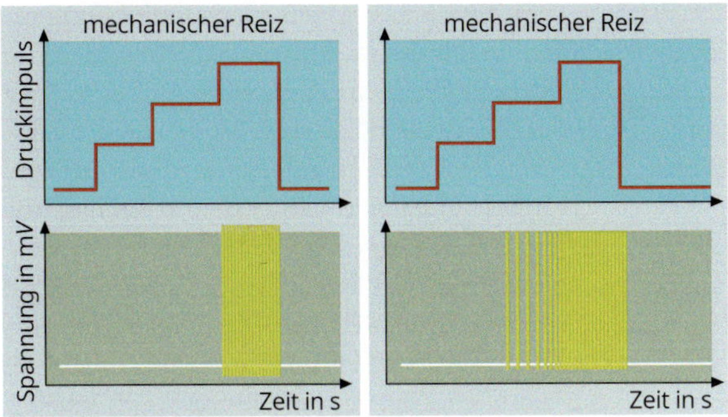

gesundes Gewebe   entzündetes Gewebe

M4 Kanaltypen und Rezeptoren der verschiedenen Nozizeptoren

Kanal-Typ	Aktivierung des Kanals
TRPV	Temperaturen über 45 °C, Capsaicin (Chili)
TRPA 1	schädigende Kälte (< 10 °C)
mechanischer Kanal	mechanische Reize: Druck, Dehnung

An Nozizeptoren treten verschiedenste Rezeptorproteine auf. Diese bewirken bei Bindung von spezifischen Signalmolekülen eine Öffnung von Ionenkanälen, wodurch die Reizschwelle im Fall einer Erregung schneller erreicht wird. Bei einer Entzündung setzen Zellen beispielsweise Bradykinin frei, das als Signalmolekül dienen kann.

M5 Veränderung des Membranpotenzials an Nozizeptoren in Abhängigkeit von der Entfernung zum Reizort (A) und Erregungsweiterleitung an A-delta-Fasern (B)

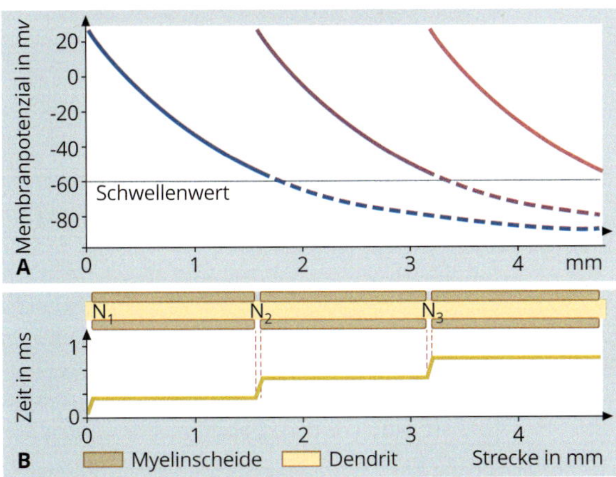

N steht für Nodus (gleichbedeutend mit RANVIER-Schnürring)

M6 Schmerzarten

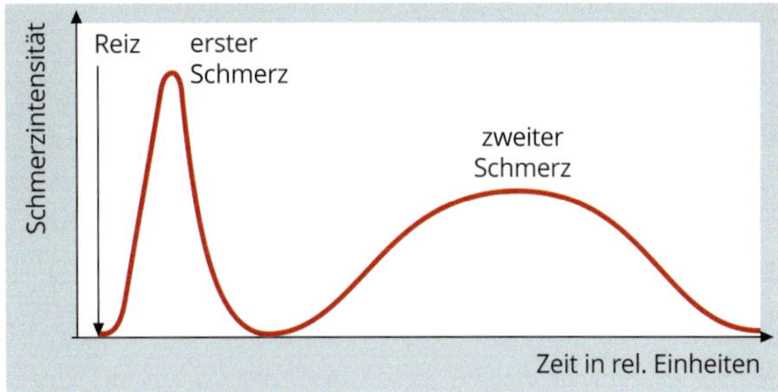

Man unterscheidet zwei unterschiedliche Schmerzempfindungen: einen ersten schnellen, stechenden Schmerz und einen darauf folgenden dumpfen, länger andauernden Schmerz.

M7 Betäubungsmittel

Bei kleineren chirurgischen Eingriffen, etwa Zahnbehandlungen, werden häufig lokale Betäubungsmittel verwendet. Dabei wird das Betäubungsmittel in die Nähe der Nozizeptoren des zu betäubenden Gebietes injiziert. Das Lokalanästhetikum Lidocain blockiert die spannungsgesteuerten Natrium-Ionenkanäle reversibel. Es wird innerhalb von etwa fünf Minuten durch Enzyme gespalten. Die Schmerzwahrnehmung starker chronischer Schmerzen kann durch Morphin beeinflusst werden. Dieses gelangt nach der Aufnahme mit dem Blut in das Rückenmark. Die Präsynapse der Nozizeptoren besitzt Rezeptoren für körpereigene Endorphine. Sie gehören zum körpereigenen System der Schmerzunterdrückung, das bei sehr starkem Stress die Schmerzwahrnehmung unterdrücken kann. Die Endorphinrezeptoren sind über Prozesse in der Zelle mit den Calcium-Ionenkanälen der Synapse verbunden.

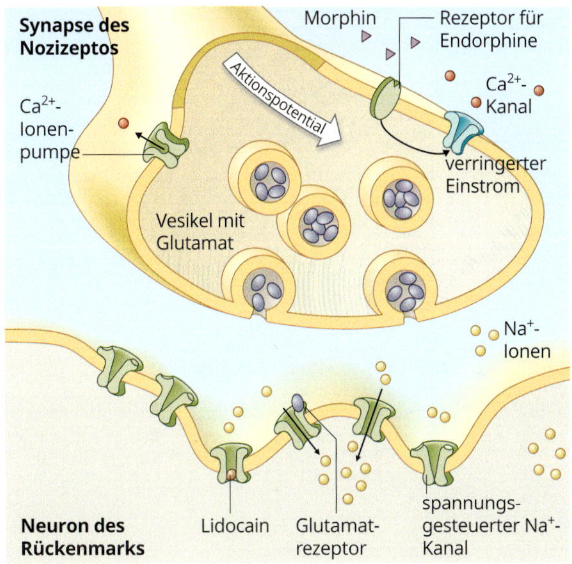

⊖ 2 Vertiefung: Aspekte der neuronalen Vernetzung

2.1 Die elektrochemischen Vorgänge an hemmenden Synapsen

Elektrische Signale werden ständig über das Nervensystem durch unseren Körper geschickt. Wie werden diese Vorgänge reguliert, sodass wir nicht dauerhaft „unter Strom“ stehen?

EPSP = exzitatorisches postsynaptisches Potenzial; (engl. *excitatory*: erregend)
IPSP = inhibitorisches postsynaptisches Potenzial; (engl. *inhibitory*: hemmend)

Die deutschen Abkürzungen sind aus dem Englischen abgeleitet; Pluralbildung wie im Englischen mit ~s.

Postsynaptische Signale – EPSP und IPSP
Durch Vorgänge an Synapsen kann an der postsynaptischen Membran eine vorübergehende Depolarisation, ein **EPSP**, ausgelöst werden (→ **Seite 36**). Es kann auch sein, dass eine vorübergehende Hyperpolarisation ausgelöst wird. Dann wird ein **inhibitorisches postsynaptisches Potenzial**, ein **IPSP**, erzeugt.

Postsynaptische Potenzialänderungen
Synapsen, die IPSPs erzeugen, werden **hemmende Synapsen** genannt. Bei einer hemmenden Synapse bewirken die ausgeschütteten Transmitter die Öffnung von Kalium- und Chlorid-Ionenkanälen. Kalium-Ionenkanäle sind für Kalium-Ionen aufgrund des chemischen Gradienten nur vom Zytoplasma auf die extrazelluläre Seite der Zellmembran passierbar. Diffundieren Kalium-Ionen aus der Zelle, wird das Potenzial im Zellinneren negativer. Ergänzend werden Chlorid-Ionenkanäle geöffnet, sodass negativ geladene Chlorid-Ionen in die Zelle gelangen. Beides gemeinsam sorgt für eine Hyperpolarisation der postsynaptischen Membran. Die daraus resultierende Spannung liegt unter dem Wert des Ruhepotenzials. Deshalb kann der Schwellenwert für die Entstehung eines Aktionspotenzials am Axonhügel nicht so schnell überschritten werden.

Vor allem im Gehirn werden auf ein einziges Neuron gleichzeitig Signale von mehreren hemmenden und erregenden Synapsen übertragen. Die Summe aller IPSPs und EPSPs, die zu einem bestimmten Zeitpunkt am Axonhügel des Neurons das Membranpotenzial bestimmen, entscheidet, ob der Schwellenwert überschritten und ein Aktionspotenzial ausgelöst wird. Man spricht von einer Verrechnung oder **Summation** der EPSPs und IPSPs.

VL Materialgebundene Aufgabe

❶ Vorgänge an Synapsen

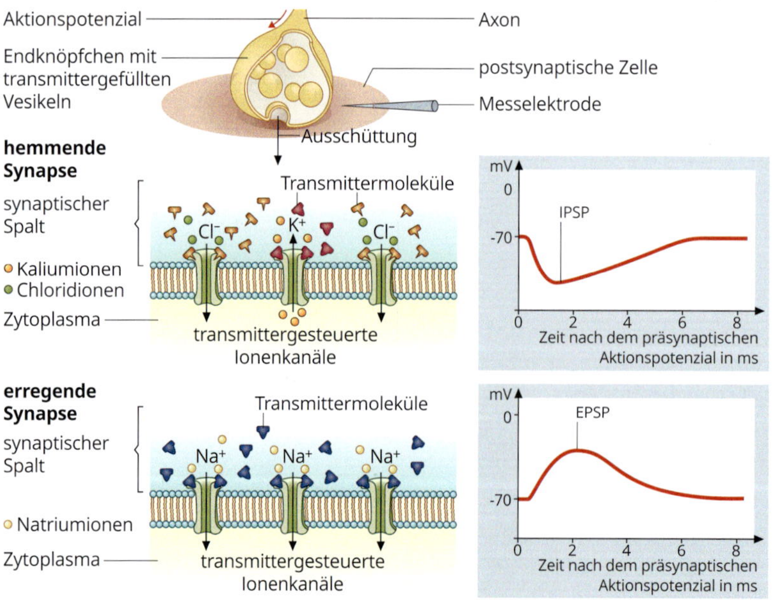

Postsynaptische Potenziale können erregend (EPSP) oder hemmend (IPSP) sein.

a) ≡ Vergleichen Sie die Abläufe einer erregenden mit denen an einer hemmenden Synapse. Nutzen Sie die modellhaften Abbildungen und den Text.

b) ≡ Einzelne eingehende IPSPs zeigen am Axonhügel keine Wirkung. Erklären Sie diese Tatsache mit eigenen Worten und gehen Sie in diesem Zusammenhang auch auf das „Alles-oder-Nichts-Prinzip“ bei der neuronalen Informationsweiterleitung ein.

c) ≡ Erläutern Sie die Notwendigkeit der zwei Synapsentypen für eine geregelte Signalübertragung.

Verrechnung der Signale

Nervenzellen erhalten synaptische Signale von bis zu mehreren hunderttausend anderen Nervenzellen. Die Verrechnung der ankommenden erregenden und hemmenden Signale ist ausschlaggebend dafür, ob ein Impuls weitergeleitet wird oder nicht. Bei der **räumlichen Summation** werden die gleichzeitig von unterschiedlichen Dendriten ankommenden EPSPs und IPSPs am Axonhügel des Neurons addiert. Überwiegt die Stärke aller addierten EPSPs und werden diese nicht durch IPSPs blockiert, so wird am Axonhügel der Schwellenwert erreicht und es können Aktionspotenziale gebildet werden. Eine **zeitliche Summation** liegt vor, wenn an einem einzigen Dendriten in kurzen Abständen mehrere EPSPs ausgelöst werden. Auch hier wird nur ein Aktionspotenzial am Axonhügel ausgelöst, wenn die addierten EPSPs stark genug sind und den Schwellenwert übersteigen. Treffen gleichstarke EPSPs und IPSPs aufeinander, kann es zur Löschung eines elektrischen Impulses kommen.

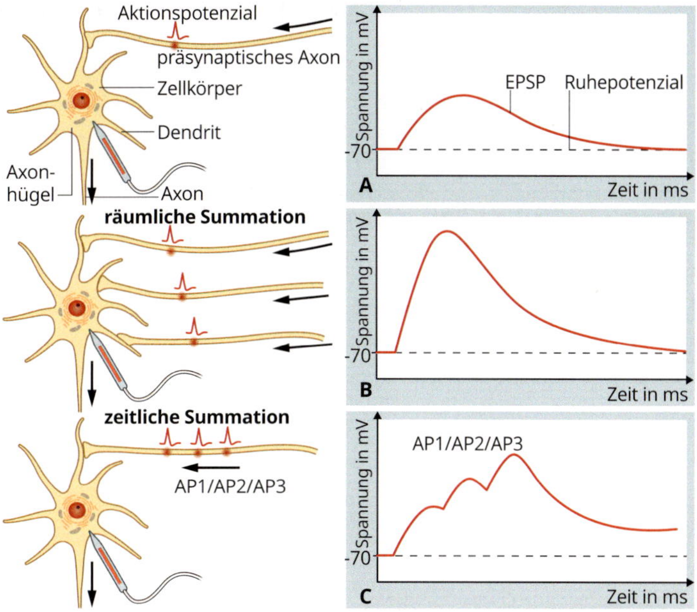

1 Summation von Erregungen: A präsynaptisches EPSP; **B** räumliche Summation; **C** zeitliche Summation (AP steht für Aktionspotenzial)

Materialgebundene Aufgabe

2 Neuronale Verrechnung

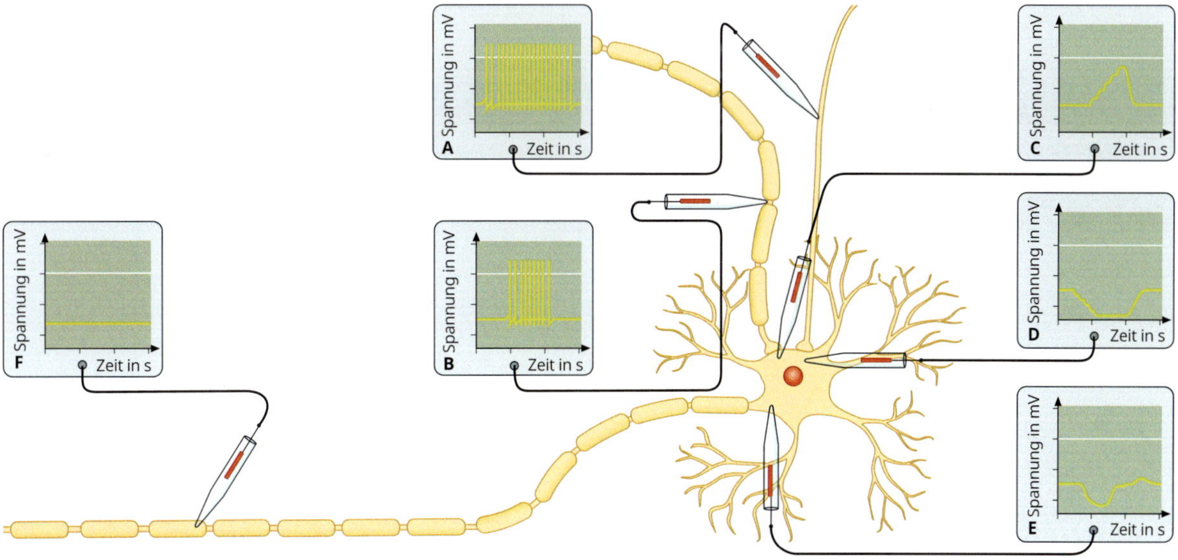

Die Grafik zeigt die Summation von Erregungen, die über Synapsen den Zellkörper eines Neurons erreichen und die Verrechnung der EPSPs und IPSPs.

a) ≡ Erklären Sie die Veränderungen des Membranpotenzials an den fünf Messpunkten **A** bis **E**.

b) ≡ Analysieren Sie, ob sich das Membranpotenzial am Messpunkt **F** verändert, und begründen Sie Ihr Ergebnis.

c) ≡ Stellen Sie eine Hypothese auf, weshalb nicht alle Signale weitergeleitet werden.

Information

periphere Nerven: alle Teile des Nervensystems neben dem zentralen Nervensystem (ZNS)

sensible/sensorische Nerven: leiten Erregung vom Körper zum ZNS

motorische Nerven: leiten vom ZNS kommende Erregung an Muskeln

2.2 Neurophysiologische Verfahren

Wenn wir mit dem Ellenbogen an einer Türklinke anstoßen, tritt manchmal ein kurzfristiges Taubheitsgefühl in den Fingern auf. Selten bleibt die Taubheit längerfristig bestehen. Wie lassen sich mögliche Nervenschäden genauer untersuchen?

Elektroneurographie

Mittels spezieller bildgebender Verfahren besteht die Möglichkeit, die Funktionsfähigkeit der Nervenbahnen zu überprüfen. Eines der klassische Verfahren dabei ist die **Elektroneurographie**, kurz **ENG**. Sie dient der Untersuchung peripherer Nervenbahnen und wird insbesondere bei der Diagnostik von neuronalen Erkrankungen oder Funktionsstörungen an Armen oder Beinen eingesetzt.

Bei der ENG werden Elektroden auf der Hautoberfläche angebracht, die den zu untersuchenden Nerv elektrisch stimulieren sollen. Die so ausgelöste Reaktion kann je nach Fragestellung bei motorischen Nerven am zugehörigen Muskel oder bei sensorischen Nerven an einer anderen Stelle des Nervs selbst über Oberflächenelektroden abgeleitet werden. Die von den Elektroden registrierten Signale werden verstärkt und in einem Diagramm dargestellt. Zusätzlich zur Erfassung der elektrischen Impulse muss außerdem der Abstand zwischen Stimulations- und Ableitort gemessen werden. Die Geschwindigkeit ergibt sich dabei aus der Entfernung zwischen Reizelektrode und Ableitort und der Zeit, die bis zum Eintreffen des Aktionspotenzials am Ableitort vergangen ist, der **Latenz**. Bei den Messungen wird immer die Reaktion eines ganzen Nervs, nicht die eines einzelnes Axons erfasst.

Materialgebundene Aufgabe

1 Elektroneurographie am Ellenbogen

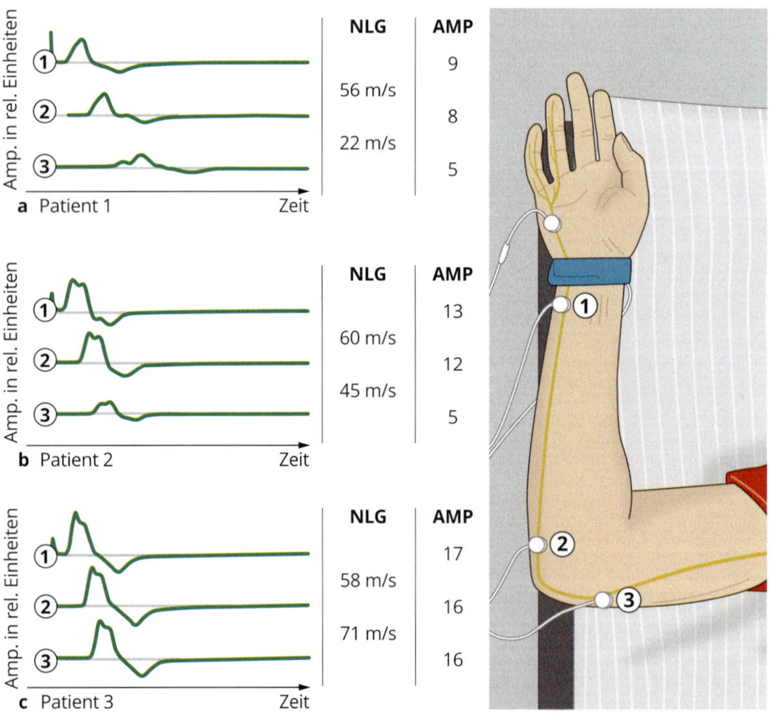

Motorische Neurographie des *Nervus ulnaris* (Ellen-Nerv) in relativen Einheiten
NLG: Nervenleitgeschwindigkeit in m/s zwischen den dargestellten Messpunkten
AMP = Spitzenwert der Amplitude, ermöglicht Aussagen, wie viele Nervenfasern vom Impuls erfasst wurden

Die Abbildung zeigt eine ENG-Untersuchung am Nerv des rechten Ellenbogens.

a) ≡ Beschreiben Sie die dargestellten Kurvenverläufe a, b und c der Messergebnisse. Vergleichen Sie dabei auch die Nervenleitgeschwindigkeit und die Amplituden (Amp.).

b) ≡ Erstellen Sie eine Tabelle aus den in der Abbildung angegebenen Werten, aus der die Unterschiede in den Leitgeschwindigkeiten und die Ausschlaghöhe des Signals zwischen den einzelnen Signalabnahmepunkten 1/2 und 2/3 hervorgehen.

c) ≡ Deuten Sie die Ergebnisse der Tabelle aus Aufgabe **b)** und ordnen Sie den Kurven folgende Befunde zu:
- durchschnittlicher Befund
- verlangsamte Nervenleitgeschwindigkeit aufgrund chronischer Läsionen (Kubitaltunnelsyndrom, kurz KUTS)
- partielle Leitungsblockade im Ellenbogenbereich

Elektrokardiographie

Damit das Herz das Blut durch den Körper befördern kann, müssen sich dessen Herzkammern und Vorhöfe kontrahieren und wieder entspannen. Der körpereigene Schrittmacher für diese Kontraktionen ist der **Sinusknoten** im Bereich des rechten Vorhofs. Dies ist eine Struktur von Nerven- und Muskelgewebe, die spontan und autonom, also ohne Erregung von außen, elektrische Impulse aussendet. Diese werden im **Erregungsleitungssystem** des Herzens weitergeleitet und lösen letztendlich die Kontraktion der Herzmuskelzellen beziehungsweise der Herzkammern aus. Während der Erregungsphasen des Herzens kommt es zu Spannungsveränderungen, die über Elektroden an der Körperoberfläche messbar sind. Bei der Elektrokardiographie werden diese Spannungsveränderungen aufgezeichnet und in einem **Elektrokardiogramm**, kurz **EKG**, wiedergeben.

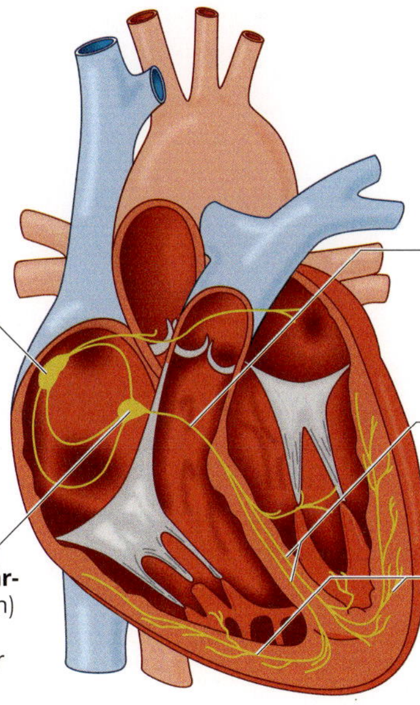

1 Strukturen des Erregungsleitungssystems des Herzens

VL Materialgebundene Aufgabe

❷ Elektrokardiographie eines gesunden Menschen

a) ≡ Übertragen Sie die Grafik (✎) in Ihr Heft. Bringen Sie die einzelnen Textabschnitte **A** bis **E** in eine korrekte zeitliche Reihenfolge und ordnen Sie diese sowie die Begriffe *PQ-Strecke • QRS-Komplex • ST-Strecke* den Abschnitten der Grafik zu.

b) ≡ Ergänzen Sie in Ihrer Abbildung nun die Begriffe *Füllung der Herzkammern • Anspannung • Systole • Erschlaffung der Herzkammern.*

A Die Welle ebbt durch eine Reizverzögerung zum AV-Knoten von etwa 200 ms leicht ab. Die kurze isoelektrische Linie zeigt die Überleitung der Erregung auf die Herzkammern.

B Im Kurvenverlauf des EKG zeigt sich eine leichte „Welle“, die durch die Ausbreitung der Erregung vom Sinusknoten ausgehend in beide Vorhöfe entsteht. Die Vorhöfe ziehen sich zusammen, pumpen Blut in die Herzkammern und entspannen sich sofort wieder.

D Es folgen ein kurzer negativer, ein positiver und ein kleiner negativer Ausschlag. Dies zeigt die Erregungsausbreitung rund um die Herzkammern bis in die Herzscheidewand.

E Es folgt eine isoelektrische Linie, die durch die gleichzeitige Erregung aller Herzkammerzellen entsteht. Dadurch ist keine Potenzialdifferenz messbar.

C Die positive Welle entsteht durch die Erregungsrückbildung und Entspannung der Herzkammern.

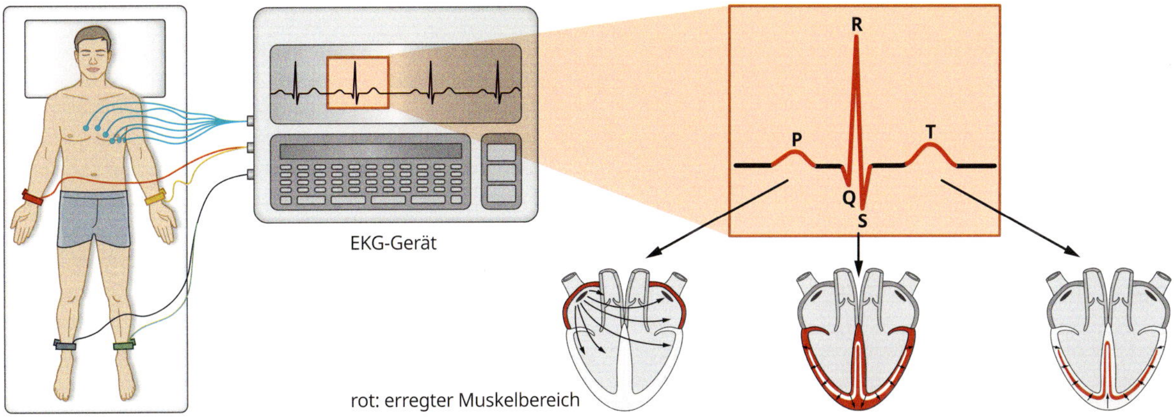

3 Elektrokardiographie als Diagnoseinstrument

Material A

Herzinfarkt

Im Jahr 2022 verstarben laut Statistischem Bundesamt in Deutschland 45 181 Menschen an einem **Herzinfarkt**, auch **Myokardinfarkt** genannt. Damit gehört der Herzinfarkt als Teil der Herz-Kreislauferkrankungen zu einer der häufigsten Todesursachen in Deutschland. Ursache ist ein Verschluss einer Herzkranzarterie durch ein Blutgerinnsel. Dadurch kommt es zu einer stark eingeschränkten oder unterbundenen Blut- und Sauerstoffversorgung, die zum Absterben der Herzmuskelzellen führt. 60 % der Betroffenen sind Männer, 40 % Frauen. Die Symptome und Verläufe eines Herzinfarkts variieren zwischen Männern und Frauen stark in ihrer Ausprägung. Etwa 25 % der Infarkte sind sogenannte stumme Infarkte, die nahezu symptomlos verlaufen.

Material B

Diagnose von Herzerkrankungen

Erkrankungen des Herzens sind im EKG erkennbar. Bei und nach einem **Myokardinfarkt** ist die EKG-Kurve vor allem in der Strecke zwischen S und T verändert. Anstatt eine Grundlinie abzubilden, ist die Strecke angehoben. Man spricht von einer ST-Hebung.

Eine Nulllinie, in der Fachsprache als **Asystolie** bezeichnet, zeigt sich im EKG durch eine dauerhafte isoelektrische Linie. Sie kommt durch das Fehlen von elektrischer Aktivität im Herzen zustande.

Kammerflimmern zeigt sich im EKG durch viele kleine ungleichmäßige Wellen. Ursache sind sehr schnelle und nutzlose Kontraktionen der Kammern, die dann zu einer lebensbedrohlichen unzureichenden Blutversorgung des Herzmuskels führen.

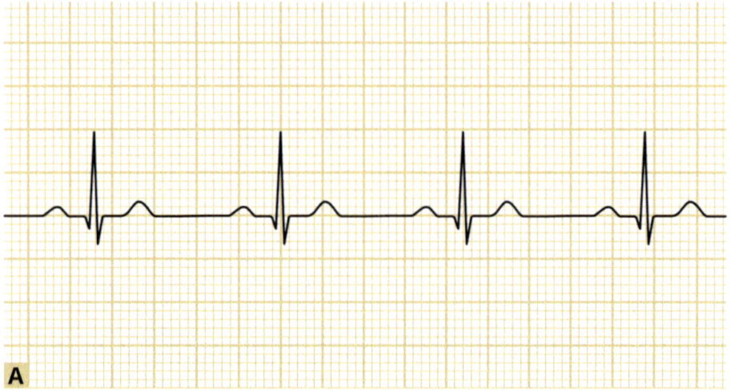

A

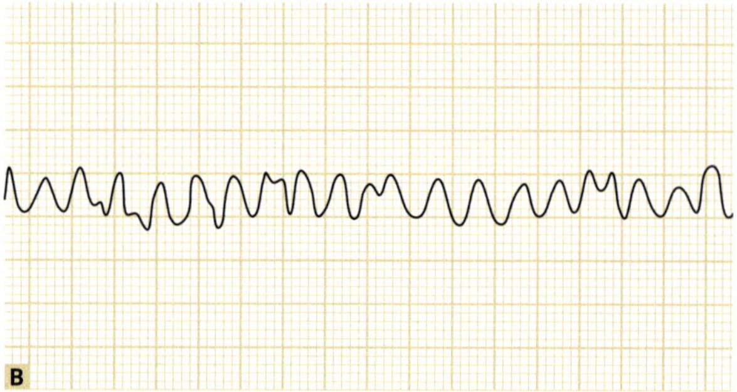

B

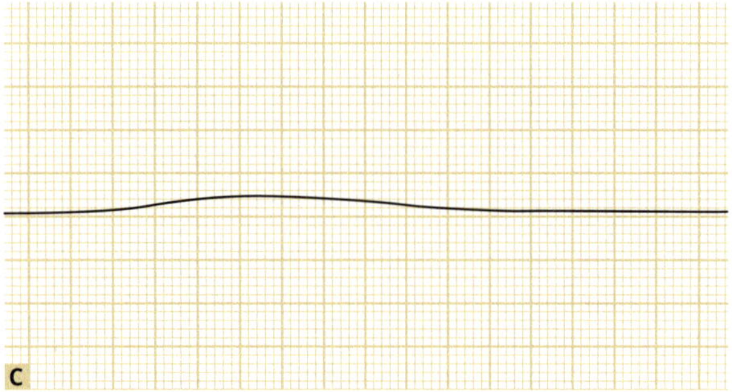

C

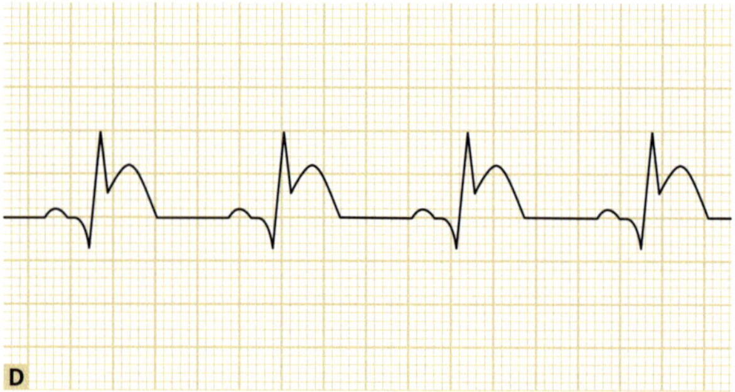

D

a) Ordnen Sie **A–D** begründet dem gesunden Herzen oder einer Herzerkrankung (Material **A, B**) zu.

b) Skizzieren Sie die EKG-Kurven von Patienten mit zu niedriger Herzfrequenz (Bradykardie) und zu hoher Herzfrequenz (Tachykardie).

c) Der AV-Block ist eine Überleitungsstörung, bei der die Signale verlangsamt von den Vorhöfen an die Herzkammern weitergeleitet werden. Recherchieren Sie, wie das dazugehörige EKG aussieht und welche Folgen das für die Betroffenen hat.

d) Stellen Sie Hypothesen auf, welche Informationen aus einem Belastungs-EKG und einem Langzeit-EKG gewonnen werden können.

e) Recherchieren Sie die Unterschiede, Ursachen und Symptome eines Myokardinfarkts bei Männern und Frauen (Material **A**) und stellen Sie diese tabellarisch gegenüber.

f) An öffentlichen Plätzen, U-Bahnhöfen und auch in Schulen finden sich Defibrillatoren, die im Falle eines vermeintlichen Herzstillstands auch von Laien eingesetzt werden können. Recherchieren Sie, welchen Effekt der Einsatz eines Defibrillators bei einem Herzstillstand oder Kammerflimmern hat.

g) Recherchieren Sie zu **Berufsbildern** in der Kardiologie. Informieren Sie sich dabei zu Studiendauer und -ablauf, Arbeitsmöglichkeiten und Fachspezifikationen.

Erste Hilfe

1. Einen **Überblick** verschaffen
2. **Unfallstelle absichern**, andere zur Unterstützung auffordern
3. **Notruf wählen** (112)
4. **Lebensrettende Sofortmaßnahmen einleiten; je nach Situation:**
   - **Herz-Lungen-Wiederbelebung**
   - **Blutungen stillen**
   - **Schockbekämpfung**
   - **stabile Seitenlage anwenden**

Stellen Sie sich vor, Sie gehen am Wochenende mit einem Freund oder einer Freundin im Park bummeln. Auf einer Wiese im Stadtpark sehen sie einen Mann mittleren Alters liegen. Sie vermuten, dass er bewusstlos ist. Die anderen Spaziergänger ignorieren die Situation. Doch hier könnte Lebensgefahr bestehen! Bei richtigem Handeln könnte die Zahl der Herzinfarkt-Toten in Deutschland reduziert werden. Denn helfen kann und MUSS tatsächlich jeder!

❶ ≡ Beschreiben Sie mit Bild 1, wie Sie in dieser Situation reagieren sollten.

❷ ≡ Viele Menschen sind in Notsituationen verunsichert und helfen nicht, da sie Angst vor rechtlichen Konsequenzen haben. Recherchieren Sie hierzu die Rechtsgrundlagen bei Erste-Hilfe-Maßnahmen.

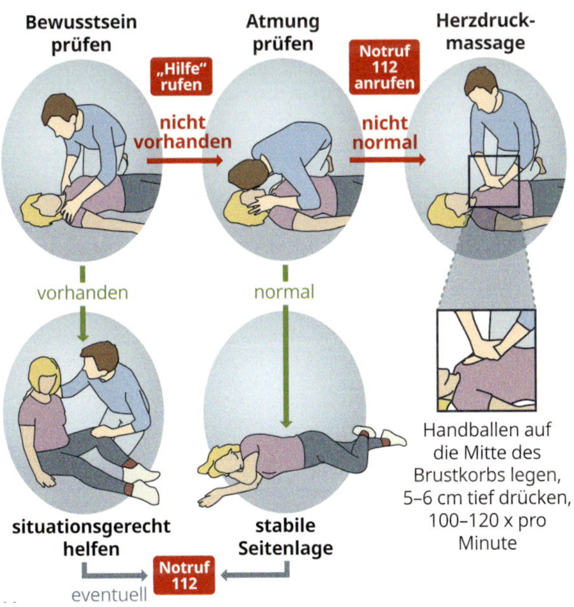

1 Erste Hilfe beim Auffinden einer leblosen Person

❸ ≡ Recherchieren Sie, welche Informationen beim Absetzen eines Notrufs schnell angegeben werden sollten.

❹ ≡ In manchen Fällen ist es notwendig, eine verletzte Person in die stabile Seitenlage zu legen. Üben Sie diese in der Gruppe.

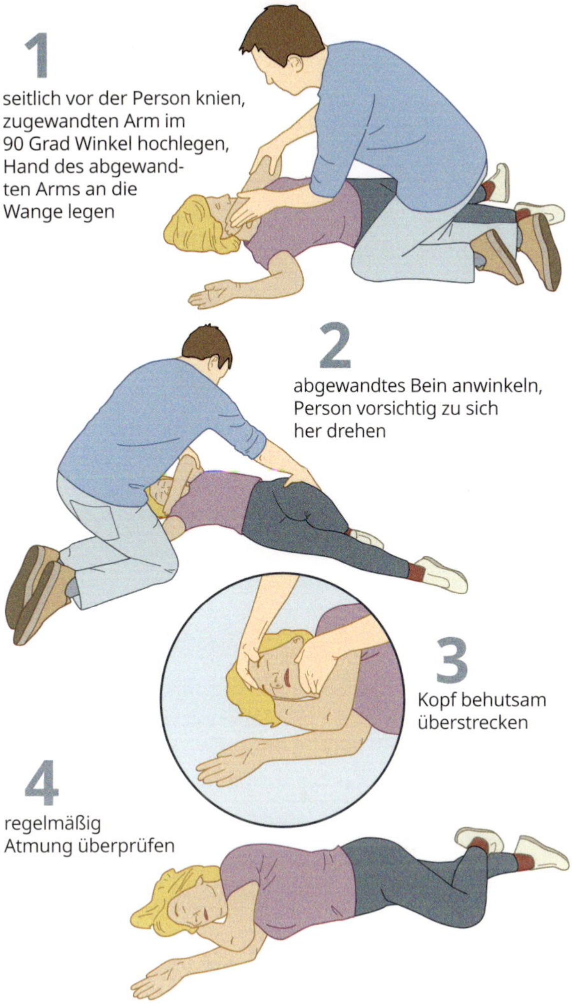

2 Stabile Seitenlage

❺ ≡ Recherchieren Sie zu den Maßnahmen im roten Kasten, die Sie nicht kennen, und formulieren Sie jeweils kurze Anleitungen dazu.

❻ ≡ „Zusätzliche Atemspende überfordert die Ersthelfer". Erklären Sie diese Aussage mithilfe einer Recherche und erläutern Sie dann das Motto: „Prüfen, rufen, drücken".

❼ ≡ Lebensrettende Sofortmaßnahmen können unter anderem auch den Einsatz eines Defibrillators erfordern. Informieren Sie sich, wo Sie in Ihrem privaten und schulischen Umfeld einen Defibrillator finden.

❽ ≡ Erstellen Sie mittels einer Recherche eine Kurzbeschreibung zum Umgang mit dem Defibrillator.

❾ ≡ Informieren Sie sich, wo in Ihrer Nähe Erste-Hilfe-Kurse angeboten werden.

2.3 Zelluläre Prozesse des Lernens

Rund um die Uhr kommunizieren Millionen Nervenzellen in unserem Gehirn miteinander. Informationen werden verarbeitet, gespeichert und gelöscht. Was passiert dabei auf zellulärer Ebene?

Bildung von Nervenzellen: Neurogenese

Die etwa 100 Milliarden Nervenzellen eines Menschen entstehen im Prozess der **Neurogenese** vor allem während der Embryonalentwicklung und in der frühen Kindheitsphase aus Stammzellen. Heute weiß man, dass dieser Prozess in geringerem Ausmaß auch bei Erwachsenen stattfindet. Die Bedeutung der adulten Neurogenese ist noch nicht endgültig geklärt. Sie ist abhängig von Erfahrungen und Lernvorgängen. Nach einem Reifungs- und Differenzierungsprozess werden neu entstandene Nervenzellen in das vorhandene neuronale Netz integriert. Es wird angenommen, dass diese Neurogenese eine große Bedeutung für das Langzeitgedächtnis hat.

Materialgebundene Aufgabe

3 Neuronale Vernetzung beim Menschen

Die Neuronen eines Säuglings sind wesentlich weniger stark vernetzt und kleiner als die eines Erwachsenen.

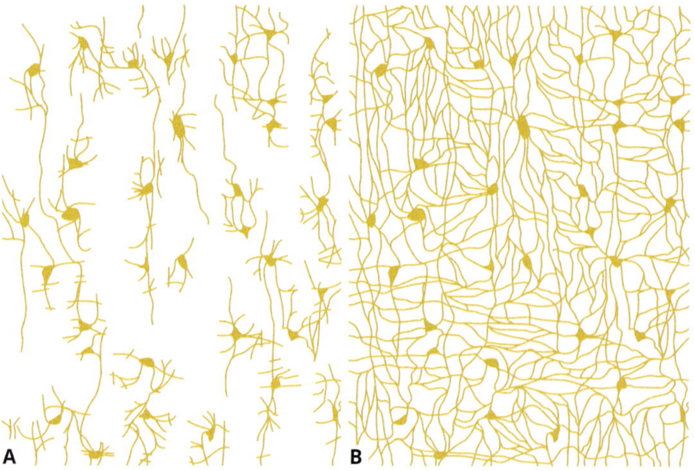

a) Beschreiben Sie die neuronalen Veränderungen der Großhirnrinde nach der Geburt (**A**) und im Alter von 15 Monaten (**B**).

b) Obwohl nach der Geburt kaum noch Neuronen gebildet werden, verdoppelt sich das Gewicht des Gehirns in den ersten zwei Lebensjahren. Erklären Sie diese Tatsache.

Veränderungen im Nervensystem: Neuronale Plastizität

Die Nervenzellen im Gehirn sind über Dendriten und Synapsen netzartig miteinander verbunden. Dieses neuronale Netz verändert sich ständig, indem neue Verbindungen zwischen Nervenzellen geknüpft oder auch Verbindungen unbeteiligter Neuronen stillgelegt werden. Diese Leistung der Neuronen ist die Ursache für die menschliche Anpassungsfähigkeit und Grundvoraussetzung für das Lernen. Werden Nervenzellen oder sogar ganze Hirnareale aufgrund ihrer Verwendung und zur Verbesserung der Kommunikationsstärke durch Umbau und Neuverknüpfung angepasst oder erweitert, spricht man von **neuronaler Plastizität** oder **Neuroplastizität**.

Formen der neuronalen Plastizität

Bei der **funktionellen synaptischen Plastizität** wird die Menge des präsynaptisch ausgeschütteten Transmitters oder die Dichte der ligandengesteuerten Ionenkanäle in der postsynaptischen Membran gesteigert. Diese Erhöhung der Anzahl der Kanäle verstärkt die Erregungsübertragung an der Synapse. Langanhaltende Veränderungen der Übertragungsstärke einer Synapse bezeichnet man als **Langzeitpotenzierung**. Bei der **strukturellen synaptischen Plastizität** werden synaptische Kontaktstellen neu angelegt und vergrößert. Dabei entstehen durch vermehrte Reize entlang des Axons einer Nervenzelle dendritische **Dornen**, die über Synapsen mit benachbarten Nervenzellen in Verbindung stehen und so den Vernetzungsgrad der Neuronen erhöhen. Synaptische Kontakte, Axone oder Dendriten können sich aber zurückziehen, ihre Orientierungsrichtung verändern oder abgebaut werden.

1 Stellen Sie die Formen der neuronalen Plastizität mit einer kurzen Beschreibung in geeigneter Weise dar.

2 Erläutern Sie die Notwendigkeit der neuronalen Plastizität als Voraussetzung für Lernprozesse.

4 Berufsfeld Neurologie

a) Recherchieren Sie zur Ausbildung, zum Berufsfeld und zum Tätigkeitsfeld des Neurologen/der Neurologin und erstellen Sie einen Steckbrief dazu.

b) Recherchieren Sie die Aufgaben eines/er medizinischen Fachangestellten in einer neurologischen Praxis.

Notwendigkeit zellulärer Prozesse
In Gehirnen von sehr kleinen Kindern, die noch nicht auf Erfahrungen zurückgreifen können, ist für die Ausbildung der Gehirnfunktionen eine hohe strukturelle Plastizität erforderlich. Entscheidend dafür ist das limbische System, ein zentraler Bestandteil des Gehirns. In diesem wird ständig der Informationsgehalt von empfangenen Reizen mit bereits bestehendem Wissen verglichen. Wird ein Reiz als neu erkannt, so führt er zur Bildung neuer Strukturen im Gehirn. Allein im ersten Lebensjahr vergrößert sich die Gehirnmasse durch Lernen von etwa 250 g auf 750 g. Dies geschieht durch stetigen Auf-, Um- und Abbau von dendritischen Dornen, aber auch ganzen Axonen und Dendriten. Wird ein Reiz als unwichtig eingestuft, wird er nicht weitergeleitet und führt zu keinen weiteren Reaktionen.

Mit zunehmendem Alter kann das Gehirn immer öfter auf bereits Bekanntes zurückgreifen und vorhandene Nervenbahnen nutzen. Die Umbaufähigkeit des Gehirns verlangsamt sich, bleibt aber zeitlebens erhalten. Die mit dem Alter zunehmende **extrazelluläre Matrix** spielt eine wichtige Rolle bei der Kommunikation und Steuerung. Nach neuesten Erkenntnissen limitiert sie die neuronale Plastizität und ist eine Ursache dafür, dass Anzahl und Geschwindigkeit der Lernprozesse und die Gedächtnisanpassung im Alter abnehmen. Gedächtnistraining kann diese Alterungsprozesse aufhalten.

5 ≡ Recherchieren Sie den Stand der Forschung zum Thema „Lernen und Gedächtnis im Alter" und formulieren Sie Empfehlungen zum Training im Alter.

Information extrazelluläre Matrix:
aus Proteinen, Polysacchariden und Glykoproteinen bestehende gelartige Struktur, die im Gehirn die Räume zwischen den Zellen ausfüllt und die Nervenzellen und Synapsen umhüllt

VL Materialgebundene Aufgaben

6 Einfluss von Lernprozessen auf die Bildung von Synapsen

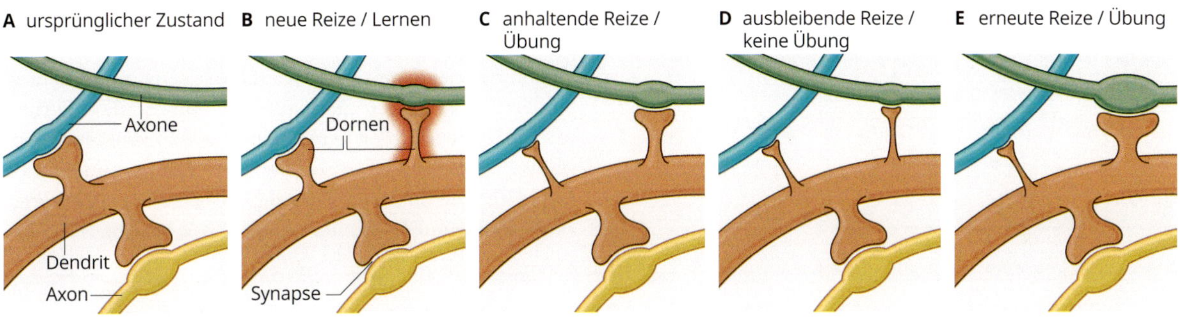

a) ≡ Beschreiben Sie die Veränderungen von Synapsen beim Lernen, wie sie im Modell (**A–E**) dargestellt sind.

b) ≡ Erläutern Sie in diesem Zusammenhang die Aussage: „What fires together, wires together."

c) ≡ Stellen Sie eine Hypothese auf, welche Bedeutung dies für Ihr eigenes Lernverhalten haben könnte. Bedenken Sie dabei, wie Sie Vokabeln lernen oder auch für ein Instrument üben.

7 Veränderung der Zahl der Synapsen

Welche Möglichkeiten ein Mensch zum Lernen hat, spiegelt sich in der Anzahl der Synapsen wider.

a) ≡ Erläutern Sie den dargestellten Zusammenhang der Zahl der Synapsen mit dem Alter.

b) ≡ „Auf den Anfang kommt es an" – so wird für den Ausbau der frühkindlichen Bildung geworben und die Bedeutung der Kindertagesstätten als Bildungseinrichtungen betont. Erläutern Sie mit einer Recherche.

c) ≡ Diskutieren Sie den Zeitpunkt der Einschulung in Deutschland mit etwa sechs Jahren.

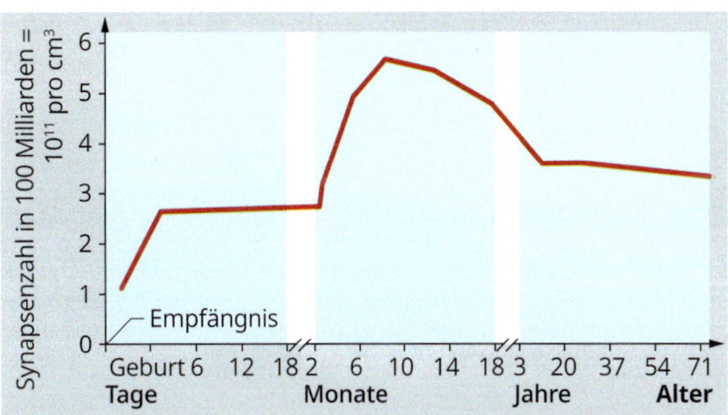

Im Gehirn gibt es keinen zentralen Speicherort für Gelerntes. Jeder neu ankommende Reiz passiert zunächst das Limbische System, das den Hippocampus enthält. Er dient als zentrale Schaltstelle für Gedächtnisinhalte. Seine Hauptaufgabe ist es unter anderem, äußere Wahrnehmungen, also Umweltreize, emotional zu bewerten. Als unwichtig eingestufte Reize werden nicht weitergeleitet und somit nicht im Cortex über neuronale Verknüpfungen verankert.

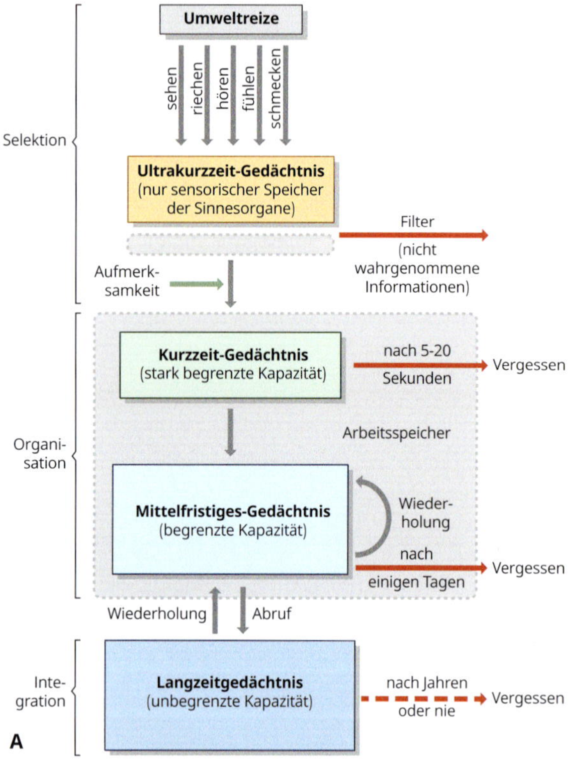

A

Das Gelernte wird also – abhängig von der Lernstruktur – für unterschiedliche Dauer vom Gehirn abgespeichert. Hier wird in Ultrakurzzeit-, Kurzzeit- und Langzeitgedächtnis differenziert (→ **A**). Diese Gedächtnisformen lassen sich mit den verschiedenen Ebenen der Plastizität, wie sie auf den vorherigen Seiten beschrieben wurden, kombinieren (→ **B**).

Ebene	Prozess	Zeitraum	Gedächtnisform
Synapse	Neurogenese im Hippocampus	Sekunden bis Stunden	Kurzzeitgedächtnis
Neuron	Langzeitpotenzierung	Tage bis Wochen	mittelfristiges Gedächtnis
Cortex	Veränderung kortikaler Karten	Monate bis Jahre	Langzeitgedächtnis

B

Da der Hippocampus als emotionales Filtersystem fungiert, ist es also wichtig, beim Lernen die neuen Inhalte mit bereits bekanntem Vorwissen und mit etwas emotional Positivem zu verbinden. Dadurch werden tatsächlich entsprechende neuronale Verknüpfungen im Gehirn aufgebaut.

Lernen ist ein Konstruktionsprozess. Bestimmte größere Strukturen sind in allen Gehirnen in etwa an denselben Stellen zu finden, im Detail ist aber jedes Gehirn einzigartig vernetzt. Das basiert unter anderem darauf, dass Lernen auf unterschiedlichsten kognitiven Ebenen stattfindet. Somit ist Lernen auch umso effektiver, je mehr dieser Ebenen im Lernprozess aktiviert werden. Die untere Abbildung zeigt Fakten und Tipps zum erfolgreichen Lernen auf (→ **C**).

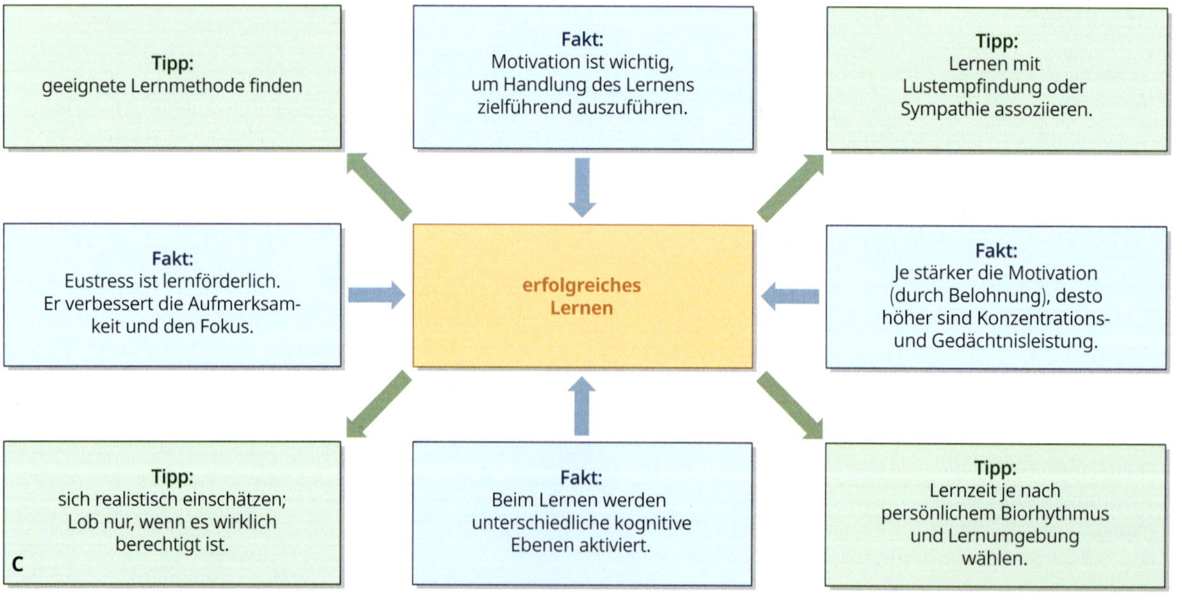

C

In der Pädagogik werden oft Lerntypen (→ **D**) erwähnt. Sie stehen für besondere Vorlieben, wie der Lernende am besten lernt. Diese führen gleichzeitig auch zu höherer Motivation beim Lernen. Die besten Lernerfolge erzielen Sie aber immer aus einer Kombination und Variation der unterschiedlichen Wahrnehmungskanäle.

Auditiver Lerntyp Gehörte Informationen werden von ihm leicht aufgenommen, behalten und auch wiedergegeben. Dieser Typus kann mündlichen Erklärungen gut folgen und sie verarbeiten. Er kann sehr gut auswendig lernen, indem er den Text laut spricht. Mündliche Aufgaben liegen diesem Lerntypus sehr.	**Visueller Lerntyp** Informationen werden durch Sehen und Zeigenlassen von diesem Lerntyp gut behalten. Inhalte, die in Form von Grafiken oder Bildern veranschaulicht werden, kann er sich besonders gut einprägen. Sie helfen ihm auch dabei, Sachverhalte zu verstehen. Dieser Lerntypus schreibt viel selbst mit der Hand mit.	**Haptischer Lerntyp** Dieser lernt am besten, indem er Handlungsabläufe eigenständig durchführt und so nachvollzieht. Wichtig für diesen Lerntypus: „learning by doing", um Erfahrungen zu sammeln. Erklärungen fühlen sich richtig an, sobald er sie begreift. Die Beschäftigung der Hände während des Lernens kann hilfreich sein.	**Kommunikativer Lerntyp** Diskussionen und Gespräche sind für sein Lernen besonders zielführend. Die sprachliche Auseinandersetzung mit dem Lernstoff und das Verstehen im Dialog sind von großer Bedeutung. Der kommunikative Lerntyp braucht den Austausch und die Unterhaltung zum Lernen.
Lernstrategien: Dieser Lerntyp lernt am besten, wenn er den Lernstoff aktiv hört, zum Beispiel mihilfe von Audiodateien. Hilfreich ist auch, sich den Text selbst laut vorlesen oder einem anderen beim Vorlesen zuhören.	**Lernstrategien:** Dieser Lerntyp lässt sich leicht durch visuelle Unordnung ablenken; eine angenehme Lernumgebung ist also wichtig. Gearbeitet wird mit Bildern und schriftlichen Unterlagen.	**Lernstrategien:** Effektiv ist es, Themen selbst zu erkunden und sich selbst zu erarbeiten. Dieser Lerntyp lernt am leichtesten, wenn er aktiv selbst etwas ausführt sowie durch Gruppenaktivitäten.	**Lernstrategien:** Gespräche, in denen sowohl die Position des Fragenden als auch des Erklärenden eingenommen wird, sind besonders hilfreich, damit der zu lernende Stoff verinnerlicht wird.

D

Neben der Kenntnis über seinen eigenen Lerntypus können auch tägliche kleine Übungen – besser bekannt als Gehirn-Jogging – die Leistungsfähigkeit unseres Gedächtnisses bis ins hohe Alter positiv beeinflussen. Die Bandbreite der Übungen ist mannigfaltig. Hier finden Sie drei Anregungen, die Aufmerksamkeit, Konzentration oder auch Problem-Lösungs-Strategie-Denken fördern:

Suchsel: Finde die versteckten Fachbegriffe:

S	J	S	G	T	R	A	N	S	M	I	T	T	E	R
C	L	Y	C	H	O	A	R	W	R	Y	N	Q	E	V
D	K	N	F	W	V	N	V	S	L	D	E	O	T	H
Q	P	A	W	V	V	J	N	O	C	W	R	D	S	L
B	P	P	K	X	M	Y	I	S	S	K	V	H	H	C
V	O	S	K	M	Y	S	O	K	I	U	E	D	I	F
Y	S	E	X	I	X	D	K	M	N	Q	N	E	P	F
X	O	G	Z	F	L	M	U	B	T	F	S	J	P	B
L	L	E	E	R	X	B	I	P	H	K	Y	T	O	B
D	Z	Q	D	L	O	E	M	F	C	X	S	H	C	R
R	T	J	B	E	H	B	L	H	E	T	T	G	A	X
E	H	P	J	R	G	Q	N	J	A	E	E	B	M	U
Y	C	R	C	N	P	L	L	R	D	W	M	V	P	P
U	N	D	F	E	G	M	W	P	E	Z	P	O	U	Z
C	H	D	L	N	W	D	N	V	G	X	Y	S	S	I

Diese Wörter sind versteckt: Synapse, Hippocampus, Transmitter, Gedaechtnis, Lernen, Nervensystem

Lebensmitteleinkauf

Betrachten Sie 20 Sekunden lang die Lebensmittel.
Decken Sie dann die Abbildungen ab.
An wie viele Lebensmittel erinnern Sie sich?

Welches Anagramm passt?

GEDAECHTNIS

a) DECTHISAEDG
b) DACTHNSIEGE
c) GDTNSIAEHSS
d) TISNAEGPCHE

2.4. Störungen des neuronalen Systems

Je komplexer ein System ist, desto anfälliger ist es auch für Störungen. In welcher Form treten diese im Nervensystem auf und welche Folgen haben sie?

Informationen

Blut-Hirn-Schranke:
selektiv durchlässige Schranke zwischen Hirnsubstanz und Blutstrom, die den Stoffaustausch im Gehirn kontrolliert. Stoffe, die nicht in das Nervengewebe des Gehirns gelangen sollen, werden am Durchtritt gehindert.

degenerativ:
Veränderung eines Gewebes oder eines Organs durch Abnutzung, Verschleiß, Alterung oder lange einwirkende Schädigung

Störungen des neuronalen Systems

Störungen des Nervensystems werden als **neurologische Erkrankungen** bezeichnet. Die Symptome können sehr unterschiedlich sein und reichen von motorischen Problemen über kognitive Beeinträchtigungen bis hin zu psychischen Störungen. Bei der Multiplen Sklerose und bei Parkinson werden Nervenzellen auf sehr unterschiedliche Weise in ihrer Funktion beeinträchtigt.

Multiple Sklerose – Symptome

Die Symptome von **Multipler Sklerose**, kurz **MS**, treten meist schubweise auf und sind in ihrem Verlauf von Patient zu Patient verschieden. Dies erschwert eine frühzeitige Diagnose. Typische erste Erkrankungszeichen sind Sehstörungen, Empfindungsstörungen wie Kribbeln oder Taubheitsgefühl und Muskellähmungen. Mit Fortschreiten der Krankheit kommen Gleichgewichts- und Koordinationsstörungen beim Greifen und Schreiben hinzu. Unwillkürliche und ruckartige Augenbewegungen, Inkontinenz sowie Sprech- und Schluckstörungen gehören ebenfalls zum Krankheitsbild. Außerdem kommt es zu Erschöpfungszuständen, Konzentrationsschwächen und Depressionen (→ **Seite 40 ff.**).

Multiple Sklerose – Ursachen

MS ist eine **Autoimmunerkrankung**. Die Abwehrzellen des Immunsystems greifen im Rückenmark und im Gehirn die körpereigenen Nervenzellen, die Nervenfasern und insbesondere die **Myelinscheiden** an, da sie diese fälschlicherweise als körperfremd erkennen. Dadurch kommt es zu einer chronischen Entzündung des Nervensystems, durch die die Nerven dauerhaft geschädigt werden. In der Folge ist die Reizweiterleitung zwischen Gehirn, Rückenmark und Körper stark eingeschränkt. Der Begriff „Multiple Sklerose" leitet sich von den vielen vernarbten, fachsprachlich sklerotischen Bereichen ab, die durch die **Demyelinisation** der Nervenzellen entstehen. Der Auslöser der MS ist noch unklar. Diskutiert wird ein multifaktorielles Geschehen, bei dem eine genetische Disposition und Umwelteinflüsse eine Rolle spielen.

1 ≡ Recherchieren Sie, wie viele Menschen in Deutschland von MS betroffen sind und ob es Unterschiede zwischen Männern und Frauen gibt.

Materialgebundene Aufgabe

2 Multiple Sklerose – Krankheit der 1000 Gesichter

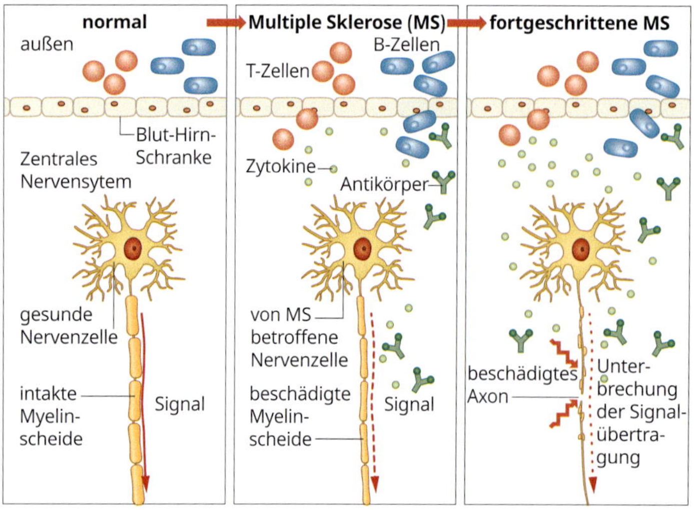

MS hat als chronische Entzündungskrankheit des zentralen Nervensystems viele verschiedene Symptome.

a) ≡ VL Beschreiben Sie die degenerativen Veränderungen (→ **Randspalte**) an Nervenzellen und bei der Signalübertragung im Verlauf der Multiplen Sklerose.

b) ≡ VL Erklären Sie die Symptome von MS als Störung des neuronalen Systems.

c) ≡ Bei der Multiplen Sklerose handelt es sich um eine Autoimmunerkrankung, weshalb eine Therapie mit Stammzellen als erfolgsversprechender Ansatz der Behandlung gilt. Recherchieren Sie die Risiken und Chancen des Einsatzes dieser Therapieform.

Parkinson – Symptome

Die **Parkinson-Krankheit**, kurz Parkinson, ist eine der häufigsten neurodegenerativen Erkrankungen des Nervensystems. Erste Anzeichen können Riech-, Seh- und Schlafstörungen, Muskel- und Gelenkschmerzen und Störungen der Feinmotorik sein. Häufig fällt das fehlende Mitschwingen der Arme beim Gehen auf. Später kommt es zu Bewegungsstörungen und Muskelzittern, weshalb die Krankheit auch als Schüttellähmung bezeichnet wird. Zunehmende Steifheit der Skelettmuskulatur, Schwindel, eine verringerte Mimik sowie depressive Verstimmungen sind ebenfalls Folgeerscheinungen der neuronalen Störung.

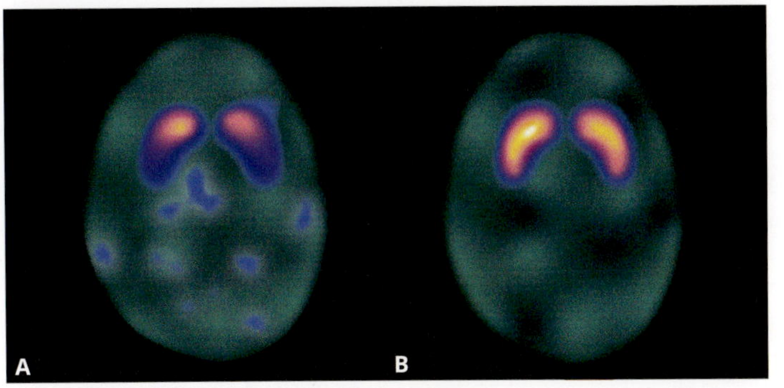

1 Hirnszintigramm. A Parkinsonpatient; **B** gesunder Mensch. Mithilfe der Messung der Verteilung von radioaktivem Material kann man den Verlust von dopaminbildenden Nervenzellen (gelb/orange) zeigen.

Parkinson – Ursachen

Bei der Parkinson-Erkrankung sterben aus bisher nicht geklärten Gründen im Gehirn Betroffener spezielle Neuronen, die **Basalganglien**, ab. Das sind Ansammlungen von Nervenzellen, die für die Ausbildung von Bewegungsmustern zuständig sind. Sie bilden den Neurotransmitter Dopamin. Sterben diese Nervenzellen, so kommt es bereits im frühen Stadium der Erkrankung zu einem Mangel an Dopamin, was zu einer Störung der Bewegungssteuerung führt.

Auf zellulärer Ebene lassen sich im Inneren der Basalganglien verstärkt Ablagerungen aus Proteinen nachweisen. Diese Proteine kommen auch natürlicherweise in Neuronen vor und haben vermutlich eine Funktion bei der synaptischen Erregungsübertragung. In den Neuronen Erkrankter finden sich übermäßig viele dieser Proteine, die sich zusammenlagern und die Funktion der Neuronen beeinträchtigen. Oftmals wird zugleich ein Überschuss der Neurotransmitter Acetylcholin und Glutamat beobachtet und auch die Konzentration weiterer Transmitter wie Serotonin oder Noradrenalin kann verändert sein.

3 Erstellen Sie ein Schema, das die Veränderungen bei Parkinson auf den Ebenen Zelle – Organ – Organismus darstellt und erklären Sie damit den Zusammenhang zwischen den Parkinson-Symptomen und den Störungen des neuronalen Systems.

4 Erstellen Sie Kurzreferate zu weiteren neuronalen Erkrankungen wie Alzheimer oder Schlaganfall und arbeiten Sie dabei den Zusammenhang der Symptome und der neuronalen Störung heraus.

Materialgebundene Aufgabe

5 Parkinson-Therapie

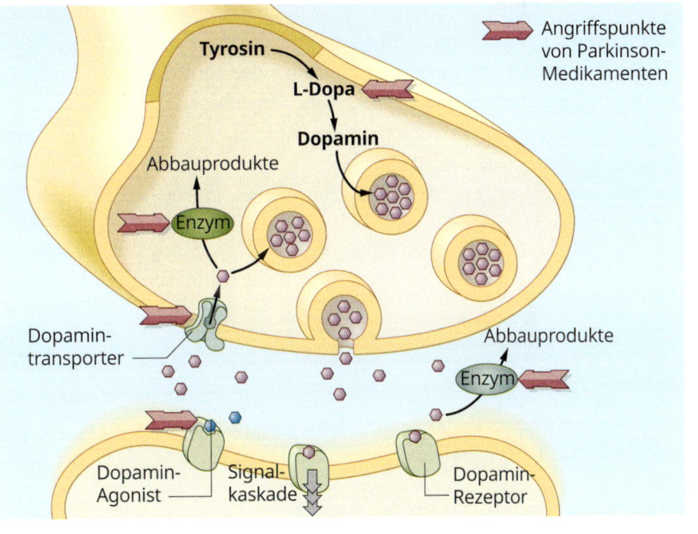

Parkinson ist nach wie vor nicht heilbar, aber durch intensive Forschung gut therapierbar: Im Anfangsstadium wird mit medikamentösen Dopamin-Vorstufen den Symptomen entgegengewirkt. Bei Fortschreiten der Krankheit kommt ein Hirnschrittmacher zum Einsatz, der bestimmte Gehirnareale reizen oder hemmen kann, und so den Beschwerden entgegenwirkt.

a) Beschreiben Sie die Dopaminsynthese und -umsetzung an der Synapse eines dopaminproduzierenden Neurons.

b) Recherchieren Sie, weshalb zu Beginn als Medikament eine Vorstufe des Dopamins (L-Dopa) eingesetzt wird, eine Gabe von reinem Dopamin aber keinen Erfolg erzielt.

c) Erklären Sie die Wirkung von Parkinson-Medikamenten an den verschiedenen Angriffspunkten der Dopaminumsetzung in noch funktionstüchtigen Neuronen.

Kommunikation im Körper

Das Nervensystem überträgt Informationen mit einer Geschwindigkeit von bis zu 120 m/s sehr schnell. Sobald die Reaktion auf den Impuls ausgeführt wurde, ist bis zum nächsten Auslösen die Informationsweiterleitung zunächst blockiert. Das Hormonsystem des Körpers liefert einen zweiten Kommunikationsweg für langsamere und länger anhaltende Signalübertragungen. Alle Hormone werden vor allem in sechs Drüsen gebildet und über das Blut transportiert. Sie wirken nach dem **Schlüssel-Schloss-Modell**.

An den Hypothalamus im Gehirn angrenzend liegt als echte Hormondrüse die Hypophyse. Im Vorderlappen der Hypophyse werden unterschiedliche Hormone synthetisiert, der Hinterlappen dient als deren Speicherort. Hypothalamus und Hypophyse bilden eine Funktionseinheit, die nahezu alle hormonell bedingten Stoffwechselwege des Körpers steuert und reguliert, das **Hypothalamus-Hypophysen-System**. Je nachdem, welche Wirkung die Hormone des Hypothalamus an der Hypophyse hervorrufen, werden diese in **Releasing-Hormone (RH)** und **Inhibiting-Hormone (IH)** unterschieden. Die Hypophyse setzt dann weitere Steuerungshormone ins Blut frei, die die nachgeschalteten Hormondrüsen regulieren. Diese Hormondrüsen geben wiederum Effektor-Hormone ab, die über das Blut durch den Körper zirkulieren und direkt auf die Zielzellen wirken.

Hormonwirkung auf Zielzellen

Hormone lassen sich in drei Gruppen einteilen. **Peptidhormone** wie Insulin oder Glucagon und **Aminhormone** wie Adrenalin und Noradrenalin zeigen hydrophile Eigenschaften. Die Gruppe der **Steroidhormone**, zu der Cortisol, Östrogen und Testosteron gehören, hat lipophile Eigenschaften. Lipophile Hormone durchdringen die Zellmembran der Zielzelle direkt. Hydrophile Hormone binden an spezifische Rezeptoren auf der Zelloberfläche. Der so gebildete Hormon-Rezeptor-Komplex aktiviert das an der Innenseite der Membran befindliche Enzym Adenylatcyclase. Die Enzymaktivierung bewirkt die Umwandlung von Adenosintriphosphat in **cyclisches Adenosinmonophosphat (cAMP)**. Dieses überträgt das Signal weiter ins Zellinnere. Bei der Enzymaktivierung durch hydrophile Hormone dient das Hormon als **first messenger**, gefolgt von einem weiteren Signalstoff. Es entsteht eine **Signalkaskade**, wodurch die Wirkung eines einzelnen Hormons um ein Vielfaches verstärkt wird. So reichen bereits winzigste Mengen eines Hormons (1 Millionstel bis 1 Billionstel Gramm pro Liter Blut) aus, um eine Wirkung hervorzurufen.

≡ Vergleichen Sie mithilfe der Abbildung lipophile und hydrophile Hormone im Hinblick auf die jeweiligen Ziele und die Wirkung.

Regulation der Hormonausschüttung

Die Wirkdauer wird über die Abgabedauer ins Blut reguliert. Hohe Hormonkonzentrationen im Blut wirken oft hemmend auf das Hypothalamus-Hypophysen-System. Das Ergebnis ist eine verminderte Ausschüttung der Hypothalamus- und Hypophysenhormone, weshalb man auch von einer **negativen Rückkopplung** spricht. Ist die Wirkung der Rückkopplung gleichsinnig, handelt es sich um eine **positive Rückkopplung**.

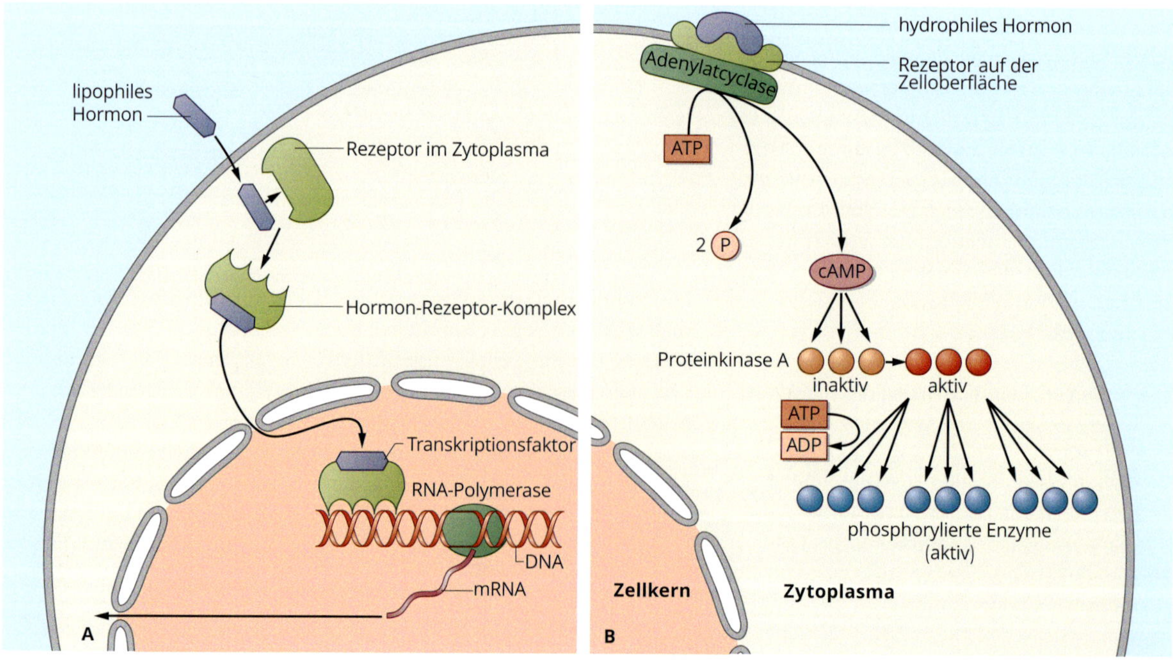

1 Hormonwirkung. A Genaktivierung durch lipophile Hormone; **B** Enzymaktivierung durch hydrophile Hormone

2.5. Die Stressreaktion

Stress tritt in zahlreichen Erscheinungsformen auf. Wie wirken Hormon- und Nervensystem dem entgegen?

1 Wiederholen Sie mithilfe einer Recherche die Grundlagen der hormonellen und neuronalen Informationsübertragung. Wählen Sie als Kriterien den Weg und die Geschwindigkeit der Übertragung.

Zentrale Schaltstelle: Hypothalamus

Stressreaktionen laufen unabhängig vom Stressor ähnlich ab. Zunächst gelangen Informationen zur Belastungssituation über Sinnesorgane in das Gehirn. Dort wird die Situation bewertet und die daraus resultierenden Informationen werden an den **Hypothalamus** weitergeleitet. In der Hierarchie des Hormonsystems erhält er dadurch die Rolle der obersten Schaltzentrale.

Die kurzfristige Stressantwort

Für eine erhöhte Leistungsbereitschaft wirkt für kurze Zeit Stress auf den Körper ein. In so einem Fall gelangen die Informationen über die Sinnesorgane zum Hypothalamus, der den **Sympathikus**, einen Teil des vegetativen Nervensystems, aktiviert. Dieser leitet die Impulse zum **Nebennierenmark**. Hier wird durch den Neurotransmitter Acetylcholin die Freisetzung der beiden Hormone **Adrenalin** und **Noradrenalin** eingeleitet. Diese helfen dem Körper, die Stresssituation zu bewältigen. Sie steigern beispielsweise die Atem- und Pulsfrequenz sowie den Blutdruck. Dieser Weg der Stressantwort wird als **Hypothalamus-Sympathikus-Nebennierenmark-Achse** bezeichnet.

Die langfristige Stressantwort

Reichen die so zur Verfügung stehenden Ressourcen nicht aus, um den Stress zu bewältigen, schüttet der Hypothalamus selbst eine Reihe von Hormonen aus. Diese Hormone bewirken ihrerseits die Bildung von **ACTH** (Abkürzung für **A**dreno**c**ortico**t**ropes **H**ormon) in der Hypophyse, das auf die Nebennierenrinde wirkt. Über diese **Hypothalamus-Hypophysen-Nebennierenrinde-Achse** kann der Körper nachhaltiger auf die Stresssituation reagieren. Hier spielt das Hormon **Cortisol** (→ **Seite 62 f.**) eine wesentliche Rolle. Dauerstress ohne Erholung kann schwere gesundheitliche Folgen für Körper und Psyche mit sich bringen.

VL Materialgebundene Aufgabe

2 Die zwei Wege der Stressantwort

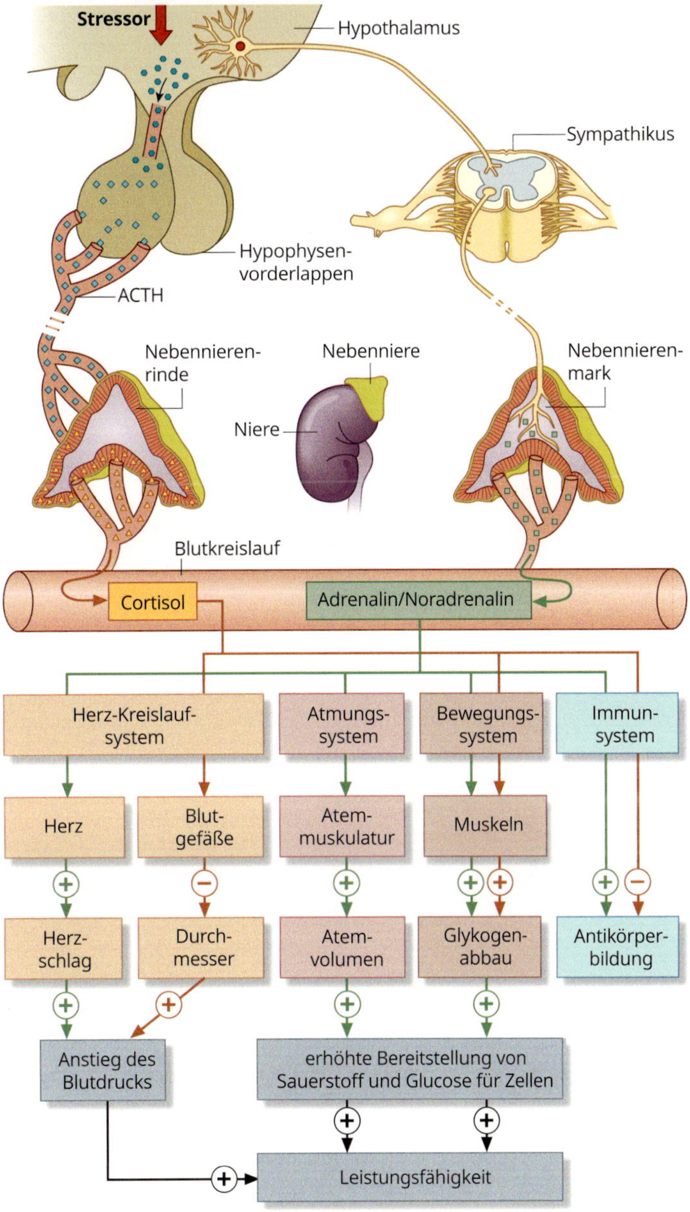

a) Stellen Sie mithilfe der Abbildung die Folgen von kurz- und langfristigem Stress in einer Tabelle gegenüber.

b) Erörtern Sie mithilfe der Abbildung die wesentlichen Unterschiede von kurzfristiger und langfristiger Stressreaktion. Leiten Sie dabei die Bedeutung der Verschränkung von Nerven- und Hormonsystem ab.

c) Stellen Sie eine Hypothese auf, weshalb die beiden Stressreaktionen die Antikörperbildung gegenläufig beeinflussen.

d) Erläutern Sie mithilfe einer Recherche die Begriffe Eustress und Distress.

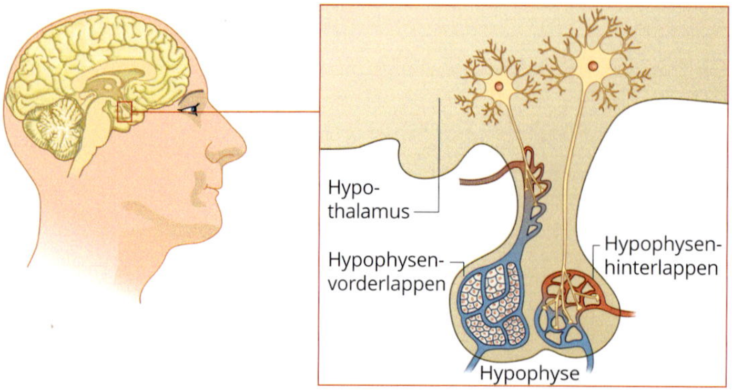

1 Lage von Hypothalamus und Hypophyse

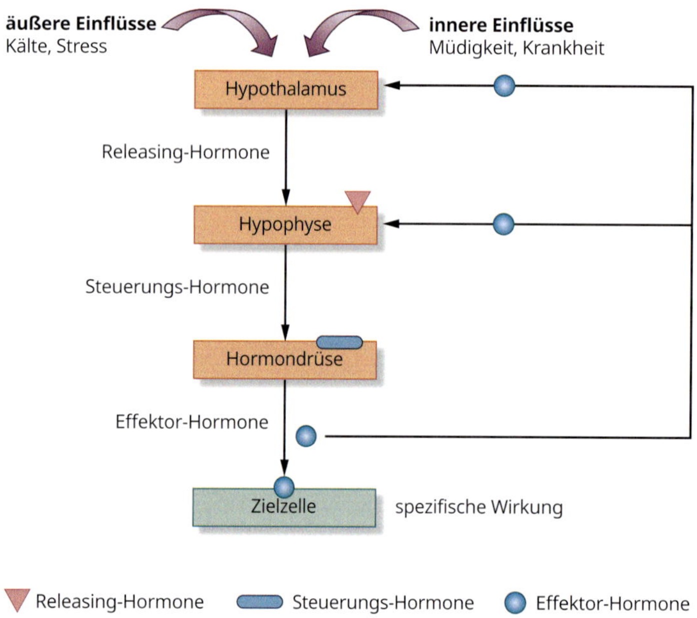

2 Regulation der Hormondrüsen im Körper durch Hypothalamus und Hypophyse

Regulation der Cortisol-Konzentration

Das Stresshormon Cortisol sorgt dafür, dass der Körper während einer Stresssituation schnell und ausreichend mit energiereichen Stoffen versorgt wird. Gleichzeitig hat es eine immunsuppressive Wirkung. Die Regulation der Cortisolproduktion erfolgt über die **Hypothalamus-Hypophysen-Nebennierenrinde-Achse** (→ **Seite 61**).

Der Hypothalamus als übergeordnete Struktur vergleicht stetig den Istwert der im Blut kursierenden Cortisolmenge mit einem Sollwert und signalisiert Abweichungen über das **Corticotropin-Releasing-Hormon (CRH)** an die Hypophyse. Diese reagiert mit der Bildung des **Adrenocorticotropen Hormons (ACTH)**, das seinerseits auf die Nebennierenrinde einwirkt. In dieser wird das Cortisol in einem mehrstufigen Prozess aus Cholesterin gebildet. Wie bei den meisten hormonellen Regelkreisen gibt es auch hier ein **negatives Rückkopplungssystem**, das die Produktion des Hormons begrenzt. Ist genug Cortisol vorhanden, wird nicht noch mehr ausgeschüttet. Bei gleichsinniger Wirkung der Rückkopplung, liegt eine **positive Rückkopplung** vor. Durch diese Steuerungsmechanismen können die Konzentrationen der Hormone im Blut an die jeweilige körperliche Situation angepasst werden.

3 ≡ Übernehmen Sie Abbildung 2 in Ihr Heft (✎) und tragen Sie mithilfe des Textes die Regulation der Cortisol-Konzentration, also die positive und die negative Rückkopplung, ein (→ **Seite 61, Aufgabe 2**).

4 ≡ Beschreiben Sie die Regulation der Cortisolkonzentration.

Materialgebundene Aufgabe

5 Cortisolkonzentration bei Stress

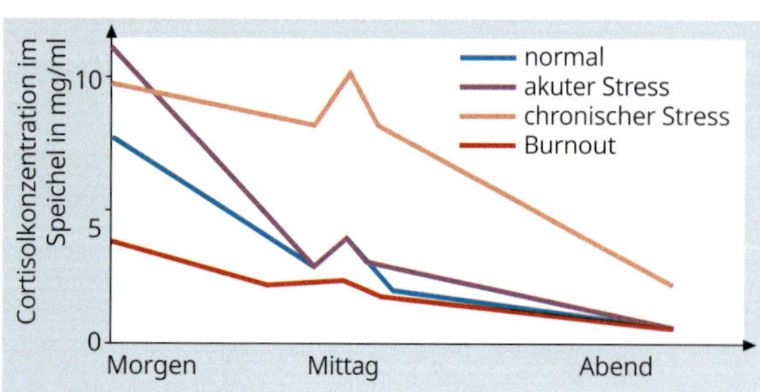

a) ≡ Beschreiben Sie die Veränderung der Cortisolkonzentration bei den verschiedenen Stressformen.

b) ≡ Recherchieren Sie, weshalb die Cortisolkonzentration als Tagesprofil ermittelt werden sollte. Erklären Sie in diesem Zusammenhang auch, was unter CAR, kurz für engl. *Cortisol Awakening Response* zu verstehen ist.

c) ≡ Stellen Sie Hypothesen auf, welchen Effekt eine Hypophysenüber- oder -unterfunktion auf die Cortisol-Ausschüttung und damit auf den menschlichen Körper haben kann.

Cortisol und der Blutzuckerspiegel
Cortisol wirkt nicht nur als Stresshormon, sondern ist an einer Vielzahl von Stoffwechselprozessen beteiligt. Bei der Regulation des Blutzuckerspiegels nimmt es eine wesentliche Rolle ein, da es durch vermehrten Eiweißabbau die Neubildung von Glucose bewirkt und gleichzeitig den Effekt von Insulin hemmt. Beides zusammen resultiert in einer Erhöhung des Blutzuckerspiegels. Hier unterliegt das Hormonsystem also nicht einer Regulierung durch das Hypothalamus-Hypophysen-System. Hat Cortisol seine Funktionen im Stoffwechsel erfüllt, wird es in der Leber abgebaut und über den Urin ausgeschieden.

6 ≡ Die Cortisolkonzentration kann auch durch die Ernährung beeinflusst werden. Recherchieren Sie, welche Nährstoffe dafür bekannt sind.
7 ≡ „Stress macht dick!“. Erläutern Sie diese Aussage.
8 ≡ Stellen Sie Hypothesen auf, durch welchen Sport Stressabbau möglich ist.

Materialgebundene Aufgabe

9 Cortisol und Insulin

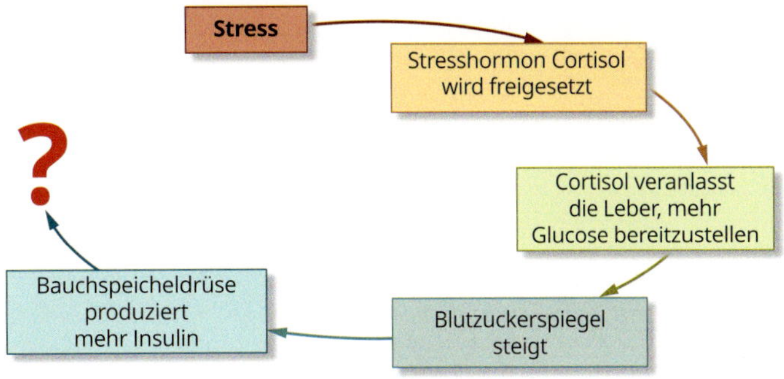

Dauerstress kann durch die Cortisolausschüttung zu einer Überaktivität der Bauchspeicheldrüse und so einer Insulinerhöhung im Blut führen.

a) ≡ Recherchieren Sie die Folgen einer Überproduktion an Insulin und ergänzen Sie die Abbildung in Ihrem Heft ( ).
b) ≡ VL Erklären Sie mithilfe Ihrer Abbildung die Auswirkungen von chronischem Stress als Eingriff in einen hormonellen Regelkreis.

VL Materialgebundene Aufgabe

10 Regulation des Blutzuckerspiegels

Für die Blutzuckerregulation sind die beiden Hormone Insulin und Glucagon zuständig. Beide werden – je nach in der Bauchspeicheldrüse registriertem und mit dem Hypothalamus abgeglichenem Blutzuckerwert – von speziellen Zellen der Bauchspeicheldrüse ausgeschüttet.

a) ≡ Übernehmen Sie die Grafik in Ihr Heft ( ), zeichnen Sie die Angriffsstellen von Cortisol ein und formulieren Sie für die Hormone die positiven beziehungsweise die negativen Rückkopplungsschritte aus.
b) ≡ Erläutern Sie jeweils die Wirkungen des Cortisols.

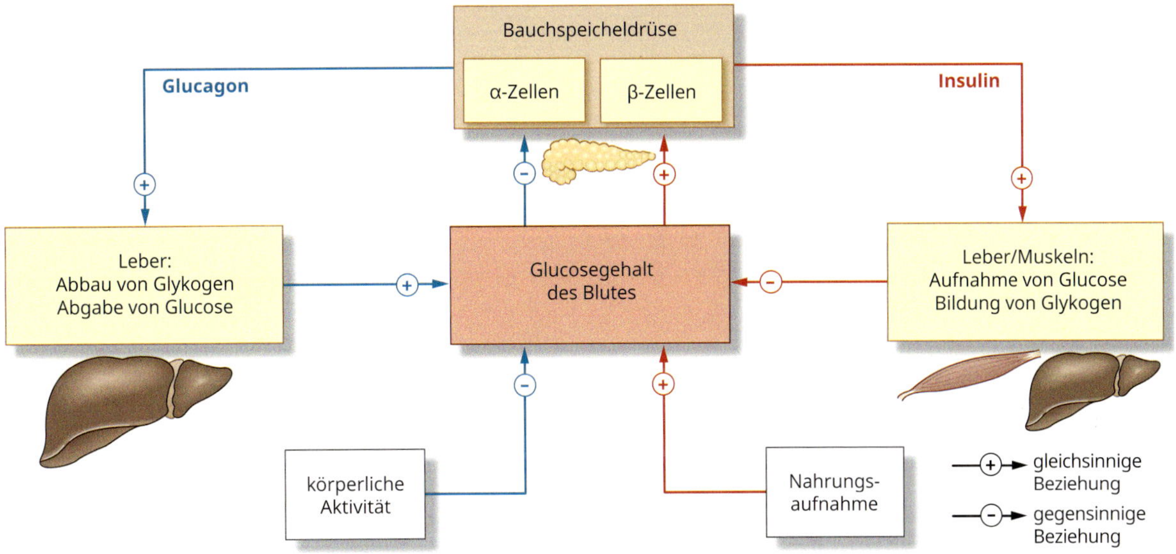

1 Scharf oder heiß?

2.6 Informationsaufnahme durch Sinneszellen

Scharf oder heiß? Warum ist das bei stark gewürzten Speisen schwer zu unterscheiden?

Sinneszellen empfangen Signale

Die Sinneszellen übersetzen nur zu ihnen passende Reize, die **adäquaten** Reize, in elektrische Signale. Diese Umwandlung wird **Signaltransduktion** (lat. *transducere*: herüberbringen) genannt. Diese Reize werden von Rezeptoren empfangen. Dabei verändert sich das Membranpotenzial der Sinneszelle, ein **Rezeptorpotenzial** entsteht. Dies fällt umso stärker aus, je stärker die Reize aus der Umgebung sind und je länger sie andauern. Erreicht das Rezeptorpotenzial den Schwellenwert, wird ein Aktionspotenzial durch eine Nervenzelle ins Zentralnervensystem gesendet. Die Empfindlichkeit einer Sinneszelle kann bei kontinuierlicher Reizung abnehmen. Man spricht dann von einer **Adaptation**.

Primäre Sinneszellen

Primäre Sinneszellen sind spezialisierte Nervenzellen, die während der Embryonalentwicklung aus den gleichen Vorläuferzellen wie Nervenzellen entstehen. Ihr Aufbau ist dem von den Nervenzellen sehr ähnlich, sie besitzen eigene Axone. Typische Beispiele sind die Riechzellen und bestimmte Sinneszellen der Haut. Die Wärmesensoren unserer Haut tragen Ionenkanäle in ihren sensorischen Regionen, die durch Temperaturen über 43 °C oder aber auch durch die Substanz Capsaicin, einem Bestandteil von Chilischoten, geöffnet werden. Die offenen Ionenkanäle sind für verschiedene Kationen durchlässig. Strömen Calcium- oder Natrium-Ionen ins Zellinnere, entsteht eine Depolarisation in der Sinneszelle. Überschreitet dieses Rezeptorpotenzial einen Schwellenwert, wird ein Aktionspotenzial ins Zentralnervensystem gesendet. Die Entdeckung der Funktionsweise von Wärmesensoren wurde 2021 mit dem Nobelpreis geehrt.

Sekundäre Sinneszellen

Andere Sinneszellen, die **sekundären Sinneszellen**, übertragen ihre Rezeptorpotenziale über Transmitterausschüttung an Synapsen auf eine benachbarte Nervenzelle, wo das Aktionspotenzial ausgelöst wird. Dazu zählen Sinneszellen des Gehörs und des Gleichgewichtssinnes.

1 ≡ Erstellen Sie eine schematische Skizze einer sekundären Nervenzelle.

Materialgebundene Aufgabe

2 Sinneszellen der Haut

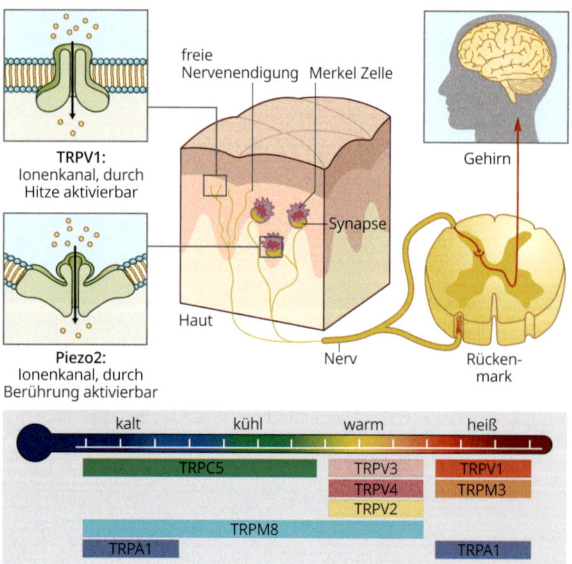

In der Haut befinden sich sowohl primäre als auch sekundäre Sinneszellen. Die temperatursensitiven Sinneszellen tragen TRP (transient receptor potential) Kationenkanäle wobei es verschiedene Untertypen (TRPV, TRPC, TRPM). gibt. Diese können durch die in der Abbildung gezeigten Temperaturen oder durch bestimmte chemische Substanzen geöffnet werden. Die Piezo2-Ionenkanäle sind Calcium-Ionenkanäle, die durch Berührungen geöffnet werden.

a) ≡ Beschreiben Sie die Wirkung einer Mentholsalbe auf der Haut, von der Öffnung des passenden TRP-Kanals bis zu der Kältewahrnehmung.

b) ≡ Ordnen Sie die Wahrnehmung von Wärme den Systemebenen Molekül – Zelle – Gewebe – Organ – Organismus zu.

c) ≡ Vergleichen Sie die druckempfindliche Merkel-Zelle mit der temperatursensitiven Sinneszelle und ordnen Sie begründet die Begriffe primäre oder sekundäre Sinneszelle zu.

Materialgebundene Aufgabe

3 Wiederholung: Aufbau des Auges

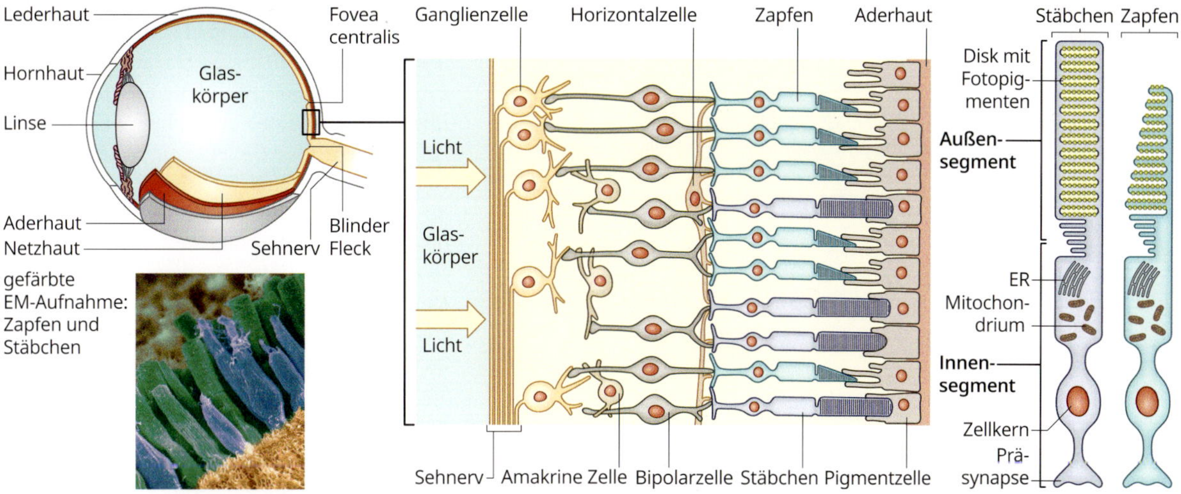

a) Erstellen Sie ein Flussdiagramm, das den Weg des Lichtes vom Eintritt am Auge bis zu den Sinneszellen zeigt.

b) Beschreiben Sie den Aufbau eines Stäbchens und eines Zapfens anhand der Abbildung. Nennen Sie Gemeinsamkeiten und Unterschiede zu einer Nervenzelle.

Die Lichtsinneszelle
Die Netzhaut enthält die Lichtsinneszellen Stäbchen und Zapfen und verschiedene weiterleitende Nervenzellen. Die Lichtsinneszellen können nicht eindeutig zu den primären oder sekundären Sinneszellen zugeordnet werden. Sie besitzen zwar eigene Axone, die Aktionspotenziale werden jedoch von den benachbarten **Bipolarzellen** gesendet.

Die Lichtsinneszellen enthalten Fotopigmente, die uns ermöglichen Licht wahrzunehmen. Diese befinden sich im Außensegment der Zellen in zahlreichen Membranscheiben, die **Disks** genannt werden. Die Zusammensetzung der Fotopigmente variiert leicht zwischen den Sinneszellen. Stäbchen enthalten ein sehr lichtempfindliches Fotopigment **Rhodopsin**, das für das Sehen in der Dämmerung geeignet ist. Der Name des Sehpigments leitet sich vom griechischen Wort „Rhodon" für Rose ab. Es verleiht der Netzhaut eine violette Färbung und wird daher auch Sehpurpur genannt.

Die Fotopigmente der Zapfen dagegen erlauben das Farbensehen, haben jedoch eine hohe Reizschwelle, sie werden nur bei einer guten Beleuchtung angeregt.

Stäbchen und Bipolarzellen im Dunkeln
In der Dunkelheit liegt das Fotopigment Rhodopsin als eine Verbindung aus dem lichtempfindlichen **Retinal** und **Opsin** vor. Opsin ist ein integrales Protein, das für die Verankerung von Retinal in der Membran verantwortlich ist. Das Außensegment der Stäbchen enthält besondere Natrium-Ionenkanäle, die bei Dunkelheit geöffnet sind. Daher strömen in der Dunkelheit Natrium-Ionen in die Stäbchen, wodurch ein Membranpotenzial von –30 mV, deutlich höher als das Ruhepotenzial der Nervenzellen, aufrechterhalten wird. Bei diesem Membranpotenzial ist jedoch der Schwellenwert für die Transmitterfreisetzung erreicht, die Stäbchen setzen in der Dunkelheit daher den Transmitter Glutamat frei. Die postsynaptische Nervenzelle, die Bipolarzelle, besitzt transmittergesteuerte Natrium-Ionenkanäle, die sich im Gegensatz zu den bisher bekannten Natrium-Ionenkanälen in Anwesenheit von dem Transmitter schließen. Solange also Glutamat von dem Stäbchen freigesetzt wird, bleiben diese Natrium-Ionenkanäle geschlossen und das Ruhepotenzial von –70 mV erhalten.

4 Beschreiben Sie die Veränderung des Rhodopsins in den Abbildung 2 und 3.

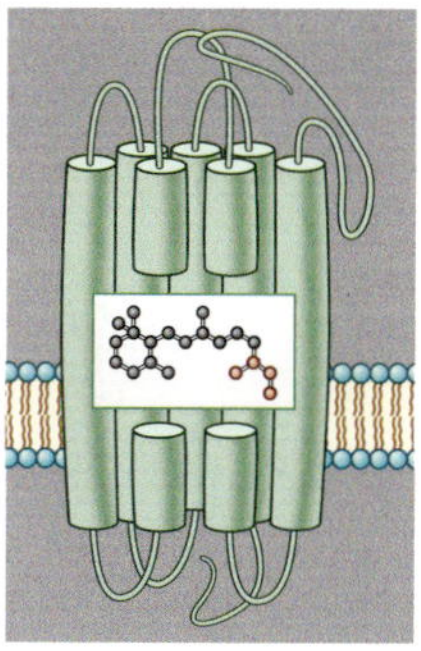

2 Rhodopsin
Grün: Opsin
Molekül: Retinal

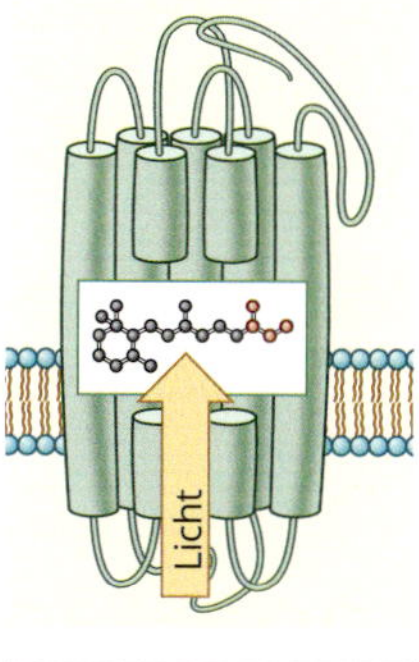

3 Rhodopsin aktiviert

Materialgebundene Aufgabe

5 Ionenströme und Membranpotenziale eines Stäbchens

Die Membranpotenziale der Stäbchen und der nachgeschalteten Bipolarzelle wurden im Dunkeln und bei Licht gemessen.

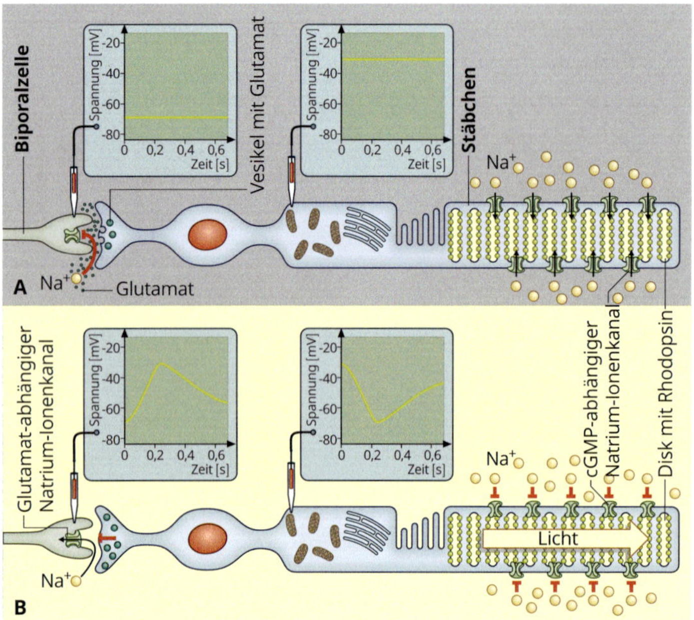

a) ≡ Erläutern Sie die Messwerte der Ableitungen in den Abbildungen **A** und **B** mithilfe des Textes.

b) ≡ Zeichnen Sie eine beschriftete Synapse zwischen einem Stäbchen und einer Bipolarzelle in Anwesenheit von Licht.

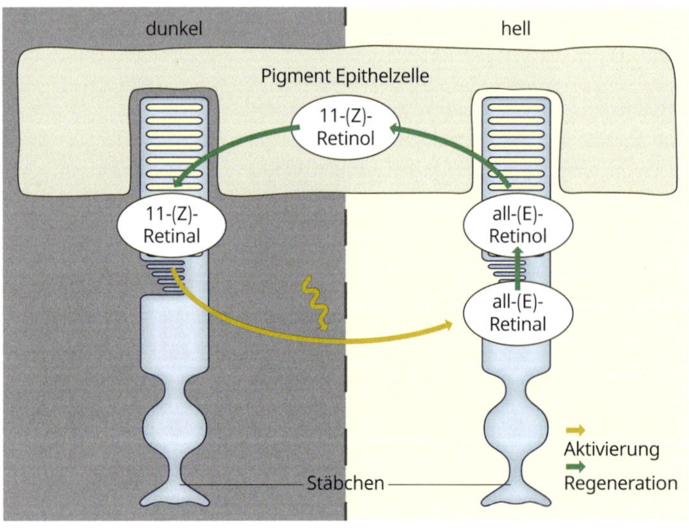

4 Umlagerung und Regeneration des Sehpigments

Signaltransduktion im Auge

Fällt Licht auf Rhodopsin, erfolgt eine Strukturänderung des Retinals. Es geht aus der gewinkelten 11-(Z)- in die gestreckte all-(E)-Konformation über. Retinal aktiviert Enzyme, die wiederum die Umwandlung von einem zweiten Botenstoff, fachsprachlich dem **second messenger**, cGMP in GMP katalysieren. Dabei zerfällt das Rhodopsin in Retinal und Opsin. Rhodopsin verliert seine violette Färbung, die Zelle bleicht aus. Gleichzeitig schließen sich Natrium-Ionenkanäle in den Stäbchen, wodurch das Membranpotenzial so weit sinkt, dass die Zelle hyperpolarisiert. Die Hyperpolarisation stoppt die Transmitterfreisetzung. Dies bewirkt in der postsynaptischen Nervenzelle eine Öffnung der Natrium-Ionenkanäle, da diese nicht weiter durch Glutamat blockiert sind. Ausgelöst durch das Licht führt die Signalkaskade zu einer Depolarisation der weiterleitenden Nervenzelle. Diesen Vorgang bezeichnet man **Signaltransduktion**, (lat. *transducere*: herüberbringen). Eine physikalische Größe wie Licht, wird in ein Signal des Nervensystems, eine Depolarisation, übersetzt.

6 ≡ Erklären Sie den Ablauf der Signaltransduktion im Stäbchen auf Teilchenebene.

7 ≡ Vergleichen Sie tabellarisch die Signaltransduktion bei der Licht- und der Wärmewahrnehmung. Verwenden Sie dabei die Begriffe: Reiz, Ionenkanal, Ionenbewegung, Potenzialänderung, Transmitter.

Regeneration des Pigments

Das verbrauchte Rhodopsin wird kontinuierlich wieder regeneriert. Der Proteinanteil Opsin kann nach der Spaltung wieder enzymatisch mit 11-(Z)-Retinal verbunden werden. Dafür wird das freigesetzte all-(E)-Retinal zunächst in dem Außensegment der Stäbchen mithilfe von NADH zu all-(E)-Retinol reduziert. Danach wird all-(E)-Retinol in die benachbarten Epithelzellen transportiert, wo es in mehreren enzymatischen Schritten zu 11-(Z)-Retinal regeneriert wird. Der Umbau erfolgt über die Verbindung 11-(Z)-Retinol, das Vitamin A entspricht. Daher kann ein Vitamin-A-Mangel bei Erwachsenen zur Nachtblindheit, bei Kindern sogar zum Verlust der Sehfähigkeit führen. Die regenerierten 11-(Z)-Retinalmoleküle werden schließlich in die Stäbchen zurücktransportiert und mit den Opsinmolekülen verbunden. Danach sind die Pigmentmoleküle für eine erneute Reizaufnahme bereit.

Grenzen der Lichtsinneszellen

Die Lichtsinneszellen können nur eine begrenzte Anzahl von Lichtreizen in einer Sekunde verarbeiten. Die Wahrnehmung dieser Bewegungsinformationen erfolgt im Gehirn. Die Grenze liegt bei guter Beleuchtung bei etwa 60 Reizen pro Sekunde, bei Dämmerungslicht lediglich bei 20. Treffen mehr Reize pro Sekunde auf die Netzhaut, wird zunächst ein Flimmern wahrgenommen. Bei einer weiteren Erhöhung der Reizfrequenz werden die Bewegungsreize fortlaufend als ein Reiz wahrgenommen. Die Grenzfrequenz, bei der die Reize noch getrennt wahrgenommen werden, wird **zeitliches Auflösungsvermögen** genannt.

Nachbilder

Die Anpassung des Auges an verschiedene Helligkeiten ist ebenfalls begrenzt. Sie ist für nachtaktive Tiere besonders wichtig, die auch bei geringer Beleuchtung Nahrung finden und Gefahren rechtzeitig erkennen müssen. Eine schnelle Anpassung stellt die Veränderung der Pupillenweite dar, dadurch kann die Menge des einfallenden Lichtes reguliert werden. Auch zelluläre Prozesse können die Empfindlichkeit des Auges an die Helligkeit angleichen. Bei geringer Einstrahlung wird die Zahl der Neurotransmitter reduziert und dadurch die Empfindlichkeit des Auges erhöht. Allerdings dauert dieser Prozess bei Stäbchen bis zu 30 Minuten. Auch die Zeit der Regeneration der Pigmente in den Zapfen wirkt limitierend. Wenn man sich etwa aus einem Raum mit blauer Beleuchtung ans Tageslicht begibt, dann haben die vorher intensiv erregten Zapfen für das blaue Licht keine Zeit zur Regeneration und werden inaktiv. Im Tageslicht sind die inaktivierten Zapfen kurze Zeit schwerer erregbar, dadurch sieht man den blauen Anteil des Tageslichts nicht. Das Tageslicht erscheint kurz in der Komplementärfarbe orange.

8 ≡ Was für das Sehen im Mondlicht unerlässlich ist, wird bei starker Belichtung zum Nachteil. Die Lichtrezeptoren der Stäbchen werden schnell unempfindlich. So können wir, wenn wir vom hellen Sonnenschein in einen dunkleren Raum gehen, kurzzeitig nichts sehen. Erklären Sie diesen Sachverhalt auf molekularer Ebene.

9 ≡ Beschreiben Sie die Signaltransduktion von extra- zu intrazellulären Signalen im Auge mithilfe des Basiskonzepts „Information und Kommunikation".

Praktikum // Sinnesphänomene

10 Zeitliches Auflösungsvermögen

Der Sprung mit dem Mountainbike wird hier als eine Folge einzelner Bilder dargestellt. Wie entsteht der Eindruck einen Film zu sehen? Erstellen Sie einen Stopp-Motion-Film, um dies zu untersuchen.

Durchführung: Zunächst benötigen Sie einen Plan für die einzelnen Bilder (Frames) des Films. Befestigen Sie die Kamera in einer geeigneten Position. Nehmen Sie die einzelnen Bilder auf und legen Sie diese in einer Stopp-Motion-App in einem neuen Projekt ab.

a) ≡ Spielen Sie die Bilderfolge mit verschiedenen Geschwindigkeiten ab. Bestimmen Sie die Geschwindigkeit bei der der Eindruck einen Film zu sehen entsteht. Diskutieren Sie die Ergebnisse im Kurs.

b) ≡ Variieren Sie die Anzahl der Bilder pro Sekunde zwischen 10 und 30 und spielen Sie den Film bei guter Beleuchtung und bei Dämmerungslicht ab. Erklären Sie Ihre Beobachtungen.

c) ≡ Verlangsamen Sie die Bilderfolge des Videos. Bestimmen Sie die Anzahl der Frames bei der Sie einzelne Bilder erkennen können. Vergleichen Sie die Werte mit den Ergebnissen aus Aufgabe **a**.

11 Negative Nachbilder

Durchführung: Betrachten Sie die linken Bilder jeweils für 30–60 Sekunden. Schauen Sie anschließend auf die weiße Fläche daneben.

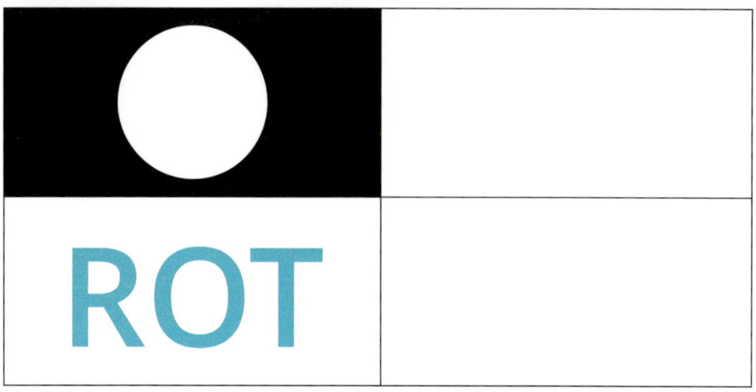

a) ≡ Erklären Sie mithilfe einer Recherche die Entstehung der Nachbilder und entwerfen Sie Bilder, die schwarz-weiße oder farbige Nachbilder erzeugen. Präsentieren Sie Ihre Ergebnisse im Kurs.

b) ≡ In Operationsräumen werden die Patienten mit grünen Tüchern abgedeckt. Wie manche optische Täuschungen, können auch Nachbilder Übelkeit verursachen. Begründen Sie mit einer Recherche, inwiefern die grüne Farbe das Wohlbefinden der Chirurgen schützt.

Vorgänge an einer hemmenden Synapse

Erregende Synapsen
- Depolarisation der Postsynapse (Einstrom von Kationen)
- erregendes postsynaptisches Potenzial (**EPSP**)

Hemmende Synapsen
- Hyperpolarisation der Postsynapse (Ausstrom von Kationen oder Einstrom von Anionen)
- inhibitorisches postsynaptisches Potenzial (**IPSP**)

Zeitliche und räumliche Summation
Am Axonhügel wird durch eine Depolarisation des Membranpotenzials nur ein Aktionspotenzial ausgelöst, wenn ein Schwellenwert überschritten wird.

- **räumliche Summation:** EPSPs und IPSPs von mehreren verschiedenen Synapsen erreichen den Axonhügel und werden verrechnet.
- **zeitliche Summation:** Mehrere EPSPs oder IPSPs einer einzigen Synapse erreichen innerhalb einer kurzen Zeit den Axonhügel und werden summiert.

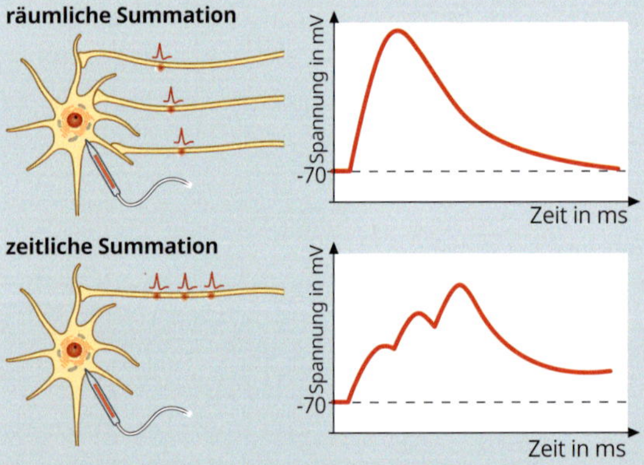

Mehr dazu auf den Seiten 48–49

Neurophysiologische Verfahren

- Überprüfung der Funktionsfähigkeit der Nervenbahnen
- **Elektroneurographie (ENG):** dient der Untersuchung peripherer Nervenbahnen, insbesondere für die Feststellung von neuronalen Erkrankungen oder Funktionsstörungen an Armen oder Beinen.
- **Elektrokardiographie (EKG):** grafische Darstellung der elektrischen Impulse am Herzmuskel zur Diagnostik von Herzerkrankungen

Mehr dazu auf den Seiten 50–52

Zelluläre Prozesse des Lernens

Neuronale Plastizität
- Umbau und Neuverknüpfung von Nervenzellen, essenziell für Lernprozesse und Erinnerungsleistungen, stark altersabhängig
- **Funktionelle synaptische Plastizität:**
  - Veränderung der Menge des präsynaptisch ausgeschütteten Transmitters
  - Veränderung der Dichte der ligandengesteuerten Ionenkanäle in der postsynaptischen Membran
- **Strukturelle synaptische Plastizität:**
  - synaptische Kontaktstellen werden neu gebaut, vergrößert, verkleinert oder ab- oder umgebaut
  - Bildung dendritischer Dornen

A ursprünglicher Zustand **B** neue Reize / Lernen

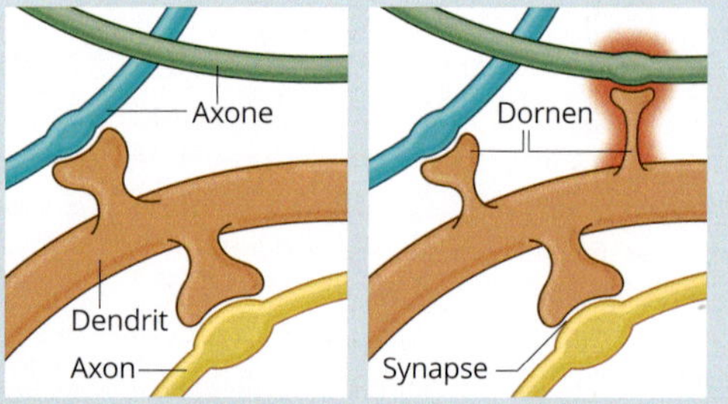

Mehr dazu auf den Seiten 54–57

Störungen des neuronalen Systems

Multiple Sklerose (MS)
- **Autoimmunerkrankung**, bei der die Abwehrzellen des Immunsystems körpereigene Nervenzellen, Nervenfasern und das Myelin zerstören
- **Demyelinisation** der Nervenzellen in Gehirn und Rückenmark führt zu Seh- und Empfindungsstörungen wie Kribbeln oder Taubheitsgefühl und Muskellähmungen, Gleichgewichts- und Koordinationsstörungen beim Greifen und Schreiben

Parkinson
- Absterben spezieller Neuronen des Mittelhirns, die für die **Dopaminbildung** verantwortlich sind
- Dopaminmangel führt beispielsweise zu Riech-, Seh- und Schlafstörungen, Muskel- und Gelenkschmerzen und Störungen der Feinmotorik, Bewegungsstörungen, Muskelzittern, Steifheit der Skelettmuskulatur und Schwindel.

Mehr dazu auf den Seiten 58–59

Verschränkung von Nerven- und Hormonsystem

Hypothalamus
- oberste Schaltzentrale des Hormonsystems
- Schnittstelle zwischen Hormon- und Nervensystem
- Funktionseinheit mit der Hypophyse
- Steuerung der Hypophyse über Releasing-Hormone (RH) und Inhibiting-Hormone (IH)

Hypophyse
- Hypophysenhinterlappen: speichert Hormone aus dem Hypothalamus und setzt sie in das Blut frei
- Hypophysenvorderlappen: synthetisiert verschiedene Steuerungshormone, die andere Hormondrüsen im Körper steuern

Stressantworten
- **kurzfristige neuronale Stressantwort: Hypothalamus-Sympathikus-Nebennierenmark-Achse**, Freisetzen mehrerer Hormone (Adrenalin, Noradrenalin, Dopamin), Zusammenarbeit mit dem **Sympathikus**; Wirkung: Steigerung von Herz- und Atemfreqenz und Blutdruck
- **langfristige hormonelle Stressantwort: Hypothalamus-Hypophysen-Nebennierenrinde-Achse**, zusätzliche Aktivierung von Hypothalamus und Hypophyse, Ausschüttung von Cortisol aus der Nebennierenrinde; Wirkung: Energieversorgung

Mehr dazu auf Seite 61

Regulation der Cortisol-Konzentration

- **Stresshormon Cortisol** hilft, den Körper schnell und ausreichend mit energiereichen Stoffen zu versorgen.
- **Rückkopplungsschleifen:** Die Konzentration von Effektorhormonen (sowie von Releasinghormonen und Steuerungshormonen) im Blut wird über positive (gleichsinnige) oder negative (gegensinnige) Rückkopplungen geregelt.

Einfluss von Cortisol auf den Blutzuckerspiegel
- Cortisol bewirkt durch vermehrten Eiweißabbau die Neubildung von Glucose und hemmt gleichzeitig den Effekt von Insulin.
- führt zur Erhöhung des Blutzuckerspiegels
- nach Beendigung der Stressreaktion: Abbau in der Leber, Ausscheidung über den Urin

Mehr dazu auf den Seiten 62–63

Sinneszellen

- **Sinnesorgane:** bestehen aus Sinneszellen und nicht-neuronalen Geweben
- **Sinneszellen:** wandeln adäquate Reize in **Rezeptorpotenziale** um
- **primäre Sinneszellen:** umgewandelte Neurone; bilden selbst Aktionspotenziale
- **sekundäre Sinneszellen:** Auslösung der Transmitterfreisetzung durch Rezeptorpotenzial; erst nachgeschaltetes Neuron bildet die Aktionspotenziale

Bau und Funktion von Lichtsinneszellen

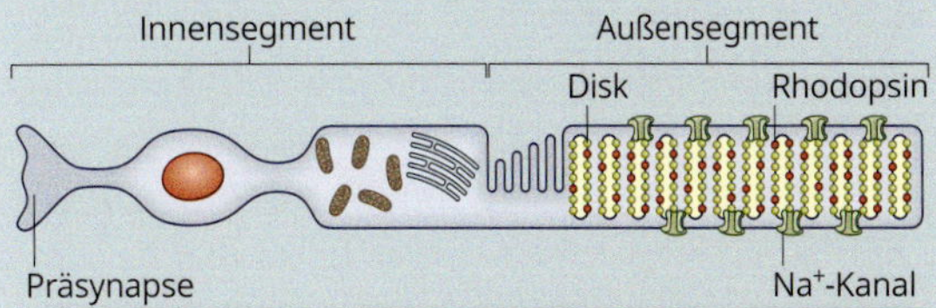

Dunkelheit	Transmitterfreisetzung	Rhodopsin stabil	Na^+-Kanäle offen
Licht	Transmitterfreizetzung geht zurück	Rhodopsinzerfall in Opsin und Retinal	Na^+-Kanäle geschlossen

Signaltransduktion

Rhodopsin absorbiert Licht,
Start der Signaltransduktion,
11-(Z)-Retinal wird zu all-(E)-Retinal

↓

cGMP-Konzentration sinkt

↓

Natrium-Ionenkanäle schließen sich

↓

Hyperpolarisation, Glutamatfreisetzung stoppt

↓

Öfnnung der Natrium-Ionenkanäle in der postsynaptischen Nervenzelle, Bipolarzelle wird depolarisiert

Sinnesphysiologische Phänomene
- **zeitliches Auflösungsvermögen:** Grenzfrequenz, bei der Reize als getrennt wahrgenommen werden
- **Nachbilder:** Intensiv gereizte Zapfen haben nicht genug Zeit zur Pigmentregeneration, dadurch überwiegen kurz Komplementärfarben.

Mehr dazu auf den Seiten 64–67

AUFGABENSTELLUNG

Sinnesphysiologische Phänomene

Sinneszellen antworten auf einen passenden Reiz mit einem Rezeptorpotenzial, dessen Stärke der Reizstärke entspricht. Das Rezeptorpotenzial breitet sich bis zum Axonhügel aus. Übersteigt es dort den Schwellenwert, werden Aktionspotenziale gebildet. Die Umwandlung der Reizinformation in elektrische Signale verläuft in den verschiedenen Sinneszellen unterschiedlich, doch immer sind spezielle Ionenkanäle daran beteiligt. Diese werden direkt durch den Reiz oder über eine Signalkette gesteuert.

1 Stäbchen und Zapfen sind die Sinneszellen der Lichtwahrnehmung. Begründen Sie die Potenzialänderung in den gesunden Stäbchen und Zapfen unter Lichteinfluss mithilfe von M1. Zeichnen Sie die zu erwartende Potenzialänderung der Zapfen in ein passendes Diagramm bei einem Menschen, der defekte CNGA3-Kanäle besitzt. Erklären Sie die Ursachen der Lichtempfindlichkeit und der Unschärfe beim Sehen. [BE 8]

2 Erklären Sie anhand der Abbildung M2a, wie in Kälterezeptoren ein Rezeptorpotenzial entstehen kann. Beschreiben Sie mithilfe der Abbildung M2b, wie durch Menthol die Empfindung von Kühle ausgelöst wird, ohne dass die Temperatur der Haut tatsächlich sinkt. Diskutieren Sie, ob Menthol für den Kälterezeptor ein adäquater oder inadäquater Reiz ist. [BE 8]

3 Begründen Sie mithilfe von M3 die folgenden Aussagen:
- Duftstoffrezeptor-Proteine arbeiten nicht streng nach dem Schlüssel-Schloss-Modell.
- Duftstoffrezeptor-Proteine reagieren unterschiedlich empfindlich auf die verschiedenen Duftstoffe.
- Das Gehirn kann aus der Aktivität einer Riechsinneszelle keine Information gewinnen.

Stellen Sie eine Hypothese auf, wie der Mensch Duftstoffe eindeutig identifizieren kann. [BE 8]

4 Beschreiben Sie den Mechanismus der Geschmackstransduktion für „süß“ anhand von M4 und vergleichen Sie diesen mit der Transduktion für „salzig“. [BE 8]

5 Erklären Sie den Unterschied zwischen primären und sekundären Sinneszellen und geben Sie an, zu welchem Typ die Geschmackssinneszellen gehören. [BE 4]

6 Kleinkinder, bei denen der Geschmackssinn noch sehr stark ausgeprägt ist, bevorzugen in der Regel süße Speisen, lehnen sauer oder bitter schmeckende Nahrungsmittel dagegen ab. Erklären Sie den biologischen Sinn dieses Phänomens. [BE 4]

MATERIAL

M1 Farbsehen

Ein seltener Gendefekt verhindert es, dass manche Menschen die Vielfalt der Farben unserer Welt wahrnehmen. In Deutschland sind etwa 3000 Menschen von Geburt an vollständig farbenblind, leiden aber auch unter erhöhter Lichtempfindlichkeit und unscharfem Sehen. Ein Gendefekt verursacht die Bildung von einem defekten transmittergesteuerten Ionenkanalprotein. Der intakte CNGA3-Kanal befindet sich in den Zapfen und bindet cGMP. Mutierte CNGA3-Kanäle können kein cGMP binden.

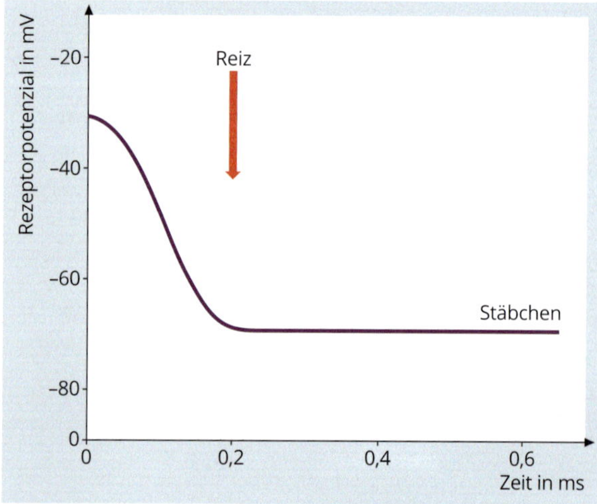

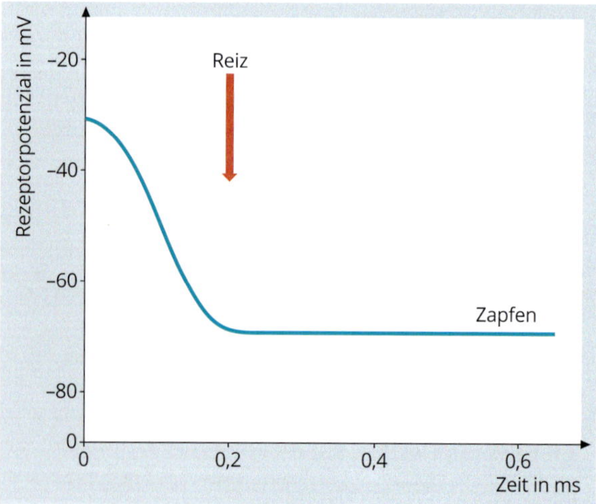

M2 Temperatursinneszellen

Aus der Ackerminze wird seit Jahrhunderten Pfefferminzöl gewonnen, dessen Hauptbestandteil Menthol ist. Menthol löst in Schleimhäuten und in der Haut ein Kältegefühl aus. Daher hat man nach einer Dusche mit einem mentholhaltigen Duschgel oder nach dem Zähneputzen ein angenehmes Frischegefühl.

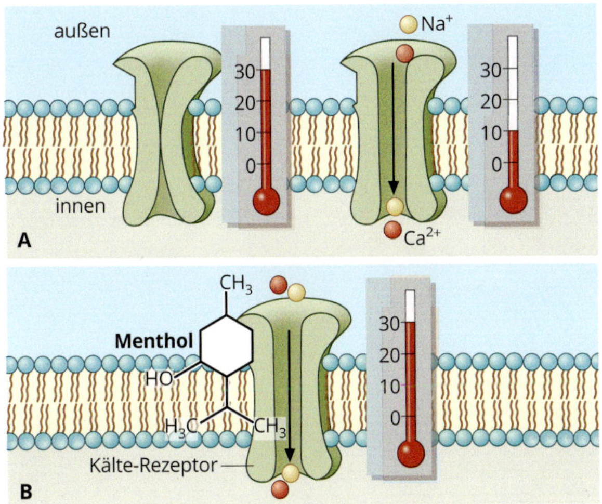

M3 Wahrnehmung von Geruchsstoffen

Die meisten Riechsinneszellen können mehrere verschiedene Duftstoffe binden. In einem Experiment wurden drei verschiedene Riechsinneszellen im Riechepithel jeweils mit vier verschiedenen Geruchsstoffen in gleicher Konzentration gereizt. Die dabei an ihren Axonen gemessenen Aktionspotenziale wurden grafisch dargestellt.

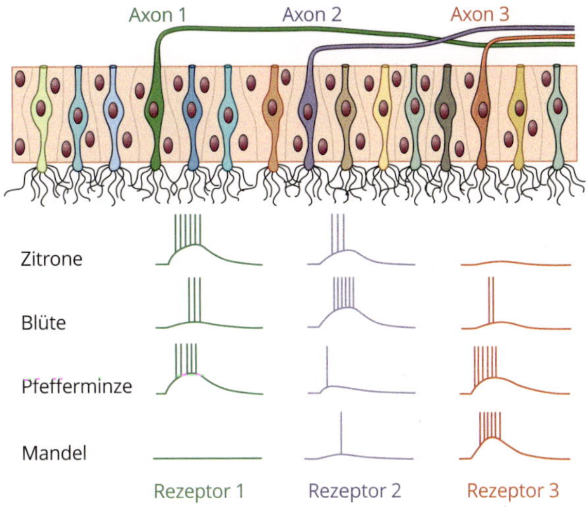

M4 Mechanismus der Geschmackstransduktion

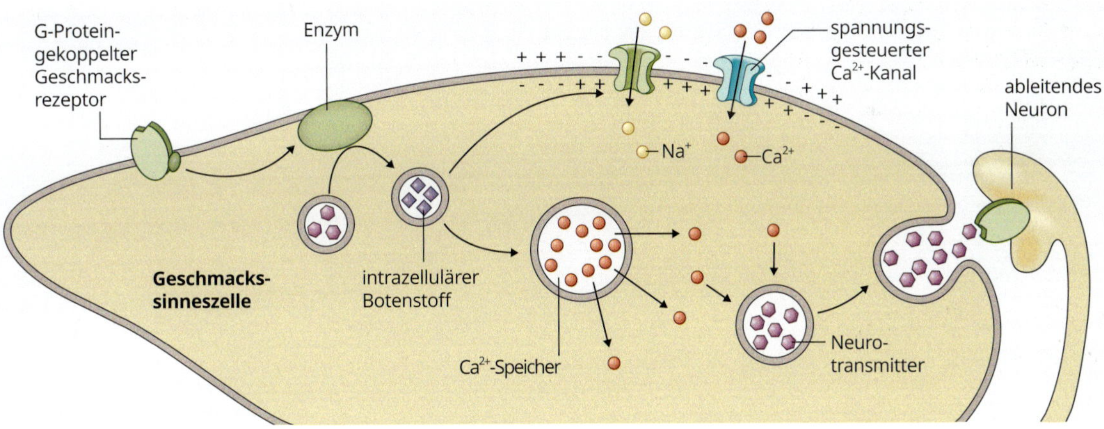

Eingesenkt in die Epidermis der Zunge liegen die Geschmacksknospen. Sie enthalten bis zu fünfzig Geschmackssinneszellen für die unterschiedlichen Geschmacksqualitäten „süß“, „sauer“, „salzig“, „bitter“ und „umami“. Durch Moleküle oder Ionen, die an ihre Membranrezeptoren binden, werden die Geschmackssinneszellen gereizt. Dabei erfolgt die Transduktion in den verschiedenen Geschmackssinneszellen auf unterschiedliche Weise. In den Sinneszellen für „salzig“ sind beispielsweise Natrium-Ionenkanäle ständig geöffnet. Nimmt die Konzentration von Natrium-Ionen im Mundraum durch eine salzige Speise zu, erhöht sich der Natrium-Ioneneinstrom in die Geschmackssinneszelle. Durch die Depolarisation der Membran werden Neurotransmitter in den synaptischen Spalt zwischen der Geschmackssinneszelle und dem nachgeschalteten Neuron freigesetzt. An diesem Neuron werden Aktionspotenziale gebildet. In der Abbildung ist die Transduktion in einer Geschmackssinneszelle für „süß“ dargestellt. Sie erfolgt über einen G-Protein-gekoppelten Mechanismus. Nach der Bindung eines Geschmacksstoffs aktiviert das Rezeptormolekül ein kleines mobiles Membranprotein, G-Protein genannt. Dieses aktiviert ein membranständiges Enzym, das die Bildung eines intrazellulären Botenstoffs auslöst.

Leben wäre auf der Erde ohne die Fotosynthese nicht denkbar. Bei diesem biochemischen Prozess wandeln Pflanzen und bestimmte Bakterien Lichtenergie in chemische Energie um, bauen aus anorganischen Verbindungen organische Verbindungen auf und geben Sauerstoff ab.

Stoffwechsel-physiologie der Zelle

1 Der Aufbau von energiereichen Stoffen

2 Der Umbau von Stoffen

3 Der Abbau von energiereichen Stoffen

1 Der Aufbau von energiereichen Stoffen

1 Ein Baum wird gepflanzt.

VL Materialgebundene Aufgabe

2 Fotosynthese als Kohlenstoffatom-Assimilation

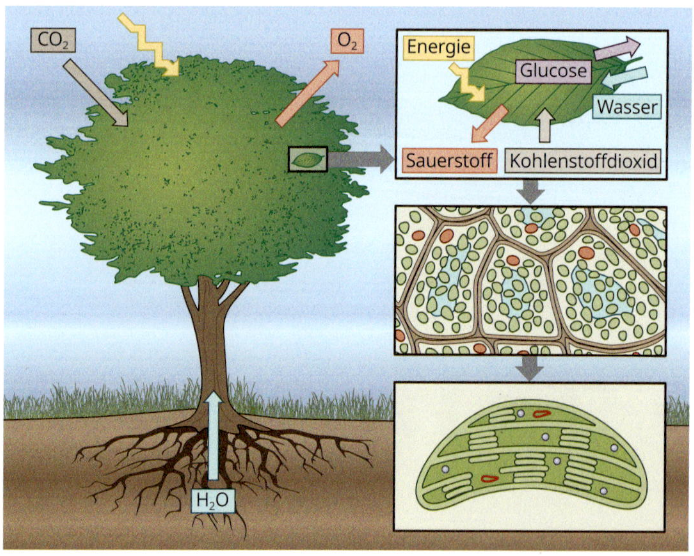

Der weltweit bedeutsamste Assimilationsprozess ist die Fotosynthese.

a) Beschreiben Sie das Grundprinzip der Assimilation.
b) Wiederholen Sie das Grundprinzip der Kohlenstoffatom-Assimilation bei der Fotosynthese
c) Diskutieren Sie die Richtigkeit der Darstellung zur Fotosynthese in der Abbildung. Gehen Sie dabei auf die verschiedenen Systemebenen ein.

1.1 Grundlagen der Assimilation

Weltweit werden Bäume gepflanzt, um einen Holzertrag zu erwirtschaften, um Obst zu erzeugen oder heute auch ganz gezielt, um Kohlenstoff zu speichern. Wie kann ein kleiner Setzling solche Leistung erbringen?

Bildung energiereicher Stoffe

Fotoautotrophe Organismen betreiben einen Bau- und Energiestoffwechsel, bei dem anorganische Stoffe aus der Umwelt aufgenommen und unter Energiezufuhr in organische Bestandteile umgewandelt werden. Diesen Prozess bezeichnet man als **Assimilation**. Die Produkte der Assimilation, die **Assimilate**, werden für das Wachstum und die Vermehrung benötigt. Manche Assimilate werden als Reservestoffe gespeichert und später für den Baustoffwechsel und die Energiegewinnung genutzt.

Verschiedene Assimilationsprozesse

Pflanzen sind in der Lage, verschiedene anorganische Stoffe zu assimilieren:

- Phosphat kann direkt über das Abschlussgewebe der Wurzeln aufgenommen werden. Bei der Bildung von ATP, dem universellen Energieträger in Lebewesen, spielt diese Phosphatassimilation eine wichtige Rolle.
- Schwefelatome werden in Form von Sulfat über den Boden oder in Form von Schwefeldioxid über die Blätter aufgenommen. Es wird für die Struktur und Funktion von Proteinen benötigt.
- Durch die Assimilation von Stickstoffverbindungen können Aminosäuren und infolgedessen auch Proteine hergestellt werden (e → **Seite 163 f.**).
- Grüne Pflanzen, Algen und Cyanobakterien assimilieren Kohlenstoffatome in Form von Kohlenstoffdioxid und stellen in einem Prozess mithilfe der Energie des Sonnenlichts und Wasser daraus energiereiche organische Stoffe her. Diesen Prozess bezeichnet man als **Fotosynthese**.

1 Wiederholen Sie am Beispiel des Grundprinzips der Fotosynthese die Begriffe Stoffumwandlung und Energieumwandlung.

Kohlenhydrate sind eine wichtige chemische Stoffklasse mit einem Skelett aus Kohlenstoffatomen, Wasser und Sauerstoffatomen. Sie können als Energiequelle, Energiespeicher, Reserve- oder Gerüststoff dienen.

Monosaccharide werden auch als Einfachzucker bezeichnet, weil sie aus einem einzelnen Zuckermolekül bestehen. Der bekannteste Vertreter ist die **Glucose**, auch Traubenzucker genannt. Ein Glucosemolekül ist ein Kohlenhydratmolekül mit der Summenformel $C_6H_{12}O_6$. Es nimmt eine zentrale Stellung im Stoffwechsel aller Lebewesen ein. Weitere Beispiele für Monosaccharide sind die **Fructose**, die in süßen Früchten vorkommt, sowie **Ribose** und **Desoxyribose** als Bestandteile der Nukleinsäuren.

Disaccharide setzen sich aus zwei Monosacchariden zusammen, die sich unter Wasserabspaltung verbinden. Die **Saccharose**, der Haushaltszucker, besteht aus einem Fructose- und Glucosemolekül. In der **Maltose** sind zwei Glucosemoleküle miteinander verknüft.

Lange Ketten aus Monosaccharidmolekülen werden als **Polysaccharide** bezeichnet. Die Zellwände von Pflanzen bestehen zu einem großen Teil aus **Cellulose**, einem Stoff aus etwa 10 000 Glucosemolekülen, die als unverzweigte Ketten linear nebeneinander angeordnet sind. Wechselwirkungen zwischen ihnen verhindern, dass sich die Ketten spiralförmig aufdrehen. Im Gegensatz zu Bakterien und Pilzen besitzt der Mensch keine Verdauungsenzyme für Cellulose. **Stärke**, das Hauptreservekohlenhydrat höherer Pflanzen, besteht aus **Amylose** und **Amylopektin**. Amylose besteht aus einer Kette von mehreren hundert Glucosemolekülen, die sich schraubenartig aufwindet. Die Amylopektinkette ist aus mehreren tausend Glucosemolekülen aufgebaut und verzweigt. Amylose und Amylopektin werden gemeinsam in Stärkekörnern von Pflanzenzellen gespeichert. **Glykogen**, das Hauptreservekohlenhydrat von Prokaryoten, Pilzen und Tieren, besteht sogar aus bis zu 100 000 Glucosemolekülen. Es hat einen noch höheren Verzweigungsgrad als Amylopektin.

1 Erstellen Sie eine Übersicht zum Aufbau und Vorkommen der im Text genannten Polysaccharide.

2 Chitin
Chitin ist der Hauptbestandteil des Außenskeletts von Gliederfüßern wie Insekten sowie der Zellwand von Pilzen. Es ist nach der Cellulose das am häufigsten vorkommende Biomolekül und gehört ebenfalls zu den Kohlenhydraten. Recherchieren Sie für die folgenden Aufgaben im Internet.

a) Erklären Sie, weshalb Chitin ebenfalls zu den Kohlenhydraten gehört.

b) Beschreiben Sie die biologische Bedeutung von Chitin.

c) Beschreiben Sie verschiedene Ansätze der industriellen Nutzung von Chitin.

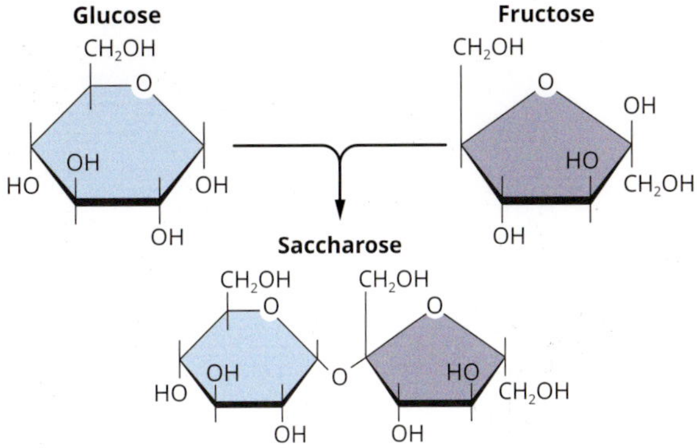

1 Zwei Monosaccharide bilden ein Disaccharid

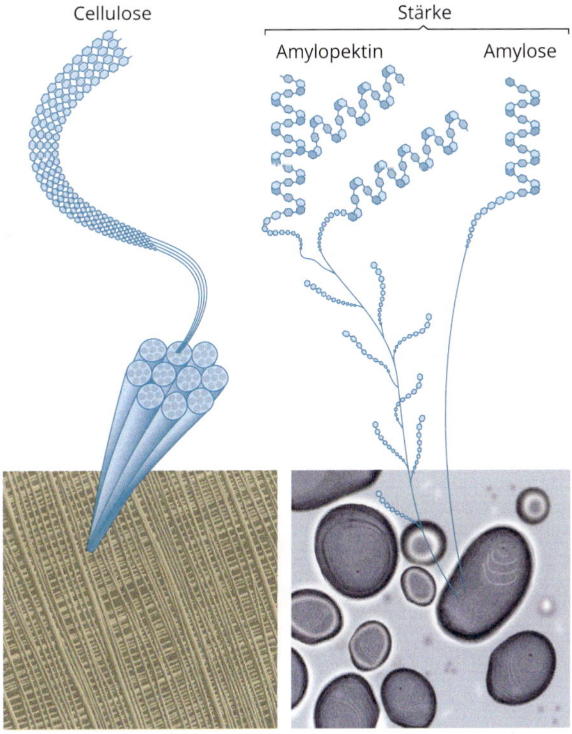

2 Polysaccaride. A Cellulose; **B** Stärke

3 Gelbe Heuschrecke

1 Pflanzen als grüne Lunge

1.2 Die Fotosynthese

Pflanzen werden als grüne Lunge der Erde bezeichnet. Der Sauerstoff ist nur ein Nebenprodukt bei der Assimilation von Kohlenhydraten. Welche Bedeutung hat die Fotosynthese für das Leben auf der Erde?

Prinzipien chemischer Reaktionen
Chemische Reaktionen sind Vorgänge, bei denen Stoffe umgewandelt werden und Energie benötigt oder freigesetzt wird. Dabei kommt es immer auch zur Energieentwertung.

Praktikum // Visualisierung der Stoffumwandlung

1 Fotosynthese im Modell

Glucose

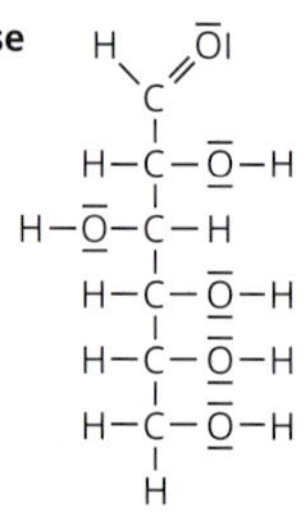

Wasser

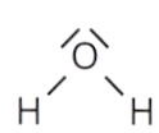

Kohlenstoffdioxid

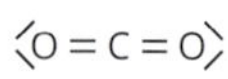

Material: Bausteine in drei verschiedenen Farben entsprechend der Atome Kohlenstoff, Wasserstoff und Sauerstoff
Durchführung: Bauen Sie die oben abgebildeten Moleküle mit ihren Bausteinen nach.

a) ☰ Ermitteln Sie die Anzahl der Kohlenstoffdioxid- und Wassermoleküle, die zum Bau von einem Glucosemolekül benötigt werden. Erklären Sie, was mit den übrigen Bausteinen der Kohlenstoffdioxid- und Wassermoleküle passiert.
b) ☰ Erstellen Sie die Reaktionsgleichung der Fotosynthese.

Stoffumwandlung
Bei der Fotosynthese werden die anorganischen Stoffe Kohlenstoffdioxid und Wasser aufgenommen und in die Stoffe Glucose und Sauerstoff umgewandelt. Im Baustoffwechsel können aus der Glucose zusammen mit Mineralstoffen organische Stoffe wie Kohlenhydrate, Proteine und Fette gebildet werden (→ **Seite 110**). Der Sauerstoff wird von den Pflanzen wieder abgegeben und von vielen Organismen für die Zellatmung (→ **Seite 130**) benötigt.

2 ☰ „Pflanzen sind die grüne Lunge unserer Erde". Diskutieren Sie die biologische Richtigkeit dieser Aussage.

Energieumwandlung
Die Fotosynthese ist eine **endotherme** Reaktion. Damit die Reaktion ablaufen kann, muss permanent Energie, hier in Form von Licht, zugeführt werden. Nur fotosynthetisch aktive Lebewesen wie Cyanobakterien und Pflanzen können Licht mithilfe von Chlorophyll absorbieren und so die Energie des Lichts in chemische Energie umwandeln. Bei der Fotosynthese wird die Energie in Form von Glucose gespeichert. Beim Abbau der energiereichen Glucose entsteht Adenosintriphosphat, kurz ATP, ein universeller Energieträger, der die Energie für weitere Reaktionen liefern kann (→ **Seite 98**).

Weil Pflanzen ihre Energie aus dem Licht beziehen und dadurch sich selbst mit Energie und Baustoffen versorgen, werden sie als **fotoautotroph** bezeichnet. Organismen, die energiereiche Stoffe aus der Nahrung beziehen, nennt man **heterotroph**.

3 ☰ Erklären Sie die Begriffe endotherm, fotoautotroph und heterotroph.

Energieentwertung
Bei der Fotosynthese wird die Lichtenergie in chemische Energie und Wärme umgewandelt. Die Wärme kann von Lebewesen nicht vollständig weiter genutzt werden und wird teilweise an die Umgebung abgegeben. Daher spricht man von einer Energieentwertung.

4 ☰ Diskutieren Sie die Verwendung des Begriffs Energieentwertung statt des Begriffs Energieverlust.

Die Fotosynthese als energiebereitstellender Prozess

Durch die Fotosynthese ist direkt die Energieversorgung aller fotoautotrophen Lebewesen und indirekt auch die aller heterotrophen Lebewesen gesichert. Letztere sind zudem auf die **Biomasse** der fotoautotrophen Lebewesen als Quelle organischer Kohlenwasserstoffverbindungen angewiesen. Heterotrophe Lebewesen nutzen Fotosyntheseprodukte und Zwischenprodukte des Glucoseabbaus und bauen aus ihnen eigene Biomassse auf.

5 ≡ Stellen Sie in einer Grafik die Beziehung von autotrophen und heterotrophen Lebewesen dar. Diese soll sowohl Beispiele von Lebewesen als auch von Stoff- und Energieumwandlungen zeigen.

Fast die gesamte Biomasse der Erde, einschließlich der Lager fossiler Brennstoffe wie Kohle, Erdöl und Erdgas, wurde und wird durch Fotosynthese gebildet. Unter den heutigen Bedingungen werden jährlich etwa 440 Milliarden Tonnen Kohlenstoffdioxid von Pflanzen gebunden. Davon werden circa 220 Milliarden Tonnen durch die Zellatmung der Pflanzen wieder in die Atmosphäre freigesetzt. Der Rest wird als Biomasse gebunden oder durch den Abbau abgestorbener Pflanzenteile durch Mikroorganismen in den Erdboden eingebracht. Zusätzlich wird durch die Fotosynthese der Sauerstoff in der Erdatmosphäre geliefert. Ohne diesen gäbe es heutzutage vermutlich keine höher entwickelten Lebensformen wie Pflanzen und Tiere auf der Erde.

6 In den 90er-Jahren wurde in den USA ein Experiment gestartet, das zeigen sollte, dass Leben in einem in sich geschlossenen System über lange Zeit möglich ist.
a) ≡ Stellen Sie eine hypothetische Liste auf, was dieses System leisten musste.
b) ≡ Recherchieren Sie zum Aufbau der „Biosphäre 2“. Analysieren Sie dabei Ihre Liste auf Vollständigkeit.
c) ≡ Erläutern Sie, aus welchen Gründen dieses Experiment durchgeführt wurde und welche Erkenntnisse man daraus gewonnen hat, auch wenn es von vielen Kritikern als gescheitert bewertet wurde.

7 VL ≡ Legen Sie unter Berücksichtigung der Ergebnisse aus Aufgabe 5 die Bedeutung der Assimilation von Kohlenstoffdioxid für das Leben auf der Erde dar.

Die Fotosynthese als Redoxreaktion

Bei der Fotosynthese findet die Umwandlung der Lichtenergie in chemische Energie durch eine Abfolge von Elektronenübertragungen statt. Das Sauerstoffatom des Wassermoleküls wird hierbei oxidiert, das Kohlenstoffatom des Kohlenstoffdioxidmoleküls reduziert. Die Fotosynthese ist also eine **Redoxreaktion**. **Reduktion** und **Oxidation** finden dabei immer gleichzeitig statt. Bei der Reduktion werden die Elektronen aufgenommen, die bei der Oxidation abgegeben werden. Die Oxidationszahlen (→ **Exkurs**) sind ein Hilfsmittel, dies zu veranschaulichen. Bei einer Oxidation erhöht sich Oxidationszahl, bei einer Reduktion wird sie erniedrigt.

Information Biomasse: Gesamtmenge der lebenden organischen Substanz in einem Ökosystem

8 ≡ Recherchieren Sie die Begriffe Elektronenakzeptor, -donator, Reduktions- und Oxidationsmittel und erklären Sie diese.

9 ≡ Erläutern Sie anhand der Reaktionsgleichung das Prinzip der Fotosynthese als Redoxreaktion.

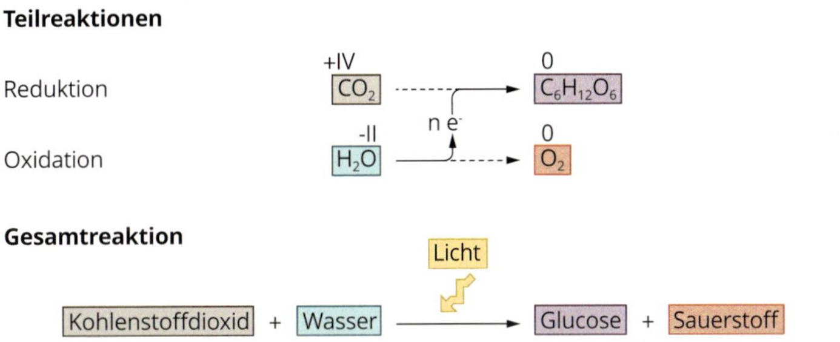

2 Fotosynthese als Redoxreaktion

Exkurs // Bestimmung der Oxidationszahlen

Regeln zur Bildung der Oxidationszahlen

- Die Summe der Oxidationszahlen in einem ungeladenen Molekül ist 0.
- Kommen Stoffe im elementaren Zustand vor, ist die Oxidationszahl ihrer Atome 0.
- In Verbindungen hat das Wasserstoffatom in der Regel die Oxidationszahl +I und das Sauerstoffatom -II.
- Oxidationszahlen werden als römische Ziffern I, II, III, IV (heute mitunter auch als arabische Ziffern) über die Elemente geschrieben.

1 ≡ Stellen Sie mithilfe der Gleichungen in Abbildung 2 die Summengleichung der Fotosynthese auf. Tragen Sie die Oxidationszahlen ein.

2 ≡ Erklären Sie mithilfe der Oxidationszahlen die Reduktion und Oxidation in der Gleichung.

1.3 Die Fotosynthesefarbstoffe

1 Eiche im Herbst

Das Blattgrün besteht aus einem Gemisch verschiedener Blattfarbstoffe. Wie kann man das nachweisen?

Die Farben der Blätter

Blätter enthalten verschiedene Blattfarbstoffe, die an der Fotosynthese beteiligt sind. Wichtige Vertreter dieser **Fotosynthesefarbstoffe** sind die grünen Chlorophylle a und b sowie die gelb- und orangefarbenen Carotinoide und Xantophylle. Die Fotosynthesefarbstoffe lassen sich im Labor trennen.

1 ≡ Erläutern Sie mithilfe einer Recherche die Färbung der Blätter im Herbst.

VL Materialgebundene Aufgabe

2 Fotosynthesefarbstoffe von Spinat

Chromatogramm nach drei Minuten | fertiges Chromatogramm

Im Experiment wurden die Blattfarbstoffe von Spinatblättern getrennt.

a) ≡ Skizzieren Sie die Chromatgrafiekammer wie im linken Bild in Ihrem Heft und beschriften Sie diese mithilfe des Textes.

b) ≡ Beschreiben und erklären Sie die Beobachtungen.

c) ≡ Ermitteln Sie die Rf-Werte der verschiedenen Blattfarbstoffe von Spinat und identifizieren Sie diese im Vergleich mit folgenden Rf-Werte verschiedener Blattfarbstoffe:
Carotin: 0,96; Chlorophyll a: 0,33;
Chlorophyll b: 0,17; Lutein: 0,09

d) ≡ Erklären Sie, warum ein schnell wandernder Stoff einen hohen Rf-Wert und ein langsam wandernder Stoff einen niedrigen Rf-Wert hat.

Auftrennung von Fotosynthesefarbstoffen

Bei dieser Arbeitstechnik wird das zu **trennende Stoffgemisch** mit einer Glaskapillare an einer **Startlinie** aufgetragen und anschließend in einer **Trennkammer** von einer beweglichen, **mobilen** Phase, dem **Laufmittel**, durch eine nicht bewegliche, **stationäre** Phase transportiert. Diese stationäre Phase besteht aus Aluminium- oder Siliciumdioxid und ist als dünne, gleichmäßige Schicht auf eine Trägerfolie oder Trägerplatte aus Aluminium oder Glas aufgetragen. Man spricht von der **Chromatografie** oder auch **Dünnschichtchromatografie**, abgeküzt **DC**.

Die Trennung des Gemisches beruht darauf, dass sich die Bestandteile unterschiedlich gut in der mobilen Phase lösen und sich verschieden stark an die stationäre Phase anlagern, fachsprachlich sagt man **adsorbieren**. Je besser sich ein Stoff in der mobilen Phase löst und je schwächer er an die stationäre Phase adsorbiert, umso schneller fließt er mit der mobilen Phase durch die stationäre Phase. Das Fließen der mobilen Phase wird zum Beispiel durch Druck oder durch Kapillarkräfte erreicht.

Auswertung einer Chromatografie

Die aufgetrennten Bestandteile des Stoffgemisches lassen sich über den **Retentionsfaktor**, abgekürzt **R_f-Wert** (engl. *retention factor*: Verzögerungsfaktor) identifizieren. Er ist für jede Substanz in einem bestimmten Trennsystem eine charakteristische Größe. Um den R_f-Wert zu bestimmen, wird die zurückgelegte Strecke des Stoffes durch die des Laufmittels dividiert. Für viele Stoffe ist der R_f-Wert tabelliert und der jeweilige Stoff kann so identifiziert werden.

Chlorophylle und Carotinoide

Aus Experimenten zur Erstellung von Absorptions- und Wirkungsspektren von Blattfarbstoffen wurde das Chlorophyll a als wichtigster Fotosynthesefarbstoff in den Chloroplasten der grünen Pflanzen identifiziert. Daneben gibt es noch weitere Farbstoffe, die das Licht in einem bestimmten Wellenlängenbereich absorbieren und für die Fotosynthese nutzbar machen, beispielsweise Chlorophyll b und die gelb-orange erscheinenden Blattfarbstoffe **Carotinoide**, wie zum Beispiel das **β-Carotin**.

3 VL ≡ Erläutern Sie, inwiefern ein Farbstoffgemisch für die Absorption von Licht verantwortlich ist.

Abstecher in die Chemie

Bei der Lichtabsorption durch Farbstoffmoleküle wird die Energie der Photonen von Elektronen aufgenommen, die zu **konjugierten Doppelbindungen** gehören. Das sind Doppelbindungen, die sich mit Einfachbindungen innerhalb eines Moleküls abwechseln. Im Chlorophyll befinden sich die konjugierten Doppelbindungen zwischen den Kohlenstoffatomen der ringförmigen Molekülabschnitte, im ß-Carotin befinden sich diese in der Kohlenwasserstoffkette. Bei der Lichtabsorption gelangen die Elektronen dieser konjugierten Doppelbindungen vom Grundzustand auf ein energiereicheres Niveau (→ **Seite 96**).

Chlorophyll ist strukturell eng verwandt mit den Ihnen bekannten Molekülen Hämoglobin, und Cytochrom, nur dass beim Chlorophyll ein Magnesium-Ion an die Stelle des Eisen-Ions als zentrales Metall-Ion tritt.

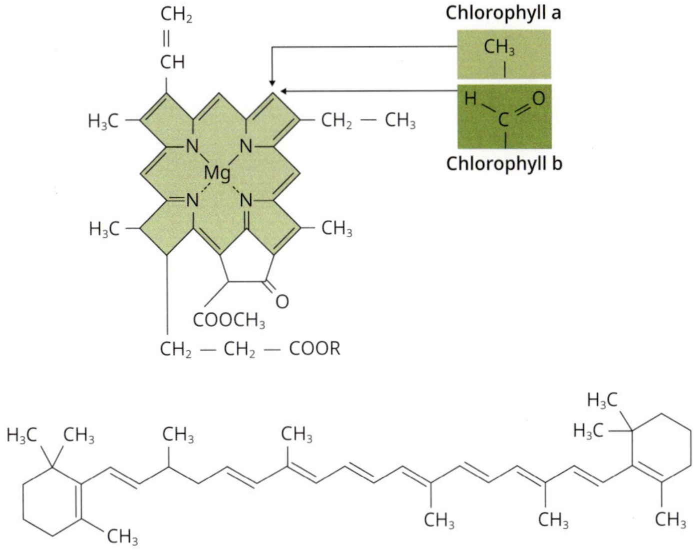

2 Strukturformeln. Chlorophyll a und b (**A**), ß-Carotin (**B**)

Praktikum // Fotosynthesefarbstoffe trennen

❹ Herstellen einer Lösung aus Fotosynthesefarbstoffen

Material: grüne Blätter (zum Beispiel grüner Salat, Spinat; **A**); rote Blätter (zum Beispiel Bluthasel; **B**); Brennspiritus (GHS 02); Quarzsand; Becherglas (100 ml); Mörser mit Pistill; Trichter; Filtrierpapier; Schere; Wasser.

a) ≡ Entwickeln Sie mithilfe der Materialien eine Experimentieranleitung zur Herstellung einer Fotosynthesefarbstoff-Lösung.

b) ≡ Stellen Sie nach Ihrer Anleitung aus verschiedenen Blättern Fotosynthesefarbstoff-Lösungen her.

A

B

❺ VL Welche Fotosynthesefarbstoffe sind in Fotosynthesefarbstoff-Lösungen aus verschiedenen Blättern enthalten?

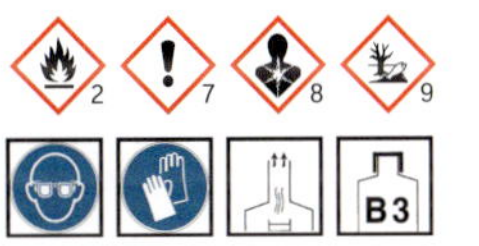

Material: Fotosynthesefarbstoff-Lösungen aus Experiment 4; mobile Phase: Benzin/Propan-2-ol-Gemisch (GHS 02, 07, 08, 09) im Volumenverhältnis 10 : 1 als Laufmittel; stationäre Phase: zwei DC-Platten (5 cm x 8 cm); Trennkammer; Glaskapillaren; Pipetten; Bleistift; Lineal; Föhn; Wasser.

Durchführung: Ziehen Sie 1,5 cm vom Rand einer DC-Platte entfernt einen dünnen Bleistiftrand. Tragen Sie die Farbstoff-Lösungen der grünen Blätter mit der Glaskapillare als schmalen Strich auf diese Startlinie auf. Wiederholen Sie den Vorgang nach dem Trocknen mehrmals, bis ein kräftig grüner Strich entstanden ist. Füllen Sie das mit einem Tropfen Wasser versehene Laufmittel circa 0,5 cm hoch in die Trennkammer. Stellen Sie danach die DC-Platte mit dem grünen Strich nach unten hinein und verschließen Sie das Gefäß. Entnehmen Sie die DC-Platte, wenn die Laufmittelfront beinahe ihren oberen Rand erreicht hat. Markieren Sie sofort diese Laufmittelfront. Messen Sie die Laufstrecke und notieren Sie die Farben der einzelnen Farbstoffbanden. Stellen Sie ebenso ein Dünnschichtchromatogramm einer Farbstoff-Lösung aus roten Blättern her.

≡ Ermitteln Sie aus Ihren Ergebnissen die R_f-Werte, und identifizieren Sie die einzelnen Fotosynthesefarbstoffe mithilfe der folgenden Tabelle.

Farbstoff	Farbe	R_f-Wert
Carotin	goldgelb	0,94
Chlorophyll a	blaugrün	0,25
Chlorophyll b	dunkelgrün	0,21
Lutein	gelb	0,18
Violaxanthin	gelb	0,14
Neoxanthin	gelb	0,09

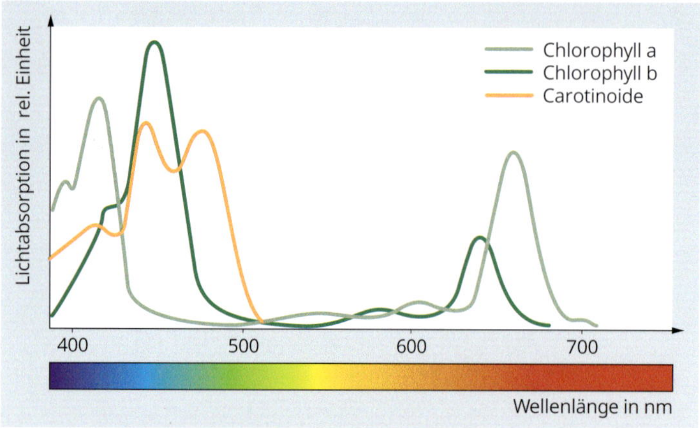

1 Absorptionsspektren der verschiedenen Fotosynthesefarbstoffe

Materialgebundene Aufgabe

❶ Lichtabsorption

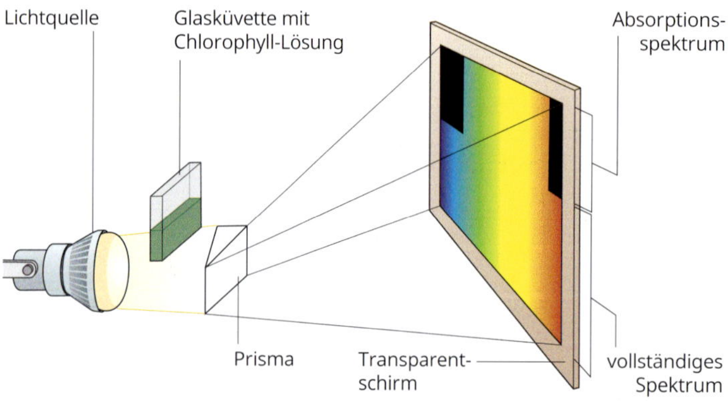

a) Beschreiben Sie die Durchführung des Experiments.
b) Beschreiben Sie die Beobachtung im Spektrum.
c) Erklären Sie, weshalb typische Laubblätter grün erscheinen.

d) Begründen Sie, weshalb eine Chlorophyll-Lösung unter Bestrahlung mit UV-Licht rot erscheint.

1.4 Fotosyntheserate in Abhängigkeit von verschiedenen abiotischen Faktoren

Die Luft besteht aus circa 210 000 ppm (parts per million) Sauerstoff. Nachts kann der Sauerstoffanteil um 20–40 ppm sinken. Welche Ursache hat dies?

Produkte der Fotosynthese
Was geschieht mit den Produkten der Fotosynthese? Die Glucose wird in der Pflanze zunächst gespeichert, der Sauerstoff wird an die Atmosphäre abgegeben. Die Abnahme des Sauerstoffanteils in der Nacht zeigt, dass die Fotosyntheseleistung nachlässt. Die Abhängigkeiten der Fotosyntheserate von äußeren Faktoren werden im Anschluss näher beleuchtet.

Abhängigkeit von der Lichtqualität
Der Wellenlängenbereich im Spektrum der elektromagnetischen Strahlung, den ein Mensch mit den Augen wahrnehmen kann, wird als Licht bezeichnet. Fällt weißes Licht durch ein Glasprisma, wird es in die Spektralfarben zerlegt. Die unterschiedlichen Farben entsprechen dabei Licht der Wellenlängen von 400 bis 750 Nanometer (nm).

Anregung von Elektronen
Trifft Licht auf Materie, nimmt diese einen Teil der elektromagnetischen Strahlung auf. Man spricht von **Lichtabsorption**. Im Falle der Fotosynthese werden durch die Lichtenergie Farbstoffmoleküle angeregt, wobei Elektronen von einem Grundzustand auf ein energiereicheres Niveau übergehen. Diese Elektronen werden im Verlauf der Fotosynthese für die Energieübertragung genutzt (→ **Seite 96**).

Absorptionsspektrum
Um die Lichtabsorption der verschiedenen Fotosynthesefarbstoffe genauer zu bestimmen, werden diese isoliert und die einzelnen Farbstofflösungen nacheinander mit Licht verschiedener Wellenlängen bestrahlt. Bei jeder Wellenlänge wird die Absorption gemessen und in einer Grafik aufgetragen, wie viel Prozent des eingestrahlten Lichts jeweils von dem Fotosynthesefarbstoff absorbiert wurde. So erhält man Absorptionsspektren. Diese zeigen, dass die Moleküle Chlorophyll a und b im Wesentlichen blaues und rotes Licht absorbieren, während Carotinoide nur blau-grünes Licht absorbieren.

Wirkungsspektrum

In einem klassischen Experiment untersuchte der Biologe Theodor Wilhelm ENGELMANN den Einfluss von Licht verschiedener Wellenlängen auf die Fotosyntheserate. Mithilfe eines Prismas spaltete er dazu das Sonnenlicht in die Spektralfarben auf und bestrahlte damit die grüne Fadenalge *Spirogyra*. In dem Experiment sammelten sich hinzugegebene aerobe Bakterien vor allem an den Zellen der Alge, die mit blauem oder orangerotem Licht bestrahlt wurden. Diese setzten aufgrund einer hohen Fotosyntheserate am meisten Sauerstoff um. Wird die Fotosyntheserate einer Pflanze oder eines Blattes in Abhängigkeit von der Wellenlänge des eingestrahlten Lichts gemessen und das Ergebnis grafisch dargestellt, erhält man ein Wirkungsspektrum. Es zeigt, dass die Fotosyntheserate von Pflanzen bei etwa 450 und 680 Nanometer maximal ist.

Materialgebundene Aufgabe

❷ ENGELMANN-Experiment

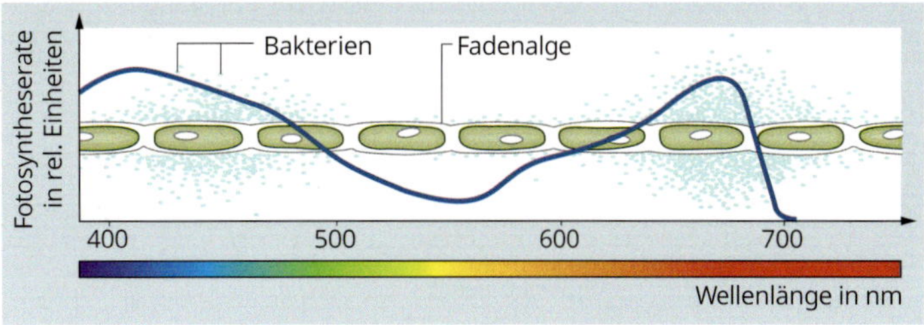

a) Erklären Sie welches Ergebnis man beim ENGELMANN-Experiment erhält, wenn die Algen nur mit einfarbigem Licht der Wellenlänge 550 nm bestrahlt werden.

b) Vergleichen Sie das Wirkungsspektrum der grünen Fadenalge mit den Absorptionsspektren der verschiedenen Fotosynthesefarbstoffe (→ **Abb. 1, Seite 80**) und ziehen Sie daraus ein Fazit.

Materialgebundene Aufgabe

❸ Lichtabsorption durch verschiedene Algenarten

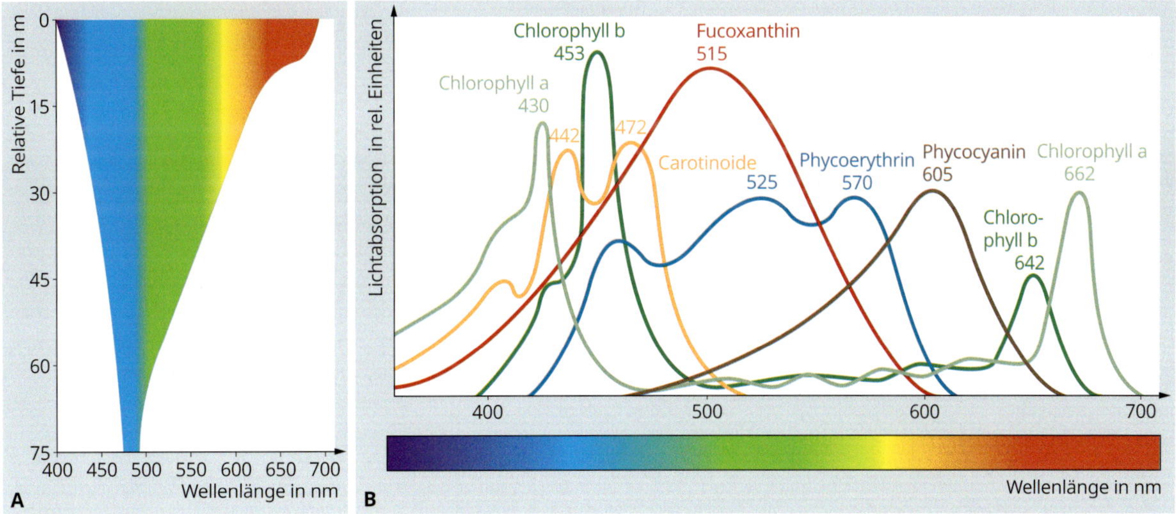

Verschiedene Algenarten nutzen unterschiedliche Fotosynthesefarbstoffe für die Lichtabsorption. Beispielsweise besitzen **Grünalgen** Chlorophyll a und b sowie Carotinoide. **Rotalgen** nutzen Chlorophyll a, Carotinoide, Phycocyanin und Phycoerythrin. **Braunalgen** verfügen über Chlorophyll a, Carotinoide sowie Fucoxanthin. In Abbildung **B** ist dargestellt, in welchen Wellenlängenbereichen die Fotosynthesefarbstoffe Licht absorbieren. In Gewässern erfolgt die Lichtabsorption durch Wassermoleküle, kleinste Partikel, gelöste Stoffe und Algen.

a) Erklären Sie, wie sich das Spektrum des Sonnenlichts (**A**) mit zunehmender Wassertiefe verändert.

b) Erklären Sie, warum Rotalgen und Braunalgen in Wasserschichten existieren können, die unter denen von Grünalgen und anderen Pflanzen liegen.

c) Skizzieren Sie das zu erwartende Wirkungsspektrum von Rotalgen und vergleichen Sie es mit dem der Grünalgen im ENGELMANN-Experiment (→ **Aufg. 2**).

d) Erläutern Sie den Begriff „Grünlücke“ und die Bedeutung der Fucoxanthine für die Fotosynthese.

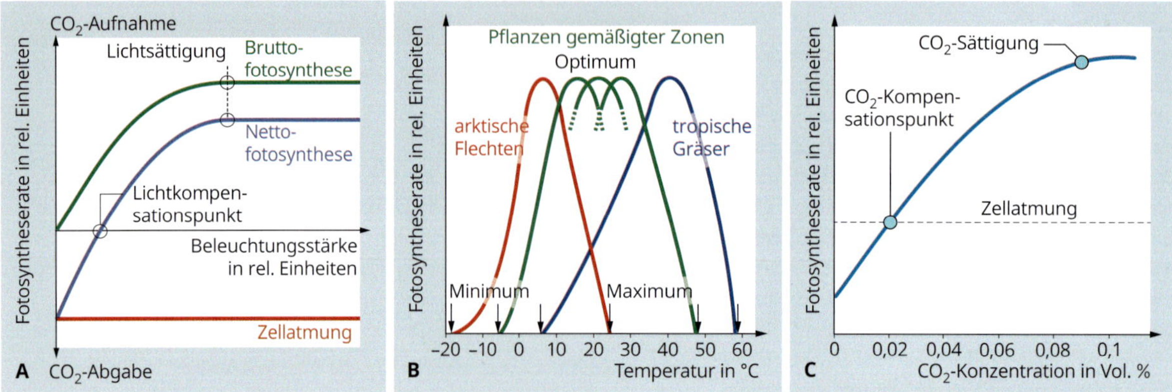

2 Fotosynthese und abiotische Faktoren: A Beleuchtungsstärke; **B** Temperatur; **C** Kohlenstoffdioxidkonzentration

Abhängigkeit von der Beleuchtungsstärke
Um den Einfluss der Beleuchtungsstärke auf die Fotosyntheserate zu bestimmen, wird diese bei konstanten übrigen Umweltfaktoren variiert. Die Fotosyntheserate lässt sich beispielsweise über die Aufnahme von Kohlenstoffdioxid pro Zeiteinheit ermitteln. Bei geringen Beleuchtungsstärken ist die Abgabe von Kohlenstoffdioxid durch die Zellatmung noch größer als die Kohlenstoffdioxidaufnahme durch Fotosynthese. Wird die Beleuchtungsstärke gesteigert, nimmt auch die Fotosyntheserate zu. Bei einer bestimmten Beleuchtungsstärke entspricht die Abgabe der Aufnahme von Kohlenstoffdioxid. Dieser Punkt wird **Lichtkompensationspunkt** genannt. Die Kohlenstoffdioxidaufnahme steigt mit zunehmender Lichtintensität an und erreicht schließlich einen Maximalwert, die Lichtsättigung. Da während der Fotosynthese gleichzeitig die Zellatmung der Pflanzen stattfindet, wird zwischen Brutto- und Nettofotosynthese unterschieden. Die messbare Kohlenstoffdioxidaufnahme der Pflanze pro Zeiteinheit entspricht der **Nettofotosyntheserate**. Sie gibt die Fotosyntheserate nach Abzug der Atmung an.

5 ≡ Erläutern Sie, was man unter der **Bruttofotosyntheserate** versteht.

Abhängigkeit von der Temperatur
Bei hoher Lichtintensität wird die Fotosyntheserate der Pflanzen maßgeblich von der Temperatur bestimmt. Die Lage der Temperaturoptima der Pflanzen verdeutlicht deren Angepasstheit an verschiedene Klimazonen.

Abhängigkeit von der Kohlenstoffdioxidkonzentration
Die Fotosyntheserate steigt meist mit zunehmender Kohlenstoffdioxidkonzentration der Luft proportional an. Ab einer bestimmten Kohlenstoffdioxidkonzentration wird genauso viel Kohlenstoffdioxid durch die Fotosynthese verbraucht wie durch die ständig ablaufende Zellatmung freigesetzt wird. Diese Kohlenstoffdioxidkonzentration wird als **CO_2-Kompensationspunkt** bezeichnet. Steigt die Konzentration weiter an, erreicht die Fotosyntheserate bei etwa 0,1 Volumenprozent einen Maximalwert, den **CO_2-Sättigungswert**.

VL Materialgebundene Aufgabe

4 Kohlenstoffdioxid und Licht

In einem Experiment wurde der Einfluss des Kohlenstoffdioxidgehaltes und der Lichtintensität auf die Fotosyntheserate der Kanadischen Wasserpest untersucht. Die Temperatur wurde dabei konstant gehalten.

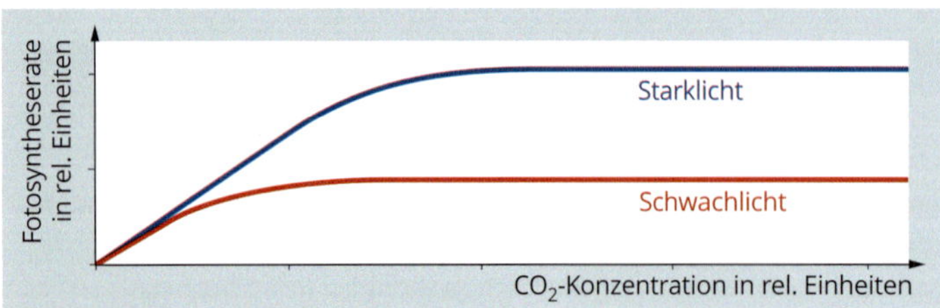

a) ≡ Beschreiben und deuten Sie das Diagramm.
b) ≡ Begründen Sie, warum die Experimente bei konstanter Temperatur durchgeführt wurden.
c) ≡ Die Fotosyntheserate wird im Wesentlichen von der Lichtintensität bestimmt. Nehmen Sie unter Berücksichtigung der Experimentbeobachtungen Stellung zu dieser Aussage.

Limitierender Faktor
Sämtliche Faktoren wirken bei der Fotosynthese zusammen, wobei der am weitesten vom Optimum entfernte Faktor die Fotosyntheserate am meisten beeinflusst. Man spricht vom **Prinzip des limitierenden Faktors**. So bleibt die Fotosyntheserate trotz optimaler Licht- und Temperaturverhältnisse begrenzt, wenn zu wenig Kohlenstoffdioxid vorhanden ist. Sind alle äußeren Umweltfaktoren einer Pflanze im Bereich des Optimums, hängt ihre Fotosyntheserate von endogenen Faktoren ab, zum Beispiel von der Chlorophyllkonzentration oder der Enzymkonzentration in den Blattzellen.

VL Materialgebundene Aufgabe

❻ Lichtintensität und Temperatur

In einem Experiment wurde die Abhängigkeit der Fotosyntheserate von der Lichtintensität für folgende Pflanzengruppen bestimmt: Sonnenkräuter, Schattenmoose und Schattenkräuter. Die Temperatur wurde dabei konstant gehalten. Anschließend wurde für eine der Pflanzengruppen die Lichtsättigung bei unterschiedlichen Temperaturen ermittelt.

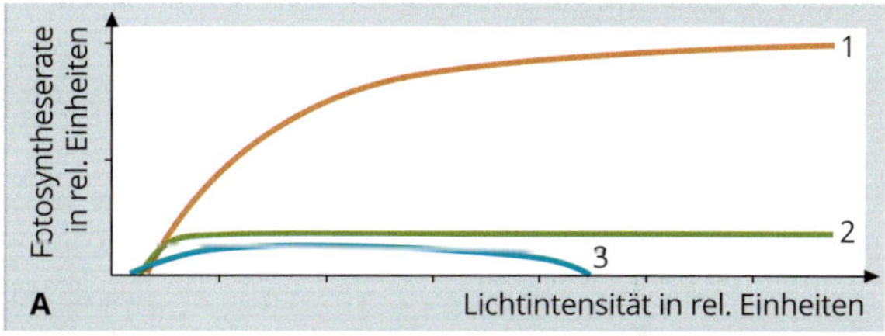

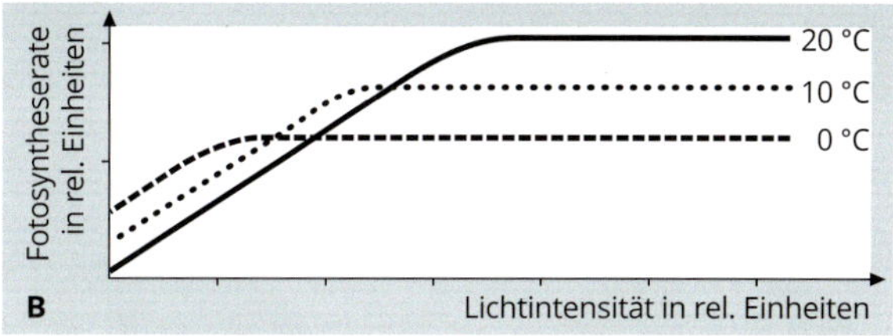

a) Ordnen Sie den Pflanzengruppen die jeweils zutreffende Kurve aus der Abbildung **A** zu und begründen Sie Ihre Entscheidung.
b) Erklären Sie unter Berücksichtigung der Abbildung **B** die Lichtsättigung der betreffenden Pflanzengruppe bei unterschiedlichen Temperaturen.
c) Empfehlen Sie nach einer Recherche die Standorte für Bärlauch, Waldmeister, Salbei und Oregano.

Praktikum // Fotosyntheserate und Außenfaktoren

❼ Experimente zur Untersuchung der Abhängigkeit von Außenfaktoren

Material: jeweils vier Bechergläser; Trichter; Reagenzgläser; Stative mit Klemmen; 4-mal die gleiche Menge Wasserpest; außerdem Licht in den Farben rot, grün, orange und blau mit identischer Lichtintensität
Durchführung: Bauen sie das Experiment entsprechend der Anordnung auf. Beleuchten Sie die Wasserpest eine vorab festgelegte Zeit mit den verschiedenen Lichtfarben.

Tipp: Als Lichtquelle kann ein alter Overheadprojektor dienen, auf den man verschiedene Farbfolien legt. Der Vorteil ist: Alle vier Ansätze haben darauf Platz und können zeitgleich ablaufen.

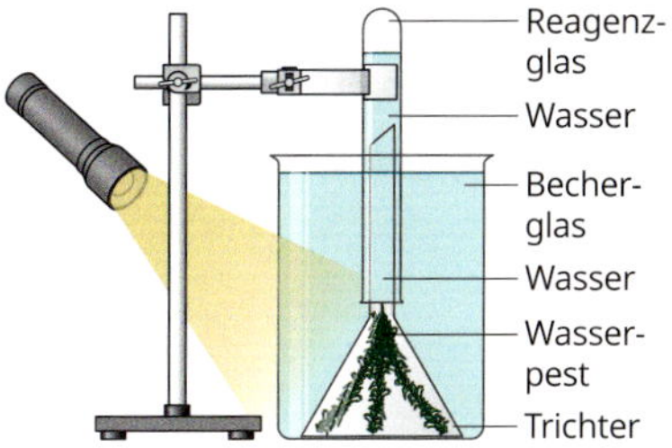

a) Begründen Sie, weshalb bei den Ansätzen auf eine gleiche Lichtintensität geachtet werden muss.
b) Formulieren Sie die Ausgangsfrage des Experiments.
c) Stellen Sie eine Hypothese auf.
d) Planen Sie die Durchführung des Experiments. Fertigen Sie hierfür ein Protokoll an, in das Sie alle relevanten Beobachtungen und Ergebnisse eintragen können.
e) Führen Sie das Experiment durch.
f) Beschreiben Sie die Beobachtungen und stellen Sie diese in einem geeigneten Diagramm dar.
g) Erklären Sie die Ergebnisse.
h) Beschreiben Sie das Prinzip des limitierenden Faktors.
i) Planen Sie ein Experiment zur Abhängigkeit der Fotosyntheserate von der CO_2-Konzentration.
j) Erklären Sie zusammenfassend, welche Außenfaktoren die Fotosyntheserate beeinflussen und wie sich Veränderungen der Außenfaktoren auf diese auswirken.

1 Die vier Jahreszeiten

Materialgebundene Aufgabe

❶ Abstecher in die Physik: Veränderungen von Licht und Temperatur auf der Erde im Jahresverlauf

Die Jahreszeiten werden durch die Neigung der Erdachse zur Sonne bestimmt. Das Licht der Sonne führt zu einer Erwärmung der Oberfläche. Der Einstrahlwinkel des Lichts ist im Sommer steiler und im Winter flacher. Fällt das Licht im flachen Winkel ein, verteilt sich die gleiche Energiemenge auf eine größere Oberfläche als bei steil einfallendem Licht. Die Temperatur ist entsprechend niedriger.

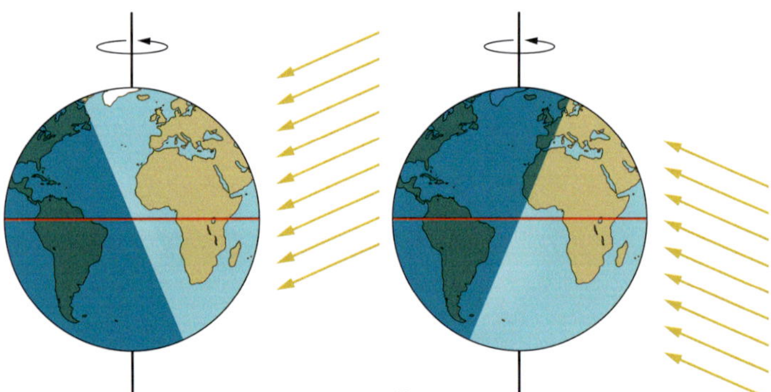

A **B**

Neigung der Erdachse zur Sonne: A im Sommer; **B** im Winter

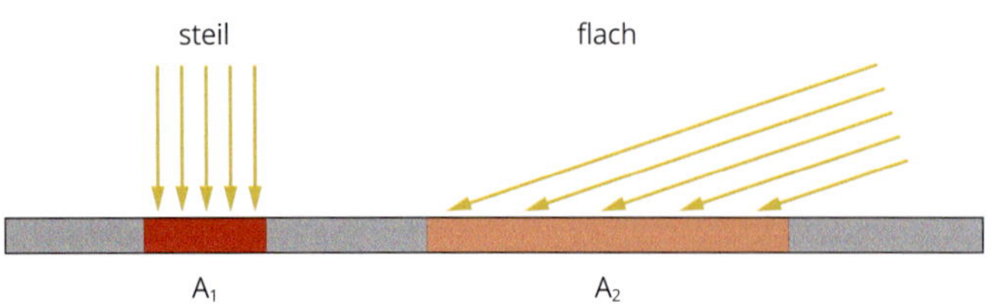

C
Einstrahlwinkel

a) ☰ Beschreiben Sie die unterschiedlichen Licht- und Temperaturverhältnisse auf der Erde während des Sommers und des Winters.

b) ☰ „Ein Planet ohne geneigte Drehachse hat keine Jahreszeiten“. Nehmen Sie Stellung zu dieser Aussage.

c) ☰ In einer Zeitung steht: „Im Sommer ist es heißer als im Winter, weil nicht so viele Wolken das Sonnenlicht verdecken.“ Widerlegen Sie diese Behauptung.

1.5 Ökologische Bedeutung der Außenfaktoren und Maßnahmen zur Ertragssteigerung

Frühling, Sommer, Herbst und Winter – durch die Jahreszeiten sind die Lebewesen der gemäßigten Breiten wechselnden Außenfaktoren ausgesetzt. Welche Bedeutung haben diese für Wild- und Nutzplanzen?

Leben unter wechselnden Bedingungen

Pflanzen haben im Verlauf der Evolution Angepasstheiten an die im Jahresverlauf wechselnden Umweltbedingungen entwickelt. Mit dem heutigen Wissen über den Einfluss der Umweltfaktoren kann man den Ertrag von Nutzpflanzen durch die Beeinflussung entsprechender Umweltfaktoren steigern.

Faktor Temperatur

Während der Wintermonate führen die geringere Lichtintensität und die geringere Erwärmung der Oberfläche zu einer niedrigeren Fotosyntheserate. Im Frühjahr nimmt die Tageslänge und damit auch die Anzahl der Lichtstunden zu. Viele Frühblüher wie Krokusse und Schneeglöckchen und auch Obstbäume beginnen zu blühen. Ist die Temperatur in den Frühlingsmonaten schon früh erhöht, führt dies zu einer frühen Blüte bei Kirsch- und Apfelbäumen. Kommen dann sehr kalte Nächte mit Temperaturen unter Null Grad, kann das die Ernte für dieses Jahr zunichte machen. Landwirte berieseln die blühenden Bäume mit Wasser, sodass die Blüten in der Nacht durch eine dünne Eisschicht geschützt werden.

❷ ☰ Recherchieren Sie die Funktionsweise der Frostschutzberegnung.

❸ ☰ Bei niedrigen Temperaturen bleiben Bienen in ihrem Stock. Erläutern Sie den Einfluss auf den Ernteerfolg im Obstbau.

Faktor Wasserversorgung

Zum Sommer hin ist die Fotosyntheserate von Pflanzen durch die hohe Lichtintensität und Temperatur hoch. Pflanzen wachsen und tragen Früchte. Werden die Tage wieder kürzer, die Temperaturen niedriger und die Lichtintensität geringer, stellen sich viele Pflanzen auf den kommenden Winter ein. Sie verlieren beispielsweise ihre Blätter und somit ihre Möglichkeit zur Fotosynthese.

4 ≡ Recherchieren Sie die Bedeutung des Blattabwurfs von Pflanzen.

5 ≡ In sehr heißen Sommern kann man beobachten, dass die Bäume ihre Blätter viele Wochen früher als im langjährigen Mittel abgeworfen haben. Erläutern Sie diese Beobachtung und den Sinn für die Pflanzen.

Für gute Erträge in der Landwirtschaft ist eine stabile Wasserversorgung notwendig. Oft reichen die natürlichen Niederschläge nicht aus. Dann müssen die Pflanzen künstlich bewässert werden. Durch trockene Jahre und Dürre können sich die Grundwasserstände absenken. Bewachsene Geländestreifen mit Hecken, Büschen und Bäumen als Verdunstungsschutz werden entfernt.

6 ≡ Stellen Sie begründete Hypothesen auf, weshalb bewachsene Geländestreifen als Verdunstungsschutz dienen.

7 ≡ Begründen Sie, warum Bewässerungsanlagen häufig nachts eingesetzt werden.

8 ≡ Begründen Sie, weshalb hohe Niederschläge im Sommer für Landwirte bezüglich ihrer Getreideernte sowohl Fluch als auch Segen sind.

9 ≡ Eine alte Gärtnerweisheit lautet: „Einmal gehackt ist dreimal gegossen". Erläutern Sie mithilfe einer Recherche.

Faktor Kohlenstoffdioxid

Auf den ersten Blick könnte man meinen, dass ein Anstieg der Kohlenstoffdioxidkonzentration in der Erdatmosphäre die Fotosyntheserate von Pflanzen erhöhen könnte. Heute weiß man, dass das Kohlenstoffdioxid als bedeutendes Treibhausgas (→ **Seite 194**) zum Temperaturanstieg auf der Erde beiträgt und daher schädlich ist. Im Gewächshaus kann man aber auch mit einer Veränderung der Kohlenstoffdioxidkonzentration das Pflanzenwachstum und den Ertrag positiv beeinflussen.

Biotischer Faktor: Ackerbeikräuter

Auf dicht bepflanzten Feldern stehen Pflanzen in ständiger Konkurrenz um Wasser und Licht. So können Ackerbeikräuter den Ernteertrag mindern, wenn sie nicht entfernt werden.

10 ≡ Recherchieren Sie über die verschiedenen Arten der Regulierung des Wachstums der Ackerbeikräuter in ökologischer und herkömmlicher Landwirtschaft.

11 ≡ **Berufsfeld Agrarwissenschaften**

Die modernen Anbaumethoden der Landwirtschaft erfordern heute ein breites Wissen.

a) ≡ Recherchieren Sie zu den Studiengängen rund um das Thema Landwirtschaft/Agrarwissenschaften und erstellen Sie eine übersichtliche Mindmap.

b) ≡ Stellen Sie drei Ausbildungsberufe im Agrarbereich vor.

VL Materialgebundene Aufgabe

12 Optimales Wachstum im Gewächshaus

Werden die Umweltfaktoren zum Beispiel in einem Gewächshaus optimal für die jeweiligen Pflanzenkulturen eingestellt, können die Fotosyntheserate erhöht und damit das Wachstum der Pflanze gefördert werden.

a) ≡ Nennen Sie fünf Umweltfaktoren, die in Gewächshäusern reguliert werden können.

b) ≡ Stellen Sie Hypothesen auf, wie diese reguliert werden.

c) ≡ Erklären Sie, wie der Treibhauseffekt in Gewächshäusern zur Ertragssteigerung beiträgt. Recherchieren Sie, wenn nötig, im Internet.

d) ≡ Begründen Sie, weshalb Gewächshäuser auch als ökologisches Problem aufgefasst werden können.

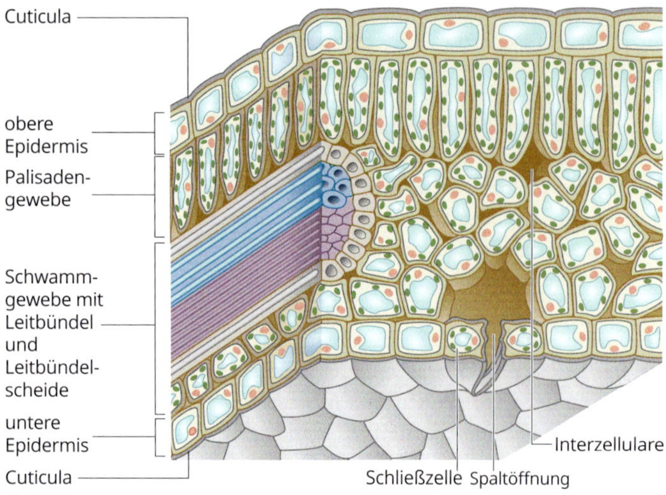

1 Querschnitt eines Laubblatts

Materialgebundene Aufgabe

❷ Wege der Transpiration

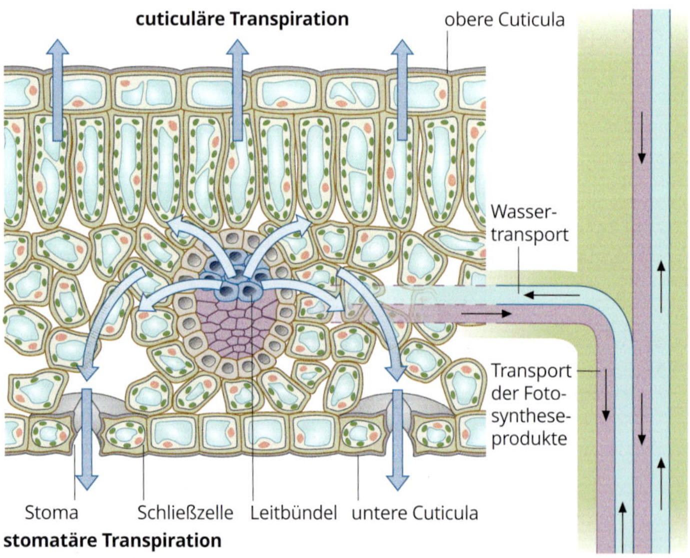

Ein Blatt wird an der Ober- und Unterseite von der Epidermis begrenzt die mit der Cuticula überzogen ist. Die Epidermis auf der Blattunterseite enthält zahlreiche Spaltöffnungen. Es werden **cuticuläre** und **stomatäre** Transpiration unterschieden.

a) ≡ Beschreiben Sie mithilfe der Abbildung die beiden Arten der Verdunstung in Blättern.

b) ≡ Begründen Sie, warum das Ausmaß der cuticulären Transpiration von der Blattfläche und der Dicke der Cuticula bestimmt wird.

c) ≡ Recherchieren Sie die Angepasstheiten von Xerophyten an Wassermangel.

1.6 Die Angepasstheiten der Pflanzen an die Fotosynthese

Pflanzen sind auf verschiedenen Organisationsebenen an die Fotosynthese angepasst. Welche Zusammenhänge gibt es zwischen molekularen, anatomischen und morphologischen Strukturen?

Äußere Begrenzung des Laubblatts

Pflanzen sind durch den anatomischen Bau ihrer Laubblätter optimal an die Fotosynthese angepasst. Außen schützen eine Schicht aus Wachs, die **Cuticula**, und die eng aneinander liegenden Zellen der oberen und unteren **Epidermis** das Innere des Blattes vor Austrocknung. Kleine Öffnungen auf der Blattunterseite, die **Spaltöffnungen**, regulieren den Gasaustausch.

❶ ≡ Recherchieren und beschreiben Sie vergleichend den Aufbau eines Laubblatts (→ **Abb. 1**) und eines Nadelblatts.

Wasserhaushalt der Pflanze

Im Blattgewebe ist der Wassergehalt in der Regel höher als in der umgebenden Luft. Deshalb verdunstet Wasser und diffundiert als Wasserdampf aus den Interzellularen in die umgebende Luft. Dieser Vorgang wird **Transpiration** genannt. Infolge der Wasserdampfabgabe fließt Wasser aus den umgebenden Zellen und den Leitbündeln nach. So entsteht in den Wasserleitungsbahnen ein Unterdruck, der sich bis in die Wurzeln fortsetzt. Durch diesen Transpirationssog werden Wasser und darin gelöste Mineralstoffe in die Blätter transportiert. Die Transpiration bewirkt auch eine Abkühlung der Blätter, denn das Verdunsten des Wassers benötigt eine bestimmte Menge an Wärme, die dem Blatt entzogen wird. Damit wird einem Überhitzen der Pflanze entgegengesteuert.

Regulation der Transpiration

Der **Spaltöffnungsapparat** reguliert sowohl die Aufnahme von Kohlenstoffdioxid sowie die Abgabe von Wasserdampf und Sauerstoff. Jede Spaltöffnung wird von zwei bohnenförmigen **Schließzellen** gebildet. Mit den angrenzenden Nebenzellen bilden sie den Spaltöffnungsapparat, fachsprachlich **Stoma**. Bei einer ausreichenden Wasserversorgung der Pflanze werden mithilfe von Ionenpumpen Kaliumionen aus den Nebenzellen in die **Schließzellen** transportiert. Daraufhin strömt Wasser osmotisch nach, sodass sich das Volumen der Schließzellen erhöht. Strömt Wasser in eine Schließzelle, wird ihre unverdickte Rückwand gedehnt und dabei die Bauchwand nach hinten gezogen. So vergrößert sich die Spaltöffnung. Umgekehrt führt ein Wasserverlust zu einer Volumenabnahme der Schließzellen. Ihre Bauchwände bewegen sich aufeinander zu und die Spaltöffnung verkleinert sich.

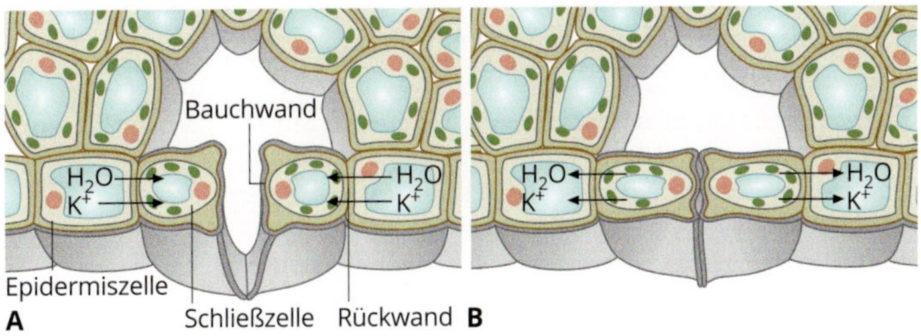

2 Spaltöffnung. A geöffnet; **B** geschlossen

Öffnung der Spaltöffnungen

Bei Belichtung und niedriger Kohlenstoffdioxidkonzentration in den Interzellularen öffnen sich die Spaltöffnungen. Eine hohe Kohlenstoffdioxidkonzentration und geringe Luftfeuchtigkeit führen zum Schluss der Spaltöffnungen. An dieser Regulation sind auch intrazelluläre Signalketten und das Pflanzenhormon **Abscisinsäure**, kurz **ABA**, beteiligt. Bei Wassermangel produziert die Pflanze verstärkt ABA. Diese hemmt die Kalium-Ionenpumpen und so den osomotisch bedingten Wassereinstrom in die Schließzellen. Die Spaltöffnungen schließen sich.

Basiskonzept // Steuerung und Regelung

Steuerung und Regelung findet man bei vielen biologischen Sachverhalten. Sie sind ein **Basiskonzept** der Biologie. Die Laubblätter sind zum einen für die Aufnahme von Kohlenstoffdioxid für die Fotosynthese durch die Spaltöffnungen, zum anderen für den Verdunstungsschutz zuständig. Beide Prozesse müssen in enger Abstimmung funktionieren.

≡ Erläutern Sie, dass die Öffnung der Spaltöffnungen ein Bespiel für eine Regulation darstellt.

Materialgebundene Aufgaben

3 Bewegungen der Spaltöffnungen

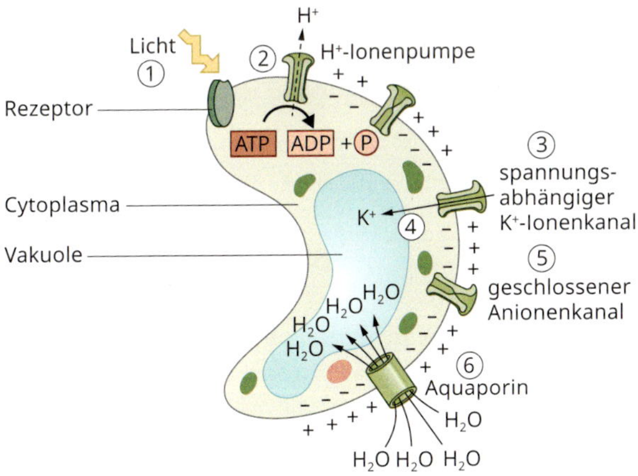

a) ≡ Erklären Sie anhand der Abbildung die Vorgänge im Spaltöffnungsapparat beim Öffnen und Schließen der Spaltöffnungen.

b) ≡ Geben Sie an, wie sich die Faktoren Licht, Temperatur, Luftfeuchtigkeit, Kohlenstoffdioxidkonzentration im Blatt und die ABA-Konzentration in den Schließzellen bei offenen und geschlossenen Spaltöffnungen unterscheiden.

c) ≡ Stellen Sie einen Zusammenhang zwischen den molekularen und morphologischen Strukturen her.

4 Randeffekt

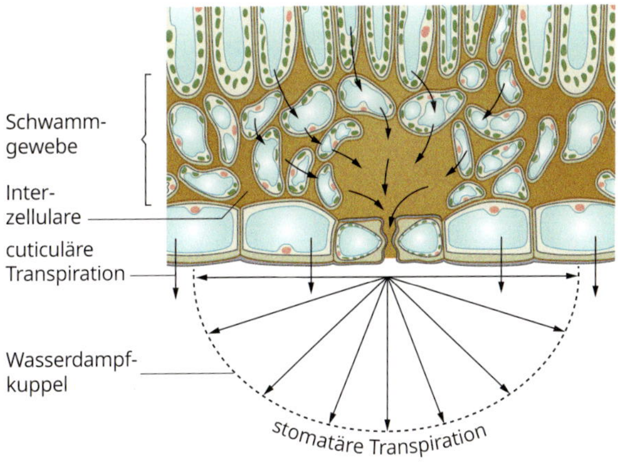

Die Fläche aller Spaltöffnungen macht ein bis zwei Prozent der Blattoberfläche aus. Viele Pflanzen geben bei voll geöffneten Spaltöffnungen so viel Wasserdampf ab, als bestünde ihre Blattfläche zu über 50 Prozent aus Spaltöffnungen. Dies wird mit dem Randeffekt erklärt, wonach sich über jeder Spaltöffnung eine Kuppel aus Wasserdampf bildet.

≡ Erklären Sie den Randeffekt der Transpiration der Spaltöffnungen. Berücksichtigen Sie dabei das Prinzip der Oberflächenvergrößerung.

5 Sonnen- und Schattenblätter im Vergleich

Aufbau eines Laubblatts: Zwischen der oberen und unteren Epidermis liegt das fotosynthetisch aktive Gewebe. Es besteht meistens aus zwei Gewebeschichten: Im **Palisadengewebe** sind zylinderartige Zellen dicht nebeneinander angeordnet. Sie enthalten zahlreiche Chloroplasten. In der Regel wird das Palisadengewebe von viel Licht durchstrahlt, sodass vor allem hier die Fotosynthese stattfindet. Das unter dem Palisadengewebe liegende **Schwammgewebe** enthält deutlich weniger Chloroplasten und besitzt große Zwischenräume. Diese Interzellularen stehen untereinander und über Spaltöffnungen an der Blattunterseite mit der Außenluft in Verbindung. Das Schwammgewebe dient vorwiegend dem Gasaustausch.

Blätter aus dem Randbereich einer Baumkrone sind dem vollen Sonnenlicht ausgesetzt. Solche **Sonnenblätter** sind wesentlich kleiner und dicker als **Schattenblätter** aus den inneren und unteren Bereichen der Baumkrone. Hier ist die Lichtintensität stark reduziert. Sonnen- und Schattenblätter unterscheiden sich auch im inneren Aufbau.

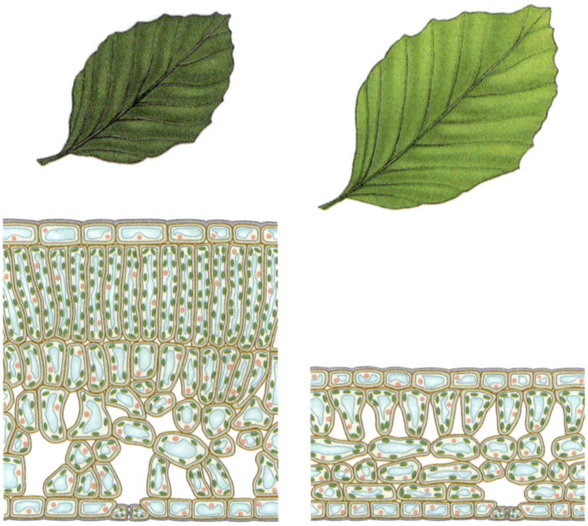

Merkmal	Sonnenblätter	Schattenblätter
Blattoberfläche in cm^2	28,8	48,9
Blattdicke in mm	0,185	0,093
Blattmasse in g/m^2	115,1	52,7
Konzentration an Fotosynthese-Enzymen	hoch	niedrig

Erkenntnisgewinn durch Experimente mit Blättern einer Rotbuche aus verschiedenen Bereichen der Baumkrone

Ansatz 1: Sonnen- und Schattenblätter vor und nach einer 20-minütigen Trocknung bei 60 °C

Sonnenblatt vor der Trocknung | Schattenblatt

nach 20 Minuten Trocknung bei 60 °C

Ansatz 2: Vergleichen der **Blattflächen**
Die Blattflächen werden mithilfe der Formel für die Fläche einer Ellipse errechnet und in die Tabelle eingetragen:

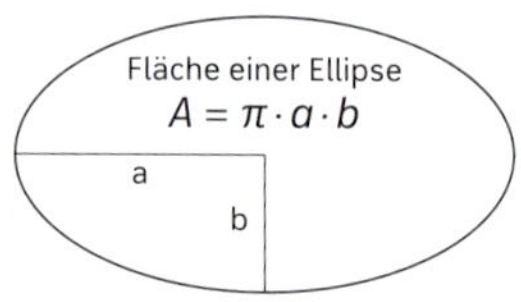

Sonnenblatt	15,3	28,6	36,7	18,4	19,0
Schattenblatt	32,2	35,5	38,9	42,6	45,3

a) Erklären Sie am Beispiel des Palisadengewebes den Zusammenhang zwischen Struktur und Funktion.

b) Vergleichen Sie Sonnen- und Schattenblätter hinsichtlich des inneren Aufbaus. Betrachten Sie das Palisaden- und Schwammgewebe, die Anzahl der Chloroplasten und die Größe der Interzellularräume.

c) Beschreiben und erklären Sie die Beobachtungen beim Trocknungsexperiment von Sonnen- und Schattenblatt.

d) Errechnen Sie die Mittelwerte der Blattflächen aus Ansatz 2 und vergleichen Sie diese.

e) Erläutern Sie anhand der anatomischen und morphologischen Unterschiede von Sonnen- und Schattenblättern die Angepasstheiten an die Fotosynthese und deren Ertragssteigerung.

Materialgebundene Aufgabe

6 Fotosyntheseleistungen von Sonnen- und Schattenblättern

Fotosyntheserate bei Sonnen- und Schattenblättern: Sonnenblätter besitzen einen intensiveren Gaswechsel als Schattenblätter und sie erreichen ihre Lichtsättigung erst bei höheren Lichtintensitäten. Deshalb sind sie im Vergleich zu Schattenblättern fotosynthetisch leistungsfähiger. Da Sonnenblätter viel Blattgewebe besitzen, das im Dunkeln nur mithilfe von Zellatmung ATP gewinnen kann, ist ihr **Lichtkompensationspunkt** relativ hoch. Schattenblätter haben weniger Blattgewebe und erreichen deshalb bereits bei sehr geringen Lichtintensitäten den Lichtkompensationspunkt. Der **Lichtsättigungswert**, bei dem keine weitere Erhöhung der Fotosyntheserate möglich ist, wird bei Schattenblättern schon bei relativ geringer Lichtintensität erreicht.

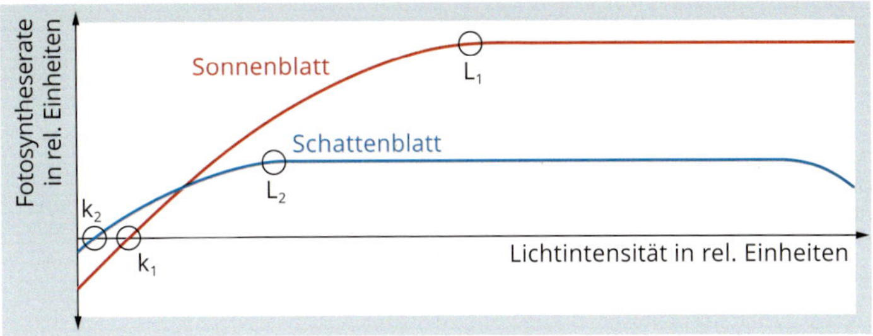

a) ≡ Erläutern Sie das Diagramm zur Fotosyntheseleistung in Abhängigkeit der Lichtintensität in eigenen Worten.

b) ≡ Klären Sie dabei die Punkte k1, k2, L1 und L2 im Diagramm mithilfe des Informationstextes.

c) ≡ Stellen Sie eine Hypothese auf, inwiefern diese verschiedenen Blatttypen eine Angepasstheit der Pflanzen an die Fotosynthese darstellen.

Feinbau der Chloroplasten

Die Chloroplasten in den Blättern haben einen Durchmesser von 4–8 µm. Sie sind von zwei Membranen umgeben. In ihrer Grundsubstanz, dem **Stroma,** liegen zahlreiche flache Membransäckchen, die **Thylakoide**. Liegen sie einzeln im Stroma, bezeichnet man sie als **Stromathylakoide.** Strukturen, in denen Thylakoide geldrollenartig übereinander gestapelt sind, bezeichnet man als **Grana,** die entsprechenden Thylakoide **Granathylakoide.** Im Stroma von Chloroplasten findet man auch Ribosomen und DNA. Die Fotosynthesefarbstoffe sind an Proteine in den Thylakoiden gebunden. Mehrere Hundert dieser Proteine sind jeweils zu einer funktionellen Einheit, einem **Fotosystem** (→ **Seite 96**), zusammengeschlossen. Bei der Fotosynthese arbeiten zwei verschiedene Fotosysteme eng zusammen. In der Reihenfolge ihrer Entdeckung werden sie Fotosystem I und Fotosystem II genannt.

7 ≡ Stellen Sie eine Hypothese auf, inwiefern der Aufbau der Chloroplasten und die Anordnung der Fotosysteme in der Thylakoidmembran eine Angepasstheit an die Fotosynthese darstellt.

8 VL ≡ Erläutern Sie in einem Flussdiagramm die Angepasstheiten der Pflanze an die Fotosynthese auf den Organisationsebenen Blatt – Zelle – Organelle – Moleküle.

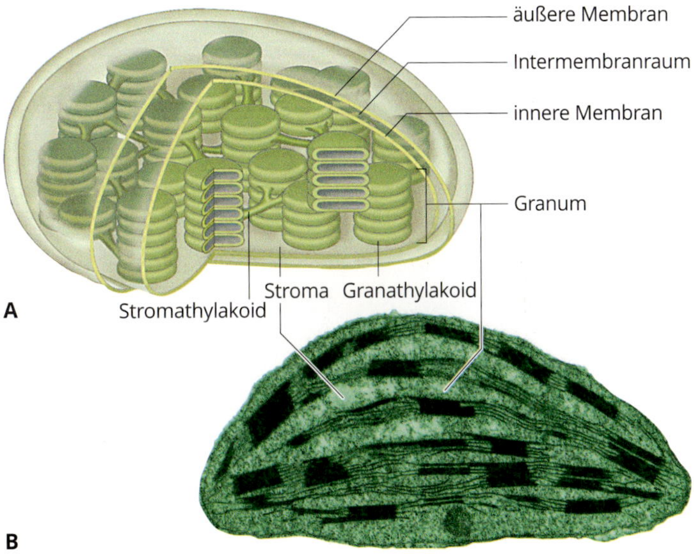

3 Aufbau eines Chloroplasten. A Schemazeichnung; **B** EM-Aufnahme

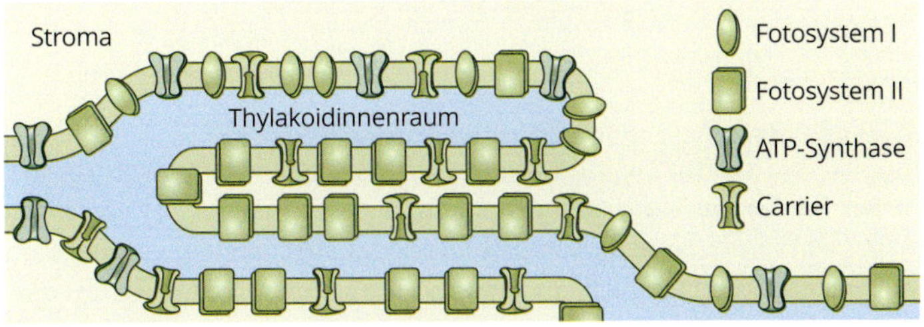

4 Thylakoidmembranen in Chloroplasten im Querschnitt (Modell)

1.7 ⊖ Lichtsammelkomplexe in Fotosystemen

Jedes Fotosystem enthält neben einem Chlorophyll-a-Molekül zahlreiche weitere Fotosynthesefarbstoffmoleküle. Welche Funktionen haben diese?

Aufbau eines Fotosystems

Die verschiedenen Fotosynthesepigmente der Pflanzen sind an bestimmte Proteine in den Thylakoidmembranen der Chloroplasten gebunden. Mehrere Hundert dieser Pigmentproteine sind jeweils zu einer funktionellen Einheit, einem **Fotosystem**, zusammengeschlossen. Das Reaktionszentrum eines Fotosystems wird jeweils von einem Chlorophyll-a-Molekül im Zentrum zusammen mit einem primären Elektronenakzeptor gebildet. Fotosystem I enthält eine Chlorophyll-a-Proteinverbindung mit einem Absorptionsmaximum bei 700 Nanometer. Beim Fotosystem II liegt das Absorptionsmaximum der Chlorophyll-a-Proteinverbindung bei 680 Nanometer. Das jeweilige Chlorophyll-a-Molekül wird als P_{700} beziehungsweise P_{680} bezeichnet. Die übrigen Fotosynthesefarbstoffe eines Fotosystems dienen der Absorption von Licht und dem Energietransfer. Sie bilden den **Lichtsammelkomplex**, auch Antennenkomplex genannt, eines Fotosystems.

Energietransfer im Fotosystem

Bei der Absorption von Licht wechselt jeweils ein Elektron einiger Fotosynthesefarbstoffe auf ein höheres Energieniveau. Bei der Rückkehr in den Grundzustand können durch die freiwerdende Energie Elektronen in benachbarten Fotoynthesefarbstoffen auf ein höheres Energieniveau gehoben werden. Dabei wird ein Teil der Energie als Wärme frei. Deshalb ist der Energietransfer auf ein benachbartes Fotosynthesepigment nur möglich, wenn dieses für den Transport des Elektrons auf ein höheres Energieniveau weniger Energie benötigt. Der Energietransfer kann also nur von einem Pigment mit höherer Anregungsenergie zu solchen mit geringerer Anregungsenergie erfolgen. Diese geringere Energie wird an den unterschiedlichen Absorptionsmaxima der Fotosynthesefarbstoffe deutlich. Die Fotosynthesefarbstoffe sind in einem Fotosystem so angeordnet, dass sie von außen nach innen weniger Anregungsenergie benötigen. So wird die Energie gezielt zu den weiter innen liegenden Fotosynthesefarbstoffen geleitet. Am Ende wird sie auf das Chlorophyll-a-Molekül des Reaktionszentrums übertragen.

❷ ☰ Stellen Sie den Energietransfer in einem Lichtsammelkomplex grafisch dar.

Elektronenabgabe im Reaktionszentrum

Das Chlorophyll-a-Molekül kann im angeregten Zustand ein Elektron an den primären Elektronenakzeptor abgeben. Es wird dabei oxidiert, während der primäre Elektronenakzeptor reduziert wird. Lichtenergie wird damit in chemische Energie umgewandelt. Diese zentrale Reaktion der Fotosynthese findet also im Reaktionszentrum des jeweiligen Fotosystems statt.

Materialgebundene Aufgabe

❶ Aufbau des Lichtsammelkomplexes

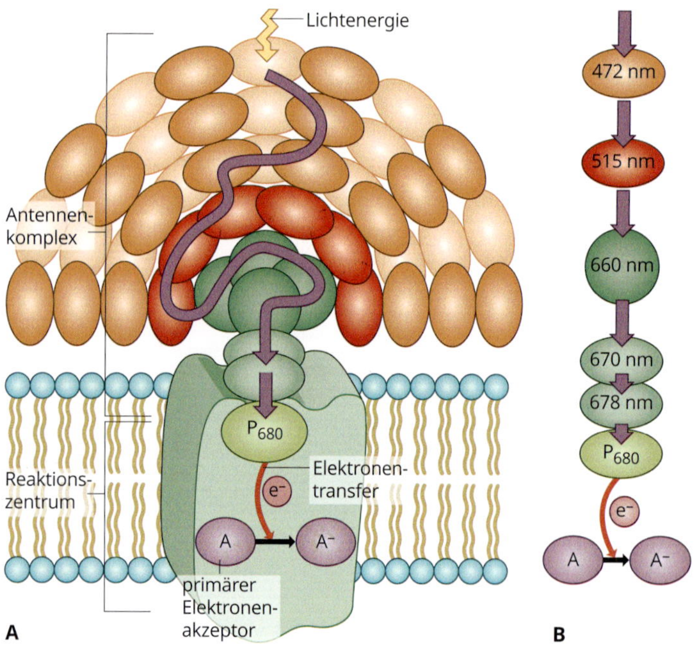

A Lichtsammelkomplex; **B** Energietransfer und Reduktion des Akzeptors

a) ☰ Beschreiben Sie den Aufbau eines Lichtsammelkomplexes.

b) ☰ Stellen Sie eine Hypothese auf, warum Lichtsammelkomplexe eines Fotosystems auch als Antennenkomplexe bezeichnet werden.

c) ☰ Licht mit Wellenlängen zwischen 500 und 620 nm kann von Chlorophyll-Molekülen nicht absorbiert werden. Erklären Sie, warum die Fotosyntheserate einer Pflanze in diesem Bereich dennoch recht hoch sein kann.

3 EMERSON-Effekt

Bereits 1937 erkannte der Biochemiker Robert EMERSON, dass bei der Fotosynthese verschiedene Fotosynthesefarbstoffe beteiligt sind. 1957 machte er eine weitere Entdeckung: Er bestrahlte in einem ersten Experiment einzellige Grünalgen mit rotem Licht entweder der Wellenlänge 680 Nanometer oder 700 Nanometer. Dabei ermittelte er die Fotosyntheserate der Algen anhand ihrer Sauerstofffreisetzung. In einem zweiten Experiment bestrahlte er die Grünalgen gleichzeitig mit Licht der Wellenlänge von 680 und 700 Nanometer. Aus den Ergebnissen schlussfolgerte Emerson, dass bei der Fotosynthese zwei Fotosysteme zusammenarbeiten.

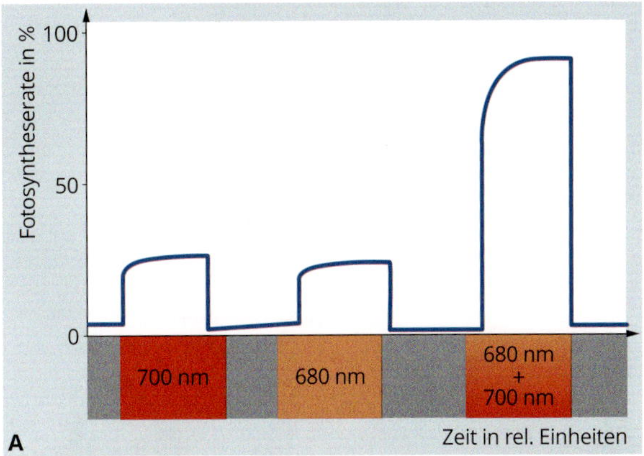

a) Beschreiben Sie die Beobachtungen des EMERSON-Experiments anhand der Abbildung **A**.
b) Begründen Sie EMERSONS Schlussfolgerungen.
c) Erklären Sie die Beobachtungen mithilfe des Fließband-Modells in Abbildung **B**.

4 Modelle der Fotosysteme

Trichtermodell

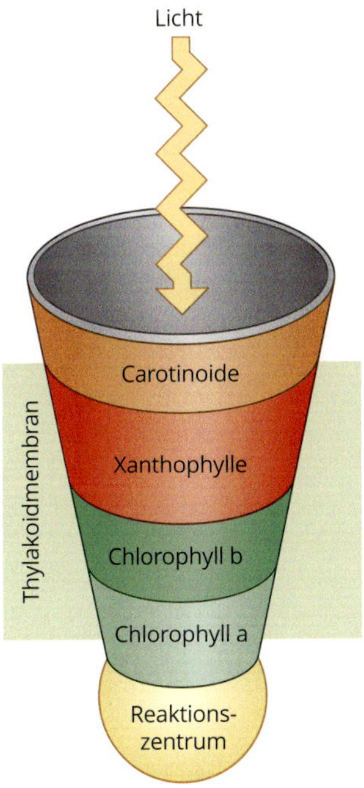

Lichtsammelfalle

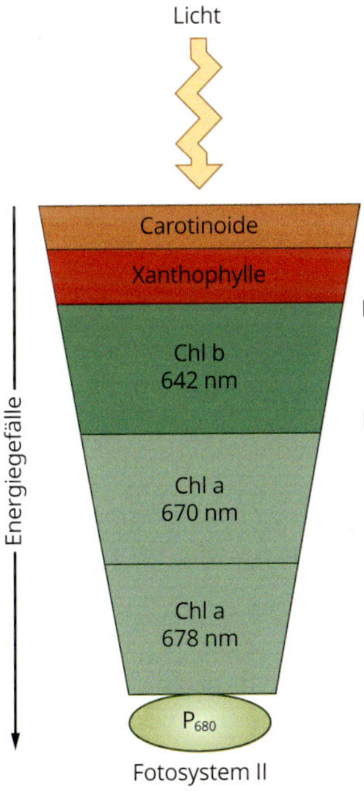

Energiefalle

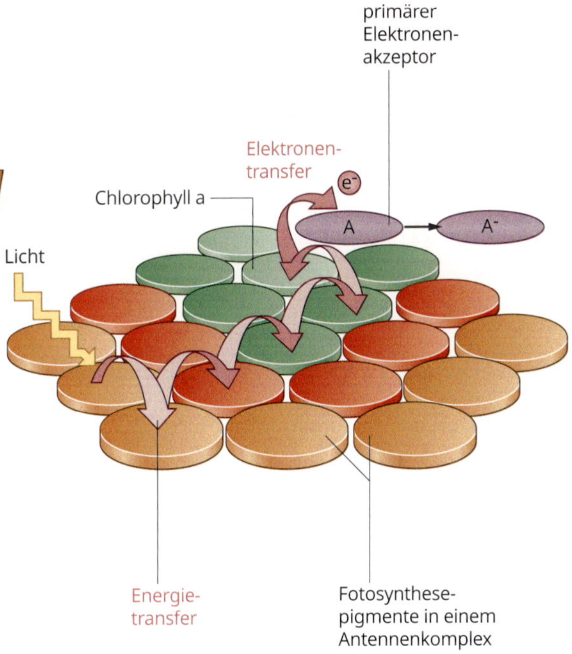

a) Erklären Sie die Funktion eines Fotosystems bei der Fotosynthese.
b) Vergleichen Sie die drei abgebildeten Modelle eines Fotosystems.
c) Erläutern Sie, ob es sich bei den drei abgebildeten ideellen Modellen jeweils um ein Funktions- oder ein Strukturmodell handelt.
d) Geben Sie für jedes Modell an, welche Aspekte sich gut mit ihm erklären lassen und welche Aspekte vernachlässigt werden.
e) Erläutern Sie, ob die Bezeichnungen Trichter, Lichtsammelfalle oder Energiefalle für die Funktion eines Fotosystems passend sind.
f) VL Fassen Sie die molekularen Angepasstheiten der Pflanzen an die Fotosynthese zusammen.

1 Laborarbeiten

1.8 ⊖ Die Tracer-Methode

Bei der Fotosynthese entsteht Sauerstoff. Enstammen dessen Sauerstoffatome aus den Kohlenstoffdioxid- oder aus den Wassermolekülen? Mit welcher Methode konnte diese Frage geklärt werden?

Grundlagen der Tracer-Methode

Um Stoffwechselvorgänge aufzuklären, kommt in der Biologie die **Tracer-Methode** zum Einsatz. **Tracer** (engl. *trace*: Spur) sind in der Biologie und Chemie markierte Moleküle, mit denen sich chemische und biologische Vorgänge verfolgen und aufklären lassen. In der Biologie werden zur Aufklärung von Stoffwechselwegen beispielsweise **Isotope** von Wasserstoffatomen, Kohlenstoffatomen oder Sauerstoffatomen verwendet. Isotope sind Atomarten eines chemischen Elements, die gleich viele Protonen, aber unterschiedlich viele Neutronen besitzen. Diese Isotope werden in relevante Moleküle des Stoffwechsels eingebaut und können mit unterschiedlichen Methoden nachgewiesen und verfolgt werden. Die unterschiedliche Masse lässt sich durch **Massenspektrometrie** oder **Ultrazentrifugation** bestimmen.

1 ≡ Recherchieren Sie die Funktionsweise der genannten Nachweismethoden.

Radioaktive Isotope können zur Markierung von Molekülen eingesetzt werden. Bei deren Zerfall wird radioaktive Strahlung frei, die durch **Autoradiographie** (→ S. 100) oder **Positronen-Emissions-Tomographie**, kurz PET nachgewiesen werden kann. Dies wird in der Nuklearmedizin zur Krebsdiagnostik (→ S. 19) eingesetzt. Tumore und Metastasen haben einen aktiveren Stoffwechsel als gesundes Gewebe. Sie teilen sich häufiger und benötigen dafür mehr Glucose. Wird Glucose radioaktiv markiert, kann der Zerfall über die PET nachgewiesen werden. So können Tumore und Metastasen im Körper sichtbar gemacht werden.

2 ≡ Recherchieren Sie Tätigkeiten und Ausbildung eines Nuklearmediziners.

Materialgebundene Aufgabe

3 Tracer-Experiment zum Fettstoffwechsel von Mäusen

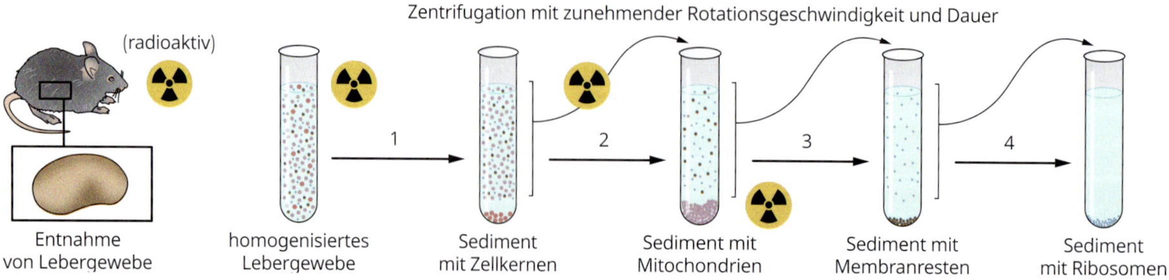

Um den Fettstoffwechsel von Mäusen zu untersuchen, wurden sie mit radioaktiv markierten Fetten gefüttert. Nach einiger Zeit wurde ermittelt, in welchen Bestandteilen ihrer Leberzellen radioaktive Strahlung messbar war.

a) ≡ Beschreiben Sie die Durchführung des Experiments anhand der Abbildung.

b) ≡ Deuten Sie die Beobachtungen des Experiments.

Werkzeug zur Aufklärung von Stoffwechselwegen bei der Fotosynthese
Die Tracer-Methode wurde zur Aufklärung von Stoffwechselwegen der Fotosynthese erfolgreich eingesetzt. CALVIN konnte durch die radioaktive Markierung von Kohlenstoffdioxid mit dem ^{14}C-Isotop die Spur des Kohlenstoffatoms verfolgen und somit die Fixierung von Kohlenstoffdioxid und die Bildung von Glucose aufklären (CALVIN-**Zyklus,** **→ S. 100**).

Ein weiteres Beispiel für den Einsatz der Tracer-Methode ist die Aufklärung der Fragestellung, woher die Sauerstoffatome in der Fotosynthese stammen. Betrachtet man die Fotosynthesegleichung, so könnten diese aus den Kohlenstoffdioxid- oder aus den Wassermolekülen stammen:

$$6\,CO_2 + 6\,H_2O \rightarrow C_6H_{12}O_6 + 6\,O_2$$

Lange Zeit wurde vermutet, dass die Sauerstoffatome aus dem Kohlenstoffdioxidmolekül stammen. Durch die Experimente des Mikrobiologen Cornelius VAN NIEL an Schwefelbakterien in den 1930er-Jahren wurde die Aufklärung der Herkunft der Sauerstoffatome vorangetrieben. Er stellte fest, dass Schwefelbakterien zwar Fotosynthese betreiben und Glucose herstellen, jedoch keinen Sauerstoff freisetzen. Sie setzen Schwefelwasserstoff H_2S in elementaren Schwefel S um:

$$6\,CO_2 + 12\,H_2S \rightarrow C_6H_{12}O_6 + 12\,S + 6\,H_2O$$

4 VAN NIEL schlussfolgerte, aus seinen Versuchsergebnissen, dass die Sauerstoffatome bei grünen Pflanzen aus dem Wassermolekül stammen.

a) ≡ Begründen Sie VAN NIELS Schlussfolgerung.

b) ≡ Reflektieren Sie den Erkenntnisgewinn durch VAN NIELS unter folgenden Aspekten: Grundlage der Erkenntnis, Vorläufigkeit der Erkenntnis.

c) ≡ Stellen Sie eine Hypothese auf, wie mithilfe der Tracer-Methode VAN NIELS Schlussfolgerung überprüft werden kann.

Während des Zweiten Weltkriegs konnten in einem Strahlenlabor der US-Regierung S. RUBEN und M. KAMEN mithilfe der Tracer-Methode und dem radioaktiven ^{18}O-Isotop die Herkunft des Sauerstoffs eindeutig nachweisen.

VL Materialgebundene Aufgabe

5 Die Experimente von RUBEN und KAMEN

S. RUBEN und M. KAMEN führten 1941 Versuche zur Aufklärung der Fotosynthese durch. Sie setzten dabei die Tracer-Methode ein und markierten die an der Fotosynthese beteiligten Stoffe mit dem radioaktiven ^{18}O-Isotop. Dieses kommt in der Natur seltener vor als das ^{16}O-Isotop. Anhand eines Massenspektrometers wurde die Isotopenzusammensetzung der Fotosyntheseprodukte untersucht.

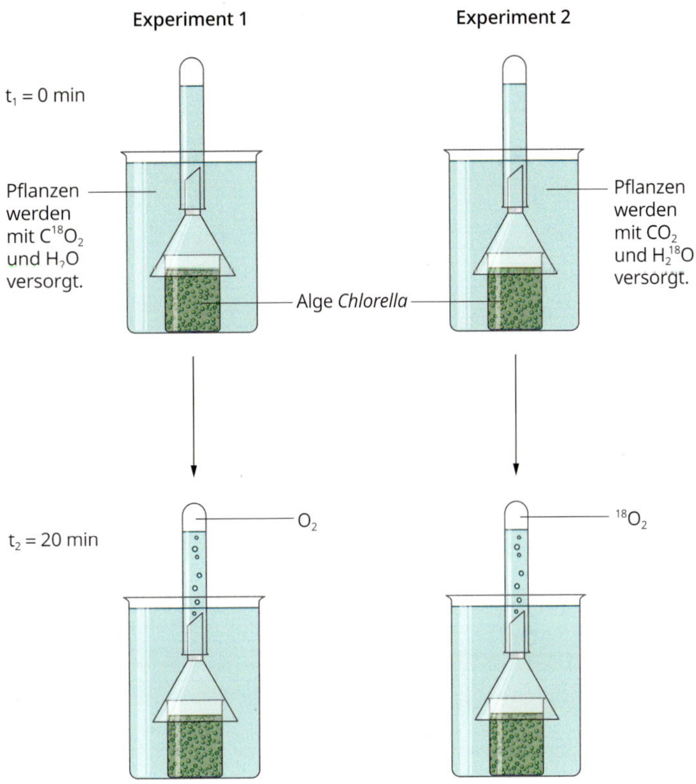

a) ≡ Beschreiben Sie die Durchführung und die Beobachtungen, die bei den Experimenten 1 und 2 gemacht werden konnten.

b) ≡ Formulieren Sie eine Fragestellung und zwei entsprechende Hypothesen, die durch das Experiment überprüft werden können.

c) ≡ Erläutern Sie die Tracer-Methode am Beispiel der Experimente von RUBEN und KAMEN.

d) ≡ Als Schlussfolgerung aus dem Experiment wurde die erweiterte Reaktionsgleichung der Fotosynthese vorgeschlagen:
$6\,CO_2 + 12\,H_2O \rightarrow C_6H_{12}O_6 + 6\,O_2 + 6\,H_2O$
Erläutern Sie den Unterschied zur Reaktionsgleichung, wie Sie sie im Grundtext auf dieser Seite in Spalte 1 finden und begründen Sie die Erweiterung mit Hinblick auf die Experimente von RUBEN und KAMEN.

e) ≡ Stellen Sie eine Hypothese auf, wo das ^{18}O-Isotop in Experiment 1 nachweisbar sein müsste und planen Sie ein Experiment zum Nachweis. ➲

1.9 Die Fotosynthese im Überblick

Bei der Fotosynthese entstehen Sauerstoff und Glucose. Wie werden diese Stoffe gebildet und wo finden diese Reaktionen statt?

Aufklärung der Teilreaktionen

Bereits im 19. Jahrhundert hatten Forschende durch Experimente nachgewiesen, dass Pflanzen für die Fotosynthese Licht, Wasser und Kohlenstoffdioxid benötigen und dabei Glucose bilden sowie Sauerstoff freisetzen (→ **Seite 74 ff.**). Die einzelnen Stoffwechselreaktionen und die beteiligten Strukturen waren jedoch lange unbekannt. Frederick Frost BLACKMAN untersuchte 1905 die Abhängigkeit der Fotosyntheserate von der Lichtintensität und der Temperatur. Seine Experimente führten ihn zu der Erkenntnis, dass sich die Reaktionen der Fotosynthese in zwei grundlegende Abschnitte unterteilen lassen:

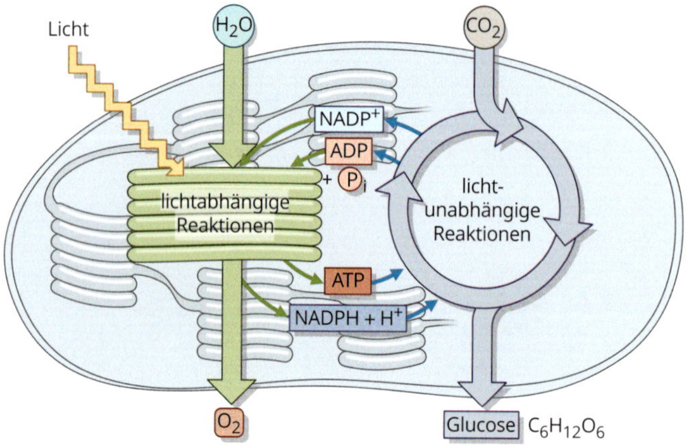

1 Lokalisation und Zusammenhang zwischen den lichtabhängigen und lichtunabhängigen Reaktionen

Lichtabhängige Reaktionen (→ **Seite 95 ff.**)
Der erste Abschnitt umfasst Reaktionen, bei denen Lichtenergie in chemische Energie umgewandelt wird. Man bezeichnet sie als **lichtabhängige** Reaktionen oder **Primärreaktionen**. Dabei werden mithilfe des Lichts Wassermoleküle gespalten, sie werden dabei oxidiert. Bei der Zerlegung von Wasser werden neben Sauerstoff auch Protonen und Elektronen gebildet. Diese werden auf den Protonenakzeptor $NADP^+$ übertragen, der dadurch zu NADPH + H^+ reduziert wird (→ **Seite 95**). Beim Elektronentransport wird Energie frei, die in Form von ATP gespeichert wird. Da es sich bei den lichtabhängigen Reaktionen um fotochemische Reaktionen handelt, sind sie nicht von der Temperatur abhängig. Sie finden in den Thylakoidmembranen der Chloroplasten statt.

Lichtunabhängige Reaktionen
(→ **Seite 100 f.**)
Im zweiten Abschnitt der Fotosynthese werden das zuvor gebildete NADPH + H^+ sowie das ATP genutzt, um Kohlenstoffdioxid zu reduzieren und mithilfe von Enzymen Glucose aufzubauen. Da diese Reaktionen nicht direkt vom Licht abhängig sind, werden sie als **lichtunabhängige** Reaktionen oder auch **Sekundärreaktionen** bezeichnet. Sie werden von spezifischen Enzymen katalysiert und sind temperaturabhängig. Sie finden im Stroma der Chloroplasten statt.

1 ≡ Vergleichen Sie die Primärreaktionen und die Sekundärreaktionen tabellarisch.
2 ≡ Beschreiben Sie den Zusammenhang zwischen den lichtabhängigen und den lichtunabhängigen Reaktionen.
3 ≡ Bei Recherchen stößt man häufig auf die Bezeichnung Licht- und Dunkelreaktionen. Begründen Sie, warum diese unpassend sind.

Materialgebundene Aufgabe

4 BLACKMAN-Experimente

Der Pflanzenphysiologe Frederick Frost BLACKMAN untersuchte die Fotosyntheserate von Pflanzen bei Starklicht und Schwachlicht in Abhängigkeit von der Temperatur. Die Fotosyntheserate bestimmte er über den Kohlenstoffdioxidverbrauch der Pflanzen. Er schlussfolgerte aus seinen Ver-suchsbeobachtungen, dass sich die Fotosynthese aus lichtabhängigen und lichtunabhängigen Reaktionen zusammensetzt.

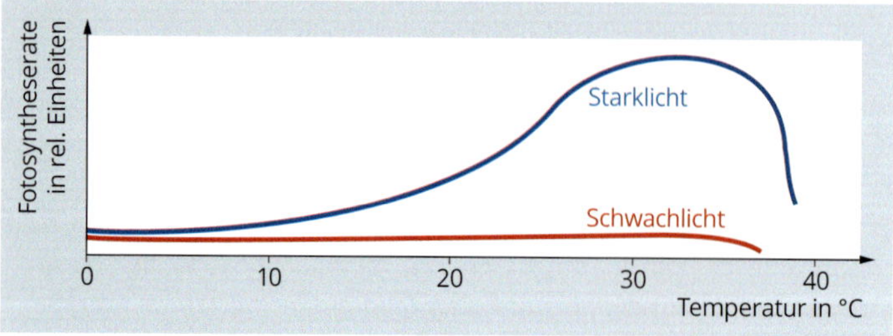

a) ≡ Beschreiben Sie das Diagramm.
b) ≡ Begründen Sie die Schlussfolgerungen BLACKMANS mithilfe der Beobachtungen.

1.10 Lichtabhängige Reaktionen der Fotosynthese

Bei den lichtabhängigen Reaktionen wird Wasser zerlegt. Wie laufen diese Reaktionen ab und welche Produkte entstehen?

Die Zerlegung von Wasser

Wasser kann im Labor durch Elektrolyse im HOFMANN-Apparat zerlegt werden. Dabei wird über Elektroden Spannung angelegt, an denen sich Sauerstoff und sehr reaktiver Wasserstoff bildet. Es handelt sich bei der Zerlegung von Wasser um eine endotherme Reaktion: $H_2O \rightarrow H_2 + \frac{1}{2} O_2$

Im pflanzlichen Organismus findet eine **Fotolyse** des **Wassers** statt, das heißt, für die Zerlegung von Wassermolekülen wird Lichtenergie genutzt. Dabei werden wie beim HOFMANN-Apparat Sauerstoffmoleküle sowie – anstelle von Wasserstoffmolekülen – Protonen und Elektronen gebildet.

1 ≡ Beschreiben Sie den Energieumsatz bei der Elektrolyse von Wasser.
2 ≡ Diskutieren Sie die Schreibweise $\frac{1}{2} O_2$.

Die Bildung von NADPH + H⁺

Diese Elektronen werden auf das **Coenzym** Nicotinamid-Adenin-Dinukleotid-Phosphat, kurz NADP, übertragen. Coenzyme sind nicht proteinartige Bestandteile von Enzymen (→ **Seite 119**). Sie sind oft an enzymgesteuerten Reaktionen beteiligt. NADP liegt in zwei verschiedenen Formen vor: In der oxidierten Form ist $NADP^+$ ein Oxidationsmittel, das Elektronen aufnehmen kann. Es wird dabei zu $NADPH + H^+$, der reduzierten Form. Dies erkennt man an der Verringerung der Oxidationszahlen (→ **Seite 77**). **$NADPH + H^+$** kann zwei Elektronen und zwei Protonen auf andere Moleküle übertragen, was auch mit der Schreibweise $NADPH + H^+$ verdeutlicht wird. In den lichtunabhängigen Reaktionen wird $NADPH + H^+$ gebildet, das für die lichtunabhängigen Reaktionen wieder benötigt wird.

3 ≡ Erläutern Sie die Bedeutung des $NADP^+$ für den Zusammenhang von lichtabhängigen und lichtunabhängigen Reaktionen der Fotosynthese.
4 ≡ Stellen Sie eine Hypothese auf, warum in Pflanzen kein Wasserstoff wie beim HOFMANN-Apparat entsteht.

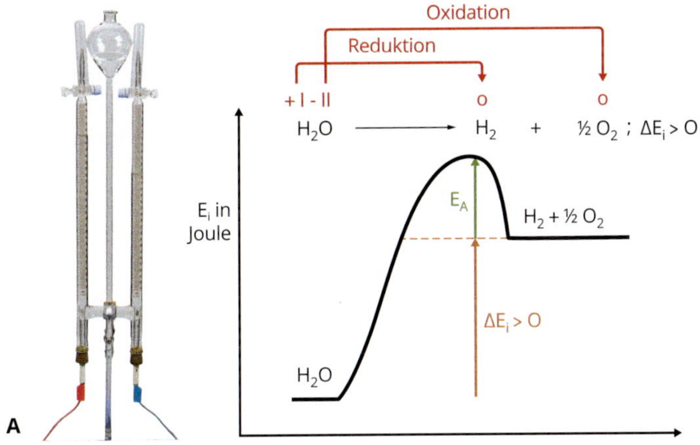

1 Die Elektrolyse von Wasser. A: HOFMANN-Apparat; **B:** Energiediagramm

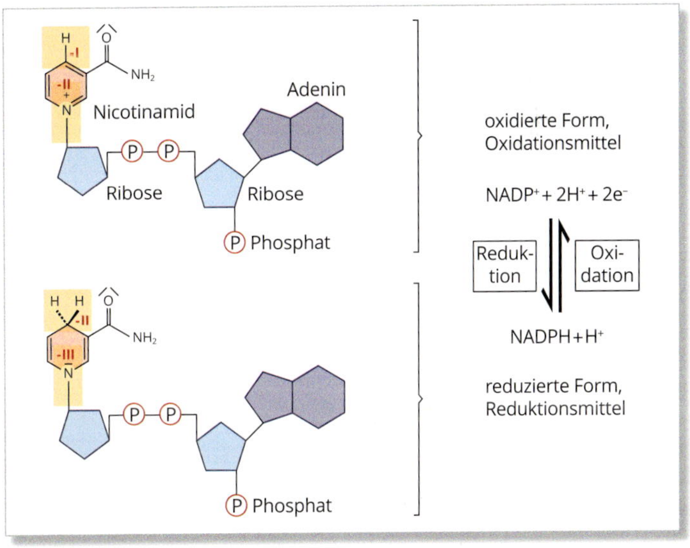

2 $NADP^+/NADPH + H^+$-System

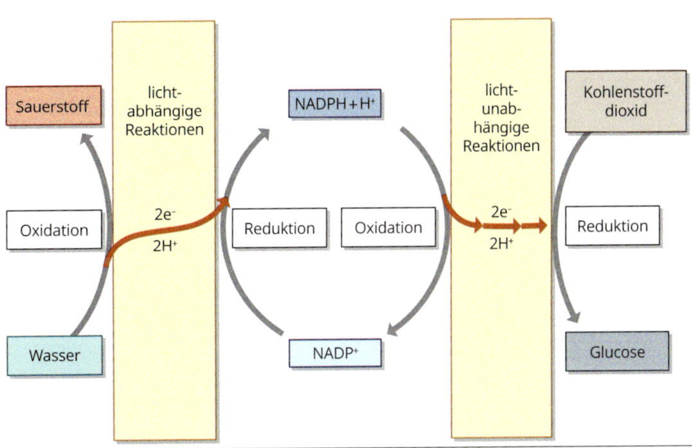

3 Die Bedeutung des $NADP^+/NADPH + H^+$-Systems

Elektronentransport an der Thylakoidmembran

Die bei der Fotolyse des Wassers gebildeten Elektronen werden nicht direkt auf $NADP^+$ übertragen, sondern über eine **Elektronentransportkette** weitergegeben. Diese besteht aus einer Abfolge von Redoxreaktionen, die hintereinander in der Thylakoidmembran stattfinden. In dieser Membran befinden sich mehrere Proteine, die Elektronen aufnehmen und wieder abgeben können sowie zwei Fotosysteme, Fotosystem II und I, die Lichtenergie aufnehmen können. Fotosysteme sind Strukturen in der Thylakoidmembran eines Chloroplasten, die aus hunderten bis tausenden Chlorophyllmolekülen (→ **Seite 85**) und Multiproteinkomplexen bestehen.

Beim nicht-zyklischen Elektronentransport werden die Elektronen vom Wassermolekül auf $NADP^+$ übertragen. Dieser Elektronentransport verläuft folgendermaßen: Bei der Bestrahlung mit Licht wird im Fotosystem II das Chlorophyll-a-Molekül P_{680} angeregt, indem ein Elektron auf ein höheres Energieniveau gehoben wird. Das angeregte $P_{680}{}^*$-Molekül gibt dann ein Elektron an den primären Elektronenakzeptor ab und wird zum positiv geladenen $P_{680}{}^+$-Molekül. Die entstandene Elektronenlücke im Fotosystem II wird durch die Fotolyse des Wassers geschlossen. Ein mit dem Fotosystem II verbundener Enzymkomplex zerlegt Wasser in Sauerstoff und zwei Protonen, dabei werden zwei Elektronen an das Fotosystem II abgegeben. Eines der beiden aus dem Wasser stammenden Elektronen wird auf ein $P_{680}{}^+$-Molekül übertragen, wodurch dieses wieder zu einem ungeladenen P_{680}-Molekül wird. Der primäre Elektronenakzeptor des Fotosystems II gibt das Elektron an ein Plastochinon-Molekül, ein Redoxsystem der Elektronentransportkette, ab und wird dadurch sofort wieder zu einer neuen Elektronenaufnahme bereit.

Auch im Fotosystem I bewirkt Licht eine Elektronenabgabe des Chlorophyll-Moleküls P_{700} im Reaktionszentrum an seinen primären Elektronenakzeptor. Die entstandene Elektronenlücke am $P_{700}{}^+$-Molekül wird von Elektronen aufgefüllt, die über Plastochinon, den Cytochrom-b/f-Komplex und Plastocyanin vom Fotosystem II zum Fotosystem I geleitet werden. Im Fotosystem I gibt der primäre Elektronenakzeptor das aufgenommene Elektron ebenfalls an nachfolgende Redoxsysteme weiter. Eines dieser Moleküle, das Ferredoxin-Molekül, überträgt das Elektron auf ein $NADP^+$-Molekül. Nacheinander durchlaufen die beiden Elektronen aus einem Wasser-Molekül die Elektronentransportkette. Zusammen mit zwei Protonen werden sie auf ein $NADP^+$-Molekül übertragen. Dabei entsteht mithilfe des Enzyms **$NADP^+$-Reduktase** ein $NADPH + H^+$:

$NADP^+ + 2e^- + 2H^+ \rightarrow NADPH + H^+$

Betrachtet man bei den lichtabhängigen Reaktionen schwerpunktmäßig den Energiefluss, so können diese in einem **energetischen Modell** beschrieben werden. Aufgrund des Energieverlaufs wird auch vom Z-Schema der lichtabhängigen Reaktionen gesprochen.

5 ≡ Erklären Sie die Bildung von $NADPH + H^+$ und ATP mit dem energetischen Modell.

Information
P_{700}: Chlorophyll-a-Proteinverbindung im **Fotosystem I** mit einem Absorptionsmaximum bei 700 Nanometer.
P_{680}: Chlorophyll-a-Proteinverbindung im **Fotosystem II** mit einem Absorptionsmaximum bei 680 Nanometer

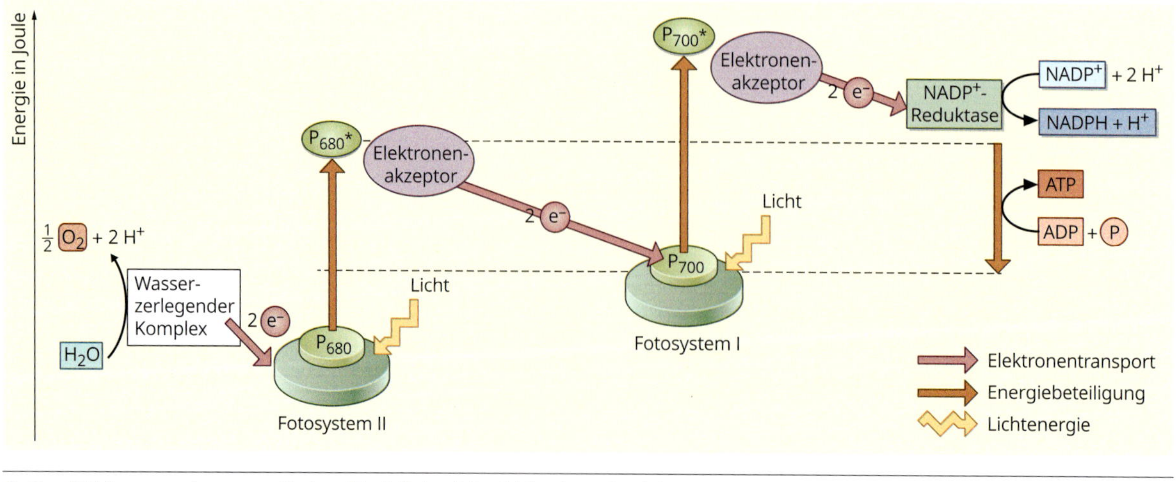

4 Das Z-Schema – ein energetisches Modell der lichtabhängigen Reaktionen

Die Bildung eines Protonengradienten

Werden Elektronen innerhalb der Elektronentransportkette von einem Redoxsystem zum nächsten transportiert, wird Energie frei. Diese wird genutzt, um letztlich ATP zu bilden. Der Cytochrom-b/f-Komplex nutzt die frei werdende Energie, um Protonen aus dem Stroma in den Innenraum der Thylakoide zu pumpen. Gleichzeitig nimmt bei der Bildung von $NADPH+H^+$ die Protonenkonzentration im Stroma ab, während sich durch die Fotolyse des Wassers die Protonenkonzentration im Thylakoidinnenraum erhöht. So entsteht zwischen dem Thylakoidinnenraum und dem Stroma ein deutlicher **Protonengradient**.

Die Bildung von ATP

In der Thylakoidmembran sind ATP-Synthasen integriert. Diffundieren Protonen aufgrund des Konzentrations- und Ladungsgradienten durch den Kanal einer ATP-Synthase, kann das Enzym die in dem Protonengradienten gespeicherte Energie nutzen und eine Phosphatgruppe an ADP binden. Dabei entsteht ATP. Da nach diesen Modellvorstellungen die ATP-Bildung durch eine Kombination von Redoxreaktionen und **Osmose**, also der Diffusion der Protonen durch die Thylakoidmembran verursacht wird, spricht man von der **chemiosmotischen Theorie**. Treibende Kraft für die ATP-Bildung ist die Energie des Sonnenlichts, daher nennt man diese Form der ATP-Bildung auch **Fotophosphorylierung**.

6 ≡ Definieren Sie die Begriffe „Fotophosphorylierung" und „chemiosmotische Theorie".

7 ≡ Erklären Sie die Bildung von $NADPH+H^+$ und ATP mithilfe der chemiosmotischen Theorie.

8 ≡ Stellen Sie den Weg der Elektronen im nicht-zyklischen Elektronentransport ausgehend von einem Wassermolekül in einem Flussdiagramm dar.

(e) Zyklischer Elektronentransport

Pflanzen können den Elektronentransport unter bestimmten Bedingungen umleiten. Die von den angeregten P_{700}*-Molekülen abgegebenen Elektronen werden dann von Ferredoxin auf das Plastochinon übertragen und erneut über die Elektronentransportkette zum Fotosystem I transportiert. Bei diesem zyklischen Elektronentransport wird kein $NADPH+H^+$ gebildet, aber es werden Protonen in den Thylakoidinnenraum gepumpt und ATP gebildet. In den sich anschließenden lichtunabhängigen Reaktionen werden $NADPH+H^+$ und ATP nicht im gleichen Verhältnis verbraucht. Der zyklische Elektronentransport gleicht ein resultierendes Ungleichgewicht aus. Er findet verstärkt statt, wenn nicht genügend $NADP^+$ für die Elektronenaufnahme zur Verfügung steht oder wenn die Zellen viel ATP benötigen.

9 (e) ≡ Ergänzen Sie im Flussdiagramm 8 den zyklischen Elektronentransport. (e)

Aus dem Lexikon:

Osmose: Diffusion durch eine semipermeable Membran

Phosphorylierung: reversibles Anhängen einer Phosphatgruppe an ein organisches Molekül

Phosphatgruppe PO_4^{3-}: Anion der Phosphorsäure H_3PO_4; häufig als P in einem Kreis oder P_i abgekürzt

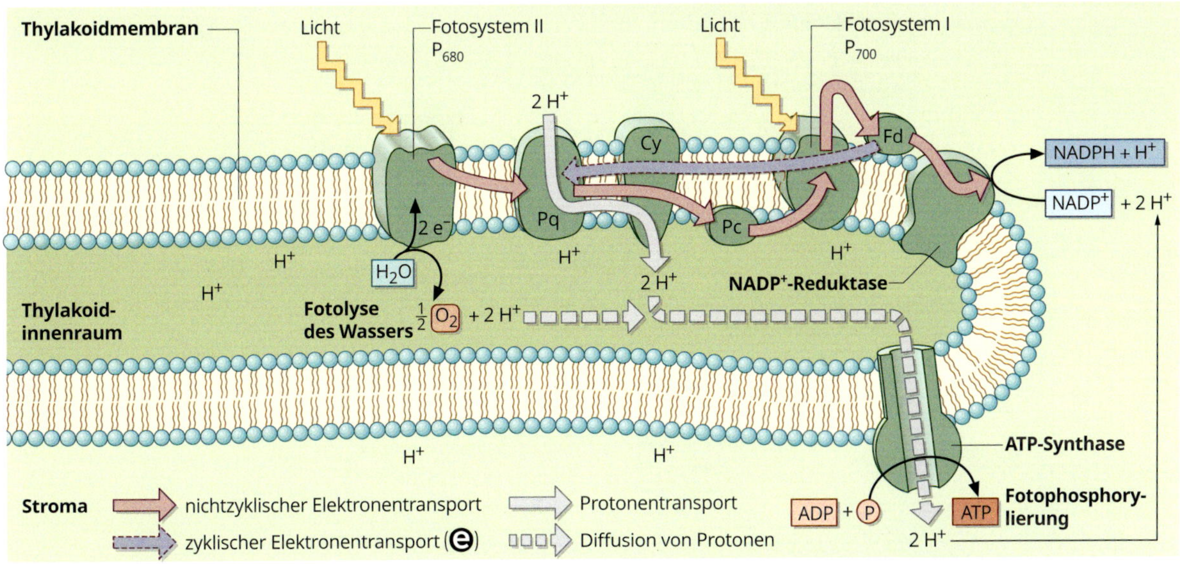

5 Die chemiosmotische Theorie zur Bildung von ATP in den lichtabhängigen Reaktionen ((e) mit Darstellung des zyklischen Transports). Pq = Plastochinon; Cy = Cytochrom-b/f-Komplex; Pc = Plastocyanin; Fd = Ferredoxin

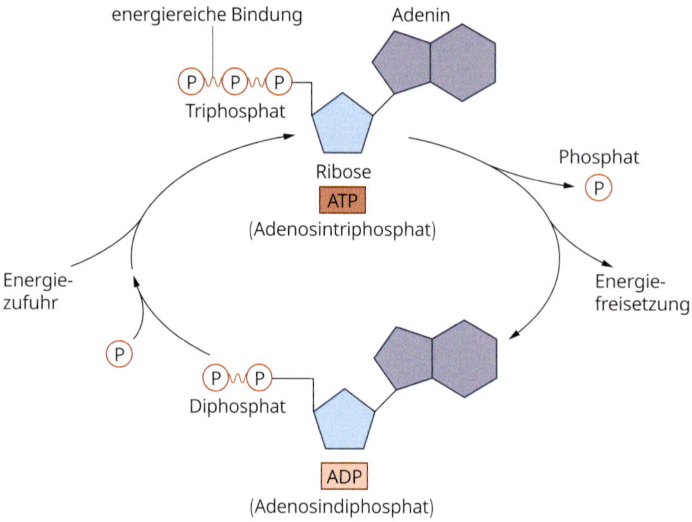

6 Die Reversibilität des ATP/ADP-Systems

Das ATP/ADP-System

Adenosintriphosphat, kurz ATP, ist durch seine Struktur ein Energieträger. Die drei negativ geladenen Phosphatgruppen stoßen sich elektrostatisch ab, wodurch in den Bindungen dieser Gruppen viel chemische Energie gespeichert ist. In den lichtabhängigen Reaktionen wird die Energie des Sonnenlichts genutzt, um an das Adenosindiphosphat, kurz ADP, die dritte Phosphatgruppe anzuhängen. Die so gespeicherte Energie kann ATP durch Dephosphorylierung, also Abspaltung einer Phosphatgruppe, bereitstellen. Energieärmere Moleküle werden dabei phosphoryliert und energetisch angehoben, sodass weitere Stoffwechselschritte ablaufen können. Da ATP essentiell für die Funktion von Enzymen ist, wird es auch als Coenzym bezeichnet (→ **Seite 119**).

VL Materialgebundene Aufgabe

⑩ Die Bedeutung des ATP/ADP-Systems

Im Stoffwechsel aller Lebewesen sind zahlreiche Reaktionen über ATP miteinander gekoppelt. Da es sich um reversible Reaktionen handelt, kann ATP wieder aus ADP regeneriert werden. Der Kreislauf von ATP-Spaltung und ATP-Bildung bildet ein ATP-/ADP-System.

Im Fall der Fotosynthese wird ATP für den Glucoseaufbau in den lichtunabhängigen Reaktionen benötigt (→ **Seite 94, 100 f.**). Glucose wird sowohl von autotrophen als auch heterotrophen Lebewesen in der Zellatmung (→ **Seite 130**) zur ATP-Bereitstellung genutzt.

a) ≡ Beschreiben Sie die Bedeutung des ATP/ADP-Systems mithilfe der Abbildung.

b) ≡ ATP wird als mobiler und universeller Energieträger bezeichnet. Begründen Sie dies.

c) ≡ Erläutern Sie die Reversibilität im ATP/ADP-System am Beispiel der Fotosynthese.

d) ≡ Die Hexokinase ist ein wichtiges Enzym im Stoffwechsel. Recherchieren sie die Funktion der Hexokinase und die Bedeutung von ATP als Coenzym (→ **Seite 119**).

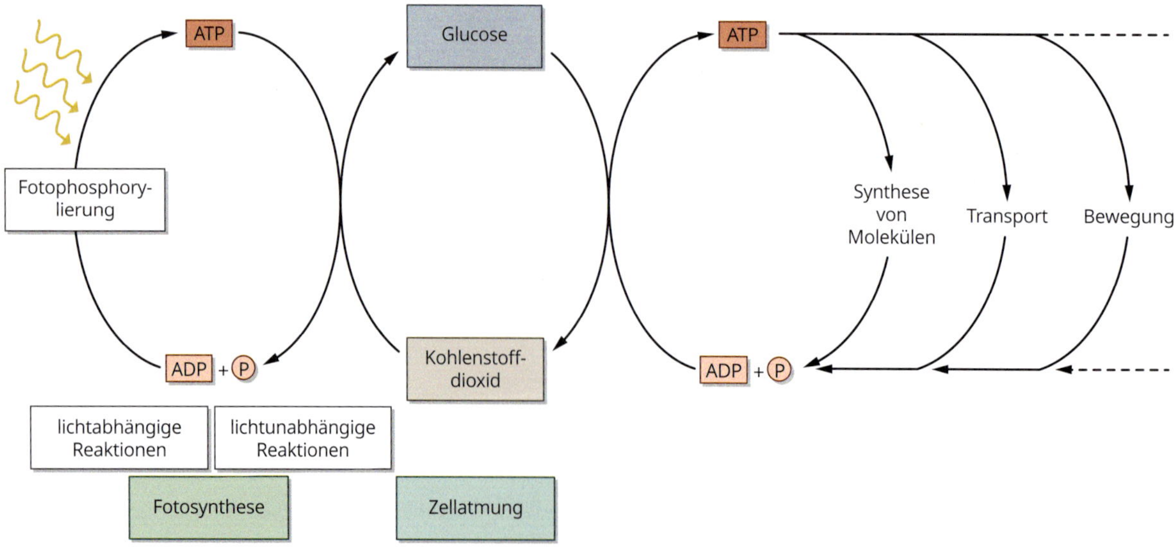

⓫ Experiment zur ATP-Bildung

Der Pflanzenphysiologe Andre JAGENDORF isolierte 1967 intakte Thylakoide aus Chloroplasten und gab sie in eine Lösung 1, deren pH-Wert 4 betrug. Dadurch gleichte sich der pH-Wert in den Thylakoiden an. Nach einiger Zeit überführte er die Thylakoide in die Lösung 2 mit pH-Wert 8 und fügte ADP und Phosphat-Ionen hinzu. Danach ermittelte er die ATP-Konzentration und den pH-Wert der Lösung 2 sowie den pH-Wert in den Innenräumen der Thylakoide in Lösung 2. Das Experiment wurde im Dunkeln durchgeführt.

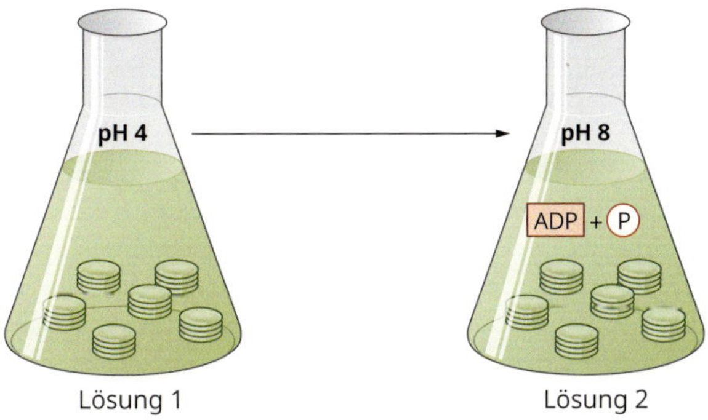

Hinweis: Eine hohe H^+-Konzentration entspricht einem niedrigen pH-Wert.

a) ≡ Beschreiben und erklären Sie die Ergebnisse.

b) ≡ Begründen Sie, warum JAGENDORF das Experiment im Dunkeln durchführte.

c) ≡ Erläutern Sie, inwiefern die Ergebnisse die chemiosmotische Theorie zur Bildung von ATP stützen.

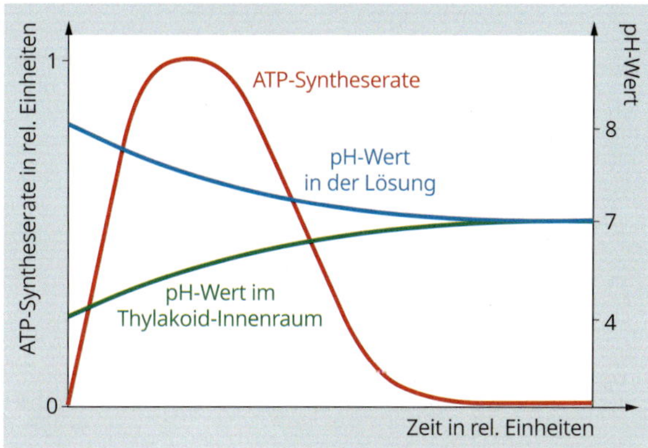

⓬ Schwefelpurpurbakterien

Schwefelpurpurbakterien leben vorwiegend in sauerstoffarmen, belichteten Zonen von Gewässern oder in Schwefelquellen. Sie betreiben Fotosynthese, ohne dass dabei Sauerstoff entsteht:

$$6\ CO_2 + 12\ H_2S \rightarrow C_6H_{12}O_6 + 12\ S + 6\ H_2O$$

Der gebildete elementare Schwefel wird in Form von Schwefelkügelchen innerhalb oder außerhalb der Zellen abgelagert. Die Bakterien besitzen spezielle Bakterienchlorophylle sowie einen hohen Anteil an Carotinoiden. Bei optimaler H_2S-Konzentration und Lichtintensität kommen in einem Gewässer vermehrt Schwefelpurpurbakterien vor und färben dieses purpurrot.

a) ≡ Beschreiben Sie den Elektronentransport in den lichtabhängigen Reaktionen der Fotosynthese bei Schwefelpurpurbakterien.

b) ≡ Vergleichen Sie die lichtabhängigen Reaktionen der Fotosynthese bei Schwefelpurpurbakterien mit denen grüner Pflanzen. Nutzen Sie dazu die Informationen der Seiten 95 bis 97.

c) ≡ Erläutern Sie anhand des Beispiels der Schwefelpurpurbakterien die Aussage: „Alle fotosynthetisch aktiven Lebewesen brauchen eine Wasserstoffatomquelle. Diese kann aber unterschiedlich sein."

d) ≡ Der Alatsee liegt sechs Kilometer westlich von Füssen. Er gilt als „Naturwunder", denn er färbt sich regelmäßig lila. Recherchieren Sie die Besonderheiten dieses Sees.

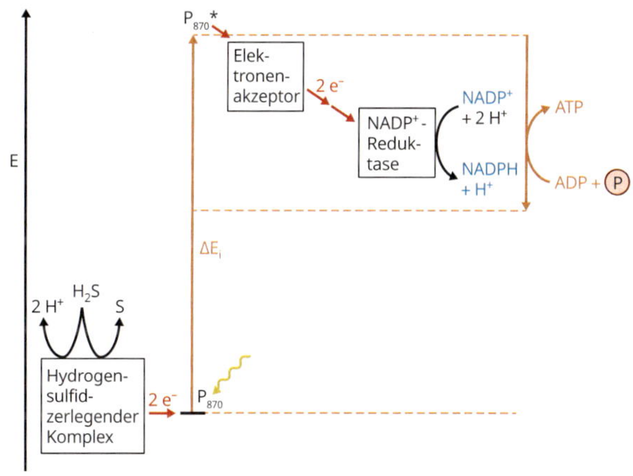

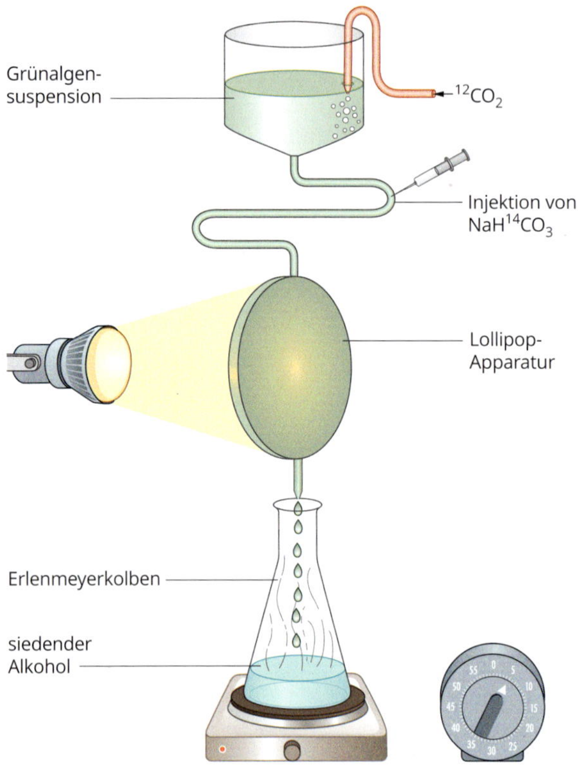

1 Experimentaufbau von CALVIN

Aus dem Lexikon:

Autoradiografie: Verfahren zum Nachweis radioaktiver Stoffe durch fotografische Verfahren

Isotop: Atomart eines chemischen Elements, das gleich viele Protonen, aber unterschiedlich viele Neutronen besitzt

^{14}C-Isotop(sprich C-14-Isotop): enthält zwei Neutronen mehr als ^{12}C und ist somit schwerer

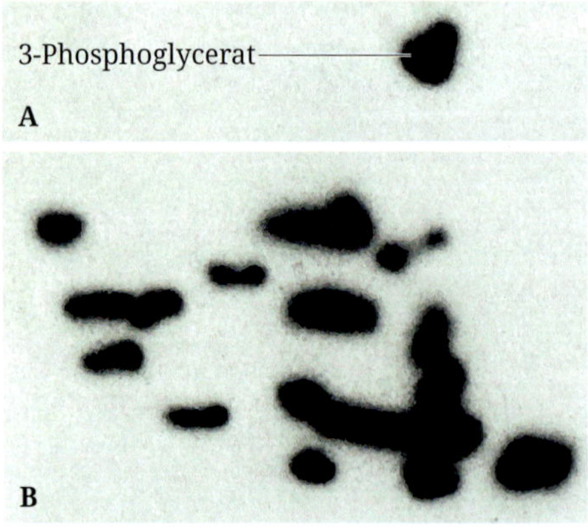

2 Isotopenmarkierung der Fotosyntheseprodukte. A nach 3 Sekunden; **B** nach 30 Sekunden

1.11 Lichtunabhängige Reaktionen der Fotosynthese

In den lichtabhängigen Reaktionen werden NADPH + H⁺ und ATP gebildet. Wie werden diese Produkte zum Aufbau von Glucose in den lichtunabhängigen Reaktionen genutzt?

Aufklärung der lichtunabhängigen Reaktionen

In der Mitte des 20. Jahrhunderts klärten der Chemiker Melvin CALVIN und sein Team mithilfe der Autoradiografie auf, wie Kohlenstoffdioxid bei der Fotosynthese zu Glucose umgesetzt wird. CALVIN setzte dazu das radioaktive Isotop ^{14}C ein, um den Weg des Kohlenstoffatoms verfolgen zu können. Als Kohlenstoffatomquelle verwendete er Natriumhydrogencarbonat $NaH^{14}CO_3$, das er zu einer Suspension von Grünalgen gab. Nach einer bestimmten Belichtungszeit unterbrach er die Fotosynthese der Algen, indem er sie mit siedendem Alkohol tötete. Anschließend stellte er aus ihnen Extrakte her und trennte die darin enthaltenen Stoffe durch Chromatografie (→ **Seite 84**) auf.

Die Chromatogramme wurden jeweils auf einen fotografischen Film gelegt, der durch die radioaktive Strahlung des ^{14}C-Isotops schwarz gefärbt wurde. CALVIN und sein Team identifizierten auf diese Weise zwölf verschiedene chemische Verbindungen mit dem Isotop ^{14}C, die bei der Umsetzung von Kohlenstoffdioxid zu Glucose in den Algenzellen auftraten. Um zu ermitteln, in welcher zeitlichen Reihenfolge diese Verbindungen nach der Aufnahme von radioaktiv markiertem Kohlenstoff in den Algen auftreten, unterbrach CALVIN die Fotosynthese nach unterschiedlicher Dauer. Nach den ersten drei Sekunden konnte er ^{14}C-Isotope nur in 3-Phosphoglycerinsäure nachweisen. Daraus schlussfolgerte er, dass diese Verbindung das erste Produkt der Reaktion ist. Nach 30 Sekunden waren ^{14}C-Isotope im Chromatogramm in zahlreichen anderen Molekülen nachweisbar. Diese mussten folglich später bei der Umsetzung von Kohlenstoff gebildet worden sein. Auf diese Weise ermittelte CALVIN den Weg des Kohlenstoffs in den Sekundärreaktionen der Fotosynthese ausgehend von Kohlenstoffdioxid bis hin zur Glucose. Er erkannte, dass dabei Reaktionen in einem Kreisprozess ablaufen. Nach seinem Entdecker wird er **CALVIN-Zyklus** genannt.

Der Calvin-Zyklus

Der Calvin-Zyklus lässt sich in drei Abschnitte unterteilen. Im ersten Abschnitt, in der **Fixierungsphase**, wird ein Kohlenstoffdioxid-Molekül in ein Akzeptormolekül eingebaut. Bei dem Akzeptormolekül handelt es sich um die **Ribulose-1,5-bisphosphat**, das durch die beiden Phosphatgruppen aktiviert ist. Das durch die Fixierung eines Kohlenstoffdioxid-Moleküls entstandene Zwischenprodukt aus sechs Kohlenstoff-Atomen ist instabil und zerfällt sogleich in zwei Moleküle **3-Phosphoglycerinsäure**, die jeweils drei Kohlenstoff-Atome besitzen. Das Enzym, das diese Fixierung des Kohlenstoffdioxids katalysiert, heißt kurz **Rubisco** (Abkürzung für **Ribu**lose-1,5-**bis**phosphat-**c**arboxylase/-**o**xygenase).

Im zweiten Abschnitt, der **Reduktionsphase**, wird **3-Phosphoglycerinsäure** zu **3-Phosphoglycerinaldehyd** reduziert. Hierfür werden die Produkte der lichtabhängigen Reaktion (→ **Seite 95**) benötigt: ATP liefert die benötigte Energie und NADPH+H⁺ die Elektronen für die Reduktion. Von zwölf im Calvin-Zyklus gebildeten Molekülen 3-Phosphoglycerinaldehyd (C_3-Körper) werden zwei Moleküle zur Bildung eines Glucose-Moleküls (C_6-Körper) genutzt.

Im dritten Abschnitt, in der **Regenerationsphase**, erfolgt die Wiederherstellung des Akzeptormoleküls. Aus zehn Molekülen 3-Phosphoglycerinaldehyd werden in mehreren Reaktionsschritten sechs Moleküle **Ribulose-1,5-bisphosphosphat** (C_5-Körper) gebildet. Dabei wird ATP benötigt.

Bildung von Glucose und anderen energiereichen organischen Verbindungen

Der Calvin-Zyklus ist die Schlüsselstelle für den Aufbau von energiereichen organischen Verbindungen. Aus sechs Kohlenstoffdioxid-Molekülen wird letztlich ein Glucosemolekül aufgebaut. Ein Teil der gebildeten Glucose wird von den Blattzellen bei der Zellatmung (→ **Seite 130**) abgebaut. Ein anderer Teil wird zu Saccharose umgesetzt und über das Leitgewebe in nichtgrüne Pflanzenteile wie Wurzeln, Knollen und Früchte transportiert. Ein weiterer Teil der Glucose wird in Form von Stärke gespeichert. Da Pflanzen die Grundlage jeder Nahrungskette bilden, gelangen die durch den Calvin-Zyklus fixierten Kohlenstoffatome in sämtliche organische Moleküle aller Lebewesen.

VL Materialgebundene Aufgabe

❶ Der Calvin-Zyklus

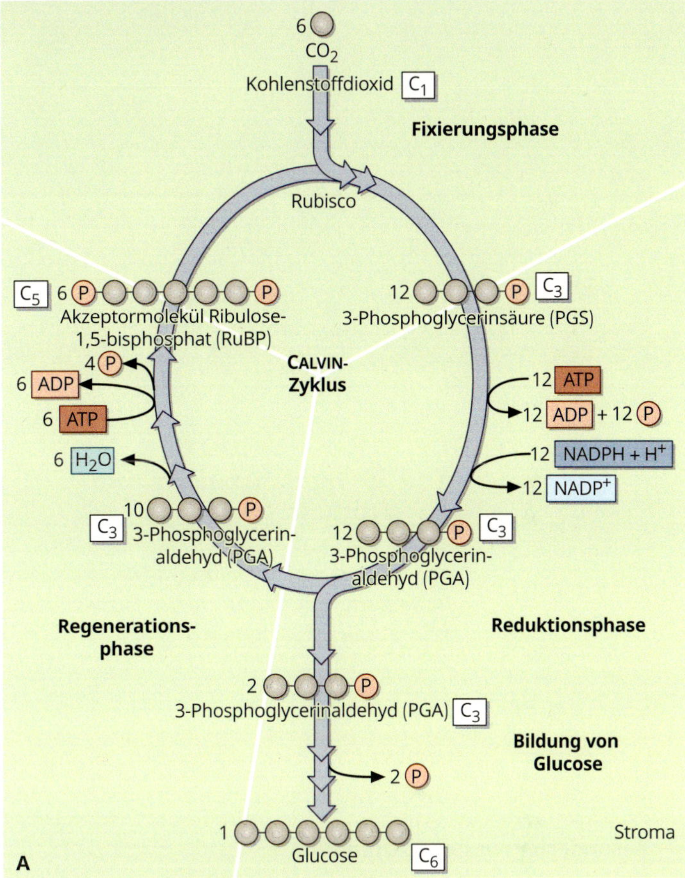

A

Bilanz der lichtunabhängigen Reaktionen:

$$6\ CO_2 + 12\ NADPH + H^+ + 18\ ATP \longrightarrow$$

$$C_6H_{12}O_6 + 12\ NADP^+ + 18\ ADP + 18\ \text{Ⓟ} + 6\ H_2O$$

B

Bilanz der Fotosynthese

$$6\ CO_2 + 12\ H_2O \longrightarrow C_6H_{12}O_6 + O_2 + 6\ H_2O$$

C

a) Beschreiben Sie das Schema des Calvin-Zyklus.

b) Stellen Sie den Ablauf in einem Flussdiagramm dar.

c) Charakterisieren Sie den Calvin-Zyklus als Schlüsselstelle für den Aufbau von energiereichen organischen Verbindungen. Erweitern Sie dazu das Flussdiagramm aus Aufgabe **b**.

d) Erläutern Sie den Zusammenhang der lichtabhängigen und lichtunabhängigen Reaktionen (→ **Seite 94, Abb. 1**).

e) Begründen Sie die Schreibweise der Bilanz der Fotosynthese in **C**. Gehen Sie dabei auch auf die Fotolyse des Wassers ein.

1 Mais – eine Hochleistungspflanze

1.12 ⊖ Spezialisten der Fotosynthese

Maispflanzen können unter heiß-trockenen Bedingungen bis zu 15 cm pro Tag wachsen. Wie ist so ein Wachstum möglich?

Pflanzen an trocken-heißen Standorten

Pflanzen, die an trocken-heißen Standorten wachsen, verlieren bei geöffneten Spaltöffnungen viel Wasser durch Transpiration. Schließen sie ihre Spaltöffnungen, um die Transpiration zu begrenzen, wird gleichzeitig die Aufnahme von Kohlenstoffdioxid unterbunden und die Fotosynthese stark eingeschränkt. In den Interzellularen sinkt dadurch die Kohlenstoffdioxidkonzentration, während die Sauerstoffkonzentration steigt. Unter diesen Bedingungen bindet Rubisco (→ **Seite 101**), das Schlüsselenzym der Kohlenstoffdioxidfixierung im CALVIN-Zyklus, Sauerstoffmoleküle anstelle von Kohlenstoffdioxidmolekülen. Es findet keine Kohlenstoffdioxidfixierung, sondern eine **Fotorespiration** statt. Einige Pflanzenarten wie der Mais besitzen anatomische und biochemische Besonderheiten, die die Fotorespiration einschränken.

Biochemische Prozesse

Die Blattanatomie der Maispflanze ermöglicht eine biochemische Spezialisierung der Blattzellen und somit eine räumliche Trennung zwischen der Kohlenstoffdioxidfixierung und dem CALVIN-Zyklus. Die CO_2-Vorfixierung

VL Materialgebundene Aufgabe

1 Besonderheiten der Blattanatomie

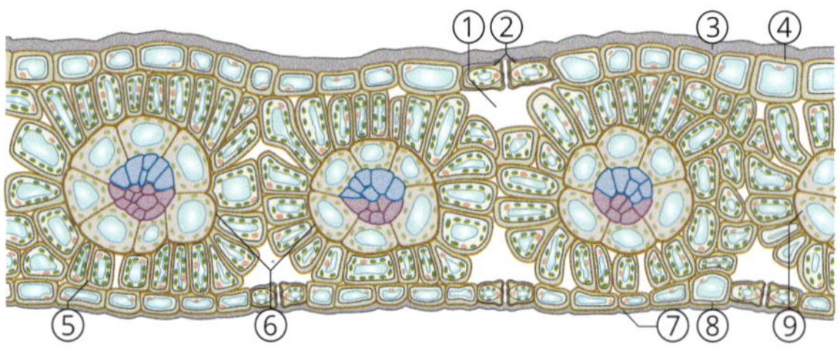

	 **Chloroplast einer Mesophyllzelle**	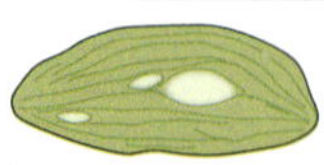 **Chloroplast einer Bündelscheidenzelle**
Fotosystem I	+	+
Fotosystem II	+	–
Fotolyse	+	–
Rubisco	–	+
Glucose	–	+

Maispflanzen besitzen einen besonderen Blattaufbau, der eine Angepasstheit an den heiß-trockenen Standort darstellt. Neben der typischen „Kranzanatomie“ im Blattquerschnitt sind zwischen Mesophyllzellen und Zellen der Leitbündelscheide zahlreiche Verbindungen, die den Stoffaustausch durch die Zellwand hindurch ermöglichen.

a) ≡ Benennen Sie die Strukturen 1–9 im Blattquerschnitt.
b) ≡ Beschreiben Sie den Aufbau des Maisblatts und begründen Sie die Bezeichnung „Kranzanatomie“.
c) ≡ Vergleichen Sie den Aufbau des Maisblatts mit dem Aufbau des Blattes eines Weizenblatts, das wie ein Laubblatt aufgebaut ist (→ **Seite 86**).
d) ≡ Erläutern Sie die Angepasstheit der Maispflanze an heiß-trockene Standorte im Hinblick auf anatomische Besonderheiten des Maisblatts anhand des Basiskonzepts „Struktur und Funktion“.
e) ≡ Beschreiben Sie die Besonderheiten der Chloroplasten bei der Maispflanze.
f) ≡ Stellen Sie eine Hypothese über die Strukturen der unterschiedlichen Chloroplasten der Maispflanze auf.

findet im Zytoplasma der Mesophyllzellen statt. Hier wird Kohlenstoffdioxid durch das Enzym **PEP-Carboxylase** an **PEP** gebunden. Dieses Enzym hat eine deutlich höhere Affinität zu Kohlenstoffdioxid als die Rubisco und fixiert auch bei sehr niedrigen Kohlenstoffdioxid-Konzentrationen. Es entsteht der **C_4**-Körper **Oxalessigsäure**. Diese wird in den Chloroplasten der Mesophyllzellen zu Äpfelsäure umgewandelt, die über die direkten Verbindungen zwischen den Zellen in die Bündelscheidenzellen diffundiert. In den Chloroplasten der Bündelscheidenzellen wird Kohlenstoffdioxid wieder freigesetzt. Dabei steigt seine Konzentration um etwa das Zehnfache der Außenluft an. Rubisco bindet unter diesen Bedingungen nur Kohlenstoffdioxid und keinen Sauerstoff. Da in den Chloroplasten der Bündelscheidenzellen kein Fotosystem II vorhanden ist, findet dort keine Fotolyse und somit auch keine Sauerstofffreisetzung statt. So wird die Fotorespiration vermieden und die Fotosynthese kann auch bei teilweise geschlossenen Spaltöffnungen ablaufen. Auf diese Weise sind diese Pflanzen an heiß-trockene Standorte angepasst und können effektiv Fotosynthese betreiben.

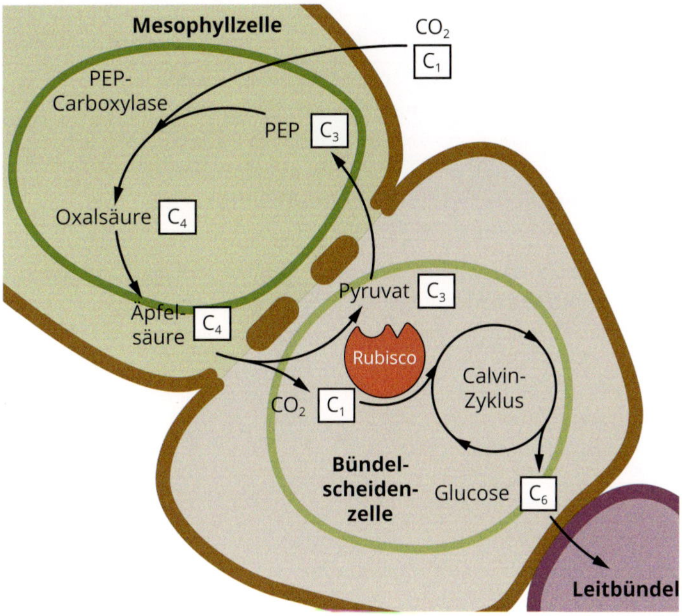

2 Stoffwechsel in den Chloroplasten bei C4-Pflanzen

2 ≡ Erläutern Sie die Begriffe C3- und C4-Pflanze und recherchieren Sie je drei Arten.

VL Materialgebundene Aufgabe

3 Vergleich der Fotosyntheseraten von C3- und C4-Pflanzen in Abhängigkeit verschiedener Faktoren

a) ≡ Beschreiben Sie die Diagramme **A** und **B** und vergleichen Sie die Fotosyntheseraten bei C3- und C4-Pflanzen.

b) ≡ Erläutern Sie die Abhängigkeiten der Fotosyntheserate von der Blatttemperatur und der Kohlenstoffdioxidkonzentration bei C3- und C4-Pflanzen.

c) ≡ Recherchieren Sie die Definition des Transpirationskoeffizienten.

d) ≡ Vergleichen Sie die Transpirationskoeffizienten (kg H_2O/kg Trockenmasse) von C3- und C4-Pflanzen: Weidelgras 360; Winterraps 296; Winterweizen 349 Zuckerrübe 243; Silomais 191.
Leiten Sie daraus eine Aussage über die Fotosyntheserate bei Trockenheit ab.

e) ≡ Begründen Sie, warum Mais bei heiß-trockenen Bedingungen mehr Biomasse produziert als etwa Weizen.

f) ≡ „Die verschiedenen Stoffwechselwege von Pflanzen sind Angepasstheiten an unterschiedliche Standorte." Erläutern Sie diese Aussage unter qualitativen und quantitativen Aspekten im Hinblick auf das Basiskonzept „Individuelle und evolutive Entwicklung" (→ **Seite 187**).

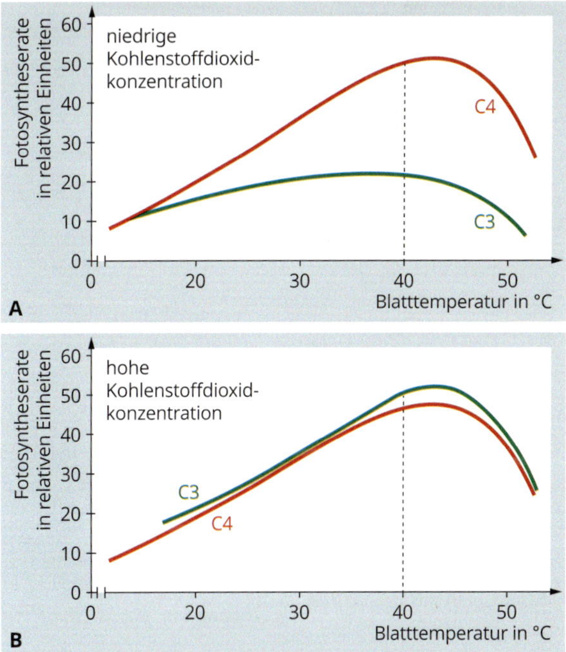

Grundprinzip der Assimilation

Fotoautotrophe Organismen (grüne Pflanzen, Algen und Cyanobakterien) stellen mithilfe der Fotosynthese aus energiearmen anorganischen Stoffen energiereiche organische Stoffe her. Diesen Prozess nennt man **Assimilation**. Dabei laufen **Stoffumwandlung**, **Energieumwandlung** und **Energieentwertung** ab.

Fotosynthese als Redoxreaktion
Umwandlung der Lichtenergie in chemische Energie durch eine Abfolge von **Elektronenübertragungen**: Sauerstoffatom des Wassermoleküls wird **oxidiert**, Kohlenstoffatom des Kohlenstoffdioxidmoleküls wird **reduziert**.

$$6\,CO_2 + 6\,H_2O \xrightarrow[\text{Chlorophyll}]{\text{Lichtenergie}} 6\,O_2 + C_6H_{12}O_6$$

Bedeutung der Fotosynthese: **Heterotrophe Organismen** nehmen energiereiche organische Stoffe mit der Nahrung auf, die die **fotoautotrophen** Organismen durch Assimilation gewonnen haben.

Mehr dazu auf den Seiten 74–77

Abhängigkeit der Fotosynthese von Außenfaktoren

- **Lichtqualität**
  - **Absorptionsspektrum:** stellt die Absorption von Licht durch eine chemische Verbindung in Abhängigkeit von der Wellenlänge des eingestrahlten Lichts dar
  - **Fotosynthesefarbstoffe** wie Chlorophyll a und b und Carotinoide absorbieren blaues und orangerotes Licht, grünes Licht wird durchgelassen oder reflektiert (Grünlücke)
  - **Wirkungsspektrum:** stellt die Fotosyntheserate in Abhängigkeit der Wellenlänge des eingestrahlten Lichts dar
- **Beleuchtungsstärke**: mit zunehmender Beleuchtungsstärke/Lichtintensität steigt die Fotosyntheserate bis zu einem Sättigungswert
- **Kohlenstoffdioxidkonzentration:** Optimum bei 0,1 Vol. %
- **Temperatur:** bestimmt bei hoher Lichtintensität die Fotosyntheserate
- Außenfaktoren haben Einfluss auf das Wachstum der Pflanzen, was man bei Maßnahmen der **Ertragssteigerung** ausnutzen kann

Mehr dazu auf den Seiten 78–83

Fotosynthesefarbstoffe – Chromatografie

- Absorption von Licht durch ein **Farbstoffgemisch**
- Auftrennung duch **Chromatografie**
- wichtigste Farbstoffe: **Chlorophyll a** und **b**, **ß-Carotin**

Mehr dazu auf den Seiten 84–85

Angepasstheit von Pflanzen an Fotosynthese

Organisationsebene Blatt

Lichtnutzung
Pflanzen mit verschiedenen Blatttypen nutzen unterschiedliche Lichtintensitäten:
- **Sonnenblätter:** mehrschichtiges Palisadengewebe, viele Chloroplasten, Lichtsättigung bei höheren Lichtintensitäten, kleinere Blattfläche
- **Schattenblätter:** reduziertes Palisadengewebe, wenig Chloroplasten, größere Blattfläche

Verdunstungsschutz
- **cuticuläre Transpiration:** Abgabe von Wasserdampf über die gesamte Blattoberfläche; abhängig von der Cuticuladicke, kann nicht reguliert werden
- **stomatäre Transpiration:** Abgabe von Wasserdampf über die Stomata, kann über die Schließzellen reguliert werden

Aufnahme von Kohlenstoffdioxid
- Regulation der Öffnung der **Spaltöffnungen**
- dienen der Aufnahme von Kohlenstoffdioxid und der Abgabe von Wasserdampf und Sauerstoff

Organisationsebene Organelle
Feinbau Chloroplast: besitzt zwei Membranen; im **Stroma** liegen **Stroma-** und **Granathylakoide** sowie Ribosomen und ringförmige DNA

Mehr dazu auf den Seiten 86–89

ⓔ Lichtsammelkomplex

Organisationsebene Molekül

- **Fotosystem I:** besitzt Chlorophyll-a-Molekül (P_{700}) mit Absorptionsmaximum bei 700 nm
- **Fotosystem II:** besitzt Chlorophyll-a-Molekül (P_{680}) mit Absorptionsmaximum bei 680 nm

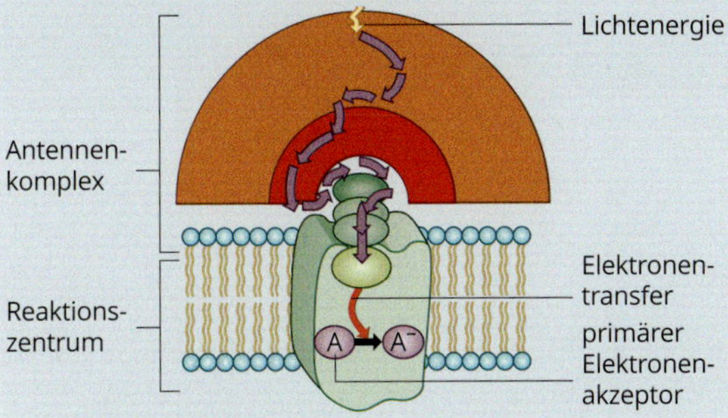

- Lichtabsorption → Fotosynthesefarbstoffe werden angeregt in energiereiche Zustände → Energie wird auf das Chlorophyll-a-Molekül im Zentrum geleitet

Mehr dazu auf den Seiten 90–91

ⓔ Tracer-Methode

Aufklärung von Stoffwechselwegen, beispielsweise mit radioaktiv markierten Substanzen

Mehr dazu auf den Seiten 92–93

Energetisches Modell der lichtabhängigen Reaktionen

Energetisches Modell
Elektronentransport erfolgt über Redoxsysteme, setzt Energie frei, die zur ATP-Synthese genutzt wird
nicht-zyklischer Elektronentransport:
Fotosysteme II und I; ATP und NADPH + H^+-Bildung
ⓔ **zyklischer Elektronentransport:**
Elektronen werden von Ferredoxin zurück auf den Plastochinon-Komplex umgeleitet; nur Fotosystem I; ATP-Bildung, aber keine NADPH + H^+-Bildung
chemiosmotische Theorie:
ATP-Bildung durch Diffusion der Protonen entlang des Protonengradienten durch den Kanal der ATP-Synthasen

Mehr dazu auf den Seiten 95–99

Lichtunabhängige Reaktionen (Calvin-Zyklus)

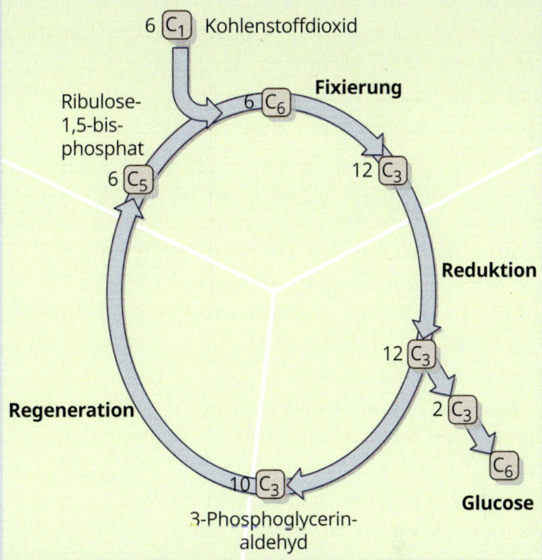

Mehr dazu auf den Seiten 100–101

Lichtabhängige (Primär-) und lichtunabhängige (Sekundär-)Reaktionen

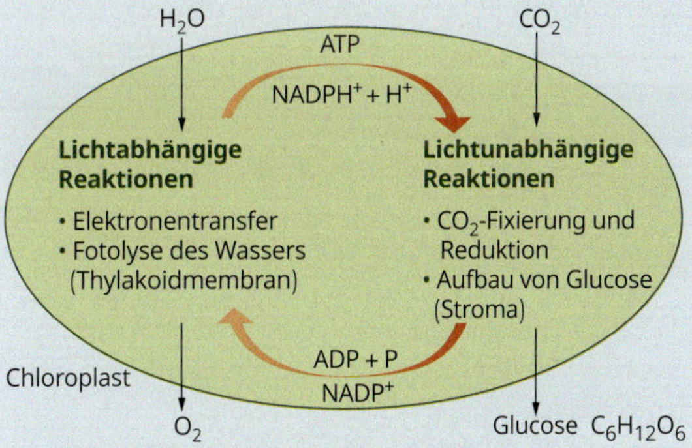

Mehr dazu auf den Seiten 94, 95–99, 100–101

ⓔ Besonderheiten der C4-Pflanzen

- Blattanatomie: räumliche Trennung zwischen der Kohlenstoff-Fixierung und dem Calvin-Zyklus
- bei Kohlenstoffdioxid-Fixierung ensteht C_4-Körper

Mehr dazu auf den Seiten 102–103

AUFGABENSTELLUNG

Wirkungsweisen von Herbiziden

Unkrautvernichtungsmittel, Herbizide genannt, greifen auf unterschiedliche Weise in den Stoffwechsel von Pflanzen ein und verursachen dadurch deren Absterben. Etwa 50 Prozent aller verwendeten Herbizide beeinflussen direkt die Fotosynthese der Unkräuter, heute auch Ackerbeikräuter genannt. Andere Herbizide verhindern die Synthese von Farbstoffen oder beeinflussen die Transpiration der Pflanzen. Im Folgenden sollen Sie sich genauer mit der Wirkungsweise verschiedener Herbizide beschäftigen. Die Herbizidwirkstoffe **DCMU** und **Paraquat** sind Elektronenakzeptoren. Sie ziehen Elektronen aus der Elektronentransportkette der Fotosynthese ab. Diese Elektronen geben sie sofort an Sauerstoffmoleküle oder Sauerstoffverbindungen weiter. Dadurch entstehen sehr reaktive Sauerstoffverbindungen, die verschiedene Zellstrukturen, etwa Zellmembranen und Proteine der Unkräuter schädigen.
Bestimmte Herbizide, sogenannte **Bleichherbizide**, hemmen die Synthese von Carotinoiden. **Fusicoccin** ist ein Toxin, das natürlicherweise von parasitisch lebenden Blattpilzen synthetisiert wird. Als Herbizid eingesetzt führt es zum Welken und Vertrocknen der damit behandelten Pflanzen.

1 Erklären Sie, wie nach den Vorstellungen des chemiosmotischen Modells ATP im Verlauf der Fotosynthese gebildet wird. [12 BE]

2 ⓔ Geben Sie unter Berücksichtigung von M1 begründet an, wie sich die Konzentrationen von ATP und NADPH + H^+ in Blattzellen verändern, wenn diese von DCMU beeinflusst werden. [6 BE]

3 Geben Sie unter Berücksichtigung von M1 begründet an, wie sich die Konzentrationen von ATP und NADPH + H^+ in Blattzellen verändern, wenn diese von Paraquat beeinflusst werden. Beachten Sie dabei, dass in der Grafik ein weiterer Elektronentransport in violett eingezeichnet ist. [6 BE]

4 Erstellen Sie auf der Basis von M3a und M3b ein Flussdiagramm zur Regulation der Spaltöffnungsweite von Blättern bei Belichtung. Die Pflanzen sollten dabei ausreichend mit Wasser versorgt sein. [10 BE]

5 Werten Sie M4 und M5 im Hinblick auf die Frage aus, warum Fusicoccin zum Welken und Vertrocknen von Pflanzen führt. [12 BE]

6 ⓔ Erklären Sie die Bedeutung von Carotinoiden für die Fotosynthese mithilfe von M2 und M6. Fassen Sie die Informationen aus M6 zu einer Erklärung zur Wirkungsweise von Bleichherbiziden zusammen. [12 BE]

MATERIAL

M1a Angriffsorte und Wirkung der Herbizidwirkstoffe DCMU und Paraquat

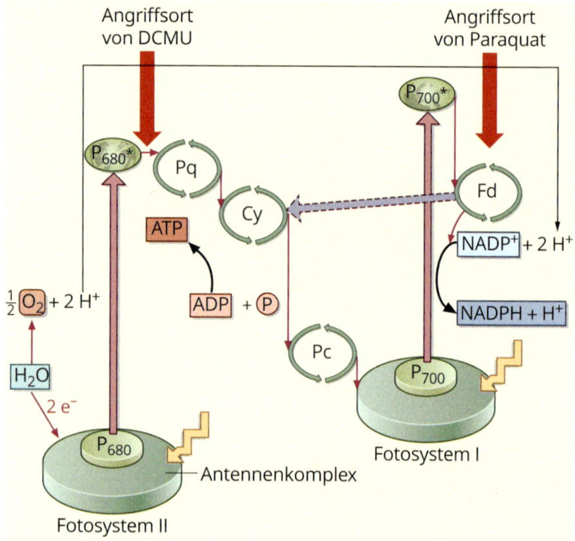

M1b Wirkungsweise von DCMU und Paraquat

DCMU wird vor allem über die Wurzeln der behandelten Unkrautpflanzen aufgenommen und gelangt in die Blattzellen. In Anwesenheit von DCMU werden Elektronen auf diesen künstlichen Elektronenakzeptor übertragen. Damit wird der nichtzyklische Elektronentransport unterbrochen. Der zyklische Elektronentransport wird dabei jedoch nicht beeinflusst. In Anwesenheit von Paraquat werden Elektronen vom Fotosystem I auf Paraquat als künstlichen Elektronenakzeptor übertragen. Damit werden der nichtzyklische Elektronentransport und der zyklische Elektronentransport unterbrochen.

M2 Absorptionsspektren von Carotinoiden und Chlorophyllen

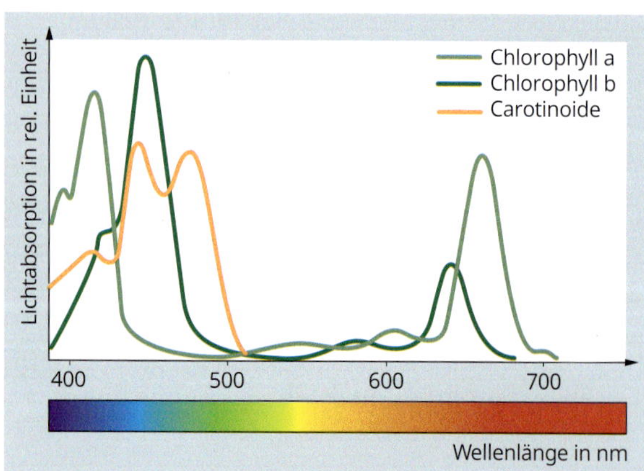

M3a Regulation der Spaltöffnungen

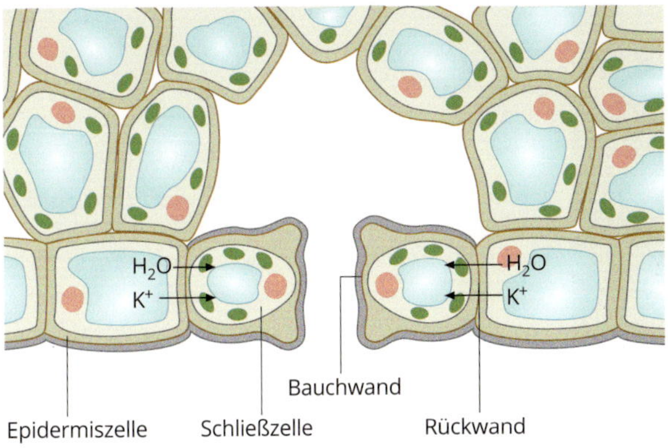

M3b Vorgänge an der Schließzelle

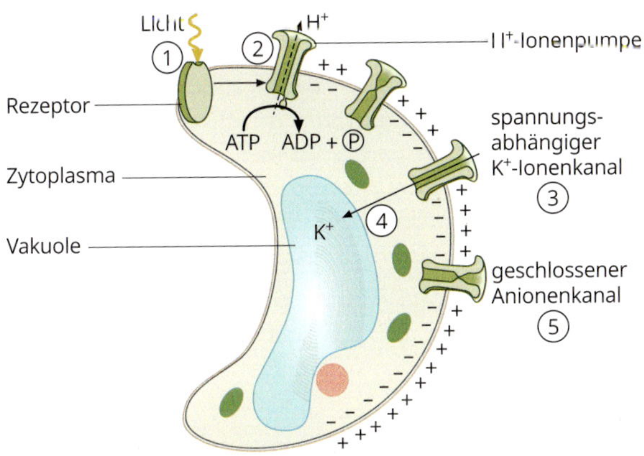

M4 Beeinflussung der Spaltöffnungen durch Fusicoccin

	Ansatz I ohne Fusicoccin	Ansatz II mit Fusicoccin
	Spaltöffnung:	Spaltöffnung:
Licht und niedrige Kohlenstoffdioxidkonzentration	groß	sehr groß
Licht und hohe Kohlenstoffdioxidkonzentration	klein	sehr groß
Dunkelheit und niedrige Kohlenstoffdioxidkonzentration	sehr klein	sehr groß
Dunkelheit und hohe Kohlenstoffdioxidkonzentration	sehr klein	sehr groß

M5 Regulation der Aktivität der Protonenpumpe durch Phosphorylierung (A) und Wirkung von Fusicoccin (B)

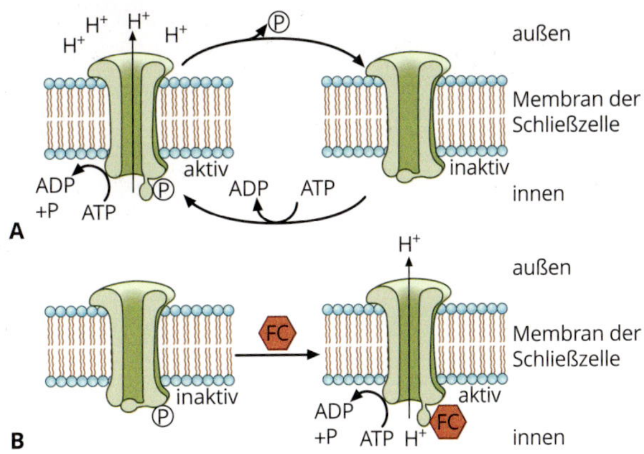

M6 ⓔ Sonnenschutz durch Carotinoide

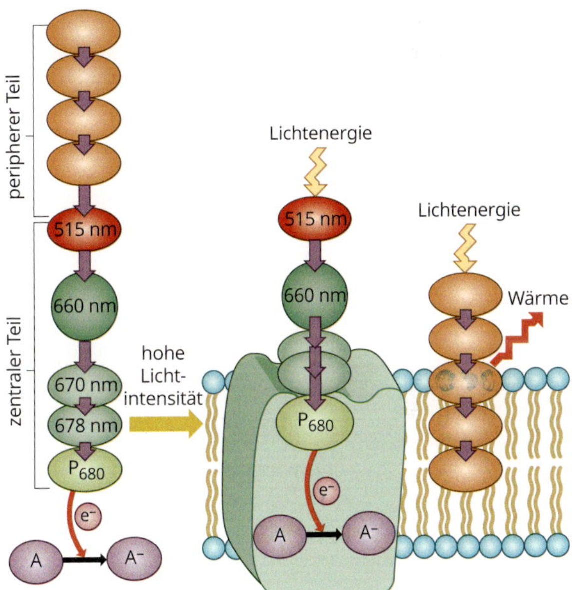

Bei hohen Lichtintensitäten tritt ein Elektronenrückstau in der Elektronentransportkette auf. Dann werden Elektronen an Sauerstoffverbindungen abgegeben. Dadurch entstehen sehr reaktive Sauerstoffverbindungen, die unter anderem Chlorophyllmoleküle zerstören. Die so geschädigten Blätter bleichen aus und sterben ab. Carotinoide sind am Sonnenschutz der Blätter beteiligt. Bei hohen Lichtintensitäten spaltet sich der periphere Teil des Antennenkomplexes, der vor allem Carotinoide enthält, vom zentralen Teil des Fotosystems II ab und integriert sich in die Thylakoidmembran. Er wandelt die absorbierte Lichtenergie in Wärme um. Der zentrale Teil des Antennenkomplexes absorbiert nur noch Wellenlängen in einem engeren Spektralbereich. So fließen weniger Elektronen und ein Rückstau wird verhindert.

2 Der Umbau von Stoffen

1 Die Energie des Sonnenlichts kann von Pflanzen direkt genutzt werden.

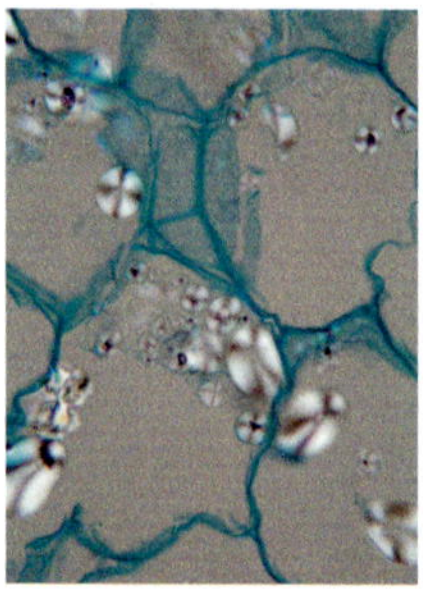

2 Stärkekörner in den Zellen einer Kartoffelknolle

2.1 Die Bedeutung des Fotosyntheseprodukts Glucose für die Pflanzen

Bei der Fotosynthese bildet die fotoautotrophe Pflanze Glucose. Wofür benötigt die Pflanze diesen Zucker?

Bei der Fotosynthese entstehen aus dem energiearmen Gas Kohlenstoffdioxid, Wasser und der Energie des Sonnenlichts energiehaltige Zuckermoleküle, genauer gesagt aktivierte organische Zuckerphosphate wie Fructose-1-phosphat und Glucose-1-phosphat. Diese Stoffe werden in andere Kohlenhydrate umgewandelt oder sind Ausgangspunkt für die Bildung von anderen organischen Substanzen in der Pflanze (→ **Seite 110**).

Materialgebundene Aufgabe

1 Nachweis von Stärke

In einem Experiment wurde ein panaschiertes Efeublatt (**A**) zunächst belichtet. Danach entfärbte man das ganze Blatt und behandelte es anschließend mit einer Iod-Kaliumiodidlösung (**B**). Die dunkle Färbung nach einer Behandlung mit dieser Lösung dient als Stärkenachweis.

a) Beschreiben Sie die Beobachtung.
b) Entwickeln Sie die Fragestellung, die dem Experiment zu Grunde lag.
c) Stellen Sie eine Hypothese auf, welches Ergebnis Sie erwarten, wenn Sie dieses Experiment in der Morgendämmerung machen.

Glucose für den Energiestoffwechsel

Die Bildung der Glucose in der Pflanze durch die Fotosynthese ist abhängig von der Sonnenenergie. Im Dunkeln kann die tagsüber gebildete Glucose in den Mitochondrien der Pflanzen direkt wieder abgebaut werden. Dabei wird Energie in Form von ATP freigesetzt, Sauerstoff verbraucht und Kohlenstoffdioxid freigesetzt. Diesen Prozess bezeichnet man als Zellatmung (→ **Seite 136**).

Glucose für den Reserve- und Baustoffwechsel

In den Chloroplasten der grünen Pflanzenteile bildet sich aus Glucosephosphat oft unlösliche **Stärke** (→ **Seite 75**), die sich dort als **Reservestoff** in Form von mikroskopisch sichtbaren Körnchen ablagert. Nachts wird diese Stärke wieder zu löslichen Zuckern abgebaut, die zu den chlorophyllfreien Zellen im Pflanzenkörper transportiert werden, vor allem zu Orten des Wachstums. Der wichtigste dieser **Transportzucker** ist die **Saccharose** (Rohrzucker), ein Disaccharid aus Glucose und Fructose.

2 Erläutern Sie die zeitweilige Notwendigkeit des Transports der Saccharose aus den Wurzeln in den Spross.

Saccharose wird unterschiedlich genutzt. Sie kann direkt als Reservestoff gespeichert werden oder wieder in Glucose und Fructose zerlegt werden. Die Fructose, auch Fruchtzucker genannt, verleiht vielen Früchten den süßen Geschmack. Viele Pflanzen bilden in Speicherorganen wie Knollen oder Samen aus Glucose den Reservestoff Stärke. **Cellulose** wird aus hunderten Glucosemolekülen gebildet. Sie ist Hauptbestandteil der pflanzlichen Zellwände und verleiht ihnen Festigkeit. Pflanzen nutzen Glucose auch für die Bildung von Fetten und Proteinen. Diese werden zum Beispiel in Samen und Früchten eingelagert. Die Speicherung der gebildeten Substanzen findet in Organellen, den **Leukoplasten**, statt.

3 Stellen Sie in einer Mindmap die Bedeutung der Glucose für die Pflanze anhand der daraus gebildeten Kohlenhydrate dar. Nennen Sie jeweils den Aufbau und die Funktion des Produkts und nennen Sie für jedes zwei Beispielpflanzen oder Pflanzenteile, aus denen man diese gewinnen kann.

2.2 Glucose als Nährstoff für heterotrophe Organismen

Nur fotoautotrophe Pflanzen sind in der Lage, die Energie des Sonnenlichts für den Aufbau organischer Stoffe zu nutzen. Woher beziehen Organismen, die keine Fotosynthese betreiben können, ihre Energie- und Baustoffe?

Heterotrophe Organismen

Von den organischen Stoffen, die bei der Fotosynthese gebildet werden, hängt nicht nur das Leben der Pflanze selbst ab. Die meisten anderen Lebewesen, die organische Verbindungen nicht mithilfe von Sonnenenergie aus Kohlenstoffdioxid aufbauen können, sind direkt wie die Pflanzenfresser oder indirekt wie die Fleischfresser von der Fotosynthese der Pflanzen abhängig (→ **Seite 76**). Sie müssen energiereiche Stoffe mit der Nahrung aufnehmen und sind daher heterotroph.

Grundlage für den Energiestoffwechsel

Die Energie, die der Mensch beispielsweise zur Bewegung von Muskeln oder zum Aufbau von Körpersubstanz benötigt, wird von den chemischen Verbindungen bereitgestellt, die in der Fotosynthese gebildet werden. Der Mensch nimmt diese mit Pflanzennahrung oder indirekt durch den Verzehr von tierischen Produkten wie Fleisch oder Milchprodukten auf. Zur Energiegewinnung benötigen heterotrophe Organismen auch den von den Pflanzen gebildeten Sauerstoff. Die Fotosynthese sichert also direkt die Energieversorgung aller fotoautotrophen Lebewesen und indirekt auch die aller heterotrophen Lebewesen.

Grundlage für den Baustoffwechsel

Die heterotrophen Lebewesen sind zudem auf die Biomasse der fotoautotrophen Lebewesen als Quelle organischer Kohlenwasserstoffverbindungen angewiesen. Heterotrophe Lebewesen nutzen Fotosyntheseprodukte und Zwischenprodukte des Glucoseabbaus und bauen aus ihnen eigene Biomasse auf.

1 Ein Teil der vom Menschen für technische Zwecke benötigten Energie wird durch die Verbrennung fossiler Brennstoffe wie Kohle, Erdöl und Erdgas gewonnen. Erläutern Sie mithilfe einer Recherche den Zusammenhang dieser Tatsache mit der Fotosyntheseleistung der Pflanzen.

VL Materialgebundene Aufgabe

2 Beziehungen zwischen autotrophen und heterotrophen Lebewesen

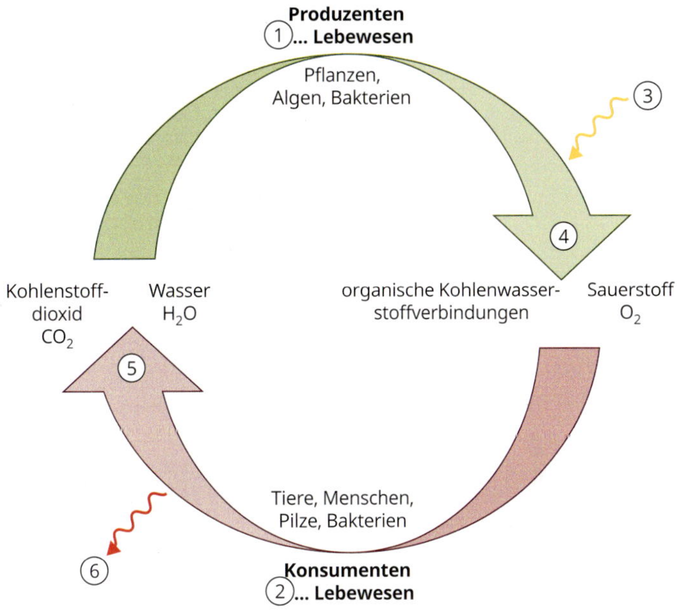

a) Übertragen Sie die Grafik in Ihr Heft und beschriften Sie die Ziffern 1–6.

b) Beschreiben Sie die Beziehungen zwischen fotoautotrophen und heterotrophen Lebewesen.

Exkurs // Energiegewinn ohne Licht

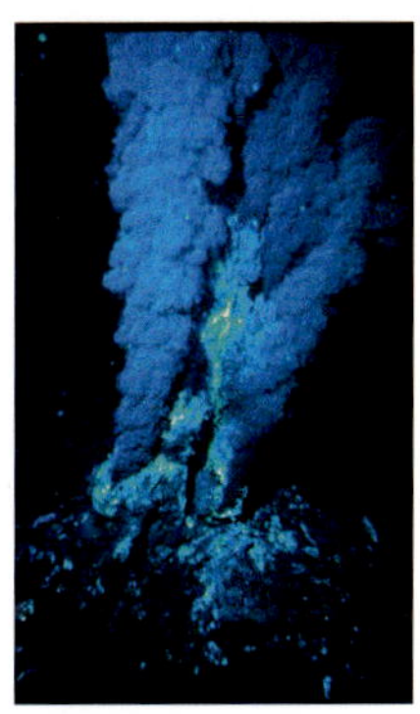

Am Tiefseeboden gibt es Quellen aus denen heißes Wasser austritt. Es wird durch die Erdwärme erhitzt. Diese Quellen heißen Raucher. Ihr „Rauch" enthält energiereiche, anorganische Schwefelverbindungen wie Schwefelwasserstoff. Diese werden von Bakterien verstoffwechselt. Die dabei freiwerdende Energie nutzen die Bakterien, um zunächst Kohlenstoffdioxid und daraus dann organische Kohlenstoffverbindungen aufzubauen. Dieser Vorgang heißt **Chemosynthese**, diese Bakterien sind **chemoautotroph**.

1 Grenzen Sie die Begriffe autotroph, fotoautotroph und chemoautotroph gegeneinander ab.

2 Erklären Sie, warum sich an den Rauchern chemoautotrophe Bakterien finden.

2.3 Der enzymkatalysierte Umbau der Glucose

Bei der Fotosynthese bilden die Pflanzen Zuckermoleküle, die wir mit der Nahrung aufnehmen können. Wenn wir Hülsenfrüchte essen, nehmen wir viele Aminosäuren auf und wenn wir Oliven essen, nehmen wir Fette auf. Wie bilden die Pflanzen diese Stoffe und wie können heterotrophe Organismen daraus eigene Stoffe aufbauen?

Enzymkatalysierter Umbau in der Pflanze

Pflanzen sind in der Lage, über einen enzymkatalysierten Umbau aus Glucose und davon abgeleiteten Molekülen andere Stoffe und damit Biomasse aufzubauen. Die Pflanzen selbst und die heterotrophen Organismen, die sich von diesen Pflanzen ernähren, nutzen diese Stoffe als Reserve- und Baustoffe.

Aufbau von Kohlenhydraten

Zur Stärkesynthese erfolgt in Pflanzen eine Aktivierung der Glucose zu ADP-Glucose. Dann können schrittweise Glucoseeinheiten angelagert werden und Stärke sowie weitere Kohlenhydrate gebildet werden (→ **Seite 75**).

Aufbau von Fetten

Zur Bildung von Fetten werden in pflanzlichen Zellen zunächst Fettsäuren gebildet. Dazu wird an ein Abbauprodukt der Glucose, ein C_2-Körper, ein weiteres CO_2 angelagert. In einem enzymkatalysierten, komplexen Mechanismus werden schrittweise weitere C-Atome angelagert. Die entstandene Fettsäure reagiert mit Glycerin zu einem Fettmolekül.

Aufbau von Aminosäuren

Pflanzen sind auch in der Lage Aminosäuren zu bilden. Die dafür notwendigen Stickstoffatome nehmen sie als anorganisches Nitrat (NO_3^-) mithilfe der Wurzeln aus dem Boden auf. Im Chloroplasten erfolgt nach enzymatischer Umwandlung zu Ammonium (NH_4^+) und unter Bereitstellung von Energie in Form von ATP eine Anlagerung an eine organische Verbindung, die aus dem Glucoseabbau stammt. Dies bezeichnet man als **Nitratassimilation**. Die so gebildete einfache Aminosäure kann in andere umgewandelt werden.

1 ≡ Skizzieren Sie, wie Pflanzen ausgehend von Glucose andere Kohlenhydrate, Fette und Aminosäuren bilden.

VL Materialgebundene Aufgabe

2 Enzymkatalysierter Umbau in körpereigene Reserve- und Baustoffe in heterotrophen Lebewesen

Heterotrophe Organismen ernähren sich von Pflanzen. Diese pflanzliche Nahrung besteht im Wesentlichen aus Proteinen und Fetten sowie aus verschiedenen Kohlenhydraten. Diese müssen im Verdauungstrakt in kleinere Bausteine zerlegt werden, damit diese dann über die Dünndarmschleimhaut ins Blut und in die Lymphkapillaren aufgenommen werden können (Grundprinzip → **Abbildung**).

a) ≡ Beschreiben Sie den Abbau der Nährstoffe.

b) ≡ Stellen Sie eine Hypothese zur pH-Abhängigkeit der Verdauungsenzyme auf.

c) ≡ Recherchieren Sie und beschreiben Sie, wie in einem heterotrophen Organismus aus den resorbierten Nahrungsbestandteilen körpereigene Reserve- und Baustoffe hergestellt werden.

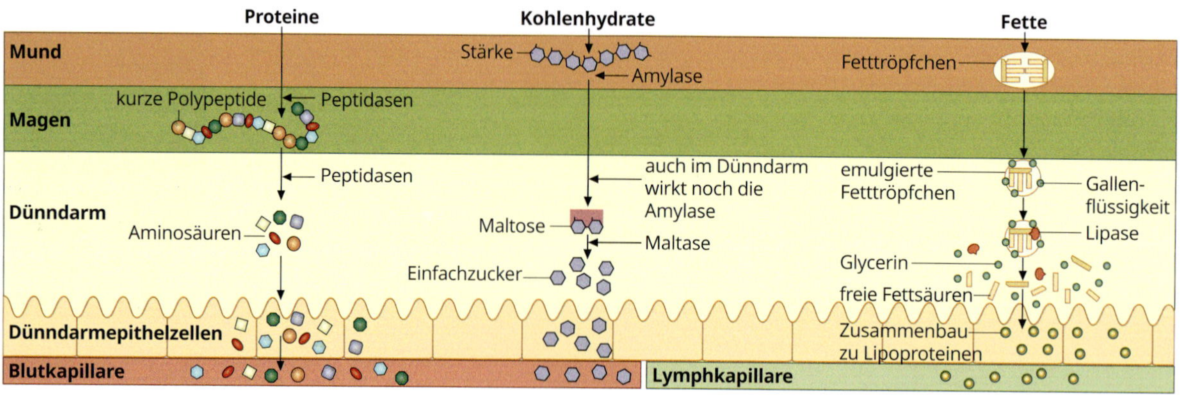

2.4 ⊖ Sekundäre Pflanzenstoffe

Viele Pflanzen sind bunt, riechen gut und haben heilende Inhaltsstoffe. Welche Stoffe sind für diese Eigenschaften verantwortlich?

Sekundärstoffwechsel

Die Bildung von Zuckern, Fetten und Aminosäuren ist für die Pflanze für ihr Wachtum, ihre Entwicklung und ihre Fortpflanzung notwendig. Die dafür zuständigen Stoffwechselwege werden als **Primärstoffwechsel** bezeichnet. Daneben bilden Pflanzen unzählige weitere Stoffe, die sie nicht direkt für die Lebenserhaltung benötigen. Diese Stoffen nennt man **sekundäre Pflanzenstoffe**, den dazugehörigen Stoffwechsel **Sekundärstoffwechsel**.

Bedeutung der sekundären Pflanzenstoffe für den Menschen

Der Mensch nimmt tagtäglich mit der pflanzlichen Nahrung unzählige sekundäre Pflanzenstoffe auf. Man geht davon aus, dass die gesundheitsfördernde Wirkung von Obst und Gemüse auch auf diesen Stoffen beruht. Diese Annahme hat dazu geführt, dass mittlerweile zahlreiche dieser Stoffe isoliert als **Nahrungsergänzungsmittel** im Handel erhältlich sind. Ob diese isoliert aufgenommenen Substanzen eine gesundheitsfördernde Wirkung haben, wird diskutiert.

Große Bedeutung haben sekundäre Pflanzenstoffe als **Phytopharmaka** bei der Behandlung von Krankheiten. Verwendet werden einerseits Substanzen, deren heilsame Wirkung eindeutig durch Studien belegt werden kann, andererseits werden Substanzen auch traditionell verwendet, ohne dass bisher eine Wirkung nachgewiesen werden konnte. In aller Regel werden Heilpflanzen eher bei harmlosen Erkrankungen wie Erkältungskrankheiten und Verdauungsstörungen oder bei Schlafbeschwerden eingesetzt. Wichtig ist, hier die empfohlene Dosierung genau einzuhalten und auf Nebenwirkungen zu achten. Denn auch pflanzliche Inhaltsstoffe können bei unsachgemäßer Anwendung Schäden verursachen. In den letzten Jahren haben die **Phytoöstrogene**, sekundäre Pflanzenstoffe, die in ihrer chemischen Struktur den körpereigenen Östrogenen ähneln, in der Behandlung von Wechseljahrsbeschwerden an Bedeutung gewonnen.

Materialgebundene Aufgaben

1 Bedeutung der sekundären Pflanzenstoffe für die Pflanze

Zu den sekundären Pflanzenstoffen gehören Duftstoffe, Farbstoffe und Aromen. Diese Stoffe gehören verschiedenen Stoffklassen an und haben für die Pflanzen ganz unterschiedliche Funktionen.

Aufgabe	sekundäre Pflanzenstoffe	Pflanze
Abwehr von Krankheitserregern	Cannabinoide	Hanf
Abwehr von Pflanzenfressern	Alkaloide	Morphin
Schutz vor UV-Strahlung	...	...
Verdunstungsschutz	...	...
...	...	...

a) ☰ Erstellen Sie eine entsprechende Tabelle in Ihrem Heft, füllen Sie sie aus und ergänzen Sie mindestens zwei Zeilen. Recherchieren Sie im Internet.

b) ☰ Stellen Sie Hypothesen auf, wie sich die Pflanzen vor den schädigenden Einflüssen dieser Substanzen selber schützen.

2 VL Heilpflanzen

a) ☰ Bestimmen Sie die Heilpflanzen A–D mithilfe des Internets. Die Blütenfarbe hilft. Wenn nötig, nutzen Sie eine Bestimmungshilfe.

b) ☰ Recherchieren Sie die Indikationen der Anwendung und die Inhaltsstoffe der Pflanzen, auf denen der heilsame Effekt beruht.

c) ☰ Begründen Sie, ob die Anwendung dieser Heilpflanzen jeweils als völlig unbedenklich eingestuft werden kann. ⊖

1 Gewinnung von Biogas. A Maisernte; **B** Biogasanlage

A

2 Nachwachsende Rohstoffe. A Rapsschoten; **B** Pellets; **C** Sonnenblumenkerne

2.5 Energie aus Pflanzen: nachwachsende Rohstoffe

Jahrzehntelang wurde der Energiebedarf vorwiegend durch fossile Energieträger wie Erdöl, Erdgas und Kohle gedeckt. Doch diese Ressourcen sind begrenzt. Zudem trägt das bei ihrer Verbrennung freigesetzte Kohlenstoffdioxid maßgeblich zum globalen Klimawandel bei. Welche Alternativen gibt es?

Der steigende Lebensstandard der Menschen in vielen Regionen der Erde und die zunehmende Weltbevölkerung lassen den weltweiten Energiebedarf stetig anwachsen. Um diesen Energiebedarf zu decken, ist der Anbau von Pflanzen eine Alternative zur Nutzung der klimaschädlichen und nur begrenzt vorhandenen fossilen Energieträger. Diese Pflanzen dienen dann nicht der Nahrungsmittelerzeugung, sondern der Rohstoffgewinnung für die Energieerzeugung. Man bezeichnet die aus diesen Pflanzen gewonnenen Rohstoffe als **nachwachsende Rohstoffe**. Ihre energetische Nutzung hat den Vorteil, dass dabei nur die Menge an Kohlenstoffdioxid frei wird, die zuvor durch Fotosynthese gebunden wurde. Pflanzliche Biomasse gilt daher als **klimaneutral**. Sie kann zur Erzeugung von Wärme und Strom sowie zur Herstellung von **Biokraftstoffen** wie Biodiesel und Bioethanol eingesetzt werden, es handelt sich um **erneuerbare Energie**. Damit stellt diese Biomasse die vielseitigste aller alternativen Energiequellen dar. Sie kann auch unabhängig von den Windverhältnissen und der Sonneneinstrahlung genutzt werden. Pflanzen, die in der Landwirtschaft gezielt für die Energieerzeugung angebaut werden, bezeichnet man als **Energiepflanzen**. Der bedeutendste pflanzliche Energieträger ist Holz. Es wird vor allem zur Wärmegewinnung in Heizungen eingesetzt, aber auch in Kraftwerken zur Stromerzeugung.

1 ≡ Recherchieren und diskutieren Sie den Unterschied zwischen den Holzprodukten Pellets und Hackschnitzeln.

Biokraftstoffe

Biokraftstoffe der ersten Generation werden aus Pflanzenteilen hergestellt, die man auch für die Ernährung nutzen könnte, zum Beispiel stärkehaltige Mais- und Roggenkörner oder Zuckerrohr und Zuckerrüben. Aus fetthaltigen Samen, etwa von Rapspflanzen oder Soja, wird vor allem **Biodiesel** produziert. Auch Palmöl, ein Fett aus den Früchten der Ölpalme, kann nicht nur als Nahrungsmittel, sondern auch für die Biodieselproduktion genutzt werden.

Biokraftstoffe der zweiten Generation werden aus Biomasse gewonnen, die nicht als Nahrungs- oder Futtermittel genutzt wird. Wurden früher nur Teile von Pflanzen verwendet, so zielt die zweite Generation darauf ab, ganze Pflanzen oder Reste, die bei der Nahrungs- und Futtermittelproduktion anfallen, zu verwerten. Zu diesen Biokraftstoffen gehören zum Beispiel **Btl-Kraftstoffe** (engl. *biomass to liquid*: Biomasseverflüssigung). Ihre Herstellung erfolgt durch ein Verfahren, bei dem Biomasse in flüssige Kohlenwasserstoffverbindungen umgewandelt wird. Diese werden zu Kraftstoffen verarbeitet. Auch **Biogas** wird den Biokraftstoffen der zweiten Generation zugeordnet. Es kann zur Erzeugung von Strom und Wärme genutzt oder aufbereitet in das Gasnetz eingespeist werden. Biogas entsteht bei der Vergärung von organischen Stoffen. Früher wurden für die Erzeugung von Biogas meist Gülle und Mist verwendet, später Biomüll sowie Abfälle aus der Lebensmittelerzeugung. Mehr Biogas lässt sich mit speziellen Maissorten, dem sogenannten **Energiemais**, gewinnen. Infolgedessen hat dessen Anbau mit der Zunahme der Biogasanlagen in Deutschland stark zugenommen.

2 ≡ Erstellen Sie eine Concept-Map zur Nutzung nachwachsender Rohstoffe.

Diskussion: Nachwachsende Rohstoffe

Der Anbau von Energiepflanzen ist mit einem hohen Flächenverbrauch und einem intensiven Einsatz von Pflanzenschutzmitteln und Dünger verbunden. Dazu kommen die Boden- und Gewässerverunreinigung sowie ein Rückgang der Biodiversität durch die Monokulturen. Der steigende Bedarf an Energiepflanzen hat dazu geführt, dass die Weltmarktpreise drastisch gestiegen sind. Da diese Pflanzen auch große Bedeutung als Nahrungs- oder Futtermittel haben, hat sich in der Folge auch die Ernährungslage, insbesondere in den Entwicklungsländern, weiter verschlechtert. Werden für den Anbau von Energiepflanzen Regenwälder abgeholzt, wie beispielsweise für den Anbau von Ölpalmen in Malaysia und Indonesien, kann die Energiegewinung aus Biomasse in der Summe auch klimaschädlich sein.

Beispiel: Palmöl

Palmöl wird aus der Frucht der Ölpalme gewonnen. Jedes zweite Supermarktprodukt wie Kosmetikartikel, Waschmittel, Kerzen, Schokocreme oder Kekse enthält heute Palmöl. In der Industrie wird Palmöl als Schmierfett und Energieträger genutzt. Die wichtigsten Anbauländer für Ölpalmen sind Indonesien und Malaysia, wo in großem Maße Regenwälder gerodet wurden. So ist der Lebensraum von Orang-Utans und Sumatra-Tigern zerstört worden. Auch Kleinbauern und Indigene sind von ihrem Land vertrieben worden. Die Bewertung der sich aus diesen Fakten ergebenen Dilemmata wird im Kapitel „Ökologie der Biosphäre" (→ **Seite 206 ff.**) thematisiert.

3 ≡ Eine Alternative für Palmöl ist Kokosöl. Recherchieren und diskutieren Sie dazu.

3 Übergang einer Palmölplantage zum Regenwald (Luftaufnahme)

Materialgebundene Aufgabe

4 Verwendung von Palmöl in Deutschland

Die energetische Nutzung von nachwachsenden Rohstoffen ist nicht automatisch sinnvoll, sondern braucht Regeln, um die Vorteile zu nutzen und die Nachteile zu minimieren. Nur dann kann sie ein Beitrag zum Klimaschutz und zu einer nachhaltigen Entwicklung sein.

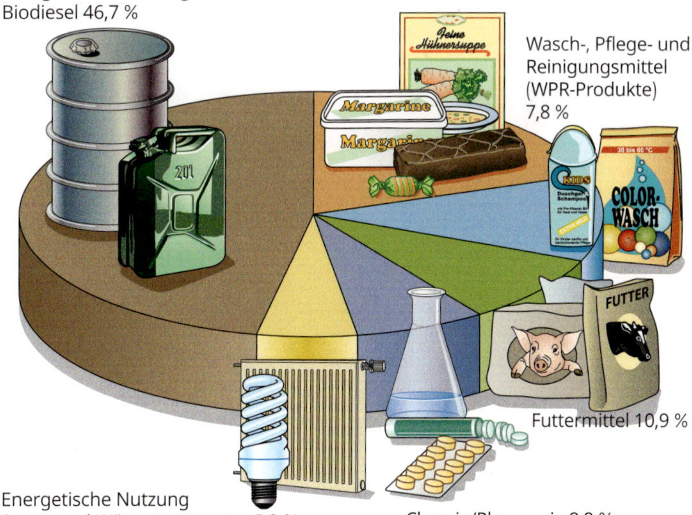

a) ≡ Beschreiben Sie die Verwendung von Palmöl in Deutschland.

b) ≡ Palmöl gehört zu den nachwachsenden Rohstoffen. Trotzdem wird seine Verwendung diskutiert. Nennen Sie mithilfe des Textes Gründe.

c) ≡ Beschreiben Sie Möglichkeiten für den Verzicht von Palmölprodukten. Suchen Sie dazu im Handel fünf Produkte mit Palmöl und fünf vergleichbare palmölfreie Produkte. Dokumentieren Sie Ihre Recherche.

1 Ein geschnittener Apfel wird schnell braun.

2.6 Wiederholung: Abhängigkeit der Enzymaktivität

Die Umwandlung von Stoffen wird durch Enzyme katalysiert. So ist zum Beispiel die Ursache für die Verfärbung des aufgeschnittenen Apfels die Reaktion pflanzlicher Inhaltsstoffe mit Sauerstoff, die durch das Enzym Phenoloxidase katalysiert wird. Wovon hängt diese Enzymaktivität ab?

Wiederholung
substratspezifisch: Der Enzym-Substrat-Komplex wird nur gebildet, wenn die räumlichen Strukturen von Enzym und Substrat exakt zueinander passen.
wirkungsspezifisch: Ein Enzym hat eine ganz spezifische Wirkung auf das Substrat und kann nur eine bestimmte chemische Reaktion katalysieren.

Enzyme

Enzyme sind Proteine und haben eine charakteristische räumliche Struktur, sodass genau ein **Substrat** nach dem **Schlüssel-Schloss-Modell** ins **aktive Zentrum** passt und umgesetzt werden kann. Veränderungen in äußeren Faktoren führen zu Veränderungen der Raumstruktur, die die Aktivität beeinflussen. Um die Geschwindigkeit einer enzymatischen Reaktion zu ermitteln, kann man die Stoffmenge, die pro Zeiteinheit umgesetzt wird, bestimmen. Diese **Reaktionsgeschwindigkeit** ist ein Maß für die **Enzymaktivität**.

Anhängigkeit der Enzymaktivität von der Substratkonzentration

Bei einer enzymatischen Reaktion steigt die Reaktionsgeschwindigkeit mit steigender Substratkonzentration an und nähert sich bei hohen Substratkonzentrationen einer Maximalgeschwindigkeit V_{max}. Ist diese erreicht, steigt die Reaktionsgeschwindigkeit nicht mehr weiter, obwohl die Substratkonzentration weiter steigt.

1 Beschreiben Sie die Abhängigkeit der Enzymaktivität von der Substratkonzentration auf Teilchenebene mit mehreren Skizzen.

Anhängigkeit der Enzymaktivität vom pH-Wert

Untersucht man die Abhängigkeit der Enzymaktivität vom pH-Wert, erhält man eine Optimumskurve. Jedes Enzym hat einen charakteristischen pH-Wert, an dem es optimal arbeitet. Eine Abweichung von diesem pH-Wert führt zu einer Verringerung der Enzymaktivität.

Abhängigkeit der Enzymaktivität von der Temperatur

Der Zusammenhang zwischen der Aktivität eines Enzyms und der Umgebungstemperatur wird ebenfalls durch eine Optimumskurve beschrieben. Bei steigender Temperatur erhöht sich die Geschwindigkeit einer enzymkatalysierten Reaktion zunächst stark. Für enzymkatalysierte Reaktionen wird die Reaktionsgeschwindigkeit bei einer Temperaturerhöhung von 10 °C um das Zwei- bis Dreifache gesteigert. Dies wird mit der **Reaktionsgeschwindigkeit-Temperatur-Regel (RGT-Regel)** beschrieben. Die RGT-Regel gilt nur für einen begrenzten Temperaturbereich zwischen 0 bis 40 °C. Bei Temperaturen über 50 °C sind die meisten Enzyme inaktiv.

2 Erläutern Sie, warum man die Braunfärbung des Apfels durch Übergießen mit kochendem Wasser verhindern kann.

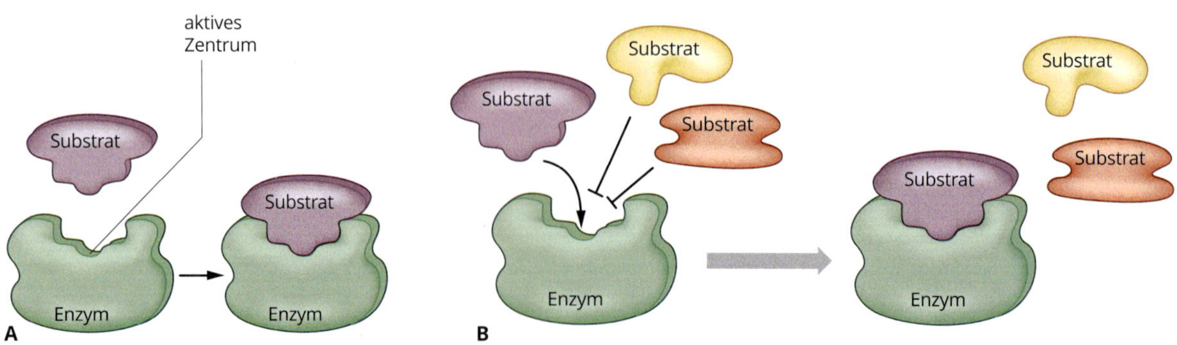

2 Enzyme. A Schlüssel-Schloss-Modell; **B** Substratspezifität

3 Abhängigkeit der Enzymaktivität von der Substratkonzentration

a) Definieren Sie den Begriff Reaktionsgeschwindigkeit.

b) Beschreiben Sie den Zusammenhang zwischen der Substratkonzentration und der Reaktionsgeschwindigkeit einer enzymatischen Reaktion. Gehen Sie dabei auf den Sättigungscharakter der abgebildeten Kurve ein.

c) Formulieren Sie den Zusammenhang zwischen Substratumsatz pro Zeiteinheit und Enzymaktivität in einem „Je … desto"-Satz.

d) Formulieren Sie eine Hypothese zum Verlauf der Kurve bei verdoppelter und halbierter Enzymmenge.

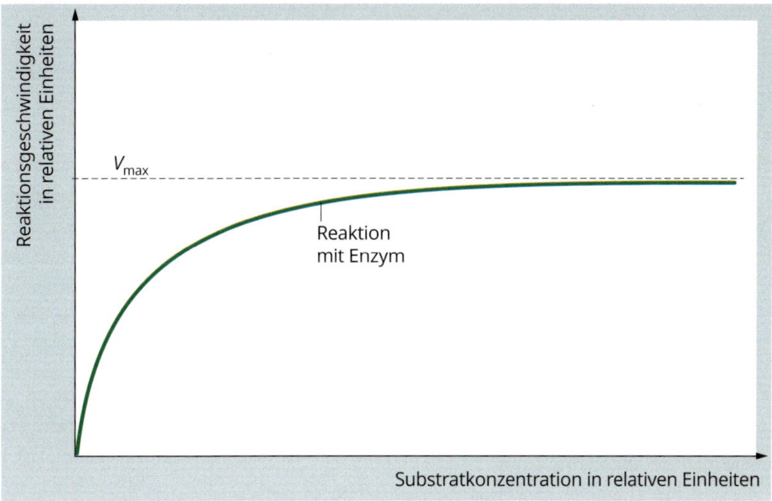

4 Abhängigkeit der Enzymaktivität vom pH-Wert

Enzyme zeigen Angepasstheiten an das spezielle Milieu, in dem sie wirken. So besitzt Pepsin, das im Magensaft vorkommt, ein pH-Optimum im sauren Bereich. Trypsin aus dem Bauchspeichel hat die höchste Aktivität im basischen Bereich zwischen pH-Werten von 8 bis 9.

a) Erklären Sie die pH-Abhängigkeit der Enzymaktivität der dargestellten Enzyme unter Berücksichtigung des Wirkorts (→ **Seite 110**).

b) Erläutern Sie die Abhängigkeit der Enzymaktivität vom pH-Wert auf molekularer Ebene.

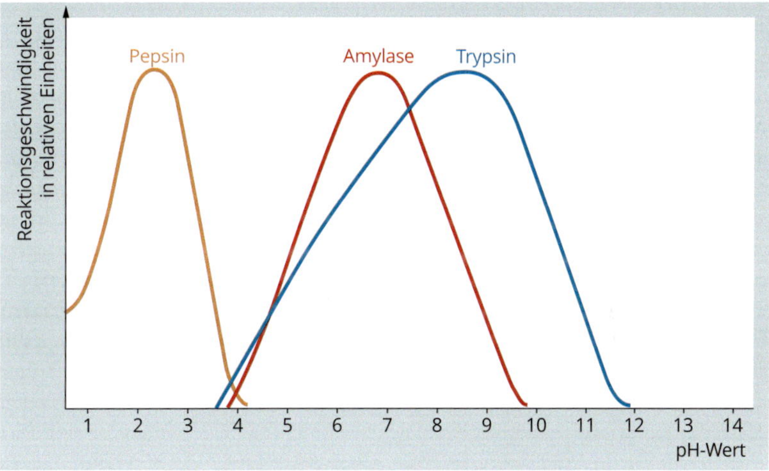

5 Abhängigkeit der Enzymaktivität von der Temperatur

a) Beschreiben Sie den Zusammenhang zwischen der Temperatur und der Reaktionsgeschwindigkeit

b) Erläutern Sie, warum langanhaltendes hohes Fieber für einen Menschen lebensgefährlich werden kann.

c) Erläutern Sie die Veränderung des Eiweißes eines Hühnereis, wenn man es kocht. Verwenden Sie in Ihrer Erläuterung nach einer Wiederholung die Begriffe Denaturierung, reversibel und irreversibel.

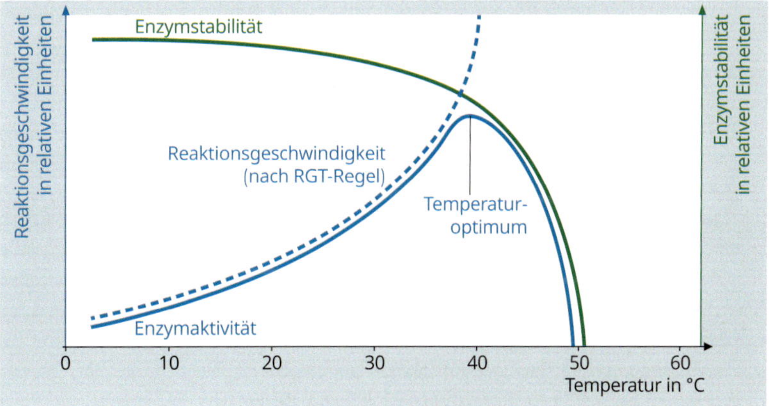

Experimente planen und durchführen

Experimente (lat. *experimentum*: Versuch, Prüfung) zählen zu den naturwissenschaftlichen Methoden der Erkenntnisgewinnung. Sie gehen von einem **Phänomen** aus, das zunächst nicht erklärbar ist. Dazu formulieren Forschende eine konkrete **Frage** und entwickeln **Hypothesen.** Eine Hypothese ist eine begründete Annahme. Hypothesen müssen so formuliert werden, dass sie überprüfbar sind. Sie schließen eine Wenn-dann-Beziehung ein: Wenn die Hypothese zutrifft, dann kann eine bestimmte Beobachtung gemacht werden. Beispiel:

Phänomen: *Gibt man das Enzym Amylase zu einer dunkel gefärbten Iod-Kaliumiodid/Stärke-Lösung, so entfärbt sich diese Lösung schnell. Bei 35 °C geht diese Entfärbung schneller als bei 10 °C.*

Frage: *Warum verschwindet die Färbung bei höheren Temperaturen schneller?*

Mögliche Hypothese:

Die Amylase ist ein stärkespaltendes Enzym, dessen Reaktionsgeschwindigkeit mit der Temperatur steigt. Bei höheren Temperaturen wird die Stärke schneller gespalten, daher erfolgt die Entfärbung der Lösung schneller.

Durchführung: Hypothesen können durch Experimente überprüft werden. Dabei soll der kausale Zusammenhang – die Beziehung zwischen Ursache und Wirkung – aufgeklärt werden. Dazu wird der Vorgang, bei dem das Phänomen festgestellt wurde, zumeist im Labor durchgeführt. Alle Faktoren, die den Vorgang beeinflussen könnten, müssen kontrolliert werden. Einer der Faktoren wird dann systematisch variiert, während die anderen Faktoren konstant gehalten werden. So können der alleinige Einfluss dieses Faktors auf den Vorgang und damit die Ursache-Wirkungsbeziehung erfasst werden. Die Ergebnisse des **Experimentalansatzes** müssen jeweils mit einem **Kontrollansatz** verglichen werden.

Durchführung: *Zur Überprüfung der Hypothese wird eine Versuchsreihe durchgeführt. Dabei sind die Konzentration der Iod-Stärke-Lösung sowie die zugegebene Menge Amylaselösung in jedem Ansatz gleich. Auch die Größe der Probengefäße sollte immer gleich sein. Die unabhängige Variable ist die gewählte Temperatur, die man beispielsweise mit verschieden temperierten Wasserbädern gewährleisten kann. Das Experiment beginnt für jeden Ansatz mit der Zugabe des Enzyms. Mit einer Stoppuhr wird die Zeit zur vollständigen Entfärbung gemessen und protokolliert. Bei jeder Versuchsreihe, also bei jeder Temperatur, wird ein Ansatz ohne Enzym durchgeführt.*

Beobachtung: Veränderungen während des Experimentes werden zielgerichtet wahrgenommen, oft mithilfe technischer Hilfsmittel. Ein wissenschaftliches Experiment muss nachvollziehbar, wiederholbar und objektiv sein. Seine Beobachtungen müssen reproduzierbar sein, das heißt, andere Personen an anderen Orten und/oder zu anderen Zeiten müssen bei dem Experiment dieselben Beobachtungen machen. Deshalb muss auch ein genaues Protokoll angefertigt werden. Hierfür bieten sich auch digitale Hilfsmittel, beispielsweise ein Tabellenkalkulationsprogramm, an.

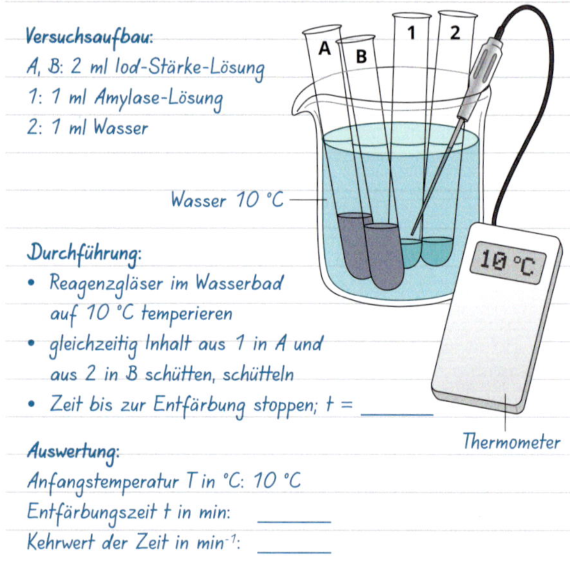

1 Protokoll eines möglichen Versuchsaufbaus

Beobachtung: *Die exakt gemessenen Zeiten bis zur Entfärbung der Amylaselösung sind in den Ansätzen unterschiedlich.*

Erklärung/Deutung: Bei der Auswertung des Versuchs werden die Beobachtungen mit den Hypothesen verglichen. Eine Hypothese kann durch die Beobachtungen gestützt oder widerlegt werden. Eine widerlegte Hypothese muss verworfen oder verändert werden.

Erklärung/Deutung: *Aus der Umsetzung der vorgegebenen Amylaselösung pro Zeit bis zur Entfärbung lässt sich eine Reaktionsgeschwindigkeit berechnen und in einem Diagramm gegen die Temperatur des Ansatzes auftragen. Als Maß für die Enzymaktivität bzw. die Reaktionsgeschwindigkeit gilt dabei der Kehrwert der Zeit bis zur Entfärbung (Einheit: min^{-1}). Aus diesem Diagramm wird ersichtlich, dass die Reaktionsgeschwindigkeit mit der Temperatur steigt. Die Hypothese kann mit diesem Experiment gestützt werden.*

Stützen die Ergebnisse eine Hypothese, so kann in der Erläuterung der kausale Zusammenhang formuliert werden. Die Erklärung ist streng von den beobachteten Ergebnissen zu trennen. Sie gilt als vorläufig, da sie vom Stand des Wissens abhängt. Eine Erklärung umfasst auch immer eine Diskussion der Methode und möglicher Fehler. Durch das Experiment werden **Erkenntnisse** gewonnen.

6 Planen Sie selbstständig Experimente, um Hypothese zur Beeinflussung der Enzymaktivität zu prüfen.

a) Entwickeln Sie ausgehend von dem Phänomen „Wenn man in einem Reagenzglas Katalase zu Wasserstoffperoxid gibt, dann kann man eine Schaumbildung beobachten" eine Fragestellung zur Abhängigkeit der Enzymaktivität von Außenfaktoren und stellen Sie Hypothesen zu ihrer Überprüfung auf.

b) Planen Sie Experimente unter Berücksichtigung des jeweiligen Variablengefüges. Klären Sie dabei, eventuell mit einer Recherche, welche **Messgröße** Sie mit welcher **Messmethode** erfassen möchten. Geben Sie auch an, welche von den unten (→ **Kasten**) angegebenen Materialien Sie benötigen und wozu Sie sie einsetzen.

c) Führen Sie das Experiment durch. Protokollieren Sie die Ergebnisse **quantitativ** und **qualitativ** mithilfe digitaler Werkzeuge. Achten Sie auf die korrekten Messgrößen und **Messeinheiten**.

d) Beachten Sie bei der Auswertung durchgeführter Experimente die vorliegende Aufgabenstellung. Sollte das Ergebnis nicht wie erwartet ausfallen, ist es sinnvoll eine Fehleranalyse durchzuführen und so die unerwarteten Ergebnisse zu erklären.

e) Interpretieren und erklären Sie Ihre Ergebnisse.

f) Widerlegen oder stützen Sie Ihre Hypothese und formulieren Sie Ihre Erkenntnis.

Beispiel

Information: Katalasen sind Enzyme, die Wasserstoffperoxid in Wasser und Sauerstoff spalten. Trockenhefe enthält Katalase. Die Aktivität der Katalse ist von verschiedenen Außenfaktoren abhängig. Die Reaktion der Katalase kann in Experimenten als Modell für die Abhängigkeit der Enzymaktivität von Außenfaktoren untersucht werden.

Material:
Folgende Materialien stehen zur Verfügung:
Becherglas; 400-mL-Bechergläser; Braunstein MnO_2; Brenner; Eis; Glimmspan; Kartoffel; Knoblauchpresse; Lineal; Messer; Reagenzgläser; Reagenzglasklammer; Reagenzglasständer; Schutzbrille; Spatel; Pipetten; Stoppuhr; Thermometer; Trockenhefe; Universalindikatorpapier; verd. salzsaure Lösung (w = 10 %); verd. Natronlauge (w = 10 %); Wasserbäder; verdünnte Spülmittellösung; Wasserstoffperoxid-Lösung (w = 3 %)

Halten Sie die Sicherheitsbestimmungen für Arbeiten im Labor ein und protokollieren Sie diese. Hinweise finden Sie auf den Seiten 241–243.

Hinweise für selbstständiges Arbeiten:
Verschaffen Sie sich zur Planung Ihres Experiments einen Überblick über das Labormaterial, das Ihnen im Naturwissenschaftsraum zur Verfügung stehen wird (siehe Kasten links).

Checkliste: Vorbereitung
- Überlegung, welche Ansätze man für das Experiment benötigt, um die Fragestellung zu beantworten
- Erstellen einer Pipettieranleitung in tabellarischer Form gut möglich: Tabelle mit den verschiedenen Ansätzen in den einzelnen Spalten und den einzelnen Komponenten in den Zeilen; Überlegung, wie Veränderung nachgewiesen wird, dementsprechend Tabellenzeile ergänzen, zum Beispiel „Farbumschlag"
- für jeden Ansatz eintragen, welche Komponenten in welcher Konzentration zugegeben werden
- nur eine Variable zwischen einzelnen Ansätzen variieren
- Ergänzung von Negativkontrollen, zum Beispiel ein Ansatz ohne Enzym
- Überlegung, in welcher Reihenfolge die einzelnen Komponenten zugegeben werden; mit der Enzymzugabe startet das Experiment
- **Muster:**

	1 20 °C	2 25 °C	3 30 °C	Kontrollen		
				20 °C	25 °C	30 °C
Substrat (2 ml)	+	+	+	+	+	+
Wasser (2 ml)	+	+	+	+	+	+
Indikator (2 Tropfen)	+	+	+	+	+	+
Enzym	+	+	+	-	-	-

Checkliste: am Laborplatz
- Überblick über den Laborplatz verschaffen, überprüfen, ob alle benötigten Materialien vorhanden sind
- Labormaterial beschriften
- Lösungen und Bestandteile der einzelnen Ansätze in den Röhrchen oder Gefäßen vorbereiten
- vorbereitete Tabelle zur Ergebnisdokumentation und Stift bereithalten
- nur so viele Experimente/Ansätze parallel durchführen, wie man im Blick behalten kann

Checkliste: nach dem Experiment
- nach dem Experiment die verwendeten Chemikalien gemäß der Entsorgungshinweise entsorgen
- Laborgeräte säubern
- Arbeitsplatz vollständig aufräumen und säubern
- Hände sorgfältig reinigen

Materialgebundene Aufgabe

1 Hemmung von Enzymen

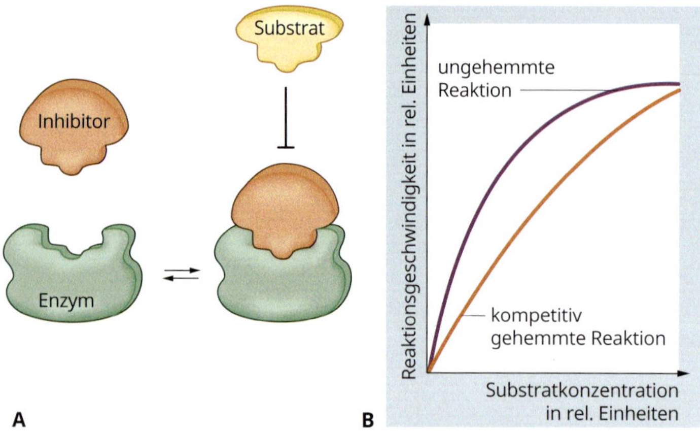

Reversible kompetitive Hemmung. A Molekülmodelle; **B** Reaktionsgeschwindigkeit der kompetitiv gehemmten und der ungehemmten Reaktion bei steigender Substratkonzentration

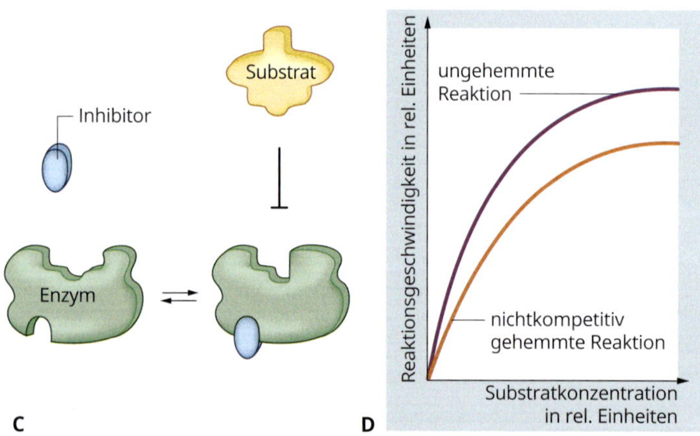

Reversible nichtkompetitive Hemmung. C Molekülmodelle; **D** Reaktionsgeschwindigkeit der nichtkompetitiv gehemmten und der ungehemmten Reaktion bei steigender Substratkonzentration

a) ≡ Vergleichen Sie tabellarisch die kompetitive und die nichtkompetitive Hemmung von Enzymen.

b) ≡ Erklären Sie, warum bei einer reversiblen kompetitiven Enzymhemmung mit steigender Substratkonzentration die maximale Reaktionsgeschwindigkeit erreicht wird, bei einer reversiblen nichtkompetitiven Hemmung jedoch nicht.

c) ≡ Wendet man das Schlüssel-Schloss-Modell auf die reversible kompetitive Hemmung an, so kann man den Inhibitor mit einem Schlüssel vergleichen, der zwar in das Schlüsselloch hineinpasst, sich aber im Schloss nicht umdrehen lässt und es folglich nicht öffnet. Dieser nicht passende Schlüssel kann jedoch wieder entfernt werden. Erklären Sie auch die reversible nichtkompetitive Hemmung mithilfe des Schlüssel-Schloss-Modells.

2.7 Die Regulation von Stoffwechselprozessen: Hemmung von Enzymen

Schwermetalle wie Blei und Quecksilber sind für den Menschen giftig. Was hat das mit Enzymen zu tun?

Enzyme können gehemmt werden

Enzymkatalysierte Reaktionen können durch verschiedene Wirkstoffe gehemmt werden. Solche Hemmstoffe oder **Inhibitoren** binden an Enzymmoleküle und senken ihre Aktivität. Daher nimmt die Geschwindigkeit der enzymatischen Reaktion ab.

Reversible kompetitive Hemmung

Bei der **kompetitiven Hemmung** (lat. *competere:* wetteifern) ähnelt das Inhibitormolekül dem Substratmolekül und konkurriert mit diesem um die Besetzung des aktiven Zentrums des Enzymmoleküls. Ein gebundenes Inhibitormolekül wird nicht umgesetzt. Dadurch kann weniger Substrat pro Zeiteinheit umgesetzt werden und die Geschwindigkeit der Enzymreaktion verringert sich. Mit zunehmender Substratkonzentration steigt die Wahrscheinlichkeit, dass Substratmoleküle an das aktive Zentrum binden. Das Inhibitormolekül kann sich wieder aus dem aktiven Zentrum lösen. Die Inhibitormoleküle verlieren damit zunehmend an Bedeutung. Bei hoher Substratkonzentration wird daher die maximale Reaktionsgeschwindigkeit trotz des Inhibitors erreicht.

Reversible nichtkompetitive Hemmung

Bei der **nichtkompetitiven Hemmung** besteht zwischen dem Inhibitormolekül und dem Substratmolekül keine Ähnlichkeit der Struktur. Das Inhibitormolekül bindet nicht am aktiven Zentrum, sondern an einer anderen Stelle des Enzymmoleküls. Es verursacht dadurch eine Veränderung der Raumstruktur des Enzymmoleküls. Dabei wird das aktive Zentrum so verändert, dass es kein Substratmolekül mehr binden kann. Auch wenn sich ein Inhibitormolekül wieder von einem Enzymmolekül ablöst, bindet es sofort wieder an ein anderes Enzymmolekül. So wird durch die Anwesenheit eines nichtkompetitiven Inhibitors die Zahl aktiver Enzymmoleküle verringert. Dadurch kann die maximale Reaktionsgeschwindigkeit der ungehemmten Reaktion auch bei zunehmender Substratkonzentration nicht erreicht werden.

Irreversible Hemmungen

Sowohl kompetitive als auch nichtkompetitive Inhibitoren können auch dauerhaft an Enzymmoleküle binden. In diesen Fällen liegen **irreversible Hemmungen** vor. So wird etwa ein Enzym, das für die Übertragung von Nervenimpulsen verantwortlich ist, durch bestimmte Insektizide irreversibel gehemmt (→ **Seite 39**). Viele Schwermetalle, etwa Quecksilber- oder Blei-Ionen, sind für Menschen giftig, weil sie irreversible nichtkompetitive Hemmungen verschiedener Enzyme verursachen. Da sie sich nicht wieder ablösen, ist die Raumstruktur des Enzymmoleküls bleibend verändert. Zellen können irreversibel gehemmte Enzyme abbauen und diese neu synthetisieren. Dieser Vorgang dauert jedoch zu lange, sodass der Ausfall der jeweiligen Enzyme schwerwiegende Folgen hat.

2 Blei-Ionen sind giftig

a) ≡ Der Maler August Haake (1889–1915) verstarb im Alter von 25 Jahren an einer Blei-Ionenvergiftung. Recherchieren Sie die Quelle seiner Vergiftung.

b) ≡ Recherchieren Sie die Wirkung der Blei-Ionen auf molekularer Ebene.

c) ≡ Recherchieren Sie zur Blei-Ionenvergiftung. Gehen Sie auf die Quellen der Blei-Ionen und die rechtlichen Regelungen zur Verhinderung der Blei-Ionenvergiftung ein.

3 ≡ Durch Verwechslungen oder falsche Produktionsbedingungen bei privat gebrannten Schnäpsen kann eine Vergiftung mit Methanol auftreten. In so einem Fall kann die schnelle Zufuhr von Ethanol die Betroffenen retten. Recherchieren Sie die Verstoffwechselung von Methanol und Ethanol und erläutern Sie so diese Behandlung.

Exkurs // Enzyme benötigen Cofaktoren

Die Mehrzahl der Enzyme benötigt zusätzliche **Cofaktoren** für die Katalyse. Das können zum einen anorganische Metallionen wie Eisen-, Kupfer- oder Mangan-Ionen sein, welche die Raumstruktur von Enzymmolekülen stabilisieren oder an der Bindung des Substratmoleküls an das aktive Zentrum eines Enzymmoleküls beteiligt sind. Des weiteren sind komplexe organische Moleküle an vielen Reaktionen beteiligt. Diese **Coenzyme** lagern sich vorübergehend mit dem Substratmolekül an das aktive Zentrum des Enzymmoleküls. Coenzyme werden bei den Reaktionen chemisch verändert und erst in einer weiteren enzymatischen Reaktion wieder regeneriert. Da Coenzyme direkt an der Reaktion beteiligt sind und dabei chemisch verändert werden, nennt man sie auch **Cosubstrate**.

Wasserstoffübertragende Coenzyme

Bei Oxidations- und Reduktionsvorgängen erfolgt der Wasserstofftransport über Coenzyme. Das Coenzym **N**icotinamid-**A**denin-**D**inucleotid (→ **Seite 127**) kann als NAD^+ oder $NADH + H^+$ vorliegen: Formal bindet NAD^+ reversibel ein Proton und zwei Elektronen eines Wasserstoffmoleküls und wird so zu NADH reduziert:

$$NAD^+ + 2\,H^+ + 2\,e^- \rightleftarrows NADH + H^+$$

In einer weiterer Reaktion gibt es das Proton und die Elektronen wieder ab und wird so wieder zu NAD^+ oxidiert. Im Zellstoffwechsel kommen weitere wasserstoffübertragende Coenzyme vor, etwa $NADP^+/NADP + H^+$ (**N**icotinamid-**A**denin-**D**inucleotid-**P**hosphat) und $FAD/FADH_2$ (**F**lavin-**A**denin-**D**inucleotid) (→ **Seite 131**).

Energieübertragende Coenzyme

ATP (**A**denosin**tri**phosphat) ist das wichtigste energieübertragende Coenzym der Zellen. Die Energie dieses Moleküls ist in den chemischen Bindungen zwischen den Phosphatgruppen gespeichert. Bei der Abspaltung einer Phosphatgruppe wird Energie frei, es entsteht **ADP** (**A**denosin**di**phosphat). Nochmalige Abspaltung einer Phosphatgruppe führt zu **AMP** (**A**denosin**m**onophosphat). ATP kann wieder regeneriert werden, wenn unter Energieaufwand Phosphatgruppen an AMP beziehungsweise ADP gebunden werden.

1 ≡ Nennen Sie die Unterschiede zwischen Coenzymen und Enzymen sowie Cosubstraten und Substraten.

2 ≡ Viele Vitamine sind Vorstufen oder Bestandteile von Cofaktoren. Recherchieren Sie die Beteiligung von Vitamin B_1 am Abbau der Glucose.

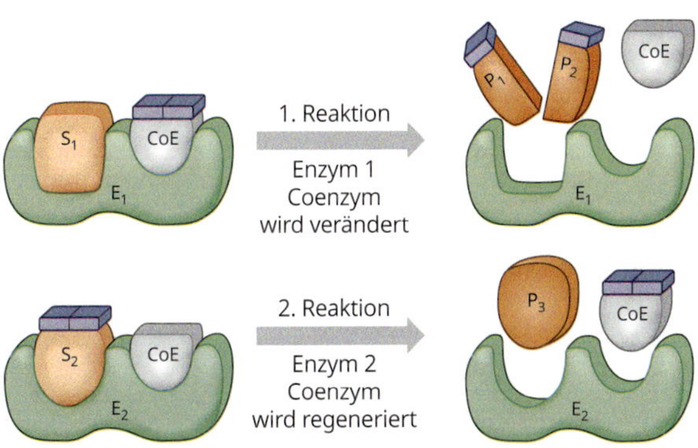

1 Enzyme, Coenzyme und Substrate wirken zusammen.

2.8 Regulation der Enzymaktivität

Wie können sich Zellen auf eine unterschiedliche Stoffaufnahme oder einen veränderten Stoffbedarf einstellen?

Die Umsetzung von Stoffen erfolgt im Stoffwechsel einer Zelle in der Regel über mehrere Teilschritte. Jeder dieser Schritte wird von einem spezifischen Enzym katalysiert. Man spricht von **Stoffwechselketten:**

Ausgangsstoff A —E1→ B —E2→ C —E3→ D —E4→ Produkt P
Zwischenprodukte

Obwohl in jeder Zelle viele Stoffwechselketten gleichzeitig ablaufen und unzählig viele Zwischenprodukte auftreten, verläuft die Stoffumsetzung in geordneten Bahnen. Dies ist zum einen auf die Substrat- und Wirkungsspezifität der Enzyme zurückzuführen, zum anderen darauf, dass die Aktivität von Enzymen reguliert werden kann. Werden bei einer Stoffwechselkette kontinuierlich Ausgangsstoffe zugeführt und im gleichen Maße die entstehenden Endprodukte entfernt, so bleibt die Konzentration der Zwischenprodukte unverändert. Einen solchen stationären Zustand nennt man **Fließgleichgewicht**. Auf eine unterschiedliche Stoffzufuhr oder einen veränderten Stoffbedarf, also eine Störung des Fließgleichgewichts, kann eine Zelle in unterschiedlicher Weise reagieren: Zum einen können Enzyme, die an der Stoffwechselkette beteiligt sind, vermehrt gebildet oder vorhandene Enzyme abgebaut werden. Zum anderen kann die Aktivität vorhandener Enzyme reguliert werden.

Veränderung der Enzymaktivität

Viele Enzymmoleküle besitzen zusätzlich zum aktiven Zentrum regulatorische Zentren. An diese können spezifische **Effektoren**, Aktivatoren oder Hemmstoffe, binden und dadurch die Aktivität des Enzyms beeinflussen. Enzyme, die durch spezifische Effektoren reguliert werden können, bezeichnet man als **allosterische Enzyme**. Allosterische Enzyme befinden sich häufig an Schlüsselpositionen der Reaktionsketten des Stoffwechsels. Zu diesen zählen beispielsweise der erste oder der langsamste Schritt einer Stoffwechselkette. Die **Aktivierung** oder **Inaktivierung** der Aktivität dieser **Schlüsselenzyme** beeinflusst die Geschwindigkeit der gesamten Stoffwechselkette.

Mechanismen der Regulation

Häufig erfolgt die Regulation allosterischer Enzyme durch die Substratkonzentration. Dabei setzen sich Substratmoleküle als positive Effektoren an ein regulatorisches Zentrum des betreffenden Enzyms und beschleunigen dadurch die Umsetzung weiterer Substratmoleküle. Diese Form der Regulation bezeichnet man als **Substratinduktion**. Auch Endprodukte einer Stoffwechselkette können allosterische Enzyme regulieren. Liegen Produktmoleküle in höheren Konzentrationen vor, wirken sie als negative Effektoren und verringern damit die Geschwindigkeit, mit der die Produkte hergestellt werden. Durch diese **Endprodukthemmung** wird eine Überproduktion von Endprodukten vermieden. Dies ist biologisch sinnvoll, da eine Anreicherung von Endprodukten die Zelle schädigen könnte und dabei unnötig Energie und Baustoffe verbraucht würden.

2 VL Stellen Sie die verschiedenen Möglichkeiten der Regulation des Stoffwechsels durch Enzyme in einer Mindmap dar.

Materialgebundene Aufgaben

1 Regulation von Enzymen

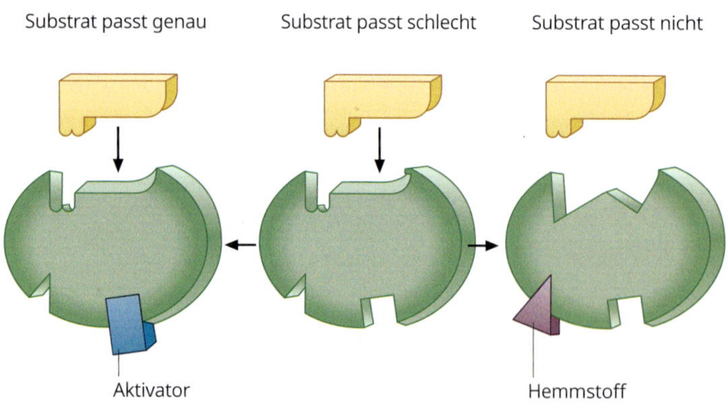

a) Beschreiben Sie die Wirkung der Effektoren auf die Enzymaktivität. Nutzen Sie dafür folgende Satzanfänge:
Positive Effektoren verändern die räumliche Gestalt des Enzymmoleküls so, dass ... Bindet dagegen ein negativer Effektor an das dafür spezifische regulatorische Zentrum, ...

b) Leiten Sie eine Definition des Begriffs „allosterisches Zentrum“ in Abgrenzung zum aktiven Zentrum eines Enzyms ab.

c) Begründen Sie, warum allosterische Enzyme oft den ersten Schritt einer Stoffwechselkette katalysieren.

d) Diskutieren Sie Stärken und Schwächen der Modelldarstellung.

3 Wirkungen von Substrat und Endprodukt

a) Beschreiben Sie die Regulation eines Enzyms durch das Substrat anhand der Abbildung.

b) Erstellen Sie mithilfe des Textes von Seite 120 ein entsprechendes Modell der Endprodukthemmung.

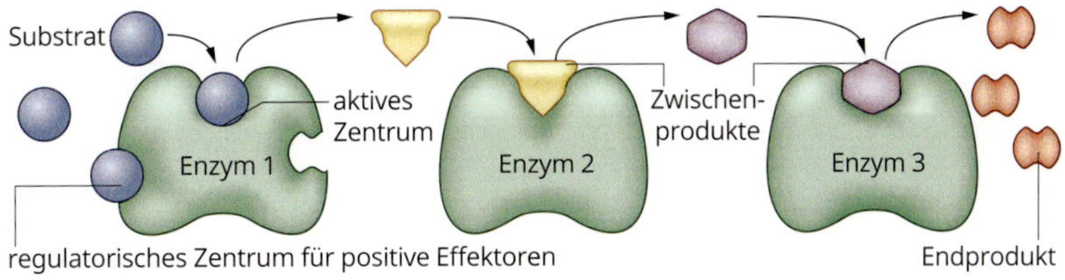

4 Regulation der Phosphofructokinase

Muskelzellen können nur kontrahieren, wenn ihnen ausreichend Energie in Form von ATP zur Verfügung steht. Sie gewinnen ATP, indem sie energiereiche Glucose in mehreren hintereinander ablaufenden chemischen Reaktionen, der Glykolyse (→ **Seite 130**), abbauen.

Ein Schlüsselenzym dieser Stoffwechselkette ist die **Phosphofructokinase**, die im dritten Schritt der Glykolyse die Übertragung eines Phosphatrestes katalysiert. Dieses Enzym ist ein allosterisches Enzym und besitzt zusätzlich zum aktiven Zentrum mehrere **regulatorische Zentren**.

Bei einer hohen Konzentration von ATP in der Zelle lagern sich ATP-Moleküle an die regulatorischen Zentren der Phosphofructokinasemoleküle. Dadurch verändert sich ihre räumliche Gestalt, sodass Substratmoleküle schlechter im aktiven Zentrum der Enzymmoleküle gebunden werden. Die Aktivität der Phosphofructokinase nimmt also ab, es wird pro Zeiteinheit weniger ATP gebildet. ATP wirkt demnach als **negativer Effektor**. Sinkt die ATP-Konzentration in der Zelle, lösen sich die ATP-Moleküle von den Enzymmolekülen und die Hemmung wird aufgehoben. ATP-Moleküle entstehen, wenn Phosphatgruppen auf ADP- oder AMP-Moleküle übertragen werden.

Bei einer geringen ATP-Konzentration liegen daher gleichzeitig hohe ADP- und AMP-Konzentrationen in den Zellen vor. Diese AMP- beziehungsweise ADP-Moleküle lagern sich an andere regulatorische Zentren der Phosphofructokinase-Moleküle an. Dadurch können diese besser Substratmoleküle binden und umsetzen. AMP und ADP wirken als **positive Effektoren**. Der weitere Glucoseabbau in der Zelle läuft mit höherer Geschwindigkeit ab. Pro Zeiteinheit wird mehr ATP gebildet.

a) Stellen Sie die Regulation der Phosphofructokinase wahlweise in einer Skizze oder in einem Flussdiagramm dar.

b) Beschreiben Sie die Regulation der Phosphofructokinase bei einem Sportler während einer Aktivitäts- und einer Ruhephase.

c) „Die Regulation der Phosphofructokinase passt den Energieumsatz der Muskeln an Belastungen an“. Erklären Sie dies.

5 Regulation der Lysin-Synthese in Bakterien

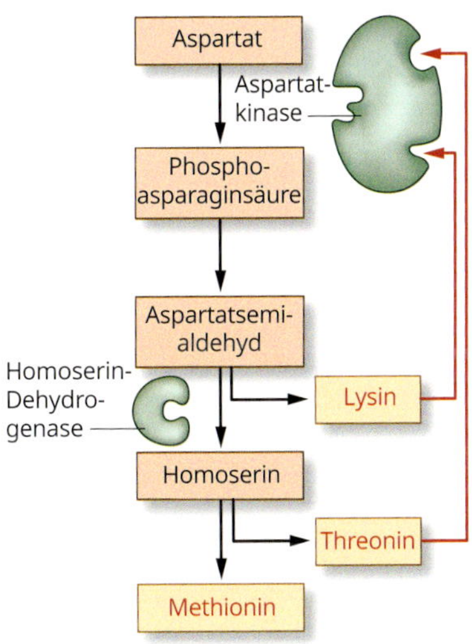

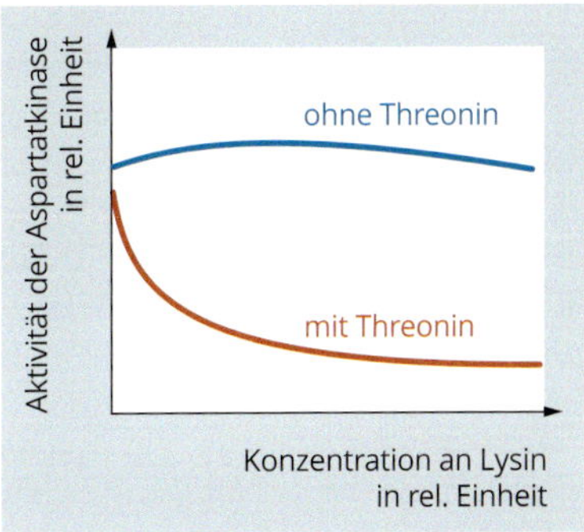

Viele Nutztiere müssen die Aminosäuren Lysin, Methionin und Threonin mit der Nahrung aufnehmen. Lysinzugabe verbessert daher den Nährwert des Futters. Lysin wird mithilfe von Bakterien hergestellt. Es ist neben Methionin und Threonin Endprodukt einer Stoffwechselkette, deren Ausgangsstoff Aspartat ist. Die Umsetzung von Aspartat zu Phosphoasparaginsäure wird durch das Enzym Aspartatkinase katalysiert.

a) Deuten Sie die Versuchsbeobachtungen unter Berücksichtigung der dargestellten Stoffwechselkette.

b) Erklären Sie, warum man für die Lysinsynthese unter anderem Bakterien nutzt, bei denen das Enzym Homoserin-Dehydrogenase infolge einer Mutation inaktiv ist.

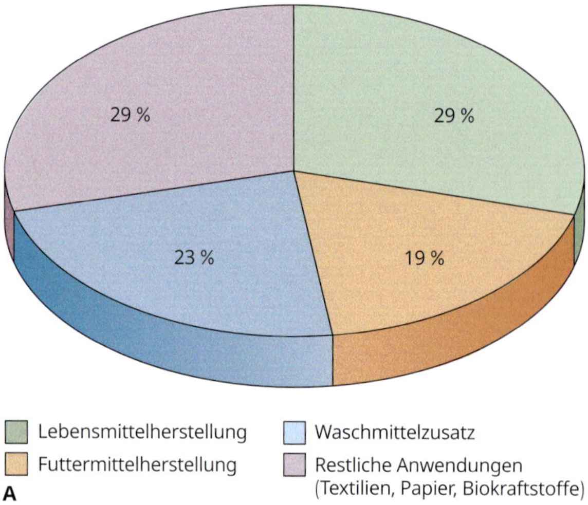

1 Anwendungsbereiche von Enzymen. A Übersicht; **B** „Stonewashed" Jeans als Beispiel

Einsatz von Enzymen

Stonewashed-Jeans zeichnen sich durch einen ausgeblichenen und leicht zerschlissenen Look aus. Dieser wurde früher durch Waschen mit kantigen Bimssteinen erzeugt. Inzwischen werden vielfach Enzyme dafür genutzt. Enzyme sind bereits in kleinsten Mengen wirksam und arbeiten sehr spezifisch. Aufgrund dieser Eigenschaften sind sie auch zu unverzichtbaren Werkzeugen beispielsweise in der Lebensmittel- und Futtermittelherstellung sowie der Pharma- und Papierindustrie geworden.

Enzyme werden mithilfe gentechnisch veränderter Bakterien oder Pilzen erzeugt. Diese stellen die gewünschten Enzyme kostengünstig, in großen Mengen und in hoher Reinheit her. Dabei wird verstärkt auf Enzyme aus Bakterien und Archaeen gesetzt, die in extremen Lebensräumen vorkommen. Die aus ihnen gewonnenen Enzyme werden **Extremozyme** genannt. Sie sind auch bei extremen Bedingungen, etwa bei sehr hohen oder niedrigen Temperaturen und bei sehr hohen oder niedrigen pH-Werten, aktiv. Solche Extremozyme werden auch zur Herstellung der Stonewashed-Jeans genutzt. Hitze- und laugenstabile Cellulasen zersetzen die gefärbte äußere Schicht der Baumwollfasern, sodass der indigoblaue Farbstoff aus den Fasern freigesetzt wird. Der durch diese Enzyme erzeugte Stonewashed-Effekt ist der gleiche wie beim Waschen mit Bimssteinen. Allerdings sind die Kosten für Wasser und Energie hierbei erheblich geringer, zudem werden die Maschinen nicht durch Steine geschädigt.

Einsatz in der Lebensmittelindustrie

Im Lebensmittelbereich besitzt die enzymatische **Stärkeverzuckerung** eine große wirtschaftliche Bedeutung. In einem mehrstufigen Prozess wird dabei pflanzliche Stärke aus Mais, Kartoffeln oder Weizen enzymatisch zu verschiedenen Zuckern abgebaut. In einem ersten Schritt des Verfahrens wird Stärke durch das Enzym Amylase in Bruchstücke zerlegt. Diese werden dann durch weitere Enzyme in verschiedene andere Di- und Monosaccharide umgewandelt. Man erhält so preiswerte Süßungsmittel wie Maltose-, Glucose- oder Fructosesirup, die in Getränken, Süß- und Backwaren Verwendung finden. Enzyme können auch dazu dienen, bestimmte Stoffe aus Lebensmitteln zu entfernen. So kann zum Beispiel die Lactose in der Milch durch Zugabe des Enzyms Galactosidase abgebaut werden. Auf diese Weise werden lactosefreie Milchprodukte für Menschen mit einer Lactoseintoleranz hergestellt.

Waschmittelzusätze

Beim Waschvorgang werden Fettverschmutzungen durch Waschmittel vom Gewebe gelöst und im Wasser verteilt. Eiweißhaltige Flecken wie Eigelb, Milch oder Blut lassen sich so allerdings nur schwer auswaschen. Durch den Zusatz von Proteasen können solche Verschmutzungen jedoch gut abgebaut werden. Neben Proteasen werden Waschmitteln heutzutage auch fettspaltende Lipasen und stärkespaltende Amylasen zugesetzt. Da die zugesetzten Enzyme bei den Reaktionen nicht verbraucht werden und bereits kleine Mengen sehr wirkungsvoll sind, kann die Menge anderer waschaktiver Substanzen in Waschmitteln reduziert werden. Die Proteasen in Wasch- und Reinigungsmitteln stehen im Verdacht, Allergien auszulösen. Bei der Produktion von Waschpulver werden die Enzyme daher mit einer Wachs- oder Celluloseschicht umschlossen. So wird der direkte Kontakt der Menschen mit diesen Enzymen verhindert. Für Allergiker sind auch enzymfreie Wasch- und Reinigungsmittel erhältlich.

1 ≡ Recherchieren Sie die Bedeutung von Enzymen bei der Herstellung von Futtermitteln, Papier oder Biokraftstoffen.

2 ≡ Recherchieren Sie den Einsatz von Enzymen bei dem Abbau von Plastikmüll.

Bedeutung des Fotosyntheseprodukts Glucose

Glucose für die Pflanze
- Energiestoffwechsel: Abbau der Glucose zur Bereitstellung von ATP in der Zellatmung
- Baustoffwechsel: Umbau der Glucose in Stärke, Saccharose, Cellulose, Fette und Proteine

Glucose als Nährstoff für heterotrophe Lebewesen
- Energiestoffwechsel: Abbau der aufgenommenen Glucose zur Bereitstellung von ATP in der Zellatmung
- Baustoffwechsel: Umbau der aufgenommenen Glucose in körpereigene Biomasse

Glucose für den enzymkatalysierten Umbau in körpereigene Reserve- und Baustoffe
- in Pflanzen: bilden daraus Glucose Kohlenhydrate, Fette und Aminosäuren.
- in heterotrophen Lebewesen: nehmen pflanzliche Produkte auf und bauen sie mithilfe von Enzymen im Prozess der Verdauung zu körpereigenen Reserve- und Baustoffen um.

Mehr dazu auf den Seiten 108–110

ⓔ Sekundäre Pflanzenstoffe

- **Definition:** von der Pflanze gebildete Stoffe, die nicht direkt für den Baustoff- oder den Energiestoffwechsel benötigt werden
- **Beispiele:** Duftstoffe, Farbstoffe, Abwehrstoffe
- **Nutzen für den Menschen:** zum Beispiel für Phytopharmaka oder Phytohormone

Mehr dazu auf Seite 111

nachwachsende Rohstoffe

- **Definition:** land- und forstwirtschaftlich erzeugte Produkte, die nicht als Nahrungsmittel verwendet werden sondern beispielsweise zur Erzeugung von Strom, Wärme oder Kraftstoffen genutzt werden
- **Beispiele:** Rapsschoten, Holz, Sonnenblumenkerne, Palmöl
- **Nutzen für den Menschen:** Biokraftstoffe, Biogas, Stromerzeugung, Wärmegewinnung

Mehr dazu auf den Seiten 112, 113

ⓔ Abhängigkeiten der Enzymaktivität

Abhängigkeit der Enzymaktivität von der Substratkonzentration: Enzymaktivität steigt mit steigender Substratkonzentration bis zu einer Sättigung; Ursache: vollständige Besetzung der vorhandenen Bindungsplätze am Enzym
Abhängigkeit der Enzymaktivität vom pH-Wert und der Temperatur: pH-Wert- und Temperatur-Veränderungen beeinflussen die Enzymaktivität; Ursache: Raumstruktur der Enzymmoleküle wird verändert, dies hat Einfluss auf die Enzymaktivität
Experimenteller Nachweis: durch Messreihen mit jeweils einer veränderten Variable

Mehr dazu auf den Seiten 114–117

Enzymregulation

Schlüssel-Schloss-Modell
Enzyme sind Proteine und haben eine charakteristische räumliche Struktur, sodass genau ein Substrat nach dem Schlüssel-Schloss-Modell ins aktive Zentrum passt und umgesetzt werden kann.

Enzymhemmungen
reversibel kompetitiv: Das Inhibitormolekül
- konkurriert mit dem Substratmolekül um die Bindung an das aktive Zentrum
- wird nicht umgesetzt und löst sich wieder ab
- blockiert zeitweise das aktive Zentrum

reversibel, nichtkompetitiv: Das Inhibitormolekül
- setzt sich reversibel an das Enzymmolekül
- verursacht eine Veränderung seines aktiven Zentrums, sodass zeitweise keine Substratmoleküle binden können

irreversibel: Das Inhibitormolekül löst sich nicht wieder von dem Enzymmolekül.

allosterische Enzyme: Enzyme, die durch spezifische Effektoren reguliert werden können
Aktivierung: Beispiel Substratinduktion: Bei hohen Substratkonzentrationen wirken Substratmoleküle als positive Effektoren und aktivieren Enzymmoleküle.
Inaktivierung: Beispiel Endprodukthemmung: Bei hohen Endproduktkonzentrationen wirken Produktmoleküle als negative Effektoren und hemmen Enzymmoleküle.

Mehr dazu auf den Seiten 118–121

AUFGABEN

Infektionen mit *Helicobacter pylori*

Der Magensaft des Menschen wird von verschiedenen Drüsen in der Magenschleimhaut gebildet. Er setzt sich aus Schleim, salzsaurer Lösung, Enzymen und verschiedenen regulatorischen Substanzen zusammen.
Ein Teil der mit der Nahrung aufgenommenen Proteine wird im Magen zunächst durch salzsaure Lösung denaturiert und danach durch das Enzym Pepsin gespalten. Gleichermaßen werden die mit der Nahrung aufgenommenen Bakterien im Magen abgetötet und verdaut. Eine Ausnahme bildet *Helicobacter pylori*. Dieses Bakterium kann im sauren Magenmilieu leben und sich dort vermehren. Es gilt als Verursacher einer chronisch entzündeten Magenschleimhaut. Nach aktuellem Forschungsstand sind in Deutschland etwa 30 Prozent der Bevölkerung mit *Helicobacter pylori* infiziert, wobei jedoch bei 80 Prozent der Infizierten keine Symptome auftreten.

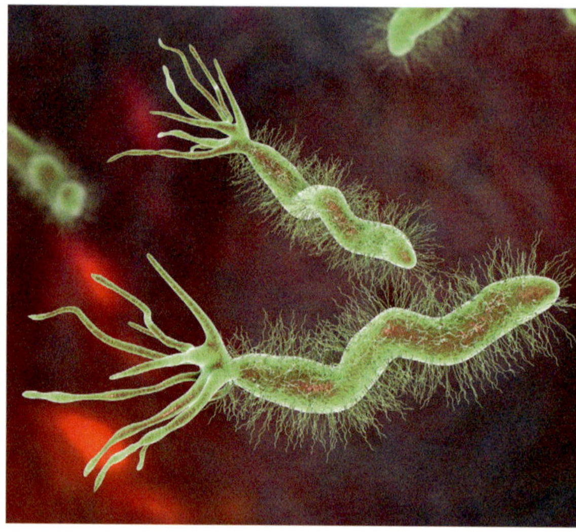

1 *Helicobacter pylori*

1 Erklären Sie am Beispiel von Pepsin und unter Verwendung des Schlüssel-Schloss-Modells die Begriffe substratspezifisch und wirkungsspezifisch. Nutzen Sie M1. [8 BE]

2 Erläutern Sie mit M1 den durch Pepsin katalysierten Umbau eines mit der Nahrung aufgenommenen Proteins und seine Bedeutung. [6 BE]

3 Stellen Sie die pH-Wert-Abhängigkeit von Pepsin mit M1 grafisch dar und erklären Sie die Abhängigkeit des Enzyms Pepsin vom pH-Wert auf molekularer Ebene. [8 BE]

4 Fassen Sie mithilfe von M2 zusammen, wie *Helicobacter pylori* vor der Verdauung im Magen geschützt ist. [8 BE]

5 Deuten Sie die in M3 beschriebenen Testergebnisse bezüglich einer *Helicobacter pylori*-Infektion bei den beiden Betroffenen. [6 BE]

6 Analysieren Sie mit M4, um welchen Hemmstofftyp es sich bei dem Medikament AHA handelt, und begründen Sie Ihre Entscheidung. [10 BE]

MATERIAL

M1 Eigenschaften von Pepsin

Pepsin wird von den Drüsen der Magenschleimhaut als inaktive Vorstufe Pepsinogen gebildet. Gelangt Pepsinogen ins Mageninnere, so wird es dort durch die salzsaure Lösung in aktives Pepsin überführt. Die höchste Aktivität hat Pepsin bei pH-Werten zwischen 1,5 und 3. Oberhalb von pH-Wert 4 nimmt die Aktivität von Pepsin deutlich ab. Ab einem pH-Wert von 7 wird es irreversibel denaturiert. Deshalb verliert Pepsin im neutralen Milieu des Dünndarms seine Wirksamkeit.

Pepsin spaltet bevorzugt Peptidbindungen, die zwischen Phenylalanin (Phe) und Leucin (Leu), Phenylalanin und Phenylalanin oder zwischen Phenylalanin und Tyrosin (Tyr) gebildet werden. Als Produkte der Pepsinwirkung entstehen aus den Proteinen Gemische kleinerer Peptide.

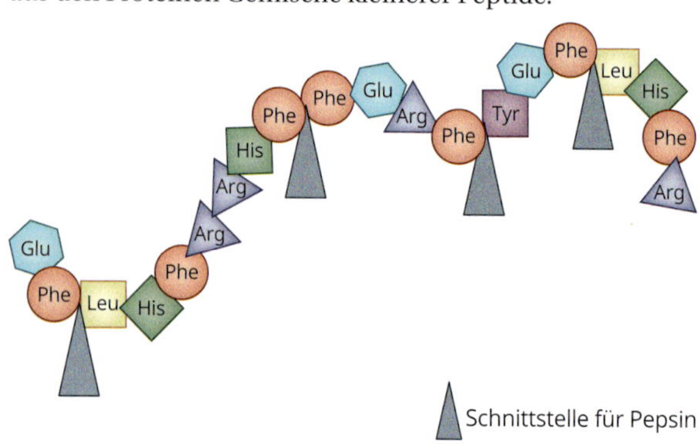

M2 *Helicobacter pylori*

Helicobacter pylori nistet sich in und unter dem zähen Schleim ein, der die Magenepithelzellen vor einer Selbstverdauung schützt. Im Zytoplasma und an der Oberfläche des Bakteriums lässt sich das Enzym Urease nachweisen. Urease setzt den im Mageninhalt vorkommenden Harnstoff in Kohlenstoffdioxid und Ammoniak um. Ammoniak neutralisiert Säuren. Dadurch ist der pH-Wert in der unmittelbaren Umgebung von *Helicobacter pylori* in den neutralen bis basischen Bereich verschoben.
Der Schleim der Magenwand besteht aus einem Netzwerk von Glykoproteinen, den Muzinen. Ab einem pH-Wert von 5 bricht dieses Netzwerk zunehmend zusammen und der Schleim wird dünnflüssig. *Helicobacter pylori* kann den dünnflüssigen Schleim durchdringen. Mithilfe seiner Geißeln bewegt es sich in Richtung abnehmender Säurekonzentration im Magenschleim fort. So erreicht es die Epithelzellen des Magens und kann sich daran festsetzen. Giftstoffe, die das Bakterium abgibt, töten die Magenepithelzellen ab und lösen in der Magenwand Entzündungsprozesse aus, die zu Magengeschwüren führen können.

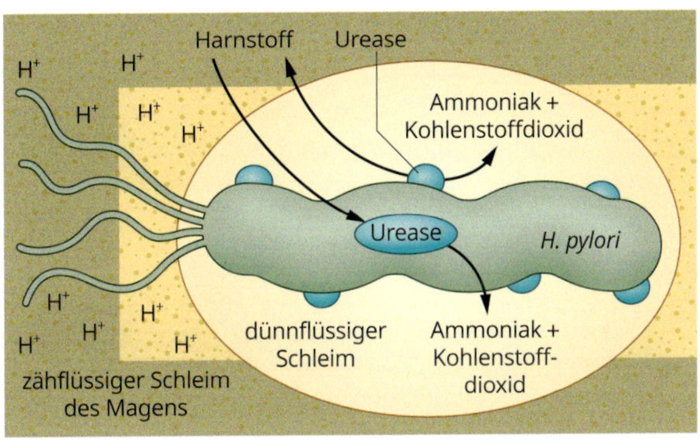

M3 Diagnostik der *Helicobacter-pylori*-Infektion

Für die Diagnostik einer *Helicobacter-pylori*-Infektion gibt es verschiedene Testverfahren. Beispielsweise kann im Rahmen einer Magenspiegelung eine Gewebeprobe aus der Magenschleimhaut entnommen werden. Diese wird in eine Nährlösung für die Bakterien gegeben, die unter anderem Harnstoff und einen pH-Wert-Indikator enthält. Dieser Indikator zeigt durch einen Farbumschlag von gelb nach rot einen pH-Wert von 8 bis 14 an.

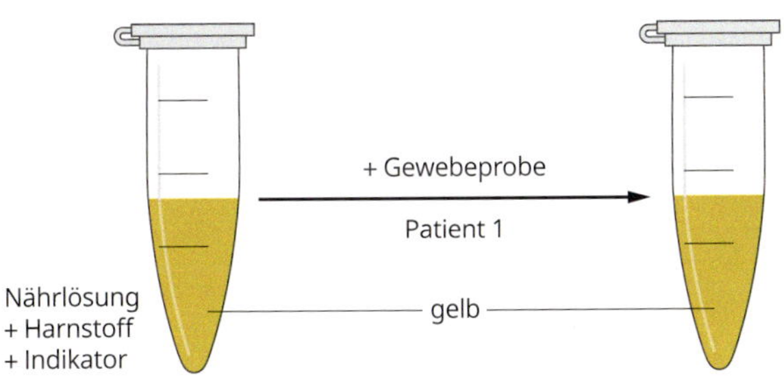

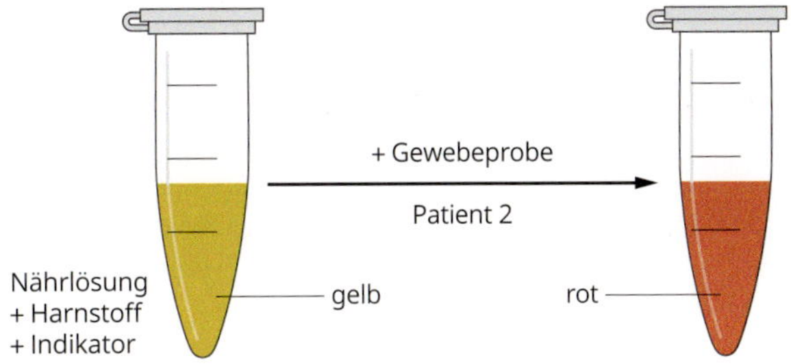

M4 Therapie bei einer *Helicobacter-pylori*-Infektion

Bei der Behandlung von *Helicobacter-pylori*-Infektionen werden neben Antibiotika auch noch Ureasehemmstoffe wie etwa Acetohydroxamsäure, kurz AHA, eingesetzt.

M4a Strukturformeln

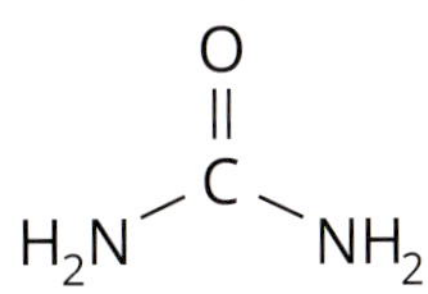

Harnstoff

A

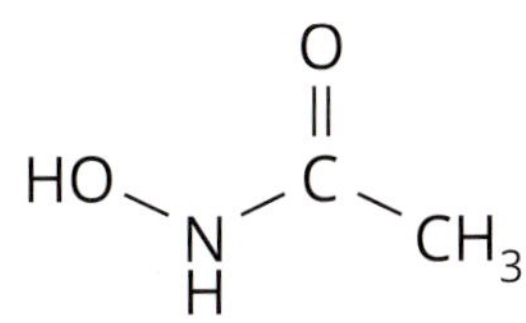

Acetohydroxamsäure

B

M4b Reaktionsgeschwindigkeit

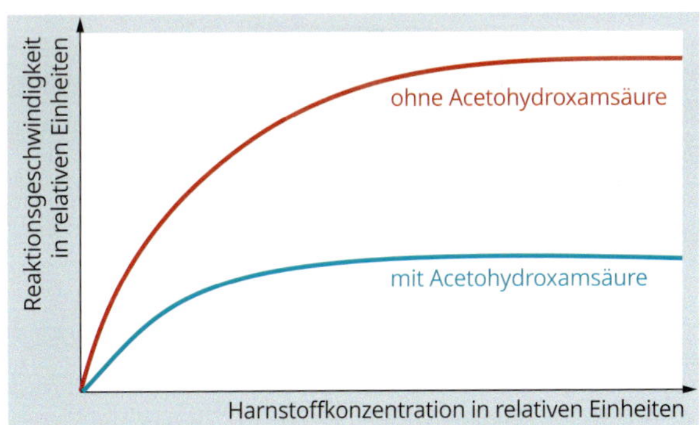

Geschwindigkeit der Harnstoffspaltung durch Urease in Abhängigkeit von der Substratkonzentration ohne und mit Hemmstoff AHA

3 Der Abbau von energiereichen Stoffen

3.1 Grundlagen der Dissimilation

Pflanzen assimilieren und bauen energiereiche Stoffe auf. Wie kann die darin gespeicherte Energie von Pflanzen und anderen Lebewesen genutzt werden?

Stoffabbau führt zur Bildung von ATP

Pflanzen stellen als autotrophe Organismen durch Fotosynthese (→ **Seite 74 ff.**) organische, energiereiche Stoffe her und bauen diese in körpereigene Stoffe um. Heterotrophe Organismen nehmen organische, energiereiche Stoffe über die Nahrung auf und bauen diese ab. Durch diesen Stoffabbau zu körperfremden, meist energieärmeren Stoffen wird von allen Lebewesen ATP (→ **Seite 98**) gebildet, das von Zellen als universeller Energieträger für energieverbrauchende biologische Vorgänge wie Stoffwechselreaktionen eingesetzt wird. Diese Form von Stoff- und Energiewechsel von Lebewesen wird als **Dissimilation** bezeichnet.

1 Definieren Sie die Begriffe Dissimilation und Assimilation und vergleichen Sie diese.

Stoffabbau durch Redoxreaktionen

Beim Stoffabbau handelt es sich um **Redoxreaktionen** (→ **Seite 77**). Dabei werden energiereichere Stoffe zu energieärmeren Stoffen umgewandelt, es findet eine chemische Reaktion statt. Das Edukt liegt dabei in der reduzierten Form vor, das Produkt in der oxidierten Form. Parallel zu dieser Oxidation findet eine Reduktion statt. Dabei wird ein Oxidationsmittel zur reduzierten Form umgewandelt. Die bei dieser Redoxreaktion frei werdende chemische Energie wird zum Aufbau von ATP genutzt und darin gespeichert.

2 Wie beim Stoffaufbau liegt auch beim Stoffabbau eine Energieentwertung vor. Begründen Sie dies.

Anaerober und aerober Abbau

Der Abbau des energiereichen Zuckers Glucose ist ein für alle Organismen essentieller Stoffwechselvorgang. In der **Glykolyse** (griech.: *glykos*: süß; *lysis*: Spaltung) wird Glucose zunächst zu **Brenztraubensäure** umgewandelt, die dann anaerob oder aerob weiter abgebaut wird.

3 Beschreiben Sie den Überblick über den Abbau von Glucose in der Abbildung 2.

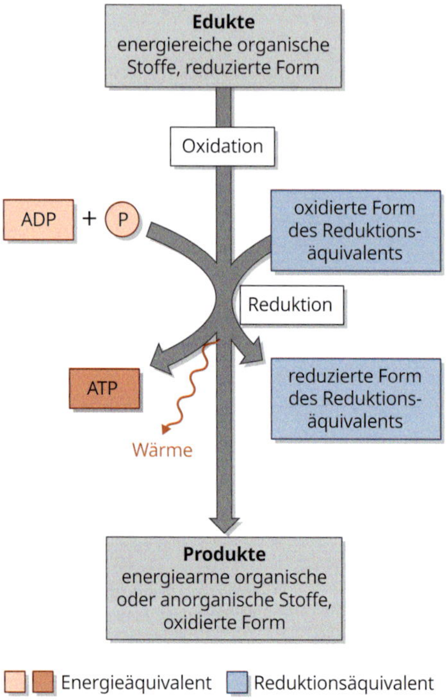

1 Stoffabbau-Reaktionen sind Redoxreaktionen

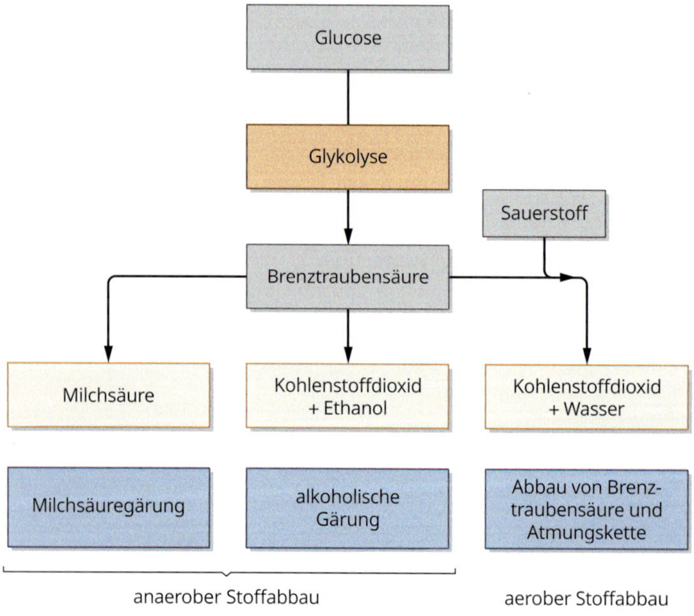

2 Überblick über den Abbau von Glucose

4 Die Glykolyse und das NAD^+/$NADH+H^+$-System

Der Abbau von Glucose durch die Glykolyse ist abhängig vom NAD^+/$NADH+H^+$-System.

a) Definieren Sie die Glykolyse mithilfe des **Materials A**.
b) Leiten Sie aus dem **Material A** die Bruttogleichung der Glykolyse ab.
c) Beschreiben Sie das NAD^+/$NADH+H^+$-System auf Stoff- und Teilchenebene mithilfe des **Materials B**.
d) Erstellen Sie mithilfe der Materialien ein Schema für die Glykolyse entsprechend der Abbildung 1.
e) Erklären Sie anhand Ihres Schemas aus Aufgabe **d** die Glykolyse als Redoxreaktion. Gehen Sie dabei auch auf Stoffumwandlung, Energieumwandlung und Energieentwertung (→ **Seite 76**) ein.
f) NAD^+ muss für weitere Stoffwechselvorgänge regeneriert werden. Stellen Sie eine begründete Hypothese auf, welche Rolle dabei die Brenztraubensäure spielen könnte.

Material A

Die Glykolyse

Der erste Schritt des Glucoseabbaus ist die Glykolyse, in der Glucose ($C_6H_{12}O_6$) zu Brenztraubensäure ($C_3H_4O_3$), umgesetzt wird. Es handelt sich dabei um eine Reihe chemischer Reaktionen, die nacheinander im Zytoplasma stattfinden und durch Enzyme katalysiert werden. Ein Molekül Glucose wird in dem mehrstufigen Prozess ohne Sauerstoff zu zwei Molekülen Brenztraubensäure abgebaut. Die bei diesem Abbauprozess freigesetzte chemische Energie wird zum Aufbau von ATP genutzt und darin gespeichert. Ein Glucosemolekül liefert neben zwei Molekülen ATP auch zwei Moleküle $NADH + H^+$.

Material B

Das NAD^+/$NADH+H^+$-System

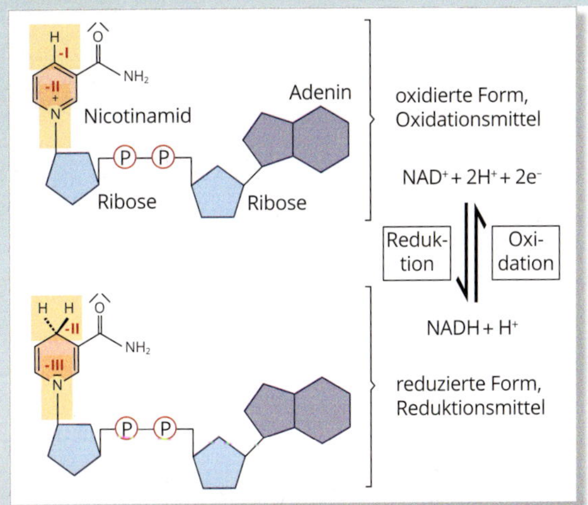

Nicotinamid-Adenin-Dinucleotid (auch **Nicotinsäureamid-Adenin-Dinucleotid**, kurz **NAD**, ist ein wichtiges Coenzym bei Stoffwechselvorgängen. Es ähnelt dem pflanzlichen NADP (→ **Seite 95**). Es liegt in zwei verschiedenen Formen vor. Die oxidierte Form ist das **NAD^+**, ein Oxidationsmittel, das Elektronen aufnehmen kann. Es reagiert dabei zu **$NADH+H^+$**, der reduzierten Form. Dies wird durch die Verringerung der Oxidationszahlen ersichtlich (→ **Seite 77**). $NADH+H^+$ wird auch als Reduktionsäquivalent bezeichnet, da es zwei Elektronen und zwei Protonen auf andere Moleküle übertragen kann und dabei selber wieder oxidiert wird.

5 Lokalisation der Glykolyse

In einem ersten Ansatz wurden zu Mitochondrien und Zytoplasma Glucose beziehungsweise Brenztraubensäure gegeben. In einem zweiten Ansatz wurden nur Mitochondrien verwendet. Dabei wurde die Sauerstoffkonzentration gemessen.

a) Erklären Sie die Ergebnisse der Experimente.
b) In einem weiteren Ansatz enthielt die Suspension nur Zytoplasma. Geben Sie an, welches Ergebnis Sie bei Zugabe von Glucose beziehungsweise Brenztraubensäure erwarten und begründen Sie dies.

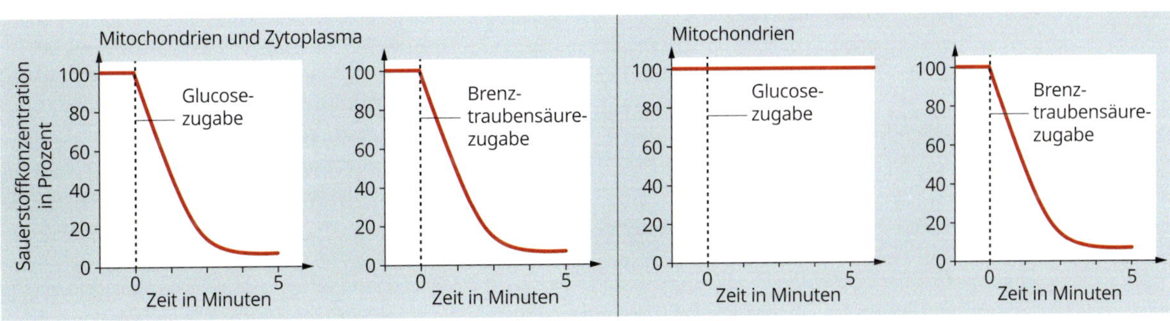

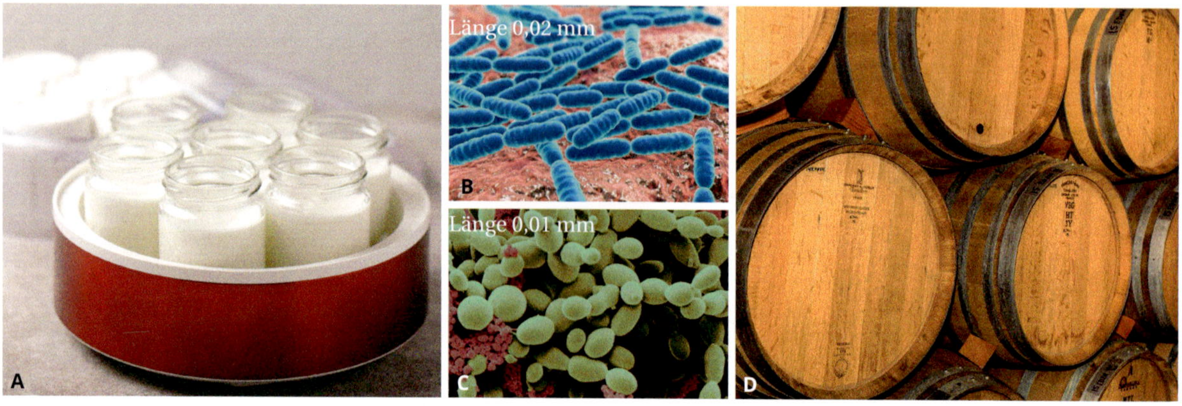

1 Stoffabbau unter anaeroben Bedingungen. A Jogurt; **B** Milchsäurebakterien; **C** Hefepilze; **D** Weinfass

3.2 Gärungen – Energiegewinn ohne Sauerstoff

Milchsäurebakterien bauen den in Milch enthaltenen Zucker zur Energiegewinnung ab. Wie läuft dieser Stoffabbau ab und welche Bedeutung hat er für den Menschen?

Milchsäurebakterien und Milchsäuregärung

Milchsäurebakterien kommen im menschlichen Darm, auf der Haut und in Milch vor. Unter anaeroben Bedingungen betreiben sie die nach ihnen benannte **Milchsäuregärung**. Sie bauen in Milch enthaltenen Zucker in Glucose um, die dann in der Glykolyse (→ **Seite 127**) zur Brenztraubensäure oxidiert wird. Dabei wird ATP generiert und NAD^+ zu $NADH + H^+$ reduziert.

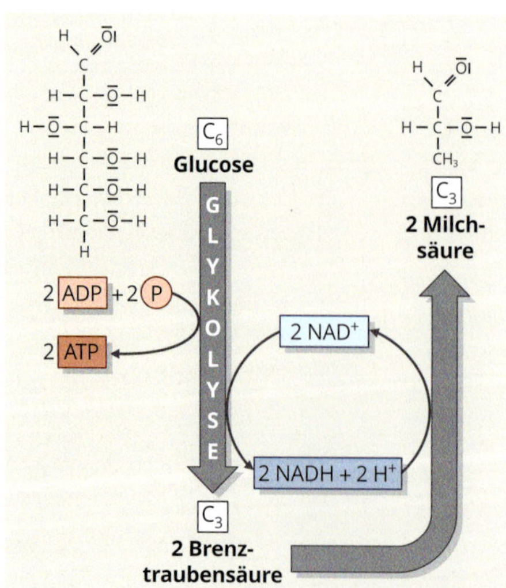

2 Die Milchsäuregärung ist eine Redoxreaktion

Die Regeneration von NAD^+

Die Glykolyse käme zum Erliegen, sobald alles NAD^+ des Zytoplasmas zu $NADH + H^+$ reduziert wäre. NAD^+ muss daher regeneriert werden. Dies erfolgt bei der Milchsäuregärung durch die Reduktion von Brenztraubensäure zu Milchsäure.

1 Beschreiben Sie Stoff- und Energieumwandlung bei der Milchsäuregärung auf Teilchenebene.

2 Formulieren Sie die Bruttogleichung der Milchsäuregärung.

Bedeutung der Milchsäuregärung im Alltag

Milchsäurebakterien produzieren durch den Abbau von Glucose das Abfallprodukt Milchsäure. Durch diese verringert sich der pH-Wert. Handelt es sich bei der umgesetzten Substanz um Milch, denaturieren die darin enthaltenen Proteine und die Milch verfestigt sich – es bildet sich Jogurt. Da nur wenige Organismen unter sauren, anaeroben Bedingungen überleben, wird das Lebensmittel konserviert. Dies wird auch bei der Herstellung von Sauerkraut und Kimchi genutzt. Beim Verzehr roher milchsaurer Lebensmittel werden auch Milchsäurebakterien in den Verdauungstrakt aufgenommen. Sie können zu einer gesunden Darmflora beitragen und haben somit möglicherweise einen günstigen Einfluss auf das Immunsystem. Milchsäuregärung findet auch bei der Herstellung von Silage und in Skelettmuskelzellen unter anaeroben Bedingungen statt (→ **Seite 138**).

3 Erstellen Sie mithilfe des Grundtextes einen Steckbrief zur Milchsäuregärung.

VL Materialgebundene Aufgabe

4 Gärungen im Vergleich

Hefepilze kommen in der Natur überall vor, in der Luft, im Boden, auf Früchten und auf der Haut. Unter anaeroben Bedingungen wie in Weinfässern betreiben sie alkoholische Gärung.

a) ≡ Erläutern Sie die alkoholische Gärung als Redoxreaktion. Nutzen Sie dabei auch das Basiskonzept „Stoff- und Energieumwandlung“ (→ **Seite 137**).

b) ≡ Formulieren Sie die Bruttogleichung der alkoholischen Gärung.

c) ≡ Recherchieren Sie die Bedeutung der alkoholischen Gärung im Alltag.

d) ≡ Milchsäure sowie Ethanol sind energiereiche Stoffe. Leiten Sie eine Schlussfolgerung bezüglich der Energieausbeute bei Gärungsprozessen ab.

e) ≡ Erstellen Sie nach dem Beispiel des Steckbriefs aus der Aufgabe 3 einen Steckbrief zur alkoholischen Gärung.

f) ≡ Vergleichen Sie die alkoholische Gärung mit der Milchsäuregärung und erklären Sie die Bildung von ATP unter Sauerstoffmangelbedingungen durch anaerobe Abbauwege von Glucose.

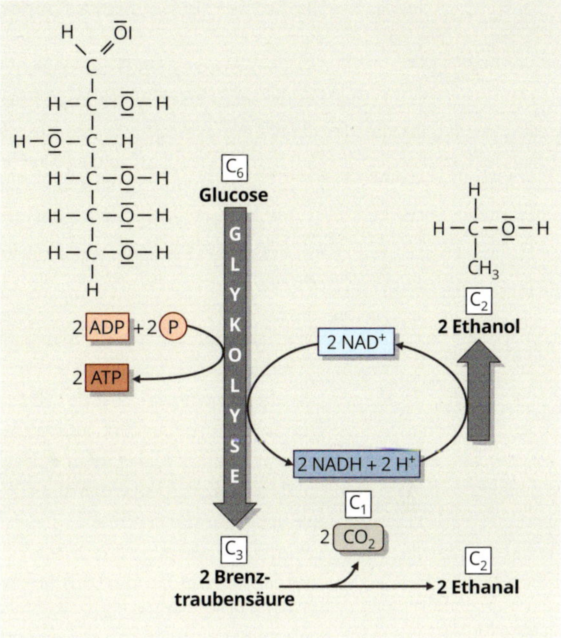

Praktikum // Stoff- und Energieumsatz

5 Stoff- und Energieumsatz bei alkoholischer Gärung

Material:

Thermoskanne mit Stopfen mit zwei Löchern; Thermometer; Gärröhrchen; Erlenmeyerkolben mit Stopfen mit einem Loch; Frischhefe; 10 %ige Glucose-Lösung (100 g Traubenzucker mit Wasser auf 1 L auffüllen); verdünnte Methylenblaulösung oder Tinte; Kalkwasser ($Ca(OH)_2$-Lösung; GHS 05); Wasserbad ca. 35 °C

Zusatzinformationen:
- Gärröhrchen, mit Flüssigkeit befüllt und auf das Gefäß mit dem Gäransatz gesteckt, ermöglichen anaerobe Bedingungen und Erkennung der Gasentwicklung.
- Mit Kalkwasser wird Kohlenstoffdioxid nachgewiesen. Ist dieses vorhanden, entsteht Kalk.
- Tinte enthält den Farbstoff Methylenblau. Es ist ein Oxidationsmittel und kann zur farblosen Leukoform reduziert werden.
- Nach ca. einer Stunde ist bei einer Gärung bei Raumtemperatur eine Gasentwicklung erkennbar, Wärmeentwicklung innerhalb von zehn Stunden, Bildung von Ethanol durch Geruchsprobe erst nach einigen Tagen.

a) ≡ Planen Sie in Gruppen mithilfe der Materialien jeweils ein Experiment, das
- die Bildung von Kohlenstoffdioxid,
- die Bildung von NADH + H^+,
- die Bildung von Ethanol oder
- die Energieentwertung

bei der alkoholischen Vergärung von Glucose durch Hefen zeigt.

b) ≡ Führen Sie das Experiment unter Berücksichtigung der Sicherheitsvorkehrungen durch.

c) ≡ Erklären Sie
1. den Nachweis von Kohlenstoffdioxid mithilfe einer Reaktionsgleichung,
2. die Bildung von NADH + H^+ mithilfe eines Schemas,
3. die Bildung von Ethanol mithilfe eines Schemas
4. die Energieentwertung mithilfe eines Diagramms.

d) ≡ Fertigen Sie ein Protokoll des Experiments an. Nutzen Sie dazu digitale Hilfsmittel wie ein Texterfassungsprogramm und eine Kamera.

e) ≡ Präsentieren Sie den anderen Gruppen Ihr Experiment und Ihre Ergebnisse.

1 Keimende Kartoffel

Informationen

oxidativ: auf einer Oxidation beruhend

Decarboxylierung: chemische Reaktion, bei der ein Kohlenstoffdioxid-Molekül aus einem Molekül abgespalten wird

Tricarbonsäure: organischer Stoff, dessen Moleküle drei Säuregruppen besitzen

3.3 Der Glucoseabbau durch Zellatmung

Kartoffelpflanzen speichern Energie in den Kartoffelknollen. Wie wird die Energie für Wachstum beim Keimen freigesetzt?

Die Zellatmung im Überblick

Die in der Kartoffelknolle in Form von Stärke (→ **Seite 75**) gespeicherte Energie wird beim Sprossen wieder freigesetzt. Dazu wird die Stärke zunächst in Glucose abgebaut, die dann in der **Zellatmung** aerob, also mit Sauerstoff, zu Kohlenstoffdioxid und Wasser umgesetzt wird.

1 ≡ Formulieren Sie die Bruttogleichung der Zellatmung.

Die Zellatmung ist ein komplexer Stoffwechselweg. Sie lässt sich in vier Teilbereiche untergliedern, die in verschiedenen Kompartimenten der Zelle stattfinden.

Der Abbau von Brenztraubensäure

Wie die anaeroben Abbauwege von Glucose beginnt auch die Zellatmung mit der Glykolyse im Zytoplasma. Die dabei gebildete Brenztraubensäure wird mithilfe von Carriern im Symport (→ **Seite 21**) mit Protonen aus dem Zytoplasma in das Mitochondrium transportiert. Dort wird jedes Molekül Brenztraubensäure in zwei Schritten zu drei Molekülen Kohlenstoffdioxid umgewandelt:

Der erste Schritt ist die **oxidative Decarboxylierung**, die durch einen Komplex aus mehreren Enzymen an der inneren Mitochondrienmembran katalysiert wird. Vom Brenztraubensäuremolekül wird dabei zunächst ein Molekül Kohlenstoffdioxid abgespalten. Der entstehende C_2-Körper wird an ein Molekül des **Coenzyms A** gebunden und es bildet sich ein Molekül des **Acetyl-Coenzyms A,** kurz **Acetyl-CoA**. Zeitgleich nimmt ein NAD^+-Molekülion Elektronen vom Brenztraubensäure-Molekül auf und reagiert zu einem $NADH + H^+$.

Im zweiten Schritt überträgt das Acetyl-CoA-Molekül unter Regeneration des Coenzym-A-Moleküls den C_2-Körper auf ein Akzeptormolekül der C_4-Verbindung **Oxalessigsäure**. Dieses Akzeptormolekül steht zu Beginn eines zyklischen Abbau-Prozesses und reagiert zu der C_6-Verbindung **Zitronensäure**, eine **Tricarbonsäure**. Nach dem Namen dieses Zwischenprodukts wird der daraufhin ablaufende Reaktionszyklus in der Mitochondrienmatrix Zitronensäurezyklus oder **Tricarbonsäurezyklus** genannt. Er besteht aus mehreren enzymkatalysierten Teilschritten, die zur Abspaltung von zwei weiteren Molekülen Kohlenstoffdioxid pro Molekül Brenztraubensäure und zur Regeneration des Akzeptormoleküls führen. Die dabei freigesetzte Energie wird entweder direkt in Form von ATP oder in den Reduktionsäquivalenten $NADH + H^+$ und $FADH_2$, der reduzierten Form des Flavin-Adenin-Dinukleotids, gespeichert (→ **Seite 119**).

VL Materialgebundene Aufgabe

2 Die Lokalisation der Teilbereiche der Zellatmung

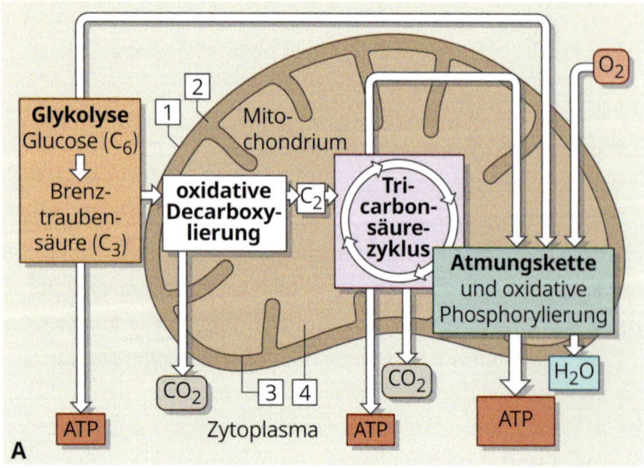

B Ein Mitochondrium ist von zwei Biomembranen umgeben, einer **äußeren** (1) und einer **inneren** (3) Membran. Dazwischen befindet sich der **Intermembranraum** (2), im inneren die Grundsubstanz, die **Mitochondrienmatrix** (4).

a) ≡ Benennen Sie die vier Teilbereiche der Zellatmung (**A**) und ordnen Sie jedem Teilbereich das jeweilige Zellkompartiment (**B**) zu, in dem dieser stattfindet.

b) ≡ Beschreiben Sie im Überblick den aeroben Abbauweg von Glucose zu Kohlenstoffdioxid.

c) ≡ In der inneren Mitochondrienmembran befindet sich ein Carrier, der den Symport von Brenztraubensäure und Protonen katalysiert. Stellen Sie den Transport von Brenztraubensäure durch den Carrier grafisch dar.

❸ Die Bildung von NADH+H⁺ und $FADH_2$

Beim Abbau von Brenztraubensäure werden NADH+H⁺ und $FADH_2$ gebildet.

a) Vergleichen Sie das $FAD/FADH_2$-System mit dem NAD⁺/NADH+H⁺-System (→ **Seite 127**) auf Stoff- und Teilchenebene mithilfe des **Materials A.**

b) Übernehmen Sie das vereinfachte Schema **B** in Ihre Unterlagen (✎) und ergänzen Sie mithilfe des Grundtextes die fehlenden Begriffe und Zahlen.

c) Beschreiben Sie den Abbau von Brenztraubensäure zu Kohlenstoffdioxid im Überblick mithilfe Ihrer Abbildung aus Aufgabe **b**.

d) Leiten Sie aus Ihrem Schema die Ausbeute der Energie- sowie Reduktionsäquivalente durch den Abbau von Brenztraubensäure ab.

e) Beurteilen Sie folgende Aussage: „Die Energieausbeute beim Abbau von Brenztraubensäure ist gering.“

Material A

Das $FAD/FADH_2$-System

Flavin-Adenin-Dinukleotid, kurz **FAD**, ist wie NAD ein Coenzym bei Stoffwechselvorgängen. Die oxidierte Form ist das FAD, ein Oxidationsmittel, das Elektronen aufnehmen kann. Es reagiert dabei zu **$FADH_2$**, der reduzierten Form. $FADH_2$ ist wie NADH+H⁺ ein Reduktionsäquivalent, da $FADH_2$-Moleküle als energiereiche Zwischenspeicher zwei Elektronen und zwei Protonen auf andere Moleküle übertragen können. Es wird dabei selber wieder oxidiert. Im Gegensatz zu NADH+H⁺ hat es ein geringeres Energieniveau.

$$FAD + 2e^- + 2H^+ \underset{\text{Oxidation}}{\overset{\text{Reduktion}}{\rightleftharpoons}} FADH_2$$

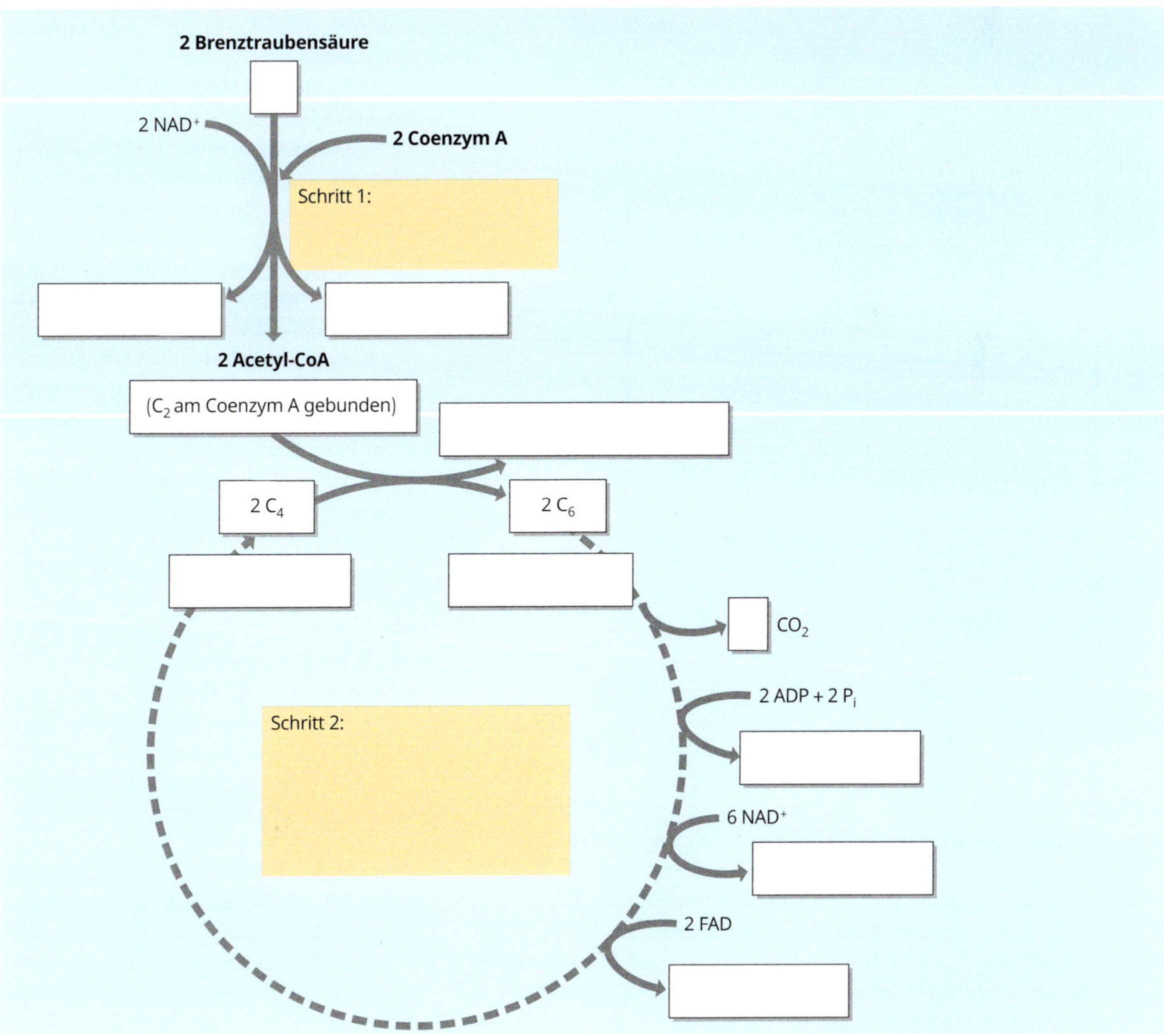

B

Materialgebundene Aufgabe

❻ VL Ein energetisches Modell der Atmungskette

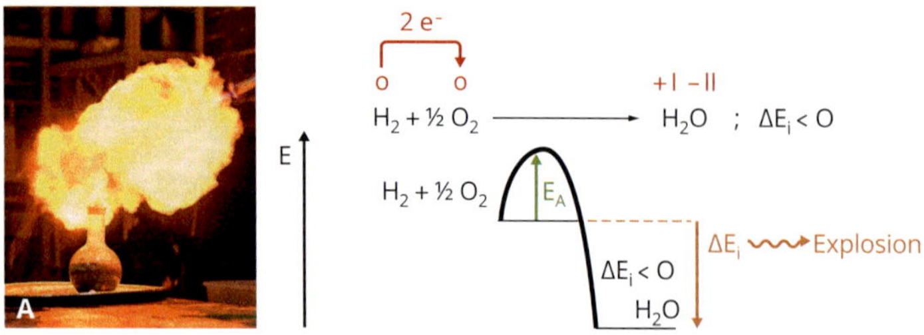

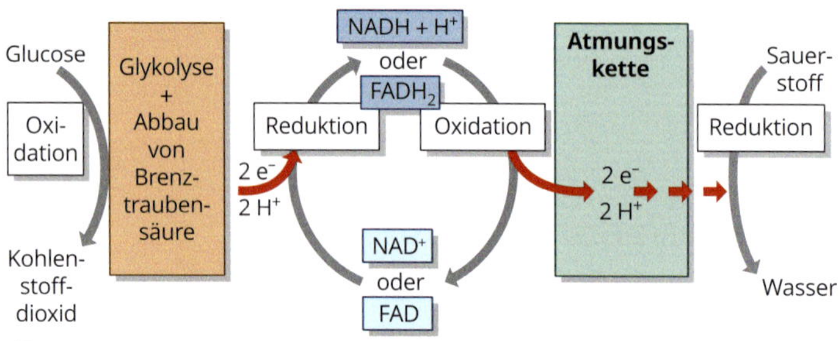

B

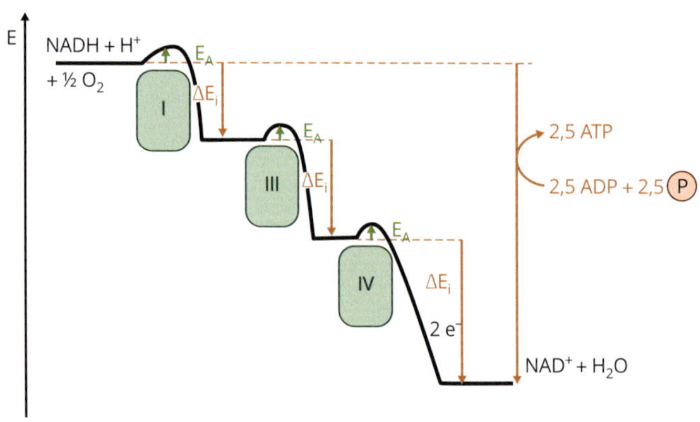

C

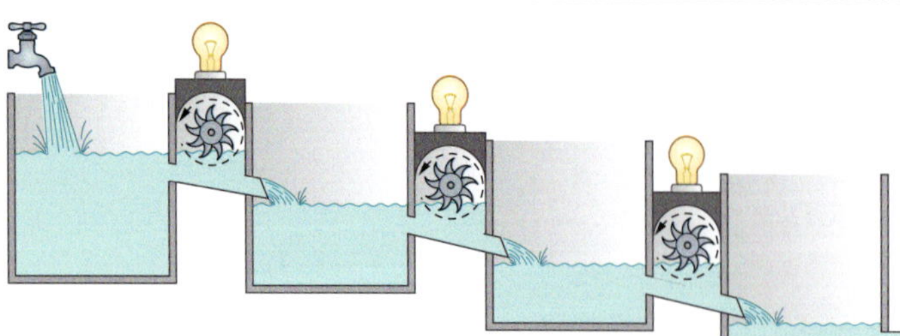

D

a) ☰ Beschreiben Sie den Energieumsatz der Knallgasreaktion (**A**).
b) ☰ Beschreiben Sie die Regeneration von NAD^+ und FAD (**B**).
c) ☰ Vergleichen Sie die Energieverläufe in Abbildung **A** und **C**.
d) ☰ Erläutern Sie Modell **D** aus energetischer Sicht.
e) ☰ Nennen Sie Stärken und Schwächen der energetischen Modelle **C** und **D** und beurteilen Sie die Eignung dieser Modelle zur Erklärung der Abläufe bei der Atmungskette.

Die Regeneration von NAD^+ und FAD
Durch den Abbau von Brenztraubensäure im Mitochondrium werden die Reduktionsäquivalente $NADH + H^+$ und $FADH_2$ gebildet. Um die Abbaureaktionen aufrecht zu erhalten, müssen NAD^+ und FAD regeneriert werden. Redoxpartner ist dabei Sauerstoff, der vom Organismus über die äußere Atmung aufgenommen wird, über den Blutkreislauf zu den Zellen gelangt und über die Membran ins Zellinnere zu den Mitochondrien diffundiert. Reagieren Sauerstoff und Wasserstoff im Labor zu Wasser, wird die Energie bei dieser Knallgasreaktion explosionsartig freigesetzt.

In biologischen Systemen erfolgt die Übertragung der Elektronen auf Sauerstoff in der **Atmungskette** in mehreren Einzelreaktionen, die enzymkatalysiert bei physiologischen Temperaturen stattfinden. Dabei wird die Energie portionsweise freigesetzt, sodass sie in Form von ATP gespeichert und vom Organismus nutzbar gemacht werden kann.

Die Atmungskette
Die Atmungskette besteht aus mehreren Redoxreaktionen, die an der inneren Mitochondrienmembran ablaufen. In dieser Membran befinden sich vier große **Proteinkomplexe**, die Komplexe I bis IV, die Elektronen aufnehmen und wieder abgeben können und somit eine Elektronentransportkette (vergleiche → **Seite 97**) bilden. Diese überträgt die Elektronen von $NADH + H^+$ und $FADH_2$ in mehreren Stufen auf Sauerstoffmoleküle. Zwischen den Komplexen bewegen sich kleine Membranproteine, die die Elektronen von einem Komplex zum nächsten transportieren. Werden Elektronen von einem Proteinkomplex an einen anderen abgegeben, wird Energie frei. Diese kann von den Komplexen I, III und IV genutzt werden, um Protonen aus der Matrix in den Intermembranraum zu pumpen. So entsteht dort eine hohe Protonenkonzentration, der pH-Wert sinkt. Zwischen dem Intermembranraum und der Matrix wird ein Protonengradient aufgebaut, in dem Energie gespeichert ist. Dieser ermöglicht die Bildung von ATP.

❹ ☰ Definieren Sie den Begriff Atmungskette.
❺ ☰ Sauerstoff wird bei der Zellatmung erst in der Atmungskette benötigt. Erläutern Sie die Bedeutung des Sauerstoffs für die Aufrechterhaltung der Abbaureaktionen und für die Bildung von ATP.

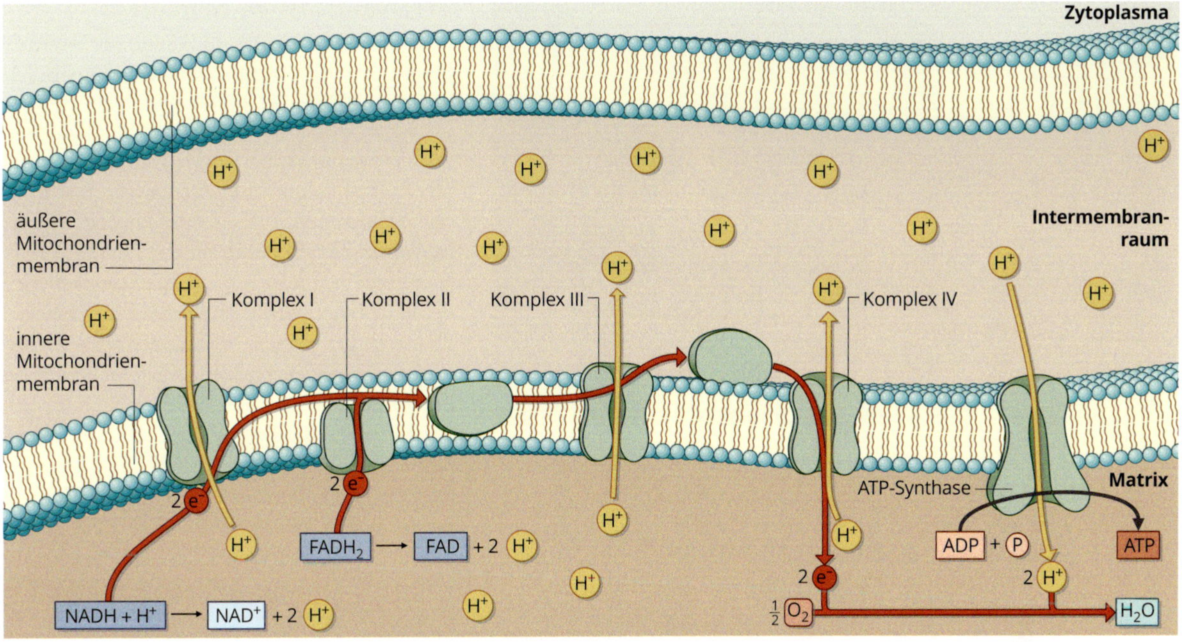

2 Chemiosmotisches Modell der ATP-Synthese

Die Bildung von ATP

Die im Protonengradienten gespeicherte Energie wird von **ATP-Synthasen** genutzt, um ATP zu synthetisieren. Es handelt sich dabei um spezielle Enzyme in der inneren Mitochondrienmembran. Da diese nicht permeabel für Protonen ist, können Protonen nur durch den Kanal der ATP-Synthasen in die Matrix gelangen. Diffundieren Protonen aufgrund des Protonengradienten durch den Kanal, wird die darin gespeicherte Energie portionsweise freigesetzt. Sie kann von den ATP-Synthasen genutzt werden, um eine Phosphatgruppe an ein ADP-Molekül zu binden und ein Molekül ATP zu bilden. Da die Phosphorylierung von ADP letzten Endes durch die Oxidation von $NADH+H^+$ und $FADH_2$ angetrieben wird, spricht man von der **oxidativen Phosphorylierung**. Sie liefert den größten Teil der bei der Zellatmung entstehenden ATP-Moleküle. Pro Molekül $NADH+H^+$ werden etwa 2,5 Moleküle ATP gebildet. Ein Molekül $FADH_2$ liefert etwa 1,5 Moleküle ATP, da seine Elektronen am Proteinkomplex II in die Atmungskette eingeschleust werden und dieser keine Protonen in den Intermembranraum pumpt. Da die Bildung von ATP abhängig von Transportvorgängen an semipermeablen Membranen ist, spricht man von der **chemiosmotischen** Bildung von ATP.

Materialgebundene Aufgabe

7 Experimente zur Aufklärung der ATP-Bildung

Zur Aufklärung der chemiosmotischen Bildung von ATP wurden eine Reihe von Experimenten mit isolierten Mitochondrien durchgeführt.

Anordnung des Experiments:

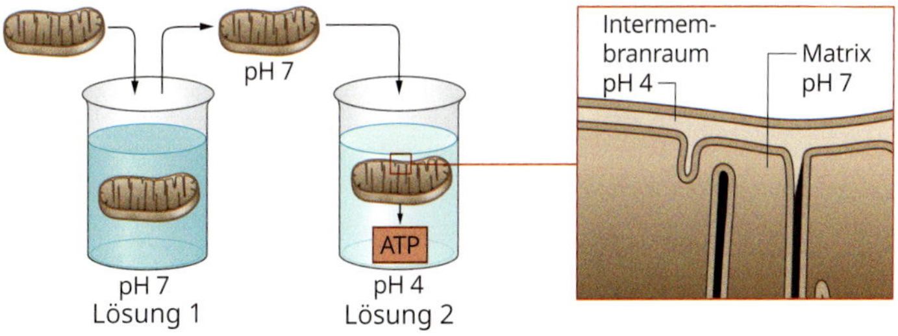

Experiment 1: Die Lösung 2 enthielt $NADH+H^+$ und Sauerstoff. Beobachtung: In den Mitochondrien wurde ATP gebildet.

Experiment 2: Wie 1, jedoch enthielt Lösung 2 nur $NADH+H^+$ Beobachtung: In den Mitochondrien wurde ATP gebildet.

Experiment 3: Wie 1, jedoch enthielt Lösung 2 weder Sauerstoff noch $NADH+H^+$. Beobachtung: ...

a) ≡ Erläutern Sie die Anordnung der Experimente.

b) ≡ Formulieren Sie eine passende Fragestellung und eine Hypothese.

c) ≡ Nennen Sie die Beobachtung in Experiment 3.

d) ≡ Interpretieren Sie die Beobachtungen der Experimente 1 bis 3 und leiten Sie eine allgemeine Schlussfolgerung zur ATP-Bildung ab.

1 Sonnenblumen betreiben Fotosynthese und Zellatmung

3.4 Fotosynthese und Zellatmung im Vergleich

Die Sonnenblume betreibt sowohl Fotosynthese als auch Zellatmung. Welche Gemeinsamkeiten und Unterschiede gibt es und wie hängen diese Stoffwechselwege zusammen?

Auf- und abbauender Stoffwechsel
Als autotropher Organismus kann die Sonnenblume durch Fotosynthese eigene organische, energiereiche Stoffe aufbauen. Diese werden im Blatt gespeichert und anschließend zur Energiebereitstellung durch Zellatmung weiterverwendet. Die Stoffwechselwege finden in der Pflanzenzelle in Chloroplasten beziehungsweise Mitochondrien statt. Beide Zellorganellen besitzen einen ähnlichen Feinbau, der durch Kompartimentierung und Oberflächenvergrößerung die Reaktionsräume für die Stoffwechselwege schafft und biochemische Abläufe an den Membranen ermöglicht. Sowohl Fotosynthese als auch Zellatmung folgen dabei grundlegenden biochemischen Prinzipien. Dazu gehören das Prinzip einer Elektronentransportkette, der Aufbau eines Protonengradienten, die Enzymkatalyse, das Prinzip des zyklischen Prozesses oder die Zerlegung von Stoffwechselwegen in Teilschritte (→ **Aufg. 3**).

1 ≡ Stellen Sie den Zusammenhang zwischen Fotosynthese und Zellatmung in einem Schema auf den unterschiedlichen Systemebenen dar.

Basiskonzept // Struktur und Funktion

Das Basiskonzept Struktur und Funktion ist eine Möglichkeit, biologische Systeme zu erschließen. Auch Stoffwechselvorgänge lassen sich so strukturieren. Zu diesem Basiskonzept gehören auch folgende Prinzipien:

Kompartimentierung
Eukaryotische Zellen sind in verschiedene Räume, die Kompartimente, unterteilt. Dadurch können in ihnen unterschiedliche Reaktionen und Reaktionsketten zeitgleich stattfinden, ohne sich gegenseitig zu behindern. Für den zellulären Stoffwechsel ist die Trennung von Zytoplasma und Mitochondrien besonders wichtig, da so Glykolyse und Tricarbonsäurezyklus in getrennten Räumen ablaufen können. Für jede Stoffwechselreaktion sind bestimmte Bedingungen wie spezifische Enzyme, Stoffkonzentrationen und pH-Werte notwendig. Diese können in den unterschiedlichen Kompartimenten einer Zelle jeweils für die verschiedenen Stoffwechselreaktionen bereitgestellt werden.

Membransystem
Die Abgrenzung von Kompartimenten erfolgt durch Biomembranen. Da diese nicht permeabel für Protonen sind, können unterschiedliche pH-Werte in den Kompartimenten sowie Protonengradienten aufgebaut werden, die Voraussetzung für die ATP-Synthese sind. Kompartimente trennen häufig Stoffwechselketten, die voneinander abhängig sind oder aufeinander aufbauen. Deshalb ist ein ständiger Stoffaustausch zwischen diesen Kompartimenten notwendig. Biomembranen ermöglichen diesen Austausch von Stoffen. Sie sind selektiv permeabel, lassen also bestimmte Stoffe durch Transportproteine passieren. Durch eingelagerte Enzyme ermöglichen Biomembranen auch Stoffwechselreaktionen.

Oberflächenvergrößerung
Biomembranen bieten eine Oberfläche für Enzyme und somit für Stoffwechselreaktionen. Ist die Oberfläche groß, so sind mehr Enzyme vorhanden und es können zeitgleich mehr Stoffwechselreaktionen stattfinden. Da die Zelle in ihrer Größe begrenzt ist, schaffen Einstülpungen, Ausstülpungen oder Stapel von Biomembranen in einem begrenzten Volumen mehr Oberfläche.

1 ≡ Definieren Sie die drei beschriebenen Prinzipien.
2 ≡ Nennen Sie Bereiche der Fotosynthese und der Zellatmung, in denen diese Prinzipien verwirklicht sind.
3 ≡ „Kompartimentierung im weiteren Sinne findet man auf allen biologischen Ebenen." Erläutern Sie dies.

2 Feinbau von Chloroplast und Mitochondrium

Die Zellorganellen Chloroplast und Mitochondrium sind Orte wichtiger Stoffwechselreaktionen. Ihr spezieller Bau ermöglicht verschiedene Abläufe und Teilreaktionen der Fotosynthese beziehungsweise der Zellatmung.

a) Benennen Sie die Strukturen 1 bis 13.

b) Vergleichen Sie den Feinbau von Chloroplast und Mitochondrium.

c) Erläutern Sie die Lokalisation der Stoffwechselvorgänge am Chloroplast und am Mitochondrium mithilfe des Basiskonzepts „Struktur und Funktion" (→ **Seite 134**).

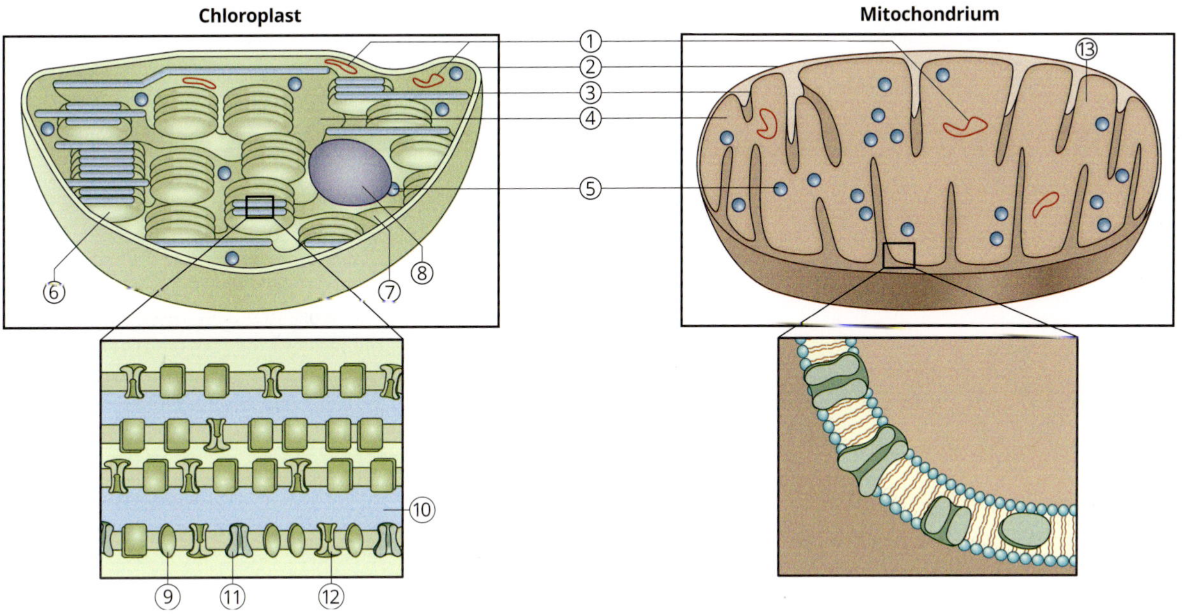

3 Vergleich zwischen Fotosynthese und Zellatmung

In den vorherigen Seiten haben Sie sich ein umfassendes Wissen über die komplexen Vorgänge der Fotosynthese und der Zellatmung angeeignet. Strukturieren Sie die Informationen über diese biologischen Phänomene und stellen Sie diese in geeigneter Form dar. Folgende Teilaufgaben können Ihnen dabei helfen:

a) Erläutern Sie die Abläufe der Fotosynthese und der Zellatmung anhand der Basiskonzepte „Struktur und Funktion" (→ **Seite 134**) und „Stoff- und Energieumwandlung"(→ **Seite 137**).

b) Vergleichen Sie Fotosynthese und Zellatmung. Nutzen Sie dazu die Tabelle als Muster und ergänzen Sie gegebenenfalls weitere Aspekte. Verwenden Sie auch die entsprechenden Abbildungen aus diesem Buch.

c) Leiten Sie aus den Gemeinsamkeiten zwischen Fotosynthese und Zellatmung grundlegende biochemische Prinzipien ab und erläutern Sie diese.

d) Stellen Sie Ihre Schlussfolgerungen aus Aufgabe **c** übersichtlich dar. Überführen Sie dazu die Informationen aus der Ihrer Tabelle (Aufgabe **b**) in eine digitale Präsentation.

e) Präsentieren Sie Ihre Arbeitsergebnisse.

	Fotosynthese	**Zellatmung**
Stoffumsatz (Bilanzgleichung)	...	...
Energieumsatz	...	Energiefreisetzung, Bildung von ATP
Funktion	Aufbau energiereicher Stoffe	...
Zellorganell	...	...
Teilschritte und dazugehöriges Kompartiment	...	...
Redoxäquivalent	NADPH/H^+	...
Redoxreaktion	...	Oxidation von Glucose zu Kohlenstoffdioxid im Tricarbonsäurezyklus

1 Muskeln benötigen Energie

3.5 Die Stoff- und die Energiebilanz des Abbaus von Glucose

Muskeln benötigen für Ihre Aktivität Energie, die durch den anaeroben und aeroben Abbau von Glucose bereitgestellt werden kann. Wie lautet die Stoff- und Energiebilanz dieser Stoffwechselwege und wann wird welcher Stoffwechselweg bevorzugt?

Aerober und anaerober Abbau von Glucose
Skelettmuskeln benötigen Energie für die Muskelkontraktion. Diese wird von den Muskelzellen durch den Abbau von Glucose bereitgestellt. Unter aeroben Bedingungen findet die Zellatmung in den Mitochondrien statt, unter Sauerstoffmangelbedingungen ist der Abbau durch Milchsäuregärung im Zytoplasma möglich. Die Energieausbeute beim Abbau eines Glucosemoleküls unterscheidet sich beim aeroben und beim anaeroben Abbau.

VL Materialgebundene Aufgabe

1 Vergleich der Stoff- und Energiebilanz des aeroben und anaeroben Glucoseabbaus

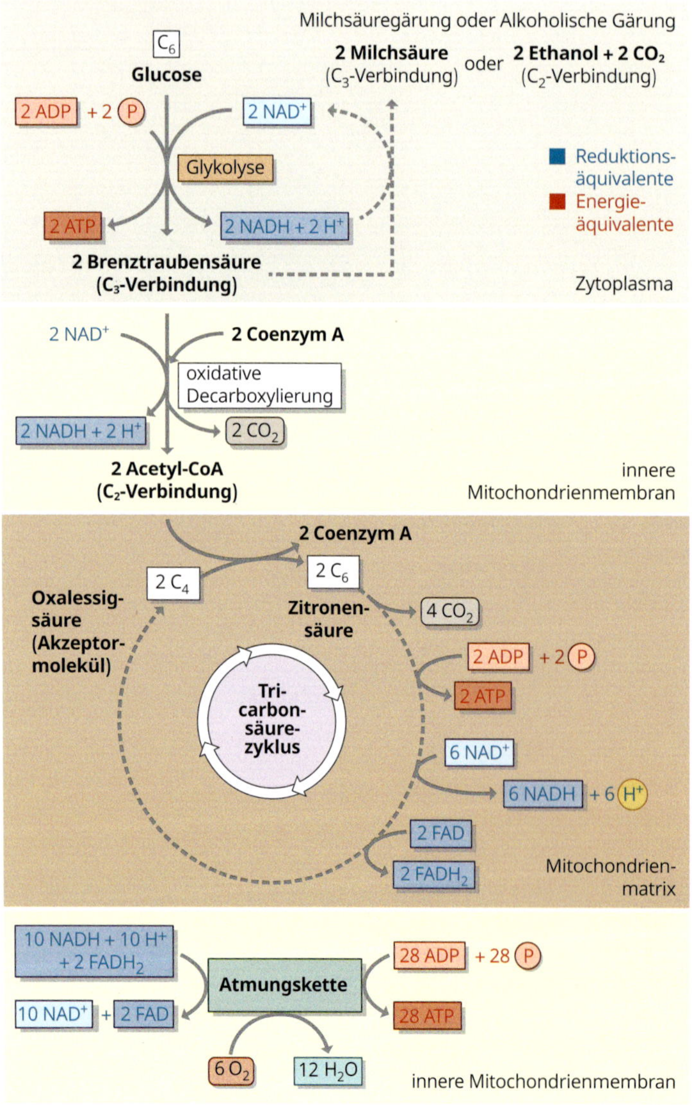

Die Abbildung stellt sowohl den aeroben als auch den anaeroben Abbauweg von Glucose zusammenfassend dar. Muskelzellen des Skelettmuskels sind in der Lage, sowohl Zellatmung als auch Milchsäuregärung zu betreiben.

a) Beschreiben Sie anhand der Abbildung den aeroben Abbauweg von Glucose zu Kohlenstoffdioxid.

b) Formulieren Sie die Nettogleichungen der verschiedenen Möglichkeiten des Glucoseabbaus.

c) Vergleichen Sie die Stoff- und Energiebilanz des Abbaus von Glucose unter aeroben und anaeroben Bedingungen unter den Kriterien: Edukte, Produkte, ATP-Ausbeute, beteiligte Kompartimente.

d) Erklären Sie anhand Ihres Vergleichs aus Aufgabe **c**, unter welchen Bedingungen in der Muskelzelle die jeweiligen Abbauwege begünstigt werden.

e) Recherchieren Sie die Wirkung der Übersäuerung durch Milchsäure auf den Organismus Mensch und erläutern Sie die Entstehung der Übersäuerung auf den verschiedenen Systemebenen mithilfe eines Flussdiagramms.

f) Bei der Recherche zur Übersäuerung stößt eine Schülerin auf folgende Aussage: „Plane am Ende deines Workouts ein Cool Down ein. Atme dabei tief ein und aus." Erläutere diesen Rat aus biologischer Sicht.

g) In einem Fitnessforum steht: „Wozu dient die Milchsäure in den Muskeln?" … Beurteilen Sie diese Frage und beantworten Sie diese aus biologischer Sicht.

Nettoenergieausbeute beim Glucoseabbau
Wie Sie in Aufgabe 1 erarbeitet haben, werden bei der Zellatmung pro Glucosemolekül etwa 32 ATP-Moleküle gebildet. Da die innere Mitochondrienmembran bei vielen Eukaryoten für $NADH + H^+$ impermeabel ist, werden für dessen Transport an der Mitochondrienmembran 2 ATP verbraucht. So ergibt sich eine Nettoausbeute von 30 ATP-Molekülen pro Molekül Glucose. Der Wirkungsgrad beim Glucoseabbau durch Zellatmung beträgt nur etwa 40 %, der Rest wird in Wärme umgewandelt.

Bei Gärungen entstehen die relativ energiereichen Produkte Milchsäure oder Ethanol. Mit 2 ATP-Molekülen pro Glucosemolekül fällt die Energieausbeute deutlich geringer aus.

2 ≡ „Die ersten Lebewesen auf der Erde betrieben Gärung. Da dabei viel weniger Energie frei wird, entstand die Zellatmung als bessere Form der Zuckerverwertung." Bewerten Sie diese Aussage und stellen Sie diese gegebenenfalls richtig.

Materialgebundene Aufgabe

3 Verschimmelter Jogurt

Jogurt ist in geschlossenen Behältnissen lange haltbar, er wird nur mit zunehmender Zeit immer saurer. Jogurt in einem angebrochenen Becher verschimmelt jedoch bald und wird ungenießbar. Schimmelpilze besiedeln die Oberfläche des Jogurts und scheiden giftige Toxine aus. Verschimmelte Lebensmittel sollten nicht mehr verzehrt, sondern entsorgt werden.

a) ≡ Begründen Sie die lange Haltbarkeit von Jogurt. Recherchieren Sie gegebenenfalls die Herstellung von Jogurt aus Milch als eine biologische Konservierungsmethode.
b) ≡ Leiten Sie ab, welchen Abbauweg Schimmelpilze betreiben.
c) ≡ Vergleichen Sie die Stoff- und Energiebilanz der Stoffwechselwege der Milchsäurebakterien und der Schimmelpilze.
d) ≡ Erklären Sie anhand Ihres Vergleichs aus Aufgabe **c**, unter welchen Bedingungen die jeweiligen Abbauwege begünstigt werden.
e) ≡ Erläutern Sie mit Bezug auf das Basiskonzept „Stoff- und Energieumwandlung", wie es zu dieser Schimmelbildung kommen kann.

Basiskonzept // Stoff- und Energieumwandlung

Biologische Systeme sind **offene Systeme**, in denen **Stoff- und Energieumwandlungen** auf allen Systemebenen stattfinden. Zellen nehmen aus der Umgebung kontinuierlich Sauerstoff und Glucose auf und wandeln diese in der Zellatmung in Kohlenstoffdioxid und Wasser um. Da die Produkte in gleichem Umfang kontinuierlich aus der Zelle ausgeschleust werden wie die Stoffe, die in die Zelle einströmen, spricht man von einem **Fließgleichgewicht**. Stoffumwandlungen sind immer auch an eine Energieumwandlung gekoppelt. Die in der Glucose gespeicherte chemische Energie wird in der Zellatmung zum Aufbau von ATP genutzt, das für alle Lebensprozesse benötigt wird. Dabei wird ein Teil der in Glucose gespeicherten Energie in Wärme umgewandelt und somit entwertet. Von vielen Lebewesen wird diese Energie zur Erhaltung der Körpertemperatur genutzt. Die energieliefernde Reaktion von ATP in ADP und Phosphat wird mit Reaktionen **gekoppelt**, die Energie benötigen. Auch in Ökosystemen finden ständig **Stoffkreisläufe** und **Energiefluss** statt (→ **Seite 160**).

≡ Beschreiben Sie die Verknüpfung von Stoff- und Energieumwandlungen bei der Fotosynthese und der Zellatmung.

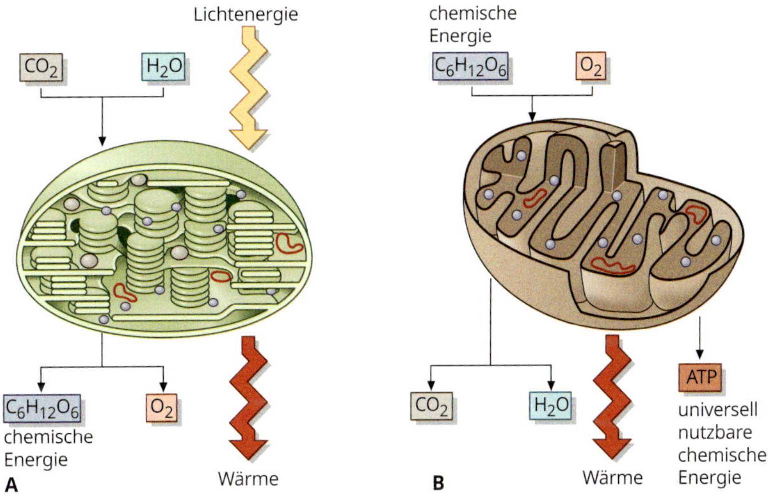

1 Stoff- und Energieumwandlungen. A Fotosynthese; **B** Zellatmung

Bau eines Skelettmuskels

Ein Skelettmuskel ist über eine Sehne am Skelett befestigt. Er besteht aus zahlreichen **Muskelfaserbündeln**. Jedes Muskelfaserbündel besteht aus vielen hundert parallel liegenden **Muskelfasern**. Diese sind durch die Verschmelzung von vielen einzelnen Zellen entstanden. Jede Muskelfaser enthält zahlreiche parallel angeordnete **Myofibrillen** (gr. *myo*: Muskel). Diese sind jeweils von einer speziellen Form des Endoplasmatischen Retikulums, dem **Sarkoplasmatischen Retikulum**, umgeben. Im Inneren der Myofibrillen liegen Bündel parallel angeordneter Proteinfäden, die **Myofilamente** (lat. *filum*: Faden). Man unterscheidet zwei Formen von Filamenten: **Actinfilamente** und **Myosinfilamente**. Weitere Proteine wie **Troponin** und **Tropomyosin** sind am Bau de Myofibrille beteilígt. Jede Myofibrille ist in zahlreiche Untereinheiten, die **Sarkomere**, mit veschiedenen Abschnitten (**A-Bande**, **I-Bande**) gegliedert. Sie werden durch die **Z-Scheiben** gegeneinander abgegrenzt. An ihnen sind die Actinfilamente verankert. Dazwischen befinden sich die dickeren Myosinfilamente, aus denen seitlich köpfchenartige Strukturen herausragen.

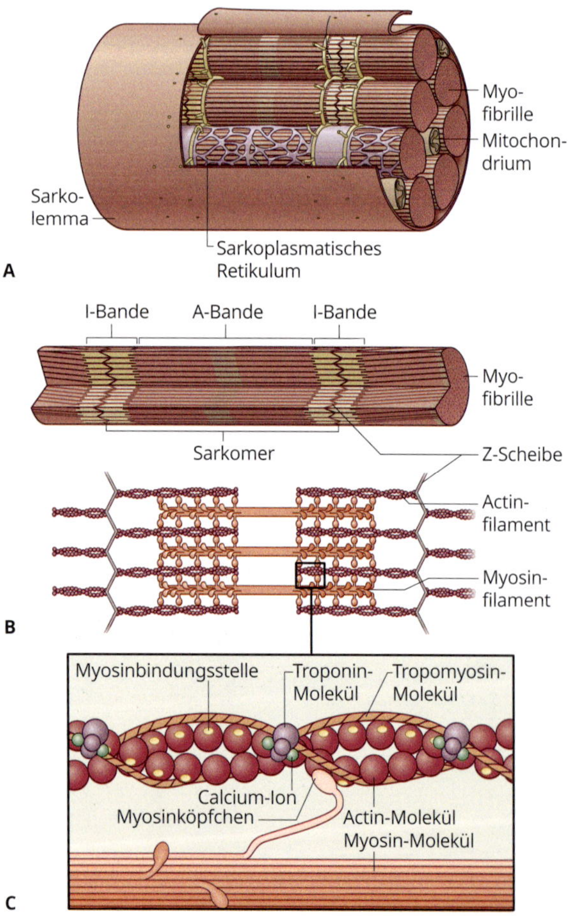

1 Bau eines Skelettmuskels. A Bau einer Muskelfaser; **B** Aufbau einer Myofibrille

Ablauf der Muskelkontraktion

Im mittleren Bereich eines Sarkomers überlappen sich die Myosin- und Actinfilamente. Dort wird ein Verschieben der Filamente gegeneinander ermöglicht, wodurch sich die Sarkomere und somit auch der gesamte Skelettmuskel verkürzen. Durch Nervenimpulse an der motorischen Endplatte (→ **Seite 38**) werden in den Muskelfasern Calcium-Ionen aus dem Sarkoplasmatischen Retikulum freigesetzt und die Muskelkontraktion kann ablaufen.

1. ≡ Stellen Sie den Aufbau eines Skelettmuskels in einem Flussdiagramm dar.
2. ≡ Beschreiben Sie den Ablauf der Muskelkontraktion. Gehen Sie dabei auch auf die Funktion des ATPs ein.
3. ≡ Erklären Sie sowohl kausal als auch funktional, warum in Muskelzellen viele Mitochondrien enthalten sind.
4. ≡ Erläutern Sie mit Bezug auf Stoffwechselprozesse, warum Muskeln einige Stunden nach dem Tod eines Lebewesens erstarren.
5. ≡ Erklären Sie das Gegenspielerprinzip am Beispiel der Skelettmuskeln.

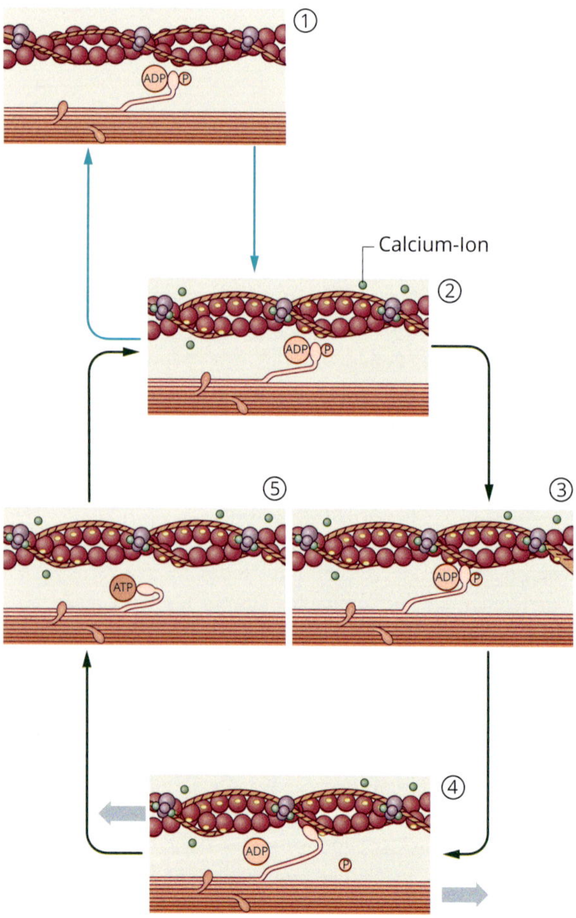

2 Zusammenhang der Muskelkontraktion mit der Bindung und Spaltung von ATP

⊖ Flexible Anpassung von Stoffwechselwegen: Beispiel Skelettmuskelzellen

Skelettmuskelzellen betreiben unter aeroben Bedingungen Zellatmung. Bei starker Belastung wie beim Leistungssport nimmt die Sauerstoffkonzentration im Blut sowie in den Muskelzellen ab und die Atmungskette verlangsamt sich. Die Energie wird dann hauptsächlich durch die Glykolyse (→ **Seite 127**) bereitgestellt. Die dabei produzierte Brenztraubensäure wird weniger über den Tricarbonsäurezyklus, sondern vermehrt anaerob zu Milchsäure abgebaut. Es findet also Milchsäuregärung statt, wodurch NAD^+ für die Glykolyse regeneriert wird. Die gebildete Milchsäure wird über das Blut in die Leber transportiert. Dort kann sie wieder zu Brenztraubensäure oxidiert werden. Unter ATP-Verbrauch reagiert diese weiter zu Glucose, die wieder über den Blutkreislauf zurück zu den Muskeln transportiert werden kann. Über diesen Stoffwechselweg wird Milchsäure gleichzeitig abgebaut und bei erneuten aeroben Bedingungen energetisch genutzt. Auch die Hefe kann ihre Stoffwechselwege flexibel an die Bedingungen anpassen.

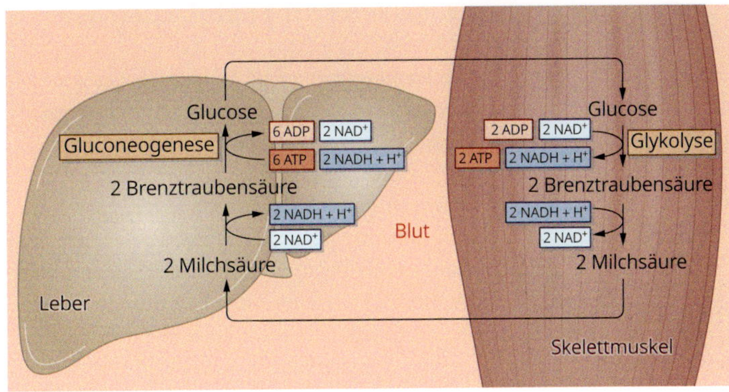

2 Der Austausch von Glucose und Milchsäure

4 ≡ Übertragen Sie Abbildung 2 in Ihr Heft (✎) und erläutern Sie durch eine Erweiterung der Abbildung die Bedeutung der flexiblen Anpassung von Stoffwechselwegen.

VL Materialgebundene Aufgabe

5 ⊖ Flexible Anpassung von Stoffwechselwegen: Glucoseabbau durch Hefezellen

Hefen sind fakultative Anaerobier, das heißt, sie betreiben in der Regel Zellatmung, unter Sauerstoffmangelbedingungen jedoch alkoholische Gärung.

a) ≡ Die Beobachtung in Diagramm **A** wird als PASTEUR-Effekt bezeichnet. Beschreiben Sie diesen.

b) ≡ Erläutern Sie den PASTEUR-Effekt mit Hinblick auf die flexible Anpassung von Stoffwechselwegen unter Mitverwendung eines Schemas ähnlich zur Abbildung 2 auf dieser Seite.

c) ≡ Eine Hefekultur auf einem Glucosemedium wird zunächst unter Sauerstoffmangelbedingungen gezüchtet. Nach einer bestimmten Zeit wird Sauerstoff zugeführt. Fertigen Sie ein Diagramm an, das die relative Änderung der Glucosekonzentration in Abhängigkeit von der Zeit darstellt.

d) ≡ Ergänzen Sie in Ihrem Diagramm aus Aufgabe **c)** die relative Massenzunahme durch das Hefewachstum.

e) ≡ Die Beobachtung in Diagramm **B** wird als CRABTREE-Effekt bezeichnet. Beschreiben Sie diesen.

f) ≡ Interpretieren Sie den CRABTREE-Effekt in Hinblick auf die enzymatische Umsetzung von Glucose.

g) ≡ Tritt der CRABTREE-Effekt auf, kommt es zu einer drastisch verminderten Massenzunahme der Hefe. Stellen Sie eine Hypothese dazu auf. ⊖

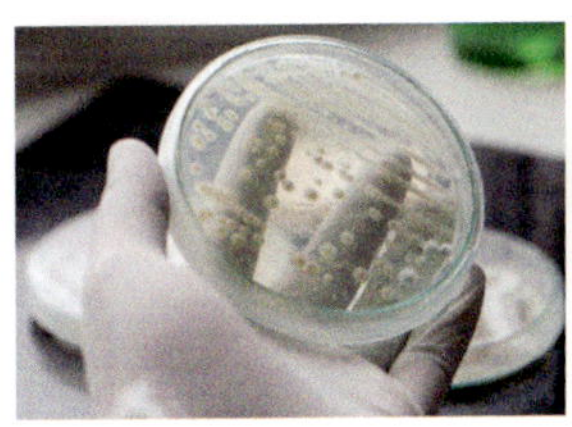

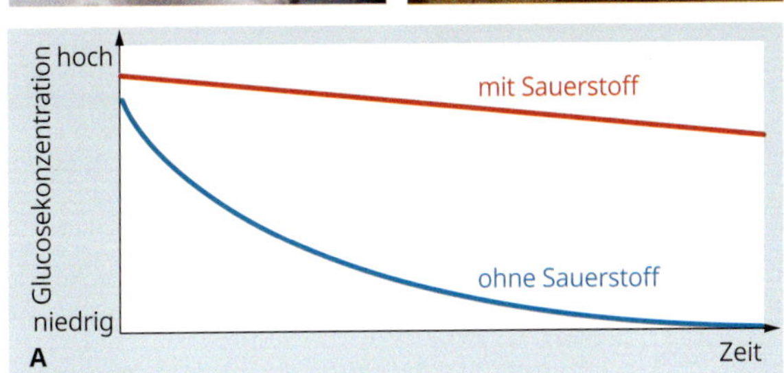

A

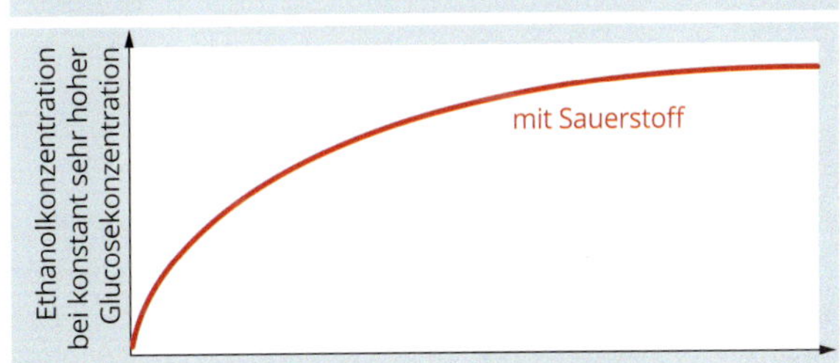

B

1 Keimling einer Sonnenblume

3.6 ⊖ Fette als Energiespeicher

Für die Keimung wird Energie benötigt. Wie gewinnt der Keimling einer Sonnenblume Energie aus den fetthaltigen Samen?

Bedeutung von Fetten als Energiespeicher
Viele Pflanzen speichern Energie in Form von Fetten, zum Beispiel die Sonnenblumen oder der Raps. Im Gegensatz zu Kohlenhydraten, die osmotisch wirksam sind, werden Fette in nahezu wasserfreier Form als Lipidtropfen in Zellen als Depotfett abgelagert.

1 ≡ Nennen Sie pflanzliche, fettreiche Energiespeicher.

Materialgebundene Aufgabe

2 Bedeutung der Fette als Energiespeicher

Pflanzen speichern Energie in Form von Kohlenhydraten, Fetten und Proteinen. Welche Bedeutung Fette als Energiespeicher haben, lässt sich über den Vergleich der Brennwerte bestimmen. Der Brennwert ist ein Maß für die in einem Stoff enthaltene Energie, je höher der Brennwert, desto mehr Energie ist enthalten.

Nahrungsbestandteil	Brennwert in kJ/g
Fette	37
Kohlenhydrate	17
Proteine	17
Ethanol	29
Ballaststoffe	8
Erythritol (Zuckerersatzstoff)	0

Nährwerttabelle für 100 g geschälte Sonnenblumenkerne (ca. 100 Kerne)	
Energie	2405 kJ
Fett	49 g
Kohlenhydrate	12 g
davon Zucker	0,25 g
Proteine	27 g
Salz	0,01 g
Ballaststoffe	6,3 g

a) ≡ Stellen Sie die Inhaltsstoffe eines Sonnenblumenkerns und die dazugehörige Energie in einem geeigneten Diagramm dar.
b) ≡ Begründen Sie die Eignung von Fetten als Energiespeicher.
c) ≡ Beschreiben Sie die Bedeutung der in der Sonnenblume gespeicherten Fette für den Menschen, recherchieren Sie gegebenenfalls.

Menschen nehmen sowohl pflanzliche als auch tierische Fette über die Nahrung auf. Bei der Verdauung werden Fette in ihre Bestandteile zerlegt und für die Energiebereitstellung genutzt. Wird über die Nahrung mehr Energie aufgenommen, als verbraucht werden kann, wird überschüssige Energie als Depotfett gespeichert. Bei erhöhtem Energiebedarf durch Sport oder bei unzureichender Energieaufnahme wird das Depotfett wieder abgebaut. Dieser Fettabbau erfolgt in vielen Einzelschritten der **Lipolyse** (→ **Aufgabe 3**). Als erstes spaltet das Enzym Lipase ein Fettmolekül in ein Glycerinmolekül ① und in drei Fettsäuremoleküle ②.

Weiterer Weg des Glycerins
Glycerin wird über das Blut zu den Leberzellen transportiert, wo es im Zytoplasma in mehreren Schritten zu Brenztraubensäure umgewandelt wird. Pro Glycerinmolekül werden dabei 1 Molekül ATP und zwei Moleküle $NADH + H^+$ gewonnen ③. Brenztraubensäure wird dann in den Kohlenhydratstoffwechsel ④, ⑤, ⑥ eingeschleust und oxidativ abgebaut (→ **Seite 130 ff.**).

ß-Oxidation der Fettsäuren
Die Fettsäuren werden zu Körperzellen transportiert, wo sie ebenfalls in mehreren Schritten vollständig zu Acetyl-Co A abgebaut werden. Im Zytoplasma wird ein Fettsäuremolekül zunächst durch Anknüpfung eines Coenzym-A-Moleküls aktiviert. Dabei wird ein Molekül ATP benötigt ⑦. Das dabei gebildete aktivierte Fettsäuremolekül wird mithilfe des Carriers Carnitin in die Mitochondrien transportiert ⑧. In der Mitochondrienmatrix wird dieses in drei Schritten oxidiert. Dabei wird ein Molekül Wasser benötigt und ein Molekül $FADH_2$ sowie ein Molekül $NADH + H^+$ gebildet ⑨. Die Oxidation findet am β-Kohlenstoffatom der Fettsäure statt, daher nennt man den Abbauprozess **ß-Oxidation**. An das oxidierte Molekül wird ein weiteres Molekül Coenzym A angelagert, gleichzeitig wird von dem aktivierten Fettsäuremolekül ein Acetyl-CoA-Molekül abgespalten ⑩. Das verkürzte aktivierte Fettsäuremolekül kann erneut in den Abbauzyklus eintreten, bis es vollständig in Acetyl-CoA-Moleküle abgebaut ist ⑪. Diese Acetyl-CoA-Moleküle werden in den Tricarbonsäurezyklus eingeschleust ⑤, ⑥. Da der Fettsäureabbau umkehrbar ist, können Fettzellen aus Kohlenhydraten Fette herstellen und so ein Energiedepot anlegen.

3 Abbau eines Fettmoleküls

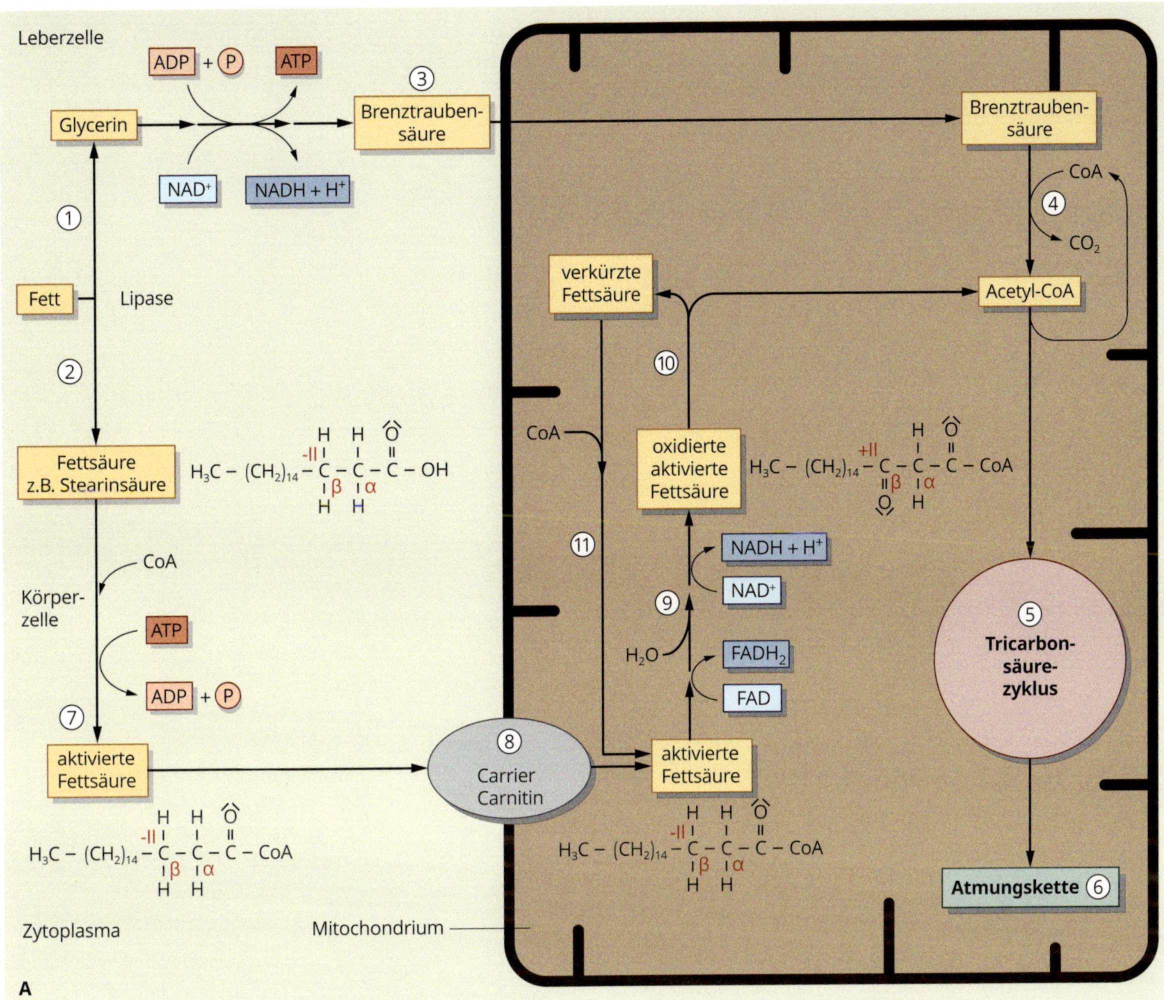

B $CH_3(CH_2CH_2)_8COOH + 9\ CoA + 8\ FAD + 8\ NAD^+ + 8\ H_2O \longrightarrow 9\ Acetyl\text{-}CoA + 8\ FADH_2 + 8\ NADH + 8\ H^+$

C $CH_3(CH_2CH_2)_8COOH + 18\ O_2 + 122\ ADP + 122\ (P) \longrightarrow 18\ CO_2 + 18\ H_2O + 122\ ATP$

A Schema des Abbaus; **B** Stoffbilanz der β-Oxidation; **C** ATP-Ausbeute des Fettsäureabbaus

Stoff- und Energiebilanz des Fettabbaus

- Ein Fettmolekül liefert ein Glycerinmolekül und drei Fettsäuremoleküle.
- Beim vollständigen Abbau eines Stearinsäuremoleküls in der β-Oxidation entstehen: 9 Acetyl-CoA, 8 $FADH_2$ und 8 $NADH + 8\ H^+$ (→ **Abb. B**)
- Jedes Acetyl-CoA-Molekül liefert durch die vollständige Oxidation im Tricarbonsäurezyklus sowie durch die Atmungskette: 3 $NADH + 3\ H^+$, 1 $FADH_2$ und 1 ATP
- Da ein $NADH + H^+$ 2,5 ATP liefert und 1 $FADH_2$ 1,5 ATP, werden insgesamt 122 ATP gebildet (→ **Abb. C**).

a) ≡ Beschreiben Sie die β-Oxidation der Stearinsäure mithilfe der Abbildung **A**.

b) ≡ Stellen Sie die Berechnung der ATP-Ausbeute für den Abbau eines Stearinsäuremoleküls in einer Tabelle dar.

c) ≡ VL Berechnen Sie die ATP-Ausbeute für ein Fettmolekül mit drei Stearinsäureresten.

d) ≡ VL Vergleichen Sie die Energiebilanz für den Abbau der Fette mit dem aeroben Abbau der Glucose. Erklären Sie anhand des Vergleichs die besondere Eignung von Fetten als Energiespeicher.

Grundlagen der Dissimilation

Dissimilation: aerober oder anaerober Abbau organischer Verbindungen; bei den Stoffumwandlungen handelt es sich um **Redoxreaktionen**, an denen **Energieumwandlungen** und **Energieentwertungen** beteiligt sind
Glykolyse: Umsetzung von Glucose zu Brenztraubensäure unter Bildung von ATP und NADH; findet im Zytoplasma statt
NAD^+/$NADH + H^+$: Coenzym, das als Redoxpartner an enzymatisch gesteuerten Stoffwechselreaktionen beteiligt ist; NAD^+ ist das Oxidationsmittel, $NADH + H^+$ ist das Reduktionsmittel

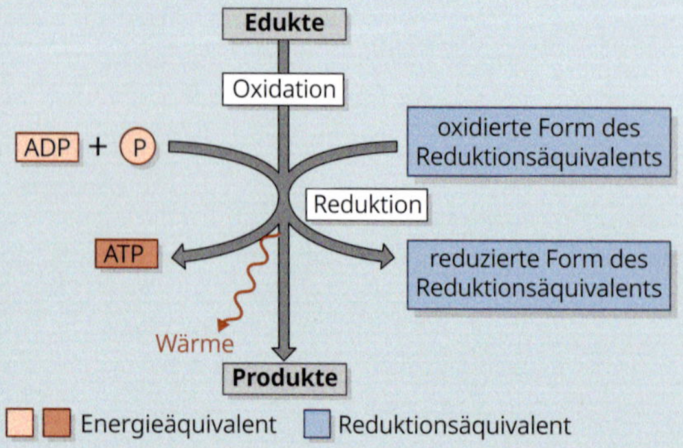

Mehr dazu auf den Seiten 126 und 127

Gärungen – Energiegewinn ohne Sauerstoff

Gärung: Abbau von Glucose unter Sauerstoffmangelbedingungen; Glucose wird zunächst in der Glykolyse zu Brenztraubensäure abgebaut, dabei entsteht ATP; Redoxreaktionen

Milchsäuregärung

- bei Milchsäurebakterien
- wird zur Herstellung von Lebensmitteln genutzt
- Regeneration von NAD^+ durch die Reduktion von Brenztraubensäure zu Milchsäure
- $C_6H_{12}O_6 \rightarrow 2\ C_3H_6O_3$

Alkoholische Gärung

- bei Hefepilzen
- wird zur Herstellung von alkoholischen Getränken genutzt
- Regeneration von NAD^+ durch die Reduktion von Ethanal zu Ethanol
- $C_6H_{12}O_6 \rightarrow 2\ C_2H_5OH + 2\ CO_2$

Mehr dazu auf den Seiten 128 und 129

aerober Glucoseabbau durch Zellatmung

Zellatmung: aerober Abbau von Glucose durch **Redoxreaktionen**
$C_6H_{12}O_6 + 6\ O_2 \rightarrow 6\ CO_2 + 6\ H_2O$

Glykolyse: im Zytoplasma, Abbau von Glucose zu Brenztraubensäure; Stofftransport vom Zytoplasma in das Mitochondrium
Oxidative Decarboxylierung: an der inneren Mitochondrienmembran, Abspaltung von Kohlenstoffdioxid von Brenztraubensäure und Bildung von Acetyl-CoA
Tricarbonsäurezyklus: in der Mitochondrienmatrix, Abbau von Acetyl-CoA zu Kohlenstoffdioxid mit Bildung von $NADH + H^+$ und $FADH_2$ als energiereiche Zwischenspeicher sowie Bildung von ATP
Atmungskette: an der inneren Mitochondrienmembran, Regeneration von NAD^+ und FAD durch Übertragung von Elektronen und Protonen auf Sauerstoffmoleküle

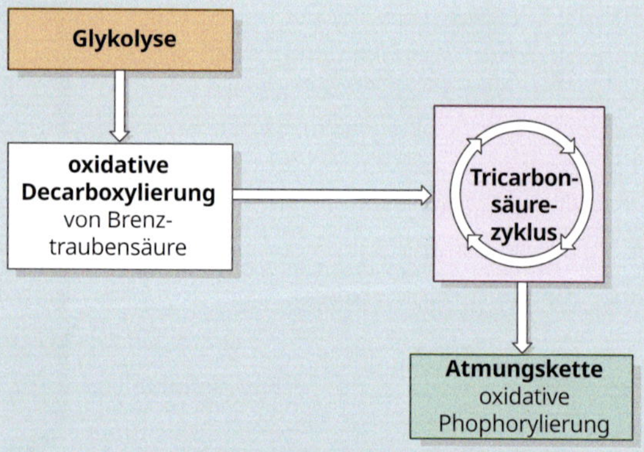

Energetisches Modell der Atmungskette

- Übertragung der Elektronen von $NADH + H^+$ auf Sauerstoffmoleküle über eine Elektronentransportkette
- Freiwerden von Energie auf jeder Stufe
- Nutzung der Energie für die ATP-Synthese

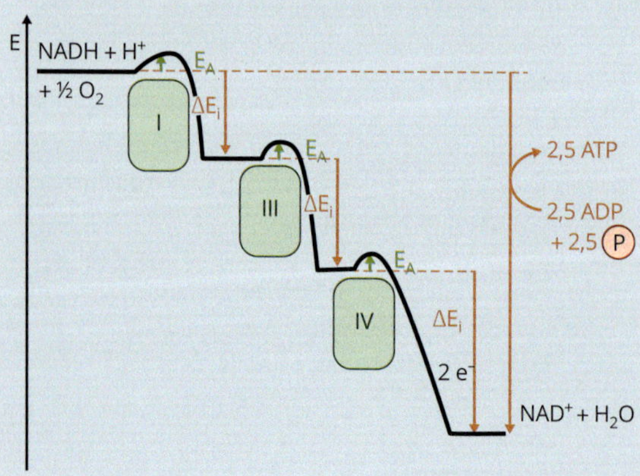

Chemiosmotische Bildung von ATP

- Nutzung der in der Elektronentransportkette frei werdenden Energie von den Komplexen I, III und IV, um Protonen aus der Matrix in den Intermembranraum zu pumpen
- Bildung eines Protonengradienten
- Rückfluss der Protonen durch den Kanal der ATP-Synthase
- Nutzung der dabei frei werdenden Energie zur Bildung von ATP durch die ATP-Synthase

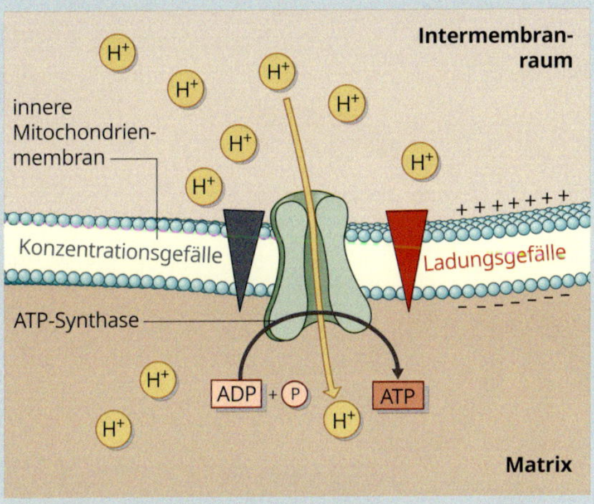

Mehr dazu auf den Seiten 130 bis 133

Fotosynthese und Zellatmung im Vergleich

Feinbau von Chloroplast und Mitochondrium

- **Kompartimentierung:** räumliche Trennung von Stoffwechselreaktionen
- **Oberflächenvergrößerung:** durch Einstülpungen der Membran beziehungsweise durch Bildung von Thylakoiden bieten die Biomembranen mehr Platz für Enzyme
- **Membransystem:** Biomembranen sind selektiv permeabel und ermöglichen den Aufbau von Protonengradienten zur chemiosmotischen Bildung von ATP

Biochemische Prinzipien

Sowohl Fotosynthese als auch Zellatmung folgen wichtigen biochemischen Prinzipien: Prinzip einer Elektronentransportkette, Protonengradient, Enzymkatalyse, Prinzip des zyklischen Prozesses, Zerlegung in Teilschritte

Mehr dazu auf den Seiten 134/135

Zusammenhang von auf- und abbauendem Stoffwechsel

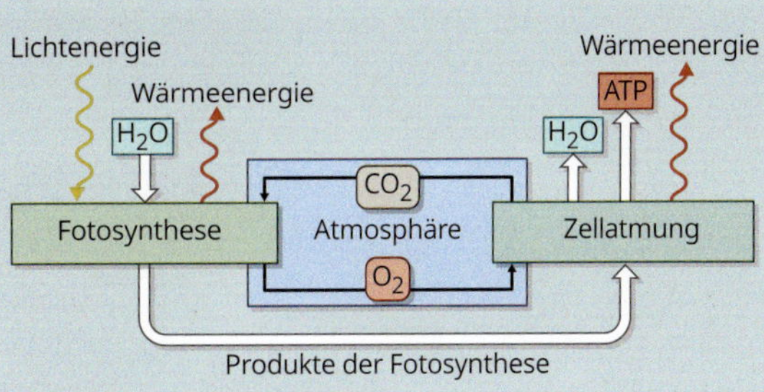

Mehr dazu auf den Seiten 134 und 135

Stoff- und Energiebilanz des Abbaus von Glucose

Gesamtgleichungen mit Energiebilanz

Zellatmung:

$C_6H_{12}O_6 + 6\,O_2 + 30\,ADP + 30\,P \rightarrow 6\,CO_2 + 6\,H_2O + 32\,ATP$
(2 ATP für Transportprozesse)

Milchsäuregärung:

$C_6H_{12}O_6 + 2\,ADP + 2\,P \rightarrow 2\,C_3H_6O_3 + 2\,ATP$

Alkoholische Gärung:

$C_6H_{12}O_6 + 2\,ADP + 2\,P \rightarrow 2\,C_2H_5OH + 2\,CO_2 + 2\,ATP$

Unter aeroben Bedingungen kann aus einem Molekül Glucose deutlich mehr ATP gewonnen werden als unter Sauerstoffmangelbedingungen.

ⓔ Flexible Anpassung von Stoffwechselwegen

Stoffwechselwege sind miteinander verknüpft. Beispiel: Hefen und Skelettmuskelzellen können je nach Sauerstoffangebot zwischen Gärung und Zellatmung wechseln

Mehr dazu auf Seiten 136 bis 139

ⓔ β-Oxidation von Fettsäuren

- Fettsäuren werden durch β-Oxidation zu Acetyl-CoA abgebaut
- Acetyl-CoA wird in den Tricarbonsäurezyklus eingeschleust
- im Vergleich zum Glucoseabbau wird ein Vielfaches an Energie frei

Mehr dazu auf den Seiten 140 und 141

AUFGABE

Muskelstoffwechsel

Muskeln können nur dann kontrahieren, wenn ATP zur Verfügung steht. Der ATP-Vorrat ist jedoch begrenzt, weshalb ATP laufend regeneriert und neu gebildet wird. Dies erfolgt auf unterschiedlichen Wegen.

1 Beschreiben Sie die Energiebereitstellung im Skelettmuskel anhand M1. Benennen Sie die Stoffwechselwege 3 und 4 und erklären Sie unter Mitverwendung der Bruttogleichungen, unter welchen Bedingungen diese Abbauwege begünstigt werden. [10 BE]

2 Erklären Sie die Bildung von ATP beim Glucoseabbau mithilfe der chemiosmotischen Theorie. Fertigen Sie dazu eine beschriftete Skizze an. [8 BE]

3 Beschreiben Sie die Experimente in M2 und leiten Sie daraus zwei wichtige Schlussfolgerungen ab, die die chemiosmotische Theorie stützen. [6 BE]

4 Beschreiben Sie die Veränderung der Milchsäurekonzentration in M3a und ordnen Sie zu, welche der in M3b dargestellten Reaktionen bei Belastung und Erholung stattfinden. Gehen Sie knapp auf die Bedeutung des Coenzyms $NAD^+/NADH+H^+$ ein. [6 BE]

5 ⊖ Interpretieren Sie den unterschiedlichen Verlauf der Kurven a und b in M3a in Hinblick auf die flexible Anpassung von Stoffwechselwegen. [5 BE]

6 ⊖ Benennen Sie den Stoffwechselweg 5 in M1a und begründen Sie die Bedeutung des Fettabbaus für die Muskeltätigkeit. [5 BE]

MATERIAL

M1 Energiebereitstellung im Skelettmuskel

Skelettmuskeln können ATP auf unterschiedlichen Wegen bereitstellen. Eine besondere Form ist die Bereitstellung über den Phosphokreatinzerfall. Das Enzym Phosphokreatinkinase überträgt die Phosphatgruppe von Phosphokreatin auf ADP, sodass ATP entsteht. In einer Erholungsphase überträgt das gleiche Enzym eine Phosphatgruppe von ATP auf Kreatin und füllt somit den Zwischenspeicher Phosphokreatin wieder auf.

M1a

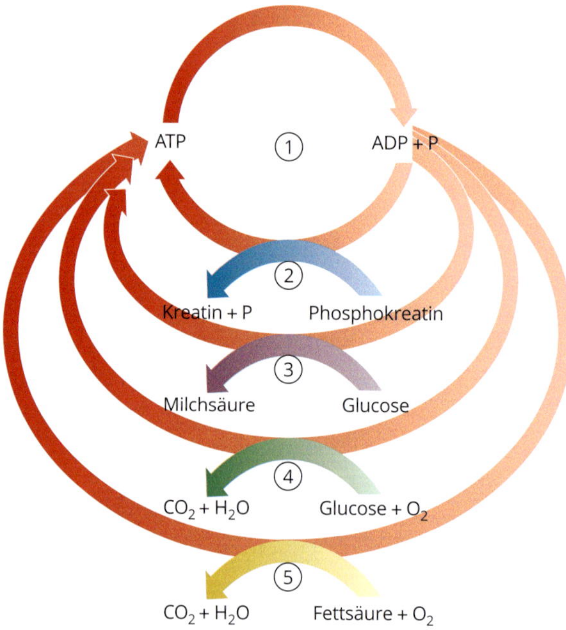

M1b

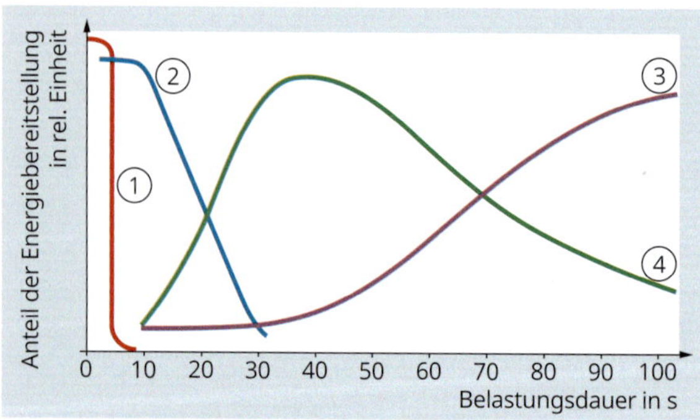

M2 Die Bildung von ATP

Die ATP-Bildung kann sowohl beim aeroben Glucoseabbau als auch beim Glucoseaufbau mithilfe der chemiosmotischen Theorie erklärt werden. Zur Aufklärung der ATP-Bildung wurden die Experimente in M2a und M2b durchgeführt.

M2a

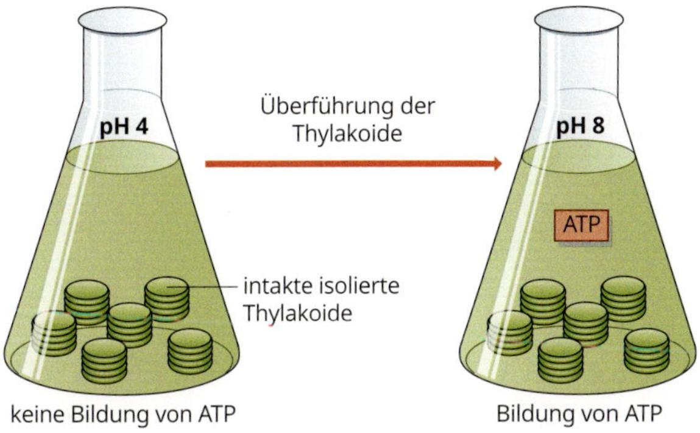

M2b

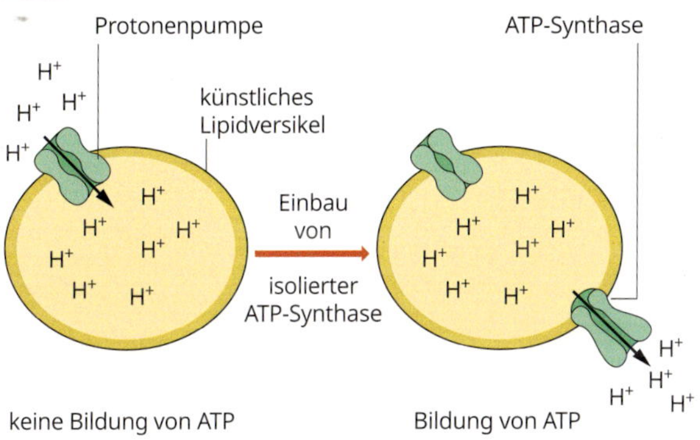

M3 Die Veränderung der Milchsäurekonzentration bei Belastung und Erholung

Bei langanhaltender Muskelarbeit wird viel Milchsäure gebildet. Die Bestimmung der Milchsäurekonzentration im Blut dient als Kriterium zur Diagnose der Ausdauerleistungsfähigkeit eines Sportlers. Während der Erholungsphase wird Milchsäure wieder abgebaut (→ M3a). Eine wichtige Rolle bei Milchsäurebildung und -abbau spielt das Enzym Milchsäuredehydrogenase (→ M3b).

M3a

Die Abbildung zeigt die Veränderungen der Milchsäurekonzentration im Blut einer Person während einer maximalen Belastung auf einem Fahrradergometer und der anschließenden 60-minütigen Erholungsphase. Bei der passiven Erholung a ruht die Person, bei der aktiven Erholung b fährt die Person mit 35 Prozent der Maximalleistung auf dem Ergometer weiter.

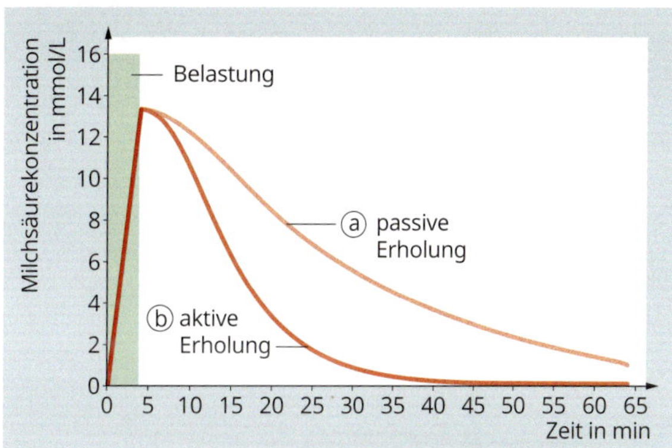

M3b

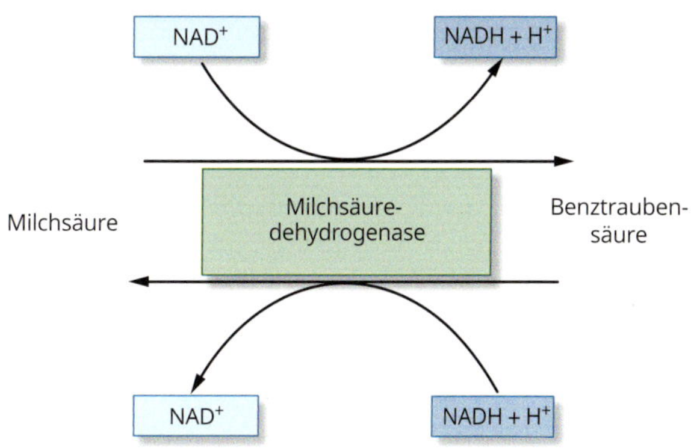

Der majestätisch daherschreitende Graureiher (*Ardea cinera*) beindruckt durch seine Flügelspannweite von bis zu 195 cm. Man findet ihn in Bayern an Seeufern von Süßgewässern, in den Niederungen der großen Flüsse und im Grünland in der Nähe kleinerer Feuchtgebiete. Derzeit leben in Bayern noch viele Graureiher, der Bestand geht aber vor allem durch die Veränderungen der Lebensräume merklich zurück. Er steht auf der „Vorwarnliste", was bedeutet, dass er bei Fortbestehen der bestandsreduzierenden Einwirkungen in naher Zukunft als „gefährdert" eingestuft werden wird.

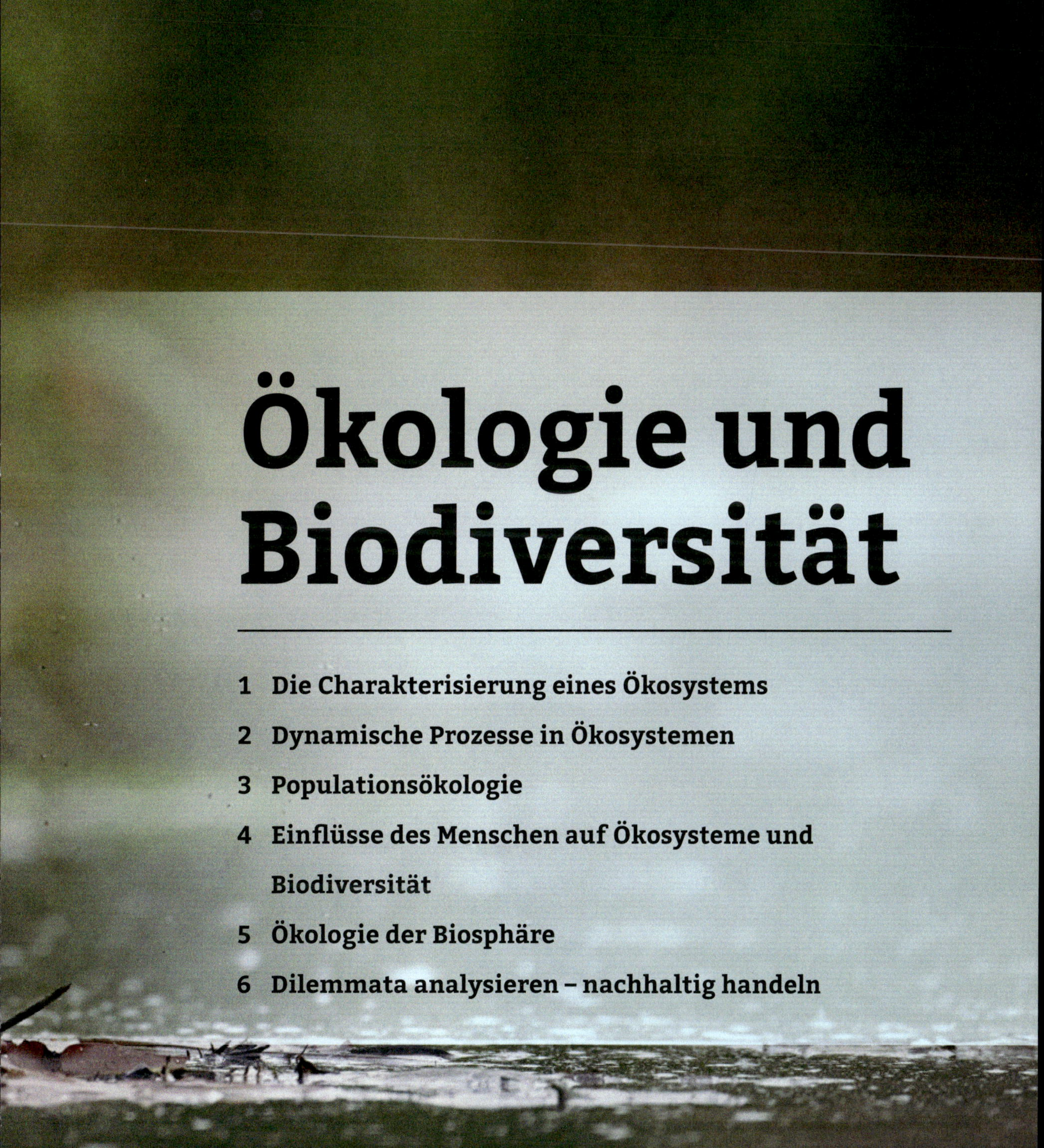

Ökologie und Biodiversität

1 Die Charakterisierung eines Ökosystems

2 Dynamische Prozesse in Ökosystemen

3 Populationsökologie

4 Einflüsse des Menschen auf Ökosysteme und Biodiversität

5 Ökologie der Biosphäre

6 Dilemmata analysieren – nachhaltig handeln

1 Die Charakterisierung eines Ökosystems

1 Zauneidechsenmännchen auf einer Trockenmauer

1.1 Der Aufbau eines Ökosystems

In einem Ökosystem stehen Lebewesen zueinander in wechselseitigen Beziehungen und sind diversen Einflüssen ausgesetzt. Welche Faktoren tragen zum Aufbau eines Ökosystems bei?

Information Wechselbeziehung: Beziehungen zwischen Individuen in wechselseitiger Abhängigkeit und wechselseitigem Einfluss

Ökosystem Trockenmauer

Eine Trockenmauer besteht aus lose aufeinander geschichteten Natursteinen. Auf ihrer Sonnenseite wachsen in den Mauerritzen Pflanzen wie der Mauerpfeffer oder das Zimbelkraut. Diese Pflanzen sind an die Trockenheit und hohen Temperaturen der Mauer angepasst. Auch wärmeliebende Tierarten wie Schlingnatter und Zauneidechse findet man hier. Die der Sonne abgewandte Schattenseite ist hingegen kühl und feucht. Hier kommen Efeu und Farne sowie Schnecken und Molche vor.

Biotop und abiotische Umweltfaktoren

Die Lebewesen einer Trockenmauer stehen in vielfältigen Wechselbeziehungen zu ihrer Umwelt. Faktoren der unbelebten Umwelt wirken auf sie ein. Diese sind beispielsweise Licht, Temperatur, Wind, die Verfügbarkeit von Wasser in Form von Niederschlägen und die Beschaffenheit der Mauer. Sie werden zusammen als **abiotische Umweltfaktoren** bezeichnet. Diese prägen und begrenzen zugleich den Lebensraum, in dem der Mauerpfeffer oder die Zauneidechsen vorkommen können. Man spricht vom **Biotop** einer Art.

Biozönose und biotische Umweltfaktoren

Neben den abiotischen Umweltfaktoren wirken sich auch andere Lebewesen eines Biotops auf das Vorkommen einer Art aus. So müssen zum Beispiel Zauneidechsen ausreichend Beu-

Materialgebundene Aufgabe

❶ Ökosysteme

Ökosysteme grenzen sich voneinander durch ihre unterschiedlichen Bestandteile und Umweltfaktoren ab.

a) ☰ Erklären Sie anhand der Abbildung den wechselseitigen Einfluss abiotischer und biotischer Faktoren auf das Ökosystem Trockenmauer.

b) ☰ Recherchieren Sie Angepasstheiten der auf einer Trockenmauer typischerweise vorkommenden Organismen.

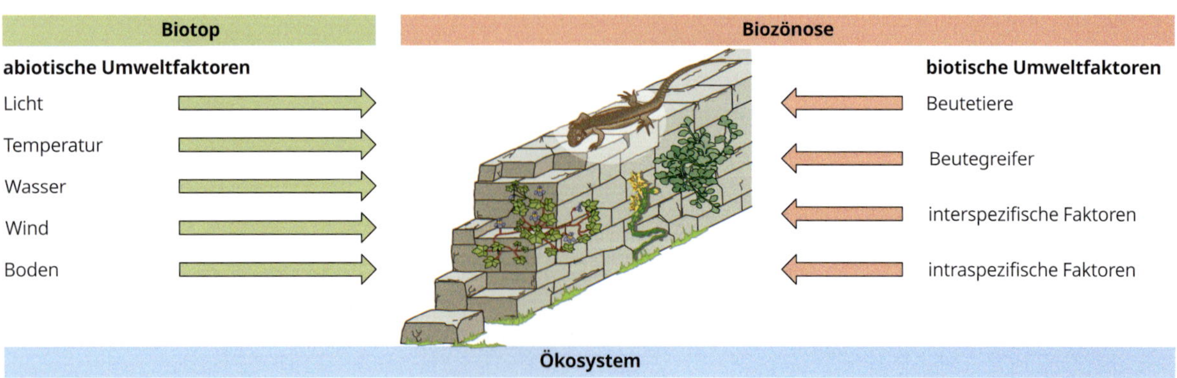

tetiere finden, gleichzeitig darf die Zahl ihrer Räuber oder Beutegreifer nicht überhandnehmen. Beutetiere und Räuber beeinflussen also das Vorkommen einer Art. Solche Einflüsse der belebten Umwelt nennt man **biotische Umweltfaktoren**. Gehen diese von Individuen der eigenen Art aus, spricht man von **intraspezifischen Faktoren**. Im Gegensatz hierzu wirken **interspezifische Faktoren** zwischen Individuen verschiedener Arten. Alle Lebewesen eines Biotops, die miteinander in Wechselbeziehungen stehen, bilden eine Lebensgemeinschaft, eine **Biozönose**.

Kommen Lebewesen wie beispielsweise Pflanzen an einem festen Ort im Biotop vor, so nennt man diesen den **Standort** der Art. Bewegen sich die Lebewesen einer Art dagegen in einem bestimmten Gebiet, so spricht man vom Aufenthaltsbereich oder **Habitat**. Alle Lebewesen einer Art, die im selben Habitat leben und eine Fortpflanzungsgemeinschaft bilden, nennt man **Population**. So bilden etwa die Zauneidechsen, die sich im Bereich einer größeren Trockenmauer aufhalten, eine Population.

Bei einer Trockenmauer stehen Biotop und Biozönose mit ihren abiotischen und biotischen Umweltfaktoren in Wechselbeziehungen. So beeinflusst das Licht ganz entscheidend, welche Tiere und Pflanzen auf der Sonnen- oder Schattenseite der Trockenmauer vorkommen. Umgekehrt beeinflusst der Pflanzenbewuchs die Lichtverhältnisse an der Trockenmauer. Erst durch das Zusammenwirken von Biozönose und Biotop ergibt sich ein Ökosystem wie das der Trockenmauer.

Die vielfältigen Vernetzungen abiotischer und biotischer Umweltfaktoren in einem Ökosystem werden in der Ökologie untersucht. Sie ist die Wissenschaft von den Wechselbeziehungen zwischen den Lebewesen und der Umwelt. Diese Wechselbeziehungen bestimmen die Verbreitung und Häufigkeit der Lebewesen.

Vielfalt der Ökosysteme

Ökosysteme lassen sich in Kategorien einteilen: Zu den **terrestrischen** Ökosystemen zählen sämtliche Systeme, die an festes Land gebunden sind, wie beispielsweise Wälder und Wiesen. Bei den **aquatischen** Ökosystemen unterscheidet man zwischen marinen Systemen wie dem Wattenmeer oder Ozeanen und limnischen Systemen. Letztere werden in stehende und fließende Gewässer gegliedert.

2 ☰ Erklären Sie, dass ein Biotop und ein Habitat nicht deckungsgleich sind.

Ökosysteme sind unterschiedlich groß. Trockenmauer, Wiese, Wald, Wattenmeer, Wüste und See sind Beispiele für Ökosysteme unterschiedlicher Größenordnung. Die Gesamtheit aller Ökosysteme bildet die **Biosphäre**, den belebten Raum der Erde.

3 ☰ Fertigen Sie zur Vielfalt der Ökosysteme ein hierarchisches Organigramm an und ergänzen Sie weitere Beispiele.

Materialgebundene Aufgabe

4 Die Welt im Glas

Eine EcoSphere® ist ein künstlich hergestelltes Ökosystem in Form einer geschlossenen Glaskugel mit einem Durchmesser von etwa 10 cm. Darin befinden sich Luft, Meerwasser, drei bis vier Garnelen, Bakterien, Algen und ein abgestorbenes Korallenstück als Untergrund. Die Biozönose hat in dem Biotop bei ausreichender Beleuchtung und Temperatur ohne Fütterung und Wasseraustausch über lange Zeit Bestand.

a) ☰ Beschreiben Sie mögliche Wechselbeziehungen zwischen biotischen und abiotischen Umweltfaktoren in der EcoSphere®.
b) ☰ Erklären Sie, warum die EcoSphere® auch ohne Eingriffe von außen längere Zeit Bestand hat und ob sie dem Anspruch einer „Welt im Glas" gerecht wird .
c) ☰ Bewerten Sie die EcoSphere® unter ethischen Gesichtspunkten.

1 Donauursprung am Zusammenfluss von Brigach und Breg

1.2 Das Ökosystem Fließgewässer – Charakteristika eines Biotops

Für verschiedene Biotope sind unterschiedliche abiotische Umweltfaktoren charakteristisch. Welche Messverfahren eignen sich, um das Ökosystem Fließgewässer zu analysieren?

Gliederung eines Fließgewässers

Oberirdische Gewässer, die sich in ständiger Bewegung befinden, werden als **Fließgewässer** bezeichnet. Beginnend bei der **Quelle** vereinigen sich meist mehrere Bäche zu immer größer werdenden Flüssen. Diese werden im weiteren Verlauf in die Abschnitte **Oberlauf**, **Mittellauf** und **Unterlauf** gegliedert. Schließlich münden die Flüsse oft als breiter Strom ins Meer oder in Seen.

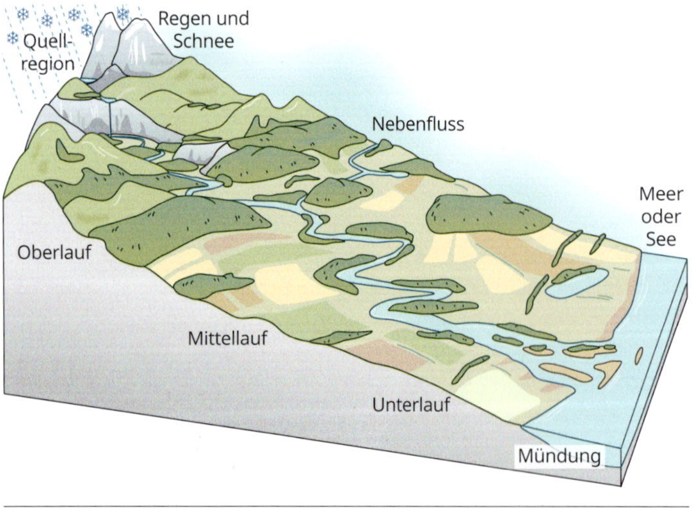

2 Gliederung eines Fließgewässers

1 Recherchieren Sie zur Donauquelle und zum Donauursprung und erläutern Sie die mit diesen Begriffen verbundene Problematik.
2 Erklären Sie die Begriffe flussabwärts und flussaufwärts.
3 Recherchieren Sie den Verlauf des zu Ihrem Wohnort nächstgelegenen Flusses von der Quelle bis zur Mündung.
4 Geben Sie abiotische Faktoren an, die beim Ökosystem Fließgewässer eine Rolle spielen und entwickeln Sie Hypothesen, inwiefern sich diese in den unterschiedlichen Flussabschnitten unterscheiden könnten.

Abiotischer Umweltfaktor – Wasser

Fließgewässer entstehen letztlich durch Niederschläge. Diese sammeln sich in kleinen Rinnsalen und Bächen. Ein Teil des Niederschlags versickert und wird zu Grundwasser. An bestimmten Stellen tritt es wieder zu Tage und bildet als Quelle den Anfang eines neuen Baches. Mehrere Bäche vereinigen sich zu immer größer werdenden Flüssen.

5 Recherchieren Sie die Herkunft des Wassers auf der Erde.

In Gebirgsregionen herrschen im Oberlauf aufgrund des großen Gefälles hohe **Fließgeschwindigkeiten**. Dadurch wird viel Gesteinsmaterial von den Seiten und vom Grund des Gewässers abgetragen. Durch diese Erosion wird das Flussbett im Laufe der Zeit tiefer gelegt, sodass tief eingeschnittene Täler entstehen. Auf der Talsohle ist das Gewässer relativ flach und schmal. An seinem Grund befinden sich große Steine und grober Kies.

Im weiteren Flussverlauf verringert sich das Gefälle und damit die Fließgeschwindigkeit des Wassers. So lagern sich im Mittellauf Steine und gröberer Kies ab, während Sand und kleinere Partikel weiter transportiert werden. Typisch für den Mittelauf sind häufig weitläufige Flussschleifen, die **Mäander**. Diese vereinigen sich wieder im Unterlauf zu einem breiten Strom. Das Gefälle verringert sich im Unterlauf weiter, sodass die Strömungsgeschwindigkeit weiter abnimmt. In der Folge lagern sich hier feiner Kies, Sand und Feinsediment am Gewässergrund ab.

Abiotischer Umweltfaktor – Licht
Fließgewässer enthalten stets auch ungelöste, feinverteilte organische Stoffe. Diese Trübstoffe werden oft im Oberlauf von der angrenzenden Vegetation ins Gewässer eingetragen. Ein Teil der Trübstoffe wird auch direkt im Wasser in Form des Planktons gebildet. Ihre Konzentration steigt in Richtung der Flussmündung an. Die Trübstoffe verändern die Lichtverhältnisse im Gewässer und beeinflussen damit die Fotosynthese und das Wachstum von Wasserpflanzen sowie von Phytoplankton.

Abiotischer Umweltfaktor – Temperatur
Die Wassertemperatur ändert sich flussabwärts: Während das Quellwasser das ganze Jahr über nahezu konstante Temperaturen von 5 °C bis 10 °C aufweist, schwanken die Temperaturen im Unterlauf zwischen 0 °C im Winter und über 20 °C im Sommer.

6 ≡ Stellen Sie Hypothesen für die größeren Wassertemperaturschwankungen im Bereich des Unterlaufs auf.

Abiotischer Umweltfaktor – Sauerstoff
Im Bereich der Quelle ist der Sauerstoffgehalt des Wassers zunächst gering. Im Oberlauf steigt dieser deutlich an. Verantwortlich hierfür sind die turbulenten Wasserbewegungen, durch die viel Sauerstoff aus der Luft in das Wasser eingetragen wird. Zudem kann sich der Sauerstoff hier gut im Wasser lösen, da die Wassertemperatur im Oberlauf niedrig ist. Im Mittellauf bilden Algen und Wasserpflanzen zunehmend Sauerstoff durch Fotosynthese. Daher ist hier der Sauerstoffgehalt hoch und weist ausgeprägte tages- und jahreszeitliche Schwankungen auf. Im Unterlauf und im Bereich der Flussmündung sinkt dagegen der Sauerstoffgehalt des Wassers infolge der hohen Wassertemperatur. Die Trübung des Wassers erschwert zudem die Bildung von Sauerstoff durch Fotosynthese.

7 ≡ Erklären Sie, aus welchem Grund der Sauerstoffgehalt eines Fließgewässers von Bedeutung ist unter Berücksichtigung des Basiskonzepts „Stoff- und Energieumwandlung".

Materialgebundene Aufgabe

8 Änderung abiotischer Umweltfaktoren in einem Gewässer

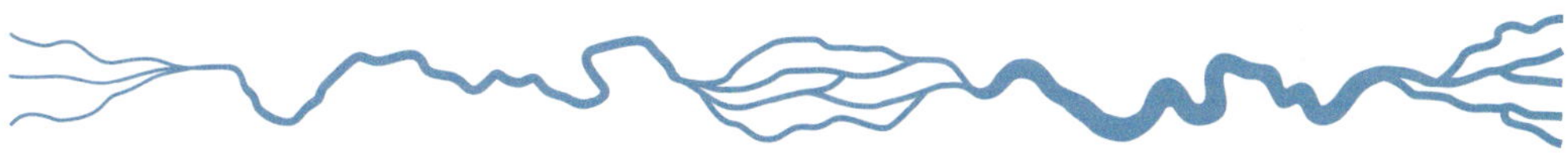

	Quelle	Oberlauf	Mittellauf	Unterlauf	Mündung
Abiotische Faktoren Strömungsgeschwindigkeit, Gefälle	nimmt stetig ab				
Wassertrübung, Gehalt organischer Stoffe	nimmt stetig zu				
Gewässergrund	Fels, Steine	Steine, Kies	Kies, Sand, Feinsediment	Sand, Feinsediment	Sand, Feinsediment
max. Temperatur	< 10 °C	< 15 °C	> 15 °C	< 20 °C	> 20 °C
Sauerstoffgehalt	gering	hoch mit geringen Tages- und Jahresschwankungen	hoch mit ausgeprägten Tages- und Jahresschwankungen	geringer	geringer

a) ≡ Erstellen Sie ein Diagramm, in dem Sie die Änderungen der Strömungsgeschwindigkeit, Wassertrübung, Teilchengröße des Gewässergrunds, Temperatur und des Sauerstoffgehalts abbilden.

b) ≡ Recherchieren Sie die Veränderungen der abiotischen Faktoren eines stehenden Gewässers, stellen Sie diese grafisch dar und begründen Sie die jeweiligen Unterschiede zum Fließgewässer.

9 Charakterisierung eines Fließgewässers anhand der abiotischen Faktoren

Mit den folgenden Experimenten **A–C** können Sie ein Fließgewässer in Ihrer Umgebung charakterisieren. Führen Sie die Messungen der physikalischen und chemischen Parameter durch und fertigen Sie ein Protokoll zur Dokumentation, Auswertung und Veranschaulichung der Daten an. Bereiten Sie hierfür im Vorfeld der Freilanduntersuchungen einen analogen oder digitalen Protokollbogen vor, in dem Sie die gemessenen Werte dann in geeigneten Einheiten notieren können. Nutzen Sie auch digitale Hilfmittel wie eine Kamera. Orientieren Sie sich an folgendem Muster:

Protokollbogen zur Gewässeranalyse

Gewässername:	Gewässertyp:					
Messstelle:	Probennummer:					
Datum:	Uhrzeit:					
Strömungsgeschwindigkeit in cm/sek	...	...	...	...	...	...
Lufttemperatur in °C	...	...	...	...	...	...
Wassertemperatur in °C	...	...	...	...	...	...
Leitfähigkeit in µS	...	...	...	...	...	...
Sichttiefe in cm	...	...	...	...	...	...
pH-Wert	...	...	...	...	...	...
...	...	...	...	...	...	...

a) Erfassen Sie die allgemeinen Charakteristika Ihres zu untersuchenden Gewässers wie topographische Lage und Besonderheiten in einer Skizze. Ermitteln Sie mit einem Kompass die Himmelsrichtung und tragen Sie auch dies in Ihrer Skizze ein. Ergänzen Sie Informationen zur Art des Uferbewuchses.

b) Führen Sie die Experimente zur Charakterisierung des Fließgewässers durch und stellen Sie die Werte in geeigneter Weise grafisch dar. Wenn möglich arbeiten Sie in Gruppen an verschiedenen Stellen des Gewässers, um Informationen über die Veränderung der Werte im Verlauf des Gewässers zu erhalten.

c) Erklären Sie die Bedeutung der Messwerte zum Licht, zur Temperatur und zur Leitfähigkeit für die Beurteilung des Zustandes eines Flusses. Recherchieren Sie im Internet.

d) Beurteilen Sie die Aussagekraft der ermittelten Sauerstoffwerte. Recherchieren Sie auch dazu Vergleichswerte im Internet.

e) Reflektieren Sie Ihre eigenen Messergebnisse und vergleichen Sie sie mit denen Ihrer Mitschüler und Mitschülerinnen unter folgenden Aspekten: Variablengefüge, Gültigkeit der Daten, Fehlerquellen und Möglichkeiten und Grenzen Ihres Erkenntnisgewinns.

Sicherheitsregeln und Tipps:
- Testkits und Geräte in der Schule auf Vollständigkeit und Funktionstüchtigkeit prüfen
- Kühltasche und Kühlelemente für den Probentransport mitnehmen
- Handschuhe, Schutzbrillen, Erste-Hilfe-Koffer und Augenspülflaschen mitnehmen

A Strömungsgeschwindigkeit

Material und Durchführung:
Planen Sie ein Experiment zur Messung der Strömungsgeschwindigkeit eines Fließgewässers. Erstellen Sie eine Liste der benötigten Materialien und besorgen Sie diese bei Ihrer Lehrkraft. Führen Sie das Experiment durch und protokollieren Sie Ihre Messergebnisse.

B Licht, Temperatur und Leitfähigkeit

Material: Thermometer; Leitfähigkeitsmessgerät; SECCHI-Scheibe

Mit der SECCHI-Scheibe wird die Sichttiefe in einem Gewässer ermittelt. Dazu lässt man die Metallscheibe an einer Schnur mit Längenskalierung in das Wasser, bis ihr schwarz-weißer Kontrast nicht mehr wahrnehmbar ist. Anschließend wird die Eintauchtiefe der Scheibe gemessen.

Durchführung: Erfassen Sie mithilfe der Messgeräte die Lufttemperatur am Gewässer sowie die Temperatur, Leitfähigkeit und Sichttiefe des Gewässers und tragen Sie die Messwerte in den Protokollbogen ein.

C Chemische Eigenschaften

Material: Marmeladengläser mit Deckel; Thermometer; Schöpfflasche; Untersuchungskoffer zur chemischen Wasseruntersuchung mit Testkits (GHS02, GHS05, GHS07) für folgende Parameter: pH-Wert, Sauerstoffgehalt, Ammoniumionen (ca. 0–10 mg/L), Nitrationen (ca. 0–50 mg/L); Phosphationen (ca. 0–1 mg/L); Messzylinder (100 mL); alternativ Teststäbchen fürs Aquarium; destilliertes Wasser.

Mit dem RUTTNER-Schöpfer (→ **Abbildung**) lassen sich Wasserproben aus unterschiedlichen Tiefen entnehmen, ohne diese mit den darüberliegenden Wassermengen zu vermischen. Mit einfachen Mitteln kann man eine Schöpfflasche nach MEYER auch selber bauen. Entsprechende Anleitungen findet man im Internet.

Informationen zum Sauerstoff

Die Löslichkeit des Sauerstoffs in Wasser wird vor allem durch die Temperatur bestimmt. Sie sinkt mit zunehmender Temperatur. In einem Fließgewässer wird üblicherweise der Bereich von 80–120 % Sättigung als normal angesehen. Die entsprechenden **Sauerstoffsättigungswerte** können der Tabelle entnommen werden:

T in °C	O_2 in mg/L	T in °C	O_2 in mg/L	T in °C	O_2 in mg/L	T in °C	O_2 in mg/L
0,0	14,16	8,0	11,47	16,0	9,56	24,0	8,25
0,5	13,97	8,5	11,33	16,5	9,46	24,5	8,18
1,0	13,77	9,0	11,19	17,0	9,37	25,0	8,11
1,5	13,59	9,5	11,06	17,5	9,28	25,5	8,05
2,0	13,40	10,0	10,92	18,0	9,18	26,0	7,99
2,5	13,22	10,5	10,80	18,5	9,10	26,5	7,92
3,0	13,05	11,0	10,77	19,0	9,01	27,0	7,86
3,5	12,87	11,5	10,55	19,5	8,93	27,5	7,81
4,0	12,70	12,0	10,43	20,0	8,84	28,0	7,75
4,5	12,54	12,5	10,31	20,5	8,76	28,5	7,69
5,0	12,37	13,0	10,20	21,0	8,68	29,0	7,64
5,5	12,22	13,5	10,09	21,5	8,61	29,5	7,58
6,0	12,06	14,0	9,98	22,0	8,53	30,0	7,53
6,5	11,91	14,5	9,87	22,5	8,46	30,5	7,47
7,0	11,76	15,0	9,76	23,0	8,38		
7,5	11,61	15,5	9,66	23,5	8,32		

Der Sauerstoffgehalt kann durch aerobe Abbauvorgänge deutlich unter den Sättigungswert fallen. Man bezeichnet dies als **Sauerstoffdefizit**. **Sauerstoffüberschüsse** können insbesondere an warmen Tagen bei hoher Lichtintensität in den oberen Wasserschichten entstehen.

Der **biochemische Sauerstoffbedarf** (BSB) gibt die Menge an Sauerstoff an, die in einer bestimmten Zeit zum biotischen Abbau organischer Stoffe in Gewässern benötigt wird. Üblicherweise wird der **BSB_5** verwendet. Er gibt an, wie viel Sauerstoff in mg/L in einer Wasserprobe innerhalb von fünf Tagen bei einer Temperatur von 20 °C für den Abbau organischer Stoffe verbraucht wird. Je höher der Wert ist, desto höher ist der Gehalt des Wassers an organischen Stoffen. Zur Bestimmung des BSB_5 wird eine Flasche vollständig mit einer Wasserprobe gefüllt und luftdicht verschlossen. Vorher wird der Sauerstoffgehalt der Wasserprobe geprüft. Liegt er unter 8 mg/L, wird er im Labor zunächst mit einer Aquarienpumpe und einem Sprudelstein auf einen Sauerstoffgehalt über 8 mg/L gebracht. Die Flasche wird für fünf Tage bei 20 °C in einem dunklen Raum aufbewahrt. Dann wird der Sauerstoffgehalt ein weiteres Mal bestimmt.

Durchführung: Entnehmen Sie Proben an verschiedenen Wasserstellen. Bestimmen Sie den pH-Wert, den Sauerstoffgehalt sowie die Konzentration der Ammonium-, Nitrat- und Phosphat-Ionen entsprechend den Anleitungen der verschiedenen Testkits. Der Sauerstoffgehalt muss immer direkt an der Probestelle bestimmt werden. Die übrigen Parameter können in einer gekühlten Probe auch sofort nach Rückkehr in der Schule gemessen werden.

f) ≡ Übertragen Sie alle mit den Testkits bestimmten Werte in den Protokollbogen.

g) ≡ Bestimmen Sie unter Verwendung der gemessenen Wassertemperaturen und der Tabelle die Sauerstoffsättigungswerte Ihrer Wasserproben.

h) ≡ Ermitteln Sie für Ihre Proben die Werte für Sauerstoffdefizite beziehungsweise Sauerstoffüberschüsse.

i) ≡ Erklären Sie, warum die Proben für die Bestimmung des BSB_5 im Dunkeln aufbewahrt werden müssen und bestimmen Sie den BSB_5 Ihrer Proben.

Probenentnahme mit RUTTNER-Schöpfer

1.3 Das Ökosystem Fließgewässer – Zusammensetzung der Biozönose

Die biotischen Faktoren eines Ökosystems werden durch die dort vorkommenden Lebewesen, die Biozönose, abgebildet. Welche Verfahren eignen sich zur Erfassung von Arten?

Eine **Biozönose** setzt sich aus den Lebewesen verschiedener Arten in einem Ökosystem zusammen. Je nach Habitat leben Organismen aus den unterschiedlichsten systematischen Gruppen miteinander. Sie stehen zueinander in Beziehungen.

❶ ☰ Definieren Sie die Begriffe Individuum, Art und Population.

Materialgebundene Aufgabe

❷ Zusammensetzung einer Biozönose im Fließgewässer

a) ☰ Ordnen Sie die Abbildungen **A–H** den korrekten Streckbriefen zu.
b) ☰ Ordnen Sie die Arten in sinnvolle ökologische Gruppen und beschreiben Sie, welche Bedeutung diese Lebewesen jeweils für die anderen haben.
c) ☰ Stellen Sie eine Hypothese auf, welche Folgen sich durch das Ausfallen einzelner Arten für die Biozönose ergeben könnten.
d) ☰ Ergänzen Sie die von Ihnen in Aufgabe **b)** gebildeten Gruppen der Lebewesen um je zwei Vertreter und finden Sie zwei weitere Gruppen von Lebewesen am und im Fließgewässer.
e) ☰ Erstellen Sie ein Plakat zur Artenvielfalt am Fließgewässer, in dem die Beziehungen zwischen den Arten dargestellt sind.

A

B

C

D

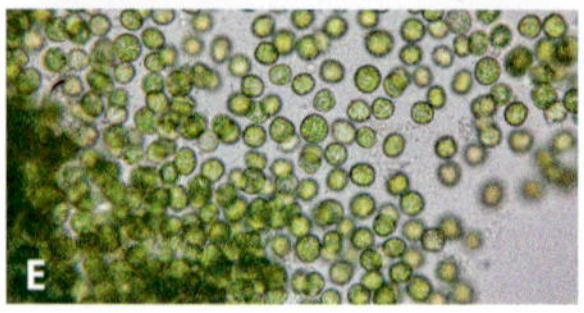
E

F

G

H

1 Wasserpest (*Elodea canadensis*) • 30–100 cm lange Unterwasser-Sprosse • quirlig angeordnete Blätter • betreibt Fotosynthese	**2 Flussbarbe** (*Barbus barbus*) • 30–50 cm lang, selten länger • an der Oberlippe vier dicke Barteln • Friedfisch: Ernährung von Algen, Insekten und deren Larven, Laich, Muscheln	**3 Einzellige Grünalge** (*Chlorella vulgaris*) • 4–10 µm Durchmesser • kugelige Form • betreibt Fotosynthese	**4 Gemeine Flussmuschel** (*Unio crassus*) • 5–10 cm lang • nieren- oder bohnenförmig • Ernährung von Plankton und Schwebteilchen
5 Bachforelle (*Salmo trutta*) • 20–80 cm lang • rote Flecken auf der Haut • Raubfisch: Ernährung von anderen Fischen, Insekten und deren Larven, Krebstieren, Schnecken; teilweise Kannibalismus	**6 Stockente** (*Anas platyrhynchos*) • 58 cm lang • Männchen mit grünem Kopf • Ernährung von Pflanzen durch Gründeln: Kopf unter Wasser, Hinterende über Wasserspiegel	**7 Europäischer Biber** (*Castor fiber*) • 90–120 cm lang; Spindelförmiger Körper mit abgeplattetem Schwanz • Pflanzenfresser: Wasserpflanzen, Kräuter, Sträucher, Zweige, Rinde oder Blätter von Laubbäumen	**8 Köcherfliegenlarve** (*Trichoptera*) • drei Beinpaare • Körper wird größtenteils in einem Köcher aus Steinchen oder Holz verborgen • Ernährung: Pflanzen oder kleine Wassertiere

Die auf der Seite 154 vorgestellten Lebewesen beeinflussen sich gegenseitig und besiedeln verschiedene Bereiche eines Fließgewässers.

Oberlauf

Im Oberlauf wird die Wasseroberfläche häufig von überhängenden Pflanzen beschattet. Hier finden sich kaum Wasserpflanzen und Phytoplankton. Durch die Ufervegetation gelangen Blätter oder Totholz ins Wasser, die als tote Biomasse die Nahrungsgrundlage für Wirbellose bilden. Zu ihnen zählen vorwiegend Zerkleinerer wie etwa Köcherfliegenlarven und Bachflohkrebse, die Teile aus dem eingetragenen Pflanzenmaterial herausbeißen und zerkleinern.

Mittellauf

Im Mittellauf verliert die von außen eingetragene Biomasse an Bedeutung und die Biomasseproduktion durch Algen und Phytoplankton nimmt zu. Außerdem enthalten das Wasser und der Boden zunehmend Sink- und Schwebestoffe aus zersetzten toten Lebewesen oder ihren Ausscheidungen, den sogenannten **Detritus**. Dieser bildet zusammen mit Algen die Hauptnahrungsquelle für die hier vorkommenden wirbellosen Tiere. Zu diesen zählen viele Schneckenarten, die als Weidegänger den Algenbewuchs von Steinen abraspeln, und Zuckmückenlarven, die sich als Sedimentfresser von Detritus und Mikroorganismen ernähren. Filtrierer wie etwa Flussmuscheln filtern zudem Detritus und Plankton aus dem Wasser.

Unterlauf

3 ≡ Beschreiben Sie die Zusammensetzung der Biozönose am Unterlauf.

Fischregionen

In den einzelnen Abschnitten eines Fließgewässers finden sich verschiedene Fischarten, die sich in ihren Ernährungsgewohnheiten deutlich unterscheiden. Solche primär im jeweiligen Lebensraum vorkommenden Arten werden **Leitarten** genannt. Mit ihrer Hilfe unterteilt man ein Fließgewässer von der Quelle zur Mündung auch in Forellen- und Äschen-, Barben-, Brachsen- sowie die Kaulbarsch-Flunderregion.

Im Verlauf des Fließgewässers von der Quelle bis zur Mündung ändert sich die Biozönose in Abhängigkeit der sich ändernden abiotischen und biotischen Faktoren.

1 Änderung biotischer Umweltfaktoren

2 Wissenschaftliche Feldforschung

④ Verfahren zur qualitativen Erfassung von Arten in einem Fließgewässer

Zu Beginn einer Feldforschung zur Erhebung von Daten sollte man sich mit den Naturschutzbestimmungen vertraut machen. In diesem Praktikum werden exemplarisch wirbellose Tiere bestimmt, auf ähnliche Weise lassen sich auch Pflanzenarten ermitteln.

Die Organismen werden nun gezielt in verschiedenen Habitaten mit unterschiedlichen Strömungsverhältnissen aufgesucht. Sowohl im Uferbereich als auch in der Bachmitte können die Exemplare frei schwimmend oder versteckt unter Steinen oder anderem Substrat geborgen werden. Je nach Art erweisen sich mannigfaltige Verfahren als geeignet: Absammeln per Hand oder mittels Pinzette, Aufschlämmen mit einem Marmeladenglas, Sieb- und Käscherfangmethode.

Material: Käscher/Küchensieb; Pinsel/Federstahlpinzette; Marmeladenglas mit sauberem Wasser; 2–3 Petrischalen; Lupe/Stereolupe; Becherlupe; Bestimmungsbuch oder -software

Durchführung: Fangen Sie wirbellose Wassertiere mit dem Käscher oder Küchensieb etwa 15 Minuten lang zwischen Wasserpflanzen, unter Steinen und im Bodensediment. Bewegen Sie dabei den Käscher gegen die Strömung. Überführen Sie die gefangenen Tiere mit dem Pinsel oder der Pinzette in ein mit sauberem Wasser gefülltes Marmeladenglas. Einzelne Tiere werden für genauere Betrachtungen in Petrischalen überführt und mit einer der Lupen betrachtet.

a) ≡ Bestimmen Sie die Namen der Tiere mithilfe des folgenden dichotomen Bestimmungsschlüssels, eines Bestimmungsbuches oder einer Bestimmungs-App.

b) ≡ Fertigen Sie zur Erfassung der Zusammensetzung der Biozönose eine Liste der gefundenen Tiere an.

Hinweise:
Setzen Sie alle Tiere sofort nach der Untersuchung wieder am Fundort aus. Lernende des e-Niveaus arbeiten weiter mit dem Praktikum auf Seite 157.

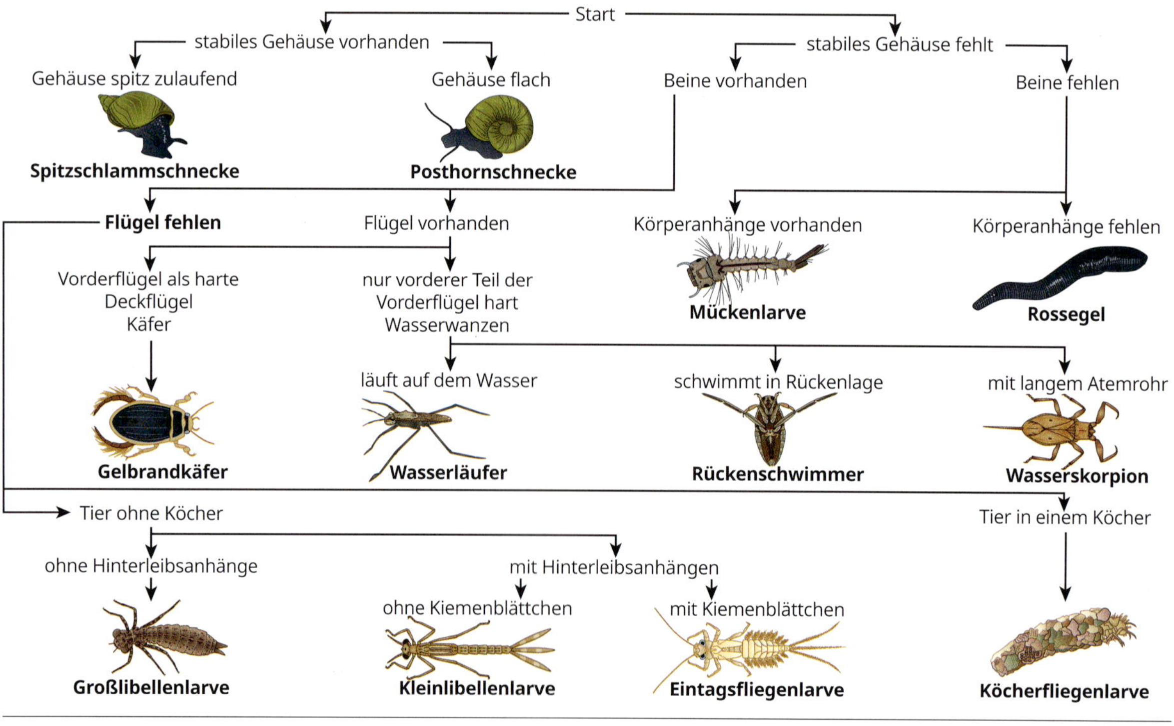

3 Ausschnitt aus einem dichotomen Bestimmungsschlüssel für ausgewählte Wasserorganismen

5 Verfahren zur quantitativen Erfassung von Arten

Bestimmung des Saprobienindex

Die **Saprobie** ist ein Maß für die Belastung eines Gewässers mit organischen, unter Sauerstoffverbrauch abbaubaren Substanzen. Bestimmt wird diese über den **Saprobienindex**, der die Vielfalt der Arten und ihre Individuenzahl widerspiegelt. Der Saprobienindex eignet sich demnach für die Bewertung der Wasserqualität eines Fließgewässers. Zudem können künftige Änderungen einer Biozönose mithilfe des Saprobiensystems vorhergesagt werden.

Durchführung: Ermitteln und notieren Sie die Häufigkeitswerte der nach der fünfzehnminütigen Probenentnahme im vorangegangenen Praktikum bestimmten Arten der untersuchten Biozönose. Sie werden durch Zahlenwerte angegeben:

1: durchschnittlich 1–2 Tiere pro Probe
2: durchschnittlich 3–10 Tiere pro Probe
3: durchschnittlich 11–30 Tiere pro Probe
4: durchschnittlich 31–60 Tiere pro Probe
5: durchschnittlich 61–100 Tiere pro Probe
6: durchschnittlich 101–150 Tiere pro Probe

a) Recherchieren und notieren Sie die Saprobienwerte, die Ihren ermittelten Tieren zugewiesen sind.

b) Bestimmen Sie die Gewässergüte Ihres untersuchten Gewässers. Gehen Sie dabei wie in der exemplarischen Beispielrechnung unter Verwendung der angegebenen Größen vor.

c) Erläutern Sie, warum es möglich ist, mithilfe biologischer Arten Aussagen über die Gewässergüte zu treffen. Berücksichtigen Sie bei Ihren Überlegungen das Basiskonzept „Individuelle und evolutive Entwicklung".

d) Reflektieren Sie Möglichkeiten und Grenzen Ihrer gewonnenen Erkenntnisse.

Beispielrechnung für die biologische Gewässergüte

Bioindikatoren	Individuenzahl	Häufigkeitswert	Saprobienwert	Produkt
Köcherfliegenlarven	85	5	1,5	7,5
Eintagsfliegenlarven	10	2	1,6	3,2
Flohkrebse	83	5	2,0	10
Libellenlarven	15	3	2,0	6
Hakenkäfer	32	4	1,5	6
Wasserasseln	2	1	2,8	2,8
Summe	–	20	–	35,5

Häufigkeitswert x Saprobienwert = Produkt
Zum Beispiel Köcherfliegenlarve: 5 · 1,5 = 7,5
Berechnung des Saprobienindex:
Die Summe der Produkte aller Bioindikatoren dividiert durch die Summe der Häufigkeiten: 35,5 : 20 = 1,8
Der Saporienindex beträgt 1,8.
(biologische Gewässergüte = gut)

Bioindikatoren

Bioindikatoren sind Organismen, die zur Beurteilung der Umweltbedingungen oder -veränderungen herangezogen werden können. Solche Arten reagieren besonders empfindlich auf bestimmte Umweltfaktoren und geben dadurch Hinweise auf den Zustand eines Ökosystems.

6 Zusammenhang zwischen abiotischen und biotischen Faktoren

Die allgemeine Gewässergüte oder ökologische Zustandsklasse wird sowohl über die chemische als auch die biologische Güteklasse festgelegt. In der in Abbildung 3 angegebenen Tabelle finden Sie auch Angaben zum Sauerstoffgehalt.

Erklären Sie die enge Verzahnung abiotischer und biotischer Faktoren.

Wirbellose (Bioindikatoren)	Lidmückenlarve Steinfliegenlarve Flussperlmuschel	Flussflohkrebs Köcherfliegenlarve Eintagsfliegenlarve	Rollegel Wasserassel Spitze Blasenschnecke	Schlammröhrenwurm	Zuckmückenlarve Rattenschwanzlarve
Saprobienindex (Tieflandbach)	1–< 1,5	1,5 – < 2,0	2,0 – < 2,65	2,65– 3,35	> 3,35
Sauerstoff					
biologische Gewässergüte	1 sehr gut	2 gut	3 mäßig	4 unbefriedigend	5 schlecht

4 Biologische Komponenten ökologischer Zustandsklassen

1 Ein Eisvogel fängt einen Fisch.

1.4 Die Nahrungsbeziehungen im Ökosystem Fließgewässer

Mithilfe der Energie des Sonnenlichts bilden fotoautotrophe Organismen Nährstoffe. Alle heterothrophen Organismen ernähren sich letztendlich davon. Welche Nahrungsbeziehungen bestehen zwischen den verschiedenen Lebewesen einer Biozönose?

In einem Fließgewässer leben verschiedene Organismen. Diese unterschiedlichen Arten existieren nicht isoliert voneinander, sondern stehen zueinander in Beziehungen und sind voneinander abhängig.

Materialgebundene Aufgabe

❷ Nahrungsbeziehungen im Boden (Wiederholung)

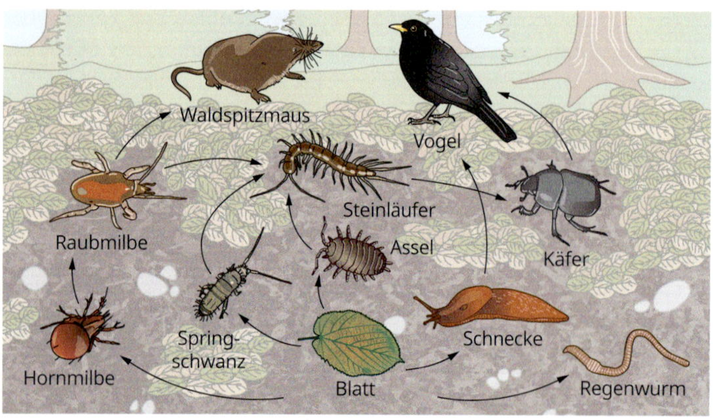

a) ☰ Beschreiben Sie die gezeigten Nahrungsbeziehungen. Wiederholen Sie dabei die Bedeutung des Pfeils.

b) ☰ Ordnen Sie die Lebewesen mit Ihrem bisherigen Wissen in die Gruppen der Produzenten und Konsumenten ein.

Trophieebenen

Man kann die Lebewesen einer Biozönose in verschiedene Ernährungs- oder **Trophieebenen** einteilen: Fotoautotrophe Organismen erzeugen in fast allen Ökosystemen mithilfe von Sonnenlicht energiereiche organische Stoffe aus Kohlenstoffdioxid und Wasser (→ **Seite 74 ff.**). Sie werden daher **Produzenten** genannt. In terrestrischen Ökosystemen bilden grüne Pflanzen die Produzenten. In aquatischen Systemen wird diese Funktion überwiegend von pflanzlichem Plankton, etwa von Kiesel- und Grünalgen, übernommen.

❶ ☰ Erstellen Sie mit einer Recherche Steckbriefe von Kiesel- und Grünalgen. Gehen Sie dabei auch auf Vorkommen, enthaltene Farbstoffe und Bedeutung ein.

Organismen, die sich von Produzenten ernähren, bilden die zweite Trophieebene. Hierzu zählen die Pflanzenfresser oder Herbivoren und das herbivore Zooplankton aquatischer Ökosysteme. Sie sind **Primärkonsumenten** oder auch Konsumenten 1. Ordnung. Die nächste Trophieebene nehmen die **Sekundärkonsumenten** oder Konsumenten 2. Ordnung ein. Hierbei handelt es sich um Fleischfresser oder Carnivoren, die sich von Pflanzenfressern ernähren. Fleischfresser, die sich von anderen Fleischfressern ernähren, bilden die **Tertiärkonsumenten** oder Konsumenten 3. Ordnung. Den Weg der Nahrung durch die verschiedenen Trophieebenen einer Biozönose nennt man **Nahrungskette**.

Nahrungsnetze

Nicht alle Lebewesen lassen sich eindeutig einer Trophieebene zuordnen. So fressen Allesfresser oder Omnivoren sowohl Produzenten als auch Konsumenten. Und nur sehr wenige Tiere ernähren sich zudem ausschließlich von einer bestimmten Pflanzen- oder Tierart. Sie können also mehreren Nahrungsketten angehören. In der Natur sind mehrere Nahrungsketten zu komplexen **Nahrungsnetzen** verknüpft. Durch Tod und Ausscheidungen fällt in jedem Ökosystem tote Biomasse an. Diese wird von **Destruenten** wie Pilzen, Würmern oder Bakterien abgebaut und in Form von Mineralstoffen dem Ökosystem wieder zugeführt.

❸ ☰ Definieren Sie die Begriffe Nährstoffe und Mineralstoffe und grenzen Sie sie voneinander ab.

❹ Nahrungsbeziehungen im Fließgewässer

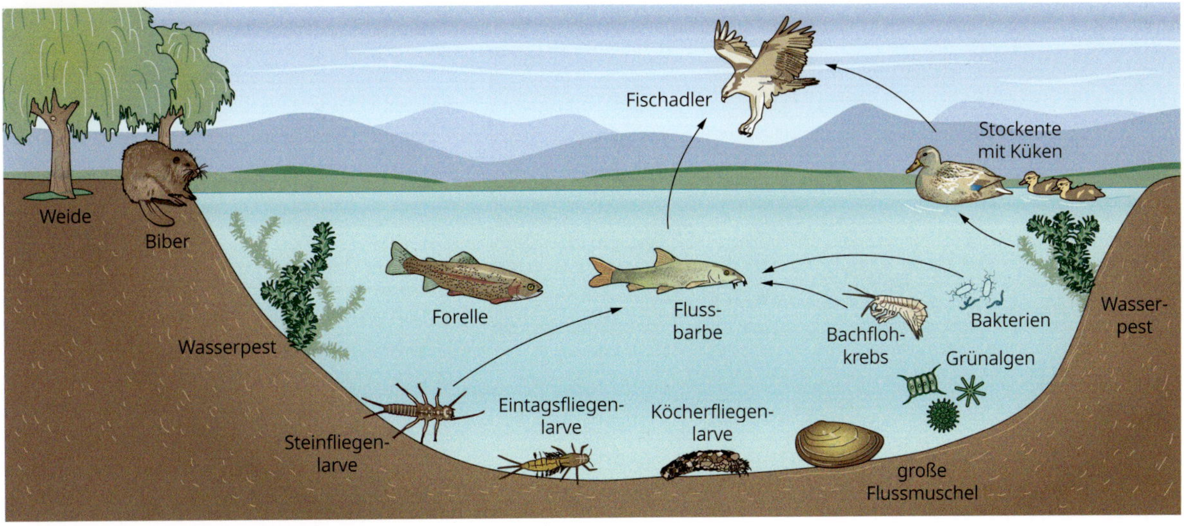

a) ☰ Beschreiben Sie die als Nahrungsnetz dargestellten Nahrungsbeziehungen.

b) ☰ Fertigen Sie das Flussschema einer Nahrungskette mit der Flussbarbe an, die alle Trophieebenen enthält.

c) ☰ Geben Sie zwei Arten an, die unterschiedlichen Trophieebenen zugeordnet werden können und begründen Sie Ihre Auswahl.

d) ☰ Beschreiben Sie mithilfe einer Recherche die Nahrungsbeziehungen für die Lebewesen, die noch nicht durch Pfeile in das Netz eingebunden sind.

e) ☰ Geben Sie zwei weitere Arten an, die in das obige Nahrungsnetz eingebunden werden können und erklären Sie ihre jeweilige Stellung.

f) ☰ Beschreiben Sie die Aufgabe eines Destruenten und erklären Sie, warum es sich bei diesen Organismen um heterotrophe Lebewesen handelt.

g) ☰ Erläutern Sie die Bedeutung der Fotosynthese für die Konsumenten 2. Ordnung.

❺ Der Atlantische Lachs

Lachse, wie beispielsweise der Atlantische Lachs, *Salmo salar*, zählen zu den Wanderfischen. Sie schlüpfen im Süßwasser eines Flusses und verlassen nach spätestens zwei Jahren ihre Geburtsstätte. Dann begeben sie sich flussabwärts auf die Reise zum Meer. Zwei bis drei Jahre verbringen sie im Salzwasser vor den Küsten Grönlands, wo sie Nahrungsreichtum vorfinden. Gut gestärkt schwimmt der Atlantische Lachs dann wieder flussaufwärts, um am Ende seiner kräftezehrenden Reise am Ort seiner eigenen Geburt abzulaichen. Bis in die 1950er Jahre fand man den Atlantischen Lachs zuverlässig im Rhein und bis in die Alpenflüsse hinein. Heutzutage gilt er in Bayern und in der Schweiz als ausgestorben, in Baden-Württemberg wird er wieder gesichtet.

a) ☰ Stellen Sie das Leben des Atlantischen Lachses in einem Fließschema dar.

b) ☰ Zeichnen Sie je ein Nahrungsnetz, das die Rolle des Atlantischen Lachses in Süß- sowie Salzwasser darstellt – wenn nötig unter Zuhilfenahme einer digitalen Recherchearbeit – und beschreiben Sie die Netze unter Beachtung der Trophieebenen.

c) ☰ Entwickeln Sie eine Hypothese, welche Folgen das Ausbleiben des Lachses in Süßgewässern für die dortige Biozönose gehabt haben könnte.

d) ☰ Nennen Sie Gründe, die zum Aussterben des Atlantischen Lachses in Bayern geführt haben könnten und beschreiben Sie Maßnahmen, die die Wiederansiedelung begünstigen könnten.

2 Dynamische Prozesse in Ökosystemen

1 Lebewesen im Wald

2.1 Energiefluss und Stoffkreisläufe in Ökosystemen

Lebewesen sind auf die Zufuhr von Energie angewiesen. Wie wird die aufgenommene Energie in einem Nahrungsnetz durch die Nahrungsbeziehungen verwertet?

Sonnenenergie als zentrale Energiequelle
Im Wald stehen Lebewesen aus den unterschiedlichsten systematischen Reichen zueinander in Nahrungsbeziehungen. Wie alle Ökosysteme, sind auch Wälder auf eine Energiezufuhr von außen angewiesen.

Die zentrale Energiequelle nahezu aller Ökosysteme ist die Sonne. Sie strahlt ständig Energie auf die Erde ab. Ein Teil dieser Energie wird von der Erdoberfläche reflektiert und geht damit für biologische Prozesse verloren. Zudem wird insbesondere durch Wasserverdunstung ein weiterer Teil dieser Strahlungsenergie als Wärme in das Weltall abgeführt. Es verbleiben etwa 10 000 kJ/m² Strahlungsenergie, die pro Tag auf der Erde ankommen. Davon können nur etwa zwei Prozent, also 200 kJ/m² fotosynthetisch genutzt und von den Produzenten in Form von chemischer Energie als Biomasse gespeichert werden.

Materialgebundene Aufgabe

① Energiefluss im Ökosystem Wald (Zahlenangaben in kJ/m² · Tag)

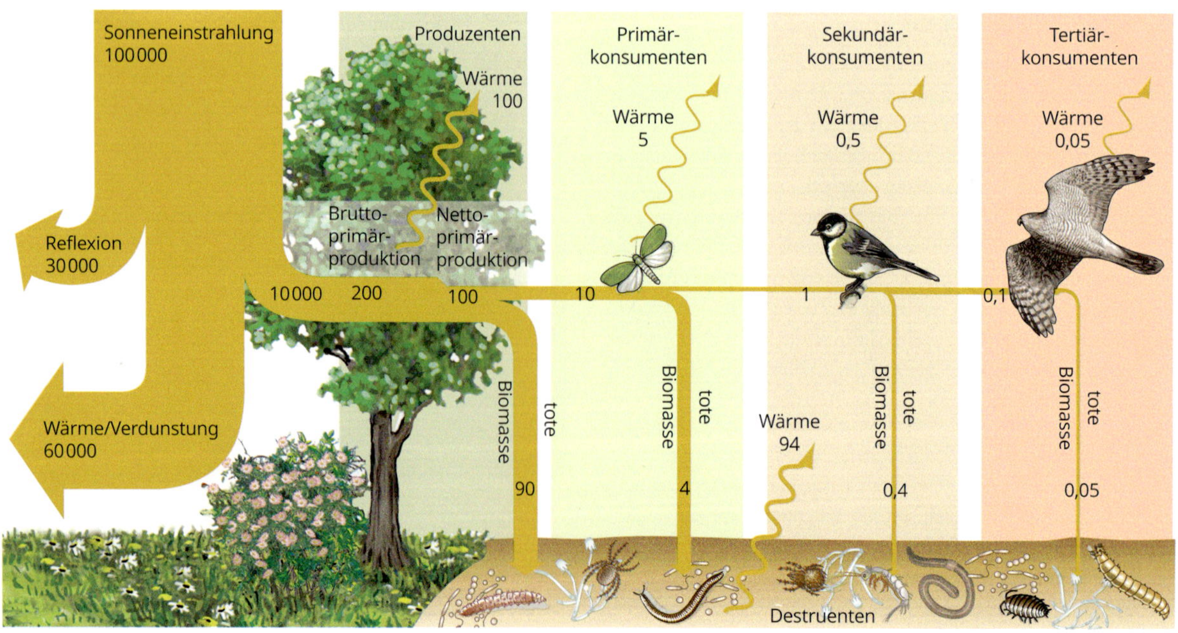

a) ≡ Erklären Sie anhand der Abbildung den Energiefluss durch ein Ökosystem.

b) ≡ Begründen Sie, warum der Energiefluss durch Ökosysteme als Einbahnstraße bezeichnet wird.

Brutto- und Nettoprimärproduktion

Die gesamte Biomasse, die autotrophe Lebewesen pro Flächen- und Zeiteinheit produzieren, nennt man **Bruttoprimärproduktion** (abgekürzt BPP). Um ihre Lebensfunktionen aufrechtzuerhalten, brauchen autotrophe Organismen Energie, die sie durch Zellatmung gewinnen (→ **Seite 130**). Dabei wird ein Teil der chemisch gebundenen Energie in Wärme umgewandelt und an die Umgebung abgegeben. Um diesen Betrag vermindert sich die Bruttoprimärproduktion. Der verbleibende Teil der Energie, der in pflanzlicher Biomasse gespeichert ist, wird **Nettoprimärproduktion** (abgekürzt NPP) genannt. In vielen Ökosystemen macht die Nettoprimärproduktion etwa 50 Prozent der Bruttoprimärproduktion aus.

2 Energiefreisetzung durch eine pflanzenfressende Raupe (in Joule)

Energietransfer zwischen Trophieebenen

Verfolgt man den Weg der Biomasse von den Produzenten zu den Primärkonsumenten, so fällt auf, dass diese nur etwa zehn Prozent der Energie aufnehmen, die die Produzenten in ihrer Biomasse gespeichert haben. Dies erklärt sich folgendermaßen: In den meisten Ökosystemen fressen Pflanzenfresser nur einen kleinen Teil der pflanzlichen Biomasse. Etwa 90 Prozent wird von den Produzenten in Form von toter Biomasse abgegeben und von Destruenten genutzt. Auch Primärkonsumenten wie etwa Raupen können für ihr Wachstum nicht die gesamte Biomasse und die darin enthaltene Energie des gefressenen Pflanzenmaterials nutzen. Ein Teil wird als Wärme bei der Zellatmung abgegeben, ein Teil wird als Kot ausgeschieden. Die darin enthaltene chemische Energie wird von Destruenten genutzt.

So fließt die Energie in einem Ökosystem auf zwei Wegen weiter: einerseits durch die Kette der Konsumenten und andererseits durch die Kette der Destruenten. Auch hier werden nur etwa zehn Prozent der Energie in Form von Biomasse jeweils an die nächsthöhere Trophieebene weitergegeben. Der fortschreitende Energieverlust entlang der Nahrungskette führt dazu, dass nur etwa 0,1 Prozent der durch Fotosynthese fixierten Energiemenge bei den Tertiärkonsumenten ankommt. Der überwiegende Anteil an Energie wird in Wärme überführt und geht dem Ökosystem verloren.

2 Erklären Sie, aus welchem Grund man von einem Energiefluss und nicht von einem Energiekreislauf spricht.

Materialgebundene Aufgabe

3 Vergleich der Energieflüsse in einem Wald und einem Bach

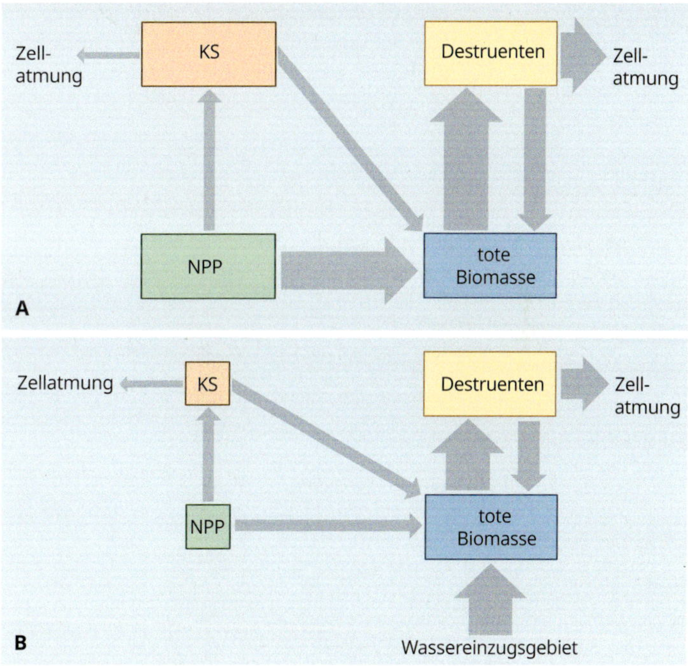

NPP = Nettoprimärproduktion KS = Konsumenten

Die oben stehenden Diagramme zeigen den Energiefluss in einem Wald (**A**) und einem Bach (**B**) in vereinfachter Form. Die Größenverhältnisse der Flächen und Pfeile entsprechen den relativen Energiemengen.

a) Erläutern Sie den Energiefluss in einem Wald anhand der Abbildung.

b) Vergleichen Sie den Energiefluss in einem Wald mit dem in einem Bach. Erklären Sie die Unterschiede.

Stoffkreisläufe
Innerhalb einer Biozönose herrscht nicht nur ein Energiefluss, sondern auch Stoffe werden weitergereicht. Produzenten nehmen anorganische Stoffe auf und bauen diese zu organischen Stoffen um. Die so erzeugte Biomasse, egal ob zunächst lebend oder später abgestorben, ist Nahrungsgrundlage für die Konsumenten. Die durch Destruenten verfügbar gemachten Mineralstoffe werden von den grünen Pflanzen wieder aufgenommen.

Der globale Kohlenstoffatomkreislauf
Kohlenstoffatomverbindungen kommen in verschiedenen Sphären der Erde vor. Neben der **Biosphäre**, dem mit Lebewesen besiedelten Raum der Erde, sind dies die **Hydrosphäre**, der von Wasser bedeckte Teil der Erdoberfläche, und die **Lithosphäre**, die Gesteinshülle der Erde. Zwischen diesen Bereichen und der **Atmosphäre** findet ein Austausch von Kohlenstoffatomen in Form eines Kreislaufs statt. Man unterscheidet in diesem Kohlenstoffatomkreislauf zwischen dem **biosphärischen** und dem **geochemischen Kohlenstoffatomkreislauf**. Der **globale** Kreislauf bezieht sich auf das gasförmige Kohlenstoffdioxid. Es ist an mehreren Reaktionen beteiligt und verknüpft die Sphären der Erde miteinander.

Biosphärischer Kohlenstoffatomkreislauf
Landpflanzen nehmen Kohlenstoffdioxid aus der Atmosphäre auf, Wasserpflanzen und Phytoplankton entnehmen der Hydrosphäre gelöstes Kohlenstoffdioxid. Bei der Fotosynthese bauen Produzenten daraus Biomasse auf.

Geochemischer Kohlenstoffatomkreislauf
In den Böden der Landökosysteme werden Kohlenstoffatome in Humus oder Torf teilweise über Jahrtausende gespeichert. Aus Gehäusen abgestorbener Lebewesen gebildete Kalksteinschichten enthalten die größten Mengen der auf der Erde vorhandenen Kohlenstoffatome. Weitere Kohlenstoffatomspeicher bilden die Lagerstätten fossiler Brennstoffe. Durch die Verwitterung von Kalkstein oder Vulkanismus kann Kohlenstoffdioxid wieder freigesetzt werden. Der geochemische Kohlenstoffatomkreislauf spielt sich im Gegensatz zum biosphärischen langfristig ab. Die hier freigesetzten Mengen beeinflussen nur zu einem geringen Teil die Kohlenstoffdioxidkonzentration der Atmosphäre.

VL Materialgebundene Aufgabe

4 Globaler Kohlenstoffatomkreislauf: Kohlenstoffatomflüsse und -speicher in Gigatonnen pro Jahr

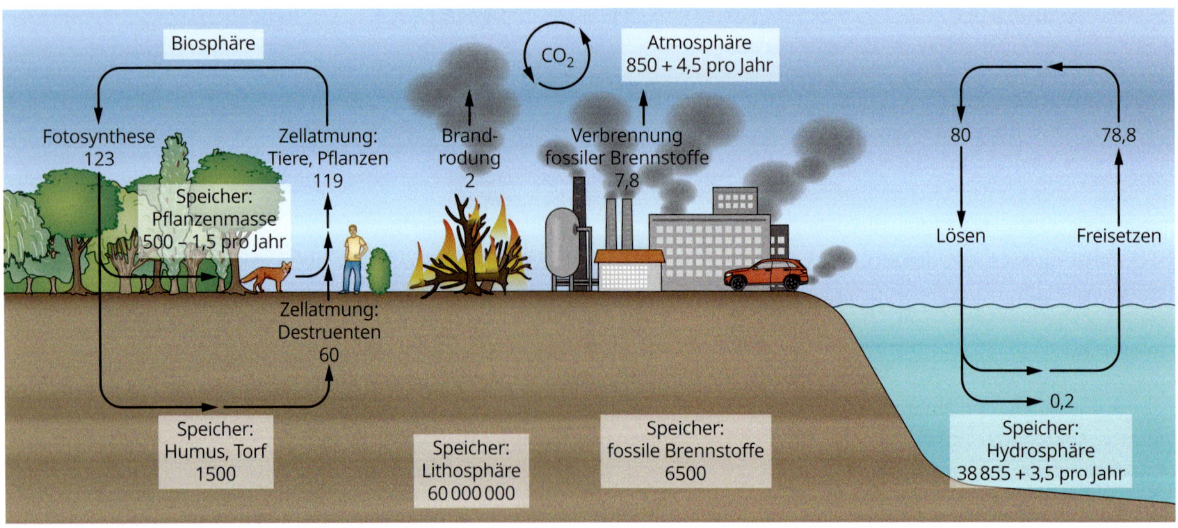

a) ≡ Erläutern Sie mithilfe der Abbildung den biosphärischen Kohlenstoffatomkreislauf. Gehen Sie dabei auch auf den Faktor Licht ein.

b) ≡ „Die Aufnahme und Abgabe von Kohlenstoffdioxid halten sich zwischen Bio-, Hydro- und Atmosphäre die Waage." Analysieren Sie diese Aussage mit dem Bild.

ⓔ Stickstoffatomkreislauf

Stickstoff ist für alle Lebewesen ein unentbehrliches Element. Es findet sich in Aminosäuren von Proteinen und den Basen der Nukleinsäuren. Global enthält die Atmosphäre den weitaus größten Stickstoffatomanteil. Pflanzliche Produzenten können diesen Luftstickstoff allerdings nicht direkt verwerten. Zuvor muss der molekulare Stickstoff in pflanzenverfügbare Stickstoffverbindungen überführt werden. Bei dieser Stickstoffatomfixierung entstehen Nitrationen und Ammoniumionen. Diese können Pflanzen gelöst in Wasser aufnehmen und daraus stickstoffatomhaltige Verbindungen aufbauen. Konsumenten sind hierzu nicht in der Lage. Sie müssen organische Stickstoffverbindungen mit ihrer Nahrung aufnehmen. (→ **Seite 108 ff.**).

Terrestrischer Stickstoffatomkreislauf

Zwei Wege führen zur Stickstoffatomfixierung. Bei der **biologischen Stickstoffatomfixierung** entstehen für Produzenten nutzbare Stickstoffverbindungen durch bestimmte Bakterien, die entweder in obligater Symbiose mit Pflanzen oder frei leben. Zu einem kleinen Teil entstehen solche Verbindungen auch durch **chemische Stickstoffatomfixierung**. Bei Blitzentladungen in der Atmosphäre reagiert durch die große Hitze ein Teil des Luftstickstoffs zu Stickstoffoxiden. Diese gelangen durch Niederschläge in Ökosysteme. Über Produzenten, Konsumenten sowie Destruenten werden die Stickstoffatome in unterschiedlichsten Verbindungen fixiert und weitergereicht, bis der durch Denitrifikation entstandene molekulare Stickstoff in die Atmosphäre entweicht. So schließt sich der terrestrische Stickstoffatomkreislauf.

Globaler Stickstoffatomkreislauf

Der terrestrische und aquatische Stickstoffkreislauf sind Bestandteile des **globalen Stickstoffatomkreislaufs**. An ihm nehmen überwiegend die im Boden und Wasser enthaltenen Stickstoffverbindungen teil und weniger die Stickstoffatome der Atmosphäre. Die Stickstoffatomfixierung ist für den Aufbau verwertbarer Stickstoffverbindungen wichtig. Sie liefert jedoch nur einen geringen Teil der jährlichen Gesamtmenge an Stickstoff, die im Boden und im Wasser umgesetzt wird. In den meisten Ökosystemen wird der größte Teil des Stickstoffs lokal durch Zersetzung und erneute Aufnahme wiederverwertet.

VL Materialgebundene Aufgabe

❺ Terrestrischer Stickstoffatomkreislauf

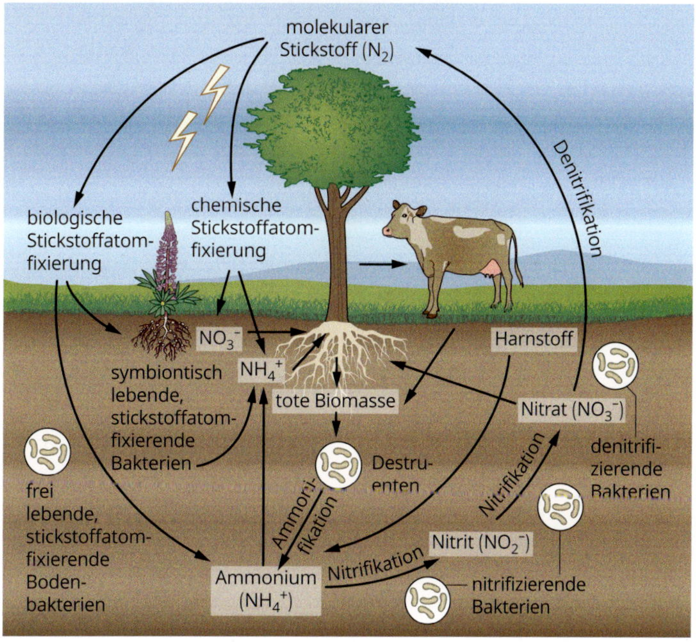

a) ☰ Erläutern Sie den terrestrischen Stickstoffatomkreislauf.

b) ☰ Erläutern Sie die Aufgaben der Bakterien unter Verwendung der Begriffe Ammonifikation, Nitrifikation und Denitrifikation.

c) ☰ Ordnen Sie den abgebildeten Lebewesen die Fachbegriffe Produzent und Konsument zu.

d) ☰ Beschreiben Sie die Nutzung der Stickstoffatome durch die Pflanze und leiten Sie die Bedeutung für die Konsumenten ab.

e) ☰ Recherchieren Sie analog zum Kohlenstoffatomkreislauf (→ **Seite 162**) den globalen Stickstoffatomkreislauf.

f) ☰ Recherchieren Sie die Rolle von Cyanobakterien beim aquatischen Stickstoffatomkreislauf.

❻ Pflanzendünger

a) ☰ Recherchieren Sie die Inhaltsstoffe eines gängigen Pflanzendüngers und stellen Sie einen Zusammenhang zum Stickstoffatomkreislauf her.

b) ☰ Diskutieren Sie Vor- und Nachteile in Vergangenheit, Gegenwart und Zukunft, die sich aus der industriellen Stickstoffatomfixierung ergeben.

❼ ☰ Erläutern Sie den Unterschied zwischen den Bezeichnungen Stickstoffatomkreislauf und Stickstoffkreislauf. ⓔ

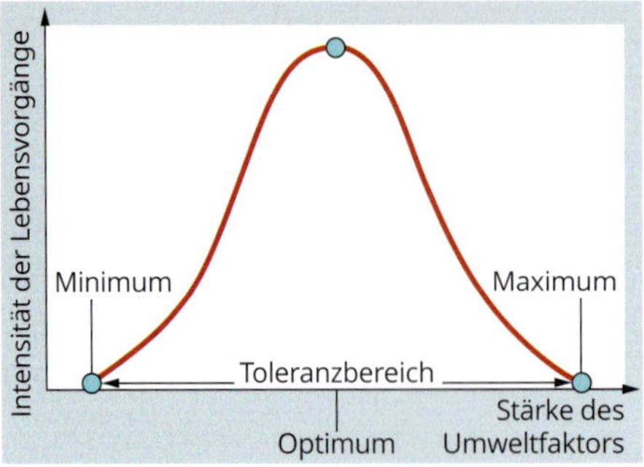

1 Toleranzkurve einer Art

2.2 Einfluss abiotischer Faktoren auf die Individuen

In welcher Weise beeinflussen abiotische Umweltfaktoren das Vorkommen von Lebewesen?

Toleranz
Lebewesen besitzen unterschiedliche Toleranzen gegenüber einzelnen Umweltfaktoren wie etwa der Temperatur. Der Toleranzbereich ist dabei genetisch vorgegeben und artspezifisch. Werden die tolerierten Werte eines Umweltfaktors grafisch dargestellt, ergeben sich **Toleranzkurven**, die zumeist das Aussehen von Glockenkurven haben. Zu den charakteristischen Punkten einer solchen Kurve gehören das **Minimum**, das **Optimum** und das **Maximum**. Der Bereich zwischen Minimum und Maximum kennzeichnet den Toleranzbereich, innerhalb dessen das Leben einer Art möglich ist.

1 ≡ Recherchieren und zeichnen Sie die Temperaturtoleranzkurve von Forelle und Karpfen und vergleichen Sie diese.

Physiologische und ökologische Potenz
Unter natürlichen Bedingungen befinden sich Lebewesen eines Ökosystems in Konkurrenz zueinander. So steht die Schwarzerle mit anderen Baumarten in Konkurrenz um den Umweltfaktor Bodenfeuchtigkeit. Kultiviert man sie auf unterschiedlichen Böden ohne **Konkurrenz** (→ **Seite 166**) durch andere Arten, so gedeiht die Schwarzerle auch auf trockenen Böden. Sie hat eine große **physiologische Potenz** hinsichtlich der Bodenfeuchtigkeit und zählt somit zu den **Generalisten**, da sie im Gegensatz zu den **Spezialisten** in ihren Umweltansprüchen weniger festgelegt ist. In einem Ökosystem steht jede Art jedoch in Konkurrenz zu anderen Arten. Wenn die physiologische Potenz durch Konkurrenz eingeschränkt wird, bezeichnet man dies als **ökologische Potenz**.

VL Praktikum // Einfluss der Temperatur auf Lebewesen

2 Toleranzkurven und ökologische Potenz von Mehlkäferlarven und Kellerasseln

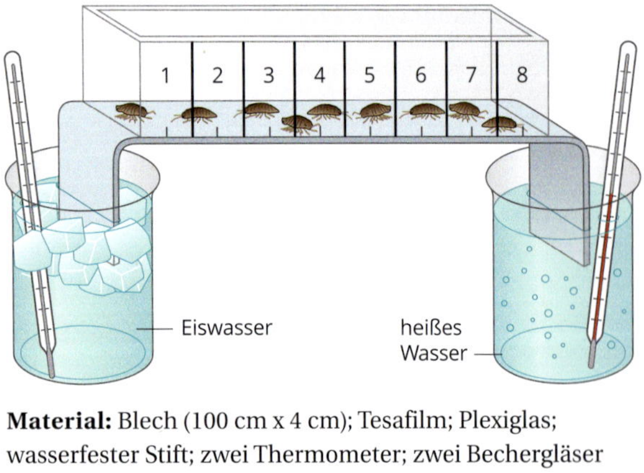

Material: Blech (100 cm x 4 cm); Tesafilm; Plexiglas; wasserfester Stift; zwei Thermometer; zwei Bechergläser (500 ml); Eis; 50 °C heißes Wasser; 20 Kellerasseln (selbst gesucht); 20 Mehlkäferlarven (Zoohandel); Thermometer

a) ≡ Bauen Sie mithilfe der Abbildung und der genannten Materialien eine sogenannte Temperaturorgel.

b) ≡ Planen Sie die Durchführung eines Experiments mit der Temperaturorgel zur Ermittlung der Temperaturtoleranzkurven der beiden genannten Tierarten.

c) ≡ Führen Sie das Experiment gemäß Ihrer Planung durch und stellen Sie Ihre Ergebnisse zu beiden Tierarten in Form von Temperaturtoleranzkurven grafisch dar.

d) ≡ Informieren Sie sich über die Lebensweise der beiden Arten und erklären Sie vergleichend die Toleranzkurven.

e) ≡ Erklären Sie die ökologische Potenz der Lebewesen bezüglich des abiotischen Faktors Temperatur unter Einbeziehung der Laborversuche und erläutern Sie damit die Eignung von Lebensräumen für diese Tiere.

*Besonderer Hinweis: Bei diesem Experiment werden lebendige Tiere verwendet. Erkundigen Sie sich **vor** dem Experiment nach einer möglichen späteren Verwendung der Tiere. Behandeln Sie die Tiere vorsichtig und mit Sorgfalt, Sie sind für ihr Wohlergehen verantwortlich.*

❸ Der „Hohenheimer Grundwasserversuch“

Im „Hohenheimer Grundwasserversuch“ wurden verschiedene Grasarten, unter anderem die *Aufrechte Trespe*, *Glatthafer* und der *Wiesenfuchsschwanz*, jeweils getrennt in Beeten ausgesät. Zusätzlich wurden sie in einem weiteren Beet gemischt ausgesät. In den Beeten nahm die Bodenfeuchte kontinuierlich ab. In der Natur findet man die *Aufrechte Trespe* auf Trockenrasen, den *Wiesenfuchsschwanz* auf feuchten Wiesen und den *Glatthafer* auf nährstoffreichen Wiesen.

a) ☰ Erklären Sie, welche Frage mit dem Versuch geklärt werden sollte.

b) ☰ Formulieren Sie für jede Annahme eine mögliche fachlich fundierte Begründung, sodass eine korrekte Hypothese vorliegt.

c) ☰ Ermitteln Sie, welche dieser Hypothesen durch das Versuchsergebnis gestützt wurden.

d) ☰ Erklären Sie die ökologische Potenz der Gräser bezüglich des abiotischen Faktors Bodenfeuchtigkeit unter Einbeziehung der Laborversuche.

e) ☰ Erläutern Sie, welche Lebensräume für die drei Gräser jeweils geeignet wären.

f) ☰ In einer Erweiterung wurde untersucht, wie die Gräser miteinander konkurrieren. Formulieren Sie auch hier aus den Annahmen Hypothesen.

g) ☰ Erklären Sie, wie man mit der dargestellten Methode ermittelt hat, ob zwischen dem Glatthafer und dem Wiesenfuchsschwanz eine Konkurrenz im Wurzel- oder im Sprossbereich vorliegt.

h) ☰ Am Ende der Wachstumsphase der Gräser bestimmte man ihre Trockenmasse und verglich sie. Erklären Sie, wie man die Trockenmasse von Pflanzen ermittelt.

i) ☰ Das Versuchsergebnis führte zu der Erkenntnis, dass bei den beiden Grasarten eine Wurzelkonkurrenz vorliegt. Erklären Sie, welches Ergebnis zu dieser Erkenntnis führte.

<table>
<tr><td>Frage</td><td></td></tr>
<tr><td>Annahmen</td><td>• Die Gräser haben unterschiedliche Toleranzbereiche hinsichtlich der Bodenfeuchte.
• Ihr Wachstum wird von anderen Gräsern beeinflusst.
• Ihr Wachstum wird nicht von anderen Gräsern beeinflusst.
• Die Aufrechte Trespe bevorzugt trockene Böden.
• Der Wiesenfuchsschwanz bevorzugt feuchte Böden.</td></tr>
<tr><td>Methode</td><td>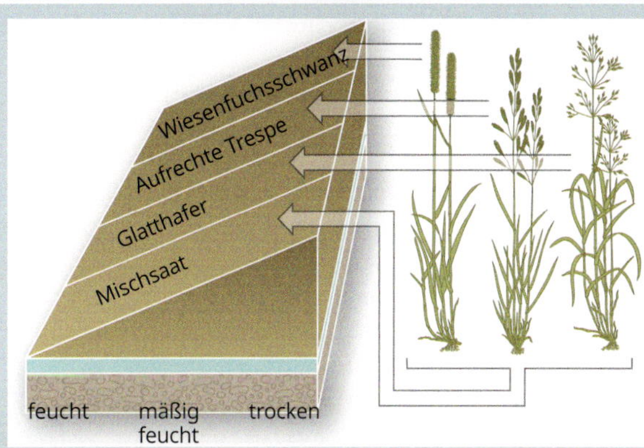
</td></tr>
<tr><td>Ergebnis</td><td>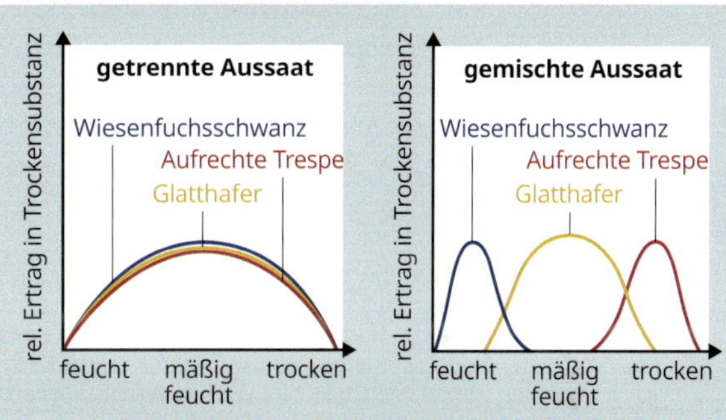
</td></tr>
<tr><td>Erkenntnis</td><td></td></tr>
<tr><td>Erweiterte Frage</td><td>Wie konkurrieren die Gräser miteinander?</td></tr>
<tr><td>Annahmen</td><td>• Im Wurzelbereich um Wasser und Mineralstoffe.
• Im Sprossbereich um Licht.
• In beiden Bereichen.</td></tr>
<tr><td>Methode</td><td>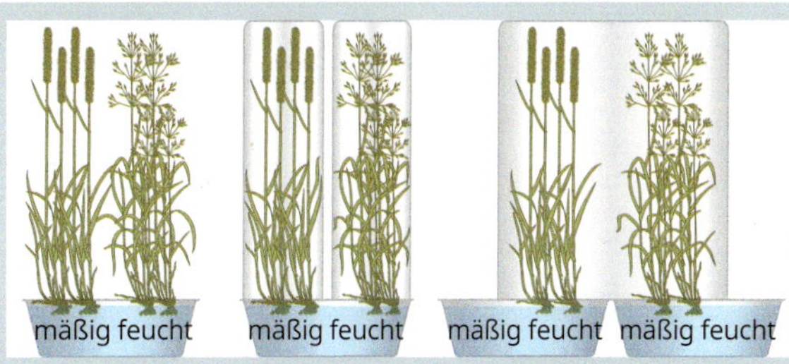
</td></tr>
<tr><td>Ergebnis</td><td></td></tr>
<tr><td>Erkenntnis</td><td>Glatthafer und Wiesenfuchsschwanz konkurrieren miteinander im Wurzelbereich.</td></tr>
</table>

2.3 Einfluss biotischer Faktoren

Alle Organismen eines Ökosystems werden von anderen Lebewesen beeinflusst. In welcher Weise erfolgt diese Beeinflussung?

Information ökologische Nische: Die Gesamtheit aller biotischen und abiotischen Umweltfaktoren, die das Überleben einer bestimmten Art beeinflussen, wird **ökologische Nische** genannt (→ **Seiten 170 ff**).

Wechselbeziehungen zwischen Lebewesen
Neben den abiotischen Faktoren wirken auch andere Lebewesen auf die Individuen einer Population ein. Diese Umwelteinflüsse werden als **biotische Umweltfaktoren** bezeichnet. Zu ihnen zählen Konkurrenz, Koexistenz, Symbiose und Prädation wie Parasitismus, Carnivorie und Herbivorie (→ **Seiten 167 ff**).

Die Wechselbeziehungen zwischen Lebewesen können sich positiv oder negativ auf ihr Überleben und ihre Reproduktion auswirken. Lebewesen stehen in **Konkurrenz** zu anderen Lebewesen. Konkurrenz (lat. *concurrere*: aneinandergeraten) entsteht dann, wenn Individuen sich im Wettbewerb um eine begrenzte Ressource wie Lebensraum oder Nistplätze befinden. Auf die konkurrenzstärkere Art wirkt sich die Konkurrenz positiv und auf die konkurrenzschwächere negativ aus (+/– Beziehung) oder sie hat für beide Arten eine negative Wirkung (–/– Beziehung). Konkurrenz kann zu Innovation führen, da verschiedene Arten unterschiedliche ökologische Nischen besetzen und sich neue Überlebensstrategien entwickeln.

1 ≡ Recherchieren Sie, inwiefern sowohl eine zwischenartliche als auch innerartliche Konkurrenz als +/– Beziehung beschrieben werden kann.

Wenn verschiedene Arten in einem bestimmten Gebiet vorkommen, ohne dass es zu einer Verdrängung einer Art kommt, so liegt **Koexistenz** (lat. *coexistere*: zugleich vorhanden sein) vor. Koexistenz verschiedener Arten ist nur möglich, wenn die Arten verschiedene ökologische Nischen besetzen und die vorhandenen Ressourcen unterschiedlich nutzen.

2 ≡ Bewerten Sie die folgende Aussage: „Die Wechselbeziehung zwischen Mensch und Haussperling ist komplex. Sie kann durch Konkurrenz und durch Koexistenz charakterisiert werden."

Eine **Symbiose** (griech. für „Zusammenleben") kennzeichnet eine enge Beziehung verschiedener Arten von der alle beteiligten Arten profitieren (+/+ Beziehung).

Von **Prädation** (lat. *praedatio*: Raub) spricht man, wenn eine Art (Prädator) die andere Art als Nahrungsquelle nutzt (+/– Beziehung). Zu den Prädatoren gehören die **Parasiten** wie Zecken oder Flöhe, die **Carnivoren** (Fleischfresser) und die **Herbivoren** (Pflanzenfresser).

A Konkurrenz
Bei Haussperlingen entwickelt sich bei Futterknappheit eine Konkurrenz um die begrenzte Ressource Nahrung.

B Koexistenz
Haussperlinge leben oft in Koexistenz mit anderen Singvögeln wie Amseln.

C Prädation: Parasitismus
Parasiten wie Zecken, Flöhe oder Läuse ernähren sich vom Blut der Sperlinge und schädigen sie auf diese Weise.

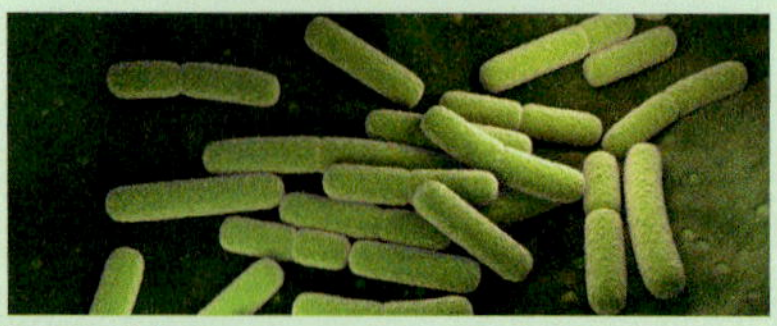

D Symbiose
Im Darm der Haussperlinge leben Bakterien. Diese produzieren Enzyme, mit dessen Hilfe die Vögel Cellulose aus Pflanzen verdauen können. Im Gegenzug erhalten die Bakterien einen Lebensraum mit günstiger Temperatur und Nahrung.

E Prädation: Carnivorie
Haussperlinge werden von Räubern bejagt. Beutegreifer wie der Merlin sind Carnivoren.

1 Biotische Wechselbeziehungen zwischen Haussperlingen und anderen Lebewesen

2.4 Konkurrenz und Koexistenz

Lebewesen konkurrieren um begrenzte Ressourcen. Inwiefern ist eine Konkurrenzverminderung oder Konkurrenzvermeidung möglich?

Intraspezifische Konkurrenz

Lebensnotwendige Grundlagen wie Nahrung, Wasser oder Mineralstoffe sind nicht unbegrenzt vorhanden. **Konkurrenz** tritt immer dann auf, wenn Lebewesen die gleiche Ressource beanspruchen und diese begrenzt vorliegt. Möwen sind Allesfresser, die sich überwiegend von Fischen, Krebs- und Weichtieren ernähren. Sie treten in innerartliche oder **intraspezifische Konkurrenz**. Konkurrenz betrifft auch die Ressource Lebensraum wie etwa Nistplätze oder Verstecke. Einige Tiere verteidigen einen Kernbereich ihres Aktionsraumes, das Revier, gegen Artgenossen. Sie sichern sich so den alleinigen Zugang zu den bestehenden Ressourcen.

1 ≡ „Durch die Bildung von Revieren und durch die Ausbildung von Rangordnungen bei Tieren, die in einem Rudel leben, wird die intraspezifische Konkurrenz gemindert." Erläutern Sie diese Aussage.

1 Möwen in Konkurrenz um die Ressource Nahrung

2 Basstölpel in Konkurrenz um die Ressource Lebensraum

Materialgebundene Aufgabe

2 Intraspezifische Konkurrenz und Sexualdimorphismus

Bei manchen Greifvogelarten unterscheiden sich Männchen und Weibchen in ihrem äußeren Erscheinungsbild. Adulte Sperberweibchen sind fast doppelt so groß und schwer wie adulte Sperbermännchen. Auch beim Hirschkäfer gibt es Unterschiede zwischen Männchen und Weibchen.

a) ≡ Recherchieren Sie Einzelheiten zum Sexualdimorphismus beim Sperber und beim Hirschkäfer. Stellen Sie die wesentlichen Unterschiede in Tabellenform dar.

b) ≡ Stellen Sie eine Hypothese auf, inwiefern durch Sexualdimorphismus die intraspezifische Nahrungskonkurrenz verringert werden kann.

c) ≡ Das „Geweih" der Männchen wird nur zu Rivalenkämpfen konkurrierender Männchen und zum Festhalten der Weibchen verwendet, nicht zur Nahrungsaufnahme. Recherchieren Sie zur Ernährungsweise der Hirschkäfer und zu den Rivalenkämpfen der Männchen. Erläutern Sie im Anschluss den Zusammenhang mit der intraspezifischen Konkurrenz.

d) ≡ Große Unterschiede im Erscheinungsbild von Jung- und Altersformen einer Art können zu einer verminderten intraspezifischen Nahrungskonkurrenz führen. Erläutern Sie diese Aussage anhand der adulten Hirschkäfer und der Hirschkäferlarven.

3 Konkurrenz um die Ressource Nahrung

Interspezifische Konkurrenz

Tritt der Wettbewerb um Ressourcen zwischen verschiedenen Arten auf, so spricht man von **interspezifischer Konkurrenz**. Löwen konkurrieren mit Hyänen um die Beute und ihren Lebensraum. Jede Rudelgruppe versucht, die rivalisierende Gruppe zu vertreiben.

Bei der interspezifischen Konkurrenz kommt es nicht selten zu einer Verdrängung der schwächeren Art, denn verschiedene Arten können in einem Lebensraum nicht langfristig koexistieren, wenn sie vergleichbare Ansprüche an eine begrenzte Ressource haben. In der Ökologie wird dieses grundlegende Prinzip als **Konkurrenzausschlussprinzip** (→ **Seite 169**) bezeichnet.

Werden die Ressourcen unterschiedlich genutzt, so ist eine Konkurrenzminderung möglich, die die **Koexistenz** von Arten (→ **Seite 169**) ermöglicht.

VL Materialgebundene Aufgabe

❸ Interspezifische Konkurrenz bei Kieselalgen

Kieselalgen vermehren sich durch Zellteilung. Sie benötigen zum Aufbau ihrer stabilen mineralischen Zellwände Silicate, die Salze der Kieselsäuren. In einem Experiment wurden Kieselalgen der Gattung *Asterionella* (**A**) und *Synedra* (**B**) untersucht.

a) ≡ Beschreiben Sie die Ergebnisse des Experiments.

b) ≡ Entwickeln Sie Fragestellungen, die durch das Experiment mit den Kieselalgen untersucht werden sollten.

c) ≡ Erklären Sie die Veränderungen der jeweiligen Populationsdichte der Kieselalgen.

d) ≡ Entwickeln Sie eine Hypothese, wie die Konkurrenz zwischen *Asterionella* und *Synedra* gemindert werden kann. Tauschen Sie sich in Ihrem Kurs konstruktiv über die betrachteten biologischen Sachverhalte aus. Reflektieren und korrigieren Sie gegebenenfalls Ihren eigenen Standpunkt.

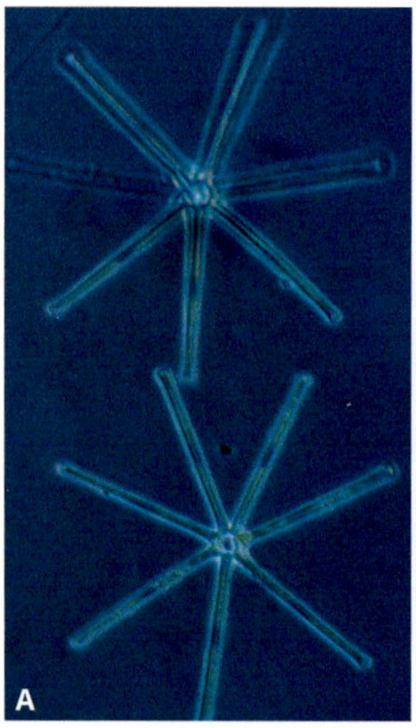

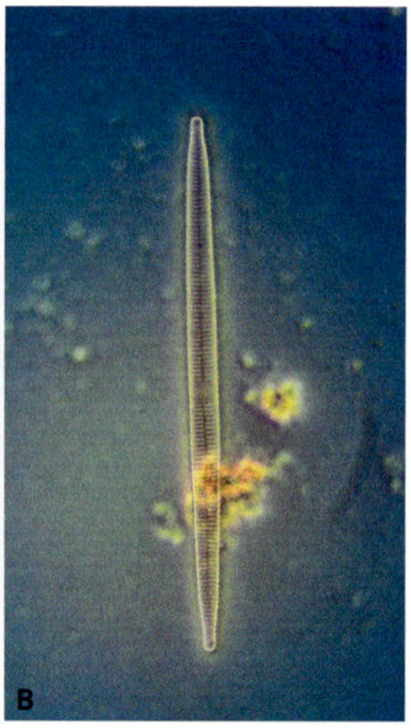

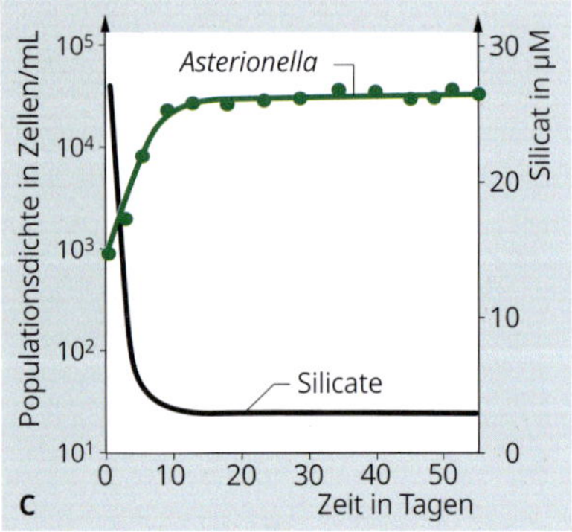

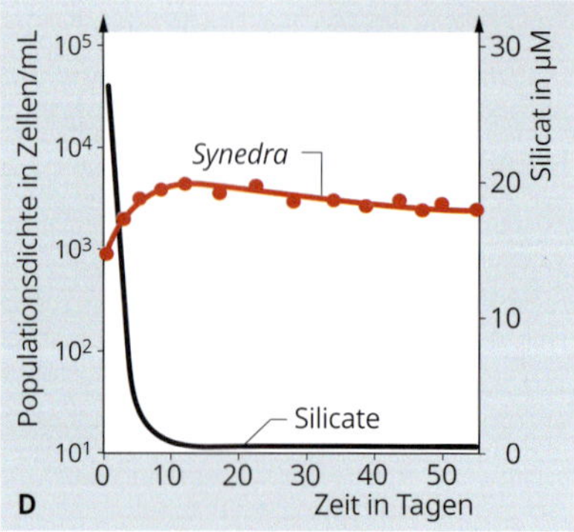

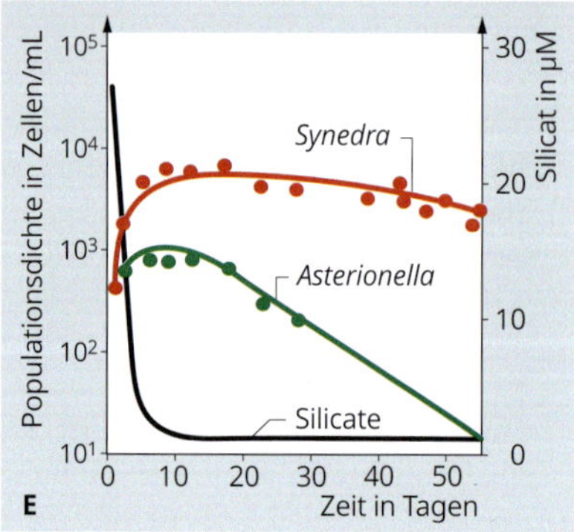

VL Materialgebundene Aufgabe

4 Konkurrenzausschlussprinzip

Zur Überprüfung des Konkurrenzausschlussprinzips untersuchten Wissenschaftler die Konkurrenz zwischen dem Amerikanischen Reismehlkäfer *Tribolium confusum* und dem Rotbraunen Reismehlkäfer *Tribolium castaneum*.

Frage: Wie entwickeln sich die Populationen von miteinander konkurrierenden Mehlkäferarten im gleichen Lebensraum bei jeweils unterschiedlichen abiotischen Faktoren?
Untersuchungen: Der Amerikanische Reismehlkäfer und der Rotbraune Reismehlkäfer wurden bei unterschiedlichen Kombinationen von Luftfeuchtigkeit und Temperatur gehalten. Ermittelt wurde die Entwicklung der Populationen im Verlauf der Zeit.
Bedingungen (für **A** und **B**):
1: 34 °C / 70 % Luftfeuchtigkeit
2: 24 °C / 30 % Luftfeuchtigkeit

a) ≡ Definieren Sie das Konkurrenzausschlussprinzip.
b) ≡ Formulieren Sie Hypothesen zu dieser Fragestellung.
c) ≡ Beschreiben und deuten Sie die Ergebnisse des Experiments.
d) ≡ Formulieren Sie die wesentlichen Erkenntnisse aus den Ergebnissen.
e) ≡ In der Natur kommen in der Regel witterungsbedingte Schwankungen der Umweltbedingungen vor. Erläutern Sie, warum dies dazu führt, dass es auch längerfristig nicht zum Ausschluss einer der beiden Arten im selben Lebensraum kommt.
f) ≡ Analysieren Sie Ihre Hypothesen auf Richtigkeit.

Die beiden Reismehlkäferarten werden bis zu 6 mm lang und sind äußerlich kaum zu unterscheiden. Sie sind Vorratsschädlinge, die vor allem Getreide und Getreideprodukte befallen.

A Die Käferarten wurden getrennt gehalten:

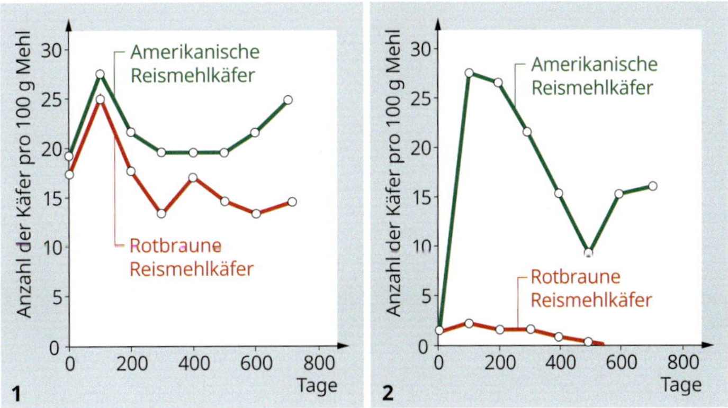

B Die Käferarten wurden gemeinsam gehalten.

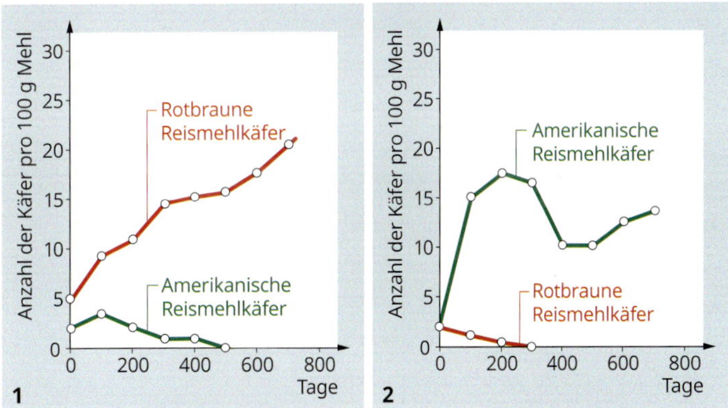

Koexistenz
Überleben zwei wechselwirkende in interspezifischer Konkurrenz stehende Arten im gleichen Lebensraum, ohne dass es zu einem Konkurrenzausschluss kommt, so leben diese Organismen in **Koexistenz**. Sich wiederholende Veränderungen und Störungen in der Umwelt fördern die Koexistenz. So können zeitweise die eine oder die andere Art profitieren. Die Greifvogelarten Habicht und Sperber jagen im gleichen Lebensraum, besitzen aber ein unterschiedliches Beutespektrum, da der deutlich kleinere Sperber kleinere Tiere bejagt.

5 ≡ Stockenten und Blässhühner leben in Koexistenz. Stellen Sie Hypothesen auf, warum es zu keinem Konkurrenzauschluss kommt.

6 ≡ Recherchieren Sie aktuelle Beispiele aus der Forschung zur Koexistenz und stellen Sie die Ergebnisse im Kurs vor.

4 Koexistenz von Stockente und Blässhuhn

2.5 Ökologische Nische

Können verschiedene Arten mit gleichen Ansprüchen an ihre Umwelt nebeneinander existieren?

Konzept der Ökologischen Nische

Mitte des 20. Jahrhunderts wurden in Schweden Signalkrebse ausgesetzt. Diese ursprünglich aus Nordamerika stammende Krebsart hat mittlerweile in weiten Teilen Europas den heimischen Edelkrebs verdrängt. Der Signalkrebs besiedelt wie der Edelkrebs kühle Fließgewässer. Beide Arten fressen die gleiche Nahrung und ähneln sich auch sonst in ihren Ansprüchen.

Die Gesamtheit aller biotischen und abiotischen Umweltfaktoren, die das Überleben einer bestimmten Art beeinflussen, wird **ökologische Nische** genannt. Sie ist kein Raum, der von einer Art besetzt wird, sondern die Summe aller Beziehungen, die zwischen einer Art und ihrer Umwelt bestehen. Ein Fließgewässer etwa bietet keine fertigen Nischen, sondern nur eine Reihe biotischer und abiotischer Umweltfaktoren. Erst wenn eine Art diese Faktoren nutzt, wird eine ökologische Nische realisiert.

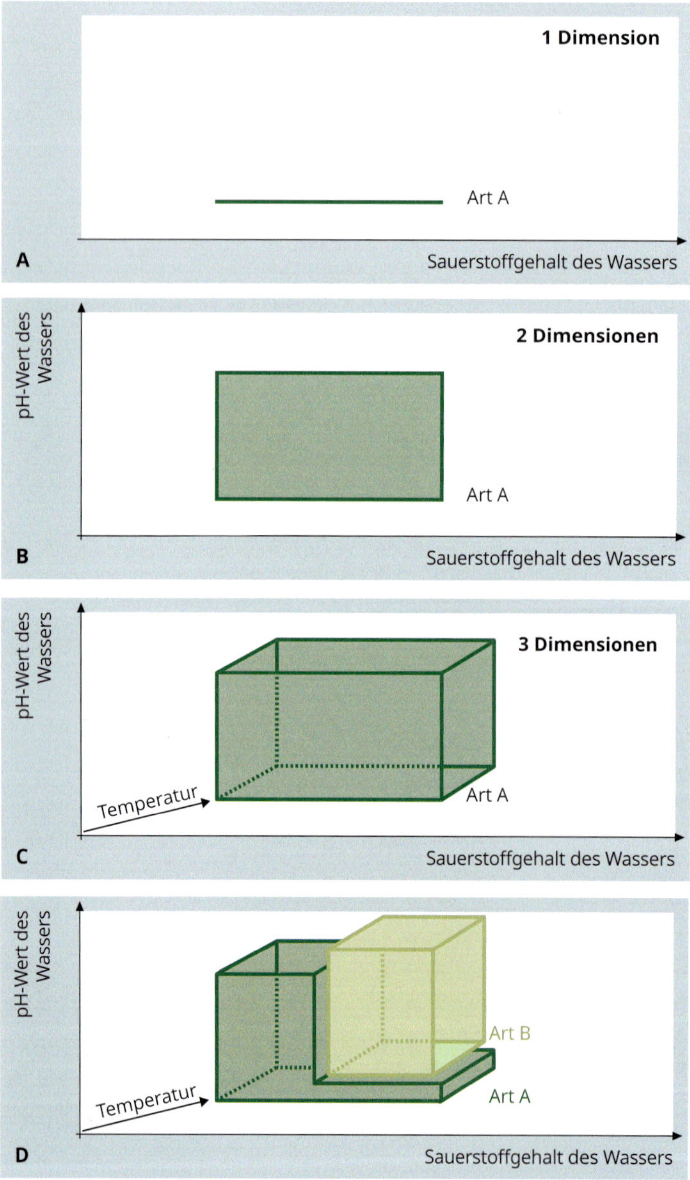

1 Nischenraummodell. A eindimensionale Nische; **B** zweidimensionale Nische; **C** dreidimensionale Nische; **D** Einengung der ökologischen Nische der Art A (Edelkrebs) durch eine Art B (Signalkrebs)

1 Ermitteln Sie biotische und abiotische Umweltfaktoren, die das Überleben von Edelkrebs und Signalkrebs beeinflussen.

Fundamental-Nische und Real-Nische

Berücksichtigt man nur die physiologischen Potenzen (→ **Seite 164**) einer Art ohne interspezifische Konkurrenz, ergibt sich die **Fundamental-Nische** einer Art, also die theoretisch mögliche Nische. In der Konkurrenz mit anderen Arten kann diese aber auf die **Real-Nische** eingeschränkt werden, die daher kleiner als die Fundamental-Nische ist. Arten nehmen also nicht immer den Teil ihrer Fundamental-Nische wahr, der ihrem physiologischen Präferendum entspricht, sondern nur den Bereich, den ihre Konkurrenten zulassen, nämlich die Real-Nische. So haben beide Krebsarten sehr ähnliche Fundamental-Nischen. Da die Signalkrebse aber bestimmte Umweltfaktoren wie etwa das Nahrungsangebot besser nutzen können als die Edelkrebse, ist ihre Real-Nische größer und sie verdrängen die einheimischen Edelkrebse.

Nischenraummodell

Die komplexen Zusammenhänge zwischen Art und Umweltbedingungen können mithilfe des **Nischenraummodells** verdeutlicht werden. Wird beispielsweise der Anspruch des Edelkrebses an den Sauerstoffgehalt des Wassers in ihrem Lebensraum betrachtet, so stellt dieser Umweltfaktor im Nischenraummodell eine Dimension seiner ökologischen Nische dar. Der Edelkrebs ist aber nicht nur vom Sauerstoffgehalt des Wassers, sondern auch vom pH-Wert und der Temperatur des Wassers abhängig.

So ergibt sich ein dreidimensionales Modell der ökologischen Nische. Jede Dimension steht dabei für einen Umweltfaktor wie die Wassertemperatur.

Konkurrenz und Konkurrenzvermeidung

Besetzen zwei Arten in einem Ökosystem die gleiche ökologische Nische, führt die interspezifische Konkurrenz zum Aussterben der einen Art (Konkurrenzausschlussprinzip, → **Seite 168**) oder dazu, dass sich im Laufe der Evolution vor allem bei der konkurrenzschwächeren Art Angepasstheiten ausbilden, die zu einer **Konkurrenzvermeidung** führen. Unterschiedliche Aktivitätszeiten (Tag- oder Nachtaktivität), die räumliche Trennung von Lebensräumen, unterschiedliche Nahrungsvorlieben oder Verhaltensunterschiede führen zu einer Reduzierung des Konkurrenzdrucks durch Nutzung alternativer Ressourcen. Das Prinzip der Konkurrenzvermeidung ermöglicht Koexistenz verschiedener Arten in einem bestimmten Habitat. Man spricht von einer **Nischendifferenzierung**.

2 ≡ Erklären Sie, warum die Konkurrenzvermeidung in der Fachliteratur als positive Umkehr des Konkurrenzausschlussprinzips für die konkurrenzschwächere Art bezeichnet wird.

3 ≡ Die ökologische Strategie der Konkurrenzvermeidung fördert die Nischenaufteilung und ist eine Voraussetzung für den Erhalt des Gleichgewichts und der Biodiversität in einem Ökosystem. Nehmen Sie Stellung zu dieser Aussage.

2 Flusskrebse. A Edelkrebs; **B** Signalkrebs.

VL Materialgebundene Aufgaben

4 Ökologische Nischen von Eichhörnchen und Grauhörnchen

Im Jahr 1889 wurden in England 350 Grauhörnchen (**A**) ausgesetzt. Mittlerweile gibt es mehrere Millionen Grauhörnchen dort, die das heimische Eichhörnchen (**B**) weitgehend verdrängt haben. Aufgrund weiterer Auswilderungen in Kontinentaleuropa breitet sich das Grauhörnchen auch im Rest Europas aus. Beide Arten leben in Nadel- und Mischwäldern, fressen die gleiche Nahrung und ähneln sich in vielen weiteren Ansprüchen.

a) ≡ Erklären Sie am Beispiel der beiden Nagetierarten, was man unter einer ökologischen Nische versteht.

b) ≡ Erläutern Sie an den beschriebenen Beispielen den Unterschied zwischen Fundamental-Nische und Real-Nische.

c) ≡ „In England wird kaum ein Lebensraum sowohl von Grauhörnchen als auch von Eichhörnchen besiedelt." Nehmen Sie Stellung zu dieser Aussage.

d) ≡ Stellen Sie zwei Hypothesen über die Zukunft der Eichhörnchen in Mitteleuropa auf.

5 Nischenbreite

Ökologische Nischen können recht schmal oder auch sehr breit sein. Arten mit einer sehr breiten Nischenbreite sind Generalisten, Arten mit einer sehr schmalen Nischenbreite sind Spezialisten. Generalisten sind nicht wie die Spezialisten von speziellen Ressourcen oder Lebensbedingungen abhängig.

a) ≡ Ratten (**A**) gehören aufgrund ihrer Ernährungsweise zu den Generalisten, Koalas (**B**) zu den Spezialisten. Erläutern Sie dies nach einer Recherche mithilfe des Konzepts der ökologischen Nische.

b) ≡ Stellen Sie unter Bezug auf das Konzept der ökologischen Nische eine Hypothese auf, unter welchen Bedingungen sich eine Art eher zu einem Generalisten beziehungsweise zu einem Spezialisten entwickeln wird.

1 Symbiosen. A Ameise und Blattläuse; **B** Impala und Madenhacker; **C** Pinselkäfer auf weißen Blüten

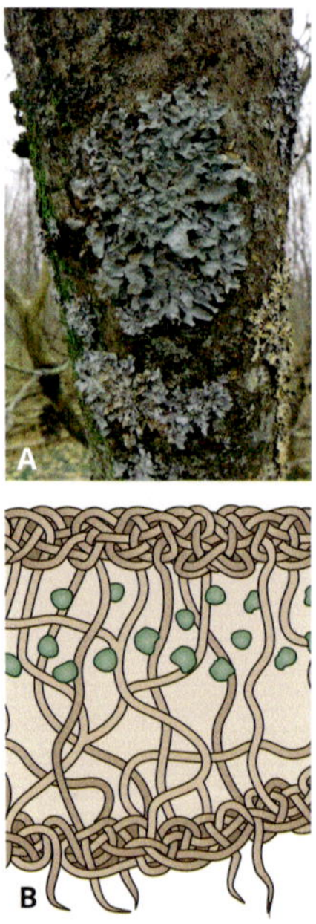

2 Flechten. A Foto; **B** Schema der Pilzhyphen und Algen

3 Mykorrhiza

2.6 Symbiose

Welche Formen der Symbiose gibt es? Wie lassen sich diese unterscheiden?

Symbiose aus Blattlaus und Ameise

Blattläuse stechen mit ihren Mundwerkzeugen die Leitbündel von Pflanzen an. Der zuckerhaltige Saft gelangt direkt in den Magen-Darm-Trakt der Tiere. Sie scheiden ein zuckerhaltiges Verdauungsprodukt, den Honigtau aus, da vorwiegend die im Saft gelösten Aminosäuren genutzt werden. Ameisen betrillern mit ihren Fühlern mehrfach den Hinterleib der Blattläuse. Diese Berührungen regen die Blattläuse dazu an, Honigtau abzugeben, welcher den Ameisen als Nahrung dient. Im Gegenzug halten Ameisen Marienkäfer, Fressfeinde der Blattläuse, von den Blattlauskolonien fern. Eine solche Wechselbeziehung zwischen verschiedenen Arten zum gegenseitigen Vorteil wird als Symbiose bezeichnet.

Allianz

Bereits HERODOT, ein griechischer antiker Geschichtsschreiber, berichtet von einer **Putzersymbiose**. Bei dieser Symbiose befreit der eine Partner den anderen von Parasiten. Diese dienen dem Putzer als Nahrung. Solche Beziehungen finden etwa zwischen Putzerfischen und Raubfischen oder zwischen Vögeln und Antilopen wie dem Impala statt. Auch Strauße und Antilopen bilden zum gegenseitigen Schutz Allianzen. Strauße erkennen Feinde durch ihren guten Sehsinn, Antilopen durch ihren guten Gerussinn. HERODOT beschrieb sehr wahrscheinlich den Krokodilwächter, einen Vogel, der das Maul von Krokodilen säubert. Gelegentliche, lockere Beziehungen zwischen zwei Arten, die mit beiderseitigem Vorteil verbunden sind, nennt man **Allianzen**. Alle beteiligten Organismen sind auch ohne diese Symbioseform überlebensfähig.

Mutualismus

Pinselkäfer ernähren sich von Pollen und Nektar verschiedener Pflanzen. Viele Blütenpflanzen können sich ohne ihre jeweiligen Bestäuber wie Insekten oder Vögel nicht fortpflanzen und dauerhaft überleben. Die Bestäuber jedoch sind auch ohne diese Blütenpflanzen lebensfähig. Eine solche Form der engeren symbiotischen Beziehung, die zwar nicht lebensnotwendig, aber mindestens für einen der Partner von hoher Bedeutung ist, wird **Mutualismus** genannt.

Obligate Symbiose

Flechten sind symbiotische Lebensformen zwischen bestimmten Arten von Pilzen und Grünalgen oder Cyanobakterien. Während die Pilze den Algen Kohlenstoffdioxid, Mineralstoffe und Wasser liefern, erhalten sie von den Algen Fotosyntheseprodukte. In dieser engen Beziehung können Algen und Pilze extrem ungünstige Lebensräume, etwa kahle Felsen, besiedeln. Auf dem felsigen Untergrund würde Pilzen das organische Substrat fehlen, Algen würden dort vertrocknen. Eine solche Lebensgemeinschaft, die für beide Partner lebensnotwendig ist, heißt **obligate Symbiose**.

In ähnlicher Weise wie bei Flechten tauschen Pilze und Pflanzenwurzeln Stoffe aus. Die Pilzhyphen umspinnen dabei die Pflanzenwurzeln. So vergrößern sie die Wurzeloberfläche und damit die Fähigkeit der Pflanze, Wasser und Mineralstoffe aufzunehmen. Im Gegenzug bezieht der Pilz Fotosyntheseprodukte von der betreffenden Pflanze. Diese spezielle Symbiose wird **Mykorrhiza** genannt.

1. ≡ Beschreiben Sie anhand Abbildung 2 die Symbioseform, die zwischen Pilz und Alge in einer Flechte besteht.
2. ≡ Recherchieren Sie jeweils drei weitere Beispiele für die drei Symbioseformen.

3 Wurzelknöllchen

An den Wurzeln von Schmetterlingsblütlern wie Erbsenpflanzen (**A**), Lupinen (**B**) oder Klee (**C**) findet man kleine, knöllchenartige Verdickungen, die **Wurzelknöllchen** (**D**). Die Pflanzen leben in Symbiose mit Bodenbakterien der Gattung *Rhizobium*. Wenn diese Bakterien die Wurzeln der Erbsen infizieren, bilden sich die **Wurzelknöllchen**, in denen sich die Bakterien vermehren. Diese Bakterien sind in der Lage, den molekularen Stickstoff der Luft zu fixieren und für die Pflanzen in Form von Ammoniumionen (NH_4^+-Ionen, → **Seite 163**) verfügbar zu machen. Im Gegenzug erhalten die Bakterien Fotosyntheseprodukte der Pflanze.

A

B

C

D

a) In der Landwirtschaft wird diese Form der Symbiose zur natürlichen Stickstoffdüngung verwendet. Bei dieser Gründüngung werden auf den Äckern Schmetterlingsblütler angebaut und anschließend untergepflügt. Erläutern Sie die Vorteile der Gründüngung von Äckern.

b) Erläutern Sie anhand des Stickstoffatomkreislaufs (→ **Seite 163**) die Bedeutung der Symbiose der Schmetterlingsblütler mit den Wurzelknöllchenbakterien.

c) „Hülsenfrüchte besitzen ähnlich hohe Proteinwerte wie Fleisch oder Fisch." Erläutern Sie diese Aussage.

4 Beziehungen zwischen Ameisen und Akazienbäumen

Ameisen der Gattung *Pseudomyrmex* bauen ihre Nester in ausgehöhlten Dornen der Akazienart *Acacia hindsii*, die in tropischen Wäldern Mittelamerikas vorkommt. Sie werden als Akazienameisen bezeichnet, da sie ausschließlich in Gemeinschaft mit Akazienbäumen leben. Die Akazienameisen verteidigen die Akazien gegen pflanzenfressende Insekten und entfernen Schmutz auf der Akazienoberfläche, was die Pflanze vor krankmachenden Pilzen schützt. Die Ameisen ernähren sich vom Nektar der Akazie und von öl- und proteinreichen Futterkörperchen, die sich an der Spitze der Akazienblätter befinden. Akazienameisen können keine Saccharose verdauen. Dieser Zucker ist für die meisten Pflanzen die Transportform der Fotosyntheseprodukte. Akaziennektar ist frei von Saccharose und enthält einen Hemmstoff für das Enzym Saccharase.

In einem Experiment wurden aus einer Population von Akazienbäumen einige mit einem Insektizid behandelt, das Ameisen abtötet. Nach zehn Monaten wurden die Überlebens- und Wachstumsraten der behandelten Bäume mit den Raten der Kontrollbäume verglichen.

A

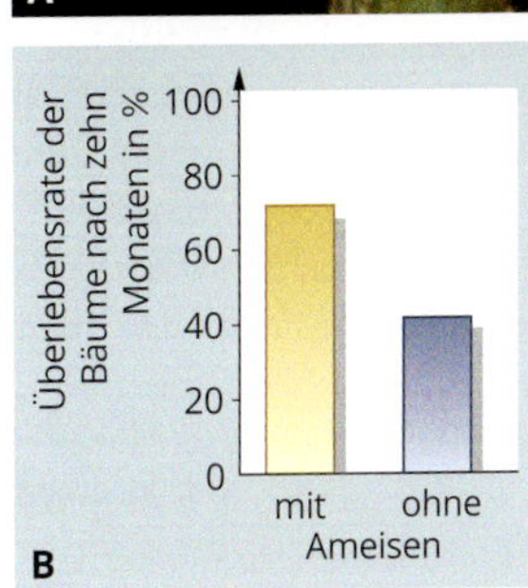

B

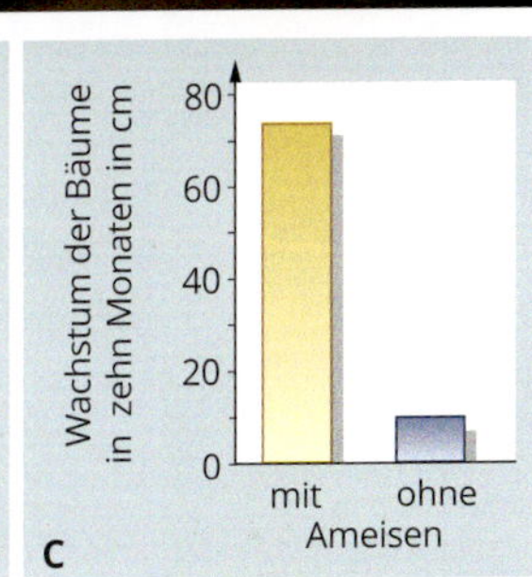

C

a) Nennen Sie die Fragestellung des Experiments.

b) Erklären Sie die Ergebnisse.

c) Erläutern Sie, warum man bei den Experimenten eine Teilpopulation der Akazien unbehandelt gelassen hat.

d) Begründen Sie, warum im Labor gezüchtete Ameisen, die mit Saccharosesirup anstelle von Akaziennektar gefüttert wurden, Sacharose verdauen können.

e) Erläutern Sie, um welche Form der Symbiose es sich bei der Beziehung zwischen Akazienameisen und Akazienbäumen handelt.

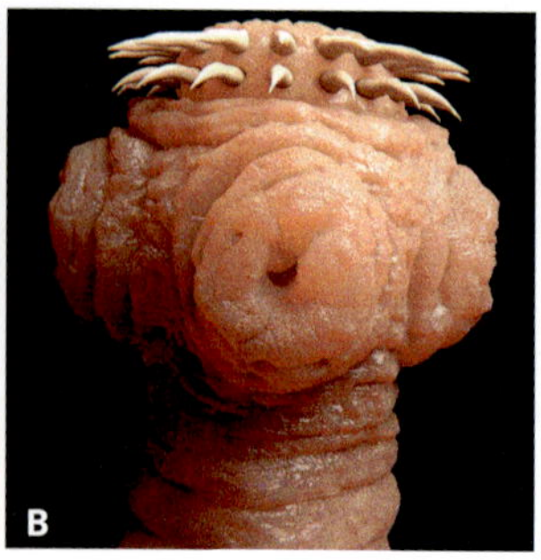

1 Tierische Parasiten. A Bettwanze, ein Ektoparasit; **B** Bandwurm, ein Endoparasit; **C** Schlupfwespe, ein Parasitoid.

2.7 Prädation

Prädatoren nutzen andere Arten als Nahrungsquelle. Welche unterschiedlichen Formen von Prädation gibt es und wie unterscheiden sich diese?

2 Gallen der Gallwespe

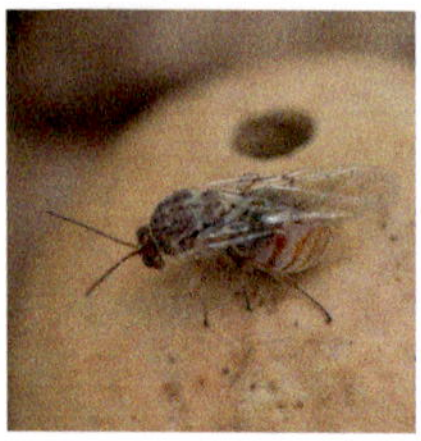

3 Gallwespe auf Galle

4 Hyperparasit Erzwespe auf Kokons der Brackwespe

Parasitismus

Eine Wechselwirkung zwischen zwei Arten, bei der sich eine Art auf Kosten der anderen Art ernährt oder diese für Fortpflanzungszwecke befällt, nennt man **Parasitismus**. Dabei parasitieren meist kleine Arten große Arten. Ein **Parasit** tötet seinen **Wirt** in der Regel nicht. Ausnahmen bilden **Parasitoide** wie Schlupfwespen, die ihre Eier in Blattläusen oder Raupen ablegen und diese so stark schädigen, dass die Wirte später sterben.

1 ≡ Parasitoide sind in der biologischen Schädlingsbekämpfung wichtig. Recherchieren und beschreiben Sie zwei Beispiele.

Manche Parasiten wie blutsaugende Bettwanzen oder Stechmücken suchen ihren Wirt nur kurz zur Nahrungsaufnahme auf. Andere Parasiten sind permanent auf ihren Wirt angewiesen und zeigen eine hohe **Wirtsspezifität**. Sie können nur eine Art oder nah verwandte Arten befallen. Kopfläuse, Kleiderläuse und Filzläuse befallen nur den Menschen und werden nur von Mensch zu Mensch übertragen.

Ektoparasiten wie Kopfläuse, Flöhe oder Zecken halten sich ständig oder gelegentlich an der Körperoberfläche ihres Wirtes auf und ernähren sich vom Blut des Wirtes oder von Bestandteilen seiner Haare, Federn oder Haut. Haft- und Klammerorgane, fehlende Flügel, spezielle Mundwerkzeuge und andere Angepasstheiten ermöglichen diese Lebensweise.

2 ≡ Parasiten besitzen häufig eine flache Körperform. Stellen Sie eine Hypothese auf, warum sich im Laufe der Evolution diese Angepasstheit entwickelt hat.

Bei Parasiten, die im Inneren eines Wirtes leben, sogenannten **Endoparasiten**, sind meist Körperteile reduziert. Bandwürmer halten sich mit ihrem Vorderende, dem **Scolex**, das aus einem Hakenkranz und Saugnäpfen besteht, an der Darmwand fest. Sie besitzen keinen Darm und kein Blutgefäßsystem und nehmen die im Darminhalt des Wirtes gelösten Nährstoffe direkt über ihre gesamte Körperoberfläche auf.

3 ≡ „Ist ein Parasit an einen Wirt angepasst, ist der Befall für den Wirt zumeist nicht tödlich." Nehmen Sie Stellung zu dieser Aussage und recherchieren Sie in diesem Zusammenhang den Begriff „Fehlwirt".

Im Pflanzenreich gibt es nur wenige Beispiele für Parasitismus. Pflanzen können von anderen Pflanzen sowie von Bakterien, Milben und Wespen parasitiert werden. Durch einen Stich, Biss oder ein Sekret des Parasiten entstehen Wucherungen des pflanzlichen Gewebes, die **Gallen**. Gallwespen beispielsweise legen mit ihrem Legestachel Eier in die Blattknospen von Eichen ein. Die entstehenden Gallen dienen den Larven der Gallwespen als Behausung.

Parasiten können selbst auch von anderen Parasiten befallen werden. Diese Parasiten nennt man **Hyperparasiten**. Erzwespen parasitieren die Kokons von Brackwespen, die wiederum Schmetterlingsraupen parasitieren. Die Kokons der Brackwespenlarven, in denen sich die Larve zur Puppe entwickelt, bilden sich, sobald die Brackwespenlarven in der Raupe herangewachsen sind und diese verlassen haben.

4 Entwicklungszyklus einer Zecke

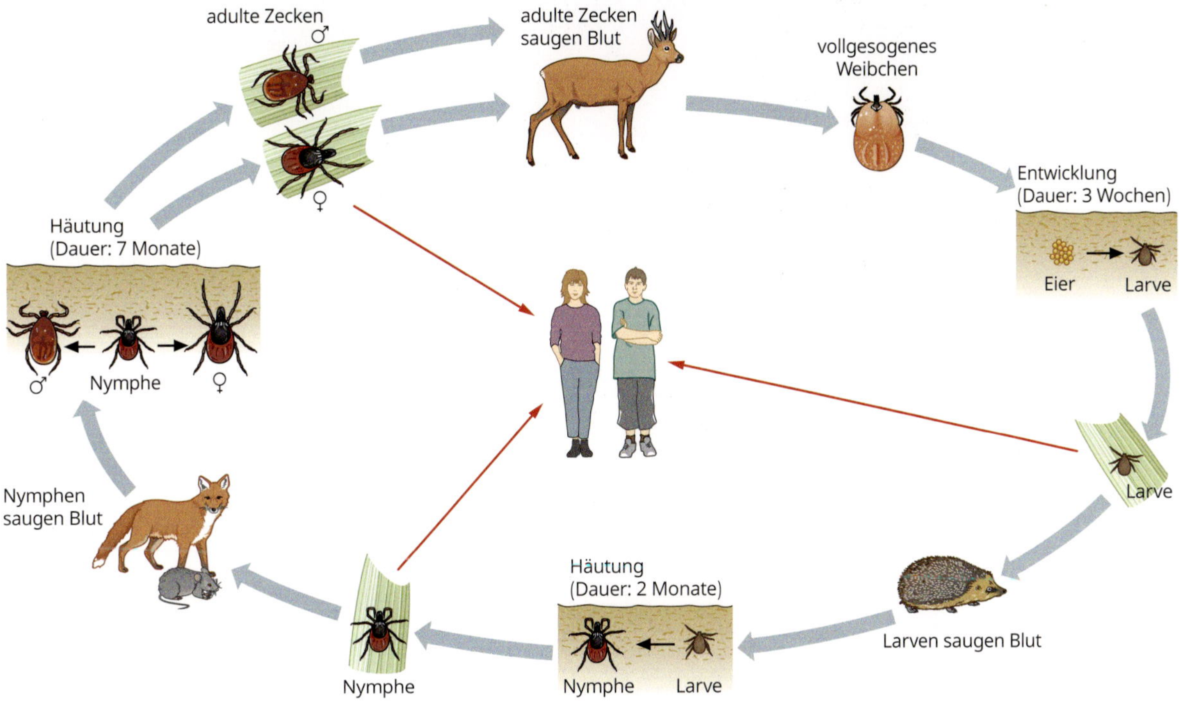

Die Lebenserwartung einer Zecke beträgt zwei bis drei Jahre. Zecken sind Ektoparasiten, die für jeden Entwicklungsschritt eine Blutmahlzeit benötigen.

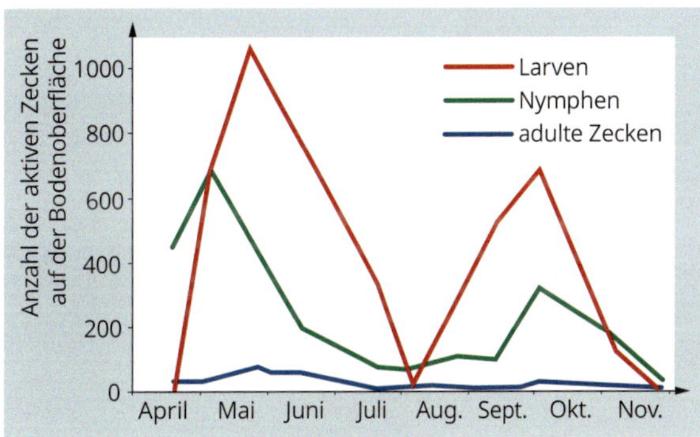

a) Beschreiben Sie den Entwicklungszyklus einer Zecke.

b) Erklären Sie das Vorkommen von adulten Zecken sowie ihrer Larven und Nymphen auf der Bodenoberfläche im Jahresverlauf.

c) Adulte Zecken und ihre Larven und Nymphen werden erst ab einer Temperatur von ungefähr 7 °C aktiv. Erläutern Sie vor diesem Hintergrund die Auswirkung der zunehmenden Klimaerwärmung.

5 VL Pflanzliche Parasiten

Ein Beispiel für einen pflanzlichen Parasiten ist die Nessel-Seide (**A**). Die chlorophyllfreie Pflanze betreibt keine Fotosynthese. Über Saugfortsätze ihres Stängels, die bis ins Leitbündel der Wirtspflanze vordringen, entzieht sie ihnen Wasser und Fotosyntheseprodukte. Im Gegensatz zu diesen **Vollparasiten** ist die immergrüne Mistel (**B**) ein **Halbparasit**. Sie betreibt selbst Fotosynthese und nimmt über ein Saugorgan nur Wasser und darin gelöste Mineralstoffe von den Bäumen auf.

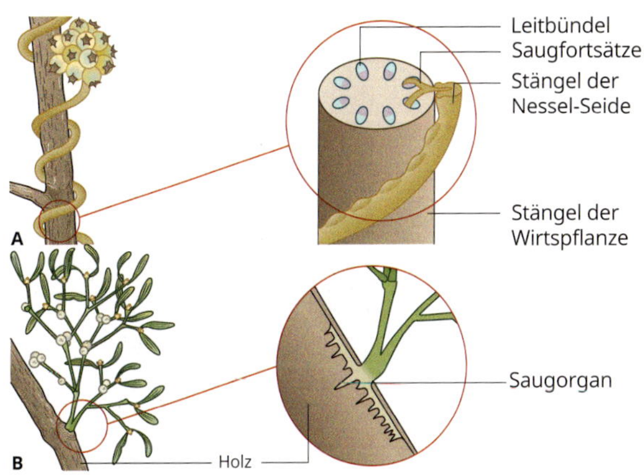

a) Erklären Sie den Unterschied zwischen Halb- und Vollparasit.

b) Beschreiben Sie die in der Grafik dargestellten Angepasstheiten der Nessel-Seide und der Mistel.

5 Europäischer Maulwurf mit Regenwurm

6 Springspinne mit Fliege, Indonesien

7 Gophernatter mit Maus, Nordamerika

8 Schottisches Hochlandrind

Carnivorie

Der Europäische Maulwurf wiegt etwa 100 g. Nahezu die gleiche Masse an Regenwürmern, Insekten, Asseln und Spinnen muss er täglich als Nahrung aufnehmen, um seinen Energieumsatz zu decken und die eigene Biomasse aufzubauen. Er ist ein **Fleischfresser** (**Carnivore**). Wie beim Parasitismus profitiert bei der **Carnivorie** eine Art, der **Prädator**, von der anderen, der Beute, die in diesem Fall in der Regel jedoch getötet wird. Beim Parasitismus liegt eine enge Parasit-Wirt-Beziehung vor, nicht aber bei der Carnivorie.

6 ☰ Die durch Canivorie entstehenden **Räuber-Beute-Beziehungen** sind entscheidend für die Stabilität und Vielfalt von Ökosystemen. Erläutern Sie diese Aussage.

Carnivoren müssen Energie für das Verfolgen, Überwältigen und Zerteilen der Beute aufwenden. Diesen energetischen Kosten steht ein Energiegewinn beim Fressen der Beute gegenüber. Carnivoren können nur dauerhaft überleben, wenn der Energiegewinn größer als der energetische Aufwand ist. Deshalb sind die meisten Räuber größer und schneller als ihre Beutetiere. Durch ihre Kraft und Schnelligkeit überwältigen sie rasch ihre Beute.

7 ☰ Die wenigen Räuber, die kleiner als ihre Beutetiere sind, nutzen meist andere Strategien. Spinnen fangen beispielsweise ihre Beute mit Netzen oder töten sie mithilfe von Giften. Recherchieren Sie drei weitere Beispielorganismen und deren Strategien zum Nahrungserwerb.

Herbivorie

Zu den **Herbivoren** gehören alle Tiere, die sich vor allem von Pflanzen ernähren. Dazu zählen **Weidegänger**, die Areale von Pflanzen abweiden, wie Rinder, Schafe, Antilopen oder Kängurus, die sich von Gräsern und Kräutern ernähren. **Pflanzenbestäuber** wie Bienen, Hummeln oder Schmetterlinge nehmen ihre Nahrung in Form von Pollen oder Nektar auf. **Blatt**-, **Wurzel**- und **Holzfresser** ernähren sich von bestimmten Bauteilen oder Organen von Pflanzen. Beispiele hierfür sind Schnecken, Maikäferlarven, Engerlinge und Borkenkäfer. Die Pflanze erleidet durch den Herbivoren einen Nachteil. Der Herbivor, auch wenn die Pflanze in der Regel nicht getötet wird, stellt für die Pflanze einen Prädator dar.

8 Prädatoren aus der Pflanzenwelt: Carnivore Pflanzen

Carnivore Pflanzen wie der Sonnentau oder die Venusfliegenfalle leben räuberisch und kommen an mineralstoffarmen, häufig feuchten und hellen Standorten vor. Sie zählen zu den Prädatoren.
Der **Sonnentau** (**A**), nahezu weltweit verbreitet, produziert auf länglichen Tentakeln der Blätter ein glitzerndes, klebriges Sekret. Sowohl die Tentakel als auch die Blätter sind beweglich und umhüllen das angelockte und am Sekret haftende Beutetier.
Die **Venusfliegenfalle** (**B**) stammt ursprünglich aus Nordamerika. Ältere, voll ausgebildete Fangblätter sind auf der Innenseite rot gefärbt. Das Zusammenklappen der beiden Fangblätter erfolgt in weniger als einer Zehntelsekunde und ist damit eine der schnellsten Bewegungen im Pflanzenreich. Bis zu sieben Mal kann der Fangmechanismus ausgelöst werden, dann stirbt diese Fangklappe ab.
Die Beutetiere der carnivoren Pflanzen werden von Enzymen verdaut und die Nährstoffmoleküle in die Zellen der Blätter aufgenommen.

A

B

C

a) ☰ Diskutieren Sie, nach einer Recherche im Internet, welche Pflegetipps für die Haltung von Sonnentau und Venusfliegenfalle nützlich sind, und begründen Sie Ihre Argumente.

b) ☰ Carnivore Pflanzen setzen sich auf phosphor- und stickstoffatomarmen Böden gegenüber Konkurrenten durch. Nehmen Sie unter Bezug auf → **Seite 163** Stellung zu dieser Aussage.

c) ☰ Als blühende Samenpflanze lebt die Venusfliegenfalle in Symbiose mit ihren Bestäubern, als Carnivore ist sie zugleich Prädator. Stellen Sie eine Hypothese auf, wie die Blüten der Venusfliegenfalle gestaltet sein könnten, sodass die Symbionten nicht zur Beute werden.

d) ☰ Erstellen Sie nach einer Recherche, eine Übersicht über die Vielfalt an Angepasstheiten, die es carnivoren Pflanzen ermöglicht, Beutetiere anzulocken.

e) ☰ Die Kannenpflanze *Nepenthes bicalcarata* (**C**) lebt in enger Wechselbeziehung mit der Ameisenart *Camponotus schmitzi*. Die Ameisen erhalten von der Pflanze Nektar sowie in der Kanne ertrunkene Insekten als Nahrung und schützen die Pflanze vor Fressfeinden. Ein Forscherteam fand vor einigen Jahren heraus, dass 42 Prozent der von der Kannenpflanze aufgenommenen Stickstoffatome von toten Ameisen und Exkrementen der Ameisen stammen, und dass die Ameisen auch in der Kanne lebende Stechmückenlarven fressen, die von gelösten Nährstoffen und toten Beutetieren leben. Erläutern Sie, ob es sich bei dieser Beziehung um eine Symbiose oder Konkurrenz handelt.

9 Diskurs: Prädation in der wissenschaftlichen Literatur

In der wissenschaftlichen Literatur finden sich neben der auf Seite 174 genannten weitere Definitionen von Prädation.

a) ☰ Diskutieren Sie, wie solche unterschiedlichen Definitionen des gleichen Begriffs in der Wissenschaft entstehen können.

b) ☰ Erläutern Sie, welche Konsequenzen sich daraus für die Forschung und die Zuordnung der Organismen als Prädatoren ergeben können.

Prädation ist die Wechselbeziehung zwischen zwei Arten, bei denen eine Art, der Prädator, sich von einer anderen Art, der Beute, ernährt.

Prädation ist die Wechselbeziehung zwischen zwei Arten, bei denen eine Art, der Prädator, sich von einer anderen Art, der Beute, ernährt und diese dabei tötet.

Prädation ist die Wechselbeziehung zwischen zwei Arten, bei denen eine Art, der Prädator, ganz bestimmte Verhaltensweisen bei der Nahrungssuche zeigt und dafür benötigte Angepasstheiten besitzt.

3 Populationsökologie

1 Wolfsrudel in Deutschland

3.1 Populationsentwicklung

Population: Individuen einer Art, die im selben Verbreitungsgebiet vorkommen und eine Fortpflanzungsgemeinschaft bilden.

Viele ökologische Vorgänge lassen sich nur auf der Ebene von Populationen verstehen. Wie entwickeln sich diese?

Wölfe in Deutschland
Seit Mitte des 19. Jahrhunderts galt der Wolf in Deutschland aufgrund der intensiven Bejagung durch den Menschen als ausgerottet. Im Jahr 2000 wurden in Sachsen wieder Wolfswelpen eingewanderter Wölfe in Freiheit geboren, aktuell gibt es in Deutschland fast 200 Wolfsrudel. In Bayern finden sich inzwischen nahezu in allen Regierungsbezirken Paare oder Einzeltiere, sechs Rudel sind im Jahr 2024 belegt worden. Wölfe vermehren sich wieder in Bayern und bilden dort erste **Populationen**.

Modell des Wachstums (→ **Abb. Aufgabe 1**)
Wenn sich das Wachstum einer Population in einem bestimmten Zeitraum verdoppelt, kann man es mit dem mathematischen Modell des **exponentiellen Wachstums** (E) beschreiben. Ein exponentielles Wachstum ist aber nur unter Idealbedingungen, der **idealisierten Populationsentwicklung**, bei unbegrenzten Ressourcen, wie etwa bei der Neubesiedlung von Lebensräumen oder unter Laborbedingungen, gegeben. Unter natürlichen Bedingungen führen viele Faktoren zu einer Abnahme des Populationswachstums. Das begrenzte Ressourcenangebot sorgt für eine Zunahme der Konkurrenz zwischen den Individuen einer Art. Die Sterberate steigt, die Geburtenrate sinkt. Das exponentielle Wachstum geht in das **logistische Wachstum** (L) über.

Umweltkapazität
Halten sich Geburten- und Sterberate die Waage, so befindet sich die Population im **biologischen Gleichgewicht**. Die Individuenzahl erreicht ihre **Umweltkapazität** (K), also die Aufnahmefähigkeit eines Lebensraumes. Dies ist die maximale Zahl an Individuen einer Art, die in diesem Lebensraum überleben kann, ohne ihn nachhaltig zu schädigen. Die Umweltkapazität ist von der Verfügbarkeit der Ressourcen abhängig und daher variabel. Oft wächst die Individuenzahl zunächst über die Umweltkapazität hinaus. Die daraus folgende Ressourcenknappheit führt dann zu Schwankungen um die Umweltkapazität (L1) oder zu einem totalen Zusammenbruch der Population (L2).

2 Erläutern Sie anhand der Wölfe in Deutschland die Phasen der Populationsentwicklung und begründen Sie die Dynamik des logistischen Wachstums. Gehen Sie dabei auf Umweltfaktoren und selbstregulierende Faktoren in der Population ein.

VL Materialgebundene Aufgabe

1 Wachstumsphasen

a) Das Wachstum einer Bakterienkultur kann in vier verschiedene Phasen (Anlaufphase, exponentielle Phase, stationäre Phase, Absterbephase) eingeteilt werden. Sie kennen diese Phasen bereits aus Ihrem Biologieunterricht der Mittelstufe. Stellen Sie die verschiedenen Phasen in einem Diagramm dar.

b) Vergleichen Sie die Wachstumskurven der Abbildung mit Ihrer Zeichnung des Bakterienwachstums.

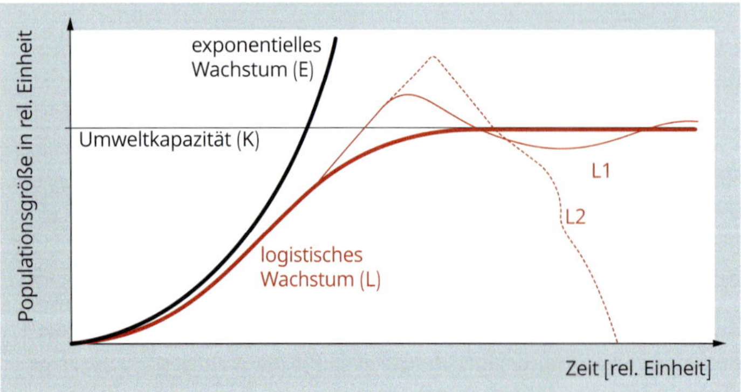

Wachstumskurven (Erläuterung siehe nebenstehender Text)

3.2 Regulation der Populationsdichte

Die Anzahl von Individuen einer etablierten Population verändert sich im Laufe der Zeit. Durch welche Faktoren werden solche Veränderungen verursacht?

Populationsdichte
Schwankungen in der Populationsdichte können durch dichteunabhängige Faktoren unregelmäßig als sogenannte **Fluktuationen**, oder durch dichteabhängige Faktoren regelmäßig, genannt **Oszillationen**, auftreten.

Dichteabhängige Faktoren
Faktoren, die von der Populationsdichte abhängig sind, nennt man **dichteabhängige Faktoren**. Dazu gehören ansteckende Krankheiten oder auch die verfügbare Nahrungsmenge, das Raum- oder Platzangebot und artspezifische Räuber und Parasiten.

1 ≡ Dichteabhängige Faktoren stehen mit der Populationsdichte der Sumpfschildkröte in Form einer negativen Rückkopplung in Wechselwirkung: Je größer die Populationsdichte ist, desto stärker wird ihr weiteres Wachstum eingeschränkt. Erklären Sie.

Dichteunabhängige Faktoren
Die Entwicklung von Populationen wird auch von Faktoren beeinflusst, die nicht von der Dichte abhängig sind. Diese **dichteunabhängigen Faktoren** wirken zufällig auf Populationen ein und können die Populationsgröße damit jederzeit beeinflussen. Eine Rückkopplung zwischen dem jeweiligen Faktor und der Populationsdichte findet hierbei nicht statt. Die Geburten- und Sterberate ist direkt von diesen Faktoren abhängig. Dichteunabhängige Faktoren sind etwa die Nahrungsqualität, die Temperatur und nicht ansteckende Krankheiten.

2 ≡ Begründen Sie, warum nicht artspezifische Feinde der Sumpfschildkröte zu den dichteunabhängigen Faktoren gehören.

Neobiota
Tier- und Pflanzenarten, die sich infolge absichtlicher oder unabsichtlicher menschlicher Eingriffe in einem Gebiet neu ausbreiten, in dem sie bis dahin nicht heimisch waren, sind **Neobiota** (→ **Seite 214**). Neobiotische Pflanzen nennt man **Neophyten**, neobiotische Tiere **Neozoen** und neobiotische Pilze **Neomyceten**. Haben diese Organismen unerwünschte Auswirkungen auf die heimische Flora oder Fauna spricht man von invasiven Arten.

Waschbären wurden in den 20er- und 30er-Jahren des 20. Jahrhunderts für die Pelztierzucht aus Nordamerika nach Europa gebracht. Alle in Europa lebenden Waschbären gehen auf Einzeltiere zurück, die Mitte des 20. Jahrhunderts aus Pelztierfarmen entkommen sind oder ausgesetzt wurden. Sie werden in Deutschland als invasive Art eingestuft. Als nicht artspezifischer Feind bejagen sie beispielsweise die vom Aussterben bedrohte Europäische Sumpfschildkröte. Die aus den USA stammende Gelbbauch-Schmuckschildkröte kommt in Folge von einzelnen ausgesetzten Tieren europaweit ebenfalls als Neobiont und invasive Art vor. Sie steht in Konkurrenz zur Europäischen Sumpfschildkröte.

3 ≡ Recherchieren Sie weitere invasive Arten, die die Europäische Sumpfschildkröte gefährden.

Populationsdichte: Anzahl an Individuen einer Population pro Flächen- oder Raumeinheit

1 Waschbär, ein Neobiont

2 Gelbbauch-Schmuckschildkröte, ein Neobiont

dichteabhängige Faktoren

intraspezifische Konkurrenz:
Nahrungsmenge
Raumangebot
artspezifische Feinde:
Räuber
Parasiten
ansteckende Krankheiten

Dichte der Sumpfschildkrötenpopulation

dichteunabhängige Faktoren

interspezifische Konkurrenz:
Nahrungsmenge, Raumangebot
Klima:
Temperatur, Bodenbeschaffenheit, Nahrungs-, Wasserqualität
nicht artspezifische Feinde:
Räuber, die sich auch von anderer Beute ernähren
nicht ansteckende Krankheiten

3 Regelung der Populationsdichte am Beispiel der Sumpfschildkröte

4 Entwicklung der Seehundpopulation an der deutschen Nordseeküste

Der Bestand an Seehunden an der deutschen Nordseeküste gilt als Indikator für den Fischbestand und allgemein für die Wasserqualität. Bei jährlichen Kontrollflügen wird die Anzahl kontinuierlich kontrolliert und protokolliert.

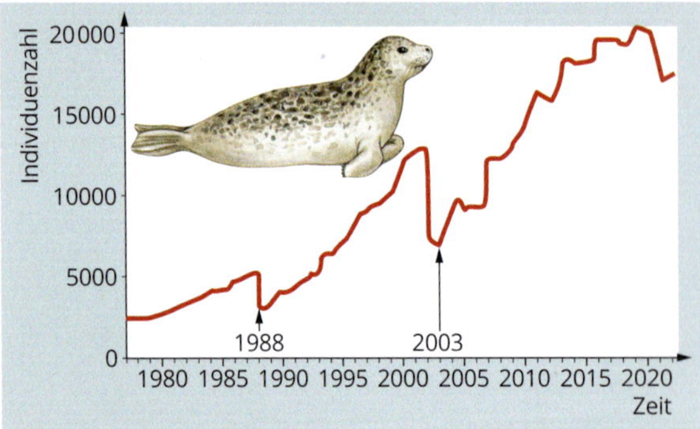

a) ≡ Beschreiben Sie das Diagramm.

b) ≡ Erläutern Sie den Kurvenverlauf und ermitteln Sie mögliche Ursachen für die Schwankungen in der Populationsdichte.

c) ≡ Große Individuenzahlen einer Seehundpopulation verknüpft mit einer geringen Reviergröße können zu sozialem Stress führen. Recherchieren Sie, was man unter sozialem Stress versteht und über die Ursachen und Folgen.

d) ≡ Diskutieren Sie im Kurs mögliche Hilfsmaßnahmen für eine weitere Stabilisierung der Seehundpopulation an der deutschen Nordseeküste.

5 Kabeljaubestand in Nordatlantik und Ostsee

Kabeljau (**A**), Grauer Knurrhahn (**B**)

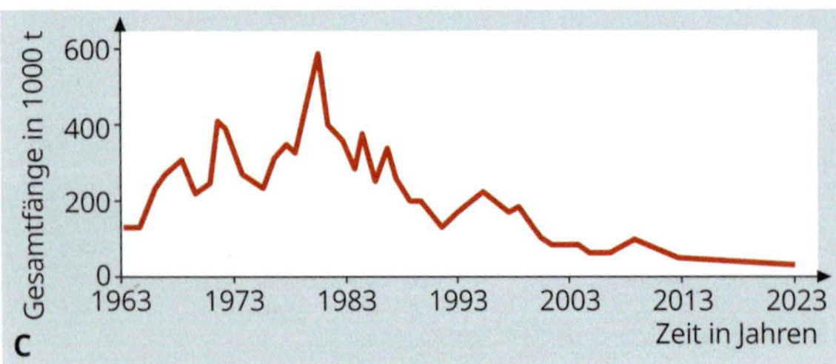

Gesamtfänge von Kabeljau in der Nordsee

Temperatur in °C	Salzgehalt in %			
	1,5	2,0	3	3,3
13	0	0	0	0
10	0	8	6	0
8	6	24	73	56
6	6	34	76	51
4	6	28	31	36
2	0	10	33	23
0	0	0	0	0

Entwicklung der Kabeljaueier in %

Dorsch und Kabeljau sind Bezeichnungen für dieselbe Fischart. Als Dorsch werden die jungen, noch nicht geschlechtsreifen Fische bezeichnet, als Kabeljau die älteren, geschlechtsreifen Tiere.

Gadus morhua, der Atlantische Kabeljau (**A**), kann bis zu 20 Jahre alt werden, erreicht eine Körperlänge bis 1,5 m und kommt im Nordatlantik und in der Ostsee vor. Er ist ein wichtiger Speisefisch. Der Kabeljau reagiert sehr empfindlich auf einen sinkenden Salzgehalt und sauerstoffarmes Wasser. Die Eier des Kabeljaus benötigen zur Entwicklung ebenfalls einen bestimmten Salzgehalt und einen bestimmten Temperaturbereich. Die Wachstumsrate der Population in der Ostsee ist direkt vom regelmäßigen Einstrom frischen, salzhaltigen Wassers aus der Nordsee abhängig. Hauptnahrung der Dorsche ist *Calanus finmarchicus*, ein Ruderfußkrebs. Mit zunehmender Wassertemperatur nimmt die Anzahl dieser Kaltwasserart ab. Ältere Kabeljaue jagen Heringe und Plattfische.

Seit Ende des 20. Jahrhunderts nimmt die Anzahl von *Eutrigla gurnardus*, des Grauen Knurrhahns (**B**) zu, einem Fisch, der Dorsche jagt und die ökologische Nische des Kabeljaus besetzt.

a) ≡ Erläutern Sie den Fangrückgang (**C**) des Kabeljaus in der Nordsee bis zum Jahr 2023.

b) ≡ Um den Bestand des Kabeljaus zu sichern, werden die zugelassenen Fangmengen jährlich festgeschrieben. Diskutieren Sie den Sinn dieser Maßnahme und recherchieren Sie deren Erfolg für den Bestand des Kabeljaus.

c) ≡ Erläutern Sie am Beispiel des Kabeljaus die Abhängigkeit der Populationsdichte von dichteabhängigen und dichteunabhängigen Faktoren.

ⓔ Lotka-Volterra-Modell

In den 1920er-Jahren formulierten der Chemiker Alfred LOTKA und der Mathematiker Luigi VOLTERRA unabhängig voneinander ein theoretisches Modell einer einfachen Räuber-Beute-Beziehung. Dieses mathematische Modell zeigt, wie sich die Populationsdichten von Räuber und Beute gegenseitig beeinflussen.

Die Aussagen des **LOTKA-VOLTERRA-Modells** lassen sich in drei Regeln zusammenfassen:
1. Regel der periodischen Schwankungen: Die Populationsdichten von Räuber und Beute schwanken auch bei sonst konstanten Bedingungen periodisch, dabei sind die Maxima der Populationsdichten phasenweise verschoben.
2. Regel von der Konstanz der Mittelwerte: Die Mittelwerte der Populationsdichten von Räuber und Beute bleiben langfristig konstant.
3. Regel von der Störung der Mittelwerte: Nach einer gleich starken Verminderung von Räuber und Beute nimmt die Populationsdichten der Beute stets schneller wieder zu als die des Räubers.

Das Lotka-Volterra-Modell geht vereinfachend von drei Voraussetzungen aus:
- Der Räuber ernährt sich nur von einer Art von Beutetieren.
- Diese Beutetiere werden nur von dieser einen Räuberart gefressen.
- Alle sonstigen biotischen und abiotischen Umweltfaktoren sind konstant oder zu vernachlässigen.

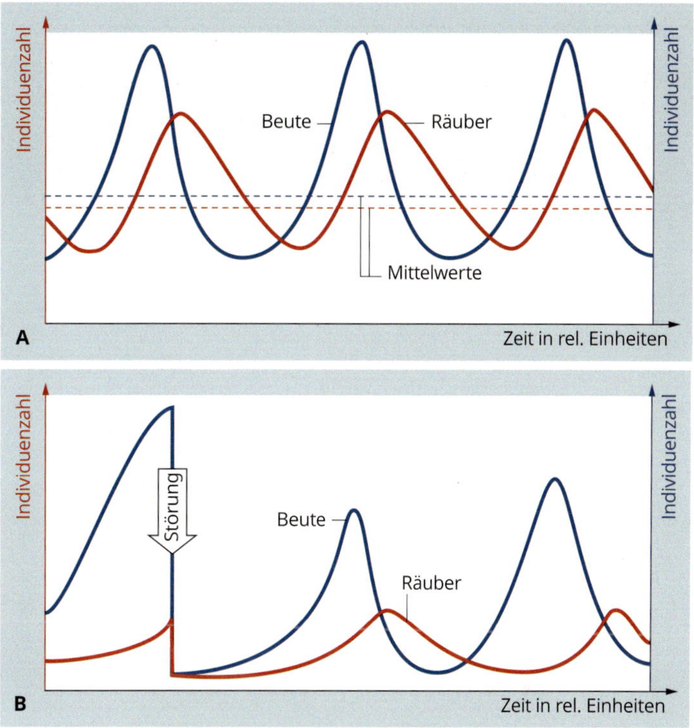

4 LOTKA-VOLTERRA-Regeln: A Periodische Schwankungen und Konstanz der Mittelwerte; **B** Störung der Mittelwerte

⑥ Erläutern Sie die drei Regeln des LOTKA-VOLTERRA-Modells anhand eines selbstgewählten Beispiels.

⑦ Beurteilen Sie die genannten Vereinfachungen des Modells nach einer Recherche anhand des Beispiels Löwe/Gazelle.

Materialgebundene Aufgabe

⑧ VL Grenzen des LOTKA-VOLTERRA-Modells

Das LOTKA-VOLTERRA-Modell ist nur bedingt auf die Beziehungen einer natürlichen Population übertragbar. So muss auch die Relation von Räuber und Beute betrachtet werden. Gibt es beispielsweise nur sehr wenige Räuber, aber eine hohe Populationsdichte der Beute, so werden die Schwankungen in der Beutedichte nicht durch die wenigen Räuber, sondern durch das Nahrungsangebot für die Beute und die intraspezifische Konkurrenz bestimmt.

a) Beschreiben Sie die Diagramme der Räuber-Beute-Beziehung von Schneeschuhhase, Luchs und Karibu.
b) Beurteilen Sie, welche Regeln des Lotka-Volterra-Modells sich bei diesem Beispiel nicht ableiten lassen, und begründen Sie Ihre Ausführungen. ⓔ

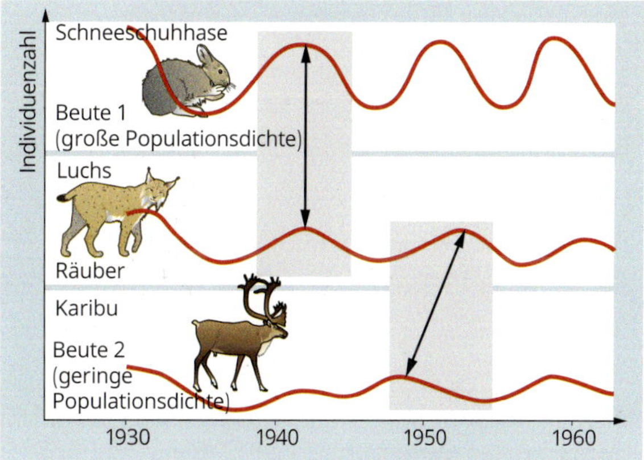

9 Die Milbenexperimente von Huffaker

Eotetranychus sexmaculatus
- Spinnmilbe
- ernährt sich von Orangenschalen
- Fressfeind: Raubmilbe *Typhlodromus occidentalis*
- kann sich mithilfe von Spinnfäden durch die Luft zu anderen Standorten tragen lassen.
- Lebensdauer von ca. 15 Tagen
- stirbt nach 3 Tagen ohne Nahrung

Typhlodromus occidentalis
- Raubmilbe
- ernährt sich von der Spinnmilbe *Eotetranychus sexmaculatus*; Beute wird angestochen und ausgesaugt
- kann sich nur laufend vorwärts bewegen, die Bildung von Spinnfäden ist nicht möglich
- Lebensdauer von ca. 15 Tagen
- stirbt nach 3 Tagen ohne Nahrung

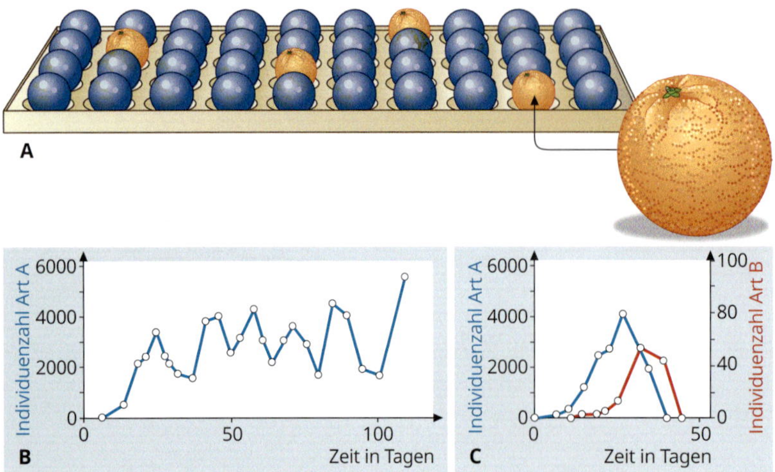

Versuchsreihe 1, einfach strukturierte Umwelt. A Versuchsanordnung aus 36 Gummibällen und vier Orangen; **B** Art A allein; **C** Art A und Art B zusammen

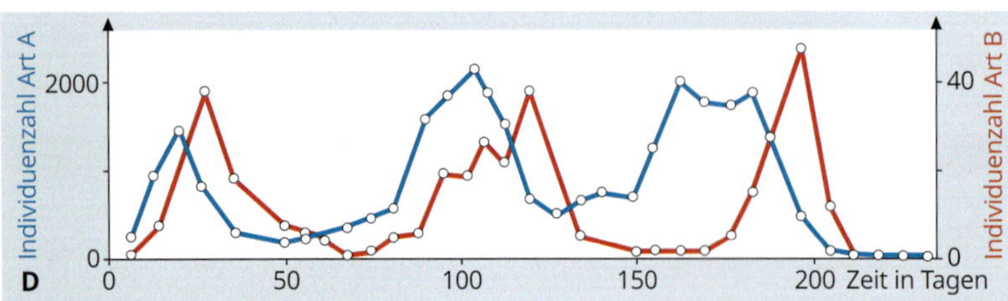

Versuchsreihe 2, komplex strukturierte Umwelt. Art A und Art B zusammen.

Spinnmilbe (**E**, Größe 0,25 bis 0,8 mm) und Schadbild an einer Zimmerpflanze (**F**)

Carl Barton Huffaker, ein US-amerikanischer Ökologe, führte verschiedene Experimente mit den Milbenarten *Eotetranychus sexmaculatus* und *Typhlodromus occidentalis* durch, um die Stabilität von Räuber-Beute-Systemen zu untersuchen. In einer ersten Versuchsreihe wurde zunächst eine Art alleine und dann beide Arten zusammen auf Orangen in eine einfach strukturierten Umwelt gesetzt. In einer zweiten Versuchsreihe wurde eine komplex strukturierte Umwelt mit größerer Ausdehnung, Barrieren aus Wachs sowie Holzstäbchen zur Luftausbreitung der Spinnmilben konstruiert. Die Orangen waren teilweise mit Papier umwickelt.

a) ≡ Erklären Sie die Populationsentwicklung in der Versuchsreihe 1 und ordnen Sie Art A und Art B in Diagramm C begründet zu.

b) ≡ Erläutern Sie die Bedeutung der Gummibälle in der Versuchsanordnung **A**.

c) ≡ Erläutern Sie die unterschiedliche Populationsentwicklung in Versuchsreihe 2.

d) ≡ Stellen Sie dar, wie die Entwicklung der beiden Milbenarten vermutlich verlaufen wäre, wenn man am 100. Tag ein Insektizid ausgebracht hätte, dass beide Milbenarten um 80 Prozent reduziert hätte.

e) ≡ Erläutern Sie unter Berücksichtigung der Huffaker-Versuche, warum bei der Einrichtung von Naturschutzgebieten heute zunehmend auf eine Verbindung zwischen den einzelnen Schutzgebieten geachtet wird.

f) ≡ Von Spinnmilben befallene Zimmerpflanzen welken: Man erkennt den Befall an hellen Flecken auf den Blättern und feinen Gespinsten. Erläutern Sie die beschriebenen Schadbilder der Pflanze.

g) ≡ Diskutieren Sie in der Gruppe, welche Pflanzenschutzmaßnahmen bei einem Spinnmilbenbefall sinnvoll wären.

3.3 ⊖ Fortpflanzungsstrategien

Im Verlauf der Evolution entwickelten sich bei verschiedenen Tier- und Pflanzenarten unterschiedliche Fortpflanzungsstrategien. Welche Strategien sind das?

r-Strategen

In schwach besiedelten Lebensräumen haben neue Arten gegenüber ihren Konkurrenten einen Vorteil, wenn sich ihre Individuenzahl schnell und stark erhöht. Die intraspezifische Konkurrenz ist unter derartigen Bedingungen recht gering. In diesem Fall werden Arten mit einer hohen Vermehrungsrate begünstigt. Man spricht von **r-Strategen**, wobei r für die Wachstumsrate einer Population in der Phase ihres exponentiellen Wachstums steht. r-Strategen wie die Hausmaus erreichen früh ihre Geschlechtsreife und erzeugen sehr viele Nachkommen. Sie investieren jedoch wenig Zeit und Energie in deren Aufzucht, sodass nur ein geringer Teil davon überlebt. Ist die Umweltkapazität des Lebensraumes erreicht, kommt es zu intraspezifischer Konkurrenz und das Wachstum der Population geht zurück oder bricht zusammen. Zu pflanzlichen r-Strategen zählen beispielsweise Pflanzen, die rasch Brachflächen, also landwirtschaftlich temporär nicht genutzte Flächen, besiedeln, wie Farne oder Moose.

K-Strategen

In Lebensräumen, die einen nahezu vollständigen Artenbestand aufweisen, befinden sich die meisten Populationen der dort vorkommenden Arten in der logistischen Wachstumsphase. Bestimmend ist hier die Umweltkapazität, daher werden diese Arten **K-Strategen** genannt. Bei ihnen spielt die interspezifische Konkurrenz um Ressourcen eine größere Rolle als eine frühe, starke Vermehrung. K-Strategen wie Kegelrobben haben verhältnismäßig wenige Nachkommen, die aber über günstige Startbedingungen verfügen. So sorgen Eltern intensiv für ihre Nachkommen. Pflanzliche K-Strategen sind Waldbäume wie Eichen, die große, nährstoffreiche Samen produzieren, was den Nachkommen die Keimung erleichtert.

1 ☰ Skizzieren Sie Wachstumskurven, die die Entwicklung eines r-Strategen und eines K-Strategen im Vergleich zeigen und erläutern Sie diese. Annahme: Beide Arten besiedeln einen neuen Lebensraum. ⊖

1 Hausmaus mit Jungen, ein r-Stratege

2 Kegelrobbe mit Jungtier, ein K-Stratege

3 Farne (r-Strategen) auf einem Eichenbaum (K-Stratege)

Kennzeichen	r-Stratege	K-Stratege
Zeit bis zur Geschlechtsreife	kurz	lang
Zeitpunkt der ersten Reproduktion	früh	spät
Anzahl der Nachkommen	viele	wenige
Größe der Nachkommen oder Eier	klein	groß
elterliche Fürsorge	keine	oft sehr ausgeprägt
Reproduktionsrate	hoch	niedrig
Lebenserwartung	gering	hoch
Sterblichkeitsrate	oft hoch	meist niedrig
Umweltbedingungen	häufig wechselnd	relativ konstant
Populationsgröße	schwankend	relativ konstant

4 Typische Merkmale von r- und K-Strategen

❷ Fortpflanzungsstrategien

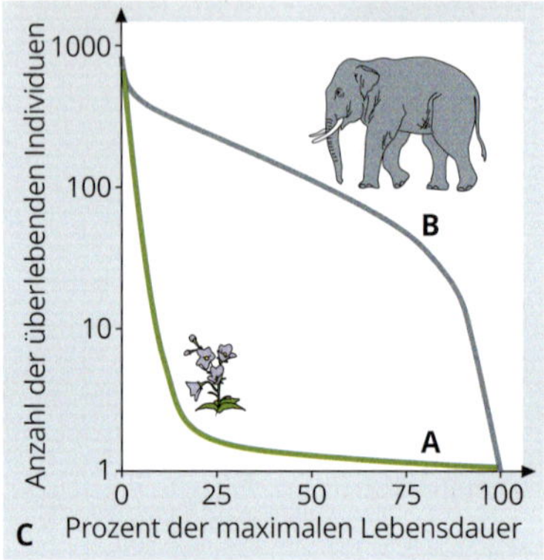

Überlebenskurven

Wechselkröte und Geburtshelferkröte sind zwei in Bayern vorkommende Amphibienarten. Die meist 7 bis 10 cm großen **Wechselkröten** (**A**) sind in Bayern vom Aussterben bedroht. Bis zu 15 000 Eier werden von den Weibchen in flache Gewässer wie Tümpel oder Weiher gelegt und dort von den Männchen befruchtet. Nach Ablage der meterlangen Laichschnüre kümmern sich die Elterntiere nicht mehr um den Nachwuchs. Die in Westeuropa verbreitete **Geburtshelferkröte** (**B**) ist rund 5 cm groß und kommt ebenfalls an verschiedenen Standorten in Bayern vor. Auch sie ist in Bayern vom Aussterben bedroht. Besonderheit der Fortpflanzungsbiologie der Geburtshelferkröte ist, dass die Männchen Brutpflege betreiben. Nach der Befruchtung, die an Land stattfindet, wickeln sich die Männchen die Laichschnüre um die Hinterbeine. 20 bis 80 Eier werden rund sechs Wochen lang auf dem Körper herumgetragen. Die Eier werden durch die Männchen, sollten Regen und Luftfeuchtigkeit nicht ausreichen, durch kurze Aufenthalte in Gewässern feucht gehalten. Zudem werden die Eier von den Männchen geschützt und vor Feinden verteidigt. Kurz vor dem Schlüpfen, also nach der Embryonalentwicklung, werden die Kaulquappen in ein Gewässer abgesetzt.

a) ≡ Erläutern Sie die Fortpflanzungsstrategien von Wechselkröte und Geburtshelferkröte. Gehen Sie dabei auf die r- und K-Strategien ein.
b) ≡ Je nach Umgebung kann die Hautfarbe der Wechselkröte dunkler oder heller werden. Diese Fähigkeit brachte ihr den Namen Wechselkröte ein. Erklären Sie die vermutliche Herkunft des Namens der Geburtshelferkröte.
c) ≡ Auch bei Fröschen gibt es eine Vielfalt von Fortpflanzungsstrategien. Es gibt viele Beispiele bei denen Brutfürsorge und Brutpflege der Elterntiere eine wichtige Rolle spielen. Erklären Sie nach einer Recherche die beiden Begriffe und recherchieren Sie Beispiele dazu.
d) ≡ Übertragen Sie die Informationen aus dem Diagramm **C** auf Ihre Kenntnisse der r- und K-Strategien.
e) ≡ Recherchieren Sie mögliche Bedingungen, die im Laufe der Evolution zu einer r-Strategie beziehungsweise zu einer K-Strategie geführt haben.

❸ Problematik der Abgrenzung von r-und K-Strategen

Die Zuordnung von Organismen zu den r- und K-Strategien ist nicht immer eindeutig. Die Begriffe sind im Vergleich der Arten und relativ zueinander zu sehen.

a) ≡ Beschreiben Sie vergleichend jeweils zwei Tier- und zwei Pflanzenarten, bei denen die Zuordnung zu den beiden Strategien eindeutig erscheint.
b) ≡ Erläutern Sie mit einer Recherche die Problematik der Abgrenzung von r- und K-Strategien am Beispiel von Marienkäfer, Blattlaus und Braunkehlchen.
c) ≡ Im Herbst legen Blattlausweibchen, die sich zuvor mit Männchen verpaart haben, rund fünf recht große Wintereier, die an geschützten Stellen der Wirtspflanze den Winter überdauern. Aus diesen schlüpfen im Frühling nur Weibchen. Diese Weibchen gebären ohne Befruchtung durch Männchen lebende Jungtiere, also Klone. Diese Art von Fortpflanzung wird Parthenogenese (Jungfernzeugung) genannt. Im Herbst gebären die folgenden Generationen an Weibchen weibliche und männliche Jungtiere. Diese Tiere paaren sich und die Weibchen legen wieder befruchtete Wintereier. Erläutern Sie die Fortpflanzungsstrategien der Blattläuse. Gehen Sie dabei auf die Problematik der Abgrenzung von r- und K-Strategen ein.
d) ≡ Diskutieren Sie im Kurs, warum das Konzept der r- und K-Strategie trotz der Problematik der Abgrenzung ein wichtiges Konzept darstellt. ⊖

3.4 ⊖ Methoden der Populationsabschätzung

Um Populationsdichten abzuschätzen, werden verschiedene Methoden angewandt. Welche Möglichkeiten gibt es dafür?

Abschätzen von Populationsdichten

Kenntnisse von Populationsdichten ermöglichen Rückschlüsse auf Zusammenhänge in Ökosystemen. So können bei regelmäßigen Untersuchungen die Veränderungen in der Zusammensetzung von Populationen und damit beispielsweise die Entwicklung gefährdeter Arten erkannt werden.

Gesamtzählung und Stichproben

Um die Anzahl afrikanischer Elefanten in einem bestimmten Areal zu bestimmen, wird häufig eine **Gesamtzählung** durchgeführt. Die Tiere werden mit einem Flugzeug überflogen und gezählt. Diese Methode lässt sich allgemein auf große Individuen anwenden, die leicht zu zählen sind. Sind die Areale zu groß, kann auch **stichprobenartig** gezählt und danach auf das Gesamtgebiet hochgerechnet werden. Oder es werden indirekte Nachweise der Individuen wie Kotproben einbezogen.

Wiederfangmethode

Eine weitere Methode ist die **Wiederfangmethode.** Diese Methode wird bei kleineren mobilen Tieren wie Vögeln oder Libellen angewandt. Dabei wird eine zufällige Stichprobe der Individuen in einem ganz bestimmten Areal gefangen, markiert und wieder freigelassen. Zur späteren Identifizierung werden die Tiere beispielsweise beringt, mit einem Mikrochip versehen oder farbmarkiert. In einem weiteren Schritt werden nach Ablauf einer bestimmten Zeit weitere Individuen dieser Art gefangen. Die markierten Tiere werden erkannt und nun kann mithilfe einer Formel auf die Gesamtzahl der Individuen in diesem Habitat geschlossen werden.

1 ≡ Die Wiederfangmethode muss unter standardisierten Bedingungen durchgeführt werden. Erläutern Sie, welche Bedingungen das sein können und warum die Einhaltung dieser Bedingungen wichtig ist.

2 ≡ Entwickeln Sie ein Modellexperiment mit einem Beispiel Ihrer Wahl zur Wiederfangmethode. Nutzen Sie dazu Ihre Kennnisse aus der Stochastik.

Vergleich der Verlässlichkeit der Methoden

Eine Voraussetzung der Wiederfangmethode ist, dass zwischen dem Zeitpunkt der Markierung und dem Wiederfang keine neuen Tiere in das Areal kommen, und dass die markierten Tiere beziehungsweise deren Markierungen nicht verloren gehen. Eine Variante der beschriebenen klassischen Wiederfangmethode ist die **Jolly-Seber-Methode**, bei der das Fangdatum in die Betrachtung einbezogen wird.

3 ≡ Vergleichen Sie die Verlässlichkeit der Wiederfangmethode mit den anderen beschriebenen Methoden zur Populationsabschätzung. ⊖

1 Luftaufnahme afrikanischer Elefanten für eine Gesamtzählung

2 Beringung eines Vogels (Olivenspötter) für die Wiederfangmethode

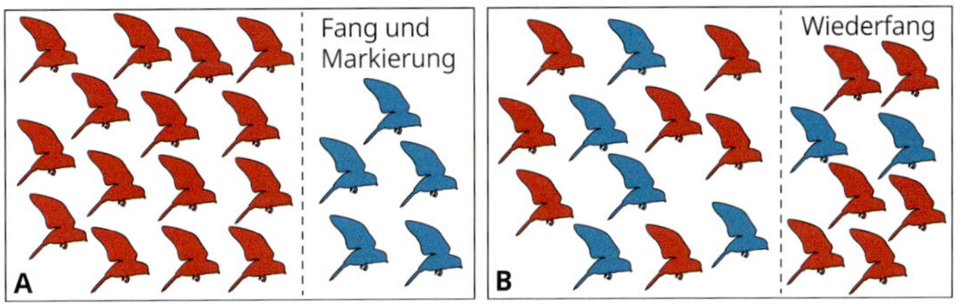

3 Schritte bei der Wiederfangmethode

$$\textbf{N}\text{ (Individuen)} = \frac{\text{Zahl der Tiere 1. Fang (markiert)} \cdot \text{Zahl der Tiere 2. Fang}}{\text{Zahl der markierten Wiederfänge}}$$

$$\textbf{N}\text{ (Individuen)} = \frac{5 \cdot 8}{2} = \textbf{20} \rightarrow \textit{\textbf{Abschätzung der Populationsgröße auf 20 Individuen}}$$

4 Berechnung der Populationsgröße bei der Wiederfangmethode

1 Wachstum der Erdbevölkerung. A Slum in Nairobi, Kenia; **B** Shibuya-Kreuzung in Tokio, Japan

3.5 Populationsentwicklung des Menschen

Vor 200 Jahren lebten etwa eine Milliarde Menschen auf der Erde, heute sind es über acht Milliarden. Wie kam es zu diesem starken Wachstum der Erdbevölkerung und welche Folgen hat es?

2 Nahrungs- und Wasserknappheit in vielen Gebieten der Erde

Wachstum der Bevölkerung

Durch Fortschritte in der Medizin, Hygiene, Naturwissenschaft und Technik sowie die Erschließung neuer Anbauflächen in der Landwirtschaft in Kombination mit dem Einsatz von Kunstdünger und Schädlingsbekämpfungsmitteln verbesserte sich die Versorgungssituation der Menschen in den letzten Jahrhunderten deutlich. Hungersnöte und Epidemien traten viel seltener auf. Die Sterberate sank und bei gleichbleibender Geburtenrate stieg die Vermehrungsrate der Menschen immer stärker an. Die Erdbevölkerung wuchs in den letzten 200 Jahren mit **exponentiellem Wachstum** stark an.

Heute, nur zehn Generationen später, leben über acht Milliarden Menschen auf der Welt. Jedes Jahr kommen 80 Millionen Menschen hinzu. Dies entspricht ungefähr der Bevölkerung Deutschlands. Die Folgen des rasant steigenden Bevölkerungswachstums sind vielfältig. Die Lösung der daraus resultierenden Probleme gehört zu den dringendsten **Zukunftsaufgaben der Menschheit**.

1 ≡ Recherchieren Sie zu den Zukunftsaufgaben der Menschheit und diskutieren Sie in der Gruppe über die Bedeutung und Erreichbarkeit der einzelnen Ziele.

Unterschiede im Bevölkerungswachstum

Das Bevölkerungswachstum ist regional unterschiedlich. Während es in Industrienationen rückläufige Geburtenraten und damit nur schwache oder rückläufige Wachstumsraten gibt, zeigen viele Entwicklungsländer in Asien und Afrika starke Wachstumszahlen.

Knappheit der Ressourcen

Bereits heute wird deutlich, dass in vielen Gebieten der Erde die natürlichen Ressourcen wie Nahrung und Wasser knapp werden. Jedes Jahr verhungern fast zehn Millionen Menschen, hauptsächlich Kinder. Der Versorgung der Menschen sind Grenzen gesetzt. Immer weniger Fläche muss eine immer größere Zahl an Menschen ernähren. 1950 wurden pro Hektar Ackerfläche zwei Menschen ernährt. Im Jahr 2050, so Prognosen von Wissenschaftlern, muss ein Hektar Ackerfläche Nahrung für sechs Menschen bereitstellen.

Urbanisierung

Im Jahr 2008 lebten zum ersten Mal in der Geschichte der Menschheit weltweit mehr Menschen in Städten als auf dem Land. Die Zunahme der Stadtbevölkerung sowie die Ausbildung einer städtischen Lebensform nennt man **Urbanisierung** (lat. *urbs*: Stadt). Auch die Größe der Städte wächst. Weltweit gibt es fast 500 Millionenstädte, wovon die Metropolregion Tokio mit fast 40 Millionen Einwohnern die größte ist.

2 ≡ Von derzeit über acht Milliarden Menschen nimmt die Stadtbevölkerung nur rund drei Prozent der Landfläche unseres Planeten ein. Stellen Sie mögliche Vor- und Nachteile der Urbanisierung für die Menschheit dar.

VL Materialgebundene Aufgabe

❸ Zukunftsaufgabe Populationsentwicklung des Menschen

Zur Bewältigung der Bevölkerungsproblematik gibt es verschiedene Ansätze. In seinem Welternährungsbericht 2008 entwickelte der Weltlandwirtschaftsrat Konzepte für eine Landwirtschaft der Zukunft: Die Förderung der Kleinbauern, der Ausbau der ökologischen Landwirtschaft sowie eine verstärkte Forschung im Bereich der nachhaltigen Entwicklung gehören dazu. Der Schwerpunkt liegt dabei auf der Bodenfruchtbarkeit und der Züchtung ertragreicher Nutzpflanzen. Um zukünftige Generationen ausreichend zu ernähren, ist laut Weltlandwirtschaftsrat eine andere Landwirtschaft notwendig, die nicht den maximalen sondern einen möglichst nachhaltigen Ertrag anstrebt.

a) ☰ Beschreiben Sie die Aussagen der Diagramme.

b) ☰ Die drei prognostizierten Entwicklungen des Bevölkerungswachstums (**A**) ab dem Jahr 2024 sind sehr unterschiedlich. Ermitteln Sie mögliche Erklärungen für die verschiedenen Wachstumsverläufe.

c) ☰ Erläutern Sie mögliche Gründe für das regional unterschiedlich prognostizierte Bevölkerungswachstum (**B**).

d) ☰ Zentrale Forderung des Weltlandwirtschaftsrats 2008 ist die Förderung der Kleinbauern. Bewerten Sie die Wichtigkeit dieser Forderung.

e) ☰ „Auch die Stärkung der Stellung der Frau in der Gesellschaft sowie Bildungsteilhabe für alle Menschen sind neben der Umstrukturierung der Landwirtschaft eine Maßnahme zur Bewältigung des Wachstums der Erdbevölkerung.“ Nehmen Sie Stellung zu dieser Aussage.

f) ☰ Viele Menschen gehen davon aus, dass Menschen in Zukunft unsterblich sein werden. Beurteilen Sie in einer ethischen Diskussion die Folgen einer Unsterblichkeit für den Einzelnen und die gesamte Menschheit.

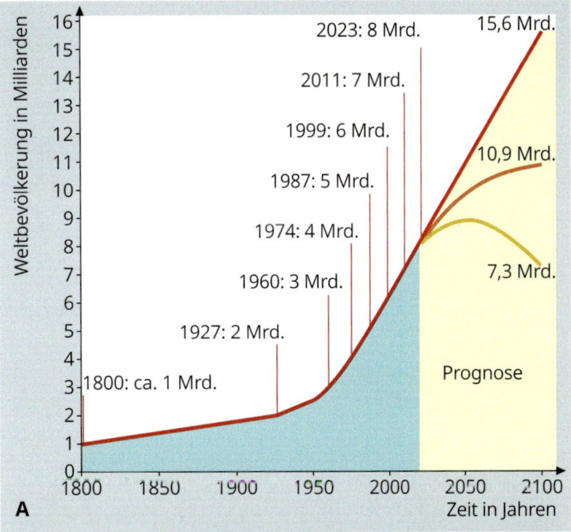

A

Regionen	1950	2011	2050	2100
Afrika	230	1046	2192	3574
Asien	1403	4207	5142	4596
Europa	547	739	719	675
Lateinamerika, Karibischer Raum	167	597	751	688
Nordamerika	172	348	447	526
Pazifischer Raum	13	37	55	66
B	Bevölkerung in Millionen			

Basiskonzept // Individuelle und evolutive Entwicklung

Alle Lebewesen und lebendigen Systeme verändern sich im Laufe der Zeit. Sie entwickeln sich. Dabei unterscheidet man die **Individualentwicklung** eines Lebewesens, zum Beispiel die Entwicklung des Grasfrosches vom Ei zur Kaulquappe und zum adulten Tier (**A**), und die stammesgeschichtliche, **evolutionäre Entwicklung** über einen viel längeren Zeitraum, zum Beispiel die Veränderung der Fellfarbe von Eichhörnchen über viele Generationen (**B**). Die Entwicklung ist ein Grundprinzip der Biologie. **Konkurrenzsituationen**, die als biotische Faktoren auf Populationen einwirken, führen zu evolutiven Veränderungen innerhalb der Population. Diese können zu **Neubesetzungen von ökologischen Nischen** oder zu morphologischen Veränderungen führen.

A

B

☰ Erläutern Sie, wie Symbiose die Entwicklung von Lebewesen beeinflusst.

Aufbau eines Ökosystems

Ökosysteme
- besteht aus Biotop und Biozönose
- Unterteilung in aquatische und terrestrische Systeme

Biotop
- wird von **abiotischen Faktoren** beeinflusst: z. B. Temperatur, Licht, Wasser, Wind, Boden
- kann durch Messverfahren charakterisiert werden

Biozönose
- Lebensgemeinschaft in einem Biotop

Mehr dazu auf den Seiten 148–153

Zusammensetzung der Biozönose

Biozönose
- Lebensgemeinschaft in einem Biotop
- **biotische Faktoren:**
  - **intraspezifische Faktoren:** Wechselbeziehungen zwischen artgleichen Individuen
  - **interspezifische Faktoren:** Wechselbeziehungen zwischen artfremden Individuen
- Verfahren zur qualitativen Erfassung von Arten: Bestimmung der Namen der vorkommenden Arten durch Beobachten, Sammeln, Bestimmungslektüre
- ⓔ Verfahren zur quantitativen Erfassung von Arten: Bestimmung der Individuenzahl bestimmter Arten

Mehr dazu auf den Seiten 154–157

Nahrungsbeziehungen in Ökosystemen

Verknüpfung von Nahrungsketten verschiedener Lebewesen in einem Ökosystem
- **Produzenten (1. Trophieebene):**
  - **fotoautotrophe** Organismen, die mithilfe von Sonnenlicht energiereiche organische Stoffe aus Kohlenstoffdioxid und Wasser herstellen
- **Konsumenten:**
  - **Primärkonsumenten (2. Trophieebene)** ernähren sich von Produzenten
  - **Sekundärkonsumenten (3. Trophieebene)** ernähren sich von Pflanzenfressern/Herbivoren
  - **Tertiärkonsumenten (4. Trophieebene)** ernähren sich von Fleischfressern/Carnivoren
- **Destruenten:** Abbau von toter Biomasse

Mehr dazu auf den Seiten 158–159

Energiefluss und Stoffkreisläufe

Energiefluss
- Umwandlung von Strahlungsenergie in chemische Energie durch Produzenten
- Weitergabe der chemischen Energie innerhalb von Nahrungsketten = Energiefluss („Einbahnstraße")
- Energieverluste durch Zellatmung und organischen Abfall innerhalb der Nahrungskette

Kohlenstoffatomkreislauf
- **Biosphärischer Kohlenstoffatomkreislauf:** Aufnahme von CO_2 aus der Atmosphäre durch Fotosynthese von Produzenten, Abgabe von CO_2 bei der Zellatmung von Konsumenten und Destruenten
- **Geochemischer Kohlenstoffatomkreislauf:** Fixierung von atmosphärischem CO_2, Speicherung in der Lithosphäre als Kalkstein oder als fossile Pflanzenreste; allmähliche Freisetzung des gebundenen Kohlenstoffs durch Verwitterung
- **Anthropogene Einflüsse:** Anstieg der CO_2-Konzentration in der Atmosphäre durch menschliche Aktivitäten wie Verbrennung fossiler Brennstoffe

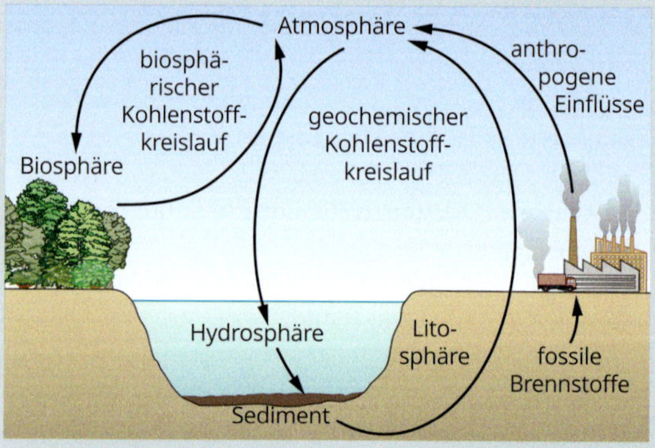

ⓔ Stickstoffatomkreislauf
- **Stickstoffatomfixierung** = Bildung von Nitrat- oder Ammonium-Ionen mithilfe von Stickstoffatomen aus der Atmosphäre; **biologische** Fixierung durch Bakterien, **chemische** Fixierung bei Gewittern, Verbrennungen und Vulkanausbrüchen; **industrielle** Fixierung zur Erzeugung anorganischer Düngemittel
- **Nitrifikation**: Reaktion von Ammoniumionen zu Nitritionen und dann zu Nitrationen
- **Denitrifikation**: Umwandlung von in Nitrat gebundenen Stickstoffatomen in molekularen Stickstoff N_2
- **Ammonifikation**: Abbau organischer Stoffe zu Ammoniumionen

Mehr dazu auf den Seiten 160–163

Einfluss abiotischer Faktoren auf Individuen

Toleranzkurven
- veranschaulichen die ökologische Potenz einer Art

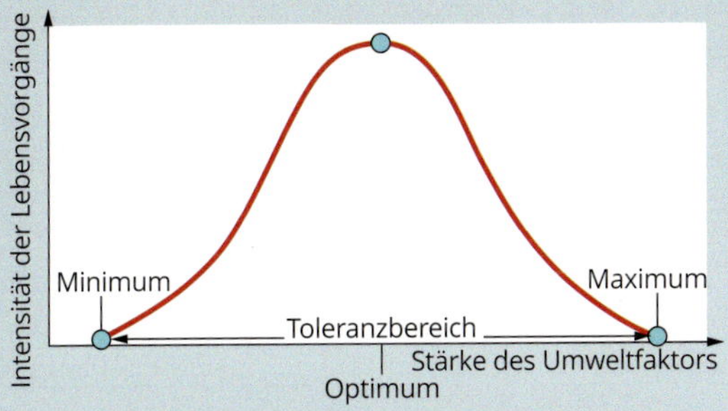

- **physiologische Potenz:** Fähigkeit einer Art, Schwankungen von Umweltfaktoren innerhalb des Toleranzbereiches zu ertragen
- **ökologische Potenz:** die durch Konkurrenz mit anderen Lebewesen verringerte physiologische Potenz

Mehr dazu auf den Seiten 164–165

Einfluss biotischer Faktoren auf Individuen

Konkurrenz: Individuen befinden sich im Wettbewerb um eine begrenzte Ressource, -/- Beziehung
Konkurrenzausschlussprinzip: Verschiedene Arten mit vergleichbaren Ansprüchen an eine begrenzte Ressource können nicht koexistieren.
Koexistenz: Zusammenleben verschiedener Arten, die in interspezifischer Konkurrenz stehen, ohne dass es zu einem Konkurrenzausschluss kommt

Symbiose: Wechselbeziehung zwischen verschiedenen Arten zum gegenseitigen Vorteil; +/+ Beziehung; Formen: Allianz, Mutualismus, obligate Symbiose

Prädation: eine Art, der Prädator, nutzt eine andere Art als Nahrungsquelle; +/- Beziehung
- **Parasitismus:** Wechselbeziehung zwischen zwei Arten, bei denen sich zum Beispiel die eine Art auf Kosten der anderen Art ernährt
- **Carnivorie:** Fleischfresser, Carnivore, profitieren von einer anderen Art, der Beute → Räuber-Beute-Beziehung
- **Herbivorie:** Herbivoren ernähren sich vor allem von Pflanzen; Beispiel: Weidegänger

Mehr dazu auf den Seiten 166–179

Ökologische Nische

Gesamtheit aller biotischen und abiotischen Faktoren, die das Überleben einer bestimmten Art beeinflussen
- **Fundamentalnische**: physiologischen Potenzen einer Art ohne interspezifische Konkurrenz
- **Realnische**: kleiner als die Fundamentalnische, da Konkurrenz mit anderen Arten berücksichtigt wird
- **Nischenraummodell**: verdeutlicht die Zusammenhänge zwischen Art und Umweltbedingungen

Mehr dazu auf den Seiten 170–171

Populationsökologie

Populationsentwicklung
- exponentielles Wachstum, logistisches Wachstum

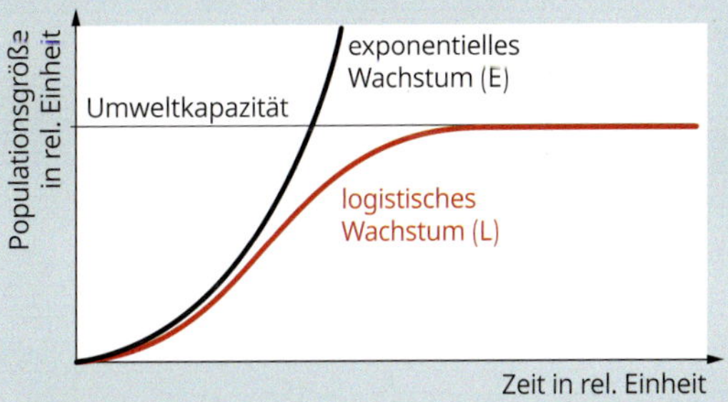

Regulation der Populationsdichte durch:
- **dichteabhängige** Faktoren: Faktoren, die von der Populationsdichte abhängig sind
- **dichteunabhängige** Faktoren: Faktoren, die zufällig auf Populationen einwirken wie Klima

ⓔ **Lotka-Volterra-Modell**
- Regel der periodischen Schwankungen
- Regel von der Konstanz der Mittelwerte
- Regel von der Störung der Mittelwerte

ⓔ **Fortpflanzungsstrategien**
- **r-Strategen**: Arten mit einer großen Anzahl an Nachkommen und kaum elterlicher Fürsorge
- **K-Strategen**: Arten mit einer kleinen Anzahl an Nachkommen und guter elterlicher Fürsorge

ⓔ Methoden der **Populationsabschätzung:** Gesamtzählung, Stichproben, Wiederfangmethode

Populationsentwicklung des Menschen
exponentielles Wachstum der Erdbevölkerung der letzten 200 Jahre als Zukunftsaufgabe

Mehr dazu auf den Seiten 178–187

AUFGABENSTELLUNG

Der Einfluss einer neu eingeführten Art auf das Nahrungsnetz eines Ökosystems

Im Norden des US-Bundesstaates Montana befindet sich das Flathead River-Lake-Ökosystem. Es besteht aus dem 482 Quadratkilometer großen Flathead Lake, einem oligotrophen also nährstoffarmen See mit geringer organischer Produktion, sowie dem Flathead River und dem angrenzenden McDonald Creek. Der Flathead Lake beheimatet zahlreiche Fischarten wie den Seesaibling und den Kokanee-Lachs. Zum Laichen schwimmt der Kokanee-Lachs über den Flathead River den vier Kilometer langen McDonald Creek hinauf. Im angrenzenden Glacier National Park leben Grizzlybären und Weißkopfseeadler, die sich von laichenden Kokanee-Lachsen ernähren.

1 Beschreiben Sie die Nahrungsbeziehungen im Flathead River-Lake-Ökosystem anhand von M2 und M3 unter Berücksichtigung der verschiedenen Trophieebenen. [4 BE]

2 Analysieren Sie die Beziehungen zwischen Kokanee-Lachs und Schwebgarnele auf der Basis von M3 und M4. [6 BE])

3 Beschreiben und erklären Sie die Populationsentwicklungen von Blattfuß- und Ruderfußkrebsen vor und nach dem Aussetzen der Schwebgarnele *Mysis diluviana* anhand von M5. [6 BE]

4 Beschreiben und erklären Sie die Populationsentwicklungen von Kokanee-Lachs und Weißkopfseeadler vor und nach dem Aussetzen der Schwebgarnele mithilfe von M6. [6 BE]

5 Erklären Sie den Verlauf der Populationsdichte der Schwebgarnele in M6. Nutzen Sie dazu auch M1 [8 BE]

6 Beurteilen Sie die Auswirkungen, die das Aussetzen des Neobionten *Mysis diluviana* auf das Flathead River-Lake-Ökosystem hatte unter Berücksichtigung von M5 und M6. [10 BE]

7 Kurz nachdem die Populationsdichte der Schwebgarnele ihr Maximum erreicht hatte, konnte man im Flathead Lake eine Massenvermehrung von Algen erleben. Erklären Sie diese Beobachtung. [10 BE]

Material

M1 der Flathead Lake

Der Flathead Lake ist ein beliebtes Ziel für Sportfischer. Zur Vermehrung des Lachsbestandes wurde zwischen 1968 und 1977 eine bislang nicht heimische Schwebgarnelenart *Mysis diluviana* in das Wassereinzugsgebiet des Flathead Lake eingeführt. Im Jahr 1981 erreichte sie den See.

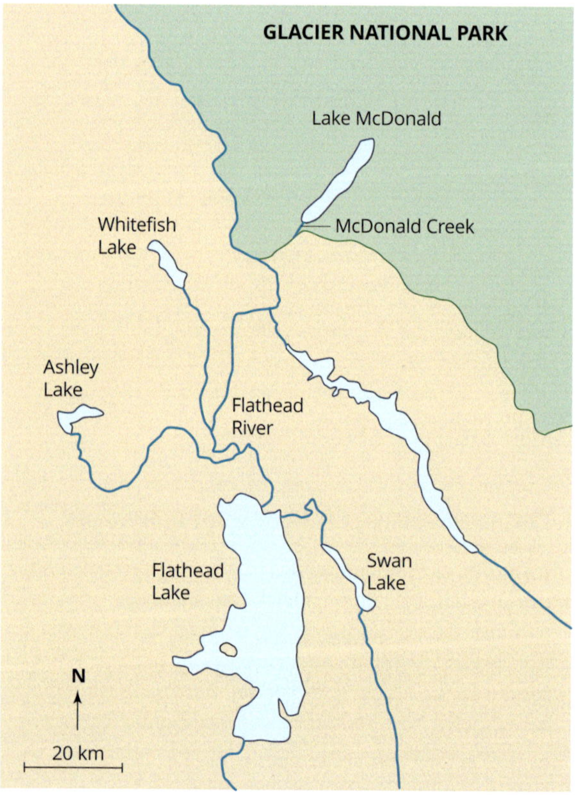

M2 Schwebgarnelen

Schwebgarnelen (*Mysis diluviana*, 0,3 bis 2,5 cm Länge; Bild vergrößert) sind räuberische Allesfresser, die auch größeres Zooplankton wie Blattfußkrebse und Ruderfußkrebse fangen. Sie sind an einen niedrigen Temperaturbereich gebunden und kommen vor allem in Gewässern mit hohem Sauerstoffgehalt vor. Deshalb findet man sie eher in tiefen, oligotrophen Seen.

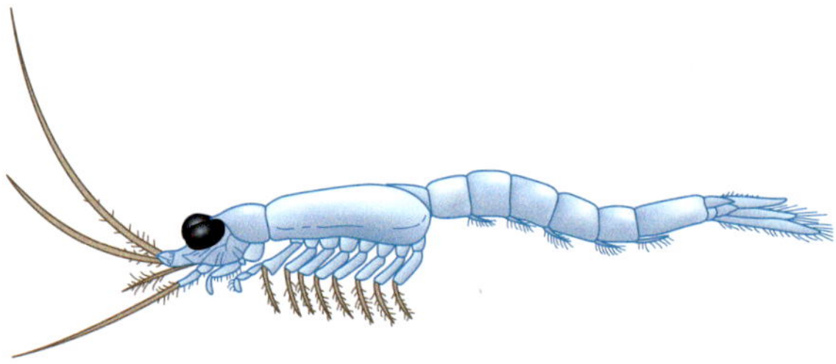

M3 Nahrungsbeziehungen im Flathead River-Lake-Ökosystem

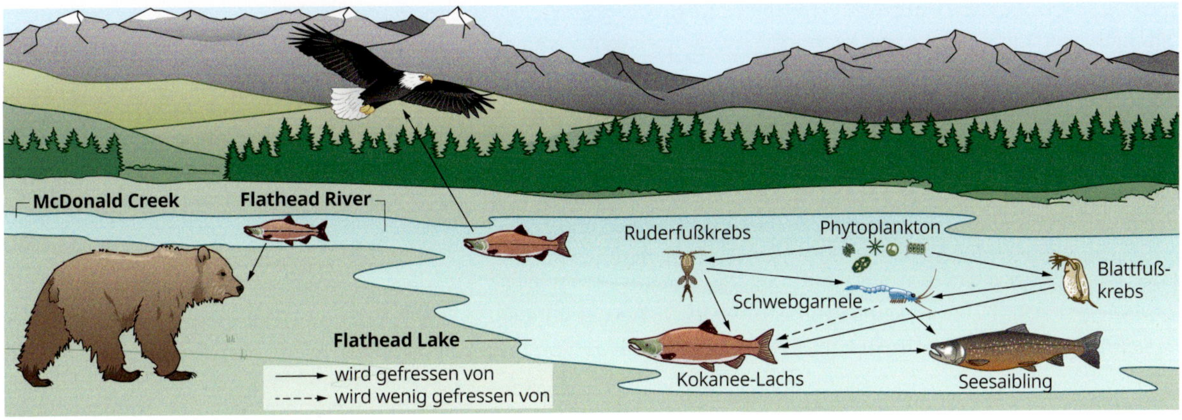

M4 Lebensbereiche von Kokanee-Lachs und Schwebgarnele *Mysis diluviana*

Kokanee-Lachs und Schwebgarnele *Mysis diluviana* unterscheiden sich in der Tagesaktivität: So findet sich der Kokanee-Lachs vorwiegend im oberflächennahen Bereich des Flathead Lake bis zu einer Tiefe von 30 Metern, wo er bei Tag seiner Beute nachstellt.

Die Schwebgarnele *Mysis diluviana* pendelt rhythmisch zwischen Gewässergrund und höheren Wasserschichten. Ursache hierfür ist das Licht, denn *Mysis diluviana* ist an dunkle Lebensräume angepasst. Bei zu hoher Lichtintensität kann es zur Schädigung der Augen kommen.

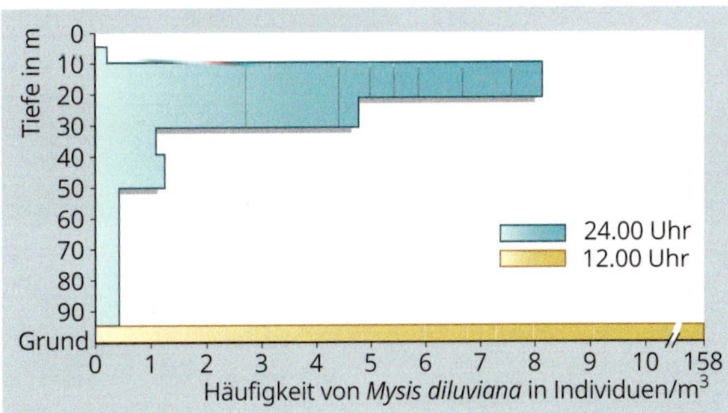

M5 Saisonale Populationsdynamik von Blattfuß- und Ruderfußkrebsen vor und nach der Einbringung von Schwebgarnelen am Flathead Lake

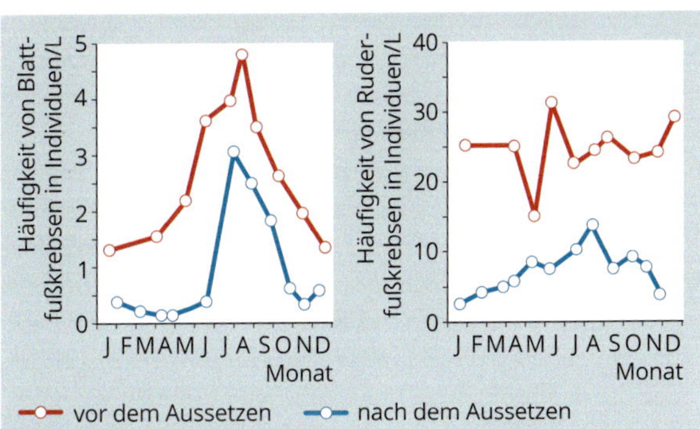

M6 Populationsentwicklungen von Schwebgarnelen, Kokanee-Lachs und Weißkopfseeadler im Flathead-River-Lake-Ökosystem

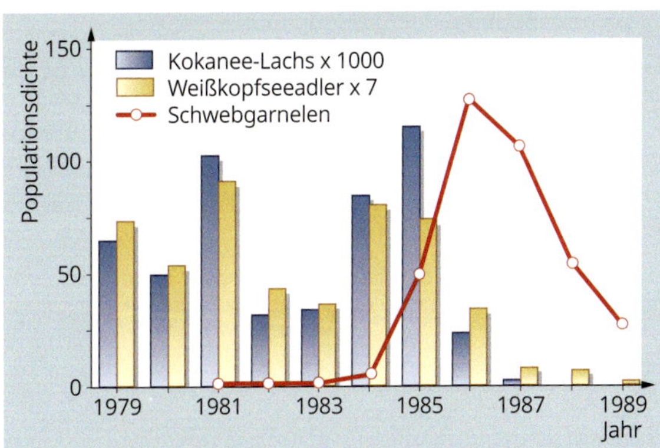

Populationsdichte von Schwebegarnelen (mittlere jährliche Individuenzahl je m² Seefläche vom Seeboden bis Seeoberfläche) im Flathead Lake, Kokanee-Lachsen und Weißkopfseeadlern (absolute jährliche Individuenzahl entlang einer 4 km langen Flussstrecke) am McDonald Creek.

4 Einflüsse des Menschen auf Ökosysteme und Biodiversität

Materialgebundene Aufgabe

❷ Begrünung der Städte

Parks und andere Grünflächen in Städten wirken positiv auf das Klima in den Städten und dienen als Lebensraum für viele Pflanzen- und Tierarten. Sie dienen den Bewohnern als Orte der Begegnung und der Erholung. In den letzten Jahrzehnten haben sich das Bewusstsein und die Wertschätzung für kleine und große grüne Oasen in der Stadt gewandelt, da diese das Klima in Straßenschluchten in vielfacher Weise verbessern.

a) ☰ Erläutern Sie mithilfe von Abbildung **A**, welche Ökosystemleistungen von Bäumen der Mensch nutzt.
b) ☰ Beschreiben Sie die Maßnahmen der Abbildungen **B** und **C**.
c) ☰ Zahlreiche Kommunen haben Programme aufgelegt, um die Begrünung der Innenstädte zu fördern. Dazu zählen Fassadenbegrünung, naturnahe Firmengelände sowie die Entsiegelung von Flächen. Recherchieren Sie, inwieweit Ihre Kommune Fördergelder für solche Maßnahmen anbietet.

Praktikum // Projektarbeit

❸ Praktikum: Projekt Schulhofgestaltung

a) ☰ Erstellen Sie eine Karte Ihres Schulhofs mit den Bereichen wie Grünflächen oder Spielgeräten und beschreiben Sie jeweils die Ökosystemleistungen.
b) ☰ Erarbeiten Sie Vorschläge zur naturnahen Umgestaltung des Geländes unter Berücksichtigung aller Bedürfnisse.
c) ☰ Erstellen Sie eine Plakatausstellung zum Projekt und kommen Sie zur Realisierung der Ideen mit der Schulleitung ins Gespräch.

4.1 Der Mensch nutzt Ökosysteme – Ökosystemleistungen

Ökosysteme liefern dem Menschen Leistungen, mit denen er verantwortungsvoll umgehen sollte. Kann man diese Leistungen messbar machen?

Charakteristika von Ökosystemen

Biotop und Biozönose bilden ein Ökosystem. In diesem stehen Biotop und Biozönose in Wechselbeziehungen zueinander. Die Pflanzen erzeugen mithilfe von Sonnenenergie, Kohlenstoffdioxid und Wasser die Biomasse. Diese Biomasse dient Menschen und Tieren als Nahrung, Baumaterial oder auch als Brennstoff. Destruenten wie Pilze und Bakterien zersetzen die Ausscheidungen und die abgestorbenen Lebewesen. Auf diese Weise schließt sich der Stoffkreislauf. Ökosysteme lassen sich wie folgt charakterisieren:

- Ökosysteme sind offene Systeme. Stoffe und Energie werden ausgetauscht.
- Ökosysteme sind dynamisch. In Ökosystemen finden ständig Veränderungen statt, sie sind nie ganz im Gleichgewicht.
- Ökosysteme sind komplex. Alle Lebewesen eines Ökosystems und ihre Umwelt beeinflussen sich gegenseitig.

Ökosystemleistungen

Menschen sind Teile der Ökosysteme und nutzen in vielfältiger Weise die Leistungen, die die Ökosysteme bereitstellen. Mit dem Begriff **Ökosystemleistungen** werden die Leistungen und Güter eines Ökosystems bezeichnet, die der Mensch durch die Lebensräume sowie die darin lebenden Tiere und Pflanzen bezieht. Diese bringen dem Menschen einen direkten oder indirekten wirtschaftlichen, materiellen, gesundheitlichen oder psychischen Nutzen. Nach Schätzungen von 2011 wurde der Wert der globalen Ökosystemleistungen mit 125 Billionen US-Dollar angegeben. Da diese Untersuchungen extrem aufwendig sind, gibt es keine aktuelleren Zahlen. Aber deutlich wird: Ökosysteme sind ein Wirtschaftsfaktor.

❶ ☰ Erläutern Sie die Nutzung von sekundären Pflanzenstoffen und nachwachsenden Rohstoffen (→ **Seite 111–113**) unter dem Aspekt der Ökosystemleistungen.

4 VL Leistungen eines Ökosystems

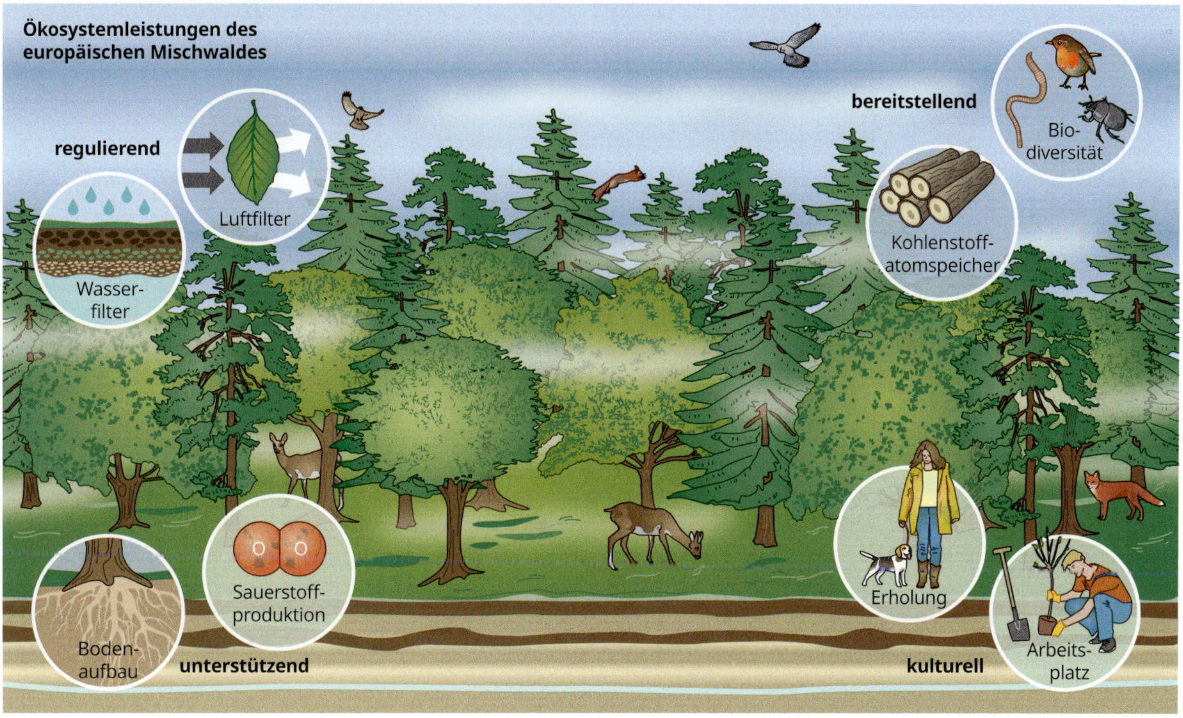

Rund ein Drittel der Fläche Deutschlands ist mit Wald bedeckt. Er wirkt als Kohlenstoffatomspeicher und liefert Holz.

Die Gesellschaft hat heute eine ganze Reihe weiterer Erwartungen an die Dienstleistungen des Ökosystems Wald, die vielfach gleichzeitig und auf derselben Fläche erbracht werden. Das Konzept der Ökosystemleistungen ermöglicht eine systematische Betrachtung der Beziehungen von Mensch und Ökosystem.

a) ≡ Das Ökosystem Wald erbringt neben den Basisleistungen zahlreiche regulierende, unterstützende, bereitstellende und kulturell bedeutsame Leistungen. Definieren Sie diese vier Kategorien und erläutern Sie diese unter Verwendung der Abbildung für den Wald.

b) ≡ „Ohne Ökosystemleistungen wäre menschliches Leben auf der Erde nicht möglich." Erklären Sie anhand dieser Aussage die Bedeutung der Ökosystemleistungen des Waldes für den Menschen.

Die Ökosystemleistungen im Wald stehen in Zusammenhang miteinander und beeinflussen sich gegenseitig. Exemplarisch lässt sich das gut an der Forstwirtschaft zeigen. Viele Jahre stand die Sicherung der Holzmengen im Mittelpunkt des Interesses der Forstwirtschaft. In der Folge entstanden große Flächen von **Fichtenmonokulturen**.

c) ≡ Begründen Sie, welche Kategorie der Ökosystemleistungen hier im Vordergrund steht und welche Folgen dies für die anderen Kategorien hat.

d) ≡ Stellen Sie Hypothesen zu den Folgen dieser Forstwirtschaft für den Boden und die Biodiversität der Flächen auf. Recherchieren Sie dazu auch die Folgen der verschiedenen Holzerntemethoden.

e) ≡ Diskutieren Sie qualitativ an diesem Beispiel die Kosten und Nutzen der menschlichen Einflussnahme auf das Ökosystem Wald.

5 Ökosystemleistungen des Regenwaldes

a) ≡ Der Regenwald am Amazonas wird als **Biodiversitäts-Hotspot** bezeichnet. Erläutern Sie mit einer Recherche diesen Begriff.

b) ≡ Erläutern Sie mit einer Recherche an Beispielen die Bedeutung der vier Kategorien der Ökosystemleistungen des Regenwaldes am Amazonas für die gesamte Erde, deren Konkurrenz untereinander sowie die Folgen dieser unterschiedlichen Interessen.

1 Die Pasterze, der größte Gletscher in Österreich

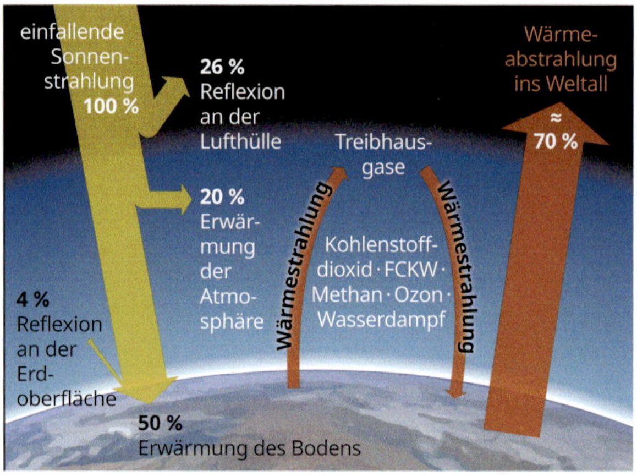

2 Der natürliche Treibhauseffekt

Seit Beginn der Industrialisierung haben sich die Erdoberfläche und die Atmosphäre erwärmt. Folgen sind beispielweise das Abschmelzen der Gletscher, besonders heiße Sommer sowie Starkregen und Überschwemmungen. Warum erwärmt sich die Erdatmosphäre ?

Der natürlicher Treibhauseffekt

Die Atmosphäre der Erde besteht größtenteils aus den Gasen Stickstoff, Sauerstoff und Argon. Diese lassen Licht und auch Wärme hindurch. Außerdem treten in der Atmosphäre Wasserdampf, Kohlenstoffdioxid und Spuren anderer Gase auf, die zwar Licht, aber keine Wärme durchlassen.

Die kurzwellige Sonnenstrahlung, die auf die Erde trifft, wird zu einem großen Teil von den Wolken, der Atmosphäre und der Erdoberfläche reflektiert und unmittelbar in den Weltraum zurückgestrahlt. Der verbleibende Teil wird von den Wolken, der Atmosphäre und der Erdoberfläche absorbiert und in längerwellige Wärmestrahlung umgewandelt. So erwärmen sich die Atmosphäre und die Erdoberfläche. Von der erwärmten Erdoberfläche wird ein Teil der Wärme zurückgestrahlt. Davon gelangt jedoch nur ein Teil ungehindert in das Weltall. Der andere Teil wird in der Atmosphäre von Gasmolekülen und von dort eingetragenen Aerosolen absorbiert oder in Richtung Erdoberfläche reflektiert. Diese Stoffe verhindern die Ausstrahlung der Wärme in das Weltall. Dieser Effekt wird **Treibhauseffekt** genannt, die wirksamen Gase nennt man **Treibhausgase**. Zu diesen Treibhausgasen gehört vor allem gasförmiges Wasser. Er ist nur zu etwa 0,25 Volumenprozent in der Atmosphäre enthalten, verursacht aber ungefähr zwei Drittel des natürlichen Treibhauseffekts. Zu einem weiteren Viertel trägt natürlicherweise Kohlenstoffdioxid zum Treibhauseffekt bei. Ohne diesen **natürlichen Treibhauseffekt** würde die globale Durchschnittstemperatur auf der Erde ungefähr –18 °C betragen anstatt, wie zurzeit, etwa +15 °C.

❶ ≡ Beschreiben Sie mithilfe der Abbildung den natürlichen Treibhauseffekt.

❷ ≡ Erklären Sie die Analogie von einem Treibhaus und dem Treibhauseffekt in der Atmosphäre.

❸ ≡ „Ohne den natürlichen Treibhauseffekt wäre Leben auf der Erde nicht möglich“. Erläutern Sie diese Aussage.

❹ ≡ Formulieren Sie je eine Hypothese zu den Folgen für das Leben auf der Erde, wenn
(1) die Menge der Treibhausgase in der Atmosphäre abnimmt.
(2) die Menge der Treibhausgase in der Atmosphäre steigt.

Veränderungen werden sichtbar

In den vergangenen Jahrzehnten wird weltweit ein Abschmelzen der Gletscher beobachtet. Wissenschaftliche Untersuchungen an Gletschern in den Alpen, aber auch in Südostasien und in Skandinavien zeigen, dass die Geschwindigkeit der Gletscherschmelze seit der Jahrtausendwende deutlich zugenommen hat. Dies hat dramatische Folgen für die Bevölkerung. Wenn beispielsweise die Gletscher des Himalaja-Gebirges schmelzen, kann dies zunächst zu Überschwemmungen und Erdrutschen führen. Langfristig wird es aber in den angrenzenden Ländern zu einem Wassermangel kommen, weil Flüsse wie der Ganges, der Indus, der Mekong und der Jangtse von diesen Gletschern gespeist werden. Dies wird über zwei Milliarden Menschen betreffen.

❺ ≡ Recherchieren Sie zum Ausmaß der Gletscherschmelze in den Alpen und möglichen Folgen und erstellen Sie eine Präsentation dazu.

❻ ≡ Recherchieren Sie drei verschiedene Rettungsmaßnahmen für das Gletschereis unter den Aspekten Wirkungsweise, Erfolg und Zielsetzung.

Der anthropogen bedingte Treibhauseffekt

Seit Beginn der Industrialisierung Mitte des 19. Jahrhunderts wurden große Mengen fossiler Energieträger wie Kohle, Erdöl und Erdgas verbrannt. Diese Energieträger entstanden vor bis zu 345 Millionen Jahren. Durch deren Verbrennung in etwas mehr als hundert Jahren hat sich die Konzentration des **Kohlenstoffdioxids** (CO_2) in der Atmosphäre von 0,028 auf über 0,04 Volumenprozent erhöht. Dies verstärkt den natürlichen Treibhauseffekt erheblich und führt zu einer **globalen Erwärmung**. Zur Wirkung des Kohlenstoffdioxids addieren sich noch die Effekte anderer Gase wie **Methan** und **Distickstoffmonooxid**. Methan entsteht beim Abbau organischer Verbindungen unter anaeroben Bedingungen bei der Abfallentsorgung, der Erdgasförderung und vor allem in der Landwirtschaft. Die Konzentration von Methan in der Atmosphäre ist zwar relativ gering, seine Klimawirksamkeit ist aber 25-mal so hoch wie die von Kohlenstoffdioxid.

7 ≡ Recherchieren Sie beim Umweltbundesamt zur Ursache der Methanemissionen und zu den möglichen Gegenmaßnahmen.

Distickstoffmonooxid (chemisch N_2O), auch **Lachgas** genannt, wird vor allem im Zusammenhang mit der Massentierhaltung und bei der übermäßigen Stickstoffdüngung freigesetzt. Die Lachgaskonzentration in der Atmosphäre ist mit etwas über 0,3-millionstel Volumenanteilen zwar sehr gering, allerdings ist seine Treibhauswirksamkeit fast 300-mal so hoch wie die des Kohlenstoffdioxids. Mit etwa 120 Jahren verbleibt es lange in der Atmosphäre.

Die Gesamtheit dieser vom Menschen verursachten Effekte bezeichnet mal als den **anthropogenen Treibhauseffekt**. (griech. *anthropos*: Mensch; griech. *-genes*: verursacht). Zu seiner Begrenzung muss die Freisetzung von Treibhausgasen verringert werden.

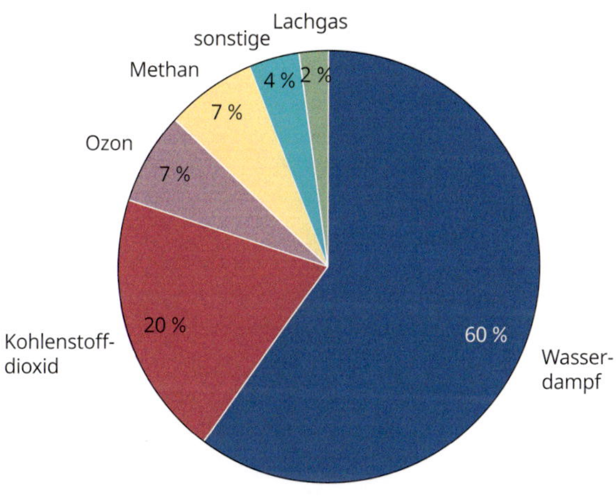

3 Anteil verschiedener Treibhausgase am Treibhauseffekt

Reaktionen

Seit Beginn der Industrialisierung beobachtet man einen Anstieg der gobalen Temperatur. Klimaforscher prognostizieren eine weitere dramatische Erhöhung der Temperaturen als Folge des anthropogenen Treibhauseffekts und sehen darin die Ursache des weltweiten Klimawandels. Aufgrund dieser Prognosen gründeten die Vereinten Nationen 1988 den **Weltklimarat**. Diese Kommission hat die Aufgabe, die weltweit gesammelten Klimadaten auszuwerten. Der erste Bericht von 1990 lieferte einen wesentlichen Anstoß für die Verabschiedung der Klimarahmenkonvention auf dem sogenannten „Erdgipfel“ in Rio de Janeiro im Jahr 1992, in der sich die Industrieländer zum ersten Mal auf eine Reduzierung der Treibhausgasemissionen einigten. Im Pariser Klimaabkommen von 2015 haben sich 195 Staaten dazu verpflichtet, die Erderwärmung auf möglichst +1,5 °C im Vergleich zur Durchschnittstemperatur von 1850, also der vorindustriellen Zeit, zu beschränken.

Ausstoß von Treibhausgasen in Deutschland

1997 vereinbarten 191 Staaten auf der Weltklimakonferenz in Kyoto, ihren Ausstoß von Treibhausgasen bis 2012 um mindestens fünf Prozent im Vergleich zum Jahr 1990 zu senken. Deutschland verpflichtete sich zunächst zu einer Senkung der Emission von Treibhausgasen um 21 Prozent bis 2012. Für die Zeit bis 2020 hatte sich Deutschland das Ziel gesetzt, den Treibhausgasausstoß um 40 Prozent gegenüber 1990 zu senken. Nach einem Urteil des Bundesverfassungsgerichtes im Jahr 2021 wurde im Bundes-Klimaschutzgesetz ein verschärfter Zielpfad für die Minderung der Treibhausgasemissionen festgelegt: bis 2030 um 65 Prozent, bis 2040 um 88 Prozent, bis 2045 soll eine Treibhausgasneutralität erzielt werden.

8 ≡ Analysieren Sie mithilfe der Grafik, inwiefern das für 2012 gesetzte Ziel erreicht wurde.

9 ≡ Recherchieren Sie drei Maßnahmen, mit denen das für das Jahr 2045 angestrebte Ziel erreicht werden soll.

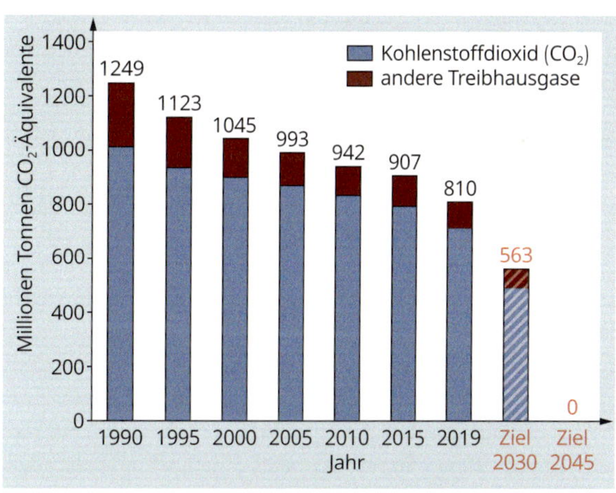

4 Ausstoß von Treibhausgasen in Deutschland

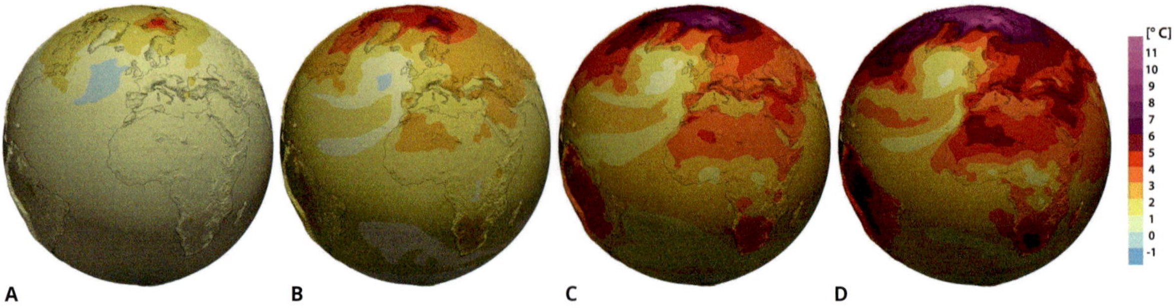

1 Die vier Simulationen (**A** bis **D**) zeigen für das Jahr 2100 die Bandbreite möglicher Temperaturänderungen gegenüber heute auf Basis unterschiedlicher möglicher sozioökonomischer Entwicklungspfade – zwischen einem global nachhaltigen Weg und einem Weg wachsender Nutzung fossiler Brennstoffe ohne weitere Emissionsreduktionen

4.2 Der Mensch verändert Ökosysteme – Folgen des anthropogen bedingten Treibhauseffekts

Wissenschaftliche Daten belegen es eindeutig: Von 1850 bis 2024 ist die durchschnittliche Temperatur der Erde um 1,5 °C gestiegen. Was sind die Ursachen, was sind die Folgen dieser Erderwärmung?

Materialgebundene Aufgabe

1 Veränderungen des globalen Klimas

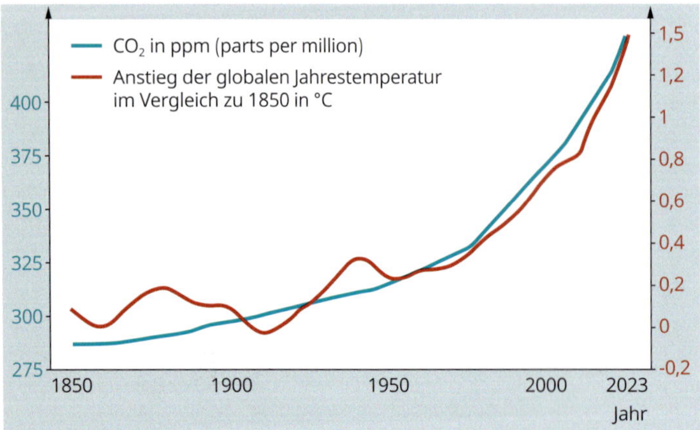

Die heißesten Sommer in Deutschland seit dem Jahr 1850 gab es in den Jahren 2003, 2018 und 2019. Ist das Zufall?

a) ≡ Beschreiben und deuten Sie die Grafik.

b) ≡ Die Häufigkeit und die Dauer von Hitzewellen hat sich in Westeuropa seit 1880 sehr erhöht. Stellen Sie nach einer Recherche Hypothesen zu den gesundheitlichen Folgen und den daraus begründeten Schutzmaßnahmen und ihren Kosten auf.

Mögliche Erklärungen für den Klimawandel

Auch unter natürlichen Bedingungen ändern sich die Kohlenstoffdioxidkonzentration in der Atmosphäre und die globale Durchschnittstemperatur im Verlauf langer Zeiträume. Doch unzählige wissenschaftliche Studien und Simulationen belegen, dass sich durch den anthropogenen Treibhauseffekt der Anstieg dieser Parameter beschleunigt hat und weiter beschleunigen wird. Als Folge dieser Erwämung kommt es zu langfristigen Veränderungen der Temperaturen und Wettermuster, die man als **Klimawandel** bezeichnet. Mögliche Erklärungen sind:

- Die erhöhte Temperatur lässt mehr Wasser aus den Gewässern verdunsten. Dies führt zu vermehrter Wolkenbildung, stärkeren Stürmen und erhöhten Niederschlagsmengen. Die vermehrt auftretenden Extremwetterlagen in diesem Jahrhundert sind eindeutig Folgen der Erderwärmung.
- Die Erwärmung der Erdoberfläche führt dazu, dass sich subtropische Hochdruckgebiete in Regionen mit gemäßigtem Klima ausdehnen. Dort kann es dann in den Sommermonaten zu lang anhaltenden Hitze- und Dürreperioden kommen.
- Im Winter dagegen treten durch erhöhte Regen- oder Schneemengen in vielen Regionen Überschwemmungen auf.

Schlaglichter: Folgen des Klimawandels

Der anthropogen bedingte Klimawandel hat weitreichende Folgen für Mensch und Natur. Beispielsweise schmelzen aufgrund der erhöhten Temperaturen die Eismassen der Polargebiete und der Gebirgsgletscher. Durch die freigesetzten Wassermassen steigt weltweit der Meeresspiegel. In den flachen Küstenregionen wird dies zu verstärkten Überschwemmungen führen und manche Inselgruppen in Ozeanen werden voraussichtlich nicht mehr bewohnbar sein. Gelangt Süßwasser durch die abschmelzenden Eismassen in die Ozeane, können Meeresströmungen wie etwa der Golfstrom sich verändern. Welche Folgen das hätte, lässt sich bisher kaum vorhersagen. Die Veränderungen im globalen Wasserhaushalt sind vermutlich die schwerwiegendsten direkten Auswirkungen des Klimawandels. Überschwemmungen sowie Hitze und Dürre führen zu Ernteeinbußen gerade in Regionen, in denen die Versorgung mit Nahrungsmitteln ohnehin schon kritisch ist. Viele Ökosysteme steuern auf sogenannte **Kipppunkte** zu. Werden diese überschritten, so lässt sich der ursprüngliche Zustand der Systeme in absehbarer Zeit nicht mehr wiederherstellen.

Selbstverstärkende Effekte

Der Klimawandel hat auch zur Folge, dass die **Permafrostböden** auftauen. In der organischen Substanz dieser gefrorenen Böden sind Kohlenstoffatome in große Menge gebunden. Durch den nun einsetzenden mikrobiellen Abbau der organischen Stoffe unter anaeroben Bedingungen wird Methan freigesetzt. Dieses entweicht als Treibhausgas in die Atmosphäre und fördert die Klimaerwärmung weiter. Man spricht von einer **positiven Rückkopplung** oder einem sich **selbstverstärkenden Effekt**.

2 ≡ „Die Arktis könnte bald eisfrei sein!" – solche Schlagzeilen erschrecken. Erstellen Sie eine Hypothese zum Rückkopplungseffekt des Klimawandels in der Arktis.

3 **VL** ≡ Entwickeln Sie mithilfe von Recherchen exemplarisch Szenarien zu den Folgen des Klimawandels für Natur und Mensch. Treffen Sie dabei auch Aussagen zu den ökonomischen Kosten menschlicher Einflussnahme. Themen Ihrer Präsentation können beispielsweise sein:
- Auftauen des Permafrosts
- Anstieg des Meeresspiegels
- Dürreperioden
- Starkregen
- Ausbreitung von Krankheitserregern

4 ≡ Fassen Sie in einer kommentierten Conceptmap die Ursachen und Folgen des anthropogen bedingten Treibhauseffekts zusammen.

Materialgebundene Aufgaben

5 Das Ökosystem Wald im Klimawandel

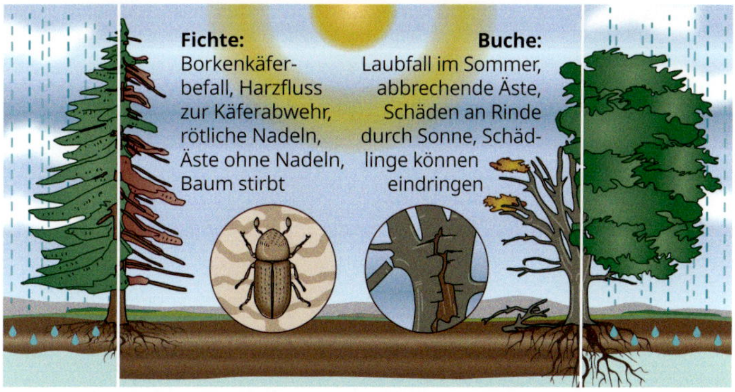

Wälder tragen maßgeblich zur Fixierung von Kohlenstoffdioxid und zur Sauerstoffbildung bei und spielen daher im Klimasystem eine entscheidende Rolle. Die infolge des Klimawandels zunehmende Trockenheit und steigende Zahl der heißen Tage schwächt die Bäume. Allein von Januar 2018 bis April 2021 sind rund fünf Prozent der gesamten Waldfläche Deutschlands in Folge des Klimawandels verloren gegangen.

a) ≡ Beschreiben Sie die direkten Auswirkungen des Klimawandels für Buchen und Fichten und stellen Sie Hypothesen zu den Folgen dieser Veränderungen auf.

b) ≡ Erläutern Sie die Folgen des Rückgangs der Waldflächen unter dem Aspekt der Ökosystemleistungen des Waldes (→ **Seite 193**)

6 Klimaskeptiker: Gibt es wirklich einen Klimawandel?

In den Medien werden die Erkenntnisse der Klimaforschung immer wieder fundamental in Frage gestellt. Aussagen wie „Der Klimawandel ist nicht vom Menschen verursacht, sondern kann auf natürliche Prozesse zurückgeführt werden", „Der CO_2-Ausstoß des Menschen ist im Rahmen des natürlichen Kohlenstoffkreislaufs sehr gering und daher unbedeutend" oder „Am Südpol nimmt die Eismasse zu" klingen auf den ersten Blick vielleicht plausibel. Umso wichtiger ist es, solche Aussagen zu prüfen.

a) ≡ Wählen Sie eine der drei im Informationstext aufgeführten Aussagen aus und recherchieren Sie im Internet dazu. Nennen Sie die Herkunft der Quelle, analysieren Sie die Übereinstimmung der verschiedener Quellen im Hinblick auf deren Aussagen und erläutern Sie die Qualität und die Vertrauenswürdigkeit der verwendeten Quellen.

b) ≡ Bei vielen Themen mit wissenschaftlichem Hintergrund häufen sich in den digitalen Medien Falschmeldungen und Desinformationen. Pseudo-Experten melden sich zu Wort oder es werden geheime Verschwörungen postuliert. Die Muster dieser Desinformation sind ähnlich und werden unter dem Namen **PLURV** zusammengefasst. Recherchieren Sie die PLURV-Methoden und erstellen Sie ein anschauliches Plakat dazu, wie man die Methoden erkennt.

1 Asiatische Tigermücke

2 Feuerlibelle

4.3 Der Mensch verändert Ökosysteme – Biodiversität

Welche Folgen haben die anthropogenen Einflüsse auf Ökosysteme für die Biodiversität?

Bedeutung der biologischen Vielfalt

Bereits 1992 wurde auf der Konferenz für Umwelt und Entwicklung in Rio de Janeiro die Biodiversitätskonvention verabschiedet. Ziel dieser Übereinkunft ist die **Biodiversität**, also der Erhalt der biologischen Vielfalt. Sie betrifft die **Vielfalt der Ökosysteme** auf der Erde, die **Vielfalt der Arten** innerhalb eines bestimmten Biotops und die **genetische Vielfalt** innerhalb einer Art.

VL Materialgebundene Aufgabe

❶ Einfluss menschlicher Aktivitäten auf den Rückgang der Biodiversität

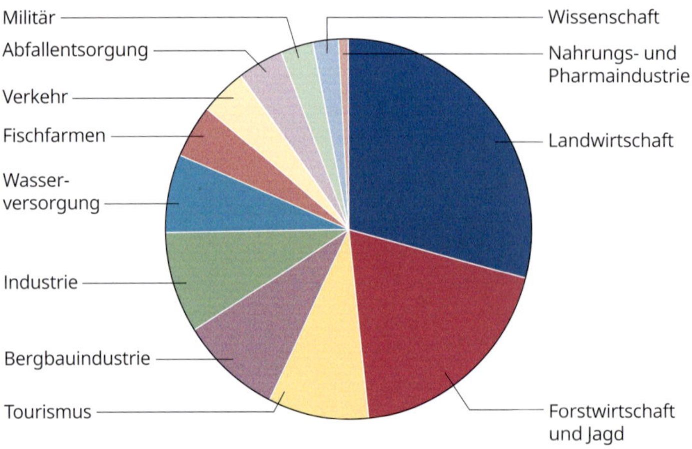

a) ≡ Stellen Sie in einer Mindmap Bereiche dar, in denen der Mensch die Ressourcen von verschiendenen Ökosystemen nutzt. Legen Sie diese Mindmap so an, dass Ergänzungen möglich sind.

b) ≡ Ergänzen Sie jeweils die Bedeutung dieser Ökosystemleistungen für den Menschen. Nutzen Sie den Text dieser Seite und gegebenenfalls eine Recherche im Internet.

c) ≡ Ergänzen Sie mithilfe der Grafik in Ihrer Mindmap von Aufgabe a, inwieweit die Dienstleistungen der Biodiversität durch den Einfluss des Menschen gefährdet sind. *Beispiel:*
- *Nutzung des Ökosystems Grünland*
- *Bedeutung dieser Ökosystemleistungen: Anbau von Nutzpflanzen → Versorgung mit Lebensmitteln*
- *Gefährdung dieser Ökosystemleistungen durch den Einfluss des Menschen: Anbau von Monokulturen → Verlust der Biodiversität*

Nur gesunde Ökosysteme mit einer intakten Tier- und Pflanzenwelt können die Ökosystemleistungen erbringen, auf die wir Menschen so dringend angewiesen sind. Gesunde Ökosysteme speichern beispielsweise enorme Mengen an Treibhausgasen und können die Folgen von extremen Wetterereignissen abmildern. So tragen sie dazu bei, dass auch zukünftigen Generationen wichtige Ökosystemleistungen wie sauberes Wasser oder frische Luft zur Verfügung stehen.

Der Mensch nutzt Ressourcen

Aus Nutzpflanzen gewinnt der Mensch Nahrungsbestandteile wie Gemüse, Obst, Gewürze, Medikamente und Kosmetika. Weiterhin liefern ihm Nutzpflanzen Grundstoffe zur Herstellung von Kleidungsstücken, Möbeln, Papier und anderen Produkten. Nutztiere dienen dem Menschen als Nahrung in Form von Fleisch, Milch, Eiern oder Honig. Zur Herstellung von Kleidung verwendet er zum Beispiel Schafwolle, Felle und Seide. Einzeller wie Hefen dienen der Herstellung von Alkoholika und Backwaren, Pilze zur Herstellung von Antibiotika. Demnach hängt die Existenz des Menschen von einer großen Zahl von Organismenarten ab. Diesen kommt dadurch eine immense wirtschaftliche Bedeutung zu.

Folgen der Einflüsse des Menschen auf die Biodiversität

Pflanzen und Tiere in den Ökosystemen der Erde sind durch die zahlreichen Einflüsse des Menschen bedroht. Die wichtigste Ursache für das Aussterben von Arten ist die Vernichtung ihres Lebensraums durch Zerstörung, Zerschneidung und Flächenverluste. Die **Übernutzung** von Ökosystemen, wie sie etwa beim Fisch- und Walfang oder bei der Jagd zu beobachten ist, spielt ebenfalls eine große Rolle. Viele Ökosysteme leiden auch unter **Verschmutzung** durch Luftschadstoffe oder Abfall. Durch neu eingeführte Arten, **Neobiota**, kann es zum Verdrängen oder Aussterben einheimischer Arten kommen (→ **Seite 214**).

Die Folgen des anthropogen bedingten Treibhauseffekts für die Biodiversität

Der anthropogen bedingte Treibhauseffekt und die damit verbundene globale Erwärmung hat zahlreiche Folgen für die Biodiversität: Die Erwärmung des Klimas wirkt auf die Verbreitung vieler Tier- und Pflanzenarten. An kühle Temperaturen angepasste Arten werden sich in noch höhere Regionen zurückziehen. Der dafür zur Verfügung stehende Raum ist begrenzt. An Wärme angepasste Arten werden sich stärker in klimatisch bisher gemäßigte Regionen ausbreiten. Überträger tropischer Krankheitserreger wie die Asiatische Tigermücke (→ **Abb. 1**) können in Mitteleuropa heimisch werden. Verbreitungsgebiete von Insektenarten wie die der Feuerlibelle (→ **Abb. 2**) verschieben sich als Folge des Klimawandels nach Norden. Dies ist häufig mit einer Verkleinerung der Verbreitungsgebiete bereits dort lebender Arten verbunden. Diese kann dazu führen, dass die betroffenen Arten aussterben. Der Klimawandel führt auch zu einer Veränderung der Vegetationsperiode von Pflanzen. Folgen der Temperaturerhöhung sind beispielsweise die früher einsetzende Blattentfaltung, die frühere Blüte und der spätere Blattabwurf bei Blütenpflanzen. Die Wechselwirkungen zwischen Organismen wie Konkurrenz, Räuber-Beute-Beziehungen, Parasitismus und Schädlingsbefall werden sich verändern. Vermutlich werden sich neue Ökosysteme bilden und die Funktionen und Dienstleistungen bestehender Ökosysteme werden sich verändern.

❷ Birkensterben

Seit einigen Jahren liest man in der Presse vom Birkensterben.

a) ≡ Dokumentieren Sie fotografisch den Zustand der Birken in Ihrem Wohnort. Legen Sie dazu eine Karte mit den Standorten und dem Zustand der Birken an.

b) ≡ Recherchieren Sie zu den Ursachen und Maßnahmen des Birkensterbens.

Maßnahmen zum Erhalt der Biodiversität

Der Erhalt der Biodiversität ist eine wichtige Voraussetzung bei der Anpassung an die Folgen des Klimawandels. Da es sinnlos wäre, Arten ohne ihren Lebensraum zu erhalten, bedeutet **Artenschutz** immer auch **Biotopschutz**. In den letzten Jahrzehnten sind zahlreiche Programme ins Leben gerufen worden, um bestimmte Ökosystemtypen auch über Landesgrenzen hinweg in **Biosphärenreservaten** zu schützen. Die Schutzgebiete in Deutschland werden ständig erweitert. Heute gehören 17 Biosphärenreservate, 16 Nationalparks und 104 Naturparks dazu. Zusammen nehmen diese Gebiete fast 30 Prozent der Landesfläche ein. Daneben gibt es in Deutschland zahlreiche **Natur- und Landschaftsschutzgebiete** (→ **Seite 201**).

Materialgebundene Aufgaben

❸ Symbolträchtig: Das Aussterben der Goldkröte

Seit 1989 gilt die Goldkröte (*Incilius periglenes*) als ausgestorben. Auch wenn man davon ausgehen kann, dass voher schon andere Tierarten infolge des Klimawandels ausgestorben sind, so gilt dieses Tier doch als Symbol für diese Entwicklung.

Die Goldkröte lebte in einem kleinen Verbreitungsgebiet in Costa-Rica. Während der sehr kurzen Fortpflanzungszeit konnten in früheren Jahren bis an die hundert der goldenen Krötenmännchen gesichtet werden, die sich an einem Tümpel versammelten und auf paarungsbereite Weibchen warteten. Die letzte dieser großen Versammlungen konnte im Jahr 1987 beobachtet werden. Einige Tage später wurden nur noch verschimmelte Eier in von der großen Dürre ausgetrockneten Tümpeln gesichtet. Die Kröten versuchten ein zweites Mal Eier zu legen. 43 500 Eier wurden von Wissenschaftlern gezählt, lediglich 29 Kaulquappen überlebten einige Tage, da die gewählten Tümpel in Folge der Dürre ebenfalls austrockneten. In den zwei fogenden Jahren wurde nur noch jeweils ein einsames Männchen gesichtet. Als Gründe für das Austrocknen der Tümpel wurde das Ausbleiben von feuchtem Nebel durch den Temperaturanstieg sowie die Abholzung des Waldes in der Umgebung diskutiert.

a) ≡ Fassen Sie zusammen, welche Faktoren für das Aussterben der Goldkröte verantwortlich gemacht werden.

b) ≡ Recherchieren Sie, was man unter dem Begriff „Amphibiensterben" versteht und welche Ursachen dafür diskutiert werden.

c) ≡ Mehr als die Hälfte der in Bayern vorkommenden Amphibienarten sind vom Aussterben bedroht. Recherchieren Sie die wesentlichen Gründe dafür und die Maßnahmen, die in Ihrer Umgebung zum Schutz der Amphibien ergriffen werden.

❹ Erhalt der genetischen Vielfalt

Basis der Biodiversität ist die genetische Vielfalt. Die Sammlung und Sicherung von Genen ist daher eine wichtige Grundlage für zukünftige Züchtungserfolge. In Saatgutspeichern wie dem „Svalbard Global Seed Vault" auf Spitzbergen wird Saatgut von Nutzpflanzen eingelagert.

a) ≡ Stellen Sie mithilfe einer Recherche die wichtigsten Fakten zum „Svalbard Global Seed Vault" zusammen.

b) ≡ Erklären Sie, warum das SGSV als „Flaschenpost an die Zukunft" bezeichnet wird.

c) ≡ Erläutern Sie, inwiefern der Klimawandel auch diesen Saatgutspeicher gefährdet.

❺ Vor- und Nachteile der Flurbereinigung

Früher waren landwirtschaftlich genutzte Flächen oft in viele kleine Felder zersplittert. Im Rahmen der Flurbereinigung wurden diese Felder zu großen Flächen zusammengelegt. Dazwischen liegende Gräben, Gehölze und Hecken wurden dabei zerstört. Heute wird im Rahmen von Ausgleichsmaßnahmen auf die Anlage von Gehölzstreifen und Gewässern geachtet. Die ursprüngliche Biodiversität kann aber nicht wieder hergestellt werden.

a) ≡ Vergleichen Sie Vor- und Nachteile der Flurbereinigung aus der Sicht eines Landwirts und aus der Sicht eines Naturschützers.

b) ≡ Stellen Sie eine Hypothese auf, warum bei einer Flurbereinigung mit Ausgleichsmaßnahmen nicht die ursprüngliche Biodiversität erreicht wird.

❻ Schildkröten in Gefahr

Gegen Ende des 19. Jahrhunderts begann die weltweite Einführung von Kunstlicht. Heute ist die nächtliche Beleuchtung in vielen Gebieten so intensiv, dass weite Teile der Erde in der Nacht selbst aus dem Weltall deutlich sichtbar sind. Dadurch ist es oft nicht mehr möglich, von der Erde aus die Sterne des Weltalls zu beobachten. Diese künstliche Aufhellung des Nachthimmels wird auch als Lichtverschmutzung bezeichnet. Diese hat erhebliche Auswirkungen auf das Leben vieler Tiere.
Die Unechte Karettschildkröte *Caretta caretta* gehört mit Panzerlängen von etwas über einem Meter zu den größeren Meeresschildkröten. Sie lebt in tropischen und subtropischen Meeren und auch im Mittelmeer. Sie brütet dort an Sandstränden. Die Eiablage und der spätere Schlupf der Jungtiere erfolgen nachts. Die Jungtiere wandern nach dem Schlupf sofort ins Wasser. An Land gibt es für sie viele Fressfeinde. Sowohl die Jungtiere als auch die Weibchen orientieren sich bei ihren Wanderungen am Sternenhimmel.

A Frisch geschlüpfte Schildkröten auf dem Weg zum Meer

B Spuren frisch geschlüpfter Schildkröten auf einem beleuchteten Strand

a) ≡ Beschreiben Sie das in **A** dargestellte Verhalten der Unechten Karettschildkröten.

b) ≡ Interpretieren Sie Abbildung **B** und erklären Sie die daraus folgenden Konsequenzen für das Fortbestehen der Art.

c) ≡ Entwickeln Sie Maßnahmen zur Verringerung der Lichtverschmutzung für die Schildkröten.

❼ Erdbeeren im Winter – Nationalpark in Gefahr

Der Nationalpark Coto de Doñana in Andalusien ist eines der größten Feuchtgebiete Europas. Obwohl strenge Regeln zum Erhalt des Feuchtgebietes gelten, drohte es auszutrocknen. Grund dafür waren die riesigen, zum Teil illegalen Erdbeer- und Blaubeerplantagen in der Umgebung, für deren Bewässerung auf das Grundwasser der Region zurückgegriffen wurde.

a) ≡ Im Herbst 2023 verabschiedete die spanische Regierung ein Maßnahmenpaket von 1,4 Milliarden Euro zur Rettung des Nationalparks. Recherchieren Sie die geplanten Maßnahmen und den gegenwärtigen Sachstand zum Zustand des Nationalparks Coto de Doñana.

b) ≡ Recherchieren und erläutern Sie, inwieweit das Einkaufsverhalten in deutschen Supermärkten zur Gefährdung des Nationalparks beiträgt.

4.4 Der Mensch bewertet Ökosysteme – Ökosystemmanagement und Monetarisierung

Der Mensch nutzt die Ökosystemleistungen der Ökosysteme, um damit Gewinne zu erzielen. Doch kann man den Wert eines Ökosystems rein ökonomisch betrachten?

Was hat der Begriff „Management“ mit dem Bergiff „Ökosystem“ zu tun?

Der Begriff „Management“ kommt ursprünglich aus der Wirtschaft. Er beschreibt die Planung der Entwicklung eines Unternehmens zur Behauptung auf dem Markt, die Fällung von Grundsatzentscheidungen sowie die Erteilung von Anweisungen zur Umsetzung der gesetzten Ziele – all dies basierend auf umfassenden Kenntnissen des Unternehmens.

Angewandet auf Ökosysteme bedeutet dies: Beim **Ökosystemmanagement** stehen zunächst die Grundlagen der Beschreibung und Analyse eines Ökosystems im Vordergrund, bevor dann Konzepte der Wiederherstellung und der nachhaltigen Nutzung aufgestellt werden.

Erhaltungsmaßnahmen

Eine der wichtigsten Maßnahmen auf dem Weg zu einer **nachhaltigen Nutzung** der Ökosysteme ist die Ausweisung von Schutzgebieten. **Landschaftsschutzgebiete** sind Gebiete, in denen ein besonderer Schutz von Natur und Landschaft gegeben ist. Im Vergleich zu Landschaftsschutzgebieten sind **Naturschutzgebiete** kleiner und mit deutlichen Nutzungseinschränkungen verbunden. Sie zielen auf die Erhaltung einer wenig vom Menschen überprägten Landschaft ab. Unter dem Motto „Natur Natur sein lassen“ sind in **Nationalparks** wie dem Nationalpark Bayerischer Wald menschliche Eingriffe auf einem Großteil der Fläche des Schutzgebiets verboten. In diesen **Prozessschutzgebieten** können natürliche Prozesse großflächig so ablaufen, wie sie es seit Jahrtausenden tun.

1 ≡ Stellen Sie Hypothesen auf, warum es für Wissenschaftler so interessant ist, wenn Flächen eines Schutzgebietes dem Prozessschutz unterliegen.

2 ≡ Ein Kritiker des Prozessschutzes sagt: „Im Bayerischen Wald ist es infolge des Prozessschutzes zu einem großen Borkenkäferbefall gekommen.“ Diskutieren Sie.

Aufwertungsmaßnahmen

Durch wenig kostenintensive Maßnahmen kann die Artenvielfalt von Flächen wieder erhöht werden. Ein gutes Beispiel dafür sind die Waldränder, die als Übergangszone zwischen der Kulturlandschaft und dem Wald Lebensräume für Tier- und Pflanzenarten bieten.

3 ≡ Beschreiben Sie mit einer Recherche die Maßnahmen und Ziele der ökologischen Aufwertung von Waldrändern.

Renaturierungsmaßnahmen

Landschaften, die in erheblichem Umfang durch den Menschen verändert wurden, können durch aufwendigere und teurere Maßnahmen wieder in einen naturnahen Zustand versetzt werden. So galt der Wald jahrhundertelang in erster Linie als Wirtschaftsfaktor. Widerstandsfähige Mischwälder wurden durch wirtschaftlich ertragreichere, aber anfälligere Fichtenmonokulturen ersetzt. Dieser Umbau des Waldes erfolgte auch in den Bergen, wo dadurch der Erosionsschutz für den Boden verloren ging und die Gefahr von Erdrutschen und Geröllawinen stieg.

4 **VL** ≡ Erörtern Sie am Beispiel der Waldnutzung die Aufgaben des Ökosystemmanagements und diskutieren Sie Kosten und Nutzen der Renaturierungsmaßnahmen für die Waldbesitzer.

5 ≡ Ergänzen Sie in Ihrer Mindmap der Aufgabe 1 von Seite 198 bei jedem Ökosystem mehrere Maßnahmen zur Renaturierung. Recherchieren Sie im Internet.
Beispiel für das Ökosystem Grünland: Verzicht auf Monokulturen, Artenreichtum, Verwendung von regionalem Saatgut

6 **Berufsfeld Ökosystemmanagement:** Ökosystemmanagement ist ein interdisziplinärer Studiengang, der sich mit der Beschreibung und Analyse von Ökosystemen und deren Nutzung durch den Menschen befasst.
≡ Recherchieren Sie zum Studiengang „Ökosystemmanagement“ und zu weiteren Studiengängen, die sich mit dem nachhaltigen Management von Ökosystemen und verwandten Themen beschäftigen. Erstellen Sie dazu jeweils Streckbriefe mit den relevanten Informationen wie Studiendauer und Studienorte, Studieninhalte, Einsatzmöglichkeiten und anderen selbstgewählten Kriterien.

1 Schäden durch den Borkenkäfer

2 Ökosystem Waldrand

3 Fichtenmonokultur

4 Mischwald

7 Wiedervernässung der Moore

Durch den Abbau von Torf als Brennmaterial und die landwirtschaftliche Nutzung der entstandenen Flächen wurden in Deutschland über die Jahrhunderte viele Moore zerstört. Auch heute noch wird der größte Teil der Moorböden in Deutschland land- und forstwirtschaftlich genutzt, beispielsweise als Grünland für die Milchviehwirtschaft. Für alle Nutzungsformen müssen Moorböden entwässert werden, damit der Boden sowohl für Beweidung als auch für das Befahren mit landwirtschaftlichen Maschinen genutzt werden kann. Die nationale und internationale Forderung nach einer Renaturierung von Mooren ist mit vielen Fragen und teilweise kontroversen Diskussionen verbunden. Laut dem Pariser Klimaabkommen müssen in Deutschland bis 2050 pro Jahr 50 000 Hektar Moor wieder vernässt werden.

a) ≡ Beschreiben Sie mithilfe der Texte die lokalen und globalen Ökosystemleistungen der Moorflächen vor und nach der Wiedervernässung unter Berücksichtigung der ökologischen, ökonomischen, politischen und sozialen Perspektive.

b) ≡ Stellen Sie sich vor, Sie sind als Ökosystemmanager mit der Wiedervernässung der Moorfläche befasst. Erstellen Sie Handlungsoptionen zur Lösung des Konfliktes zwischen dem Milchbauern und der Naturschutzgruppe.

c) ≡ Renaturierungsmaßnahmen verursachen hohe Kosten, zugleich haben sie einen großen Nutzen. Erstellen Sie eine Kosten-Nutzen-Analyse für die Wiedervernässung der Moore.

Josef F., Landwirt: „Ich habe den Hof von meinem Vater geerbt und lebe hier schon von Kindheit an. Aufgrund der von der Landesregierung geplanten Klima- und Naturschutzmaßnahmen soll ich nun „freiwillig" 30 Prozent meiner Flächen abgeben. Diese ehemaligen Moorflächen sollen wieder vernässt werden. Für mich und meine Familie bedeutet das eine Katastrophe, denn dann könnten meine Kühe nicht mehr auf den Flächen weiden und ich müsste sie verkaufen. Ohne das Milchvieh ist mein Hof aber nicht mehr wirtschaftlich. Das ist doch paradox: Früher wurden die Moorböden trockengelegt, um sie für die Landwirtschaft nutzen zu können, und nun sollen sie wieder vernässt werden. Angeblich soll ich Ausgleichsflächen erhalten, aber wo werden die sein? Moorschutz ist ja schon wichtig, aber nicht gerade hier in der Region, wo wir alle ganz stark von der Milchviehwirtschaft abhängen."

Franziska K., Mitglied einer Naturschutzgruppe: „Für den nationalen und internationalen Klimaschutz ist es von großer Bedeutung, Moore wieder zu vernässen, denn die ausgetrockneten Moorböden setzen viel Kohlenstoffdioxid in die Atmosphäre frei, was den globalen Klimawandel weiter verschärft. Durch trockengelegte Moorböden geht zudem der Kühlungseffekt für das Klima verloren. Weiterhin müssen wir dafür sorgen, dass die Artenvielfalt auf den Flächen nicht weiter bedroht wird und wir möglichst viele Arten der Roten Liste schützen können.

Semira Ü., Kommunalpolitikerin: „In Bayern gibt es über 200 000 ha Moorflächen. Wenn Deutschland bis 2045 klimaneutral werden will, dann führt kein Weg an der Wiedervernässung möglichst vieler Moorflächen vorbei. Diesem Ziel hat sich auch die Landesregierung mit einem Konzept zum Moorschutz im Sinne der „nationalen Moorschutzstrategie" der Bundesregierung von 2022 verpflichtet. Natürlich geht das nur im Dialog mit den landwirtschaftlichen Betrieben. Es gibt doch vielversprechende innovative Nutzungsansätze."

8 Ein neuer Weg? Paludikultur

Unter dem Begriff Paludikultur (lat. *palus*: Sumpf) wird die Nutzung nasser Moorstandorte verstanden. Dabei bleiben die Torfschichten des Moores erhalten und damit auch ihre Funktion für das Klima und für den Erhalt der Biodiversität. Abhängig vom Typ des Moores werden beispielsweise Schilf- oder Rohrkolben als Bau- und Dämmmaterial angepflanzt oder Torfmoose als Ersatz für fossiles Torfmoos. Für diese Bewirtschaftung nasser Böden ist eine vollkommen andere Form der Landwirtschaft und des maschinellen Einsatzes nötig. Für die mögliche Umsetzung der Paludikultur bei den Landwirten müsste folglich noch viel Überzeugungsarbeit geleistet werden.

a) ≡ Entwickeln Sie Argumente, die für und gegen die Paludikultur als Nutzungsform von Moorböden sprechen.

b) ≡ Begründen Sie, warum sich durch Paludikulturen verschiedene Interessen in Bezug auf die Nutzung der Moore vereinbaren lassen.

Vorteile und Grenzen der ökonomischen Sichtweise

In diesem Kapitel wurden Sie aufgefordert, die Kosten der menschlichen Einflussnahme auf ein Ökosystem abzuschätzen: Welche Kosten hat die Schaffung der Fichtenmonokulturen verursacht (→ **Seite 193**)? Welchen ökonomischen Wert haben Renaturierungsmaßnahmen (→ **Seite 201**)? Welche Kosten verursachen der anthropogen bedingte Klimawandel und seine Auswirkungen auf die Biodiversität (→ **Seite 196–200**)? Sie werden dabei festgestellt haben, dass solche Aussagen nur in Grenzen möglich und sinnvoll sind. Doch in der Presse findet man immer wieder spektakuläre Aussagen zu den ökonomischen Werten von Ökosystemleistungen (→ **siehe Abb. 5**) oder auch Maßnahmen.

Doch was ist der Sinn dieser ökonomischen Bewertung? Hintergrund ist die Notwendigkeit, Ökosystemleistungen zu bewerten, um sie auf Märkten verhandeln zu können. So sollen beispielsweise die durch übermäßige Nutzung entstandenen Kosten den Verursachern in Rechnung gestellt werden. Damit sollen die den anderen Mitgliedern der Gesellschaft oder auch nachfolgenden Generationen entstehenden Kosten kompensiert werden. Ein Beispiel dafür ist die freiwillige CO_2-Kompensation. Diese Ausgleichsmechanismen sind jedoch nicht unumstritten. Hier droht die Gefahr, die Werte der Natur zu unterschätzen und Leistungen, die nur schwer zu quantifizieren sind, zu vernachlässigen.

9 ≡ „Man kann die Leistungen der Natur nicht nur unter dem Aspekt der Vermarktung sehen. Man muss immer die Gesamtheit aller Leistungen sehen." Diskutieren Sie diese Aussage in der Gruppe.

Welche Ursache hat welche Wirkung?

Einen Ausweg aus dieser Problematik bietet das **Vorsorgeprinzip**, eine Leitlinie der Umweltpolitik auf nationaler und internationaler Ebene. Mit diesem Prinzip kann es gelingen, die Bedeutung aller Leistungen eines Ökosystems abzubilden und entsprechend zu berücksichtigen. Durch vorausschauendes Handeln sollen Belastungen der Umwelt vermieden werden. Dabei sollen im Rahmen der **Risikovorsorge** Gefahren für die Umwelt von vornherein vermieden werden und mit der **Ressourcenvorsorge** dafür gesorgt werden, dass mit den natürlichen Ressourcen schonend umgegangen wird. Liegen Anhaltspunkte für ein Umweltrisiko vor, so ermöglicht das Vorsorgeprinzip, den Verursacher möglicher Schäden im Vorfeld zu zwingen, die **Ursache-Wirkungszusammenhänge** seines Handelns darzulegen und die Bedenken zu widerlegen. Vereinfacht ausgedrückt, heißt das, es ist möglich Dinge zu verbieten, wenn eine Gefahr befürchtet wird. In den letzten Jahren fand das Vorsorgeprinzip beispielsweise beim Einsatz von Antibiotika zur Wachstumsförderung in der Tierzucht oder beim Anbau genetisch veränderter Pflanzen in der Landwirtschaft Anwendung.

10 ≡ Kritiker des Vorsorgeprinzips betrachten es als innovationsfeindlich. Diskutieren Sie in der Gruppe.

„Die Tourismusbranche beziffert den Erholungswert der Schweizer Wälder auf etwa 10 Milliarden Schweizer Franken." – *Mit welchem Wert kann man den Verlust der Biodiversität beziffern, der durch den Bau von Hotelanlagen und Skipisten entsteht?*

5 Aussage und Frage zum ökonomischen Wert eines Ökosystems

Materialgebundene Aufgabe

11 Kompensation: sinnvoll oder *„greenwashing"*?

Die CO_2-Kompensation beruht auf dem Prinzip, dass es für das Klima nicht entscheidend ist, wo die Treibhausgase ausgestoßen und wo sie vermieden werden. Daher können die Emissionen, die beispielsweise durch einen Flug von Hamburg nach München entstehen, durch eine Zahlung einer entsprechenden Summe für ein Wiederaufforstungsprojekt in Afrika ausgeglichen werden. Dabei gilt die Grundregel: Erst Emissionen vermeiden oder zumindest reduzieren und dann kompensieren.

a) ≡ Recherchieren Sie die CO_2-Emissionen, die bei einem Flug von Hamburg nach München entstehen und vergleichen Sie diese mit den CO_2-Emissionen, wenn Sie die Strecke mit der Bahn zurücklegen.

b) ≡ Diskutieren Sie die Handlungsoptionen, die Strecke mit dem Flugzeug zurückzulegen und eine CO_2-Kompensation zu leisten gegenüber der Möglichkeit einer Bahnfahrt und wägen Sie die beiden Optionen werteorientiert gegeneinander ab.

c) ≡ Nehmen Sie zum Titel der Aufgabe begründet Stellung.

d) ≡ Im Internet gibt es sehr viele Möglichkeiten für die CO_2-Kompensation. Formulieren Sie mithilfe einer Recherche Kriterien, an denen Sie vertrauenswürdige Kompensationsprojekte erkennen.

4.5 Der Mensch als Teil der Natur

Der Mensch ist wie alle Lebewesen ein Teil der Natur. Die Besonderheit des Menschen ist, dass er die Natur nach seinen Ansprüchen verändern kann. Und diese Veränderungen sind nicht ohne Folgen für ihn selbst und für alle anderen Lebewesen. Wie kann eine Werteabwägung gelingen?

Die anthropozentrische Sichtweise

Jahrhundertelang verstand der Mensch sich als Mittelpunkt der Natur. Diese Denkweise bezeichnet man als **Anthropozentrismus** (griech. *ánthrōpos*: Mensch und altgriech. *kéntron*: Mittelpunkt). Die anthropozentrische Bewertung der eigenen Stellung in der Natur gründete sich auf religiösen und weltanschaulichen Überzeugungen. Aus diesem Selbstverständis heraus nutzte der Mensch Tiere, Pflanzen und die Ressourcen der Erde für seine Zwecke. Die negativen Folgen dieses Handelns wie beispielsweise der anthropogen bedingte Klimawandel, die Übernutzung natürlicher Ressourcen und Flächen und der Verlust der Biodiversität sind heute offensichtlich.

1 ≡ Dem griechischen Philosophen PROTAGORAS (um 490 v. Chr. – 411 v. Chr.) wird folgende Aussage zugesprochen: „Der Mensch ist das Maß aller Dinge". Im religiösen Kontext heißt es „Der Mensch ist die Krone der Schöpfung". Erläutern Sie die Folgen, die sich aus derartigen Aussagen zum Selbstverständnis des Menschen ergeben.

Veränderung der Sichtweise – Werteabwägung

Schon im 18. Jahrhundert entstand der Gedanke des Umweltschutzes. Seit den 1960er-Jahren sind die Prävention und Repression von Beeinträchtigungen der Natur sowie die Wiederherstellung von Naturressourcen immer mehr in den Mittelpunkt des Interesses gerückt. Viele verabschiedeten sich vom anthropozentrischen Weltbild. Der Mensch wurde zunehmend als Teil der Natur gesehen. Angesichts der Bedürfnisse einer ständig wachsenden Weltbevölkerung und dem Streben nach einem möglichst hohen Lebensstandard für alle ist es aber nach wie vor eine große Herausforderung, die Bedürfnisse der Menschen mit denen der Natur in Einklang zu bringen (weitere Informationen auf → **Seite 218 ff.**). Konfliktsituationen ergeben sich beispielsweise aus der Notwendigkeit großer Flächen für den Anbau von Nutzpflanzen, um die steigene Zahl der Menschen ernähren zu können bei gleichzeitigem Verlust der Biodiversität durch Monokulturen. Um eine begründete Entscheidung für das richtige Handeln treffen zu können, ist es wichtig, die zugrundeliegenden Werte für sich zu klären und zu priorisieren. Werte sind dabei die Leitlinien, an denen ein Mensch sein Handeln und Urteilen ausrichten kann, zum Beispiel Menschenwürde, Gerechtigkeit, Frieden, Mitbestimmung, Chancengleichheit, Fairness, Tierwohl, Gesundheit ...

2 VL ≡ Analysieren Sie den im Text beschriebenen Konflikt um die Landnutzung bei gleichzeitigem Verlust der Biodiversität anhand folgender Fragen:

- Welche eigenen Ziele und Wertvorstellungen haben Sie persönlich bei dieser Fragestellung?
- Welche Ziele und Wertvorstellungen haben beispielsweise Gemeindevertreter, Landwirte oder Naturschützer?

Materialgebundene Aufgabe

3 Werteabwägung: Braucht man das neue Autobahnkreuz?

Im Verkehrsausschuss steht der Bau des Autobahnkreuzes auf der Tagesordnung. Verschiedene Interessenvertreter werden gehört. Der Vertreter des lokalen Wirtschaftsverbandes betont, „wie wichtig eine gute Verkehrsanbindung für die Wirtschaft der Region ist". Der Naturschützer warnt: „Der Flächenverbrauch für Verkehrswege führt zu einer Flächenversiegelung mit negativen Auswirkungen für Böden und Grundwasser. Außerdem zerschneiden die Straßen die Landschaft mit gravierenden Auswirkungen auf die Tiere".

Hinweis: Arbeiten Sie in Kleingruppen und teilen Sie die Aufgaben untereinander auf.

a) ≡ Analysieren Sie den Sachverhalt im Hinblick auf seine Bewertungsrelevanz. Betrachten Sie dabei die Argumente der Interessenvertreter und ergänzen Sie drei weitere Perspektiven.

b) ≡ Identifizieren Sie Werte, die den Standpunkten zugrunde liegen und die bei der Entscheidung berücksichtigt werden müssen.

c) ≡ Reflektieren Sie an diesem Beispiel die Möglichkeiten und Grenzen der anthropozentrischen Sichtweise.

d) ≡ Bilden Sie sich kriteriengeleitet eine Meinung. Reflektieren Sie kurz- und langfristige, lokale und globale Folgen der Entscheidung.

⊖ 4.6 Der ökologische Fußabdruck

Das Leben eines jeden Einzelnen hinterlässt Spuren auf der Erde. Wie kann man erfassen, ob man persönlich oder die Gesellschaft nachhaltig lebt?

Der ökologische Fußabdruck

Nahezu jede menschliche Aktivität ist letztendlich mit der Nutzung von Flächen der Erde verbunden. Der **ökologische Fußabdruck** gibt an, wie viel biologisch produktive **Fläche**, also ertragreiche Fläche, unserer Erde für die Deckung des Lebensstandards eines Menschen benötigt wird. Er wird in der Einheit globaler Hektar (gha) angegeben. Ein gha entspricht einem Hektar mit weltweit durchschnittlicher biologischer Produktivität. Dabei gehen in die Berechnung beispielsweise die Flächennutzung zur Produktion von Nahrung, zur Gewinnung von Holz, zur Trinkwassergewinnung, zur Produktion von Kleidung, zur Bereitstellung von Energie und für Wohnraum ein. Im ökologischen Fußabdruck wird also die gesamte Fläche erfasst, die für die Bereitstellung der vom Menschen benötigten **Ressourcen** erforderlich ist.

1 VL Der ökologische Fußabdruck

Im Internet findet man zahlreiche Rechner, mit denen sich der eigene ökologische Fußabdruck bestimmen lässt.

a) ≡ Führen Sie im Internet einen Test zur Bestimmung des persönlichen ökologischen Fußabdrucks durch.

b) ≡ Erstellen Sie eine tabellarische Übersicht über die im Test verwendeten Kriterien und listen Sie jeweils Maßnahmen auf, mit denen Sie Ihren ökologischen Fußabdruck verringern könnten.

Biokapazität

Der Nutzung von Ressourcen durch den Menschen steht die Fähigkeit des Ökosystems gegenüber, diese Ressourcen zu regenerieren. Faktoren wie Wasserverfügbarkeit, Klima, Bodenfruchtbarkeit und Sonneneinstrahlung begrenzen sie. Die Regenerationsfähigkeit von Ökosystemen wird als **Biokapazität** bezeichnet. Sie umfasst sowohl die Produktion biologischer Materialien als auch die Aufnahme von Abfällen und Reststoffen. Die Biokapazität gibt die Gesamtheit der Flächen an, die für die Regeneration der Ressourcen zur Verfügung stehen und wird ebenfalls in gha angegeben.

Biokapazitätsdefizit

Interessant ist nun der Vergleich dieser beiden Größen: Der ökologische Fußabdruck eines Menschen betrug 2022 im weltweiten Durchschnitt 1,7 gha. Ihm stand eine Biokapazität von 1,58 gha gegenüber. Weltweit werden also jährlich mehr Ressourcen verbraucht, als regeneriert werden können. So entsteht ein ökologisches **Biokapazitätsdefizit**. Die Bevölkerung der Länder mit einem deutlich höheren ökologischen Fußabdruck, wie zum Beispiel die USA (8,7 gha im Jahr 2022), leben dabei auf Kosten anderer Länder mit einem niedrigen Fußabdruck wie Indien (0,7 gha im Jahr 2022) beziehungsweise auf Kosten nachfolgender Generationen.

2 ≡ Der „Earth Overshoot Day" markiert das Datum, an dem die Menschheit alle biologischen Ressourcen verbraucht hat, die die Erde im Laufe eines Jahres regenerieren kann. Modellrechnungen geben für das Jahr 1970 den 29. Dezember 1970, für das Jahr 2023 den 2. August 2023 an. Erläutern Sie diese Angaben.

1 „Die Erde ist zu klein."

Klimaschutz fängt im Kleinen an: Wie klimafreundlich lebe ich?
Mit welchem Verkehrsmittel verreise ich am liebsten?
Wieviele neue Kleidungsstücke kaufe ich mir im Jahr?
Wie oft esse ich Fleischprodukte?
Liebe ich Erdbeeren im Winter?
Werfe ich auch schon mal Lebensmittel weg?

2 Klimaschutz im Kleinen

Materialgebundene Aufgabe

3 Der eigene Handabdruck

Information:
Der ökologische Fußabdruck bietet eine Orientierung, den persönlichen Lebensstil zu überprüfen und zu verbessern. Das Konzept des Handabdrucks setzt an Strukturen und Rahmenbedingungen an, um Nachhaltigkeit für viele Menschen zu verankern. Handabdruck-Engagement führt zu Strukturveränderungen auf mehreren Ebenen.

a) ≡ Führen Sie im Internet einen Test zur Bestimmung des eigenen Handabdrucks durch und erläutern Sie.

b) ≡ Eine Gruppe von Schülerinnen und Schülern setzt sich dafür ein, dass an der Schule nur saisonales Essen angeboten wird. Diskutieren Sie an diesem Beispiel den Unterschied zwischen Fuß- und Handabdruck.

c) ≡ Diskutieren Sie in Partnerarbeit, wie das Konzept des Handabdrucks zum nachhaltigen Handeln motiviert. ⊕

⊖ 5 Ökologie der Biosphäre

5.1 Wechselwirkungen von Veränderungen global betrachtet

Die Veränderungen durch die Eingriffe des Menschen haben nicht nur lokale Auswirkungen, sondern betreffen die ganze Biosphäre. Wie kann man die globalen Auswirkungen erfassen?

Ähnliche Biotope

Die Ökologie beschäftigt sich mit den Wechselbeziehungen zwischen Lebewesen und ihrer Umwelt. Dabei betrachtet man auf lokaler Ebene ein Biotop als den Lebensraum einer Lebensgemeinschaft, einer Biozönose. Biotop und Biozönose bilden gemeinsam ein Ökosystem. So ein Ökosystem kann zum Beispiel ein Wald, ein Fließgewässer oder auch eine Pflasterritze sein. Auf globaler Ebene werden größere Landschaftseinheiten mit jeweils charakteristischer Biozönose, einem ähnlichen Klima- und Bodentyp unter dem Begriff **Biom** (Kurzfassung von **Bio**for**m**ation) zusammengefasst. Diese Biome umfassen zueinander ähnliche Biotope. Fauna und Flora der Biome sind jeweils charakteristisch und ähnlich. Beispiele für Biome sind der Mischwald in den gemäßigten Breiten, die Tundra der subpolaren Gebiete oder auch der Regenwald der Tropen in Äquatornähe.

1 ≡ Erstellen Sie eine Tabelle zu den drei genannten Biomen und ihrer Ausdehnung auf der Erde und ergänzen Sie drei weitere (→ **Abb. 1**).

2 ≡ Stellen Sie den Zusammenhang der Begriffe Biosphäre, Biom und Biotop grafisch dar.

Ein Abstecher in die Evolution

Betrachtet man die Weltkarte, so erkennt man, dass die weltweite Verteilung der Biome mit der Lage der Gebiete auf der Erdkugel in Zusammenhang steht. Verschiedene Arten, die genetisch nicht nahe miteinander verwandt sein müssen, haben wegen vergleichbarer Umweltbedingungen ähnliche Formen entwickelt. Umgekehrt kann man aus Ähnlichkeiten der Lebewesen den Rückschluss auf vergleichbare Umweltbedingungen ziehen. In der Evolution bezeichnet man diese Form der Ähnlichkeit als **Analogie**.

3 ≡ Erläutern Sie den Begriff Analogie am Beispiel der Körperform von Hai, Delfin und Pinguin.

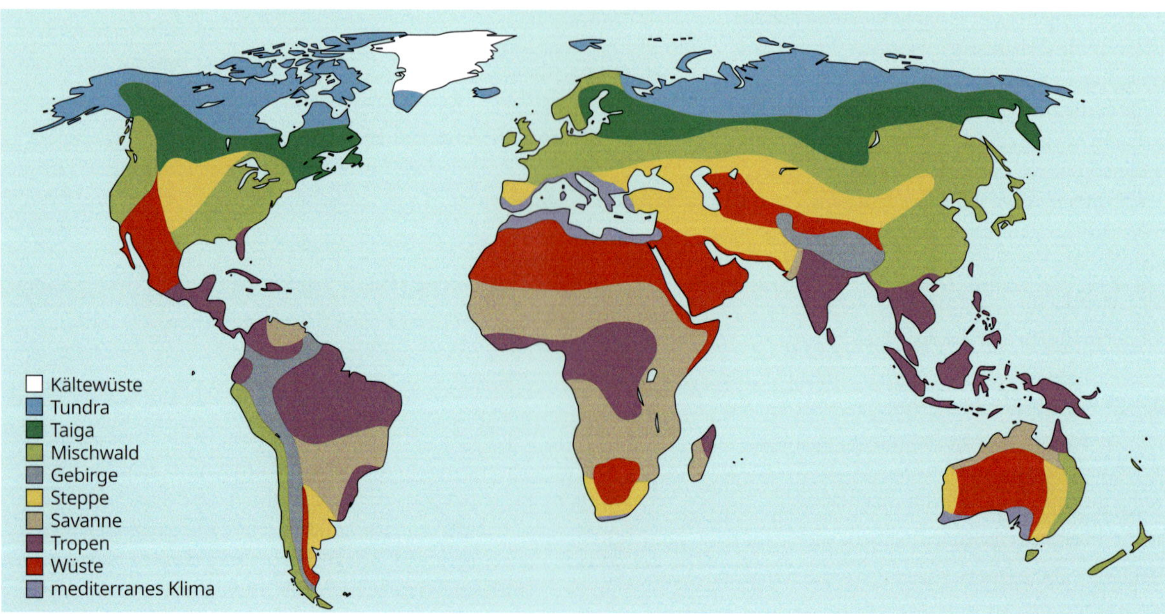

1 Biome der Erde

Einfluss von Ökosystemen auf das Klima
Die Biome der Erde stehen in abiotischen Wechselwirkungen miteinander, auch wenn die Entfernungen dies auf den ersten Blick nicht erwarten lassen. Gut sichtbar wird das, wenn der trockene Saharastaub vom Wind in die Atmosphäre getragen wird und so große Distanzen zurücklegt. Beispielsweise wird der Staub durch starke Süd-/Südwestströmungen zunächst in Höhen von mehreren Kilometern transportiert und erreicht dann nach einigen Tagen den Alpenraum und Süddeutschland.

Beispiel: Sahara → tropischer Regenwald
Dieser Saharastaub fällt in Europa nur durch spektakuläre Himmelsverfärbungen oder nach einem Regen, genannt „Blutregen", als Staubschicht auf den Autos auf. Für andere Regionen ist er sehr wertvoll. Etwa 500 Millionen Tonnen calcium- und magnesiumreicher Staub gelangen jährlich in der Sahara in die Atmosphäre. Etwa 40 Millionen Tonnen dieses mineralstoffreichen Staubs erreichen durch die Passatwinde nach einem Transport über den Atlantik den nährstoffarmen Regenwald im Amazonasgebiet und wirken dort als Dünger. Heute geht man davon aus, dass dieser Mineralstoffeintrag durch den Saharastaub für den Amazonas-Regenwald unverzichtbar ist.

Beispiel: tropischer Regenwald → globaler Wasserkreislauf → globales Klima
Umgekehrt beeinfusst der Amazonas-Regenwald den globalen Wasserkreislauf. Dabei spielt die Verdunstung des Wassers, die **Wasserevaporation**, eine große Rolle. Etwa drei Viertel des vom Regenwald benötigten Wassers wird durch einen immerwährenden kleinen Kreislauf aus „Wasseraufnahme – Verdunstung – Wolkenbildung – Regen" quasi vom Regenwald selbst bereitgestellt. Diese Zirkulation funktioniert nur dort, wo große und zusammenhängende Regenwaldgebiete vorhanden sind. Die restlichen 25 % des Niederschlags werden in einem großen Kreislauf durch Passatwinde über den Atlantischen Ozean in das System eingespeist. Ein etwa genau so großer Teil des Wassers gelangt über die Flüsse wieder in den Atlantik. Kommt dieser Wasserkreislauf zum Erliegen, hat das auch Auswirkungen auf das Weltkima. Das verdunstete Wasser bildet Wolken, die an der Reflektion der Sonneneinstrahlung beteiligt sind (→ **Seite 194**). Weniger Wolken bedeuten also weniger Reflexion, was eine weitere Erwämung der Erde zur Folge hat.

2 Saharastaub über München

VL Materialgebundene Aufgabe

❹ Der Amazonas-Regenwald auf der Kippe?

Der Amazonas-Regenwald speichert große Mengen Kohlenstoff, weist eine beeindruckende Biodiversität auf und beeinflusst das Weltklima. Er gilt als eines der Kippelemente, deren Zerstörung das globale Klima aus dem Gleichgewicht bringen könnte.

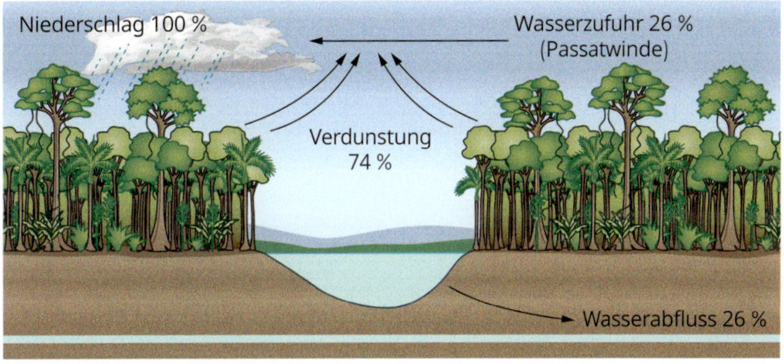

a) ≡ Beschreiben Sie den kleinen Wasserkreislauf des tropischen Regenwalds.

b) ≡ Stellen Sie eine Hypothese auf, welche Folgen der Verlust von Regenwaldflächen für den Wasserhaushalt des verbleibenden Regenwalds und damit auch für seine Biodiversität hat.

c) ≡ Recherchieren Sie in mehreren aussagekräftigen digitalen Medien die Bedeutung des Amazonas-Regenwalds für den globalen Wasserkreislauf und als globaler Klimaregulator. Analysieren Sie dabei die Vertrauenswürdigkeit Ihrer Quelle und die Intention des Autors.

d) ≡ Der Amazonas-Regenwald wird auch als ein Kippelement (→ **Seite 197**) des Klimawandels bezeichnet. Erläutern Sie nach einer Recherche diese Bezeichnung und gehen Sie dabei auch auf den Begriff Resilienz ein.

e) ≡ Recherchieren Sie, inwieweit das Verbraucherverhalten von Europäern zum Verlust des Regenwalds beiträgt.

f) ≡ Erstellen Sie eine Concept Map, in der Sie die Bedeutung des Regenwalds für das globale Klima darstellen und die möglichen Szenarien für die Zukunft des Regenwalds modellieren.

Klärung:
Bäume speichern kein Kohlenstoffdioxid (CO_2), sondern Kohlenstoff (C). Im CALVINzyklus werden die Kohlenstoffatome des aufgenommenen CO_2 für den Aufbau von Glucose verwendet.

3 Zerstörung des Regenwaldes. **A** Brandrodung; **B** Abholzung

Beispiel: Kohlenstoffsenken → globales Klima
Kohlenstoffverbindungen kommen in den verschiedenen Sphären der Erde, also der Lithosphäre, der Atmosphäre, der Hydrosphäre und der Biosphäre vor. Zwischen den Komponenten des Systems Erde, also den Biomen beziehungsweise Ökosystemen, kommt es zu Stoffflüssen, die auch das globale Klima beeinflussen.

5 ≡ Stellen Sie den Weg des Kohlenstoffatoms zwischen den Sphären der Erde in einer Skizze dar. Verknüpfen Sie dabei Ihr Wissen zur Assimilation (→ **Seite 74 ff.**) und Dissimilation des Kohlenstoffs (→ **Seite 126 ff.**) in der Biosphäre mit den Informationen zu den Stoffflüssen (→ **Seite 160 ff.**).

Biome sind Kohlenstoffsenken
Vor vielen Millionen Jahren nutzten Lebewesen das Kohlenstoffdioxid der Atmosphäre zum Aufbau organischer Kohlenstoffverbindungen. Ein Teil dieser Kohlenstoffverbindungen ging beim Biomasseabbau während geologischer Zeiträume durch Fossilisation zu Kohle, Torf oder Erdöl in die Lithosphäre über. Die Lithosphäre wurde damit zu einem Kohlenstoffspeicher, der etwa 99,95 Prozent des Kohlenstoffs im System Erde enthält. Dieser in der Lithosphäre gespeicherte Kohlenstoff wurde damit dem Kohlenstoffatomkreislauf entzogen. Diese Entnahme aus dem Stoffkreislauf wirkte sich als **natürliche Kohlenstoffsenke**, manchmal ungenau auch **Kohlenstoffdioxidsenke** genannt (→ **Klärung Randspalte**), aus.

Auch in der Biomasse der sommergrünen Wälder und der tropischen Regenwälder ist sehr viel Kohlenstoff gebunden. Je älter ein Wald ist, desto größer ist die im Baumholz gespeicherte Kohlenstoffmenge. Auch Wälder sind daher als Kohlenstoffsenken zu betrachten. Eine weitere natürliche Kohlenstoffsenke ist der Meeresboden, auf dem sich Kohlenstoff in Form von Carbonaten im Sediment ablagert.

Kohlenstoffsenken werden zu Kohlenstoffquellen
Durch die Verbrennung fossiler Energieträger greift der Mensch in diesen globalen Kohlenstoffkreislauf ein. Der Kohlenstoff, der seit Millionen Jahren in Form von Kohle, Erdöl und Erdgas gebunden war, wird nun wieder frei. Auch bei der Zerstörung des Regenwaldes durch Brandrodung oder Abholzung, bei der Verbrennung von Holz oder bei der Trockenlegung von Mooren werden aus ehemaligen Kohlenstoffsenken nun Kohlenstoffquellen.

VL Materialgebundene Aufgaben

6 Kohlenstoffsenken in aquatischen Systemen

Die Ozeane als CO_2-Speicher
Seit Beginn der Industrialisierung werden jährlich rund ein Drittel des menschengemachten CO_2 in Ozeanen gespeichert. Zwischen der Meeresoberfläche und der Atmosphäre stellt sich ein Gleichgewicht in Bezug auf den CO_2-Gehalt ein. Steigt der Kohlendioxid-Gehalt in der Luft, dann wird auch mehr CO_2 im Wasser aufgenommen. Dieses CO_2 gelangt in die Tiefen der Ozeane, wo es für lange Zeit gespeichert wird. Wissenschaftler untersuchen, welche Folgen dieses CO_2 im Wasser hat und ob sich die Speicherkapazität der Ozeane ausbauen ließe.

a) ≡ Recherchieren Sie die Folgen der CO_2-Aufnahme für die Ozeane und die daraus resultierenden Probleme.
b) ≡ Ein Wissenschaftler fragt: „Die ozeanische Kohlenstoffsenke bremst den Klimawandel. Doch rechtfertigt das, künstlich in das marine Ökosystem einzugreifen, um darin aus der Atmosphäre entzogenes CO_2 zu speichern?" Recherchieren Sie Pro- und Kontraargumente.

7 Technische Kohlenstoffsenken?

Forschung: Welche Möglichkeiten gibt es, den CO_2-Gehalt der Atmosphäre langfristig zu senken?
Vermutlich gelingt das nur durch eine Vermeidung der Emission von CO_2, eine Stärkung der natürlichen Senken wie Wälder und Moore sowie einer nachhaltigen Nutzung von Holz als Baumaterial. Zusätzlich sind technische Lösungen wie zum Beispiel die Einspeicherung in geologische Formationen mit hohem Druck in der Erprobung. Dabei soll das bei der Verbrennung fossiler Brennstoffe oder bei der Zement- und Stahlproduktion emittierte CO_2 abgeschieden und gespeichert werden.

a) ≡ Erläutern Sie die Abkürzung CCS. Recherchieren Sie dazu im Internet.
b) ≡ Der Prozess des CCS besteht aus den zwei Schritten der Abscheidung und Speicherung. Stellen Sie nach einer Recherche jeweils zwei der Verfahren vor, die in Pilotanlagen erprobt werden.

Auswirkungen von Veränderungen in Ökosystemen auf die Biodiversität

Unter dem Begriff Biodiversität fasst man die Vielfalt aller lebenden Organismen und ihrer Lebensräume zusammen. Dabei betrachtet man die Artenvielfalt, also die Zahl unterschiedlicher Arten, und die genetische Variation innerhalb einzelner Arten eines Lebensraums. Außerdem wird die Vielfalt an Biotopen und Ökosystemen sowie deren Ökosystemleistungen, also Funktionen, wie beispielsweise Bestäubung, Samenverbreitung und Fruchtbildung, oder auch die Vielfalt an Verhaltensweisen von Tieren berücksichtigt. Den verschiedenen Arten werden verschiedene Funktionen zugewiesen wie die Produktion von Biomasse oder die Speicherung von Kohlenstoffdioxid. Das führt zu einer Reihe von Fragestellungen zur Bedeutung der Artenvielfalt:

1. Sind alle Arten eines Ökosystems für die Ökosystemleistung notwendig?
2. Manche Arten sind sehr ähnlich. Sind sie alle notwendig?
3. Welche Auswirkungen auf die Biodiversität sind bei Veränderungen zu erwarten? Wie reagiert ein Ökosystem, wenn eine oder mehrere Arten durch einen menschlichen Eingriff oder eine andere Störung verloren geht?
4. In manchen Ökosystemen gibt es seltene Arten. Sind diese für das Ökosystem notwendig?

8 ≡ Formulieren Sie jeweils eine hypothetische Antwort auf die Fragen 1–4.

Hypothesen zur Funktion der Arten

Zum ökologischen Wert der Artenvielfalt werden verschiedene Thesen diskutiert:

A: Es sind viel mehr Arten vorhanden, als benötigt werden. Viele Arten haben ähnliche Funktionen, sie sind redundant. Die Zahl der Funktionen der Artengemeinschaft steigt linear mit der Zahl der Arten bis zu einem Sättigungswert. Zusätzliche Arten führen nicht mehr zu einer Steigerung der Funktionen. Sterben zu viele Arten aus, funktioniert das Ökosystem nicht mehr.

B: Einzelne Arten sind für die Funktion eines Ökosystems besonders wichtig. Erst wenn diese Arten sich angesiedelt haben, kann das Ökosystem seine Funktion erfüllen.

9 ≡ Nehmen Sie Stellung zu den zwei Hypothesen **A** und **B**.

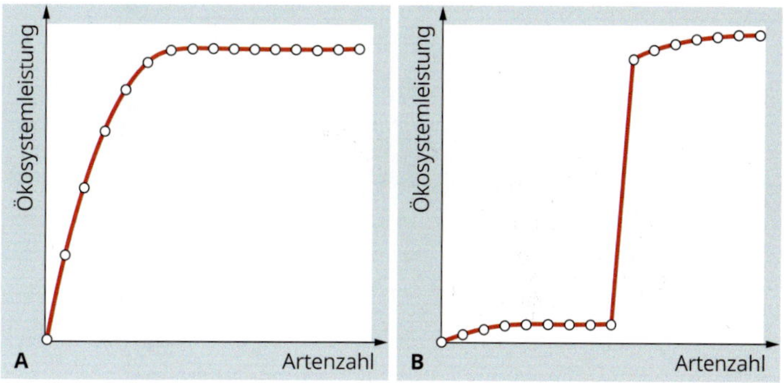

4 Zusammenhang zwischen Funktion und Artenzahl einer Lebensgemeinschaft. A Redundanz der Arten; **B** Auftreten einer Schlüsselart

VL Materialgebundene Aufgabe

10 Modellierung der Auswirkungen von Störungen auf die Biodiversität

Forschende nutzen die Metapher eines Flugzeugs, um die Diskussion zur Funktion der Arten zu veranschaulichen:

Metapher: Nietenhypothese
In Flugzeugen sind viel mehr Nieten angebracht, als für die Sicherheit und die Flugfähigkeit notwendig sind. Man kann also einige Nieten entfernen, ohne dass das Flugzeug abstürzt. Nach dem Herauslösen zu vieler Nieten wird das Flugzeug aber flugunfähig werden beziehungsweise abstürzen.

Metapher: Passagierhypothese
In einem Flugzeug haben die Passagiere unterschiedliche Bedeutung. Es gibt Personen, die für die Funktion des Flugzeugs wichtiger sind, als andere. Wenn ein Passagier ausfällt, wird das Flugzeug weiterfliegen können. Wenn aber der Pilot ohnmächtig wird oder gar stirbt, stürzt das Flugzeug ab.

a) ≡ Vergleichen Sie in einer Tabelle die verschiedenen Aspekte der beiden Metaphern mit den Arten in einem Ökosystem: Niete • Verlust einer Niete • Verlust vieler Nieten • Passagier • Sterben eines Passagiers • Sterben des Piloten.

b) ≡ „Die Wichtigkeit einer einzelnen Niete wird dabei erst erkannt, wenn das Flugzeug abgestürzt ist." Übertragen Sie diesen Satz zur Nietenhypothese auf die Arten eines Ökosystems.

c) ≡ Leguminosen haben als Stickstofffixierer eine ganz besondere Bedeutung für Ökosysteme. Recherchieren Sie und beschreiben Sie die Bedeutung der Leguminosen als Schlüsselart für Ökosysteme.

d) ≡ Die Bedeutung der Artenvielfalt lässt sich mit diesen Modellen nicht einfach klären. Dennoch können Rückschlüsse aus den Überlegungen gezogen werden. Vervollständigen Sie folgende Satzanfänge und formulieren Sie ergänzend eine eigene Schlussfolgerung:

„Solange man die Bedeutung scheinbar redundanter Arten nicht kennt, sollte man ..."

„Redundanz ist nicht überflüssig, sondern dient als Puffer ..."

1 Weißkopfseeadler

5.2 Auswirkungen anthropogener Einflüsse auf die Biosphäre

Lokale anthropogene Eingriffe haben globale Auswirkungen auf die Biosphäre. Was weiß man heute über hormonartig wirkende Substanzen, Mikro- und Makroplastik oder Neobiota?

Synonyme: hormonartig wirkende Substanzen = hormonaktive Substanzen = Umwelthormone = endokrine Disruptoren (lat. *endo:* innen, *krin:* ausscheiden, *disrumpere:* zum Erliegen bringen)

Hormonartig wirkende Substanzen

In den 1950er Jahren kam es zu einem Bestandsrückgang der Weißkopfseeadler in den USA, der auf das Insektizid **Dichlordiphenyltrichlorethan** (abgekürzt **DDT**) zurückgeführt wurde. Nach dem DDT-Verbot erholte sich der Bestand wieder. Was war die Ursache? Seit etwa 1970 haben sich die Hinweise vermehrt, dass in der Industrie weit verbreitet Umweltschadstoffe wie DDT, Bisphenol A oder Polychlorierte Biphenyle (abgekürzt PCBs) bereits in kleinsten Mengen im Körper den Hormonhaushalt von Menschen und Tieren beeinflussen und gesundheitliche Schäden hervorufen können. Solche hormonartig wirkenden Stoffe werden als **hormonaktive Substanzen** bezeichnet. Da Hormone schon in geringsten Mengen wirken und an der Steuerung der Entwicklung des Wachstums, der Reproduktion und des Verhaltens beteiligt sind, können diese Substanzen schwere Störungen hervorrufen.

1 ≡ Wiederholen Sie die Grundlagen der Wirkung der Hormone.

Aufnahme hormonaktiver Substanzen

Tiere und Menschen nehmen hormonaktive Substanzen überwiegend mit der Nahrung auf. Einige dieser Substanzen wie Phthalate und Bisphenol A gelangen direkt über die Verpackungsmaterialien in die Lebensmittel. Andere hormonaktive Substanzen können auf indirektem Weg über die Nahrungskette in Lebensmittel gelangen. Hierzu zählen chlororganische Verbindungen wie DDT, Dioxine und PCB, Perfluoralkylsäuren, kurz PFAS, aber auch Arzneimittel. Diese Substanzen gelangen durch Auswaschung, Niederschläge und Abwasser in Gewässer, werden an Sedimente gebunden und später freigesetzt. DDT, das in tropischen Regionen immer noch zur Bekämpfung von Malaria eingesetzt wird, verdunstet schnell, wird über Winde verteilt, kann sich in kälteren Regionen bis hin zur Polarregion verteilen. Einige hormonaktive Substanzen können über die Luft oder die Haut in den menschlichen Körper gelangen. Letzteres ist etwa bei Körperpflegemitteln wie Sonnencremes und Kosmetika möglich.

2 ≡ Erstellen Sie eine Tabelle mit den im Text genannten hormonaktiven Substanzen und ergänzen Sie drei weitere. Recherchieren Sie Funktionen dieser Stoffe in den industriellen Produkten sowie die TDI (engl. *Tolerable Daily intake*: tolerable tägliche Aufnahmemenge; mg/kg Körpergewicht).

Wirkungsmechanismen und Folgen

Hormonaktive Substanzen können aufgrund ihrer strukturellen Ähnlichkeit an Hormonrezeptoren binden und die Wirkung der natürlichen Hormone verstärken oder abschwächen. Sie können auch die Menge der in den Zellen gebildeten Rezeptormoleküle oder die Synthese oder den Abbau von Hormonen beeinflussen. An Wildtieren wurden zahlreiche Veränderungen dokumentiert, die auf hormonaktive Substanzen zurückgeführt werden. So konnte der Populationsrückgang beim Weißkopfseeadler auf den Einfluss von DDT zurückgeführt werden. Die Greifvögl legten Eier mit dünneren Schalen, was zu den Bestandseinbrüchen führte. Der Rückgang des Ostseerobbenbestandes wurde auf eine PCB-Kontaminierung zurückgeführt. Beim Menschen stehen diese Substanzen im Verdacht, für hormonabhängige Erkrankungen wie Prostata- und Brustkrebs oder Diabetes mitverantwortlich zu sein. Hormonaktive Substanzen, die die Wirkung körpereigener Sexualhormone nachahmen oder blockieren, scheinen ein früheres Einsetzen der Pubertät und die Verringerung der männlichen Fruchtbarkeit zu begünstigen.

3 ≡ Erklären Sie die globalen Auswirkungen der lokalen Nutzung des Insektizids DDT.

Gegenmaßnahmen
In Anbetracht des Gefahrenpotenzials der hormonaktiven Substanzen wurden bereits verschiedene gesetzliche Regelungen mit Zulassungsbeschränkungen oder Verboten erlassen.

4 ≡ Einige der hormonaktiven Substanzen gehören zum sogenannten „Dreckigen Dutzend", auch POPs genannt. Erläutern Sie diese Begriffe nach einer Recherche.

Die Holzschutzmittel DDT, PCB und Lindan werden nur sehr langsam abgebaut und stellen als Altlasten ein großes Problem dar.

5 ≡ DDT wurde einst als hochwirksames Insektizid verwendet, dann verboten. Recherchieren Sie zur Entsorgung der Altlasten.

6 ≡ Erläutern Sie am Beispiel DDT die Möglichkeiten und Grenzen des wissenschaftlichen Erkenntnisgewinns.

VI. Materialgebundene Aufgabe

7 Folgen der POP-Verschmutzung in der Arktis – fernab von den Verursachern

Die Inuit der kanadischen Broughton-Insel litten Ende der 1990er Jahre unter einer sehr hohen PCB-Belastung. Die Frauen erkrankten in verstärktem Ausmaß an Osteoporose, die Babys an Atemwegsinfektionen und Mittelohrentzündungen. Die Babys nahmen mit der Muttermilch PCB-Konzentrationen auf, die die heute laut WHO tolerierbaren Grenzwerte um das 20-fache überschritten. Langzeitstudien der konkreten Auswirkung von POPs wie PCB lagen damals aber noch nicht in ausreichendem Maße vor. Ein Chemieexperte der Organisation Greenpeace sagte 1999 in einem Interview: „Die am stärksten verseuchten Menschen der Erde sind ausgerechnet diejenigen, die kaum Vorteile von der Zivilisation haben."
Eine Studie von 1996 ergab, dass nicht nur der Mensch betroffen war. Über 1,5 Prozent der Eisbärinnen Spitzbergens waren Zwitter. Neben weiblichen Geschlechtsorganen wiesen sie einen verkleinerten Penis auf. Das Auftreten von zweigeschlechtlichen Individuen ist bei allen Wirbeltierarten ein lange bekanntes Phänomen, eine derart hohe Rate wurde jedoch bei Eisbärinnen nie zuvor beobachtet. Der Befund veranlasste international zahlreiche Forschende zu einem jahrzehntelangen Biomonitoring des Schadstoffgehalts in Wirbeltieren verschiedener arktischer Regionen sowie deren Anatomie, Gesundheit und Fortpflanzung. Diese Studien dienten auch als Grundlage für Gesundheitsempfehlungen für die Menschen in arktischen Regionen.

a) ≡ Beschreiben Sie die traditionelle Stellung der Inuit im arktischen Nahrungsnetz.
b) ≡ Stellen Sie Hypothesen zur Quelle der hohen Schadstoffbelastung der Inuit auf. Gehen Sie dabei auf die Aussage des Greenpeace-Chemieexperten ein.
c) ≡ Erklären Sie die in den Diagrammen **A** und **B** dargestellten Zusammenhänge. Erläutern Sie den Zusammenhang mit der Gesundheit der Inuit.
d) ≡ Recherchieren Sie die heutige Lebensweise kanadischer Inuit. Leiten Sie Vermutungen über die Schadstoffbelastung der jüngeren Bevölkerung ab.

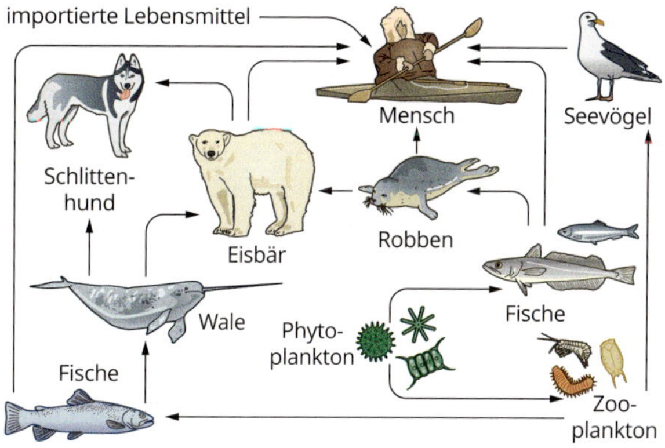

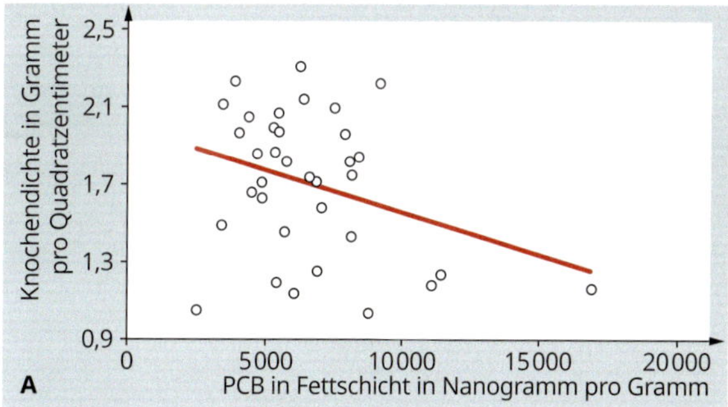

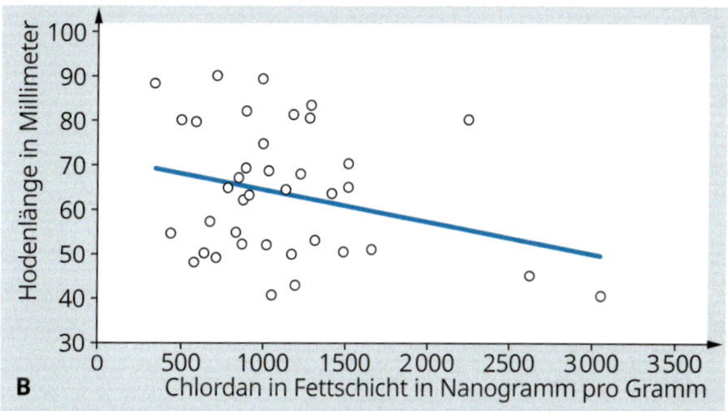

Grönland-Eisbär: A Knochendichte in Abhängigkeit von PCB; **B** Hodenlänge in Abhängigkeit der Konzentration des POPs Chlordan

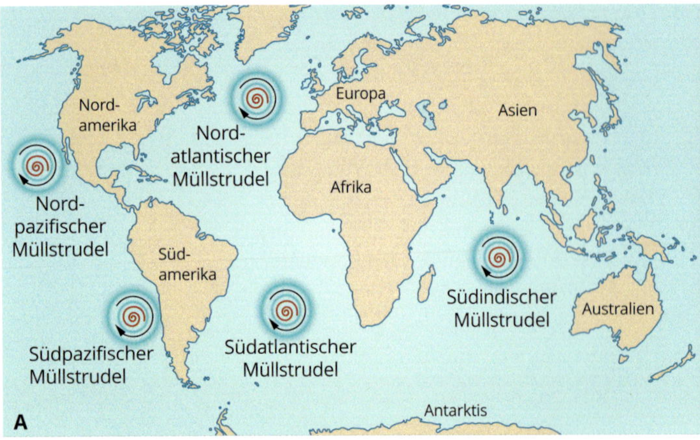

2 Plastikmüll. A Müllstrudel im Meer; **B** Plastikmüll im Wasser

Makro- und Mikroplastik

Riesige Mengen an Plastikmüll treiben in den Meeren. Wie gelangt dieser Müll dorthin, warum ist er für viele Lebewesen gefährlich und was kann man dagegen tun? Täglich werden gewaltige Mengen an Müll produziert, ein großer Teil davon besteht aus Plastik. Über 8 Millionen Tonnen dieses Plastikmülls gelangen pro Jahr in Flüsse und Meere. Plastikmüll treibt in allen Größen und Formen in den Weltmeeren. Er wird von Meeresströmungen mitgerissen und zirkuliert in Äquatornähe, wo unterschiedliche Meeresströmungen von Norden und Süden aufeinandertreffen und dadurch riesige Müllstrudel gebildet werden. Schätzungen zufolge treiben in jedem dieser Strudel 1–2,5 Kilogramm Plastikmüll pro Quadratkilometer. Darunter befinden sich Plastikflaschen, Plastiktüten, Joghurt- und Getränkebecher sowie Fischernetze. Solche großen Plastikteile bezeichnet man als **Makroplastik.** Daneben findet sich in allen Gewässern auch sogenanntes **Mikroplastik.** Hierunter versteht man Plastikteilchen mit einem Durchmesser unter fünf Millimeter. Sie werden entweder direkt in der entsprechenden Teilchengröße industriell hergestellt und dann als **primäres Mikroplastik** bezeichnet oder entstehen durch mechanisches Abschleifen oder den Einfluss von Salzwasser und UV-Licht auf Makroplastik. Man spricht dann von **sekundärem Mikroplastik.** Je nach Meeresströmung werden diese Plastikteile auch an den Strand gespült.

Materialgebundene Aufgabe

8 Herkunft von Mikroplastik in Deutschland

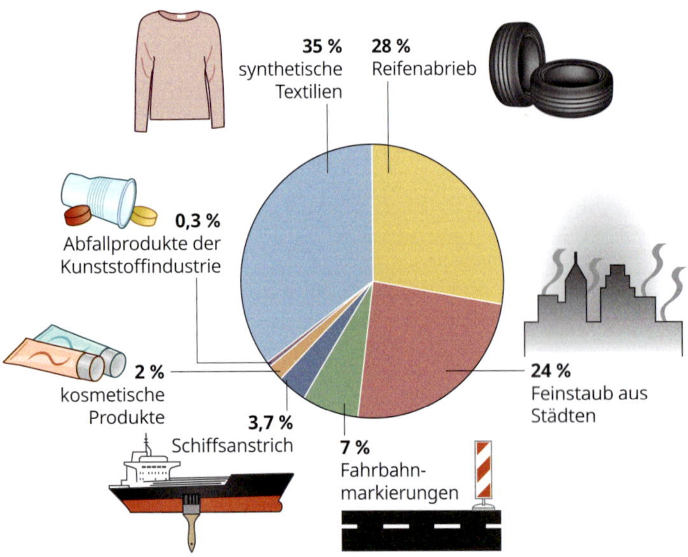

a) ☰ Werten Sie das Diagramm hinsichtlich der Bedeutung der verschiedenen Quellen des Mikroplastiks aus.

b) ☰ Beschreiben Sie, inwiefern Sie persönlich und Ihr Umfeld Anteil an dieser Problematik haben.

c) ☰ „Der Anteil von Mikroplastik in Kosmetika ist gering. Das muss ich beim Kauf nicht berücksichtigen.“ Bewerten Sie diese Aussage.

9 ☰ Beschreiben Sie die Folgen des Plastikmülls am Strand für die Umwelt, die Anwohner und die Touristen.

Folgen für die Umwelt

Die Folgen der Belastung durch Makro- und Mikroplastik für die Umwelt sind sehr verschieden. Fische und andere Meerestiere verfangen sich in den „Geisternetzen“ und verenden. Meeresvögel nutzen Plastikfäden zum Bau ihrer Nester und verheddern sich darin. Andere Meerestiere nehmen Makro- und Mikroplastik als vermeintliche Nahrung auf. Da dieses aber weder verdaut noch ausgeschieden werden kann, verhungern sie trotz gefüllter Mägen. Plastikteilchen können im Meer giftige Inhaltsstoffe wie etwa Bisphenol A (→ **Seite 210**), Weichmacher oder UV-Stabilisatoren freisetzen. Mikroplastik kann aufgrund seiner chemischen Eigenschaften auch bereits im Meerwasser gelöste Schadstoffe binden. Hierzu gehören auch solche, die wegen ihrer Giftigkeit und Langlebigkeit längst verboten oder im Gebrauch eingeschränkt sind wie etwa PCBs oder DDT. Je länger sich Mikroplastik im Wasser von Flüssen, Seen oder Meeren befindet, desto mehr Chemikalien bindet es.

10 ☰ Erklären Sie am Beispiel des Plastikmülls die globalen Auswirkungen des lokalen menschlichen Verhaltens.

Mikroplastik in Nahrungsketten
Mikroplastik im Meerwasser wird vom Zooplankton aufgenommen und gelangt dann über die verschiedenen Glieder der Nahrungskette bis zu den Endkonsumenten. Da es nicht verdaut werden kann, reichert es sich dabei an. Man spricht von **Bioakkumulation**. An Mikroplastik gebundene Schadstoffe wie PCB reichern sich auf diese Weise ebenfalls in den Konsumenten an. Durch die Darmwand gelangen diese fettlöslichen Schadstoffe ins Blut und werden dann im Fettgewebe der Lebewesen gespeichert. Die akute Toxizität von PCB ist zwar gering, allerdings zeigt sich schon bei geringen Mengen eine chronische Giftigkeit. Typische Auswirkungen einer PCB-Vergiftung sind unter anderem Leberschädigungen und Störungen des Immunsystems. Zudem steht PCB in Verdacht, krebserregend zu sein.

Gegenmaßnahmen
Die wichtigste Maßnahme gegen Plastik in Gewässern ist die Vermeidung von Plastikmüll. So hat die EU zum Schutz der Meere beschlossen, bestimmte Plastikgegenstände wie Strohhalme, Besteck, Essensverpackungen und dünne Plastiktüten zu verbieten. Auf politischer Ebene wurden globale und regionale Aktionspläne zur Bekämpfung von Meeresmüll verabschiedet. So fordert die **Meeresstrategie-Rahmenrichtlinie** von ihren EU-Mitgliedstaaten, nationale Strategien zu ergreifen, um die Meeresökosysteme besser zu schützen.

3 Plastikmüll am Strand

11 ☰ Tauschen Sie sich in Gruppen zu den Möglichkeiten des eigenen Handelns aus. Erstellen Sie zehn Tipps zum Plastiksparen und präsentieren Sie Ihre Ergebnisse auf Plakaten.

VL Materialgebundene Aufgabe

12 PCB in Nahrungsketten

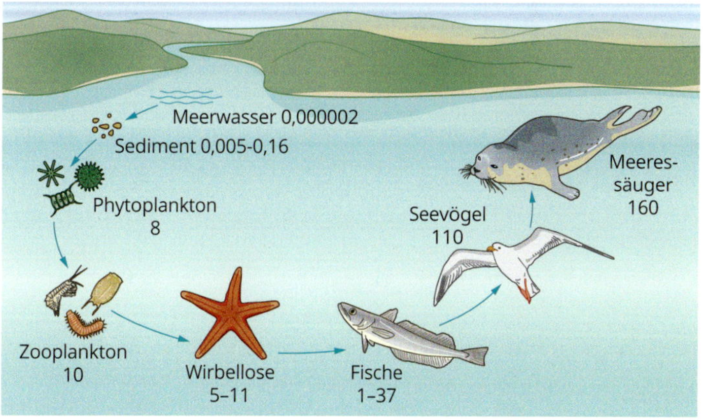

(Angaben in Milligramm pro Liter bzw. Kilogramm Fett)

a) ☰ Erklären Sie den Begriff der Bioakkumulation anhand der Abbildung.

b) ☰ Der Mensch als Endkonsument nimmt Speisefische aus dem Meer zu sich. Recherchieren Sie den gegenwärtigen Forschungsstand zur Auswirkung von mit der Nahrung aufgenommenem Mikroplastik auf den Menschen.

4 Japanischer Staudenknöterich (*Fallopia japonica*, weiß blühend) und Drüsiges Springkraut (*Impatiens glandulifera*, rosa blühend)

Einbürgerung mit Folgen

An vielen Bächen in Deutschland findet man das Drüsige Springkraut aus dem Himalaya oder den Japanischen Staudenknöterich aus Ostasien. Wie kommen diese Pflanzen hierher und welche Folgen hat das für die heimischen Ökosysteme?

5 Neobiota.
A Ochsenfrosch;
B Bienenfresser

Das Drüsige Springkraut wurde 1839 erstmals als Zierpflanze aus Asien nach England importiert. Ab 1855 waren erste wild vorkommende Pflanzen zu beobachten. Heute wächst dieses Springkraut fast überall in Europa. Der Japanische Staudenknöterich wurde ab 1825 ebenfalls gezielt nach Europa eingeführt. Der Nordamerikanische Ochsenfrosch zählt zu den weltweit größten Froscharten. Er wurde in Europa hauptsächlich für die Gastronomie eingeführt. Bis vor einigen Jahren konnten ihn auch Teich- und Aquarienfreunde im Zoohandel erwerben. Einige Exemplare wurden später ausgesetzt oder entwichen aus ihren Quartieren. Sie stellen als Feind und Nahrungskonkurrent eine ernste Gefahr für die einheimische Fauna dar. Auch die anthropogen bedingte Klimaerwärmung verändert das Siedlungsgebiet vieler Arten (→ **Seite 199**). Der Bienenfresser war ursprünglich im Mittelmeerraum heimisch, mittlerweile findet man ihn auch in Baden-Württemberg und Bayern.

13 ≡ Recherchieren Sie die Faktoren, die im Falle der im Text genannten Arten die Verbreitung in Deutschland begünstigt haben.

Neobiota

Erfolgt die Ausbreitung von Lebewesen infolge menschlicher Eingriffe, dann werden die Arten als **Neobiota** bezeichnet. Neobiotische Pflanzen nennt man **Neophyten**, neobiotische Tiere **Neozoen** und neobiotische Pilze **Neomyceten**. Dabei ist es unerheblich, ob die Lebewesen wissentlich oder unwissentlich eingeführt wurden oder infolge des anthropogen bedingten Klimawandels neue Lebensräume eroberten.

Etwa 10 Prozent der eingeschleppten Arten sind durch eine hohe Vermehrungsrate und ein großes Verbreitungspotenzial gekennzeichnet und können daher zu einer Bedrohung für das heimische Ökosystem werden. Sie zeigen dann in ihrem neuen Siedlungsgebiet eine besonders breite ökologische Potenz in der Nutzung bestimmter Umweltressourcen. Vielfach sind Neobiota in ihren ursprünglichen Verbreitungsgebieten wegen der Konkurrenz anderer Arten oder der Einbindung in Nahrungsnetze weniger dominant. Fehlen diese Konkurrenten oder Nahrungsnetze jedoch, breiten sie sich auf Kosten einheimischer Arten, Lebensgemeinschaften oder ganzer Lebensräume aus. Dann bezeichnet man sie als **invasive Arten**.

Diese gebietsfremden Arten können dann als Räuber, Konkurrenten um Nahrung oder Lebensraum oder auch Überträger von Krankheiten zur Bedrohung für die heimische Tier- und Pflanzenwelt, für die Ernährungssicherheit, die Wirtschaft und die menschliche Gesundheit werden. In Studien wurde außerdem gezeigt, dass diese Arten ein Hauptfaktor für 60 % sowie der einzige Auslöser für 16 % des globalen Aussterbens von Tier- und Pflanzenarten sind. Es ist zu erwarten, dass die zunehmende Globalisierung sowie die Habitatzerstörung zu einer weiteren Zunahme an invasiven Arten führen wird. Bei der Bekämpfung der invasiven Arten sind immer die Auswirkungen auf die heimischen Tier- und Pflanzenarten zu berücksichtigen.

14 **VL** ≡ Erklären Sie, inwieweit das Auftreten der invasiven Arten infolge lokaler anthropogener Einflüsse als globale Bedrohung für die Biosphäre angesehen werden kann.

15 Managementmaßnahmen gegen invasive Arten

Im Jahr 2014 wurde auf EU-Ebene eine Verordnung über die Prävention und das Management der Einbringung und Ausbreitung invasiver Arten beschlossen. Mit dieser sollen nachteilige Auswirkungen invasiver Arten auf die Biodiversität vermieden werden. Die invasiven Arten sind in einer Liste aufgeführt. Die Verordnung beinhaltet Handelsverbote, ein Verbot der Zucht und Haltung invasiver Lebewesen sowie deren Freisetzung in die Natur. In Abhängigkeit von der Gefährdung durch die Arten beinhaltet die Verordnung ein abgestuftes System von Prävention, Früherkennung und sofortiger Beseitigung sowie dem Management bereits weit verbreiteter invasiver Arten. Negative Auswirkungen auf Nicht-Zielarten, die gemeinsam mit den invasiven Arten vorkommen, sollen dabei möglichst reduziert oder ganz vermieden werden.

a) ☰ Erstellen Sie in Gruppen nach selbst gewählten Kriterien mithilfe einer Recherche Steckbriefe zu den vier vorgestellten invasiven Arten.

b) ☰ Recherchieren Sie die jeweiligen Managementmaßnahmen, begründen Sie diese und präsentieren Sie die Ergebnisse.

Großblütiges Heusenkraut (gelistet seit 2016)
Unter günstigen Bedingungen kann das Großblütige Heusenkraut (*Ludwigia grandiflora*) in kurzer Zeit Fauna und Flora eines einheimischen Gewässers total verändern. Sie bildet dichte, schwimmende Teppiche, die andere Pflanzen verdrängen.

Rote Feuerameise (gelistet seit 2022)
Im September 2023 wurde die Rote Feuerameise (*Solenopsis invicta*) erstmals auf Sizilien entdeckt. Sie gilt als eine der schlimmsten invasiven Arten, die unter anderem die heimischen Ameisen verdrängt und massiven Schaden anrichtet.

Waschbär (gelistet seit 2016)
Der ursprünglich in Nordamerika beheimatete Waschbär breitet sich seit Mitte des 20. Jahrhunderts in Europa aus. Er kann ein Problem für bodenbrütende Vögel werden und dringt als ungebetener Gast in Häuser ein.

Sibirisches Streifenhörnchen (gelistet seit 2016)
Das sibirische Streifenhörnchen lebt bislang in isolierten Populationen in Deutschland. Es stellt als Nahrungskonkurrent und Krankheitsüberträger für heimische Nagerarten im Wald ein Problem dar.

16 Die Ausbreitung der Pazifischen Felsenauster – Erfolgsstory oder Bedrohung?

Jostein K., Naturschützer: „Die Pazifischen Felsenaustern fressen viel mehr Algen, beanspruchen viel mehr Platz und fressen aus Zufall auch Larven von anderen Muscheln. Ich befürchte, dass Herzmuscheln und Miesmuscheln durch die Konkurrenz der Auster noch viel seltener werden. Dadurch könnten auch muschelfressende Vögel, wie Eiderente und Austernfischer, in Schwierigkeiten kommen."

Andrea R., Bürgermeisterin eines Küstenorts: „Die Pazifischen Felsenaustern bilden auf der Basis von Miesmuschelbänken eine Art felsigen Untergrund für viele Meerestiere wie Seeanemonen und Seepocken. Die so entstandenen Riffe stabilisieren die Küste bei Sturmfluten und dem steigenden Meeresspiegel. Dies ist ein natürlicher Küstenschutz, der für die küstennahen Orte sehr wichtig ist."

Knut A., Nordseefischer: „In den Niederlanden sind wenige Lizenzen zum Austernsammeln vergeben, in Deutschland ist das aus Naturschutzgründen verboten. In Kooperation mit niederländischen Kollegen sammeln wir die ausgewachsenen Wildaustern per Hand bei Ebbe von den Riffen. Die Jungtiere lassen wir auf dem Riff. Das ist eine mühsame Arbeit, die uns aber ein Einkommen sichert."

a) ☰ Erstellen Sie mithilfe einer Recherche einen Steckbrief der Pazifischen Felsenauster. Recherchieren Sie dabei auch zu den Auswirkungen dieser Austern auf das Ökosystem Wattenmeer.

b) ☰ Beschreiben Sie mithilfe Ihres Recherchematerials die ökologischen, ökonomischen, sozialen und politischen Aspekte, die sich aus dem Auftreten der pazifischen Auster ergeben.

c) ☰ „Es ist eine Frage der Perspektive, ob die Austern im Wattenmeer als Goldgrube oder als Bedrohung angesehen werden". Nehmen Sie mithilfe der Texte begründet Stellung zu dieser Aussage.

6 Dilemmata analysieren – nachhaltig handeln

Beim Einkauf fürs Wochenende kommen einem viele Fragen in den Sinn. Soll es Sonntag wirklich einen Schweinebraten geben? Oder gibt es einen Gemüseauflauf? Was ist ökologisch und ökonomisch sinnvoll?

Transformation: grundlegender Wandel; sprunghafte Veränderungen in der politischen, wirtschaftlichen oder technologischen Entwicklung *hier:* **Transformation in eine klimaneutrale Gesellschaft**, zum Beispiel Nutzung regenerativer statt fossiler Energieträger und Rohstoffe

Analyse der Interessenskonflikte

Der Klimawandel und seine Folgen, die Übernutzung natürlicher Ressourcen und der Verlust der Biodiversität werden aufgrund ihrer deutlichen Auswirkungen auf unseren Alltag zunehmend als gesamtgesellschaftliche Aufgabe angesehen. Heute wissen wir, dass der Erhalt und die Renaturierung von Ökosystemen wichtige Maßnahmen sind, um den globalen Klimawandel zu bekämpfen und natürliche Ressourcen zu schützen. Dabei ist die Entwicklung nachhaltiger Lösungen eine komplexe Aufgabe. Es müssen ökologische, ökonomische, politische und soziale Aspekte berücksichtigt werden. Diese Entwicklungsdimensionen stehen dabei oftmals in einem Spannungsverhältnis. Einerseits sollen natürliche Ressourcen geschützt werden, andererseits müssen diese etwa zur Nahrungsmittelproduktion oder zur Ansiedlung von Industrieanlagen und Verkehrswegen wirtschaftlich genutzt werden. Um diese **Dilemmata** zu lösen, ist eine große Fachkenntnis notwendig. Darum arbeiten unterschiedliche wissenschaftliche Disziplinen gemeinsam an der Untersuchung der globalen Veränderungen der Ökosysteme.

1 Lösung eines Dilemmas

a) ≡ Recherchieren Sie die Bedeutung des Begriffs Dilemma.

b) ≡ Erläutern Sie, inwieweit ein Interessenskonflikt zwischen ökologischen und ökonomischen Erfordernissen ein Dilemma darstellt.

c) VL ≡ Stellen Sie an einem selbstgewählten Beipiel dar, inwiefern interdisziplinäre Zusammenarbeit helfen kann, ein Dilemma zu lösen.

d) ≡ Viele erkennen die Notwendigkeit der Transformation, wollen aber nicht das eigene Verhalten ändern und auf etwas verzichten. Sie haben den Eindruck, dann Teil einer Minderheit zu sein, während andere die „Vorzüge" des „klimaschädlichen" Lebens genießen. Diskutieren Sie im Kurs.

VL Materialgebundene Aufgabe

2 Analyse eines Interessenkonflikts

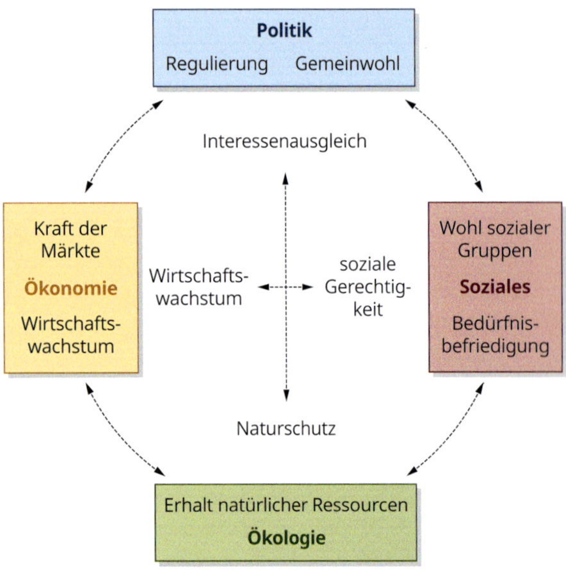

Die Umwelt-AG hat beim Festausschuss des Schulfestes den Antrag gestellt, dieses Jahr auf gegrilltes Fleisch zu verzichten. Die Reaktionen reichen von Zustimmung, *„Ja, damit könnten wir zeigen, dass wir den Klimawandel im Blick haben"*, bis hin zu völligem Unverständnis, *„Dann kommt doch keiner. Grillen gehört einfach dazu."*, und deutlicher Kritik *„So schlimm ist es doch wohl nicht, wenn wir hier auf dem Fest ein paar Würstchen grillen. Wenn wir das lassen, retten wir die Welt auch nicht. Und Bio-Würstchen sind doch viel zu teuer"* und *„Unsere Bauern müssen doch ihr Fleisch verkaufen, da hängen doch auch Arbeitsplätze dran"*.

a) ≡ Analysieren Sie mit einer Recherche die Situation rund um den Fleischkonsum aus ökologischer, ökonomischer, politischer und sozialer Perspektive. Die Grafik bietet Ihnen Impulse zur Recherche.

b) ≡ Formulieren Sie einen Dialog der verschiedenen Positionen im Festausschuss. Entwickeln Sie dabei alternative Handlungsoptionen für den Festausschuss.

Leitbild nachhaltiger Entwicklung
Im Jahr 2016 haben die Vereinten Nationen (UN) **17 Ziele für eine nachhaltige Entwicklung** (engl. *Sustainable Development Goals*, Abk. SDGs) formuliert, an denen sich auch Deutschland orientiert. Diese Ziele spiegeln die fünf Kernkategorien „Mensch, Planet, Wohlstand, Frieden und Partnerschaft“ wider. Nachhaltige Entwicklung bedeutet dabei, dass die jetzt lebende Generation ihre Grundbedürfnisse befriedigen kann, ohne dabei die Möglichkeiten zukünftiger Generationen einzuschränken. Das Leitbild der nachhaltigen Entwicklung ist mit der Frage verbunden: Wie wollen und können Menschen in allen Staaten heute und in Zukunft gemeinsam leben? Die Nachhaltigkeitsziele verbinden dabei die sozialen, ökologischen, ökonomischen und politischen Dimensionen von Nachhaltigkeit. Mit der Umsetzung der Ziele sollen Armut, Hunger und Ungleichheiten in und zwischen Staaten bekämpft werden. Die wirtschaftliche Entwicklung eines Landes soll mit dem Schutz der natürlichen Ressourcen in Einklang gebracht werden. Jede einzelne Person kann mit ihrem Verhalten einen Beitrag zur nachhaltigen Entwicklung leisten. Hilfestellung geben dabei Siegel, die informieren, ob bei der Herstellung und dem Handel der Ware ökologische und ökonomische Aspekte von Produzenten und Händlern berücksichtigt wurden.

❸ ≡ Recherchieren Sie, was man unter Fairtrade-Produkten versteht, welche Siegel verwendet werden und wo man diese Produkte in Ihrer Kommune erwerben kann.

Nachhaltigkeit, „Nachhaltige Entwicklung“: Der Forstwirt Hans Carl von Carlowitz schlug bereits im Jahr 1700 vor, immer nur so viel Holz in einem Wald zu schlagen, wie durch Wiederaufforstung nachwachsen kann. Er legte damit den Grundstein des nachhaltigen Handelns.

Materialgebundene Aufgabe

❷ Dimensionen nachhaltiger Entwicklung

a) ≡ Ordnen Sie die 17 Ziele der Nachhaltigkeit jeweils passenden Werten und den im Text genannten fünf Kernkategorien zu.

b) ≡ Formulieren Sie für 1–17 einen erläuternden Satz.

c) ≡ „Bildung ist der Schlüssel zur Hilfe durch Selbsthilfe.“ Diskutieren Sie diese Aussage.

Nachhaltige Lebensweise auf persönlicher und gesellschaftlicher Ebene
„Nachhaltig leben" bedeutet nicht nur umweltschonend, sondern auch sozial verträglich zu handeln. Wie lebt man nachhaltig? Welche Werte müssen hier auf persönlicher und gesellschaftlicher Ebene bedacht werden?

Um Handlungsmöglichkeiten für die nachhaltige Nutzung einer natürlichen Ressource und deren Bewertung zu entwickeln, ist umfangreiches Sachwissen verschiedener Disziplinen notwendig. Dabei müssen die vielfältigen Interessen, individuelle Wertvorstellungen sowie die gesellschaftlichen Vorgaben und Normen berücksichtigt werden, die mit den Handlungsmöglichkeiten verbunden sind. Die Entscheidungssituationen sind also sachlich und ethisch komplex. Grundsätzlich müssen dabei die **Sachebene** und die **Werteebene** miteinander verknüpft werden.

Argumentationsformen beim Bewerten von Handlungsmöglichkeiten
Auf der Basis der Sach- und der Werteebene werden beim Bewerten von Handlungsmöglichkeiten Pro- und Kontraargumente entwickelt. Werden bei einer Argumentation Zahlen und Fakten genannt sowie kausale und funktionale Zusammenhänge beschrieben, wird auf der Sachebene in beschreibender oder **deskriptiver** Form argumentiert. Dabei müssen neben den Aspekten des Umweltschutzes auch gesellschaftliche Fragen und die politischen Dimensionen des Problems betrachtet werden. Werden dagegen Bezüge zu individuellen Werten und gesellschaftlichen Normen hergestellt, argumentiert man auf der Werteebene in **normativer** Form. Beide Ebenen werden beim Bewerten miteinander verbunden, um zu einer begründeten Entscheidung für eine oder mehrere Handlungsoptionen zu gelangen.

Bewertungsprozess
Genauso wie in bio- oder medizinethischen Bewertungssituationen kann die Bewertung einer Nutzung natürlicher Ressourcen in mehreren Schritten durchgeführt werden. Dies strukturiert den Entscheidungsprozess und macht ihn für andere gut nachvollziehbar. Der Prozess umfasst in der Regel sechs Schritte:

1. Schritt: Formulieren der Entscheidungsfrage
Formulieren Sie eine konkrete Entscheidungsfrage für eine nachhaltige Lebensweise.

2. Schritt: Die Sachebene: Sammeln der Hintergrundinformationen
Stellen Sie mit einer Recherche das Dilemma mit allen Entwicklungsdimensionen und persönlichen und gesellschaftlichen Zielkonflikten dar. Beachten Sie das Zusammenwirken unterschiedlicher (natur)wissenschaftlicher Disziplinen aus den Bereichen der Ökonomie, Ökologie, Politik und Sozialwissenschaften.

3. Schritt: Beschreiben der Handlungsoptionen
Formulieren Sie zwei verschiedene Handlungsoptionen und ihre Folgen. Eine davon sollte nachhaltig sein.

4. Schritt: Die Werteebene: Welche ethischen Werte müssen berücksichtigt werden?
Nennen Sie jeweils mindestens fünf verschiedene Werte für die unterschiedlichen Handlungsoptionen.

5. Schritt: Die Wertehierarchie – Wie werden die verschiedenen Werte gewichtet?
Menschen haben unterschiedliche Wertvorstellungen und messen diesen Werten unterschiedliche Bedeutung bei. Deshalb kann die Antwort auf die Entscheidungsfrage unterschiedlich ausfallen. Eine persönliche **Priorisierung** der Werte ist daher für eine Bewertung notwendig. Treffen Sie auf dieser Grundlage eine begründete Entscheidung für eine oder eine Kombination aus mehreren Handlungsmöglichkeiten.

6. Schritt: Die Entscheidung – Wie lautet die begründete Entscheidung?
Nach sorgfältiger Abwägung der jeweiligen ethischen Werte kann eine Entscheidung für eine der Handlungsoptionen getroffen und mit den eigenen Wertvorstellungen begründet werden. Formulieren Sie Vermutungen, wie Entscheidungen anderer Personen aussehen könnten und welche Gründe hinter diesen Entscheidungen stehen.

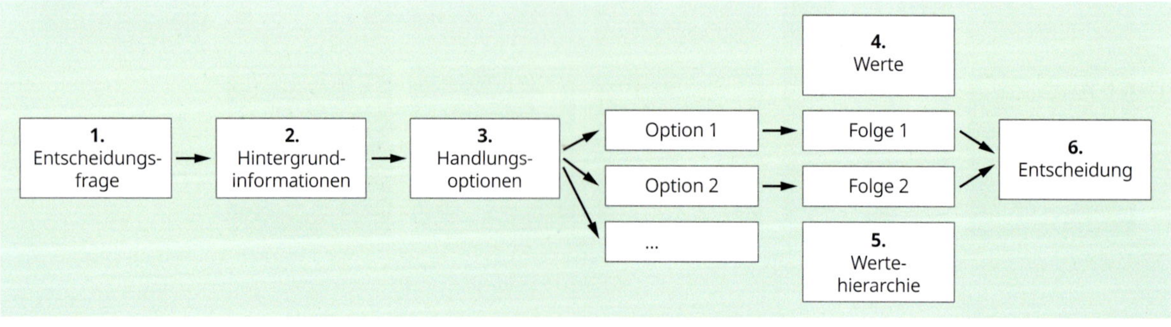

1 Übersicht: Vorgehensweise beim Treffen einer ethisch begründeten Entscheidung

5 Bewerten in 6 Schritten am Beispiel des Kaufs einer Baumwolljeans

Bekleidungstextilien in Deutschland haben heutzutage im Schnitt weniger als ein Drittel ihrer Haltbarkeit hinter sich, bis sie ausrangiert werden. Bevor eine Jeans im Laden verkauft wird, haben die verschiedenen Teile mehr als 50 000 Kilometer Transportstrecke hinter sich. Der Ladenpreis einer Jeans setzt sich folgendermaßen zusammen:

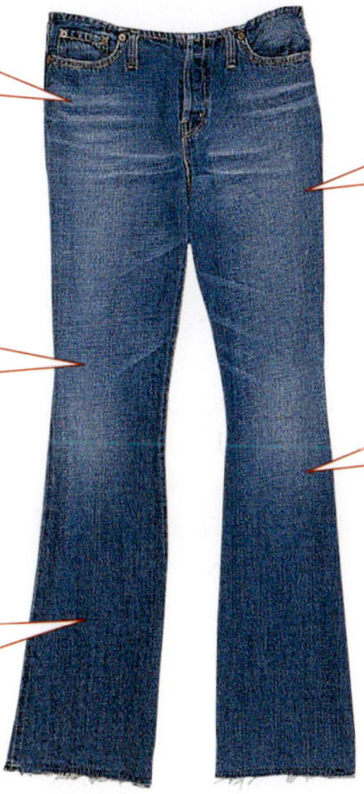

Schritt 1: Ausgangsfrage: „Ich habe noch drei Jeans im Kleiderschrank. Soll ich mir trotzdem eine neue Jeans kaufen?!

a) ≡ Schritt 2: Sammeln Sie mit einer Recherche die Hintergrundinformationen, die Sie zur Klärung der Ausgangsfrage benötigen. Recherchieren Sie dabei unter anderem auch zu den Arbeitsbedingungen und den Umweltproblemen im Baumwollanbau, den Transportwegen, den Möglichkeiten des Erwerbs im fairen Handel und in Secondhand-Läden.

b) ≡ Schritt 3: Formulieren Sie begründet zwei Handlungsoptionen, von denen eine auf jeden Fall nachhaltig sein sollte.

c) ≡ Schritt 4: Nennen Sie fünf Werte, die für Sie bei der Betrachtung der jeweiligen Handlungsoptionen eine Rolle spielen.

d) ≡ Schritt 5: Priorisieren Sie diese Werte für sich und begründen Sie Ihre Hierarchisierung.

e) ≡ Schritt 6: Treffen Sie dann für sich eine Entscheidung. Reflektieren Sie dabei die kurz- und langfristigen Folgen Ihrer Entscheidung und überlegen Sie, welche lokalen und globalen Folgen mit Ihrer Entscheidung verbunden sind.

f) ≡ Tauschen Sie sich mit anderen im Kurs über Ihre Entscheidung aus und vertreten, reflektieren und korrigieren Sie gegebenenfalls Ihren Standpunkt.

6 VL Das Dilemma der Nachhaltigkeit – zwischen individueller Freiheit und gesellschaftlicher Verantwortung

Tagtäglich sind wir als Konsumenten in unserer persönlichen Lebenswelt mit Interessenskonflikten zwischen ökologischen und ökonomischen Erfordernissen konfrontiert. Vor allem in den Bereichen Ernährung, Konsum und Mobilität treffen wir Tag für Tag mehr oder weniger gut durchdachte, manchmal auch sehr spontane Entscheidungen.

„Ich liebe Avocados, obwohl ich weiß, dass deren Anbau große Mengen Wasser benötigt.“

„Ein Müsli ohne Bananen kann ich mir gar nicht vorstellen.“

„Meine Mutter hat im Dezember Geburtstag. Ich schenke ihr immer einen wunderschönen Rosenstrauß.“

„Ich freue mich jedes Jahr auf die ersten Erdbeeren aus Italien.“

„Nach dem Abitur fliege ich erst mal nach Neuseeland.“

„Seit ich den Führerschein habe fahre ich nicht mehr mit dem Fahrrad zur Schule. Meine Mutter gibt mir jeden Tag ihr Auto.“

„Mein Vater kauft jetzt ein E-Auto.“

„Mein Handy ist zwar erst zwei Jahre alt, aber ich brauche mehr Speicherplatz. Deshalb kaufe ich mir ein neues Handy.“

a) ≡ Leiten Sie im Kurs Dilemmata aus Ihrem persönlichen Alltag ab und listen Sie diese auf. Die Textkästen können Ihnen eine Anregung sein. Bilden Sie dann Gruppen und wählen Sie jeweils eines der Themen aus.

b) ≡ Analysieren Sie jeweils das gewählte Thema mithilfe der Schritte 1–6 (→ **Seite 218 ff.**) und leiten Sie so durch eine Wertehierarchisierung Handlungsoptionen für eine nachhaltige Lebensweise ab.

c) ≡ Präsentieren Sie Ihre Ergebnisse im Kurs und diskutieren Sie diese. Reflektieren Sie dabei die Bewertung jeweils aus persönlicher, gesellschaftlicher und ethischer Perspektive. Überlegen Sie dabei auch, warum wir uns in manchen Situationen gegen eine nachhaltige Handlung entscheiden, obwohl wir genau wissen, dass eine andere, nachhaltigere Handlungsoption besteht.

d) ≡ Reflektieren Sie, ob Ihr eigener Anteil am Prozess der Transformation (→ **Seite 216 ff.**) Ihrer Einschätzung nach ausreichend ist oder inwieweit Sie Handlungsoptionen erkennen.

„Wir haben die Erde nicht von unseren Eltern geerbt, sondern von unseren Kindern geliehen.“

e) ≡ Diskutieren Sie abschließend im Kurs über diese Weisheit und formulieren Sie dann jeweils ein persönliches Fazit, das Sie aus der Diskussion ziehen.

Konzept der Ökosystemleistungen

Der Mensch nutzt die Ressourcen von Ökosystemen in vielfältiger Weise:

regulierend:
Nutzen, die aus der Regulierung durch die Ökosysteme entstehen wie Klimaregulierung, Reinigung von Luft und Wasser, Abfallbeseitigung

unterstützend:
Leistungen, die für die Produktion anderer Ökosystemleistungen benötigt werden wie Bestäubung, Primärproduktion, Nährstoffkreisläufe, Bodenbildung

kulturell:
nichtmaterieller Nutzen durch Ökosysteme wie Arbeitsplatz, Sport- und Erholungsraum, intellektuelle Bedürfnisse wie für Forschung

bereitstellend:
Produkte, die gewonnen werden wie Nahrungsmittel, Wasser, Rohstoffe, Holz, Medizin, Energieträger

Mehr dazu auf den Seiten 192, 193

Der anthropogen bedingte Treibhauseffekt

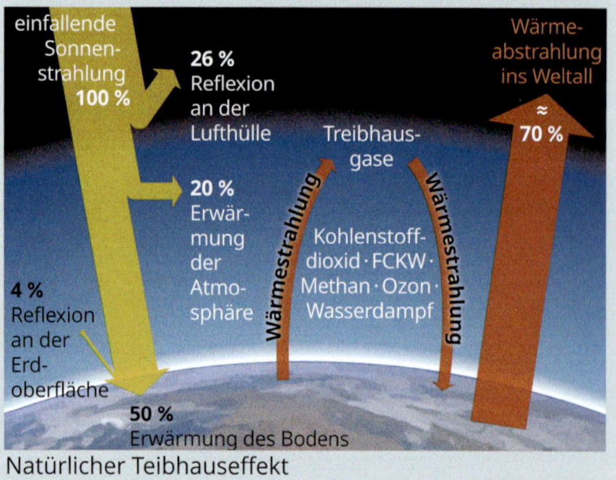

Natürlicher Teibhauseffekt

Anthropogen bedingter Treibhauseffekt: Durch anthropogen bedingten erhöhten Ausstoß von Treibhausgasen wird der Treibhauseffekt verstärkt, was zu einer globalen Erwärmung führt.
Folgen des anthropogen bedingten Treibhauseffekts (Beispiele): Temperaturanstieg, Hitzewellen, Wetterextreme wie Dürre, Überschwemmungen, Waldbrände, Austrocknen der Böden, Nahrungsmangel, Auftauen des Permafrosts, Schmelzen der Polkappen

Mehr dazu auf den Seiten 194 bis 197

Bedeutung und Erhalt der Biodiversität

- **Biodiversität** = biologische Vielfalt, betrifft genetische Vielfalt, Vielfalt der Arten und der Ökosysteme
- **Bedeutung/Nutzung:** Nutztiere und Nutzpflanzen zur Gewinnung von Nahrung, Rohstoffe für Medikamente, Kleidung, Baustoffe
- **Schädigung** der Biodiversität: Übernutzung und Zerstörung von Ökosystemen, Einschleppen von invasiven Arten, Veränderungen durch den anthropogen bedingten Treibhauseffekt
- **Erhalt** der Biodiversität: Artenschutz, Biotopschutz, Biosphärenreservate, Natur- und Landschaftsschutzgebiete

Mehr dazu auf den Seiten 198–200

Monetarisierung von Ökosystemen

Kosten-Nutzen-Analyse: Ökosystemleistungen, die eindeutig quantifizierbar sind, werden heute auf Märkten gehandelt und dienen als Grundlage für politische Entscheidungen. Damit sollen die durch die (übermäßige) **Nutzung** entstehenden **Kosten** den Verursachern in Rechnung gestellt und kompensiert werden. Dabei besteht die Gefahr, dass der Wert der Natur oder ihre Leistungen nur unter dem Vermarktungsaspekt gesehen werden. Es gibt aber zahlreiche Ökosystemleistungen, die nicht quantifiziert werden können. Trotzdem sind sie relevant. Diese rein ökonomische Sichtweise hat also Vorteile und Grenzen.
Ökosystemmanagement: zunächst Beschreibung eines Ökosystems, dabei Analyse von **Ursache- und Wirkungszusammenhängen**, anschließend Entwicklung von Konzepten der Wiederherstellung und der **nachhaltigen Nutzung**
- Erhaltungs-, Aufwertungs- und Renaturierungsmaßnahmen dienen dem Schutz der Biodiversität
- Prozessschutz: Verbot menschlicher Eingriffe

anthropozentrische Bewertung der Natur: frühere Sichtweise, nach der der Mensch sich als Mittelpunkt der Natur sieht und die Ressourcen der Natur für sich nutzt; heute Notwendigkeit der **Werteabwägung** aus verschiedenen Perspektiven als Grundlage für bestimmtes nachhaltiges Handeln

ⓔ **Ökologischer Fußabdruck:** ertragreiche Fläche der Erde, die für die Deckung des Lebensstandards eines Menschen benötigt wird

Mehr dazu auf den Seiten 201–205

ⓔ Wechselwirkungen von Biomen

Biom: global betrachtet größere Landschaftseinheiten mit jeweils charakteristischer Biozönose, einem ähnlichen Klima- und Bodentyp; Beispiele Tundra, tropischer Regenwald; Biome stehen in abiotischen **Wechselwirkungen** miteinander
Beispiele:
- Saharastaub düngt den tropischen Regenwald
- **Wasserevaporation** im tropischen Regenwald beeinflusst das globale Klima
- intakter tropischer Regenwald wirkt als **Kohlenstoffdioxidsenke/Kohlenstoffsenke**

Modellierungen der Auswirkungen von Störungen auf die Biodiversität: Veranschaulichung:
- **Nietenhypothese**
- **Passagierhypothese**

Mehr dazu auf den Seiten 206–209

ⓔ Hormonartig wirkende Substanzen = hormonaktive Substanzen

Hormonaktive Substanzen wie DDT und PCB sind Umweltschadstoffe, die in kleinsten Mengen den Hormonhaushalt von Menschen und Tieren beeinflussen.
- **Aufnahme:** über die Nahrung
- **Wirkung:** binden an Hormonrezeptoren, verhindern, verringern oder verstärken die Wirkung natürlicher Hormone
- **Gegenmaßnahmen:** Verbot

Mehr dazu auf den Seiten 210, 211

ⓔ Makro- und Mikroplastik

- **Makroplastik:** große Plastikteile
- **Mikroplastik:** Plastikteile mit einem Durchmesser unter 0,5 Millimeter
  - primäres Mikroplastik wird direkt industriell produziert
  - sekundäres Mikroplastik entsteht aus Makroplastik durch physikalisch-chemische Prozesse
- **Gefahren:** Schädigung von Tieren; Freisetzung giftiger Inhaltsstoffe; Bindung bereits gelöster Schadstoffe; Bioakkumulation über Nahrungsketten

Mehr dazu auf den Seiten 212 und 213

ⓔ Invasive Arten

- **Neobiota:** Lebewesen, die sich aufgrund menschlicher Eingriffe in neuen Lebensräumen ansiedeln
- **Neophyten:** neobiotische Pflanzen
- **Neozoen:** neobiotische Tiere
- **Neomyceten:** neobiotische Pilze
- **invasive Arten:** Neobiota, die die heimische Flora oder Faune verdrängen

Gebietsfremde Arten **schädigen** in vielfältiger Weise, zum Beispiel als Räuber und Konkurrenten um Nahrung oder Lebensraum oder als Überträger von Krankheiten. Sie können zur **Bedrohung** für die Ernährungssicherheit des Menschen, für die Wirtschaft und für die menschliche Gesundheit werden.
Bekämpfung mit Rücksicht auf die heimische Tier- und Pflanzenwelt.

Mehr dazu auf den Seiten 214 und 215

Dilemmata analysieren – nachhaltig handeln

Dilemma: Situation, in der man gezwungen ist, sich zwischen Handlungsoptionen zu entscheiden, die beide auf jeden Fall auch zu unerwünschten Resultaten führen, Beispiel: Veränderungen von Ökosystemen
Nachhaltigkeit: Befriedigung der Bedürfnisse der Gegenwart, ohne die Möglichkeiten zukünftiger Generationen einzuschränken
Ethische Bewertung durch Priorisierung von Werten:

1. Schritt: Formulieren der Entscheidungsfrage

↓

2. Schritt: Sachebene – Sammeln der Hintergrundinformationen unterschiedlicher naturwissenschaftlicher Disziplinen

↓

3. Schritt: Beschreiben der Handlungsoptionen

↓

4. Schritt: Werteebene – Definieren der in Frage kommenden Werte

↓

5. Schritt: Priorisierung der Werte

↓

6. Schritt: Begründete Entscheidung treffen und reflektieren

Mehr dazu auf den Seiten 216–219

AUFGABE

⊖ Der Einfluss des Menschen auf Ökosysteme

An Gewässern in Nordamerika wurden seit 1995 vermehrt tote Weißkopfseeadler gefunden. Auch andere Greifvögel und Wasservögel wurden hier vor allem im Spätherbst tot aufgefunden.

1 Skizzieren Sie ein Nahrungsnetz der in M1 beschriebenen Gewässer Nordamerikas und leiten Sie die Trophieebenen ab. [4 BE]

2 Beschreiben Sie mit M1 die Besonderheiten der Grundnessel, die sie zu einer invasiven Art machen. [4 BE]

3 Nennen Sie die Hypothese, die durch die beiden Versuchsansätze überprüft werden sollte und werten Sie die Versuchsergebnisse M2 in Bezug auf die Hypothese aus. [2 BE]

4 Fassen Sie die angegebenen Informationen zusammen und leiten Sie aus den Ergebnissen der Bromid-Ionenbestimmung in M3 und M4 die Quelle der Bromid-Ionen für die Cyanobakterien ab. [8 BE]

5 Erläutern Sie unter Berücksichtigung der Jahreszeiten die Zusammenhänge zwischen der AETX-Synthese, den Bedingungen im Gewässer und dem Auftreten der vergifteten Vögel (M3, M4). [8 BE]

6 Erläutern Sie mit allen Materialien den Einfluss des Menschen auf die in den Gewässern eingetretenen Veränderungen und die Vergiftung der Vögel. [6 BE]

7 Erklären Sie, was das Leitbild einer nachhaltigen Entwicklung ist und bewerten Sie das Verbot von Methylbromid unter Berücksichtigung dieses Leitbildes (M5). [8 BE]

1 Grundnessel und Wasserhyazinthen in einem Teich

MATERIAL

M1 Nahrungsbeziehungen

In küstennahen Gewässern Nordamerikas breitet sich seit etwa 1960 die Grundnessel (*Hydrilla verticillata*) aus. Sie wurde von Aquariumsbesitzern eingeschleppt, vorher war sie dort nicht beheimatet. Die untergetauchte, ausdauernde Wasserpflanze wurzelt mit ihren Knollen im Grund stehender oder langsam fließender Gewässer. Die einjährige Grundnessel verbreitet und vermehrt sich vorwiegend vegetativ über Sprosse, Tochterpflanzen an Ausläufern und Knollen. Diese Knollen können bis zu vier Jahre lang überdauern. Unter günstigen Bedingungen kann eine Knolle auf einem Quadratmeter bis zu 6000 neue Knollen hervorbringen. Außerdem bildet die Grundnessel zur Überdauerung Winterknospen, sogenannte Turionen, die im Herbst auf den Gewässergrund sinken. Im nächsten Frühling entwickeln sich aus den Winterknospen neue Pflanzen, die zur Oberfläche aufsteigen und sich entfalten. Die Grundnessel bildet große zusammenhängende Bestände und verdrängt so einheimische Pflanzen. Dies hat negative Auswirkungen auf die heimische Pflanzenwelt. Daher gehört die Grundnessel zu den invasiven Arten.

In etwa der Hälfte der von der Grundnessel dominierten Gewässer ist sie mit dem Cyanobakterium *Aetokthonos hydrillicola* vergesellschaftet. Dieses betreibt Fotosynthese und überzieht die Blätter und Sprossachsen der Grundnessel mit einer dünnen Zellschicht. Die Grundnessel wirkt wie bewachsen. Wasservögel wie das Amerikanische Blässhuhn oder die Stockente sind an solchen Gewässern häufig anzutreffen, da sie sich von Wasserpflanzen und den darin lebenden Kleinlebewesen ernähren. Auch der Weißkopfseeadler und andere Greifvögel jagen bevorzugt an Seen mit einer hohen Dichte an Wasserpflanzen, da hier viele potenzielle Beutetiere wie Blässhühner, Amphibien und Fische zu finden sind.

2 Weißkopfseeadler

M2 Neurologische Schäden

Analysen des Hirngewebes der im Spätherbst verendeten Weißkopfseeadler zeigten, dass die Myelinscheiden ihrer Axone durch eine Ansammlung von flüssigkeitsgefüllten Bläschen stark geschädigt waren. Diese als vakuoläre Myelopathie bezeichnete Krankheit konnte auch bei Fischen und Amphibien in küstennahen Gewässern beobachtet werden. Eine vakuoläre Myelopathie kann durch Neurotoxine verursacht werden, wie sie etwa von Cyanobakterien produziert werden. Zur Frage, welche Stoffe die vakuoläre Myelopathie bei den Vögeln verursachen, wurden in Versuchen Stockenten mit Grundnesseln aus verschiedenen Gewässern zu unterschiedlichen Jahreszeiten gefüttert und die Auswirkungen beobachtet.

	Versuchsansatz 1		**Versuchsansatz 2**		
Entnahmezeit	**Anfang bis Mitte Okotober**		**Mitte November bis Dezember**		
Entnahme-gewässer	**Kontrollgewässer**	**Gewässer 1**	**Kontrollgewässer**	**Gewässer 1**	**Gewässer 2**
Cyanobakterien (in %)	0	51–75	0	76–100	51–76
Anzahl der Stockenten	8	8	6	6	6
Tiere mit vasculärer Myelopatie	0	0	0	6	4

M3 Neurotoxin

Aus dem Cyanobakterium *Aetokthonos hydrillicola* konnte ein fettlösliches, organisches Neurotoxin isoliert werden, das fünf Bromatome enthält und als Aetokthonotoxin (AETX) bezeichnet wird. In Laborversuchen wurde der Zusammenhang zwischen der Verfügbarkeit von Bromid-Ionen im Kulturmedium und der relativen AETX-Menge in *Aetokthonos hydrillicola* ermittelt.

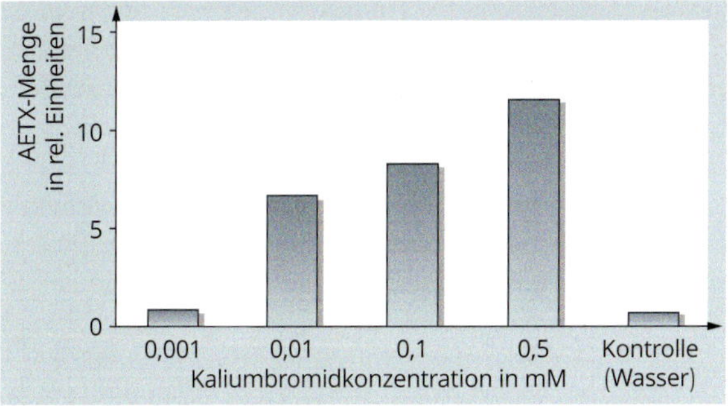

M4 Neurotoxin und Bromid-Ionen

In einer Untersuchung wurde die relative Konzentration von AETX in den Cyanobakterien im Jahresverlauf gemessen. Die höchste Konzentration an AETX konnte zwischen Mitte November bis Dezember ermittelt werden. Für diesen Zeitraum wurde die Konzentration an Bromid-Ionen im Bewuchs des jeweiligen Standorts ermittelt. Zusätzlich wurde die Konzentration im Sediment und Wasser bestimmt.

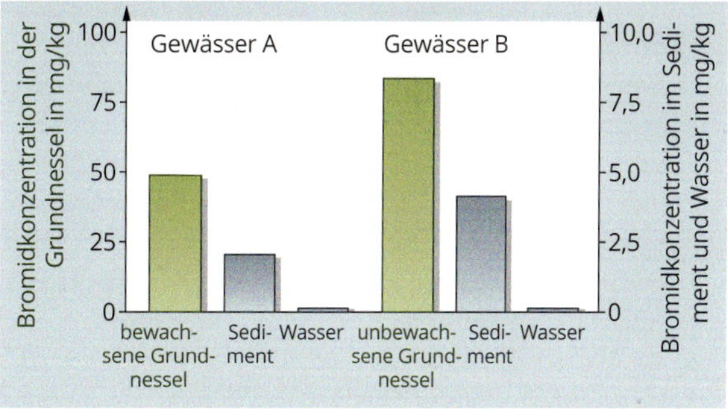

M5 Eintrag von Bromid-Ionen

Bromid-Ionen können durch bromidhaltige Wirkstoffe wie Methylbromid in Böden oder Gewässer eingetragen werden. Das Biozid Methylbromid wurde weltweit zur Bodenentseuchung eingesetzt, etwa um pflanzenschädigende Fadenwürmer und Bodenpilze abzutöten. Es wurde 2015 verboten. Bei der Zersetzung von Methylbromid wird Methan frei und trägt zur Erderwärmung bei. Es wirkt sich stark schädigend auf die Ozonschicht aus und verstärkt den Treibhauseffekt. Die freigesetzten Bromid-Ionen werden nicht abgebaut, sondern gelangen durch Auswaschung aus den Böden in Gewässer. Beim Nachweis von Bromid-Ionen kann nicht zwischen natürlich vorkommenden und den durch menschliche Aktivität eingetragenen Bromid-Ionen unterschieden werden.

Biologische Sachverhalte und Zusammenhänge betrachten – Erkenntnisse gewinnen – kommunizieren – bewerten

In Fach Biologie geht es nicht nur darum, biologisches Fachwissen zu erwerben, sondern auch darum, mit diesem Fachwissen umzugehen, zum Beispiel in einer Diskussion zu einem Sachverhalt Stellung zu nehmen, diesen zu präsentieren oder auch zu bewerten.
Auf den Seiten 224–227 finden Sie eine Übersicht über die *prozessbezogenen Kompetenzerwartungen des Lehrplans* mit erklärenden Kommentaren sowie Hinweisen auf jeweils dazu passende Aufgaben im Buch.

Sachkompetenz

Im Kompetenzbereich „Sachkompetenz" geht es darum, fachliches Wissen und Verständnis für Zusammenhänge zu erwerben. Dabei geht es nicht nur um den Erwerb des Wissens, sondern auch um die Anwendung in fach- und alltagsbezogenen Kontexten. Die dazugehörigen Aufgaben beschränken sich also nicht auf die reine Reproduktion, sondern erfordern auch den Umgang mit dem Wissen in Transferaufgaben.

Biologische Sachverhalte betrachten

- *Beschreiben und erläutern Sie biologische Sachverhalte, Phänomene und Anwendungen der Biologie sachgerecht. Zur Strukturierung und Erschließung nutzen Sie Basiskonzepte und binden fachübergreifende Aspekte ein.*
- Die genaue Erfassung und Wiedergabe von Merkmalen und Eigenschaften lebender Systeme ist eine Voraussetzung für ihre spätere Erklärung. Dabei wird die Verwendung der Fachsprache gefordert. Mithilfe der Strukturierung über Basiskonzepte gelingt eine Systematisierung der beschriebenen Phänomene. Sachverhalte können mittels fachübergreifender Bezüge (zum Beispiel Ethik, Geographie, Mathematik, Geschichte) verdeutlicht werden.
- Beispiele: Seite 12 Aufgabe 2b; Seite 13, Aufgabe 4f; Seite 84, Aufgabe 1.

- *Formulieren Sie zu biologischen Phänomenen sowie Anwendungen der Biologie theoriegeleitet Hypothesen und Aussagen.*
- Beobachtete biologische Phänomene sind zunächst der Anlass, theoriegeleitete Hypothesen aufzustellen, die dann im weiteren durch Experimente überprüft oder widerlegt werden.
- Beispiele: Seite 127, Aufgabe 4; Seite 150, Aufgabe 4; Seite 211, Aufgabe 7b.

Zusammenhänge in lebenden Systemen betrachten

- *Erschließen und erläutern Sie mithilfe von Basiskonzepten strukturiert die Eigenschaften lebender Systeme unter qualitativen und quantitativen Aspekten. Stellen Sie dabei die Vernetzungen zwischen Systemebenen (Molekular- bis Biosphärenebene) her.*
- Beim Vergleich unterschiedlich strukturierter biologischer Systeme lassen sich aufgrund von Zusammenhängen zwischen Struktur und Funktion Eigenschaften qualitativ und quantitativ beschreiben. Die Erklärung der Ursachen biologischer Phänomene erfordert häufig einen Wechsel der Organisationsebene und die Vernetzung von Konzepten unterschiedlicher Organisationsebenen. Wichtige Organisationsebenen biologischer Systeme sind

Biosphäre
Ökosystem
Organismus
Organsystem
Organ
Gewebe
Zelle
Organell
Molekül

- Beispiele: Seite 13, Aufgabe 3; Seite 74, Aufgabe 2; Seite 135, Aufgabe 3a.

- *Erläutern Sie Prozesse in und zwischen lebenden Systemen sowie zwischen lebenden Systemen und ihrer Umwelt.*
- Biologische Systeme sind offene Systeme, die in einem ständigen Austausch mit anderen biologischen Systemen und der unbelebten Umwelt stehen. Stoffe und Informationen werden ausgetauscht. Innere Zustände können unabhängig von der Umwelt aufrechterhalten oder je nach Bedarf verändert werden.
- Beispiele: Seite 83 Aufgabe 7j; Seite 162, Aufgabe 4; Seite 197, Aufgabe 5.

- *Erläutern Sie die Entstehung und Bedeutung von Biodiversität sowie Gründe für deren Schutz und nachhaltige Nutzung.*
- Die Biodiversität wird auf den Ebenen der genetischen Vielfalt, der Artenvielfalt und der Vielfalt der Ökosysteme abgebildet. Daraus können Maßnahmen für den Schutz und die nachhaltige Nutzung der Biodiversität abgeleitet werden.
- Beispiele: Seite 198, Aufgabe 1; Seite 199, Aufgabe 2; Seite 201, Aufgabe 4.

Erkenntnisgewinnungskompetenz

Im Kompetenzbereich „Erkenntnisgewinnungskompetenz“ geht es darum, das Verständnis, die Nutzung und die Reflexion naturwissenschaftlicher Denk- und Arbeitsweisen wie zum Beispiel das Experimentieren oder Modellieren und das Wissenschaftsverständnis aus naturwissenschaftlicher Perspektive zu beschreiben, zu erklären und zu verknüpfen.

Fragestellungen und Hypothesen auf Basis von Beobachtungen und Theorien entwickeln

- *Identifizieren und entwickeln Sie ausgehend von Phänomenen und Beobachtungen Fragestellungen zu biologischen Sachverhalten und stellen Sie theoriegeleitet Hypothesen zu ihrer Bearbeitung auf.*
- Hypothesen, abgeleitet aus Theorien beziehungsweise Modellen, sind der Ausgangspunkt für die Planung von empirischen Untersuchungen, die zur Erfassung von Daten sowie Protokollierung führen.
- Beispiele: Seite 83, Aufgabe 7; Seite 133, Aufgabe 7; Seite 165, Aufgabe 4.

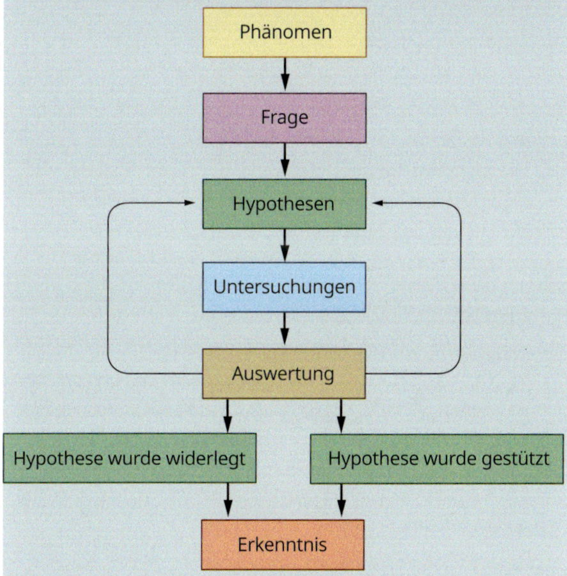

Fachspezifische Modelle und Verfahren charakterisieren, auswählen und zur Untersuchung von Sachverhalten nutzen

- *Planen Sie hypothesengeleitete Beobachtungen, Vergleiche, Experimente und Modellierungen unter Berücksichtigung des jeweiligen Variablengefüges beziehungsweise der Variablenkontrolle, führen Sie diese durch und protokollieren Sie sie.*
- *Nehmen Sie qualitative und quantitative Daten auch mithilfe digitaler Werkzeuge auf und werten Sie diese aus.*
- *Wenden Sie labor- und freilandbiologische Geräte und Techniken sachgerecht und unter Berücksichtigung der Sicherheitsbestimmungen an.*
- Beim Experimentieren muss die Auswirkung der Änderung einer abhängigen Variable interpretiert werden. Das Ziel von Modellierungen ist, aus der Vorhersage von Eigenschaften des Modells Erkenntnisse über ein Phänomen zu erhalten. Die digitale Auswertung der Daten bildet die Komplexität ab.
- Beispiele: Seite 35, Aufgabe 1; Seite 83, Aufgabe 7; Seite 156, Aufgabe 1.

Erkenntnisprozesse und Ergebnisse interpretieren und reflektieren

- *Finden Sie in erhobenen/recherchierten Daten Strukturen, Beziehungen und Trends, erklären Sie diese theoriebezogen und ziehen Sie Schlussfolgerungen.*
- *Reflektieren Sie die eigenen Ergebnisse und den eigenen Prozess der Erkenntnisgewinnung, indem Sie die Gültigkeit von Daten beurteilen, mögliche Fehlerquellen ermitteln sowie Möglichkeiten und Grenzen von Modellen diskutieren.*
- *Widerlegen oder stützen Sie die Hypothese (Hypothesenrückbezug).*
- *Stellen Sie bei der Interpretation von Untersuchungsbefunden fachübergreifende Bezüge her.*
- Der wissenschaftliche Denk- und Arbeitsprozess verläuft in Zyklen der Erhebung von Daten, deren Interpretation und Stützung, Verfeinerung oder Falsifikation von Hypothesen. Die Erkenntnisse müssen aus persönlicher Perspektive reflektiert und in fachübergreifenden Kontexten interpretiert werden.
- Beispiele: Seite 18, Aufgabe 1; Seite 33, Aufgabe 3 e, f; Seite 169, Aufgabe 4; Seite 209, Aufgabe 10.

Merkmale wissenschaftlicher Aussagen und Methoden charakterisieren und reflektieren

- *Reflektieren Sie Möglichkeiten und Grenzen des konkreten Erkenntnisgewinnungsprozesses sowie der gewonnenen Erkenntnisse (zum Beispiel Reproduzierbarkeit, Falsifizierbarkeit, Intersubjektivität, logische Konsistenz, Vorläufigkeit).*
- *Reflektieren Sie die Kriterien wissenschaftlicher Wissensproduktion (Evidenzbasierung, Theorieorientierung) sowie die Bedingungen und Eigenschaften biologischer Erkenntnisgewinnung.*
- Naturwissenschaft unterscheidet sich von anderen Wissenssystemen durch die Bedingungen der Wissensproduktion. Zum Verständnis ist es notwendig, die Möglichkeiten/Grenzen der naturwissenschaftlichen Denk- und Arbeitsweisen zu reflektierten.
- Beispiele: Seite 152, Aufgabe 1e; Seite 204, Aufgabe 3c; Seite 211, Aufgabe 6.

Kommunikationskompetenz

Im Kompetenzbereich „Kommunikationskompetenz“ erlernen Sie den Umgang mit Fachsprache sowie die Nutzung verschiedener Darstellungsformen wie Diagrammen, Grafiken, Abbildungen, Texte, Formeln und wissenschaftliches Argumentieren, um Informationen erschließen, aufbereiten, austauschen und diskutieren zu können. Dabei ist es wichtig, situationsgerecht, sachgerecht und adressatengerecht zu kommunizieren.

Informationen erschließen

- *Recherchieren Sie zu biologischen Sachverhalten und anwendungsbezogenen Fragestellungen zielgerichtet in analogen und digitalen Medien. Wählen Sie aus für Ihre Zwecke passenden Quellen relevante und aussagekräftige Informationen und Daten aus. Erschließen Sie dabei Informationen aus Darstellungsformen unterschiedlicher Komplexität.*
- *Analysieren Sie Herkunft, Qualität und Vertrauenswürdigkeit von verwendeten Quellen und Medien sowie darin enthaltene Darstellungsformen im Zusammenhang mit der Intention der Autorin/des Autors. Prüfen Sie die Übereinstimmung verschiedener Quellen im Hinblick auf deren Aussagen.*
- Für eine Recherche können Quellen wie Zeitschriften, Datenbanken oder auch Internetseiten verwendet werden. Dabei ist die inhaltliche und adressatenorientierte Passung der Quellen wichtig. Bei der Nutzung mehrerer Quellen ergibt sich eine gewisse Breite an Informationen und damit auch eine Vielfalt an Darstellungsformen. Mittels eines Vergleichs sollten die Inhalte verschiedener Quellen auf die sachliche Korrektheit beziehungsweise Übereinstimmung und die jeweiligen Absichten der Autorinnen und Autoren hin überprüft werden. Kriterien für die Einschätzung einer Quelle können auch die Herkunft der Informationen und die Vertrauenswürdigkeit (werden zitierte Quellen angegeben?) sein.
- Beispiele: Seite 52, Aufgabe 3; Seite 197, Aufgabe 6; Seite 207, Aufgabe 4.

Informationen aufbereiten

- *Strukturieren und interpretieren Sie ausgewählte Informationen und leiten Sie Schlussfolgerungen ab. Nutzen Sie dabei geeignete Darstellungsformen und überführen Sie diese ineinander.*
- *Unterscheiden Sie zwischen Alltags- und Fachsprache sowie zwischen funktionalen und kausalen Erklärungen. Erklären Sie Sachverhalte aus proximater und ultimater Sicht, ohne dabei finale Begründungen zu nutzen.*
- *Verarbeiten Sie sach-, adressaten- und situationsgerecht Informationen zu biologischen Sachverhalten.*
- Hat man die geeigneten Informationen gefunden, so müssen diese aufbereitet werden. Dabei geht es darum, diese Informationen zu strukturieren, zu interpretieren und daraus Schlussfolgerungen für die Bearbeitung einer biologischen Problemstellung abzuleiten. Dabei wird die Verwendung der Fachsprache gefordert.
- Bei den Erklärungen können verschiedene Sichtweisen eine Rolle spielen. Spricht man über proximate Ursachen, so meint man die unmittelbaren Gründe, die in einer bestimmten Situation wirken; also die Frage nach dem „Wie?“. Spricht man über ultimate Ursachen, so beleuchtet man das „Wozu?“, also die Zweckursache. Hilfreich ist, sich das an einem Beispiel klarzumachen: Wie funktioniert der Gesang der Amsel? Wozu dient der Gesang der Amsel?
- Die Informationen müssen unter Nutzung geeigneter Darstellungsformen wie Diagrammen, Tabellen, Schemata und Reaktionsgleichungen aufbereitet werden.
- Beispiele: Seite 23, Aufgabe 7; Seite 27, Aufgabe 7e; Seite 135, Aufgabe 3.

Informationen austauschen und wissenschaftlich diskutieren

- *Präsentieren Sie biologische Sachverhalte sowie Lern- und Arbeitsergebnisse unter Einsatz sach-, adressaten- und situationsgerechter Darstellungsformen mithilfe analoger und digitaler Medien.*
- *Prüfen Sie die Urheberschaft, belegen Sie verwendete Quellen und kennzeichnen Sie Zitate.*
- *Tauschen Sie sich mit anderen konstruktiv über biologische Sachverhalte aus. Argumentieren Sie dabei wissenschaftlich kriterien- und evidenzbasiert sowie situationsgerecht. Vertreten, reflektieren und korrigieren Sie gegebenenfalls den eigenen Standpunkt.*
- Die aufbereiteten Informationen zu biologischen Sachverhalten werden mit anderen Personen ausgetauscht und diskutiert. Quellen und Zitate werden dabei geprüft und gekennzeichnet. Diese Kommunikationskompetenz ist ein wichtiges Ziel des Biologieunterrichts. Nach der Präsentation und der Übermittlung der Information folgt in aller Regel ein Austausch, bei dem es um den konstruktiven Diskurs von Argumenten als Grundlage für das Vertreten, Reflektieren und gegebenenfalls auch Korrigieren des eigenen Standpunktes geht.
- Beispiele: Seite 135, Aufgabe 3; Seite 203, Aufgabe 8b; Seite 213, Aufgabe 11; Seite 217, Aufgabe 4.

Bewertungskompetenz

Im Kompetenzbereich „Bewertungskompetenz" werden naturwissenschaftliche Erkenntnisse analysiert, beurteilt und bewertet, um deren Folgen für ökologische, ökonomische und soziale Systeme abschätzen zu können. Diese Kompetenz ist für eine verantwortungsvolle gesellschaftliche Teilhabe heutzutage notwendig, da die Naturwissenschaften mit ihren Erkenntnissen und deren Anwendungen die moderne Gesellschaft beispielsweise in den Bereichen Gesundheit, Technik und Klima prägen.

Sachverhalte und Informationen multiperspektivisch beurteilen

- *Analysieren Sie Sachverhalte im Hinblick auf ihre Bewertungsrelevanz und betrachten Sie relevante Sachverhalte aus unterschiedlichen Perspektiven.*
- *Unterscheiden Sie deskriptive und normative Aussagen und identifizieren Sie Werte, die den normativen Aussagen zugrunde liegen.*
- *Beurteilen Sie Quellen hinsichtlich ihrer Herkunft und in Bezug auf spezifische Interessenlagen.*
- *Beurteilen Sie Möglichkeiten und Grenzen biologischer Sichtweisen.*
- Ist die Bewertungsrelevanz eines Sachverhalts festgestellt, so erkennt man oft schnell, dass dieser Sachverhalt aus verschiedenen Perspektiven betrachtet werden kann. Im Diskurs ist die Unterscheidung erklärender, wertfreier Beschreibungen und Aussagen (deskriptiv) von wertenden Aussagen (normativ) klar zu trennen. Wie auch im Bereich der Kommunikation spielen beim Bewerten von Sachverhalten die Quellen der Informationen, also deren Korrektheit, Zuverlässigkeit und Objektivität, eine wichtige Rolle.
- Beispiele: Seite 204, Aufgabe 2; Seite 216, Aufgabe 2; Seite 219, Aufgaben 5, 6.

D1: Deskriptive Prämisse
sachliche Kriterien, die die Voraussetzung für die Entscheidung bilden

D2: Normbeschreibende Prämisse
ethische Werte, die für den Sachverhalt relevant sind

+

N: Normative Prämisse
Anwendung der Norm auf den Sachverhalt, kann eine Wertehierarchie enthalten

↓

C: Conclusio
Schlussfolgerung, die auf den ethischen Bewertungsvorgang folgt

Kriteriengeleitet Meinungen bilden und Entscheidungen treffen

- *Stellen Sie Bewertungskriterien auf, auch unter Berücksichtigung außerfachlicher Aspekte.*
- *Bilden Sie sich kriteriengeleitet Meinungen, indem Sie die Handlungsoptionen auf der Basis reflektierter Wertvorstellungen abwägen, und treffen Sie so Entscheidungen auf der Grundlage von Sachinformationen und Werten.*
- Um sich zu einem Sachverhalt eine Meinung zu bilden ist es wichtig, Bewertungskriterien aufzustellen. In der Gentechnik sind beispielsweise Chancen und Risiken oder auch Kosten und Nutzen mögliche Bewertungskriterien. Aber auch umweltpolitische oder ökonomische Aspekte, beispielsweise bei der Diskussion über grüne Gentechnik, können berücksichtigt werden. Aus der Bewertung dieser Kriterien können Handlungsoptionen abgeleitet werden. Diese Handlungsoptionen können dabei durchaus individuell unterschiedlich ausfallen. Wichtig ist, dass sie mit den Sachinformationen, den genannten Werten und Kriterien begründbar sind.
- Beispiele: Seite 203, Aufgabe 8; Seite 204, Aufgabe 2d; Seite 205, Aufgabe 1b; Seite 219, Aufgaben 5, 6.

Entscheidungsprozesse und Folgen reflektieren

- *Reflektieren Sie kurz- und langfristige, lokale und globale Folgen eigener und gesellschaftlicher Entscheidungen.*
- *Reflektieren Sie den Prozess der Bewertung aus persönlicher, gesellschaftlicher und ethischer Perspektive.*
- *Beurteilen und bewerten Sie Auswirkungen von Anwendungen der Biologie im Sinne einer nachhaltigen Entwicklung aus ökologischer, ökonomischer, politischer und sozialer Perspektive.*
- Die individuelle Entscheidung wird nun im Hinblick auf die kurz- und langfristigen oder auch lokalen und globalen Folgen analysiert. Dabei können beispielsweise bei der grünen Gentechnik überfachliche Aspekte wie Nachhaltigkeit (ökologisch), Landwirtschaft (ökonomisch) oder auch soziale Dimensionen wie Bekämpfung des Hungers (politisch und sozial) eine Rolle spielen, bei der roten Gentechnik können medizin-ethische Betrachtungen wie das Wohl des Individuums gegenüber dem Wohl der Gesellschaft eine Rolle spielen. Die persönliche Perspektive kann dabei sehr wohl im Gegensatz zur gesellschaftlichen Sicht stehen.
- Sinnvoll ist, sich dabei auch über den Bewertungsprozess als solches, möglicherweise verbunden mit einem Wechsel der Position, Gedanken zu machen.
- Beispiele: Seite 212, Aufgabe 8c; Seite 219, Aufgaben 5, 6.

abiotischer Umweltfaktor: Faktor der unbelebten Umwelt (z. B. Licht, Temperatur), dem ein Lebewesen in seiner Umwelt ausgesetzt ist; im Gegensatz zum → biotischen Umweltfaktor

Absorption: Aufnahme von Strahlung beim Durchgang durch einen Stoff

Absorptionsspektrum: grafische Darstellung des Absorptionsvermögens eines Stoffes in Abhängigkeit von der Wellenlänge

Acetylcholin: → Neurotransmitter; kommt vor im Gehirn, im peripheren Nervensystem und an motorischen Endplatten der Wirbeltiere

adäquater Reiz: spezifische Reizart, durch die jede Sinneszelle erregt wird

aerob: in Anwesenheit von Sauerstoff verlaufend; im Gegensatz zu → anaerob

Aktionspotenzial: kurzzeitige Änderung des → Membranpotenzials einer erregbaren Zelle als Folge einer plötzlichen Änderung der Ionendurchlässigkeit der Zellmembran nach dem → Alles-oder-Nichts-Prinzip

aktiver Transport: Transport eines Stoffes durch eine → Biomembran gegen seinen Konzentrations- und/oder elektrochemischen Gradienten mithilfe von → ATP und spezifischen → Carriern; im Gegensatz zum → passiven Transport

aktives Zentrum: der für die Bindung und Umsetzung des Substrats spezifisch wirksame Teil eines → Enzyms

alkoholische Gärung: Umsetzung von Glucose zu Ethanol und Kohlenstoffdioxid unter anaeroben Bedingungen

Alles-oder-Nichts-Prinzip: Auf einen Reiz, der den Schwellenwert erreicht hat, erfolgt ein → Aktionspotenzial mit immer gleicher Intensität.

allosterische Enzyme: Enzyme, die neben dem aktiven Zentrum für das Substrat einen Bindungsplatz für hemmende oder aktivierende → Effektoren aufweisen

Anabolismus: Gesamtheit der aufbauenden Stoffwechselreaktionen; die Reaktionen laufen unter Aufwendung von Energie ab; im Gegensatz zu → Katabolismus

anaerob: unter Mangel oder Ausschluss von Sauerstoff verlaufend; im Gegensatz zu → aerob

Anatomie: Lehre vom inneren Feinbau und der Zusammensetzung eines Organs oder Lebewesens

anthropozentrisch: den Mensch in den Mittelpunkt stellend

Assimilation: Umwandlung körperfremder, energiearmer Stoffe in körpereigene, energiereiche Stoffe; im Gegensatz zur → Dissimilation

Atmung: die Aufnahme von Sauerstoffmolekülen in die Zellen und Abgabe von Kohlenstoffdioxid von den Zellen; ist an die → Zellatmung gekoppelt

Atmungskette: → Elektronentransportkette, die Elektronen von Substraten auf molekularen Sauerstoff überträgt, wobei Wasser entsteht

ATP (Adenosintriphosphat): → Cofaktor, energiespeichernde und -übertragende Verbindung des Stoffwechsels aus Adenin, Ribose und drei Phosphatgruppen, die bei der hydrolytischen Spaltung ihrer Phosphatbindungen Energie freisetzt, die zum Antrieb energieverbrauchender Prozesse genutzt wird

Auflösungsvermögen, zeitliches: gibt an, wie schnell zwei Lichtreize aufeinanderfolgen dürfen, um noch getrennt wahrgenommen zu werden

autotroph: „sich selbst ernährend"; Synthese von organischen aus anorganischen Stoffen; im Gegensatz zu → heterotroph

Axon: bis zu einem Meter langer Fortsatz der → Nervenzellen, der → Aktionspotenziale vom Zellkörper wegleitet

Basiskonzepte: grundlegende Gemeinsamkeiten, Muster und Prinzipien, die man bei biologischen Phänomenen, Lebewesen und Biosystemen findet

Baustoffwechsel: Teil des Stoffwechsels von Lebewesen, in dem körpereigene Bestandteile aus anderen Stoffen aufgebaut werden; im Gegensatz zum → Energiestoffwechsel

Biodiversität: Vielfalt des Lebens auf den Ebenen der Gene (genetische Variation innerhalb der Arten), der Arten (Artenvielfalt und deren Funktionen) und der Ökosysteme (Vielfalt an Biotopen und Ökosystemen sowie deren Ökosystemleistungen)

biologisches Gleichgewicht: Zustand in einem Ökosystem, bei dem die Anzahl und die Zusammensetzung der Arten relativ stabil bleibt

Biom: größere Landschaftseinheiten mit jeweils charakteristischer → Biozönose, einem ähnlichen Klima- und Bodentyp

Biomasse: Gesamtmenge der lebenden organischen Substanz in einem Ökosystem

Biomembran: Struktur aus einer Phospholipid-Doppelschicht mit auf- und eingelagerten Proteinen, die das Zytoplasma nach außen und die Kompartimente im Zellinneren gegeneinander abgrenzt

Biosphäre: Gesamtheit aller Ökosysteme

biotischer Umweltfaktor: Faktor, dem ein Lebewesen in seiner Umwelt ausgesetzt ist, der von anderen Lebewesen ausgeht; im Gegensatz zum → abiotischen Umweltfaktor

Biotop: Lebensraum einer Lebensgemeinschaft → Biozönose

Biozönose: Lebensgemeinschaft aller Organismen eines → Biotops mit ihren biotischen Beziehungen

Bruttoprimärproduktion: Gesamtmenge der von den autotrophen Lebewesen eines Ökosystems pro Flächen- und Zeiteinheit gebildeten Biomasse; im Gegensatz zur → Nettoprimärproduktion

C4-Pflanzen: Pflanzen, deren erstes Produkt der Kohlenstoffdioxidfixierung der C_4-Körper Oxalessigsäure ist

Calvin-Zyklus: zyklischer Stoffwechselweg, über den Pflanzen Kohlenstoffdioxid fixieren und Kohlenhydrate aufbauen; lichtunabhängige Reaktionen der → Fotosynthese

Carnivorie: Fangen und Verwerten tierischer Beute als Nahrung; im Gegensatz zur → Herbivorie

ß-Carotin: Fotosynthesefarbstoff

Carrier: Transportprotein-Molekül in der → Biomembran zum gerichteten und selektiven Stofftransport

chemiosmotische Theorie: Theorie der ATP-Bildung als Folge einer Reihe von → Redoxreaktionen und eines gerichteten Protonenflusses durch die Membran

Chemosynthese: Form des Energiestoffwechsels ohne Licht; chemoautotrophe Lebewesen gewinnen ihre Energie aus der Verstoffwechselung anorganischer Stoffe

Chloroplast: von einer Doppelmembran umgebener Zellbestandteil in Fotosynthese betreibenden Pflanzenzellen und Einzellern; enthält den Farbstoff → Chlorophyll

Chlorophyll: grüner Fotosynthesefarbstoff in der Membran der → Thylakoide, liegt in zwei Formen (Chlorophyll a und b) vor, Teil der Fotosysteme I und II, absorbiert Licht der langwelligen roten und kurzwelligen blauen Anteile des Spektrums

Chromatografie: Methode zur Trennung von Stoffgemischen zwischen einer mobilen und einer stationären Phase

Codierung: Umwandlung von einer Information in eine andere; *in der neuronalen Informationsverarbeitung:* Stärke und Dauer eines Reizes bestimmen die Entstehung eines Aktionspotenzials

Cofaktor: Nicht-Protein-Komponente vieler Enzyme, die für deren katalytische Aktivität unerlässlich sind; Beispiele: Metallionen, organische Moleküle → Cosubstrat

Cosubstrat, auch **Coenzym:** organischer Cofaktor; gibt im Verlauf der Enzymreaktion Protonen, Elektronen oder chemische Gruppen an das Substrat ab oder nimmt sie vom Substrat auf; Beispiele: ATP, FAD, NAD^+, Coenzym A

Cortisol: → Hormon, das in der Nebennierenrinde gebildet wird; gehört zu den Stresshormonen

Cuticula: Wachsschicht auf der → Epidermis der Pflanzenzellen, schützt vor Wasserverlust

Denaturierung: Konformationsänderung von Proteinen oder Nukleinsäuren, die durch Hitze, Änderungen des pH-Wertes oder der Ionenkonzentration hervorgerufen werden und zumeist zu einem Funktionsverlust des betreffenden Moleküls führen

Dendrit: Zellfortsätze von → Nervenzellen

Depolarisation: Spannung wird weniger negativ; die Polarisation der Zellmembran (der Unterschied zwischen Innenseite und Außenseite) nimmt ab

Depression: psychische Störung, die durch zahlreiche psychische und körperliche Symptome gekenneichnet ist

Destruent: Lebewesen, das abgestorbene Biomasse in anorganische Stoffe zersetzt und so wieder dem Stoffkreislauf zuführt

Diffusion: Vorgang, bei dem sich Teilchen aufgrund ihrer Eigenbewegung im ihnen zur Verfügung stehenden Raum gleichmäßig verteilen, ohne Energieaufwand

Dissimilation: Umwandlung körpereigener, energiereicher Stoffe in körperfremde, energieärmere Stoffe; im Gegensatz zur → Assimilation

Effektor: Regulationsmolekül, dass die Reaktionsgeschwindikeit eines Enzyms verändert

Elektrokardiographie: abgekürzt **EKG**; Untersuchungsmethode, bei der durch Messung der Ausbreitung der elektrischen Signale des Herzens dessen Funktion überprüft wird

Elektroneurographie: abgekürzt **ENG**; Untersuchungsmethode, bei der die Nervenleitungsgeschwindigkeit und damit die Fähigkeit eines Nervs, Impulse weiterzuleiten, untersucht wird

Elektronentransportkette: Prozess, bei dem Eletronen von einem Donator zu einem Akzeptor transportiert werden, der dabei entstehende Protonengradient wird zur Synthese von ATP genutzt; wichtiger Prozess bei der → Fotosynthese und der → Zellatmung

Endocytose: Aufnahme von Material in die Zelle, indem sich ein Bereich der Zellmembran einsenkt, das Material einschließt und sich dann als Vesikel nach innen ablöst; im Gegensatz zur → Exocytose

Endoplasmatisches Retikulum (ER): Membransystem in der Zelle von Eukaryoten, wirkt bei der Synthese, der Umwandlung und dem Transport von Stoffen mit; existiert in zwei Formen: dem rauen, mit Ribosomen besetzten ER und dem glatten ER ohne Ribosomen

Endosymbiose: Bezeichnung für eine → Symbiose, bei der der eine Partner im Körper des anderen Partners lebt

Endprodukthemmung: Hemmung der Aktivität eines Enzyms am Beginn eines Stoffwechselweges durch das Endprodukt der Reaktionsfolge

Energie: Fähigkeit eines Stoffes, Körpers oder Systems, Arbeit zu leisten

Energieentwertung: bei → Energieumwandlungen frei werdende Wärme kann von Zellen nicht genutzt werden und ist daher für diese wertlos

Energiefluss: Weitergabe von energiereichen Stoffen in einer → Nahrungskette

Energiestoffwechsel: Teil des Stoffwechsels von Lebewesen, indem sie aus der Verwertung von aufgenommener Nahrung Energie gewinnen; im Gegensatz zum → Baustoffwechsel

Energieumwandlung: Umwandlung einer Energieform in eine andere Energieform

Enzym: komplexe Proteinverbindung, Katalysator; senkt die Aktivierungsenergie, beschleunigt die Reaktion, ohne nach der Reaktion chemisch verändert zu sein; zeigt Substratspezifität und Wirkungsspezifität; Benennung mit der Endung -ase

Enzym-Substrat-Komplex: lockere kurzzeitige Zusammenlagerung zwischen Enzym und Substrat

Epidermis: *bei Pflanzen:* einschichtiges Abschlussgewebe, dass die Ober- und Unterseite der Blätter bildet; eng nebeneinanderliegende Zellen ohne Chloroplasten, unterbrochen durch Spaltöffnungen auf der Blattunterseite

EPSP: Abkürzung für exzitatorisches postsynaptisches Potenzial; führt zur Depolarisation, mehrere EPSPs können summiert werden; im Gegensatz zum → IPSP

erneuerbare Energie: Energie aus Energiequellen, die sich im Gegensatz zu fossilen Energiequellen verhältnismäßig schnell erneuern

Exocytose: Verschmelzung eines Vesikels des Zellinneren mit der Zellmembran, wodurch sein Inhalt in den extrazellulären Raum ausgeschieden wird

Fette: Verbindungen des dreiwertigen Alkohols Glycerin mit drei Fettsäuren; neben → Kohlenhydraten die wichtigsten Energiespeicher; Speicherung im Depotfett

Flüssig-Mosaik-Modell: Modell des Aufbaus der Biomembran; Lipiddoppelschicht mit auf- und eingelagerten Proteinen in einer beweglichen, dynamischen Struktur

Fluidität: Maß für die Fließfähigkeit von Flüssigkeiten, hier Maß für die Beweglichkeit der Lipide in der Zellmembran

fotoautotroph: Synthese von energiereichen organische Verbindungen aus anorganischen Stoffen mithilfe des Sonnenlichts

Fotolyse: lichtinduzierte Spaltung von Wasser in Protonen, Elektronen und Sauerstoff

Fotosynthese: wichtigste Form der autotrophen → Assimilation, bei der mithilfe des → Chlorophylls und Sonnenlichts aus Kohlenstoffdioxid und Wasser Glucose und Sauerstoff entstehen

Fotosystem: funktionelle Gruppe von Licht absorbierenden Pigmenten und ihren Reaktionszentren auf der → Membran der Thylakoide von Chloroplasten zur Umwandlung von Lichtenergie in chemische Energie

funktionelle Plastizität: Form der → neuronalen Plastizität, die mit der Veränderung der Menge von Transmittermolekülen oder auch der Dichte von Ionenkanälen einhergeht

Gärung: anaerober Stoffwechselweg, bei dem ein relativ energiereiches Endprodukt (zum Beispiel Ethanol, Milchsäure) entsteht

Generalisten: Lebewesen, die in ihren Umweltansprüchen, beispielsweise in Bezug auf Temperatur und Feuchtigkeit, wenig spezialisiert sind; im Gegensatz zu → Spezialisten

Gliazellen: alle Zellen des Nervensystems, die keine → Nervenzellen sind

Glykolyse: im Zytoplasma lokalisierter erster Teil des Glucoseabbaus bis zu Brenztraubensäure zur Gewinnung von ATP; Brenztraubensäure wird in der anaerobe → Gärung oder in der aerobe → Zellatmung weiterverarbeitet

Herbivorie: Verwertung von Pflazen als Nahrungsmittel; im Gegensatz zur → Carnivorie

heterotroph: Aufnahme organischer Stoffe als Energie- und Kohlenstoffquelle; im Gegensatz zu → autotroph

Hormon: chemischer Botenstoff, der in Drüsenzellen in geringsten Konzentrationen gebildet, über das Blut im Körper verteilt und an Zielzellen mit spezifischen Rezeptoren wirksam wird

hormonartig wirkende Substanzen: Umweltschadstoffe, die bereits in kleinsten Mengen den Hormonhaushalt von Menschen und Tieren beeinflussen können und gesundheitliche Schäden hervorrufen können

Hypophyse: Hirnanhangsdrüse an der Basis des Zwischenhirns; wird vom → Hypothalamus angeregt, → Hormone zu bilden

Hypothalamus: Teil des Zwischenhirns, oberste Steuerzentrale des Hormonsystems

Hypothalamus-Sympathikus-Nebennierenmark-Achse: beschreibt den Regelkreis des Körpers auf kurzfristige Stressbelastungen; beteiligte Hormone vor allem Adrenalin und Noradrenalin

Hypothalamus-Hypophysen-Nebennierenrinde-Achse: beschreibt den Regelkreis der Reaktion des Körpers auf lanfristige Stressbelastungen; beteiligtes Hormon vor allem Cortisol

Inhibitor: Hemmstoff

interspezifisch: zwischen Arten

intraspezifisch: zwischen Angehörigen derselben Art

invasive Arten: → Neobiota, die unerwünschte Auswirkungen auf andere Arten, Lebensgemeinschaften oder → Biotope haben

Ionenpumpe: aktives Transportsystem, das unter ATP-Verbrauch Ionen gegen das Konzentrationsgefälle durch Biomembranen schleust

Ionenkanal: Transmembranprotein, das meist selektiv nur für eine Ionenart durchlässig ist; verschiedene Öffnungsmechanismen wie spannungsgesteuert oder transmittergesteuert

IPSP: Abkürzung für inhibitorisches postsynaptisches Potenzial; führt zur Hyperpolarisation, kann ein → EPSP aufheben

Katabolismus: Gesamtheit aller abbauenden Stoffwechselreaktionen; bei den Reaktionen wird Energie freigesetzt; im Gegensatz zu → Anabolismus

Koexistenz: Zusammenleben mehrerer Lebewesen oder Arten im gleichen Lebensraum ohne gegenseitige Verdrängung

Kohlenhydrat: organisches Molekül mit den Bestandteilen Kohlenstoff, Wasserstoff und Sauerstoff im Verhältnis 1:2:1; eingeteilt in Monosaccharide (Einfachzucker) sowie ihre Dimere (Disaccharide) und Polymere (Polysaccharide)

Kohlenstoffatomkreislauf: Austausch von Kohlenstoffatomen zwischen den Sphären der Erde

Kohlenstoffsenke, auch **Kohlenstoffdioixsenke:** natürliches Reservoir, das langfristig mehr Kohlenstoff aufnimmt und speichert, als es abgibt

Kompartiment: durch eine → Biomembran abgegrenzter Reaktionsraum in einer Zelle

Kompartimentierung: Unterteilung eines Systems in voneinander abgegrenzte Bereiche oder Räume, in denen verschiedene Vorgänge ablaufen können, ohne sich gegenseitig zu stören, zum Beispiel Trennung verschiedener Reaktionsräume innerhalb der Zelle

kompetitive Hemmung: Hemmung eines Enzyms, bei der die Reaktionsgeschwindigkeit vermindert wird, da ein Inhibitor mit dem Substrat um das aktive Zentrum eines Enzyms konkurriert

Konkurrenz: Wettbewerb zwischen Individuen um begrenzt verfügbare Ressourcen

Konkurrenzausschlussprinzip: Konkurrenz zweier Arten um dieselben Ressourcen schließt eine längere Koexistenz im selben Lebensraum aus

Konsument: Lebewesen, das sich von → Produzenten ernährt

kontinuierliche Erregungsleitung: langsame Weiterleitung von → Aktionspotenzialen in marklosen Axonen; im Gegensatz zur → saltatorischen Erregungsleitung

K-Strategen: Lebewesen, das seine Energie vorwiegend in die Sicherung der eigenen Existenz und in die Brutpflege investiert; hat wenige, aber konkurrenzstarke Nachkommen; im Gegensatz zu → r-Strategen

Lernen: Verhaltensänderung, die auf individueller Erfahrung beruht

Lichtkompensationspunkt: Lichtintensität, bei der die Abgabe von Kohlenstoffdioxid infolge der Zellatmung genau so groß ist wie die Aufnahme von

Kohlenstoffdioxid durch die Fotosynthese

Lichtsammelkomplex: Ansammlung von Pigment-Protein-Komplexen in der → Thylakoidmembran der Chloroplasten; umgeben die Reaktionszentren der → Fotosysteme und geben über eine Abfolge verschiedener Pigmente die absorbierte Lichtenergie an die → Fotosysteme weiter

Ligand: Moleküle, die an einen Rezeptor eine Zelle binden und eine Wirkung auf diese Zelle haben

Lotka-Volterra-Modell: Modell zur Populationsdynamik in → Räuber-Beute-Beziehungen

Makronährstoffe: organische Verbindung der Stoffklassen Kohlenhydrate, Lipide und Proteine, die als Baustoff oder Energielieferant genutzt werden

Membranpotenzial: elektrische Spannung über der Zellmembran, die durch eine unterschiedliche Ionenverteilung zwischen Zytoplasma und extrazellulärer Flüssigkeit entsteht; → Ruhepotenzial, → Aktinspotenzial

Milchsäuregärung: Umsetzung von Glucose zu Milchsäure unter anaeroben Bedingungen

Mikroplastik: Plastikteilchen mit einem Durchmesser unter fünf Millimetern

Monetarisierung: Prozess der Bewertung eines finanziellen Nutzens von Systemen, Produkten oder Dienstleistungen

Monoamin-Hypothese: Erklärungsansatz der molekularen Vorgänge, die an der Entstehung einer → Depression beteiligt sind; danach ist der Mangel an → Neurotransmittern an der Entstehung einer Depression beteiligt

Morphologie: Lehre vom äußeren Erscheinungsbild eines Organs oder Lebewesens

Multiple Sklerose: chronisch-entzündliche Erkrankung der Nervensystems; Autoimmunerkrankung, bei der körpereigene Immunzellen die → Myelinscheiden der Nervenfortsätze zerstören

Myelinscheide: schützende Hülle aus der Zellmembran von speziellen → Gliazellen, den → Schwann-Zellen, die das Axon einer markhaltigen → Nervenzelle im peripheren Nervensystem umgibt

Nachbild: optische Wahrnehmung eine Bildes in Komplementärfarben nach Beendigung des Licht-Reizes; entsteht durch verzögerte Regeneration der Zapfen den Lichtsinneszellen

nachhaltige Entwicklung: Befriedigung der Bedürfnisse der gegenwärtigen Generation, ohne die Möglichkeiten der zukünftigen Generationen zu gefährden, ihre Bedürfnisse befriedigen zu können

nachwachsende Rohstoffe: organische Stoffe aus landwirtschaftlicher oder forstwirtschaftlicher Produktion, die nicht als Nahrungsmittel, sondern beispielsweise als Baustoff oder zur Energiegewinnung genutzt werden

Nahrungskette: Weg, auf dem organische Stoffe in einem Ökosystem von den → Produzenten über → Konsumenten an die → Destruenten weitergegeben werden

Nahrungsnetz: Bezeichnung für die vernetzten Nahrungsbeziehungen innerhalb eines Ökosystems

Natrium-Kalium-Ionenpumpe: Transmembranprotein, das den → aktiven Transport von drei Natrium-Ionen aus der Zelle und zwei Kalium-Ionen in die Zelle entgegen der jeweiligen Konzentrationsgradienten unter Verbrauch von ATP gewährleistet

Neobiota: Tier- und Pflanzenarten, die durch den Einfluss des Menschen in einem bis dahin fremden Gebiet vorkommen; → invasive Arten

Nervenzelle, auch **Neuron:** spezialisierte Zelle, die für die Reizaufnahme, die Weitergabe und die Verarbeitung von Nervenimpulsen zuständig ist

Nettoprimärproduktion: Produktion organischer Substanz in einem Ökosystem abzüglich des durch → Zellatmung abgegebenen Kohlenstoffdioxids; im Gegensatz zur Bruttoprimärproduktion

Netzhaut: kleidet die Innenflächen des hinteren Teils des Linsenauges aus; enthält die Lichtsinneszellen Stäbchen und Zapfen, → Nervenzellen und Pigmentzellen

Neuron: Synonym für → Nervenzelle

neuronale Plastizität: Umbau neuronaler Strukturen in Abhängigkeit ihrer Aktivität; Vorraussetzung für Lernen; Formen: → funktionelle Plastizität, → struktuelle Plastizität

Neurotransmitter: chemische Substanz, die die Erregung an den Synapsen überträgt

nichtkompetitive Enzymhemmung: Form der Enzymhemmung, bei der der → Inhibitor nicht an das → aktive Zentrum des → Enzyms, sondern an einer anderen Stelle des Enzyms bindet

Nietenhypothese: Modell zur Bedeutung der Artenvielfalt in einem Ökosystem, nach dem alle Arten gleich wichtig sind

ökologische Nische: Gesamtheit der Ansprüche einer Art an die biotische und abiotische Umwelt; bezeichnet keinen Ort

ökologische Potenz: die durch Konkurrenz mit anderen Lebewesen verringerte → physiologische Potenz

ökologischer Fußabdruck: produktive Fläche der Erde, die benötigt wird, um den Lebensstil eines Menschen dauerhaft zu ermöglichen

ökologisches Gleichgewicht: Zustand ökologischer Systeme mit der Fähigkeit zur Selbstregulation

Ökosystem: dynamisches Beziehungsgefüge aus → Biozönose und → Biotop, das durch Stoffkreisläufe gebildet wird

Ökosystemleistungen: Leistungen und Güter eines → Ökosystems, die der Mensch durch die Lebensräume sowie die darin lebenden Tiere und Pflanzen bezieht

Ökosystemmanagement: Prozess der Beschreibung und Analyse eines Ökosystems mit anschließender Entwicklung von Konzepten der Wiederherstellung und der nachhaltigen Nutzung

ß-Oxidation: Abbau der Fettsäuren in der Matrix der Mitochondrien; schrittweise Abspaltung von 2 C-Atomen in Form von Acetyl-CoA, das in weitere Stoffwechselwege wie Tricarbonsäurezyklus oder Atmungskette einegschleust und zu CO_2 und H_2O oxidiert wird

Oxidation: Elektronenabgabe; im Gegensatz zu → Reduktion

oxidative Decarboxylierung: Prozess der → Dissimilation, bei dem die bei der Glykolyse gebildete Brenztraubensäure zu Acety-CoA decarboxyliert wird, das dann in den Tricarbonsäurezyklus eingeschleust wird

Parasit: Lebewesen, das auf oder in anderen Lebewesen lebt, sich von ihnen ernährt und sie dabei schädigt, aber zumeist nicht tötet

Parasitismus: Beziehung zwischen Arten, die nur dem → Parasiten nutzt, dem Wirt dagegen schadet

Parkinson: neurodegenerative Erkrankung des → Nervensystems, bei der ein Absterben der dopaminbildenden Nervenzellen zu einem Dopaminmangel führt

Passagierhypothese: Modell zur Bedeutung der Artenvielfalt in einem Ökosystem, nach dem es Schlüsselarten gibt, deren Aussterben das ganze Ökosystem schädigt

passiver Transport: Stofftransport mit dem Konzentrationsgefälle ohne Verbrauch von ATP; zum Beispiel Diffusion, carriervermittelte Diffusion durch eine Membran; im Gegensatz zum → aktiven Transport

peripheres Nervensystem: sensorische und motorische → Nervenzellen, die mit dem Zentralnervensystem verbunden sind

Phospholipide: Lipide mit einer Phosphatgruppe; polar, Bestandteil von Biomembranen

Phosphorylierung: Reaktion, bei der eine Phosphatgruppe an ein anderes Molekül gebunden wird

physiologische Potenz: Fähigkeit einer Art, Schwankungen von Umweltfaktoren innerhalb des Toleranzbereiches zu ertragen

Phytopharmaka: Arzneimittel pflanzlichen Ursprungs

Population: Gesamtheit der Individuen einer Art in einem definierten Gebiet

Populationsentwicklung: Veränderung einer Population in einem definierten Gebiet im zeitlichen Verlauf

Prädation: Beziehung zwischen zwei Lebewesen, bei der eine Art, der Prädator, die andere Art frisst

primäre Sinneszellen: Sinneszellen, die einen passenden Reiz aufnehmen, in elektrische Erregung umwandeln und weiterleiten können

Produzent: Lebewesen, das durch → Chemosynthese oder → Fotosynthese Biomasse erzeugt

Protonengradient: Differenz zwischen den Protonenkonzentrationen auf den beiden Seiten einer Biomembran, beispielsweise der inneren Mitochondrienmembran oder der → Thylakoidmembran eines → Chloroplasten

Prozessschutz: Naturschutzstrategie, die menschliche Eingriffe in einem Schutzgebiet verbietet

RANVIER-Schnürring: Unterbrechung der → Myelinscheide am → Axon einer → Nervenzelle; Ort der Weitergabe des Aktionspotenzials

Räuber: Lebewesen, das sich von anderen Lebewesen ernährt und diese in der Regel sofort tötet

Räuber-Beute-Beziehung: Wechselwirkung zwischen einer Räuber- und einer Beutepopulation

Redoxreaktion: gekoppelte Elektronenabgabe (→ Oxidation) mit der Elektronenaufnahme (→ Reduktion) zweier Reaktionspartner bei einer chemischen Umsetzung

Reduktion: Elektronenaufnahme; im Gegensatz zu → Oxidation

Refraktärphase: Zeitspanne nach einem → Aktionspotenzial, in der eine erneute Reizung ohne Reaktion bleibt

Renaturierungsmaßnahmen: Maßnahmen, die vom Menschen genutzte und veränderte Flächen und Gewässer wieder in einen naturnahen Zustand zurückführen sollen

Retinal: lichtempfindlicher Bestandteil des → Rhodopsins im Stäbchen der Netzhaut; durch die Absorption von Licht wird 11-(Z)-Retinal zu all-(E)-Retinal, wodurch eine → Signaltransduktion ausgelöst wird

Rezeptorpotenzial: Reaktion einer Rezeptorzelle auf einen Reiz in Form einer zur Reizstärke proportionalen Spannungsänderung über die Rezeptormembran

Rhodopsin: Pigment in den Stäbchen der Netzhaut; Bestandteile Opsin und → Retinal

r-Strategen: Arten, die bei der Fortpflanzung auf eine hohe Reproduktionsrate setzen, jedoch wenig in die Aufzucht ihrer Jungen investieren; im Gegensatz zu → K-Strategen

Ruhepotenzial: Membranpotenzial von Zellen, hervorgerufen durch eine ungleiche Ladungsverteilung; im Gegensatz zum → Aktionspotenzial

saltatorische Erregungsleitung: besonders schnelle, sprunghafte Weiterleitung von Aktionspotenzialen entlang der durch → RANVIER-Schnürringe unterteilten → Axone mit → Myelinscheiden; im Gegensatz zur → kontinuierlichen Erregungsleitung

Schattenblatt: Laubblatt einer Pflanze, das an lichtarme Umweltbedingungen angepasst ist; im Gegensatz zum → Sonnenblatt

Schlüssel-Schloss-Modell: Grundsatz, wonach bestimmte Moleküle wie Enzym und Substrat in Wechselwirkung treten, wobei sie in ihrer räumlichen Struktur wie Schlüssel und Schloss zusammenpassen

SCHWANN-Zellen: Form der → Gliazellen, die im peripheren Nervensystem die → Myelinscheiden um das → Axon bilden

Schwellenwert: Potenzial, das eine Nervenzelle erreichen muss, damit ein → Aktionspotenzial ausgelöst wird

second messenger: Botenstoff, der im Zellinneren wirkt, wenn spezifische Membranrezeptoren aktiviert wurden

sekundäre Pflanzenstoffe: chemische Verbindungen, die von Pflanzen im Sekundärstoffwechsel gebildet werden und beispielsweise zur Abwehr von Fraßfeinden oder zum Anlocken von Bestäubern genutzt werden

sekundäre Sinneszelle: Sinneszelle, die über eine → Synpase mit einer anderen Sinneszelle verbunden ist, die eine elektrische Erregung weiterleiten kann

selektive Permeabilität: Eigenschaft der → Biomembran, nur bestimmte Moleküle durchzulassen

semipermeabel: Eigenschaft von Membranen, nur bestimmte Moleküle passieren zu lassen

Serotonin-Wiederaufnahmehemmer: Gruppe von Antidepressiva, die die Wiederaufnahem des → Neurotransmitters Serotonin in die Synapse blockieren und so für eine höhere Konzentration des Serotonins im synaptischen Spalt sorgen

Sexualdimorphismus: Unterschiede zwischen den Geschlechtern einer Art, die die sekundären Geschlechtsmerkmale (zum Beispiel Gefieder beim Pfau, Geweih beim Hirsch) betreffen

Signaltransduktion: Prozess, bei dem ein extrazelluläres Signal über die Zellmembran ins Zellinnere vermittelt wird; unter Beteiligung von → second messengern und Membranrezeptoren

Sinneszelle: auf die Aufnahme von Sinnesreizen aus der Umgebung spezialisierte Zelle, die ankommende adäquate Reize in elektrische Erregung umwandelt und damit eine Weiterleitung der Erregung ermöglicht

Sonnenblatt: Laubblatt einer Pflanze, das an lichtstarke Umweltbedingungen angepasst ist; im Gegensatz zum → Schattenblatt

Spaltöffnung: mikroskopisch kleiner Spalt einschließlich der ihn umgebenden Schließzellen in der Epidermis von Pflanzen

Spezialisten: Organismen, die an eine bestimmte Ausprägung von Umweltfaktoren oder eine bestimmte Beute als Nahrungsgrundlage angepasst sind; im Gegensatz zu → Generalisten

Stäbchen: → Netzhaut

Stigmatisierung: Ausgrenzung einer Person oder einer Personengruppe augrund bestimmter Eigenschaften oder Merkmale wie beispielsweise Hautfarbe, Religion oder Erkrankung; negative Bewertung

Stickstoffatomkreislauf: Beschreibung der biochemischen Umwandlung von Stickstoff in den Sphären der Erde; Teilprozesse sind Stickstofffixierung, Nitrifikation, Ammonifikation und Denitrifikation

Stoffkreislauf: mit einem Energieumsatz verbundener Kreislaufprozess, in dem Stoffe auf-, um- und abgebaut werden

Stoffumwandlung: chemische Reaktion, bei der aus einem oder mehreren Edukten ein oder mehrere Produkte entstehen

Stoffwechsel: Gesamtheit der biochemischen Reaktionen einer Zelle oder eines Organismus

Stressantwort: Reaktion des Körpers auf kurzfristigen oder langfristigen Stress

strukturelle Plastizität: Form der → neuronalen Plastizität, die mit der Veränderung an Synapsen oder auch der Bildung dendritischer Dornen einhergeht

Substrat: chemische Verbindung, die spezifisch von einem Enzym umgesetzt wird; bindet nur nach dem → Schlüssel-Schloss-Modell

Substratinduktion: Form der Stoffwechselregulation, bei der das Substrat als allosterischer Effektor wirkt und so die eigene Umsetzung beschleunigt

Substratspezifität: Eigenschaft von Enzymen, nur jeweils ein bestimmtes Substrat nach dem Schlüssel-Schloss-Modell oder nach dem Modell der induzierten Passform binden zu können

Symbiose: enges, für beide Beteiligten vorteilhaftes Zusammenleben zweier Arten

Synapse: Stelle, an der eine → Nervenzelle mit einer anderen oder einer Effektorzelle kommuniziert; bildet bei chemischen Synapsen einen synaptischen Spalt zwischen der prä- und der postsynaptischen Zellmembran, sodass Informationen über Neurotransmitter übertragen werden

Thylakoidmembran: flache Membransäckchen in einem → Chloroplasten mit eingelagertem → Chlorophyll und anderen Blattfarbstoffen

Toleranzkurve: grafische Darstellung der Reaktion eines Lebewesens beispielsweise in Form von Wachstum oder Reproduktionsrate auf die Veränderung eines Umweltfaktors

Tracer: künstliche, oft radioaktiv markierte Substanz, mit der Stoffwechselaktivitäten sichtbar und damit nachvollziehbar gemacht werden können

Transpiration: Abgabe von Wasser durch Verdunstung

Treibhauseffekt: der durch Kohlenstoffdioxid und andere Gase verursachten globalen Temperaturanstieg

Tricarbonsäurezyklus: zyklischer Stoffwechselweg zur vollständigen Oxidation von Acetyl-CoA (C_2-Körper) zu Kohlenstoffdioxid und Wasser

Trophieebene: Einteilung der Lebewesen eines Ökosystems anhand ihrer Ernährungsweise; zum Beispiel → Produzenten, → Konsumenten

Umweltfaktor: Größe, die auf die Lebensbedingungen eines Organismus Einfluss hat; → abiotisch oder → biotisch

Umweltkapazität: maximale Aufnahmefähigkeit eines Lebensraums für Lebewesen, die durch das Angebot von Ressourcen bestimmt wird

Vakuole: von einer Membran umgebener, mit Zellsaft gefüllter Raum in einer Pflanzenzelle mit Speicher- und Abbaufunktion

vegetatives Nervensystem: Teil des Nervensystems der Wirbeltiere, das nicht der direkten willkürlichen Kontrolle unterliegt; versorgt vor allem Eingeweide, Blutgefäße, Herz, Ausscheidungs- und Geschlechtsorgane sowie Drüsen; zwei Teile: Parasympathikus und Sympathikus

Vesikel: von einer Membran umhüllte Bläschen in der Zelle, in denen Stoffe gespeichert sind oder Prozesse ablaufen

Vulnerabilitäts-Stress-Modell: Modell der Entstehung einer → Depression, das vom gleichzeitigen Vorhandensein einer erhöhten Vulnerabilität und einem Stressfaktor ausgeht

Wasserevaporation: Verdunstung von Wasser auf freien Land- und Wasserflächen

Wiederfangmethode: Methode zur Abschätzung der Populationsgröße von Lebewesen, die sich bewegen

Wirkungsspektrum: grafische Darstellung der Fotosyntheserate in Abhängigkeit von der Wellenlänge des absorbierten Lichtes

Wirkungsspezifität: Eigenschaften von → Enzymen, jeweils nur eine spezifische Wirkung auf ihr Substrat zu haben

Zapfen: → Netzhaut

Zellatmung: Energiefreisetzung in der Zelle durch → Oxidation von energiereichen chemischen Verbindungen unter Sauerstoffverbrauch

Zelle: kleinste, mit allen Merkmalen des Lebens ausgestattete Bau- und Funktionseinheit aller Lebewesen

Zellmembran: → Biomembran, die jede Zelle umgibt

Seite 46 f. – Neuronale Informationsverarbeitung

1 Beide Nozizeptor-Typen besitzen spannungsgesteuerte Natrium- und Kalium-Ionenkanäle, die für die Bildung von Aktionspotenzialen notwendig sind. Außerdem besitzen alle TRPV-Kanäle, die sich bei Temperaturen über 45 °C und durch den Stoff Capsaicin öffnen und dann Natrium- und Calcium-Ionen in den Nozizeptor einfließen lassen.

Der mechanosensible Nozizeptor besitzt zusätzlich zu den TRPV-Kanälen mechanische Kanäle. Diese öffnen sich auf mechanische Reize hin, etwa bei Druck oder Dehnung und lassen Natrium-, Kalium- und Calcium-Ionen in den Nozizeptor eintreten.

Der temperatursensible Nozizeptor besitzt zusätzlich zu den TRPV-Kanälen TRPA-1-Kanäle, die sich bei schädigender Kälte öffnen und Natrium- und Calcium-Ionen in den Nozizeptor eintreten lassen.

2 Starker Druck → Einstrom von $Na^+/K^+/Ca^{2+}$-Ionen → Depolarisation der Membran des Nozizeptors → Aktivierung der spannungsgesteuerten Natrium-Ionenkanäle nach Überschreitung des Schwellenwertes → Einstrom von Na^+-Ionen in den Nozizeptor → Depolarisation der Membran über den Schwellenwert → Ausbildung eines Aktionspotenzials

3 In gesundem Gewebe folgt auf mittelstarken Druck keine Reaktion in Form eines Aktionspotenzials, da der Schwellenwert nicht überschritten wird.

In entzündetem Gewebe wird Bradykinin freigesetzt, das an ein Rezeptorprotein des polymodalen Nozizeptors bindet. Dadurch wird in der Zelle die Reizschwelle schneller erreicht, so dass auf mittelstarken Druck Aktionspotenziale gebildet werden.

4 Es findet eine saltatorische Erregungsweiterleitung statt. Nur in den Ranvier-Schnürringen einer A-delta-Faser befinden sich spannungsgesteuerte Ionenkanäle. Bildet sich dort ein Aktionspotenzial, breitet sich die Erregung bis zum nächsten Schnürring durch Ausgleichsströme aus. Dabei erfolgt eine Abnahme des Membranpotenzials mit zunehmender Entfernung vom letzten Schnürring, da die Ionen der Ausgleichsströme von entgegengesetzt geladenen Ionen an der Außen- und Innenseite der Membran gebunden werden. Wird am nächsten Schnürring der Schwellenwert überschritten, entsteht dort ein neues Aktionspotenzial. So schwächt die Erregung mit der Entfernung vom Ausgangspunkt der Erregung nicht ab.

5 Abbildung B zeigt die Zeit in Abhängigkeit von der Strecke, die die Ausgleichsströme und Aktionspotenziale für die Überwindung benötigen. Durch die Ausgleichsströme wird eine Strecke von 1,5 Millimeter in 0,25 Millisekunden überwunden. In etwa der gleichen Zeit wird durch die Bildung eines Aktionspotenzials nur eine Strecke von etwa 0,1 Millimeter überwunden. Die Ausgleichsströme fließen also wesentlich schneller als Aktionspotenziale entstehen.

6 Der erste Schmerz erreicht durch die schnelle saltatorische Erregungsleitung der A-delta-Fasern das Rückenmark. Durch die langsame kontinuierliche Erregungsleitung übertragen C-Fasern die Erregung in das Rückenmark. Sie sind für den zweiten dumpfen, länger anhaltenden Schmerz verantwortlich. Die Schmerzwahrnehmung entsteht allerdings erst nach Weiterleitung im Gehirn.

7 Wenn der Schwellenwert überschritten wird, aber Lidocain die Natrium-Ionenkanäle blockiert, können in der Depolarisationsphase keine Natrium-Ionen in die Zelle einströmen. Es können an den Nozizeptoren keine Aktionspotenziale entstehen und weitergeleitet werden. Somit nimmt der Patient keinen Schmerz in dem betäubten Gebiet wahr. Durch den chirurgischen Eingriff wurde Gewebe verletzt, sodass es zu einer Freisetzung von Signalstoffen kommt, die den Schmerz nach dem Eingriff verursachen, ähnlich wie in entzündetem Gewebe.

8 Morphinmoleküle binden an Rezeptoren für körpereigene Endorphine, die sich an der Präsynapse der Nozizeptoren befinden. Dadurch wird der Einstrom an Calcium-Ionen in die Präsynapse verringert. Infolgedessen verschmelzen keine Transmittervesikel mit der präsynaptischen Membran und kein Glutamat wird in den synaptischen Spalt freigesetzt. Da dieses nicht an die Rezeptoren der postsynaptischen Membran bindet, wird sie nicht depolarisiert und die spannungsgesteuerten Natrium-Ionenkanäle öffnen sich nicht. Das Aktionspotenzial des Nozizeptors wird nicht in das ZNS weitergeleitet. Der Schmerz wird nicht wahrgenommen.

Seite 70 f. – Vertiefung: Aspekte der neuronalen Vernetzung

1 Bei gesunden Lichtsinneszellen herrscht ein Ruhepotenzial von –30 mV. Dies liegt an den cGMP abhängigen Ionenkanälen, die in der Dunkelheit offen sind und Natrium-Ionen in die Zelle einströmen lassen. Fällt Licht auf die Sinneszelle, schließen sich diese Ionenkanäle und die Membranpotenzial sinkt, weil keine positiven Ladungsträger mehr in die Zelle eintreten, jedoch können weiterhin Kalium-Ionen durch die Kaliumsickerkanäle aus der Zelle austreten. Dadurch entsteht eine Depolarisation in der nachgeschalteten Bipolarzelle. Sind die cGMP gesteuerte Ionenkanäle defekt, bleibt die Ruhepotenzial bei –30mV.

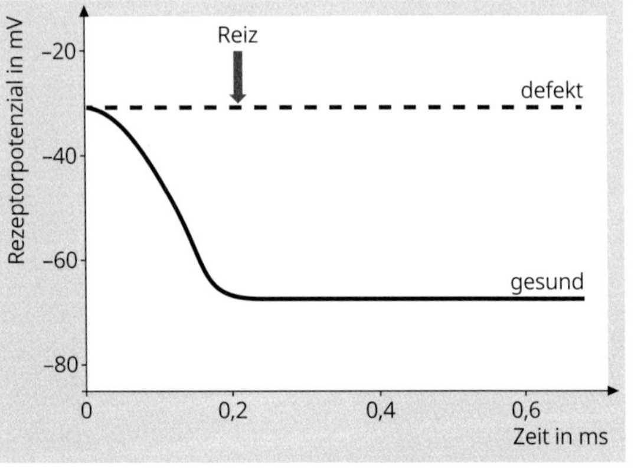

Funktionstüchtige Zapfen sind notwendig, um ein scharfes Bild zu sehen, weil sich am gelben Fleck, wo die Lichtstrahlen gebündelt werden, hauptsächlich Zapfen befinden. Zapfen sind auch weniger lichtempfindlich als Stäbchen. Funktionieren diese nicht, können für das Sehen nur die stark lichtempfindliche Stäbchen benutzt werden.

2 Bei einer Temperatursenkung um 20 °C öffnen sich Ionenkanäle, die Natrium- und Calcium-Ionen gemäß ihrem Konzentrationsgefälle in die Zelle einströmen lassen. Dadurch wird die Ladung innen positiver und es entsteht ein Rezeptorpotenzial.

In der Membran bestimmter freier Nervenendigungen in der Haut liegen Kationenkanäle, die sich bei Kälte öffnen. Die dann einströmenden Ionen bewirken eine Erregung des Nervs, die im Gehirn als Kälteempfindung interpretiert wird. Menthol kann sich an diese Kanäle anlagern und ihre Öffnung bewirken. Die daraus resultierende Erregung des Nervs ist im Gehirn nicht von der durch Kälte hervorgerufenen Reaktion zu unterscheiden. Also empfindet man Kälte, ohne dass die Hauttemperatur tatsächlich absinkt.

Ein adäquater Reiz für den Kälterezeptor ist die Abkühlung unter einen bestimmten Schwellenwert. Die Einwirkung von Menthol auf diesen Rezeptor könnte einerseits als inadäquater Reiz für den Kälterezeptor interpretiert werden. Der Reiz führt nämlich zu einer fehlerhaften Wahrnehmung. Andererseits kann Menthol die Konformation des Kanalproteins ändern, was zu der Vermutung führt, dass hier eine Schlüssel-Schloss-Situation durch die Molekülstruktur vorgegeben ist. Dann wäre denkbar, dass Menthol doch ein adäquater Reiz ist.

3 Riechsinneszellen besitzen in ihrer Zellmembran immer nur einen Duftstoffrezeptor-Protein-Typ. Bei der Riechsinneszelle 1 kommt es durch drei verschiedene Duftstoffe (Zitrone, Blüte und Pfefferminz) zur Auslösung von Aktionspotenzialen. Das Duftstoffrezeptor-Protein von Riechsinneszelle 1 arbeitet also nicht streng nach dem Schlüssel-Schloss-Modell. Diese relative Unspezifität lässt sich auch bei den anderen beiden Riechsinneszellen feststellen. Aus der Information, ob eine einzelne Riechsinneszelle aktiviert worden ist, kann das Gehirn folglich keine Schlussfolgerung für die Geruchsqualität ableiten. Das Aktivierungsmuster der Riechsinneszellen ist bei den verschiedenen Duftstoffen jedoch unterschiedlich. Die Duftstoffrezeptor-Proteine reagieren also unterschiedlich empfindlich auf die verschiedenen Duftstoffe.

Auch wenn die Duftstoffrezeptoren nicht streng nach dem Schlüssel-Schloss-Modell funktionieren, zeigen die verschiedenen Duftstoffrezeptoren bei dem gleichen Duftstoff Unterschiede in der Reaktion. Man kannn postulieren, dass für ein eindeutige Duftstoff-Identifikation im Gehirn die unterschiedlichen Aktivierungn der verschiedenen Riechsinneszellen verrechnet werden.

4 Ein Süßstoff bindet an den spezifischen G-Protein-gekoppelten Süßrezeptor einer Geschmackssinneszelle und aktiviert damit das G-Protein. Dieses aktiviert ein membranständiges Enzym, das daraufhin die Bildung eines intrazellulären Botenstoffs auslöst. Dieser second messenger wirkt zum einen auf einen Calcium-Ionenspeicher, woraufhin Calcium-Ionen freiesetzt werden, die ihrerseits transmittergefüllte Vesikel zur Ausschüttung des Neurotransmitters in den synaptischen Spalt veranlassen. Zum anderen wirkt der second messenger auf Natrium-Ionenkanäle, die sich daraufhin öffnen. Die hereinströmenden Natrium-Ionen verändern das Membranpotenzial, wodurch spannungsgesteuerte Calcium-Ionenkanäle öffnen und zusätzlich Calcium-Ionen einströmen können. Dadurch erhöht sich das Membranpotenzial weiter, und es stehen vermehrt Calcium-Ionen zur Aktivierung der Transmitter-Vesikel zur Verfügung. Dadurch wird die Transmitterausschüttung verstärkt. Durch die Transmitter werden im nachgeschalteten Neuron Aktionspotenziale ausgelöst und zum Gehirn weitergeleitet.

Im Wesentlichen sind die Mechanismen der beiden Sinneszellen gleich: Aufnahme über ein G-Proteingekoppeltes Rezeptorprotein, Aktivierung eines Membranenzyms, Bildung eines second messengers, Erhöhung der positiven Ladung innerhalb der Zelle mit Nutzung eines Verstärkermechanismus und Bildung eines Rezeptorpotenzials. Die beiden Sinneszelltypen unterscheiden sich dann allerdings in der Fortleitung: Während die Riechsinneszelle als primäre Sinneszelle selbst am Axonhügel Aktionspotenziale generieren kann, reagiert die Geschmackssinneszelle mit der Ausschüttung von Transmittern, wodurch die Erregung auf das nachfolgende Neuron übertragen wird, das dann erst mit Aktionspotenzialen reagieren kann.

5 Die primäre Sinneszelle kann über die reizaufnehmende Region Reize aufnehmen und in ein elektrisches Signal (Rezeptorpotenzial) umwandeln, das am Axonhügel Aktionspotenziale auslösen kann. Sie verfügt über spannungsgesteuerte Natrium-Ionen-Kanäle als Grundlage für die Bildung von Aktionspotenzialen.

Die sekundäre Sinneszelle besteht aus zwei Einheiten: die Zelle mit der reizaufnehmenden Region, die Rezeptorpotenziale generieren kann, die eine Transmitterausschüttung auslösen können, aber kein Axon und keinen Axonhügel hat, und das nachgeschaltete Neuron, das die über Transmitter weitergeleitete Erregung in EPSPs (oder IPSPs) umsetzen und Aktionspotenziale auslösen kann. Aktionspotenziale werden nur im nachgeschalteten Neuron generiert. Geschmackssinneszellen gehören zum Typ der sekundären Sinneszellen.

6 Kleinkinder nehmen zum einen Geschmacksqualitaten starker wahr. Süß wird im Allgemeinen eher als angenehm wahrgenommen, wahrend sauer und insbesondere bitter als unangenehm empfunden werden. Die Geschmacksqualitaten „sauer" und „bitter" signalisieren eher unreife beziehungsweise giftige Nahrungsmittel. Kleinkinder benötigen für ihr Wachstum zudem viel Energie. Süße Speisen sind im Allgemeinen hochkalorischer als sauer und bitter schmeckende Nahrungsmittel.

Seite 106 f. – Der Aufbau von energiereichen Stoffen

1 In der Elektronentransportkette werden Elektronen von einem Protein an ein anderes abgegeben. Dabei wird Energie frei. Diese wird vom Cytochrom-b/f-Komplex genutzt, um Protonen aus dem Stroma in den Innenraum der Thylakoide zu pumpen. Zwischen dem Thylakoidinnenraum und dem Stroma entsteht so ein Protonengradient. Diffundieren Protonen aufgrund des Konzentrations- und Ladungsgefälles durch den Kanal der ATP-Synthasen, die sich in der Thylakoidmembran befinden, kann die in dem Protonengradienten gespeicherte Energie von ihnen genutzt werden, um eine Phosphatgruppe an ADP zu binden und ATP zu bilden.

2 DCMU unterbricht den nichtzyklischen Elektronentransport der Fotosynthese, indem es Elektronen vom Fotosystem II abzieht. So kann kein ATP mehr durch den nichtzyklischen Elektronentransport gebildet werden. Durch den zyklischen Elektronentransport kann jedoch weiterhin ATP gebildet werden. Die ATP-Konzentration nimmt in den Blattzellen ab, da insgesamt weniger ATP gebildet wird. Die Konzentrationen von $NADPH + H^+$ in Blattzellen verändern sich nicht maßgeblich, da weiterhin die Fotolyse des Wassers erfolgt und Elektronen und Protonen auf $NADP^+$-Moleküle übertragen werden können.

3 In Anwesenheit von Paraquat werden die Elektronen bis zum Ferredoxin transportiert und dann an Paraquat abgegeben. Da somit der zyklische Elektronentransport nicht stattfinden kann, kann darüber kein zusätzliches ATP gebildet werden. Infolgedessen nimmt die ATP-Konzentration in den Blattzellen ab. Da vom Ferredoxin auch keine Elektronen auf $NADP^+$-Moleküle übertragen werden können, nimmt die Konzentration von $NADPH + H^+$ in den Blattzellen ab.

4

Licht
↓
aktiviert einen Rezeptor in der Membran der Schließzellen
↓
aktiviert Protonenpumpen
↓
Protonen werden hinausgepumpt
↓
Membranpotenzial der Schließzelle verändert sich
↓
Kalium-Ionenkanäle öffnen sich
↓
Kalium-Ionen diffundieren aus den benachbarten Epidermiszellen in die Vakuole der Schließzellen
↓
Wassermoleküle strömen osmotisch nach
↓
Volumen der Vakuolen nimmt zu
↓
unverdickte Rückwand der Schließzellen wird gedehnt und die weniger elastische Bauchwand nach hinten gezogen
↓
Spaltöffnung vergrößert sich

5 Die in M4 dargestellten Versuchsbeobachtungen zeigen, dass durch Fusicoccin die Spaltöffnungen bei Licht und Dunkelheit sowie bei allen CO_2-Konzentrationen sehr groß sind, während sie im Kontrollversuch bei Dunkelheit geschlossen und im Licht nur bei niedrigen CO_2-Konzentrationen groß sind. Nach den Modellvorstellungen in M6 werden die in der Membran der Schließzellen sich befindenden Protonenpumpen normalerweise durch Phosphorylierung mithilfe von ATP aktiviert. Dann pumpen sie unter Verbrauch von ATP Protonen nach außen. Durch die Dephosphorylierung werden sie inaktiviert. Fusicoccin aktiviert die Protonenpumpen, sodass die Protonenpumpen ständig Protonen nach außen pumpen. Infolgedessen öffnen sich die Spaltöffnungen. Fusicoccin bewirkt also, dass die Spaltöffnungen permanent geöffnet sind. Dadurch verliert die Pflanze zu viel Wasser, sie welkt und vertrocknet.

6 Licht über 480 nm kann von Chlorophyllen nicht absorbiert werden. Das Absorptionsspektrum der Carotinoide liegt zwischen den Wellenlängen 400 bis 500 Nanometer. Carotinoide erweitern also das Absorptionsspektrum der fotosynthetisch aktiven Organismen im blau-grünen Spektralbereich. Zusammen mit anderen Farbstoffmolekülen, die an Proteinmoleküle der Thylakoidmembranen gebunden sind, gehören Carotinoide zum Antennenkomplex der Fotosysteme. Durch Lichtabsorption gelangen Fotosynthesepigmente in einen energiereicheren angeregten Zustand. Die Energie kann von einem Farbstoffmolekül auf ein benachbartes Farbstoffmolekül im Antennenkomplex übertragen werden, wenn dieses Licht in einem etwas längerwelligeren, energieärmeren Strahlungsbereich absorbiert. Da im Antennenkomplex die Farbstoffmoleküle nach zunehmender Wellenlänge angeordnet sind, wird die Energie von den äußeren zu den weiter innen liegenden Farbstoffmolekülen geleitet. Schließlich wird sie auf das Chlorophyll-a-Molekül im Reaktionszentrum des Fotosystems übertragen.

Carotinoide verhindern, dass bei hohen Lichtintensitäten reaktive Sauerstoffverbindungen gebildet werden, welche die Chlorophyllmoleküle in Blattzellen zerstören. Sie sind daran beteiligt, dass Lichtenergie in Wärmeenergie umgewandelt wird und der Antennenkomplex des Fotosystems II weniger Licht absorbiert. Infolgedessen werden keine reaktiven Sauerstoffverbindungen gebildet, die unter anderem Chlorophylle zerstören. Wird die Carotinoidsynthese durch Bleichherbizide gehemmt, ist dieser Sonnenschutz nicht gegeben. Infolgedessen werden reaktive Sauerstoffverbindungen gebildet, welche Chlorophyllmoleküle zerstören. Die so geschädigten Blätter bleichen aus und sterben ab, da ohne Chlorophyll Lichtenergie nicht in chemische Energie umgewandelt werden kann. Somit steht den Zellen keine Energie für Reaktionen zur Verfügung, die Energie benötigen.

Seite 124 f. – Der Umbau von Stoffen

1 In das aktive Zentrum eines Enzymmoleküls passt in der Regel nur ein Stoff mit einer passenden räumlichen Struktur hinein, das Substrat. Andere Moleküle können sich dort nicht anlagern. Diese Substratspezifität lässt sich mit dem Schlüssel-Schloss-Modell verdeutlichen. Wie zu einem Schloss nur ein bestimmter Schlüssel passt, passt zum aktiven Zentrum eines Enzyms nur ein bestimmtes Substrat.

Jedes Enzym katalysiert bei einem Substrat nur eine bestimmte chemische Reaktion. Diese Eigenschaft von Enzymen wird als Wirkungspezifität bezeichnet. Das Enzym Pepsin kann nur die Spaltung von Peptidbindungen katalysieren.

2 Mit pflanzlicher oder tierischer Nahrung werden Proteine aufgenommen. Im Magen beginnt der enzymkatalysierte Umbau der Proteine. Dabei spaltet in einem ersten Schritt zunächst das Enzym Pepsin an der Aminosäure Phenylalanin große Proteine in kleinere Peptide. Erst dann erfolgt im Dünndarm durch andere Enzyme der weitere Abbau der Peptide zu Aminosäuren, die dann dort resorbiert werden können. Aus diesen können körpereigene Stoffe aufgebaut werden.

3 Das pH-Optimun von Pepsin liegt zwischen 1,5 und 3. Bei diesem pH-Wert hat es eine Raumstruktur, mit der es am besten Substrate binden und umsetzen kann. Durch Abweichungen von diesem pH-Wert verändert sich seine Raumstruktur und seine Aktivität nimmt ab. Deshalb sinkt die Reaktionsgeschwindigkeit.

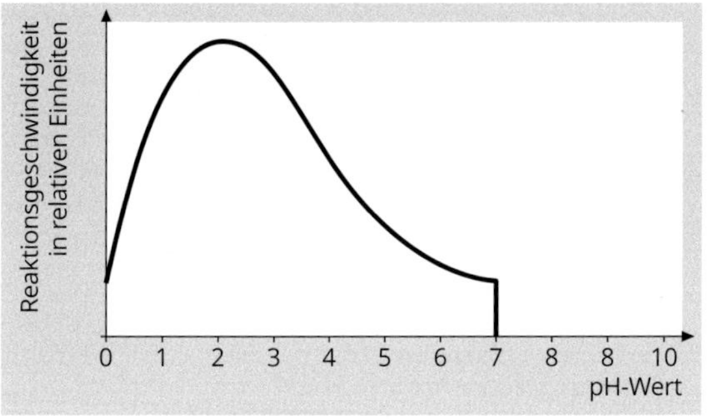

Pepsin ist ein Protein, das aus Aminosäuren mit unterschiedlichen Ladungen besteht. Dessen räumliche Struktur wird durch den pH-Wert des umgebenden Mediums beeinflusst. Veränderungen des pH-Wertes führen zu Veränderungen der Ladungsverhältnisse und damit der Raumstruktur eines Proteins. Dies wirkt sich direkt auf die Enzymaktivität aus. Bei steigendem pH-Wert verändern sich Wechselwirkungen im Enzym-Molekül und die räumliche Struktur des Proteinmoleküls Pepsin denaturiert. Dadurch sinkt die Enzymaktivität.

4 *Helicobacter pylori* lebt in und unter dem zähen Schleim, der die Magenepithelzellen bedeckt. Der Schleim schützt *Helicobacter pylori* vor dem Angriff durch Säure und Pepsin.

Helicobacter pylori bewegt sich in Richtung abnehmender Säurekonzentration im Magenschleim fort.

Helicobacter pylori spaltet mithilfe von Urease Harnstoff in Kohlenstoffdioxid und Ammoniak. Ammoniak neutralisiert die Magensäure.

Pepsin verliert bei einem neutralen pH-Wert von 7 seine Aktivität. Somit werden die Proteine von *Helicobacter pylori* weder durch Säure denaturiert noch durch Pepsin abgebaut.

5 Bei Patient II ist das Testergebnis positiv. In der Gewebeprobe befinden sich *Helicobacter*-Bakterien. Durch die Urease der Bakterien wird der Harnstoff in der Nährlösung gespalten. Es entsteht Ammoniak, sodass sich der pH-Wert verändert. Der pH-Wert Indikator zeigt durch den Farbumschlag den pH-Wert im alkalischen Bereich an. Bei Patient I ist das Testergebnis negativ. In seiner Gewebeprobe lassen sich durch den Test keine *Helicobacter*-Bakterien nachweisen.

6 AHA ist chemisch ähnlich gebaut wie Harnstoff. Das lässt vermuten, dass AHA ein kompetitiver Hemmstoff der Urease ist. AHA kann im aktiven Zentrum von Urease binden, wird aber nicht umgesetzt. AHA und Harnstoff konkurrieren um das aktive Zentrum von Urease. Es hängt von den Stoffkonzentrationen ab, ob Harnstoff oder AHA bindet.

Trotz steigender Harnstoffkonzentrationen wird V_{max} nicht erreicht. Das lässt vermuten, dass AHA Urease irreversibel hemmt. Der Inhibitor löst sich nicht wieder vom aktiven Zentrum. Die zugegebene Menge AHA blockiert einen Teil der Enzyme. Die Zahl der aktiven Enzym-Moleküle wird durch den irreversibel wirkenden Hemmstoff verringert. Demzufolge handelt es sich um einen irreversiblen kompetitiven Hemmstoff.

Alternativlösung bei ausreichender Begründung: Allosterische Hemmung. Die Strukturformeln sind hinreichend unterschiedlich, um davon auszugehen, dass nicht unbedingt das aktive Zentrum besetzt wird.

Seite 144 f. – Der Abbau von energiereichen Stoffen

1 Die Energiebereitstellung im Skelettmuskel läuft wie folgt ab: In den ersten Sekunden der Belastung wird zunächst der ATP-Vorrat rapide aufgebraucht. Kurz darauf startet die Bildung von ATP durch den Phosphokreatin-Zerfall. Der Anteil des Phosphokreatin-Zerfalls an der Energiebereitstellung nimmt kontinuierlich bis ca. 30 Sekunden Belastungsdauer ab, während der Anteil der Milchsäuregärung kontinuierlich bis zu einem Maximum bei ca. 40 Sekunden Belastungsdauer zunimmt. Danach nimmt der Anteil der Milchsäuregärung wieder kontinuierlich ab. Zeitgleich mit der Milchsäuregärung startet auch die Energiebereitstellung durch die Zellatmung, deren Anteil langsam zunimmt und bei 100 Sekunden Belastungsdauer ihr Maximum erreicht. Bei noch längerer Belastung greift dann die Energiebereitstellung durch die Verbrennung von Fettsäuren.

3: Milchsäuregärung

$C_6H_{12}O_6 + 2\ ADP + 2\ P \rightarrow 2\ C_3H_6O_3 + 2\ ATP$

4: Zellatmung:

$C_6H_{12}O_6 + 6\ O_2 + 30\ ADP + 2\ P \rightarrow 6\ CO_2 + 6\ H_2O + 30\ ATP$

Unter aeroben Bedingungen wird die Zellatmung begünstigt, da deutlich mehr ATP pro Mol Glucose generiert werden kann. Solange kein oder wenig Sauerstoff vorliegt, wird die Milchsäuregärung begünstigt.

2 Die chemiosmotische Theorie beschreibt die Bildung von ATP in der Atmungskette als Teil der Zellatmung. Über eine Elektronentransportkette, die aus den Komplexen I bis IV besteht, werden die Elektronen von $NADH + H^+$ und $FADH_2$ auf Sauerstoff übertragen. Dabei entsteht Wasser. Bei der Elektronenübertragung zwischen den Redoxsystemen wird Energie frei, die von den Komplexen I, III und IV genutzt wird, um Protonen aus der Matrix des Mitochondriums in den Intermembranraum zu pumpen. So entsteht an der Membran ein Protonengradient, der von den ATP-Synthasen für die Bildung von ATP aus ADP und P genutzt wird.

Skizze siehe Seite 133

3 In dem ersten Experiment wurden intakte Thylakoide in eine saure Lösung mit pH 4 gegeben. Anschließend wurden diese in eine alkalische Lösung mit pH 8 überführt. In dieser Lösung wurde die Bildung von ATP nachgewiesen.

In dem zweiten Experiment wurde ein künstliches Lipidvesikel mit einer Protonenpumpe hergestellt. Diese pumpte Protonen von außen in den Innenraum. Anschließend wurde eine isolierte ATP-Synthase eingebaut, die aus ADP und P ATP bildete.

Aus diesen Experimenten lassen sich Schlussfolgerungen ableiten, die die chemiosmotische Theorie stützen:

1. Auch in isolierten Thylakoiden findet die ATP-Synthese statt, sobald ein Protonengradient, hier künstlich erzeugt, vorhanden ist.
2. Für die ATP-Bildung ist die ATP-Synthase notwendig, die den Protonengradient zur ATP-Synthese nutzen kann.

4 Die Milchsäurekonzentration der Versuchsperson steigt bei der maximalen Belastung innerhalb der ersten 5 Minuten stark von 0 mmol/L bis bis zu einem Maximum von ca. 13 mmol/L. Bei der passiven Erholung nimmt die Milchsäurekonzentration langsamer und kontinuierlich ab und liegt bei 65 Minuten noch bei ca. 1 mmol/L. Bei der aktiven Erholung nimmt die Milchsäurekonzentration deutlich schneller und ab und erreicht bereits bei ca. 45 Minuten die Ausgangskonzentration von 0 mmol/L.

Bei Belastung findet die Milchsäuregärung statt und die Milchsäuredehydrogenase katalysiert die Bildung von Milchsäure aus Brenztraubensäure. Dabei wirkt NADH + H^+ als Reduktionsmittel und NAD^+ wird regeneriert. Bei Erholung katalysiert das Enzym die Rückreaktion, wobei NAD^+ als Oxidationsmittel wirkt und wieder zu NADH + H^+ reagiert.

5 Während der maximalen Belastung unter anaeroben Bedingungen wird durch Milchsäuregärung Milchsäure produziert, die nach der Belastung unter aeroben Bedingungen in der Zellatmung wieder abgebaut wird. Dazu wird Milchsäure in der Leber über Brenztraubensäure wieder zu Glucose umgewandelt, die über das Blut zu den Muskeln transportiert wird. Bei lang andauernder Belastung wird dort die Glucose dann zur Energiebereitstellung durch Zellatmung genutzt. Bei der aktiven Erholung fährt die Testperson gemäßigt weiter, dadurch bleiben die Atmungsfrequenz und die Pulsfrequenz noch länger erhöht. So liegt mehr Sauerstoff vor als bei passiver Erholung und Milchsäure wird schneller über die Blutbahn in den Skelettmuskel transportiert und schneller abgebaut als bei passiver Erholung.

6 Es handelt sich um die ß-Oxidation der Fette. Ein Fettmolekül wird durch die Lipase in ein Glycerinmolekül und drei Fettsäuremoleküle abgebaut. Glycerin kann zu Brenztraubensäure umgewandelt werden, die dann in den Tricarbonsäurezyklus eingeschleust wird. Die Fettsäuren werden in der ß-Oxidation aerob abgebaut. Allein eine Fettsäure mit 18 Kohlenstoffatomen liefert 122 ATP, im Vergleich dazu liefert ein Molekül Glucose 30 ATP. Bei lang andauernder Belastung ist die Energiebereitstellung durch Fettabbau also bedeutend größer.

Seite 190 f. – Ökosysteme und Populationsökologie

1 Dargestellt ist ein Nahrungsnetz, in dem das Phytoplankton die Produzenten bildet. Es stellt somit die erste Trophiestufe im Nahrungsnetz dieses aquatischen Ökosystems dar. Die zum herbivoren Zooplankton zählenden Blatt- und Ruderfußkrebse ernähren sich vom Phytoplankton. Diese Primärkonsumenten werden von der Schwebgarnelenart *Mysis diluviana* gefressen. Die Garnelen bilden damit die Sekundärkonsumenten. Der Kokanee-Lachs ist ein Friedfisch, der sich von Blatt- und Ruderfußkrebsen sowie – in geringerem Maße – auch von der Schwebgarnele *Mysis diluviana* ernährt. Er bildet damit die Trophiestufe der Tertiärkonsumenten. Seesaibling, Grizzlybären und Weißkopfseeadler stellen die Quartär- oder Endkonsumenten dar. In diesem Nahrungsnetz wird deutlich, dass zwischen dem Kokanee-Lachs und der Schwebgarnelenart *Mysis diluviana* eine Nahrungskonkurrenz um die Blatt- und Ruderfußkrebse besteht.

2 In dem in M3 dargestellten Nahrungsnetz wird deutlich, dass der Kokanee-Lachs und die Schwebgarnele in einem Räuber-Beute-Verhältnis zueinander stehen. Allerdings ist die Schwebgarnele in nur geringem Maße Nahrung für den Kokanee-Lachs. Dieser Umstand lässt sich mithilfe von M4 erklären: Am Tag befindet sich die Schwebgarnele ausschließlich auf dem Grund des Flathead Lakes und nur in der Nacht ist sie auch in den oberflächennahen Bereichen des Sees anzutreffen. Der Kokanee-Lachs hingegen findet sich vorwiegend im oberflächennahen Bereich des Sees bis zu einer Tiefe von 30 Metern, wo er bei Tag seiner Beute nachstellt. Aus diesem Verhalten des Kokanee-Lachses ist abzuleiten, dass die Garnele allenfalls in geringem Umfang für den Lachs als Nahrungsquelle infrage kommt.

3 In M5 wird die Populationsentwicklung von Blattfuß- und Ruderfußkrebsen im Flathead Lake vor und nach Einführung der Schwebgarnele dargestellt. Vor Einführung der Schwebgarnele kann man bei den Blattfußkrebsen einen exponentiellen Anstieg der Populationsdichte von Januar bis August feststellen. Danach sinkt die Populationsdichte bis zum Jahresende deutlich ab. Blattfußkrebse zeigen damit eine für r-Strategen typische Populationsdynamik, bei der dichteabhängige Faktoren, wie etwa die intraspezifische Konkurrenz um Nahrung, das Populationswachstum zur Jahresmitte hin begrenzen. Nachdem die Schwebgarnele eingebracht wurde, verringerte sich die Individuenzahl der Blattfußkrebse deutlich. Diese Veränderung ist darauf zurückzuführen, dass zwischen der Garnelenart und den Blattfußkrebsen eine Räuber-Beute-Beziehung besteht, in der die Kleinkrebse Beute für *Mysis diluviana* sind. Eine vergleichbare Entwicklung lässt sich auch bei den Ruderfußkrebsen beobachten. Vor Einführung der Schwebgarnele bleibt die Häufigkeit der Ruderfußkrebse (r-Strategen) zunächst aufgrund weitgehend gleichbleibender Bedingungen bis März konstant und nimmt dann aufgrund von zu geringem Nahrungsangebot (intraspezifische Konkurrenz) bis April/Mai ab. Auch Krankheiten können hier die Ursache sein. Im Anschluss tritt bis Juni exponentielles Wachstum auf, gefolgt von einer weiteren Abnahme der Häufigkeit (wiederholt beispielsweise Nahrungsmangel oder Krankheiten). Im Anschluss folgt eine Phase der Stabilisierung der Anzahl der Individuen..

4 Schon bevor die Zahl der im See ausgesetzten Garnelen stark zunahm, schwankten die Populationsdichten von Lachsen und Adlern periodisch. Diese Schwankungen lassen sich zumindest teilweise durch die Räuber-Beute-Beziehung der beiden Arten erklären: Eine Zunahme der Dichte der Lachspopulation von 1980 bis 1981 führte zu einer starken Vermehrung der Adler, was von 1981 bis 1982 zu einer Abnahme der Lachspopulation führte. Parallel dazu verringerte sich die Populationsdichte der Adler, wodurch sich die Lachspopulation von 1983 bis 1984 wieder erholen konnte. Nachdem die Populationsdichte der Garnelen, die Nahrungskonkurrenten der Lachse sind, nach 1984 stark zunahm, verringerte sich die Populationsdichte der Lachse in den Jahren 1986 und 1987 auf ein Minimum. Gleichzeitig verringerte sich die Populationsdichte ihrer Räuber, der Adler, auf ein Minimum. Interessant hierbei ist, dass die stärkste Abnahme der Lachspopulation nicht durch ihre Räuber, sondern durch ihre Nahrungskonkurrenten hervorgerufen wurde.

5 Nachdem *Mysis diluviana* zwischen 1968 und 1977 in das Wassereinzugsgebiet des Flathead Lake eingeführt worden war, erreichte sie 1981 den See. Bis 1986 fand dann ein exponentielles Populationswachstum statt. Dieses ist vermutlich auf die nahezu unbegrenzten Nahrungsressourcen bei der Neubesiedlung des Sees zurückzuführen. Nach dieser anfänglichen Massenvermehrung nahm die Populationsdichte der Schwebgarnele ab 1986 wieder stark ab. Verantwortlich hierfür ist die entsprechende Abnahme der Beutepopulation von Blatt- und Ruderfußkrebsen, wie sie in M5 deutlich wird.

6 Die Garnelen wurden als Beute für die Lachse ausgesetzt. Dadurch wollte man die Dichte der Lachspopulation erhöhen. Erreicht wurde allerdings das Gegenteil: Die Lachspopulation brach zusammen. Vor dem Aussetzen der Garnelen hätte man unter kontrollierten Bedingungen, etwa in Wasserbassins, testen können, wie stark die Garnelen von den Lachsen bei gleichzeitiger Anwesenheit von Blatt- und Ruderfußkrebsen gefressen werden und wie stark die Nahrungskonkurrenz zwischen Garnelen und Lachsen ist. Das wesentliche Problem liegt aber darin begründet, dass sich das Verhalten einer Art in einem fremdem Ökosystem nur schlecht vorhersagen lässt. Der Grund dafür ist, dass in einem Ökosystem nicht nur Räuber-Beute-Beziehungen zwischen zwei Arten eine Rolle spielen. Vielmehr bestehen auch vielfältige Nahrungs- und Konkurrenzbeziehungen zwischen den Gliedern der Lebensgemeinschaft, die durch die Einführung einer neuen Art in kaum vorhersehbarer Weise beeinflusst werden können. Dies macht die Folgen der Einführung einer nicht heimischen Art in ein Ökosystem nahezu unkalkulierbar.

7 Zwischen den Schwebgarnelen und den Kleinkrebsen des Flathead Lake besteht eine Räuber-Beute-Beziehung. Die Kleinkrebse ernähren sich wiederum vom Phytoplankton. Die Massenvermehrung der Schwebgarnele hatte eine Verringerung der Populationsdichten der Kleinkrebse zur Folge. Eine geringe Populationsdichte des Zooplanktons zog wiederum eine höhere Populationsdichte des Phytoplanktons nach sich. Diese war an der Algenblüte zu erkennen.

Seite 222 f. – Anthropogene Einflüsse und Biosphäre

1

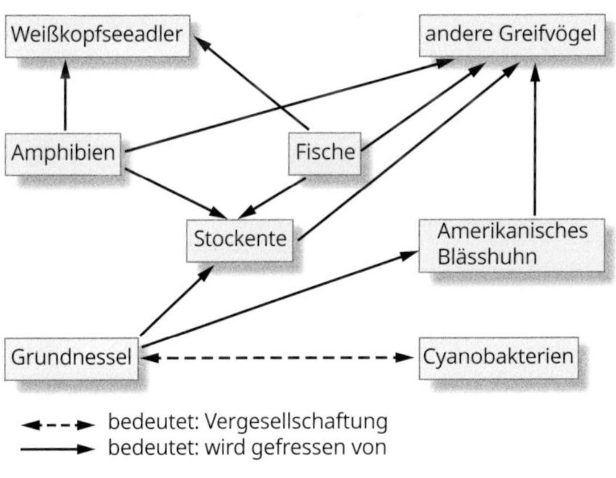

Die Grundnessel und die Cyanobakterien sind die Produzenten in diesem Ökosystem. Sie betreiben Fotosynthese und stellen die Nahrungsgrundlage dar. Das Amerikanische Blässhuhn ernährt sich von der Grundnessel und ist daher ein Primärkonsument. Ernährt sich die Stockente von der Grundnessel ist sie ebenfalls ein Konsument erster Ordnung. Stockenten ernähren sich aber auch von Kleinstlebewesen, wie etwa von Fröschen, Larven oder kleinen Fischen. Daher kann sie auch als Sekundärkonsument eingeordnet werden. Der Weißkopfseeadler und auch die anderen Greifvögel sind die Endkonsumenten. Je nachdem, von welchem Tier sie sich ernähren, können sie als Sekundär- oder Tertiärkonsument eingeordnet werden. Amphibien ernähren sich beispielsweise von Würmern, Schnecken und Insekten und können demzufolge der Ebene der Sekundärkonsumenten zugeordnet werden. Fische ernähren sich unter anderem von Plankton, Kleinkrebsen, Larven oder auch anderen Fischen. Je nach Fischart kommt entweder die Trophieebene der Primär- oder Sekundärkonsumenten in Frage.

2 Die Grundnessel kann sich aufgrund ihrer vermehrt vegetativen Fortpflanzung mit Knollen und Winterknospen schnell ausbreiten. Einheimische Pflanzen werden von der Grundnessel verdrängt. Da sie erst durch Aquarianer in das Gebiet eingeschleppt wurde und negative Auswirkungen auf die heimische Flora hat, gilt die Grundnessel als invasiv.

3 Die Cyanobakterien sind in saisonaler Abhängigkeit für die vakuoläre Myelopathie verantwortlich.

Aus den verschiedenen Gewässern werden Proben der Grundnessel mit und ohne Bewuchs von Cyanobakterien entnommen und an Stockenten verfüttert. Im ersten Versuchsansatz erkranken keine Tiere an vaskulärer Myelopathie. Im zweiten Versuchsansatz bleiben nur die Tiere gesund, die mit den Grundnesseln aus dem Kontrollgewässer gefüttert werden. 100 Prozent aller Stockenten, die mit den Grundnesseln aus dem ersten Gewässer gefüttert werden, erkranken an vaskulärer Myelopathie. Zwei Drittel der Stockenten, die von den Grundnesseln aus dem zweiten Gewässer fraßen, erkrankten an vaskulärer Myelopathie. Der Versuchsansatz 1 wurde im Oktober, der zweite Mitte November bis Dezember durchgeführt. Der Cyanobakterienanteil beim Gewässer 2 im zweiten Versuch im zweiten Versuchsansatz beträgt 51 bis 76 Prozent und ist damit genauso hoch, wie im Versuch 1 im Oktober.

Der gleiche Bewuchs von Cyanobakterien bewirkt nur im Winter ein Auftreten der Krankheit. Es liegt hier eine Saisonalität vor. Der zweite Versuchsansatz stützt die Hypothese.

Allerdings trifft die Hypothese nicht für alle Jahreszeiten zu, wie der erste Versuchsansatz belegt.

4 In Laborversuchen wurde in einem Nährmedium das Cyanobakterium *Aetokthonos hydrillicola* einer unterschiedlich hohen Kaliumbromidkonzentration ausgesetzt. Es konnte nachgewiesen werden, dass die Giftmenge von AETX mit zunehmender Bromidkonzentration stieg. Dieses Neurotoxin wird bei Anwesenheit von Bromid gebildet und enthält fünf Brom-Atome. Außerdem wurde die Giftkonzentration in den Cyanobakterien im Jahresverlauf gemessen. Die höchste Giftkonzentration wurde in den Monaten November und Dezember gemessen. Zusätzlich zu dieser Ermittlung wurden in zwei Gewässern die Bromidkonzentrationen an der Grundnessel, im Sediment und im Wasser gemessen. In beiden Gewässern ist das Wasser nur in sehr geringen Mengen mit Bromid angereichert. Werden die Gewässer A und B verglichen, so fällt auf, dass im Gewässer B sowohl im Sediment als auch in der Grundnessel eine höhere Bromidkonzentration vorkommt. Auffallend ist, dass die Grundnessel einen etwa 20-fach höheren Bromidgehalt als das jeweilige Sediment aufweist. Die Grundnessel des Gewässers B ist unbewachsen. Die Grundnessel selbst reichert das Bromid an.

Dem Material M4 ist zu entnehmen, dass das Wasser der untersuchten Gewässer nur sehr geringe, natürlich vorkommende Bromidkonzentrationen aufweist. Das Sediment weist zwar auch eine gewisse Bromidmenge auf, da die Cyanobakterien allerdings die Grundnessel überziehen und mit ihr vergesellschaftet sind, stellen die Wasserpflanzen die Quelle der Bromid-Ionen dar.

5 Das Gift AETX wird von Cyanobakterien produziert, die mit den Grundnesseln vergesellschaftet sind. Für die Synthese des

Giftes wird Bromid benötigt. Bromid wird von den Grundnesseln angereichert und so an die Cyanobakterien weitergegeben. Die höchste Giftkonzentration lässt sich in den Monaten ab Mitte November bis Dezember feststellen. Im Spätherbst fallen die Blätter der Grundnessel ab und werden zersetzt. Dadurch wird Brom im Gewässer und Sediment freigesetzt, welches die Cyanobakterien für die Synthese des Toxins verwenden können. Deshalb treten im Spätherbst und Winter die vergifteten Tiere auf.

6 Durch den Einsatz von Bioziden, wie etwa dem Biozid Methylbromid, gelangen Bromid-Ionen in die Gewässer. Sie lagern sich im Sediment oder in den Grundnesseln ab. Besiedeln Cyanobakterien in den Gewässern die Grundnesseln, können sie mithilfe des Broms das Neurotoxin produzieren. Das Gift wird so in das gesamte Nahrungsnetz eingetragen. Angefangen von den pflanzenfressenden Wasservögeln bis hin zu den Raubvögeln. Der Mensch nimmt hier einen großen Einfluss auf das komplexe System.

7 Das Leitbild einer nachhaltigen Entwicklung bedeutet, dass die jetzt lebende Generation ihre Grundbedürfnisse befriedigt, dabei aber die Möglichkeiten der zukünftigen Generationen nicht einschränkt. Bei jeder Entscheidung, die der Umsetzung der Nachhaltigkeitsziele dient, werden ökologische, wirtschaftliche, soziale und politische Aspekte gleichzeitig und ausgewogen berücksichtigt. Der Erhalt von Ökosystemen stellt ein Ziel dar, um den globalen Klimawandel zu bekämpfen. In diesem Zusammenhang kann das Beispiel des Verbots von Methylbromid betrachtet werden. Das Biozid Methylbromid wird in die Gewässer und Böden eingetragen, um pflanzenschädigende Fadenwürmer und Bodenpilze abzutöten. Seit 2015 ist der Einsatz von Methylbromid als Biozid weltweit verboten, um den globalen Klimawandel zu bekämpfen und um Ökosysteme zu schützen. Bei der Zersetzung von Methylbromid wird Methan freigesetzt, das zur Erderwärmung beiträgt und schädigend auf die Ozonschicht wirkt. Des Weiteren werden Bromid-Ionen in die Gewässer eingetragen. Natürliche Ökosysteme werden dadurch gestört. Die ökologische Dimension hat den Naturschutz zum Ziel und steht für das Verbot von Methylbromid. Allerdings kommt es zu einem Interessenkonflikt mit der Landwirtschaft. Methylbromid wird eingesetzt, um Bodenschädlinge und Krankheiten abzutöten, damit der Ertrag langfristig gesteigert werden kann. Hier steht das Wirtschaftswachstum im Zentrum des Interesses. Landwirtschaftliche Betriebe, die auf Monokulturen spezialisiert sind, müssen mit dem Verbot von Methylbromid auf andere Anbaumethoden umstellen. Diese Umstellungen sind teuer und risikobehaftet. In diesem Spannungsverhältnis kann die Regierung Maßnahmen entwickeln, um den Bauern die Umstellungen zu erleichtern und das Verbot beizubehalten.

Den Versuchen auf Praktikumsseiten werden Sicherheitsleisten vorangestellt.

Sie enthalten die GHS-Gefahrensymbole für die im Versuch verwendeten Chemikalien sowie Symbole für Sicherheitsmaßnahmen und Entsorgungshinweise.

Verwendete Symbole für Sicherheitsmaßnahmen:

Brille

Abzug

Die GHS-Gefahrensymbole sind nummeriert von GHS 1 bis GHS 9. Diese Nummern stehen sowohl am Symbol als auch an den entsprechenden Chemikalien unter den in den Praktika aufgeführten Materialien.

Die GHS-Gefahrensymbole und ihre Bezeichnung sowie Nummern:

Symbol	Nummer	Beschreibung	Erklärung/Bedeutung
	GHS01	explodierende Bombe	Explosionsgefahr
	GHS02	Flamme	entzündlich
	GHS03	Flamme mit Kreis	brandfördernd
	GHS04	Gasflasche	Gase, die unter Druck stehen
	GHS05	Ätzwirkung	hochgradig ätzend
	GHS06	Totenkopf	giftig, sehr giftig
	GHS07	Ausrufezeichen	gesundheitsschädlich
	GHS08	Schaden am Körper	Gesundheitsgefährdung
	GHS09	abgestorbener Baum, toter Fisch	umweltgefährlich

Sicherheitsregeln:

Beim Experimentieren gibt es wichtige Regeln zu beachten. Diese gelten im Chemieunterricht und im Biologieunterricht:

1. Betreten Sie einen Fachraum nur mit einer Lehrkraft oder ausdrücklicher Erlaubnis.
2. Laufen Sie nicht unaufgefordert herum und rempeln Sie niemanden an.
3. In naturwissenschaftlichen Räumen darf nicht getrunken und gegessen werden.
4. Jacken und Mäntel müssen so aufbewahrt werden, dass sie beim Experimentieren nicht stören.
5. Die Schultaschen sollen so abgestellt werden, dass sie nicht zu Stolperfallen werden.
6. Bewahren Sie bei Feuer und Unfällen Ruhe. Informieren Sie sofort die Lehrkraft. Verlassen Sie den Fachraum auf dem vorgeschriebenen Flucht- und Rettungsweg und gehen Sie zügig bis zum Sammelplatz.
7. Bei Experimenten mit Chemikalien oder mit einer offenen Flamme muss eine Schutzbrille getragen werden.
8. Lange Haare werden zusammengebunden.
9. Lesen Sie die Versuchsanleitung vor Beginn eines Versuchs ausführlich. Stellen Sie dann alle benötigten Geräte und Chemikalien bereit. Benutzen Sie sie erst nach ausdrücklicher Erlaubnis.
10. Halten Sie Ihren Arbeitsplatz stets sauber und aufgeräumt. Reinigen Sie nach den Versuchen alle Geräte und räumen Sie diese wieder ein.
11. Melden Sie es umgehend der Lehrkraft, wenn etwas Gefährliches oder Unerwartetes passiert.

Zum Umgang mit Chemikalien

1. Chemikalien dürfen nicht angefasst werden.
2. Chemikalien dürfen niemals in Lebensmittelbehältern aufbewahrt werden.
3. Beschriften Sie alle Gefäße, in denen Sie Chemikalien abfüllen, sorgfältig.
4. Sie dürfen keine Geschmacksproben vornehmen.
5. Sie dürfen den Geruch nur nach erteilter Erlaubnis durch vorsichtiges Zufächeln prüfen.
6. Verwenden Sie Chemikalien sehr sparsam, weil nur so die Abfallmenge gering bleibt.
7. Nutzen Sie für die Entnahme jeder Chemikalie einen eigenen Spatellöffel.
8. Chemikalienreste dürfen Sie nicht in die Vorratsgefäße zurückgeben. Sie werden in besonderen Abfallbehältern gesammelt. Beachten Sie die Hinweise der Lehrkraft. Informationen dazu finden Sie auf den Seiten 241 bis 243.
9. Gefährliche Abfälle werden grundsätzlich extra gesammelt und von der Lehrkraft entsorgt.

Stoffliste

Stoff	GHS-Gefahren-symbole	Sicherheits-symbole	Entsorgungs-symbole	Signalwort	GHS-Gefahren-hinweise (H-Sätze; P-Sätze)
Spiritus (Ethanol, w ~ 96 %)	02 07			Gefahr	H225, H319 P210, P280, P305+P351+P338, P403+P233
Quarzsand	Kein Gefahrstoff nach GHS	–	–	–	–
Benzin (Waschbenzin, Ligroin)	02 07 08 09		B3 halogenfreie organische Lösemittel	Gefahr	H225 H304 H315 H336 H411 P210 P233 P273 P331 P301+P310 P303+P361+P353
Propan-2-ol	02 07		B3 halogenfreie organische Lösemittel	Gefahr	H225 H319 H336 P210 P403+P233 P305+P351+P338
Mangandioxid (Braunstein)	07 08		B3 schädliche / giftige anorganische Stoffe	–	H373 H302+H332 P264 P270 P314 P360 P301+P3102 P304+P340+P312
Salzsäure (verd., w ≤ 10%)	05 07		B1 Säuren / Laugen	Achtung	H290 H315 H319 H335 P260 P280 P302+P352 P304+P340 P337+P313
Natronlauge (verd., w ≤ 10%	05		B1 Säuren / Laugen	Gefahr	H290 H314 P280 P308+P310 P303+P361+P353 P305+P351+P338
Spülmittellösung (verd.)	Kein Gefahrstoff nach GHS	–		–	–
Wasserstoffperoxid-lösung (w = 3 %)	Kein Gefahrstoff nach GHS			–	–
Glucoselösung (w = 10 %)	Kein Gefahrstoff nach GHS	–		–	–
Methylenblau	Kein Gefahrstoff nach GHS	–		–	–
Kalkwasser (Calcium-hydroxidlösung; w ≤ 0,17 %)	05		B1 Säuren / Laugen	Gefahr	H314 P301+P310+P331 P303+P361+P353 P305+P351+P338

Verwendete Symbole für Sicherheitsmaßnahmen

Symbol			B1	B2	B3
Bedeutung	Schutzbrille tragen.	Entsorgung im Abfluss möglich.	Entsorgung im Behälter für saure und alkalische Lösungen.	Behälter für schädliche, giftige, anorganische Stoffe und Schwermetalle.	Behälter für wasserlösliche und wasserunlösliche, halogenfreie, organische Verbindungen

GHS-Gefahrenhinweise

H-Sätze

Gefahr	
H 225	Flüssigkeit und Dampf leicht entzündbar.
H 290	Kann gegenüber Metallen korrosiv sein.
H 302	Gesundheitsschädlich bei Verschlucken.
H 304	Kann bei Verschlucken und Eindringen in die Atemwege tödlich sein.
H 314	Verursacht schwere Verätzungen der Haut und schwere Augenschäden.
H 315	Verursacht Hautreizungen.
H 319	Verursacht schwere Augenreizung.
H 332	Gesundheitsschädlich bei Einatmen.
H 335	Kann die Atemwege reizen.
H 336	Kann Schläfrigkeit und Benommenheit verursachen.
H 373	Kann die Organe schädigen bei längerer oder wiederholter Exposition.
H 411	Giftig für Wasserorganismen, mit langfristiger Wirkung.

P-Sätze

Gefahr	
P 210	Von Hitze, heißen Oberflächen, Funken, offenen Flammen sowie anderen Zündquellenarten fernhalten. Nicht rauchen.
P 233	Behälter dicht verschlossen halten.
P 260	Staub / Rauch / Gas / Nebel / Dampf / Aerosol nicht einatmen.
P 264	Nach Gebrauch ... gründlich waschen.
P 270	Bei Gebrauch nicht essen, trinken oder rauchen.
P 273	Freisetzung in die Umwelt vermeiden.
P 280	Schutzhandschuhe / Schutzkleidung / Augenschutz / Gesichtsschutz tragen.
P 301 + P310	Bei Verschlucken: Sofort Giftinformationszentrum, Arzt oder ... anrufen.
P302 + P352	Bei Berührung mit der Haut: Mit viel Wasser / ... waschen.
P 303 + P 361 + P 353	Bei Berührung mit der Haut [oder dem Haar]: Alle kontaminierten Kleidungsstücke sofort ausziehen. Haut mit Wasser abwaschen [oder duschen].
P 304 +P 340	Bei Einatmen: Die Person an die frische Luft bringen und für ungehinderte Atmung sorgen.
P 305 + P 351 + P 338	Bei Kontakt mit den Augen: Einige Minuten lang behutsam mit Wasser spülen. Eventuell vorhandene Kontaktlinsen nach Möglichkeit entfernen.
P 308 + P310	Bei Exposition oder falls betroffen: Sofort Giftinformationszentrum, Arzt oder ... anrufen.
P 331	Kein Erbrechen herbeiführen.
P 337 + P313	Bei anhaltender Augenreizung: Ärztlichen Rat einholen / ärztliche Hilfe hinzuziehen.
P 360	Kontaminierte Kleidung und Haut sofort mit viel Wasser abwaschen und danach Kleidung ausziehen.
P 403 + P 233	An einem gut belüfteten Ort aufbewahren. Behälter dicht verschlossen halten.

Symbole

ß-Carotin 228
ß-Oxidation 140, 143, 231

A

abiotische Faktoren 148, 152, 189, 228
Abscisinsäure 87
Absorption 80, 228
Absorptionsspektrum 80, 104, 228
Acetylcholin 37, 61, 228
Acetylcholinesterase 37
Acetyl-CoA 130
ACTH 61
Actinfilamente 138
Adaptation 64
adäquater Reiz 35, 64, 228
Adrenalin 37, 61
Adrenocorticotropes Hormon 62
aerob 126, 228
Aktionspotenzial 28, 45, 228
aktiver Transport 228, 260
aktives Zentrum 114, 228
Aktivierung 120
Aktivierungstor 29
alkoholische Gärung 142, 228
Alles-oder-Nichts-Prinzip 28, 228
Allianzen 172
allosterische Enzyme 120, 123, 228
Amazonas-Regenwald 207
Aminosäuren 110
Ammonifikation 163, 188
Amylopektin 75
Amylose 75
Anabolismus 228
anaerob 228
Antennenkomplex 107
Anatomie 86, 228
anthropogener Treibhauseffekt 195
anthropozentrisch 204, 228
Anthropozentrismus 204, 220
Antidepressiva 42
Antiport 21
Aquaporine 21
Artenschutz 199
Assimilation 74, 104, 228
Astrozyten 15
Atmosphäre 162
Atmung 21, 77, 228
Atmungskette 132, 142, 228
ATP (Adenosintriphosphat) 119, 126, 228, 260
ATP/ADP-System 98
ATP-Synthase 133
Auflösungsvermögen 67, 69, 228
Ausgleichsströme 32
Autoimmunerkrankung 58, 68
autotroph 76, 228
Axon 14, 228
Axonhügel 14
Axonmembran 27

B

Basalganglion 59
Basiskonzepte 228
– Individuelle und evolutive Entwicklung 7, 187
– Information und Kommunikation 7, 35
– Steuerung und Regelung 7, 87
– Stoff- und Energieumwandlung 7, 137
– Struktur und Funktion 7, 134
Baustoffe 123
Baustoffwechsel 108, 109, 228
Beleuchtungsstärke 82, 104
Berufsfeld
– Agrarwissenschaften 85
– Hilfe bei Depressionen 42
– Kardiologe 52
– Neurologie 54
– Ökosystemmanagement 201
Bestimmung des Saprobienindex 157
Bezugselektrode 24
Bilayer-Modell 18
Bioakkumulation 213
biochemischer Sauerstoffbedarf 153
Biodiversität 192, 198, 199, 220, 228
Bioindikator 157
Biokapazität 205
Biokapazitätsdefizit 205
Biokraftstoffe 112
biologisches Gleichgewicht 178, 228
Biom 206, 221, 228
Biomasse 109, 228
Biomembran 16, 44, 228, 256, 258, 261
Biosphäre 162, 228
Biosphärenreservat 199
biotische Faktoren 189
biotischer Umweltfaktor 166, 228
Biotop 148, 188, 228
Biotopschutz 199
Biozönose 148, 154, 188, 228
Bipolarzellen 65
Blattfarbstoffe 80
Blattfläche 88, 104
Blutzuckerspiegel 63, 69
Brenztraubensäure 126, 130
Bruttofotosyntheserate 82
Bruttoprimärproduktion 161, 228

C

C4-Pflanzen 105, 228
CALVIN-Zyklus 100, 105, 228
Carnivoren 166, 176
Carnivorie 176, 228
Carotinoid 78, 80, 107
Carrier 21, 228, 260
Cellulose 75, 108
chemiosmotisch 133
chemiosmotische Theorie 97, 228
chemoautotroph 109
Chemosynthese 109, 228
Chitin 75
Chlorophyll 78 f., 229
Chloroplast 89,135, 229
Chromatografie 78, 229
CO_2-Kompensationspunkt 82
CO_2-Sättigungswert 82
Codierung 31, 45, 229
Coenzym 95, 119, 229
Coenzym A 130
Cofaktor 119, 229
Corticotropon-Releasing-Hormon 62
Cortisol 61, 69, 229
Cosubstrat 119, 229
Cotransport 21
Cuticula 86, 229
cuticuläre Transpiration 104

D

DCMU 106
DC-Platte 79
DDT 210
Demyelinisation 58, 68
Dendrit 14, 229
Denitrifikation 163, 188
Depolarisation 28, 229
Depotfett 140
Depression 40, 45, 229
Destruent 158, 229
Dichlordiphenyltrichlorethan 210
dichteabhängige Faktoren 179
dichteunabhängige Faktoren 179
Diffusion 20, 229
Diffusion, erleichterte 21
Dilemma 216, 221
Disaccharide 75
Dissimilation 126, 142, 229
Distickstoffmonooxid 195
Dopamin 40, 59
Dornen 54
Dünnschichtchromatografie 78

E

Effektor 120, 229
EGF 19
Ektoparasiten 174
Elektrokardiogramm 51
Elektrokardiographie 68, 229
Elektronenmikroskop 12
Elektronentransport 96
Elektronentransportkette 106, 132, 229
Elektronenübertragung 104
Elektroneurographie 50, 68, 229
EMERSON-Effekt 91
Emission 195
Endknöpfchen 14, 36
Endocytose 229
Endoparasiten 174
Endoplasmatisches Retikulum 17, 229
Endosymbiose 229
Endprodukthemmung 120, 123, 229
Energie 229
Energiebereitstellung 140
Energiebilanz 136
Energieentwertung 76, 104, 126, 229
Energie, erneuerbare 112
Energiefalle 91
Energiefluss 160, 188, 229
Energiepflanzen 112
Energiestoffwechsel 108, 109, 229
Energietransfer 90, 161
Energieumwandlung 76, 104, 229
ENGELMANN-Versuch 81
Enzym 120, 229
Enzymaktivität 114, 120, 123
Enzyme, allosterische 120, 123
Enzyme, Hemmungen 118, 123
Enzymregulation 123
Enzym-Substrat-Komplex 114, 229
Epidermis 86, 229
Epithelgewebe 13
EPSP 36, 48, 68, 229
erneuerbare Energie 112, 229
Erregungsleitung 32, 45
Erregungsleitung, saltatorische 34
Erregungsleitungssystem 51
Erregungsübertragung 36, 45
Ertragssteigerung 84, 104
Exkurs
– Bau der Skelettmuskeln und Muskelkontraktion 138
– Bestimmung der Oxidationszahlen 77
– Der anthropogen bedingte Treibhauseffekt 194
– Energiegewinn ohne Licht 109
– Enzyme benötigen Coenzyme 119
– Enzyme in Haushalt und Industrie 122
– Erste Hilfe 53
– Gedächtnis und Lernen 56
– Geschichte der Membranmodelle 18
– Gliazellen 15
– Kohlenhydrate 75
– Membranzrezeptoren bei Tumorzellen 19
– Wirkung von Hormonen 60
Exocytose 17, 229
Experimentalansatz 116
Experimente 116
exponentielles Wachstum 178

F

Ferredoxin 105
Fett 110, 140, 229
Fixierungsphase 101
Flathead River-Lake-Ökosystem 190
Fleischfresser 176
Fließgeschwindigkeit 150
Fließgewässer 150
Fließgleichgewicht 120
Fluidität 18, 229
Fluktuation 179
Flüssig-Mosaik-Modell 16, 18, 44, 229
Fortpflanzungsstrategien 183
fotoautotroph 76
fotoautotrophe Organismen 104
Fotolyse 95, 229
Fotosyntesefarbstoffe 78, 104
Fotosynthese 76, 106, 134, 143, 230
Fotosyntheserate 83, 89
Fotosystem 89, 105, 230
Fructose 75
Fundamental-Nische 170
funktionelle Plastizität 54, 230

G

Gärung 128, 230
Gedächtnis 56
Generalisten 164, 189, 230
genetische Vielfalt 198, 199
Gesamtzählung 185
Gesprächstherapie 42
Gewächshaus 85
Gewässeranalyse 152
Gewässergüte 157
Gewebe 13
GHS-Gefahrensymbole 241
Gifte 38
Gleichgewichtspotenzial 25
Gliazellen 15, 230
Glucose 75, 108, 123
Glykogen 75

Glykolyse 126, 127, 142, 230
GOLGI-Apparat 17
Gradient
– chemischer 24
– elektrischer 25
– elektrochemischer 25
Grana 89
Granathylakoide 89
Grünlücke 79

H

Habitat 149
Halbparasit 175
Handabdruck 205
Hefezellen 139
Heilpflanzen 111
hemmende Synapsen 48, 68
Hemmung 118
Herbivoren 166
Herbivorie 166, 230
Herbizide 106
Herzmuskelzellen 30
heterotroph 76, 230
Hormon 60, 230
hormonartig wirkende Substanzen 210, 221, 230
Hydrosphäre 162
Hyperparasiten 174
Hypophyse 69, 230
Hypothalamus 61, 69, 230
Hypothalamus-Hypophysen-Nebennierenrinden-Achse 61, 69, 230
Hypothalamus-Sympathikus-Nebennierenmark-Achse 61, 69, 230

I

Inaktivierung 120
Inaktivierungstor 29
Inhibiting-Hormone 60
Inhibitor 118, 230
Insulin 63
interspezifisch 149, 230
interspezifische Faktoren 188
interspezifische Konkurrenz 168
intraspezifisch 149, 230
intraspezifische Faktoren 188
intraspezifische Konkurrenz 167
invasive Arten 214, 221, 230
Ionenkanal 36, 230
Ionenpumpe 23, 230
Ionentheorie 45
Ionenverteilung 24
IPSP 48, 68, 230
irreversibel 123

K

Kanalproteine 21
Katabolismus 230
Kipppunkt 197
klimaneutral 112
Klimaskeptiker 197
Klimawandel 196
Koexistenz 166, 167, 230
Kohlenhydrate 110,230
Kohlenstoffatomkreislauf 162, 188, 230
Kohlenstoffdioxidsenke 208, 221, 230
Kohlenstoffdioxidkonzentration 104
Kohlenstoffsenke 208, 221, 230
Kompartiment 130, 230
kompetitiv 118, 230
konjugierte Doppelbindung 79
Konkurrenz 166, 167, 230
Konkurrenzausschlussprinzip 168, 169, 230
Konkurrenzvermeidung 171
Konsument 109, 188, 230
kontinuierliche Erregungsleitung 32, 230
Kontrollansatz 116
Kosten-Nutzen-Analyse 220
K-Stratege 183, 230

L

Lachgas 195
Landschaftsschutzgebiete 201
Langzeitpotenzierung 54
Laufmittel 78
Lebensmittelindustrie 122
Leistungssport 139
Leitfähigkeit 152
Lernen 68, 230
Lernprozesse 55
Lerntypen 57
Licht 151, 152
lichtabhängige Reaktionen 94, 95
Lichtabsorption 80
Lichtkompensationspunkt 82, 230
Lichtqualität 80, 104
Lichtsammelfalle 91
Lichtsammelkomplex 90, 230
lichtunabhängige Reaktionen 94
Ligand 21, 230
limitierender Faktor 83
Lipid-Floß-Modell 18
Lipolyse 140
Lithosphäre 162
logistisches Wachstum 178
LOTKA-VOLTERRA-Modell 181, 231

M

Mäander 150
Makrogliazellen 15
Makroplastik 212, 221
Maltose 75
Managementmaßnahmen 215
Maximum 164
Medikamente 39, 45
Membranmodell 18
Membranpotenzial 25, 44, 231
Membranrezeptoren 19
Membransystem 134, 143
Messelektrode 24
Messgröße 117
Messmethode 117
Metastasen 19
Methan 195
Methode
– Experimente planen und durchführen 117
– Experimentieren 241
– Handlungsoptionen für eine nachhaltige Lebensweise 218
Mikrogliazellen 15
Mikroplastik 221, 212
Milchsäurebakterien 128
Milchsäuregärung 128, 136, 142, 231
Minimum 164
Mitochondrium 135
Mittellauf 155
Monetarisierung 201, 220, 231
Monoamin-Hypothese 41, 45, 231
Monosaccharide 75
Morphologie 231
Motoneuron 37
motorische Endplatte 38
multifaktorielles Entstehungsmodell 41
Multiple Sklerose 58, 68, 231
Muskelfasern 138
Muskelkontraktion 138
Mutualismus 172
Myasthenia gravis 37
Myelinscheide 15, 58, 231
Mykorrhiza 172
Myofibrillen 138
Myofilamente 138
Myosinfilamente 138

N

Nachbild 67, 69, 231
nachhaltige Entwicklung 113, 187, 231
nachwachsende Rohstoffe 112, 123, 231
NAD⁺ 127
NADP 95
Nahrungsbeziehungen 158, 191
Nahrungskette 158, 231
Nahrungsnetz 158, 190
Nationalparks 199, 201
Natrium-Kalium-Ionenpumpe 23, 231
Naturparks 199
Naturschutzgebiet 201
Natur- und Landschaftsschutzgebiete 199
Nebennierenmark 61
Neobiota 179, 198, 214, 221, 231
Neomyceten 179, 214, 221
Neophyten 179, 214, 221
Neozoen 214, 221
Nervengewebe 13
Nervenimpulse 14
Nervensystem 14
Nervenzelle 44, 231
Nettofotosyntheserate 82
Nettoprimärproduktion 161, 231
Netzhaut 65, 231
Neurogenese 54
Neuron 14, 231
neuronale Plastizität 54, 68, 231
neuronale Verrechnung 49
Neurotransmitter 36, 231
nichtkompetitiv 118
nichtkompetitive Enzymhemmung 231
Nicotinsäureamid-Adenin-Dinucleotid 95, 127
Nietenhypothese 209, 221, 231
Nikotin 38
Nitrifikation 163
Nischendifferenzierung 176
Nischenraummodell 170
Nitratassimilation 110
Nitrifikation 188
Noradrenalin 40, 61

O

Oberflächenvergrößerung 134, 143
Oberlauf 155
obligate Symbiose 172
ökologische Nische 170, 231
ökologische Potenz 164, 231
ökologischer Fußabdruck 205, 231
ökologisches Gleichgewicht 231
Ökosystem 148, 188, 231
Ökosystemleistungen 192, 220, 231
Ökosystemmanagement 201, 231
Oligodendrozyten 15
Operatoren 6
Opsin 65
Optimum 164
Organisationsebene 104
Organismen, fotoautotrophe 104
Osmose 97
Oszillation 179
Overshoot 28
Oxalessigsäure 130
Oxidation 77, 231
Oxidationszahlen 77
oxidative Decarboxylierung 130, 142, 231
oxidative Phosphorylierung 133

P

Palmöl 113
Paraquat 106
Parasit 166, 231
Parasitismus 174, 231
Parasitoide 174
Parkinson 59, 68, 231
Passagierhypothese 209, 221, 232
passiver Transport 232
peripheres Nervensystem 232
Permafrostboden 197
Pessimum 164
Pflanzenbestäuber 176
Pflanzenstoffe, sekundäre 111, 123
Phosphatgruppe 97
Phospholipid 16
Phospholipid-Doppelschicht 16
Phosphorylierung 97, 232
physiologische Potenz 164, 232
Phytoöstrogene 111
Phytopharmaka 111, 232
Polysaccharide 75
Population 149, 178, 232
Populationsabschätzung 185
Populationsentwicklung 178, 186, 232
Populationsökologie 178, 189
Potenzial, postsynaptisches 36
Prädation 166, 174, 232
Präferendum 164
Praktikum
– Enzyme 117
– Erregungsleitung 35
– Fließgewässer, abiotische Faktoren 152
– Fließgewässer, biotische Faktoren 156
– Fotosynthesefarbstoffe trennen 79
– Fotosyntheserate und Außenfaktoren 83
– Projekt Schulhofgestaltung
– Sinnesphänomene 67
– Stoff- und Energieumsatz 129
– Visualisierung der Stoffumwandlung
primäre Sinneszelle 232
Primärkonsumenten 158, 188
Primärreaktion 94
Primärstoffwechsel 111
Prinzipien 7
Produzent 158, 189, 232
Protonengradient 97, 232
Prozesschutz 201, 232
Putzersymbiose 172

R

Randeffekt 87
RANVIER-Schnürring 15, 232
Räuber 232
Räuber-Beute-Beziehung 176, 232
räumliche Summation 68
Reaktionsgeschwindigkeit 114
Reaktionsgeschwindigkeit-Temperatur-Regel 114
Realeasing-Hormone 60
Real-Nische 170
Redoxreaktion 77, 104, 126, 232
Redoxsysteme 105
Reduktion 77, 232
Reduktionsphase 101
Refraktärphase 30, 45, 232
Regeneration 132
Regenerationsphase 101
Renaturieungsmaßnahmen 232
Repolarisierung 28
Reservestoffe 123
Ressourcen 198
Ressourcenvorsorge 203
Retentionsfaktor 78
Retinal 65, 66, 232
Rezeptorpotenzial 64, 232
Rhodopsin 65, 232
Risikovorsorge 203
Rohstoffe, nachwachsende 112, 123
r-Stratege 183, 232
Rubisco 101
Rückkopplung 60, 62, 69, 197
Ruhepotenzial 24, 26, 44, 232
RUTTNER-Schöpfer 153

S

Saccharose 75, 108
saltatorische Erregungsleitung 34, 232
Sandwich-Modell 18
Sarkomere 138
Sauerstoff 151, 153
Sauerstoffdefizit 153
Sauerstoffüberschuss 153
Schattenblatt 104, 232
Schließzellen 86
Schlüsselenzyme 120
Schlüssel-Schloss-Modell 114, 123, 232
SCHWANN-Zellen 15, 232
Schwefelpurpurbakterien 99
Schwellenwert 28, 232
Secchi-Scheibe 152
second messenger 66, 232
sekundäre Pflanzenstoffe 111, 123, 232
sekundäre Sinneszelle 64, 232
Sekundärkonsumenten 158, 188
Sekundärreaktion 94
Sekundärstoffwechsel 111
selektive Permeabilität 20, 232
semipermeabel 20, 232
Serotonin 40
Serotonin-Wiederaufnahmehemmer 42, 232
Sexualdimorphismus 167, 232
Sicherheitsregeln 241
Signalkaskade 60
Signaltransduktion 64, 69, 233
Sinneszelle 64,69,233
Sinusknoten 51
Skelettmuskeln 136
Skelettmuskelzellen 139
Sonnenblatt 104, 233
Spaltöffnung 104, 107, 233
Spaltöffnungsapparat 86
Spezialisten 164, 189, 233
Stäbchen 65, 233
Stärke 75
Startlinie 78
Steroidhormone 60
Stickstoffatomfixierung 188
Stickstoffatomkreislauf 163, 188, 233
Stickstofffixierung 163
Stigmatisierung 43, 233
Stoffaustauschvorgänge 44
Stoffkreislauf 160, 233
Stoffumwandlung 76, 104, 233
Stoffwechsel 120, 233
Stoffwechselketten 120
Stoma 86
stomatäre Transpiration 104
Stressantwort 61, 233
Stressantworten 69
Stressreaktion 61
Stromathylakoide 89
Strömungsgeschwindigkeit 152
strukturelle Plastizität 233
Substrat 233
Substratinduktion 120, 123, 233
substratspezifisch 114
Substratspezifität 233
Summation 49, 68
Summation, räumliche 68
Summation, zeitliche 68
Symbiose 166, 172, 233
Sympathikus 61
Symport 21
Synapse 15, 36, 55, 68, 233
– neuromuskuläre 37, 45
– hemmende 48, 68
synaptischer Spalt 36

T

Temperatur 104, 151, 152
Tertiärkonsumenten 158, 188
Thylakoide 89
Thylakoidmembran 96, 233
Toleranz 164
Toleranzkurve 189, 233
Tracer-Methode 92, 105, 233
Transformation 216
Transmitter 40
Transpiration 86, 104, 233
Transport 17, 20
Transport, aktiver 22
Transport, passiver 20
Transportzucker 108
Treibhauseffekt 194, 220, 233
– anthropogener 195
Treibhausgase 194
Trennkammer 78
Tricarbonsäurezyklus 130, 142, 233
Trichtermodell 91
Trophieebene 158, 233
Tumortherapie 19
Tumorzellen 19

U

Übernutzung 198
Umbau, enzymkatalysierter 110
Umweltfaktor 148, 233
Umweltkapazität 178, 233
Unterlauf 155
Urbanisierung 186

V

Vakuole 12, 233
vegetatives Nervensystem 61, 233
Verdauung 110
Verhaltenstherapie, kognitive 42
Vesikel 36, 233
Vielfalt der Arten 198
Vielfalt der Ökosysteme 198
Vielfalt, genetische 198, 199
Vollparasiten 175
Vorsorgeprinzip 203
Vulnerabilitäts-Stress-Modell 41, 45, 233

W

Wachstumsfaktor 19
Waschmittel 122
Wasserevaporation 221, 233
Wasserhaushalt 86
Weidegänger 176
Weltklimarat 195
Wiederfangmethode 185, 233
Wirkungsspektrum 81, 104, 233
wirkungsspezifisch 114, 233
Wirtsspezifität 174
Wurzelknöllchen 173

Z

Zapfen 65, 233
Zecke 175
zeitliche Summation 68
Zellatmung 130, 134, 142, 233
Zelle 12, 233
Zellmembran 12, 233
Zentralnervensystem 14
Z-Scheiben 138
Zuckerphosphate 108

Bildquellen

|Alamy Stock Photo, Abingdon/ Oxfordshire: Ann and Steve Toon 159.2; Arterra Picture Library 184.5; B. Mete Uz 174.6; Bevan, Dave 171.5; Blackbird, Sabena Jane 174.4; Blue Planet Archive 171.2; Brown, Allen 186.1; Cancalosi, John 176.3; Cattlin, Nigel 182.3, 182.4; Christian Offenberg 207.1; Crawford, Denis 174.3; Darrington, Andrew 166.2, 166.6; DP Wildlife Vertebrates 167.2; Grover Jr., Fred 199.1; Imagebroker 184.1; imageBROKER.com GmbH & Co. KG / Alfred & Annaliese Trunk 7.5, 187.3; imageBROKER.com GmbH & Co. KG / Paul Miguel 166.5; imageBROKER.com GmbH & Co. KG//R. Priemer 166.3; Imagebroker/Arco/L. Werle 166.1; Imageplotter 171.3; Josh Miller/Aurora Open RF 210.1; Klejdysz, Tomasz 169.1; LATTES, Emmanuel 172.6; Libor Vrska 171.1; Milous Chab 173.1; Nature Photographers Ltd/ANDREW WESTON 180.3; Panther Media GmbH/Ina Hartges 171.4; Panther Media GmbH/ Rondo 172.3; PhotoStock-Israel 185.2; Pullinger, Gillian 174.5; robertharding 185.1; RooM the Agency 176.2; ROUSSEL, Stephane 186.2; Steiner, Peter 172.4; Steinkamp, Klaus 184.2; Stephen Dorey ABIPP 186.3; Sunshower Shots 183.3; volkerpreusser 179.3; WILDLIFE GmbH 180.2; wonderful-Earth.net 167.3; Zoonar GmbH 183.1; Zoonar GmbH/Alfred Schauhuber 172.1. |Alamy Stock Photo (RMB), Abingdon/Oxfordshire: AGAMI Photo Agency/Ghignone, Alain 214.3; Amazon-Images 198.1; Basement Stock 149.1; BIOSPHOTO/Gunther, Michel 198.2; david hancock 171.6; Fried, Robert 128.3; Kotelnikov, Alexey 166.4; Kuttig - RF - Travel 201.4; Nigel Cattlin 111.1; ton koene 85.1; Zoonar GmbH 78.1; ZUMA Press, Inc. 152.2. |Andrea und Ulf Erdmann GbR, Bad Sachsa: 214.1. |Atelier tigercolor Tom Menzel, Scharbeutz/Klingberg: 8.1, 16.1, 17.2, 23.3, 25.1, 36.2, 39.1, 51.2, 60.1, 62.3, 63.2, 63.3, 65.3, 65.4, 66.1, 100.2, 109.2, 131.1, 135.1, 138.1, 139.2, 255.1, 256.1; bearb. von Karnath, Brigitte 16.2, 71.1. |BC GmbH Verlags- und Medien-, Forschungs- und Beratungsgesellschaft, Ingelheim: 79.4, 79.5, 79.11, 79.12, 129.2, 153.4, 241.1, 241.3, 241.4, 241.5, 241.6, 241.7, 241.8, 241.9, 241.10, 241.11, 242.1, 242.2, 242.3, 242.5, 242.6, 242.7, 242.9, 242.10, 242.11, 242.12, 242.13, 242.15, 242.16, 242.17, 242.19, 242.20, 242.21, 242.23, 242.24, 242.27, 242.31, 242.32, 242.34. |Deutsches Klimarechenzentrum, Hamburg: Simulationen: Max-Planck-Institut für Meteorologie und Deutsches Klimarechenzentrum 196.1. |eye of science (RV), Reutlingen: 7.4. |fotolia.com, New York: BillionPhotos.com 122.2; Christian Jung 112.3; contrastwerkstatt 92.1; Elena Petrova 7.2, 134.1; fotohansel 112.5; Johanna Mhlbauer 173.2; kelifamily 111.3; monropic 173.3; Wylezich, Björn 79.15. |Getty Images, München: Harvey, Martin 200.2. |Getty Images (RF), München: Ed Reschke 13.1, 13.2, 13.4; Tuan Dao/500px 179.1. |Grabowski, Yvonne, Wuppertal: 59.1. |Herzig, Wolfgang, Essen: 7.1, 12.1, 14.3, 17.3, 18.1, 18.2, 18.3, 20.2, 21.1, 22.1, 23.4, 24.1, 25.2, 26.1, 26.2, 27.1, 27.2, 27.3, 27.4, 27.5, 28.1, 28.2, 29.1, 30.1, 31.1, 31.2, 32.2, 33.1, 34.2, 35.1, 50.1, 51.1, 51.3, 52.1, 53.1, 53.2, 54.1, 54.2, 55.1, 55.2, 56.1, 56.2, 57.1, 57.2, 57.3, 57.4, 57.5, 64.2, 66.2, 67.2, 68.1, 69.1, 74.2, 75.1, 75.2, 76.2, 77.1, 79.1, 83.3, 84.5, 84.6, 84.7, 87.2, 87.3, 88.7, 89.2, 89.4, 91.3, 91.4, 92.2, 93.1, 94.2, 95.2, 95.3, 95.4, 96.1, 98.1, 98.2, 99.1, 99.2, 99.4, 101.1, 102.2, 102.3, 102.4, 103.1, 103.2, 103.3, 122.1, 124.2, 125.1, 125.2, 125.3, 125.4, 125.5, 125.6, 126.1, 126.2, 127.1, 127.2, 131.2, 131.3, 132.1, 132.3, 132.4, 132.5, 133.2, 135.2, 136.2, 139.1, 139.5, 141.1, 143.1, 150.2, 155.1, 158.2, 159.1, 162.1, 164.1, 168.4, 189.1, 189.2, 192.1, 193.1, 194.2, 195.1, 195.2, 196.2, 197.1, 198.3, 205.1, 206.1, 207.2, 209.1, 211.1, 211.2, 211.3, 212.1, 212.3, 213.2, 216.1, 218.1, 220.1, 223.1, 223.2, 227.1, 234.1, 237.1, 239.1; bearb. von Brigitte Karnath 109.1; bearb. von Karnath, Brigitte 71.2, 71.3; und Atelier tigercolor Tom Menzel 65.1. |Imago, Berlin: Hartl, A. 154.7. |Imago Editorial, Berlin: Pressefoto Baumann 144.1. |iStockphoto.com, Calgary: Alecsander, Igor 74.1; AlexSava 67.1; Bradbury, Paul 64.1; brytta 202.1; Byrdyak 84.1, 84.2, 84.3, 84.4; Cameris 193.2; CathyKeifer 177.1; Day, Sophie 176.4; digihelion 136.1; HakuNellies 215.3; Henk Bogaard 172.2; Jrleyland 158.1; Kletr 154.1; Nungning20 177.3; Paralaxis 208.2; Parfentieva, Maya 33.2; Petmal 76.1; Plawgo, Artur 139.4; richcarey 113.1; scubaluna 154.2; selvanegra 174.2; Sinhyu 139.3; Toleikis, Linas 177.2; Wirestock 204.1. |juniors@wildlife Bildagentur GmbH, Hamburg: Biosphoto 176.1, 200.3; J.-L. Klein & M.-L. Hubert 178.1. |Karnath, Brigitte, Wiesbaden: 14.1, 36.3, 39.5, 40.1, 41.1, 42.2, 44.2, 44.3, 44.4, 45.1, 46.1, 46.2, 47.1, 47.2, 47.3, 47.4, 48.1, 49.1, 58.1, 62.2, 62.4, 63.1, 68.2, 70.1, 79.6, 90.1, 91.5, 94.1, 105.1, 105.2, 105.3, 106.1, 107.1, 107.2, 107.3, 107.4, 110.1, 113.2, 115.2, 115.3, 116.1, 119.1, 120.1, 137.2, 142.1, 142.3, 144.2, 145.1, 145.3, 156.2, 165.1, 165.2, 165.3, 165.4, 170.1, 170.2, 170.3, 170.4, 180.1, 180.4, 181.2, 182.1, 182.2, 184.3, 185.3, 187.1, 187.2, 241.2, 242.4, 242.8, 242.14, 242.18, 242.22, 242.25, 242.26, 242.28, 242.29, 242.30, 242.33, 242.35, 242.36, 242.37, 242.38; bearb. von Herzig, Wolfgang 83.1, 83.2, 128.5, 129.1, 130.2. |Keis, Heike, Rödental: 160.2, 161.1. |Lüddecke, Liselotte, Hannover: 86.2, 87.1, 88.5, 104.1; bearb. von Herzig, Wolfgang 86.1. |Mall, Karin, Berlin: 7.3, 17.4, 19.2, 19.3, 20.1, 21.2, 22.2, 23.1, 23.2, 34.1, 37.1, 37.2, 38.2, 39.4, 44.1, 49.2, 63.4, 79.13, 79.14, 80.1, 80.2, 91.1, 91.2, 100.1, 106.2, 121.2, 121.3, 133.1, 138.2, 142.2, 143.2, 148.2, 151.1, 161.2, 163.1, 164.2, 169.2, 169.3, 169.4, 169.5, 172.5, 173.6, 175.2, 188.1, 190.1, 190.2, 191.1, 191.3, 191.4, 219.2, 225.1; bearb. von Brigitte Karnath 114.2, 115.1, 118.1, 118.2, 121.1; bearb. von Herzig, Wolfgang 81.1, 81.2, 81.3, 82.1, 82.2, 82.3, 82.4, 89.1, 97.1; bearb. von Karnath, Brigitte 59.2, 61.1, 62.1, 144.3, 145.2, 145.4, 175.1, 175.3, 178.2, 181.1, 181.3, 191.2. |mauritius images GmbH, Mittenwald: Bazzano Photography/Alamy/Alamy Stock Photos 173.5; Blickwinkel/ Alamy/Alamy Stock Photos 200.1; Borchert, Oliver 146.1; BSIP/Benoist, Amelie 10.1; H. Schmidbauer 7.6, 187.4; Nigel Cattlin/Alamy/Alamy Stock Photos 140.1, 173.4; Scenics & Science/Alamy/Alamy Stock Photos 168.3; Science Source/Omikron 65.2; Science Source/SciMAT 128.4; Siebig, Udo 150.1; U-DO/Alamy/Alamy Stock Photos 75.3; World History Archive/ Alamy/Alamy Stock Photos 109.3. |mauritius images GmbH (RF), Mittenwald: imagebroker/Luhr, Anton 112.4; Minden Pictures/Karin Broekhuijsen/ Buiten-beeld 194.1; Science Source/Biophoto Associates 12.2; Science Source/Fawcett, Don W. 12.5. |OKAPIA KG - Michael Grzimek & Co., Frankfurt/M.: BIOS/de Oliveira, Paulo 39.2; Friedrike Naroska 79.16; Hartl, Andreas 167.4; Lummer, Wolfgang 169.6; M. & C. Denis-Huot/

BIOS 168.1; NAS/Porter, K. 12.3, 12.4; Peter Arnold, Inc. 38.1; Reinhard, Hans 154.3; Sauer, Dr. Frieder 168.2. |Picture-Alliance GmbH, Frankfurt a.M.: dpa/Global Crop Diversity Trust 199.2; dpa/Heyder, Felix 154.4; dpa/Julian Stratenschulte 99.3; Wildlife/Czepluch, G. 154.6; Wildlife/Harms, D. 201.3. |Schlierf, Birgit und Olaf, Lachendorf: 79.2, 79.3, 79.7, 79.8, 79.9, 79.10, 129.3, 153.1, 153.2, 153.3, 262.1. |Science Photo Library, München: Biophoto Associates 12.6; Burgess, Dr. Jeremy 89.3; CALVO, JOSE 13.3; DENNIS KUNKEL MICROSCOPY 17.1; JOSE CALVO 15.1. |seasons.agency, München: Olff Appold 219.1. |Shutterstock.com, New York: AlessandroZocc 215.1; Alexandr Grant 132.2; Andrew Berezovsky 215.4; ArtesiaID 222.2; Berh, Oleksandr 130.1; Bits And Splits 102.1; Chornyi, Sasha 160.1; ChWeiss 108.2; Elliotte Rusty Harold 215.2; Ercken, Dirk Titel; Fabian Junge 179.2; Gaertner, Juan 19.1; Ground Picture 42.1; Heim, Steven 167.1; I. Noyan Yilmaz 156.1; imageBROKER.com 183.2; Kateryna Kon 124.1; Mayer, Riccardo 186.4; Microgen 36.1; Milan Zygmunt 214.2; Stefanek, Rostislav 154.8; Stephane Bidouze 213.1; Sulugiuc, Adriana 111.4; Szabadi Jeno Tibor 184.4; Thongdumhyu, Rattiya 154.5; TinoFotografie 174.1; WindOf-Hope 222.1. |stock.adobe.com, Dublin: andriano_cz 137.1; Barkmann, Michael 112.1; Baumgart, Anselm 108.1; Bittner KAUFBILD.de 208.1; Carey, Richard 212.2; etfoto 39.3; fotohansel 153.5; Heike Rau 114.1; Karin Jähne 201.1; Kateryna_Kon 128.2; Knippser 148.1; Kononenko, Yuliia 128.1; LianeM 111.2; Lothar Nahler 201.2; Maryana 192.3; Michal 192.2; Sanders, Gina 32.1; ShDrohnenFly 112.2; singkham 72.1; sinhyu 13.5, 14.2; Spaeth, Eberhard 152.1. |Tegen, Hans, Hambühren: 95.1. |United Nations, New York, NY: https://www.un.org/sustainabledevelopment/ „The content of this publication has not been approved by the United Nations and does not reflect the views of the United Nations or its officials or Member States". 217.1. |Wellinghorst, Rolf, Quakenbrück: 153.6. |Westendorf-Bröring, Elisabeth, Vechta: 78.2, 78.3, 80.3, 80.4, 88.1, 88.2, 88.3, 88.4, 88.6, 108.3, 108.4.